Physikalisches Praktikum

Physikalisches Praktikum

Begründet von
W. Ilberg †

Weitergeführt von
M. Krötzsch, Leipzig

Herausgegeben von
D. Geschke, Leipzig

Autoren
D. Geschke, Leipzig
P. Kirsten, Freiberg
M. Krötzsch, Leipzig
W. Schenk, Leipzig
H. A. Schneider, Freiberg
H. Schulze, Leipzig

10., überarbeitete Auflage
Mit 226 Abbildungen

Springer Fachmedien Wiesbaden GmbH

Prof. Dr. rer. nat. habil. Dieter Geschke

Geboren 1939 in Leipzig. Studium der Physik in Leipzig, Diplom 1963, Promotion 1967. Dann wissenschaftlicher Mitarbeiter und wissenschaftlicher Oberassistent am Physikalischen Institut der Universität Leipzig. Habilitation 1974. Von 1977 bis 1992 Hochschuldozent und Leiter des Physikalischen Praktikums am Fachbereich Physik, seit 1992 Professor für Experimentalphysik an der Universität Leipzig.

Doz. Dr. rer. nat. Manfred Krötzsch

Geboren 1929 in Leipzig. Studium der Physik in Leipzig, Diplom 1956, Promotion 1962. Von 1971 bis 1993 Hochschuldozent für Experimentalphysik an der Universität Leipzig. Von 1960 bis 1975 im Physikalischen Praktikum tätig, seit 1962 als leitender Oberassistent, 1967 bis 1975 als Leiter.

Dr. rer. nat. Peter Kirsten

Geboren 1937 in Berlin. Studium der Physik in Dresden, Diplom 1960. Seitdem im Bereich Physik der TU Bergakademie Freiberg tätig. Promotion 1970, wissenschaftlicher Oberassistent 1974, Lektor 1985. Lehraufträge: Seit 1965 Ausbildung von Fernstudenten, seit 1971 Vorlesung „Physikalische Meßtechnik", seit 1985 Leiter des Physik-Praktikums.

Dr. rer. nat. Wolfgang Schenk

Geboren 1946 in Leipzig. Studium der Physik in Leipzig, Diplom 1970. Von 1970 bis 1985 wissenschaftlicher Assistent und Lektor an der TH Merseburg, Promotion 1981. Von 1985 bis 1993 Lektor am Fachbereich Physik der Universität Leipzig, seit 1993 wissenschaftlicher Mitarbeiter und Leiter des Physikalischen Praktikums.

Prof. Dr. rer. nat. habil. Herbert A. Schneider

Geboren 1926 in Hergisdorf bei Eisleben. Studium der Physik in Halle, Diplom 1953, Promotion 1959 in Rostock, Habilitation 1964 in Merseburg. 1953 wissenschaftlicher Mitarbeiter im Forschungsinstitut der Kali-Industrie. Ab 1954 wissenschaftlicher Assistent, Dozent und Professor (1966) am Physikalischen Institut der TH Merseburg. Ordentlicher Professor für Experimentelle Physik seit 1967 und Direktor des gleichnamigen Institutes an der TU Bergakademie Freiberg. Seit 1. September 1991 im Ruhestand.

Dr. rer. nat. Heinz Schulze

Geboren 1941 in Leipzig. Studium der Physik in Leipzig, Diplom 1965, Promotion 1969. Von 1965 bis 1992 wissenschaftlicher Assistent und Oberassistent am Fachbereich Physik der Universität Leipzig. Von 1967 bis 1992 im Physikalischen Praktikum tätig.

Die Deutsche Bibliothek – CIP-Einheitsaufnahme

Physikalisches Praktikum / begr. von W. Ilberg.
Weitergeführt von M. Krötzsch. Hrsg. von D. Geschke.
Autoren D. Geschke ... – 10., überarb. Aufl. –
Stuttgart ; Leipzig : Teubner, 1994
   9. Aufl. u.d.T.: Physikalisches Praktikum für Anfänger
  ISBN 978-3-8154-3018-7   ISBN 978-3-322-97619-2 (eBook)
  DOI 10.1007/978-3-322-97619-2
NE: Ilberg, Waldemar [Begr.]: Geschke, Dieter [Hrsg.]

Vorwort

Zur ersten Auflage

Die »Grundaufgaben des physikalischen Praktikums« von *Schaefer*, *Bergmann* und *Kliefoth* haben durch mehrere Jahrzehnte in zahlreichen Auflagen und Neudrucken viele Generationen von Studenten erfolgreich durch das physikalische Praktikum an unseren Hoch- und teilweise auch Fachschulen geführt. Wenngleich auch bei jeder neuen Auflage einige als wünschenswert erkannte Änderungen und Ergänzungen angebracht worden sind, so verlangte doch die in den letzten Jahren erfolgte Neuordnung der Ausbildung künftiger Physiker und anderer Naturwissenschaftler sowie der Lehrerstudenten eine eingehende Überarbeitung sowohl des Versuchsbestandes als z. T. auch der Darstellung. Ebenso mußte die Tatsache Berücksichtigung finden, daß einfachere Versuche heute vielfach schon im Schulunterricht als Schülerversuche durchgeführt werden, so daß sich ihre Wiederholung im Physikalischen Praktikum der Hochschule zumeist erübrigt. Im Laufe der Vorarbeiten für eine in solchem Sinne beabsichtigte Neubearbeitung des genannten Lehrbuches zeigte sich, daß diese der Herausgabe eines völlig neu geschriebenen Werkes entsprechen würde, so daß es durchaus berechtigt erschien, im Titel den Bezug auf das frühere Werk fallenzulassen.

Eine gewisse Schwierigkeit besteht bei der Schaffung eines Praktikumsbuches immer darin, eine angemessene Auswahl von wirklich zweckmäßigen Versuchen zu treffen. Dies ist um so schwerer, als an den verschiedenen Ausbildungsstätten sich im Laufe der Zeit auch verschiedene Aufgabenbestände herausgebildet haben. Um hierüber zunächst eine Übersicht zu bekommen, wurden zahlreiche Universitäts- und Fachschulinstitute innerhalb der Deutschen Demokratischen Republik um Mitteilung des derzeitigen Versuchsbestandes gebeten. Den betreffenden Praktikumsvorständen, die uns durch die Beantwortung unserer Fragen entgegenkommend unterstützten, sei auch an dieser Stelle herzlich gedankt. Als Ergebnis der Umfrage kann festgestellt werden, daß, wie zu erwarten, gewisse Grundversuche mit geringfügigen Varianten mehr oder weniger überall vorhanden sind, wozu je nach Eigenart des betreffenden Instituts bzw. der zuständigen Praktikumsleiter noch unterschiedliche Spezialversuche kommen. Es mußte nun Aufgabe des vorliegenden Praktikumsbuches sein, durch die aufgenommenen Versuchsbeschreibungen die wichtigsten Grundversuche möglichst weitgehend zu erfassen, wobei ein Verzicht auf speziellere Aufgaben in Kauf genommen werden konnte, zumal für diese an den betreffenden Instituten Einzelbeschreibungen vorhanden sein werden. Ebenso wird es öfters nützlich sein, dem Studenten die örtlich unterschiedlichen Abweichungen von der Versuchsbeschreibung in vorliegendem Buch durch schriftliche Anweisung oder auch nur mündlich zu erläutern.

Herausgeber und Mitarbeiter sahen es für zweckmäßig an, sachlich verwandte Versuche zu Versuchsgruppen zu vereinigen, denen jeweils allgemeine Ausführungen vorangestellt sind, die dem Studenten den zugrunde liegenden Stoff in großen Zügen in Erinnerung bringen sollen. Daß es nicht die Aufgabe sein kann, hiermit ein Lehrbuch zu ersetzen, versteht sich von selbst. Zu den einzelnen Aufgaben werden anschließend noch die speziellen Grundlagen gegeben und schließlich die Versuchsdurchführung beschrieben. Der zunehmenden Bedeutung der Atomphysik entsprechend wurden auch einige einfache Versuche aus diesem Gebiet mit aufgenommen, die sich mit Praktikumsmitteln durchführen lassen.

Kritische Beurteilung des unmittelbar gemessenen oder aus Messungen gefundenen Resultates ist grundsätzliche Forderung jeder wissenschaftlichen Arbeit und außerdem von hohem erzieherischem Wert. Es sollte daher stets im Anschluß an jeden Versuch eine Fehlerrechnung oder wenigstens Fehlerabschätzung durchgeführt werden.

Es ist kaum vermeidbar, daß ein neu geschriebenes Buch noch Mängel und Fehler aufweist. Herausgeber und Verfasser wären für entsprechende Hinweise dankbar, um sie bei einer späteren Auflage berücksichtigen zu können.

Leipzig, im Januar 1966   Waldemar Ilberg

Zur sechsten Auflage

Seit dem Erscheinen der ersten Auflage haben die physikalischen Praktika an den Universitäten und Hochschulen sowohl in den Aufgabenstellungen als auch in der Ausrüstung teilweise erhebliche Änderungen erfahren. Natürlich wird nach wie vor im Praktikum physikalisches Grundwissen vermittelt, vertieft und erweitert. Der Praktikant soll aber heute vom Beginn seines Studiums an nach Möglichkeit auch aktuelle Meßverfahren und moderne wissenschaftliche Geräte kennenlernen, mit denen er in der Praxis konfrontiert wird. Außerdem soll er mit wichtigen Methoden vertraut gemacht werden, die der Bestimmung physikalischer Stoffeigenschaften dienen. Versuche, in denen dargestellt wird, wie man eine physikalische Größe im Prinzip messen kann, sind u. U. sehr lehrreich und werden aus den Praktika nicht völlig verschwinden. Ihre Anzahl nimmt jedoch ab. Diese Gesichtspunkte wurden bei der Neufassung des Buches für die vierte Auflage berücksichtigt. Einige Versuche, die veraltet sind oder zum Schulstoff gehören, wurden weggelassen. In einigen Fällen erhielten Versuche ohne Änderung der Überschrift neue Inhalte; in anderen Fällen sorgten Kürzungen dafür, Platz für neue Versuche zu schaffen. Der Umfang des Buches wurde so nicht über Gebühr vergrößert.

Das vorliegende Werk ist als Arbeitsmaterial für Studenten aller naturwissenschaftlichen, pädagogischen und ingenieurwissenschaftlichen Fachrichtungen konzipiert, die ein physikalisches Praktikum zu absolvieren haben. Dem Physikstudenten soll es im Einführungs- und im Meßpraktikum eine sichere Orientierung geben. Weiterführende Praktika – z. B. Elektronik- und andere Spezialpraktika sowie das Fortgeschrittenen-Praktikum – gehen inhaltlich über das vorliegende Buch hinaus, so daß die Beherrschung der hier beschriebenen Versuche nur als eine notwendige und nützliche Voraussetzung angesehen werden kann.

An der Gestaltung der vierten bis sechsten Auflage haben sich zusätzlich drei Mitarbeiter beteiligt, die über langjährige Erfahrungen in der experimentellen Ausbildung von Studenten der Karl-Marx-Universität, Leipzig, verfügen. Herr *F. Thomschke* hat den Abschn. W. 1.0 und die Versuche W. 1.1, W. 1.3, W. 1.4 sowie W. 4.4 geschrieben, und Herr Dr. *A. Mende* hat den Abschn. E. 3 gründlich überarbeitet. Herr Dr. *H. Schulze* hat die Versuche M. 8.2, O. 1.4 und O. 3.4 verfaßt und mit der sechsten Auflage die Bearbeitung des Buchanteils von Herrn Dr. *K. Kreher* übernommen.

Autoren und Herausgeber bedanken sich bei Herrn Dr. *J. Klöber* (Bergakademie Freiberg) dafür, daß bei einigen Versuchen auf erprobte Anordnungen des von ihm betreuten Praktikums zurückgegriffen werden konnte. Herr. Dr. *W. Rohmann* (Friedrich-Schiller-Universität, Jena) gebührt Dank für eine Reihe wertvoller Hinweise. Außerdem möchte der Herausgeber seiner Frau, *Gertrud Krötzsch*, herzlich danken, ohne deren tatkräftige Mitarbeit eine Einhaltung der Abgabetermine für die Manuskripte der bisherigen Auflagen nicht möglich gewesen wäre.

Herausgeber und Autoren sehen für die sechste Auflage keinen Grund, die Versuchsauswahl der vierten und fünften Auflage zu ändern. Es wurden die bisher festgestellten Druckfehler im Text und in den Abbildungen korrigiert und in begrenztem Maße Textänderungen vorgenommen.

Der Verlag, der Herausgeber und die Autoren hoffen, daß die sechste Auflage dieses Buches im Nutzerkreis den gleichen Anklang findet wie die vorangegangenen Auflagen in den zurückliegenden 15 Jahren.

Leipzig, im Mai 1981   Manfred Krötzsch

Zur zehnten Auflage

Das Teubner-Buch „Physikalisches Praktikum" — 1966 von W. Ilberg begründet und von der vierten bis zur neunten Auflage von M. Krötzsch herausgegeben — bewährt sich als Lehrbuch für Studenten der Physik, anderer naturwissenschaftlicher Studiengänge und für Lehramtsanwärter entsprechender Fachkombinationen, die ein physikalisches Grundpraktikum absolvieren. Vielfach genutzt wird es offensichtlich auch von Studenten der Ingenieurwissenschaften an technischen Universitäten und Fachhochschulen.

Nach der völligen Neugestaltung des einführenden Kapitels in der neunten Auflage konnten in die nun vorliegende zehnte Auflage auch einige Versuche neu aufgenommen werden, die moderneren Meßprinzipien Rechnung tragen und Beispiele rechnergestützter Versuchsdurchführung einbeziehen. Es handelt sich dabei um die Versuche M 2.4 Schwingrohr, M 2.5 Stimmgabeldichtemesser, M 2.6 Dampfdichte nach Menzies, W 2.2 Adiabatenexponent, W 5.1 Wärmeleitfähigkeit, E 1.4 Elektrolytischer Trog, E 5.5 Schaltvorgänge und Schwingungen und O 7.4 Gammaspektrometrie.

Für die Mithilfe bei der Gestaltung und bei der Erprobung der neuen Versuche gilt unser Dank den langjährigen technischen Mitarbeitern der Praktika, Herrn C. P. v. Dessonneck (Leipzig) und Frau M. Pawlik (Freiberg).

Der Herausgeber und die Autoren hoffen, daß auch die zehnte, überarbeitete Auflage wieder einen breiten Nutzerkreis finden wird. Für kritische Hinweise zu Inhalt und Form des Buches sind wir sehr dankbar.

Leipzig, im Juni 1994   Dieter Geschke

Inhalt

Mechanik — M

Wärmelehre W

Elektrizitätslehre E

Optik und Atomphysik

Einführung

1.1. Größen und Einheiten

Messungen dienen der Ermittlung der Werte physikalischer Größen auf experimentellem Weg. Physikalische Größen — wenn keine Verwechslungen möglich sind, auch als „Größen" bezeichnet — sind Merkmale von Objekten (Körper, Zustände, Vorgänge) wie z. B. Länge, Masse, Stromstärke, die qualitativ charakterisiert und quantitativ ermittelt werden können. Der Wert einer Größe wird durch den Zahlenwert und die Einheit beschrieben. Unter dem Zahlenwert versteht man die Zahl, die angibt, wie oft die Einheit in der betrachteten Größe enthalten ist. Die Einheit (auch Maßeinheit) bezeichnet die physikalische Größe, die als Bezugsgröße für die Bestimmung und Angabe des Wertes von Größen gleicher Art festgelegt und der der Zahlenwert 1 zugeordnet wird.

Beispiel: Massewert eines Körpers 12 kg.
Zahlenwert: 12, Einheit: kg.

Die Gesamtheit der physikalischen Größen, die notwendig sind, um die Gesetzmäßigkeiten der Physik zu beschreiben, bildet das Größensystem. Physikalische Größen eines Größensystems, die unabhängig von anderen Größen dieses Systems sind, werden als Basisgrößen bezeichnet, solche, die als Funktion von Basisgrößen definiert sind, als abgeleitete Größen.

Beispiel: Basisgrößen der Mechanik: Länge (l), Masse (m), Zeit (t). Abgeleitete Größen: Kraft (F), Fläche (A),

$$F = m \frac{\mathrm{d}^2 l}{\mathrm{d}t^2}, \qquad A = l^2.$$

Der häufig verwendete Begriff der Dimension einer Größe gibt den Ausdruck an, der die Beziehung einer Größe zu den Basisgrößen eines Systems wiedergibt und die Größe als Potenzprodukt der Basisgrößen mit dem Zahlenfaktor 1 darstellt.

Beispiel: Im Größensystem l, m, t hat die abgeleitete Größe Kraft die Dimension LMT^{-2}.

Durch physikalische Messungen werden jedoch nicht nur einzelne Größen ermittelt, sondern auch Zusammenhänge zwischen mehreren Größen, die sich als Gleichungen schreiben lassen. Beispielsweise gilt für die Abhängigkeit der Schwingungsdauer T eines mathematischen Pendels von seiner Länge l die Gleichung

$T = 2\pi \sqrt{l/g}$ (g: Schwerebeschleunigung).

In diesem Buch werden Gleichungen in Form von Größengleichungen geschrieben, die u. a. folgende Eigenschaften haben:

1. In Größengleichungen symbolisieren Formelzeichen Größen.

Beispiel: $v = \dfrac{s}{t}, \qquad F = m \dfrac{\mathrm{d}^2 l}{\mathrm{d}t^2}.$

2. Zur Auswertung werden anstelle von Formelzeichen die Werte der entsprechenden Größen eingesetzt.

Beispiel: $v = \dfrac{720\,\mathrm{m}}{120\,\mathrm{s}}.$

3. Es gelten formal die aus der Algebra bekannten Regeln, wobei Zahlenwert und Einheit wie zwei selbständige Faktoren behandelt werden.

Beispiel: $v = \dfrac{720\,\mathrm{m}}{120\,\mathrm{s}} = \dfrac{720}{120}\,\dfrac{\mathrm{m}}{\mathrm{s}} = 6\,\mathrm{m/s}.$

Zusätzlich ergeben sich folgende vorteilhafte Eigenschaften:

4. Größengleichungen gelten innerhalb eines einmal gewählten Größensystems unabhängig von der Wahl der Einheiten. Im allgemeinen wählt man für Größen gleicher Dimension gleiche Einheiten. Eine Umrechnung auf andere Einheiten ist leicht möglich, indem man mit Einheiten wie mit Zahlen rechnet (s. o.).

5. In Größengleichungen stehen zu beiden Seiten des Gleichheitszeichens die gleichen Größen in gleicher Dimension, so daß durch Dimensions- oder Einheitenbetrachtungen einfache Kontrollen durchgeführt werden können. Insbesondere müssen z. B. Summanden gleiche Dimension haben, Exponenten und Argumente von Winkelfunktionen dimensionslos sein usw.

1.2. Internationales Einheitensystem (SI)

Im vorliegenden Buch wird ausschließlich das international vereinbarte, gesetzlich vorgeschriebene Einheitensystem SI (Système International d'Unités) verwendet, das sich auf ein Größensystem mit den sieben Basisgrößen (Größensystem

7. Grades) Länge, Masse, Zeit, Stromstärke, Temperatur, Lichtstärke und Stoffmenge bezieht und auf folgenden Basiseinheiten aufbaut:

1. Einheit der Länge ist das Meter (m).
1 m ist die Länge der Strecke, die Licht im Vakuum während der Dauer von 1/299 792 458 Sekunden durchläuft. Damit ist das Meter metrologisch von der Zeiteinheit Sekunde abhängig, bleibt aber Basiseinheit des SI.
2. Einheit der Masse ist das Kilogramm (kg).
1 kg ist die Masse des Internationalen Kilogrammprototyps.
3. Einheit der Zeit ist die Sekunde (s).
1 s ist die Dauer von 9 192 631 770 Perioden der Strahlung, die dem Übergang zwischen den beiden Hyperfeinstrukturniveaus des Grundzustandes des Atoms Caesium 133 entspricht.
4. Einheit der Stromstärke ist das Ampere (A).
1 A ist die Stärke des zeitlich unveränderlichen elektrischen Stromes durch zwei geradlinige, parallele, unendlich lange Leiter von vernachlässigbarem Querschnitt, die den Abstand 1 m haben und zwischen denen die durch den Strom elektrodynamisch hervorgerufene Kraft im leeren Raum je 1 m Länge der Doppelleitung $2 \cdot 10^{-7}$ N beträgt.
5. Einheit der Temperatur ist das Kelvin (K).
1 K ist der 273,16te Teil der (thermodynamischen) Temperatur des Tripelpunktes von Wasser. Die Differenz aus einer Temperatur T und der Temperatur $T_0 = 273,15$ K wird als Celsiustemperatur t bezeichnet: $t = T - T_0$.
6. Einheit der Lichtstärke ist die Candela (cd).
1 cd ist die Lichtstärke in einer bestimmten Richtung einer Strahlungsquelle, die monochromatische Strahlung der Frequenz 540 THz aussendet und deren Strahlstärke in dieser Richtung 1/683 W/sr beträgt.
7. Einheit der Stoffmenge ist das Mol (mol).
1 mol ist die Stoffmenge eines Systems, das aus so vielen gleichartigen Teilchen besteht, wie Atome in 0,012 kg des Nuklids C12 enthalten sind. Die Art der Teilchen (Atome, Moleküle, Ionen, Elektronen oder auch spezielle Gruppierungen) muß jeweils angegeben werden. Die Teilchenzahl je Mol ist eine Naturkonstante und wird als Avogadro-Konstante N_A bezeichnet. Der z. Z. beste experimentelle Wert ist

$$N_A = (6,022 136 7 \pm 0,000 003 6) \cdot 10^{23} \text{ mol}^{-1}.$$

Die Einheiten aller anderen physikalischen Größen lassen sich aus den sieben Basiseinheiten des SI ableiten, sie bilden mit ihnen ein kohärentes Einheitensystem. Die wichtigsten abgeleiteten Einheiten sind in Tab. 1.2.1 zusammengefaßt.

Das SI schließt darüber hinaus die ergänzenden Einheiten Radiant für den ebenen Winkel und Steradiant für den Raumwinkel ein. Sie werden i. allg. als abgeleitete Größen aufgefaßt und sind dann Verhältnisgrößen, die durch die Einheit Eins ersetzt werden können. Die ergänzenden Einheiten Radiant und Steradiant sind jedoch wie Basiseinheiten anzuwenden, wenn es der physikalische Sachverhalt verlangt.

Außer den SI-Einheiten sind auch einige systemfremde (inkohärente) Einheiten zugelassen. Dabei handelt es sich um Einheiten, deren Beziehung zu den SI-Einheiten einen von eins verschiedenen Zahlenfaktor enthält. Bekannte Beispiele dafür sind die Zeiteinheiten Minute (1 min = 60 s) und Stunde (1 h = 3600 s) — sogenannte allgemeingültige Einheiten — sowie das Elektronenvolt (1 eV = $1,602 177 33 \cdot 10^{-19}$ J) — sogenannte auf einem Spezialgebiet gültige Einheit.

Zu den systemfremden Einheiten gehören auch die SI-Einheiten mit Vorsätzen (vgl. Tab. 1.2.2) sowie einige historisch begründete Einheiten, die einen besonderen Namen tragen.

Beispiel: Liter 1 l = 10^{-3} m³, Tonne 1 t = 10^3 kg.

Die Vorsätze werden i. allg. so gewählt, daß die Zahlenwerte der anzugebenden Größen zwischen 0,1 und 1000 liegen. In Tabellen ist jedoch möglichst für jede Größe ein einheitlicher Vorsatz anzuwenden, auch wenn dann einige Zahlen die genannten Grenzen überschreiten.

In Tab. 1.2.2 sind die Bezeichungen für dezimale Vielfache und Bruchteile von Einheiten, die auch bei Einheiten mit selbständigem Namen anzuwenden sind, zusammengestellt.

Vorsätze, die einer ganzzahligen Potenz von Tausend (10^{3n}) entsprechen, sind zu bevorzugen. Die Vorsätze Hekto, Deka, Dezi und Zenti sollen nur noch in solchen Fällen verwendet werden, in denen sie sich fest eingebürgert haben. Berechnungen sind vorzugsweise mit SI-Einheiten durchzuführen. Das Rechenergebnis ist mit einem geeigneten Vorsatz anzugeben.

Tabelle 1.2.1. Namen und Kurzzeichen von Einheiten physikalischer Größen

Größe	Einheit	Kurzzeichen
Fläche	Quadratmeter	m^2
Volumen	Kubikmeter	m^3
Frequenz	Hertz	$Hz\ (= s^{-1})$
Geschwindigkeit	Meter/Sekunde	m/s
Beschleunigung	Meter/Quadratsekunde	m/s^2
Dichte	Kilogramm/Kubikmeter	kg/m^3
Kraft	Newton	$N\ (= kg \cdot m/s^2)$
Druck	Pascal = Newton/Quadratmeter	$Pa\ (= N/m^2)$
Arbeit, Energie, Wärmemenge	Joule = Newtonmeter = Wattsekunde	$J\ (= N \cdot m = W \cdot s)$
Leistung	Watt	$W\ (= J/s)$
Elektrische Spannung	Volt[1]	$V\ (= W/A)$
Elektrizitätsmenge	Coulomb	$C\ (= A \cdot s)$
Elektrische Feldstärke	Volt/Meter	V/m
Elektrischer Widerstand	Ohm	$\Omega\ (= V/A)$
Kapazität	Farad	$F\ (= A \cdot s/V)$
Magnetischer Fluß	Weber = Voltsekunde	$Wb\ (= V \cdot s)$
Induktivität	Henry	$H\ (= V \cdot s/A)$
Magnetische Induktion	Tesla = Weber/Quadratmeter	$T\ (= Wb/m^2 = V \cdot s/m^2)$
Magnetische Feldstärke	Ampere/Meter	A/m
Magnetische Spannung	Ampere	A
Lichtstrom	Lumen	$lm\ (= cd \cdot sr)$
Beleuchtungsstärke	Lux	$lx\ (= lm/m^2)$
Leuchtdichte	Candela/Quadratmeter	cd/m^2

[1]) Die Einheit der elektrischen Spannung $1\,V = 1\,W/A = 1\,J/(A \cdot s)$ ergibt sich aufgrund des Energiesatzes, indem man fordert, daß die Einheit der elektrischen Arbeit $(1\,V \cdot A \cdot s)$ gleich $1\,J$ ist.

Tabelle 1.2.2. Bezeichnungen für dezimale Vielfache und Bruchteile von Einheiten

Name	Zeichen	Bedeutung
Exa	E	10^{18}
Peta	P	10^{15}
Tera	T	10^{12}
Giga	G	10^{9}
Mega	M	10^{6}
Kilo	k	10^{3}
Hekto	h	10^{2}
Deka	da	10^{1}
Dezi	d	10^{-1}
Zenti	c	10^{-2}
Milli	m	10^{-3}
Mikro	µ	10^{-6}
Nano	n	10^{-9}
Pico	p	10^{-12}
Femto	f	10^{-15}
Atto	a	10^{-18}

1.3. Erfassung von Meßwerten

Physikalische Größen werden durch eine Messung bestimmt (Meßgrößen), wobei unter einer Messung der quantitative Vergleich der zu bestimmenden Größe mit einer vorgegebenen Größe gleicher Art (Einheit oder Bezugsgröße) zu verstehen ist. Objekte, von denen ein oder mehrere Merkmale der Messung unterliegen, werden als Meßgegenstände, die Art und Weise der Durchführung einer Messung als Meßmethode und die Gesamtheit der physikalischen Erscheinungen, die die Grundlage der Messung bilden, als Meßprinzip bezeichnet.

Ein Meßverfahren ist die praktische Anwendung eines Meßprinzips und einer Meßmethode mit dem Ziel der Gewinnung der Werte der Meßgröße (Meßwert).

1.3.1. Sensoren und Meßgeräte

Die zur Durchführung von Messungen benötigten Meßmittel bestehen allgemein aus einem Aufnehmer (Meßfühler), einer Reihe von Wandlerelementen, in denen die Meßgrößen in andere physikalische Größen umgeformt werden, und aus einer Anzeigeeinrichtung (z. B. Skale). Statt der klassischen Meßfühler hat man es heute zunehmend mit solchen, als *Sensoren* bezeichneten Meßfühlern, zu tun, die direkt ein elektrisches oder elektrisch weiterverarbeitbares Signal (analog oder digital) als Information über die zu bestimmende physikalische Größe liefern und gleichzeitig kompatibel zur Mikroelektronik sind (z. B. Resonanzsensoren, piezo- und pyroelektrische Sensoren, CCD-Zeile).

Soll zwischen dem Aufnehmer als ganzem und dem Teil, der die Meßgröße unmittelbar erfaßt, unterschieden werden, wird letzterer als „empfindliches Element" des Aufnehmers bezeichnet (z. B. Meßwiderstand als empfindliches Element des Widerstandsthermometers).

Im Gegensatz zum reinen Zählen, das zumindest im Prinzip fehlerfrei ausgeführt werden kann, sind Messungen durch stets vorhandene Unzulänglichkeiten der Meßmittel, Unvollkommenheiten der Sinnesorgane und unkontrollierte äußere Einflüsse immer fehlerbehaftet. Von Ausnahmen abgesehen, liefern daher selbst mehrere mit der gleichen Apparatur und unter gleichen Bedingungen ausgeführte Messungen nicht das gleiche Ergebnis. Wichtig ist natürlich ein vorheriger Abgleich (Justierung) des Meßmittels, um Fehler und andere makroskopische Eigenschaften auf Werte zu bringen, die den technischen Forderungen entsprechen (z. B. Abgleich eines Widerstandes durch Änderung der Drahtlänge). Als *Kalibrieren* (Einmessen) bezeichnet man im Gegensatz dazu das Zuordnen von Werten der Meßgröße zu den Anzeigen eines Meßmittels. Der Bereich der Werte, für die die Anzeige des Meßmittels innerhalb festgelegter Fehlergrenzen liegt, gibt den Meßbereich an.

1.3.2. Rechentechnische Meßwerterfassung

Eine qualitativ neue Stufe der Meßwerterfassung und -verarbeitung ergibt sich durch die informationsverarbeitende Mikroelektronik.

Der Einsatz moderner Sensoren und die Kopplung der Meßgeräte an geeignete Rechnersysteme eröffnen dem Experimentator über die unmittelbare (bisher meist analoge) Anzeige bw. Registrierung der Meßwerte hinausgehende Möglichkeiten. Die dazu notwendige Datenwandlung wird über einen *Analog-Digital-Wandler* (ADW) realisiert, dessen wichtigstes Element, ein Wandlerschaltkreis, entsprechend einer Maschinenroutine in zyklischer Folge die (aktuelle) Meßwertinformation ausgibt. Sie gelangt über einen Treiberschaltkreis auf den Datenbus des Rechners und läßt sich mit der Zentraleinheit weiterverarbeiten. Die Amplitudenauflösung beträgt i. allg. 10 bit und die Umsetzrate $2 \cdots 200 \ \text{s}^{-1}$.

Eine Analog-Digital-Wandlung der elektrischen Signale, für die es unterschiedliche elektronische Varianten gibt, wird auch in den Eingangsstufen digitaler Meßgeräte realisiert (z. B. Digitalmultimeter, Digitalvoltmeter usw.), wobei häufig ein gemessener Spannungswert in einen Zeitintervallwert umgewandelt und dieser nach Messung der Zahl der Impulse eines internen Generators bekannter Frequenz im betrachteten Zeitintervall als digitaler Meßwert angezeigt wird. Insbesondere auch für die Beobachtung schneller zeitlicher Signalverläufe (z. B. Einschalt- bzw. Einschwingvorgänge) sind durch die Mikroelektronik neue meßtechnische Möglichkeiten geschaffen worden. So können mit sogenannten Transientenrecordern unter Einsatz entsprechend schneller ADW (Arbeitsfrequenz 10 MHz) digitalisierte Signale mit hoher zeitlicher Auflösung (4096 Punkte im Abstand von 100 ns) zwischengespeichert, an ein Rechnersystem übergeben bzw. nach einer Digital-Analog-Wandlung über einen XY-Schreiber zur Anzeige gebracht werden.

1.3.3. Meßwertdarstellung

Die während einer Messung angezeigten Werte der Meßgröße sollten in der praktischen Arbeit zunächst in Form einer Tabelle in das Versuchsprotokoll aufgenommen werden, ggf. auch direkt in eine graphische Darstellung (Diagramm), wenn es sich um den funktionellen Zusammenhang zweier Größen handelt. In Diagrammen werden auf den Koordinatenachsen die Werte der Größen in Form von Skalen abgetragen. Im rechtwinkligen Koordinatensystem ist die unabhängige Variable in der Regel auf der Abszisse abzutragen. Die positiven Werte der Größen steigen vom Schnittpunkt der Achse aus nach rechts und nach oben an. Im Polarkoordinatensystem muß der Koordinatenursprung (Winkel $0°$) auf der waagerechten oder senkrechten Achse liegen. In diesem Fall soll die positive Richtung der Winkelkoordinaten der Drehrichtung entgegen dem Uhrzeigersinn entsprechen. Werden die

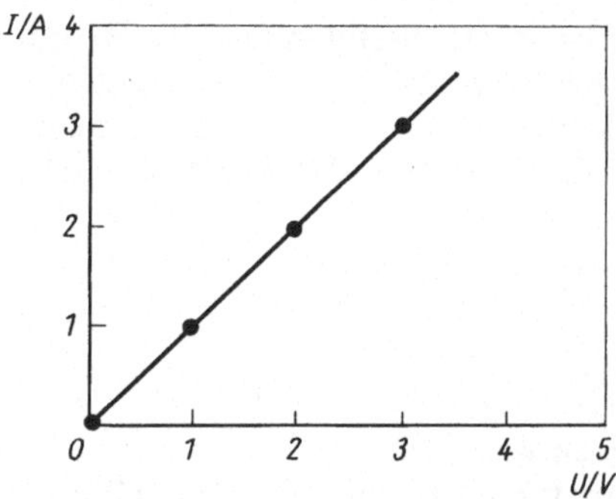

Abb. 1. Strom — Spannungscharakteristik

Koordinatenachsen als Skalen verwendet, sind diese durch Teilstriche in Intervalle zu unterteilen. Neben den Teilstrichen sind die Werte der Größen anzugeben. Ist der Koordinatenursprung beider Skalen Null, ist die Ziffer 0 nur einmal am Schnittpunkt anzugeben. Liegen die Meßwerte innerhalb eines begrenzten Intervalls relativ weit entfernt vom Nullpunkt, ist sinnvollerweise eine Darstellung mit unterdrücktem Nullpunkt zu wählen. Die Angabe der Zahlen an den Skalen erfolgt waagerecht außerhalb des Diagrammfeldes, die Bezeichnung der Größen (durch Zeichen, Benennung, funktionelle Abhängigkeit) zweckmäßigerweise in Kombination mit der Angabe der Maßeinheit in Form eines Bruches am Ende der Skale nach der letzten Zahl. Die Maßeinheit von Winkeln wird in der Regel an der letzten Zahl der Skale eingetragen. Bei der Gestaltung des Diagramms ist der Maßstab so zu wählen, daß die Kurve möglichst unter einem Winkel von etwa 45° zu den Koordinatenachsen verläuft, um auf beiden Achsen die gleiche relative Ablesegenauigkeit zu erzielen.

Ein Diagramm soll eine Benennung haben, die die dargestellte funktionelle Abhängigkeit erläutert (vgl. Abb. 1).

1.4. Verarbeitung von Meßwerten

In den meisten Fällen erhält man in einem Experiment die gesuchte Größe nicht direkt, sondern muß sie durch mehr oder weniger umfangreiche Rechnungen bzw. durch Auswertung geeignet gewählter graphischer Darstellungen aus den Meßwerten ermitteln. Bevor man

mit der Rechnung beginnt, muß man sich über die dabei erforderliche Genauigkeit klar werden. Sie ist in jedem Fall so zu wählen, daß der Fehler durch die Meßgenauigkeit gegeben ist und durch die Rechnung nicht vergrößert wird. Die heute in den Praktika zur Verfügung stehenden Taschen- und Kleinrechner genügen diesen Anforderungen.

Zur Auswertung (Verarbeitung) der Meßergebnisse ist es häufig zweckmäßig, den theoretisch erwarteten und experimentell ermittelten funktionellen Zusammenhang durch geeignete Transformation auf eine Geradengleichung zurückzuführen und die Meßwerte durch einen linearen Graphen zu verbinden.

Beispiel: Zusammenhang zwischen der Schwingungsdauer T' und dem Auslenkwinkel φ_0 beim Reversionspendel:

$$T' = T\left(1 + \frac{1}{16}\,\varphi_0^2\right).$$

Trägt man T' über φ_0^2 (φ_0 im Bogenmaß) auf, so ergibt sich eine Gerade, die für $\varphi_0 = 0$ den gesuchten Wert T ergibt.

Günstig ist in solchen Fällen auch die Verwendung von speziellem Koordinatenpapier (Funktionspapier) mit geeigneten Unterteilungen (z.B. einfach- oder doppelt-logarithmisch; Ordinate logarithmisch, Abszisse reziproke absolute Temperatur T).

Beispiel: Exponentieller Zusammenhang zwischen der dynamischen Viskosität η und der absoluten Temperatur T:

$$\eta = \eta_0 \exp\left(+E_A/RT\right).$$

Trägt man auf handelsüblichem Funktionspapier $\log \eta$ über $1/T$ auf, läßt sich aus dem Anstieg der mittelnden Geraden die Aktivierungsenergie E_A bestimmen. Zu beachten sind dabei Maßeinheiten, die Skaleneinteilung und die Größe der logarithmischen Einheit. Häufig ist es einfacher, zwei weit voneinander entfernt liegende Wertepaare η_1, T_1 und η_2, T_2 der mittelnden Geraden direkt zugrundezulegen und E_A über die Beziehung

$$\ln\frac{\eta_1}{\eta_2} = \frac{E_A}{R}\left(\frac{1}{T_1} - \frac{1}{T_2}\right)$$

zu bestimmen.

1.4.1. Ausgleichsrechnung

Ist die Festlegung des linearen Graphen wegen der Streuung der Meßwerte nicht ohne weiteres möglich, erfolgt seine Bestimmung mit Hilfe der

Ausgleichsrechnung, die ganz allgemein dazu verwendet wird, aus fehlerhaften Meßwerten Schätzwerte (Näherungswerte) für zu messende Größen zu ermitteln.

Im hier betrachteten Fall eines linearen Zusammenhanges

$$y = \alpha + \beta x \tag{1}$$

besteht die Aufgabe darin, die Bestwerte $\bar{\alpha}$ und $\bar{\beta}$ für α und β zu finden. Unter Beachtung der Tatsache, daß im Experiment die Einflußgrößen x_i häufig vorgegeben und die zugehörigen Zielgrößen y_i fehlerbehaftet sind, gilt

$$\Delta y_i = y_i - \bar{y}_i \neq 0, \quad i = 1, \ldots, n, \tag{2}$$

d. h., *Meßwert* y_i und Schätzwert $\bar{y}_i$ der Zielgrößen stimmen nicht überein. Zur Berechnung von α und β wird die Gaußsche Methode der kleinsten Quadrate herangezogen, wonach die Summe der Quadrate der Abweichungen Δy_i ein Minimum werden soll:

$$F(\bar{\alpha}, \bar{\beta}) = \sum_{i=1}^{n} (y_i - \bar{\alpha} - \bar{\beta} x_i)^2 = \min. \tag{3}$$

Die notwendigen Bedingungen für ein Minimum lauten $\partial F/\partial \bar{\alpha} = \partial F/\partial \bar{\beta} = 0$. Daraus ergeben sich zwei lineare Gleichungen (Normalgleichungen) mit den Lösungen

$$\bar{\beta} = \frac{\overline{xy} - \bar{x}\bar{y}}{\overline{x^2} - (\bar{x})^2} \tag{4}$$

bzw.

$$\bar{\alpha} = \bar{y} - \bar{\beta}\bar{x} = \frac{\bar{y}\,\overline{x^2} - \overline{xy}\,\bar{x}}{\overline{x^2} - (\bar{x})^2}. \tag{5}$$

Die Mittelwerte sind definiert durch

$$\bar{l} = \frac{1}{n} \sum_{i=1}^{n} l_i; \quad l = x, y, xy, x^2. \tag{6}$$

Der Anstieg $\bar{\beta}$ der Ausgleichsgeraden $y = \bar{\alpha} + \bar{\beta} x$ wird als Regressionskoeffizient bezeichnet (vgl. auch 1.5.3.3 und 1.7). Das Problem der Kurvenanpassung ist nicht beschränkt auf die bisher betrachtete Bestimmung der besten Geraden bei linearen Zusammenhängen. Läßt sich z. B. eine Größe mit Hilfe eines Polynoms

$$y = \beta_0 + \beta_1 x + \beta_2 x^2 + \cdots + \beta_n x^n \qquad \bullet \tag{7}$$

darstellen, kann die Bestimmung der Regressionskoeffizienten $\beta_0, \beta_1, \ldots, \beta_n$ in ganz analoger Weise erfolgen, natürlich über die Lösung einer entsprechend größeren Zahl von Normalgleichungen.

Eine Parabelanpassung würde z. B. mit der Funktion

$$y = \beta_0 + \beta_1 x + \beta_2 x^2 \tag{8}$$

vorgenommen werden.

Die Software für Kurvenanpassung mit Hilfe der in den Praktika vorhandenen Rechner steht i. allg. zur Verfügung.

In einem gewissen Zusammenhang zur Ausgleichsrechnung ist die Regressionsanalyse zu sehen, die Antwort auf die Frage nach der Art des Zusammenhangs zweier Zufallsgrößen X, Y (Einflußgröße X, Zielgröße Y) bzw. zweier Merkmale gibt. Dabei ist die Zielgröße in jedem Fall eine Zufallsgröße, während die Einflußgröße eine Zufallsgröße sein kann, nicht aber sein muß, d. h., für einen bestimmten festen Wert des Merkmals X kann das Merkmal Y verschiedene Werte annehmen (stochastische Abhängigkeit). In diesem Fall spricht man auch vom „Ausgleich durch Regression", da die mathematische Behandlung praktisch in gleicher Art erfolgt.

1.4.2. Rechnergestützte Versuchsdurchführung

Die in den Praktika zur Verfügung stehenden Rechner werden zunehmend für eine rechnergestützte Versuchsdurchführung eingesetzt. Die notwendige Software, i. allg. auf der Basis einer einfachen Programmiersprache, ist auf die Besonderheiten eines bestimmten Versuches zugeschnitten. Die einzelnen Versuchsschritte werden, ausgehend von einem Hauptmenü, im Dialogbetrieb mit dem Rechner ausgeführt. Für die entsprechenden Teilaufgaben werden die Meßwerte direkt erfaßt (vgl. vorn) bzw. manuell eingegeben. Danach erfolgen Meßwertverarbeitung mit Hilfe eines vorgegebenen Auswerteprogrammes und Ergebnisdarstellung in Form von Tabellen und graphischen Darstellungen auf dem Bildschirm bzw. durch periphere Geräte wie Drucker, Plotter, XY-Schreiber sowie ggf. eine externe Datenspeicherung.

Das prinzipielle Blockschema zeigt Abb. 2.

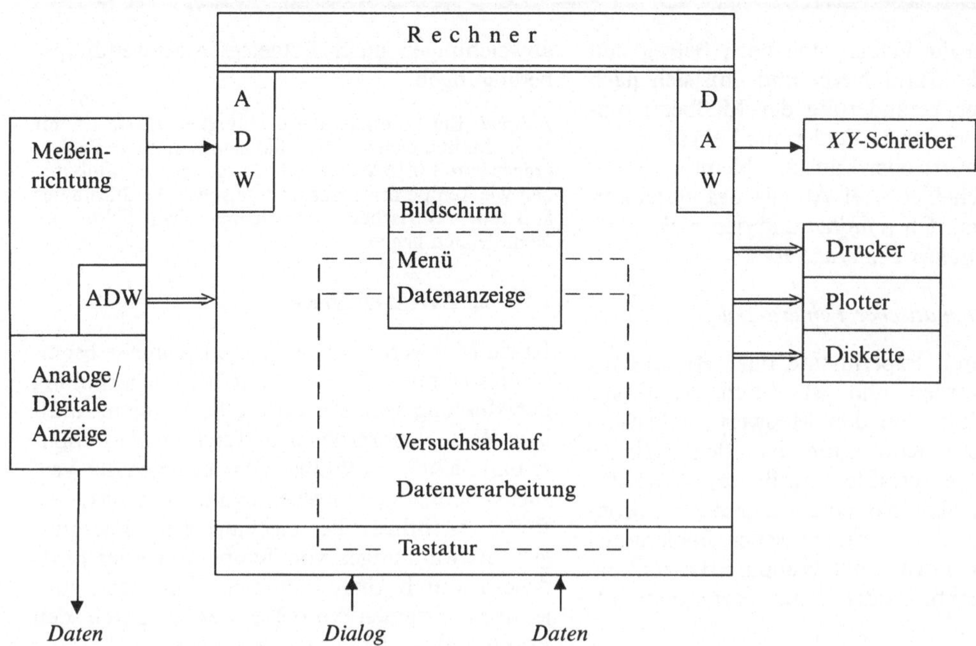

Abb. 2. Blockschema für den Rechnereinsatz

1.5. Meßgenauigkeit

Die Frage nach der Genauigkeit eines Meßwertes oder eines Meßergebnisses ist nur im Zusammenhang mit einer Fehlerbetrachtung zu den verwendeten Meßverfahren und Meßmethoden zu beantworten. Dabei wird in der Regel die quantitative Angabe des Fehlers in Form der „Meßunsicherheit" erfolgen, deren Größe von systematischen und zufälligen Fehleranteilen abhängt.

In den folgenden Abschnitten werden in kurzen Darstellungen geeignete Methoden der Fehlerbetrachtung vorgestellt.

1.5.1. Fehler von Messungen

Der Begriff „Fehler" hat im Rahmen wissenschaftlicher Untersuchungen eine definierte Bedeutung und muß in jedem Falle vom Irrtum (grober Fehler) unterschieden werden.

Die Einteilung der Fehler ist nach unterschiedlichen Gesichtspunkten möglich. So können die Fehler von Messungen einerseits nach ihren Quellen, andererseits unter Verwendung eines Bezugswertes unterschieden werden.

Zur ersten Art zählt man u. a. Fehler durch Meßmittel und Meßverfahren, Ablesefehler oder Fehler durch äußere Einflußgrößen. Demgegenüber berücksichtigt die Einteilung der Fehler nach einem Bezugswert (korrigierter Meßwert, Mittelwert) im Prinzip alle möglichen Fehlerquellen in Form eines systematischen und eines zufälligen Fehleranteils.

1.5.1.1. Systematische Fehler

Für die *systematischen Fehler* kann man im allgemeinen keine bestimmten Fehlerquellen angeben. Ihre Ursachen sind vielfältiger Natur, z. B. Unvollkommenheiten von Meßgeräten, Meßverfahren oder Maßverkörperungen, die nicht exakt erfaßbaren Änderungen der Umwelt- und Versuchsbedingungen oder die Unvollkommenheiten der menschlichen Sinnesorgane. Charakteristisch für systematische Fehler ist, daß bei der Wiederholung von Messungen unter gleichen

Bedingungen ihr Fehleranteil nach Betrag und Vorzeichen konstant bleibt und daß sich nach gesetzmäßiger Veränderung der Meßbedingungen der systematische Fehleranteil ebenfalls gesetzmäßig ändert oder konstant bleibt.

Man unterscheidet zwei Anteile des systematischen Fehlers: den *erfaßten* und den *nichterfaßten systematischen Fehleranteil.*

Erfaßter systematischer Fehleranteil

Er kann durch Experimente oder Berechnung bestimmt werden und ist durch Anbringen einer Korrektion an den Meßwert zu berücksichtigen. Die Korrektion hat den gleichen Betrag wie der erfaßte (erfaßbare) systematische Fehler, aber das entgegengesetzte Vorzeichen. Ein erfaßter systematischer Fehleranteil kann z. B. in Form einer Nullpunktkorrektion, einer Temperatur- oder Druckkorrektion auftreten.

Beispiel: An einem mit Quecksilber gefüllten Barometer liest man bei einer Temperatur t für den Meniskus der Quecksilbersäule eine Höhe h' an einer Messingskale ab. Infolge der Ausdehnung des Quecksilbers und der Barometerskale ist jedoch der abgelesene Barometerstand h' um den Wert der Korrektion $\Delta h = (\gamma - \alpha) \cdot h' \cdot t$ (vgl. Anhang Tab. 5) zu korrigieren ($h = h' - \Delta h$), da die Kalibrierung der Messingskale für die Dichte des Quecksilbers bei $0\,^{\circ}\mathrm{C}$ erfolgte.

Nichterfaßter systematischer Fehleranteil

Darunter versteht man den systematischen Fehleranteil, der nicht bestimmt wurde, weil die Bestimmung nicht möglich oder zu aufwendig ist.

Die Behandlung der systematischen Fehler erfordert eine umfassende Analyse des Meßproblems, für die es keine geschlossene Theorie gibt. In jedem Falle soll man sorgfältig prüfen, welche systematischen Meßabweichungen auftreten können, z. B. Fehler im Meßprinzip, Verfälschung der Messung durch die Meßgröße selbst, Fehler in der Maßverkörperung oder im Meßgerät und Fehler durch den Beobachter.

Hilfsmittel zur Abschätzung des nichterfaßten systematischen Fehleranteils sind u. a. Angaben zu den Kenngrößen für Fehler von Meßmitteln, die als Fehlergrenzen und Genauigkeitsklassen in Standards oder in Gerätebeschreibungen mitgeteilt werden.

Diese Angaben beziehen sich auf maximale Meßabweichungen unter festgelegten Anwendungsbedingungen.

Beispiel: Ein Voltmeter der Genauigkeitsklasse 1,5 mit einem Meßbereich von 10 V hat eine zweiseitige Fehlergrenze von $\pm 0,15$ V, sofern die festgelegten Einflußgrößen wie Temperatur, Luftfeuchte sowie die Stärke des äußeren elektrischen und magnetischen Feldes im Nennbereich liegen.

1.5.1.2. Zufälliger Fehler

Ist ein Meßwert durch zufällige Ereignisse beeinflußt, so streuen die Meßwerte bei Wiederholung der Messung nach Betrag und Richtung in zufälliger Weise. Sie werden u. a. durch nicht erfaßbare und nicht beeinflußbare Änderungen der Versuchs- und Umgebungsbedingungen (wechselnde Reibungseinflüsse bei mechanischen Bewegungen, Schwankungen von Temperatur oder Luftdruck), durch Unvollkommenheiten beim subjektiven Erfassen von Meßwerten durch den Praktikanten (Reaktionsvermögen, Ablesung von Skalenwerten) oder durch den statistischen Charakter der Meßgröße bzw. des Meßgegenstandes (Zerfallsrate beim radioaktiven Zerfall, elektronisches Rauschen) hervorgerufen. Die Anteile des *zufälligen Fehlers* können in ihrer Gesamtheit um so zuverlässiger durch eine Rechengröße erfaßt werden, je mehr Messungen vorliegen. Dabei streuen die einzelnen Meßwerte um einen *Mittelwert $\bar{x}$,* der sich mit wachsender Zahl n der Messungen dem *Erwartungswert* $x_e (\bar{x} \to x_e$ für $n \to \infty)$ nähert. Für die Analyse der zufälligen Fehler liegt eine geschlossene Theorie (Mathematische Statistik und Wahrscheinlichkeitsrechnung) vor, die weitgehend unabhängig vom speziellen Meßproblem ist.

1.5.2. Fehlerabschätzung

Die Fehlerabschätzung beinhaltet die Abschätzung des systematischen und des zufälligen Fehleranteils bei der Einzelmessung. Sie wird angewendet, wenn die Ermittlung einer umfangreichen Meßreihe zu aufwendig oder nicht sinnvoll ist. Letzteres ist der Fall, sofern der systematische Fehleranteil gegenüber dem zufälligen Fehleranteil dominiert. Fehlerabschätzungen in diesem Sinne erfordern ausreichende Kenntnisse und Erfahrungen über die eingesetzten Meßgeräte und Meßgegenstände sowie über die verwendeten Meß- und Auswerteverfahren und sind nicht durch eine geschlossene Theorie darstellbar.

1.5.2.1. Einzelmessung

Wird im Experiment der Wert einer Größe X nur einmal gemessen, so ist der Meßwert x_m vom Wert x_c des erfaßten Anteils des systematischen Fehlers zu befreien. Für den jetzt vorliegenden korrigierten Meßwert x mit

$$x = x_m - x_c \tag{9}$$

erfolgt die Abschätzung der gesamten Meßunsicherheit $u(X)$ über die Abschätzung des nicht erfaßten systematischen $u_s(X)$ und des zufälligen $u_z(X)$ Fehleranteils als Größtfehler durch die Addition der Beträge beider Anteile zur maximalen Meßunsicherheit $u_{max}(X)$:

$$u(X) = u_{max}(X) = \pm\left[|u_s(X)| + |u_z(X)|\right]. \tag{10}$$

Während der nicht erfaßte systematische Fehleranteil mit Hilfe bekannter Fehlergrenzen und Genauigkeitsklassen bzw. unter Verwendung von Fehlerangaben der Gerätehersteller abgeschätzt werden kann, ist für die Abschätzung des zufälligen Fehleranteils eine gewisse praktische Erfahrung erforderlich.

Für die Abschätzung zufälliger Fehler sind insbesondere Ablesefehler (z. B. Interpolation innerhalb der Teilung einer Skale) und Reaktionsfehler bei manuellen Zeitmessungen von Bedeutung. Sie können recht subjektiv sein und von der Skalenaufteilung sowie vom anzeigenden System (Zeiger, Lichtmarke) abhängen. Bei Ziffernskalen von Zählern und digital anzeigenden Meßgeräten ist die Anzeigeunsicherheit zu berücksichtigen.

Beispiel: Temperaturmessung mit dem Hg-Thermometer. Meßbereich: $0-50\,°C$, kleinster Skalenteilabstand: 0,1 K, nichterfaßter systematischer Fehler $u_s(T) = \pm0,15$ K (Eichfehlergrenze), zufälliger Fehler $u_z(T) = \pm0,025$ K (Ablesefehler).
Der Ablesefehler wurde mit einem Viertel des kleinsten Skalenteils angenommen, d. h., der Unsicherheitsbereich für die Ablesung beträgt einen halben kleinsten Skalenteil. Die abgeschätzte Meßunsicherheit ist dann $u_{max}(T) = \pm[|u_z(T)| + |u_s(T)|] = \pm[0,025$ K $+ 0,15$ K$] = \pm0,175$ K.
Die gesamte Meßunsicherheit wird auf eine zählende Stelle gerundet, in diesem Beispiel $u_{max}(T) = \pm0,2$ K.

1.5.2.2. Fehlerfortpflanzung (Größtfehlergleichung)

Häufig wird aus einer Reihe von einzeln gemessenen Größen X_k mit $k = 1,\dots,m$ eine weitere funktionell abhängige Größe $Y = Y(X_1,\dots,X_k)$ ermittelt. Bei ausreichend kleinen Meßunsicherheiten $u(X_k)$ der einzelnen Meßwerte x_k mit $|u(X_k)/x_k| \ll 1$ berechnet man den Wert für die Meßunsicherheit der nicht direkt meßbaren Größe Y durch den Linearanteil einer Taylorentwicklung:

$$u(Y) = \frac{\partial Y}{\partial X_1}u(X_1) + \frac{\partial Y}{\partial X_2}u(X_2) + \cdots + \frac{\partial Y}{\partial X_m}u(X_m). \tag{11}$$

In Gl. (11) können die Einzelfehleranteile unterschiedliche Vorzeichen haben, sich somit ganz oder teilweise aufheben. Da man in der Regel über die Vorzeichen der Einzelfehler keine Kenntnis hat, wird die Meßunsicherheit in diesem (ungünstigsten) Fall als *Größtfehler* bestimmt:

$$u_{max}(Y) = \pm\left[\left|\frac{\partial Y}{\partial X_1}u(X_1)\right| + \left|\frac{\partial Y}{\partial X_2}u(X_2)\right| + \cdots + \left|\frac{\partial Y}{\partial X_m}u(X_m)\right|\right]. \tag{12}$$

Die $u(X_k)$ entsprechen den in Gl. (10) eingeführten Maximalwerten. Die folgenden Sonderfälle ergeben für die Größtfehlerabschätzung besonders anschauliche Zusammenhänge.

Lineare Funktion: $Y = a_0 + \displaystyle\sum_{k=1}^{m} a_k X_k,$

$$u_{max}(Y) = \pm[|a_1 u(X_1)| + |a_2 u(X_2)| + \cdots + |a_m u(X_m)|]. \tag{13}$$

Potenzprodukt: $Y = A \displaystyle\prod_{k=1}^{m} X_k^{a_k},$

$$\frac{u_{max}(Y)}{Y} = \pm\left[\left|a_1\frac{u(X_1)}{X_1}\right| + \left|a_2\frac{u(X_2)}{X_2}\right| + \cdots + \left|a_m\frac{u(X_m)}{X_m}\right|\right]. \tag{14}$$

Beispiele für die Abschätzung des Größtfehlers

1. Bestimmung der Schwerebeschleunigung g mit einem Fadenpendel; Meßgrößen sind die Pendellänge l und die Periodendauer T:

$$Y(l, T) = g = \frac{4\pi^2 l}{T^2}.$$

Mit Gl. (14) erhält man

$$\frac{u_{max}(g)}{g} = \pm \left[\left| \frac{u(l)}{l} \right| + 2 \left| \frac{u(T)}{T} \right| \right].$$

2. Ermittlung des ohmschen Widerstandes R aus Spannungs- und Strommessung mit spannungsrichtiger Schaltung.
Meßgrößen sind U und I; Innenwiderstand R_{Sp} des Spannungsmeßgerätes aus Gerätebeschreibung.

$$R = \frac{U}{I - \dfrac{U}{R_{Sp}}} = \frac{Z}{N} \quad \text{mit} \quad Z = U \quad \text{und} \quad N = I - \frac{U}{R_{Sp}}.$$

Nach Gl. (14) ergibt sich

$$\frac{u_{max}(R)}{R} = \pm \left[\left| \frac{u(Z)}{Z} \right| + \left| \frac{u(N)}{N} \right| \right]$$

mit $\quad u(Z) = \left| \dfrac{\partial Z}{\partial U} u(U) \right| = u(U)$

und $u(N)$ nach Gl. (13)

$$u(N) = \left[|u(I)| + \left| \frac{u(U)}{R_{Sp}} \right| \right].$$

Für den relativen Größtfehler erhält man schließlich

$$\frac{u_{max}(R)}{R} = \pm \left[\left| \frac{u(U)}{U} \right| + \frac{|u(U)| + R_{Sp}|u(I)|}{IR_{Sp} - U} \right].$$

1.5.3. Fehlerrechnung (statistische Theorie)

Die Ermittlung der Meßunsicherheit einer Meßgröße, deren Meßwerte zufällig schwanken, begründet sich auf die folgenden Voraussetzungen:

1. Die Messung einer Größe kann beliebig viele Male wiederholt werden.
2. Die systematischen Fehleranteile sind korrigierbar bzw. vernachlässigbar.
3. Die Meßwerte streuen zufällig.

1.5.3.1. Unmittelbare Messungen

Für die Abschätzung des Erwartungswertes x_e einer direkt meßbaren Größe X setzt man eine sehr große Anzahl n voneinander unabhängiger Messungen voraus, wobei man die Gesamtmenge

der Meßwerte für $n \gg 1$ als Grundgesamtheit der Meßgröße X bezeichnet. Aus Zeit- und Kostengründen wird man sich jedoch mit einer begrenzten Zahl von Messungen, einer Stichprobe vom Umfang n, begnügen. Für eine vorliegende Meßreihe mit den Werten $x_1, x_2, \ldots, x_n$ repräsentiert dann das *arithmetische Mittel (Mittelwert)* $\bar{x}$ mit

$$\bar{x} = \frac{1}{n} \sum_{i=1}^{n} x_i \tag{15}$$

einen guten Schätzwert für x_e für nicht zu kleine n. Zur Analyse des Fehlers der unmittelbaren Meßgröße X summiert man die Quadrate der scheinbaren Fehler $(x_i - \bar{x})^2$ der Einzelmessungen und dividiert durch $n - 1$:

$$s_x^2 = \frac{1}{n - 1} \sum_{i=1}^{n} (x_i - \bar{x})^2. \tag{16}$$

Die Größe s_x^2 bezeichnet man als *empirische Varianz* vom Stichprobenumfang n. Aus ihr läßt sich die *empirische Standardabweichung* s_x

$$s_x = \sqrt{\frac{1}{n - 1} \sum_{i=1}^{n} (x_i - \bar{x})^2} \tag{17}$$

berechnen, die eine Kenngröße des Fehlers der Einzelmessung ist. Der Quotient $1/(n - 1)$ berücksichtigt den Sachverhalt, daß nur $n - 1$ Meßwerte aus dem Stichprobenumfang n durch die Berechnung von $\bar{x}$ voneinander unabhängig sind.
Die *empirische Standardabweichung des Mittelwertes* ist gleich der empirischen Standardabweichung der Einzelmessung geteilt durch die Wurzel aus der Gesamtzahl der Messungen:

$$s_{\bar{x}} = \frac{s_x}{\sqrt{n}} = \sqrt{\frac{1}{n(n - 1)} \sum_{i=1}^{n} (x_i - \bar{x})^2}. \tag{18}$$

Die bisher gemachten Aussagen gelten allgemein ohne die Annahme einer speziellen statistischen Verteilung der Meßfehler um den Erwartungswert, etwa die der Gaußschen Normalverteilung (vgl. 1.6.2). Will man aber eine Genauigkeitsangabe für die Schätzung des Erwartungswertes durch den Mittelwert erhalten, ist die Ermittlung des Vertrauensbereiches oder Konfidenzintervalls notwendig, welche die Annahme einer bestimmten Verteilungsfunktion voraussetzt.

In der Regel geht man von einer normalverteilten Grundgesamtheit aus, so daß dann auch die Stichprobe einer Normalverteilung genügt. Unter dieser Voraussetzung lassen sich die *obere* und die *untere Grenze* des *Vertrauensbereiches* berechnen:

$$\text{obere Grenze:} \quad \bar{x} + \frac{t(P, f)\, s_x}{\sqrt{n}}, \tag{19a}$$

$$\text{untere Grenze:} \quad \bar{x} - \frac{t(P, f)\, s_x}{\sqrt{n}}. \tag{19b}$$

Der Faktor $t(P, f)$ bezieht sich auf die sogenannte t-Verteilung und hängt vom Vertrauensniveau P bzw. von der Irrtumswahrscheinlichkeit $\alpha\,(\alpha = 1 - P)$ und der Anzahl der Freiheitsgrade f ab. Für den unter Praktikumsbedingungen üblichen Wert für $P = 95\%$ bzw. für $\alpha = 5\%$ vermittelt Tab. 1.5.1 einige Werte für t.

Tabelle 1.5.1. t-Werte zur Berechnung des Vertrauensbereiches für verschiedene Freiheitsgrade f unter der Annahme eines Vertrauensniveaus von P = 95%

f	2	3	4	5	7	9	11	15	50	100	200
t	4,3	3,2	2,8	2,6	2,4	2,3	2,2	2,1	2,01	2,00	1,98

Die Zahl der Freiheitsgrade ist gleich der Anzahl der Meßwerte ($f = n$), sofern s gegeben ist. Berechnet man das arithmetische Mittel aus einer Stichprobe mit n Messungen, wird $f = n - 1$. In Tab. 1.5.1 erkennt man, daß für eine geringe Anzahl von Freiheitsgraden (Meßwerten) der Vertrauensbereich recht groß werden kann. Für eine rechnerische Fehlerbehandlung sollen mindestens fünf Meßwerte vorliegen, andernfalls ist eine (statistische) Fehlerrechnung nicht sinnvoll.

Beispiel: 10malige Messung der Periodendauer T eines Pendels mit einer digitalen Stoppuhr; der systematische Fehleranteil sei vernachlässigbar.

Nr. der Messung i	1	2	3	4	5	6	7	8	9	10
T_i/s	1,92	1,95	1,90	1,89	1,93	1,91	1,94	1,93	1,95	1,90

$$\bar{T} = \frac{1}{10} \sum_{i=1}^{10} T_i = 1,922\,\text{s},$$

$$s_T = \sqrt{\frac{1}{9} \sum_{i=1}^{10} (T_i - \bar{T})^2} = 0,0215\,\text{s},$$

$$u(T) = u_z(T) = \pm \frac{s_T\, t(P, f)}{\sqrt{n}} = \pm 0,016\,\text{s}$$

mit $t(P, f) = 2,3$.

Der t-Wert für $P = 95\%$ und $f = 9$ wurde aus Tab. 1.5.1 erhalten. Als Meßunsicherheit ermittelt man nach Rundung $u(T) = \pm 0,02$ s, so daß für das endgültige Ergebnis $T = (1,92 \pm 0,02)$ s erhalten wird. Um eine noch geringere Meßunsicherheit zu erreichen, wird man statt einer Schwingung zehn Perioden messen!

1.5.3.2. Fehlerfortpflanzung für Größen mit zufälligem Fehler

Die empirische Standardabweichung einer Größe $Y = Y(X_k)$ mit $k = 1, \ldots, m$, die eine Funktion mehrerer direkt meßbarer Größen $X_1, \ldots, X_m$ mit den zugehörigen Mittelwerten $\bar{x}_1, \ldots, \bar{x}_m$ ist, kann mit Hilfe der *Fehlerfortpflanzung nach Gauß* [vgl. Gl. (20)] bestimmt werden, wenn die folgenden Voraussetzungen erfüllt sind:

1. Die Meßwerte der Größen X_k sind normalverteilt (vgl. 1.6), und ihre zufälligen Fehleranteile sind unabhängig voneinander.

2. Die systematischen Fehleranteile sind korrigierbar bzw. vernachlässigbar, und die zufälligen Fehleranteile sind viel kleiner als die Mittelwerte der Meßgrößen, d. h. $s_{X_k} \ll \bar{x}_k$.

Dann kann die empirische Standardabweichung s_y von $Y = Y(X_1, \ldots, X_m)$ mit Gl. (20) berechnet werden:

$$s_y = \sqrt{\sum_{k=1}^{m} \left(\frac{\partial Y}{\partial X_k}\, s_{x_k} \right)^2}. \tag{20}$$

Die s_{X_k} werden aus Stichproben $x_{k,i}$ ($i = 1, \ldots, n$) vom Umfang n in Analogie zu 1.5.3.1 ermittelt. Als Wert für die Meßunsicherheit $u(Y)$ der indirekt gemessenen zufälligen Größe Y erhält man in diesem Fall

$$u(Y) = \pm \frac{s_y\, t(P, f)}{\sqrt{n}}. \tag{21}$$

Für zwei häufig auftretende Spezialfälle vereinfacht sich die Berechnung von s_y.

Lineare Funktion: $Y = a_0 + \sum_{k=1}^{m} a_k X_k$,

$$s_y = \sqrt{(a_1 s_{x_1})^2 + (a_2 s_{x_2})^2 + \cdots + (a_m s_{x_m})^2}. \qquad (22)$$

Potenzprodukt: $Y = A \prod_{k=1}^{m} X_k^{a_k}$,

$$\frac{s_y}{y} = \sqrt{\left(a_1 \frac{s_{x_1}}{x_1}\right)^2 + \left(a_2 \frac{s_{x_2}}{x_2}\right)^2 + \cdots + \left(a_m \frac{s_{x_m}}{x_m}\right)^2}. \qquad (23)$$

1.5.3.3. Fehler beim linearen Ausgleich

Zur Berechnung der empirischen Standardabweichungen der Parameter $\bar{\alpha}$ und $\bar{\beta}$ der Ausgleichsgeraden $y = \bar{\alpha} + \bar{\beta}x$ werden in Analogie zu 1.5.3.2 mit dem Fehlerfortpflanzungsgesetz nach Gauß die zugehörigen Werte $s_{\bar{\alpha}}$ und $s_{\bar{\beta}}$ berechnet. Es sollen n Meßwertpaare (x_i, y_i) mit $i = 1, \ldots, n$ der Meßgrößen X (Einflußgröße) und Y (Zielgröße) vorliegen und die x_i-Werte fehlerfrei sein ($s_X = 0$). Dann lauten die Berechnungsformeln

$$s_{\bar{\beta}} = \sqrt{\sum_{i=1}^{n} \left(\frac{\partial \bar{\beta}}{\partial y_i}\right)^2 s_y^2} = s_y \sqrt{\frac{1}{n[\overline{x^2} - (\bar{x})^2]}} \qquad (24)$$

und

$$s_{\bar{\alpha}} = \sqrt{\sum_{i=1}^{n} \left(\frac{\partial \bar{\alpha}}{\partial y_i}\right)^2 s_y^2}$$

$$= s_y \sqrt{\frac{\overline{x^2}}{n[\overline{x^2} - (\bar{x})^2]}} = s_{\bar{\beta}} \sqrt{\overline{x^2}}. \qquad (25)$$

Die Mittelwerte $\overline{x^2}$ *und* $(\bar{x})^2$ entsprechen den in 1.4.1 eingeführten Definitionen.
In gleicher Weise wie in Gl. (17) wird die empirische Standardabweichung s_y ermittelt:

$$s_y = \sqrt{\frac{1}{n-2} \sum_{i=1}^{n} (y_i - \bar{y})^2}$$

$$= \sqrt{\frac{1}{n-2} \sum_{i=1}^{n} (y_i - \bar{\beta}x_i - \bar{\alpha})^2}. \qquad (26)$$

Der Ersatz von $n - 1$ durch $n - 2$ gegenüber Gl. (17) ist dadurch bedingt, daß die Anzahl der Freiheitsgrade bezüglich der n voneinander unabhängigen Wertepaare durch die aus den Meßwerten berechneten Parameter $\bar{\alpha}$ und $\bar{\beta}$ um zwei reduziert wurde ($f = n - 2$). Unter der Annahme, daß die zufälligen Fehler der y_i-Werte normalverteilt sind, können die zugehörigen Meßunsicherheiten in Analogie zu den Gln. (19a, b) bestimmt werden:

$$u(\bar{\alpha}) = \pm s_{\bar{\alpha}} t(P, n - 2) \text{ bzw.}$$

$$u(\bar{\beta}) = \pm s_{\bar{\beta}} t(P, n - 2). \qquad (27)$$

1.5.4. Angabe des Meßergebnisses

Das endgültige Meßergebnis einer Meßreihe mit überwiegend zufälligem Fehleranteil wird durch den Mittelwert und den Vertrauensbereich angegeben, wobei für letzteren die Irrtumswahrscheinlichkeit α bzw. das Vertrauensniveau $P = (1 - \alpha)\,100\%$ festzulegen ist.
Soll die Angabe des Ergebnisses in der Einheit der Meßgröße X erfolgen, wählt man als Schreibweise

$$\boxed{X = \bar{x} \pm \frac{t(P, f)\, s_x}{\sqrt{n}}.} \qquad (28\,a)$$

Bevorzugt man dagegen die Angabe der Meßunsicherheit als relative Größe, ist das Ergebnis in der Form

$$\boxed{X = \bar{x}(1 \pm \varepsilon)} \qquad (28\,b)$$

mit $\varepsilon = \dfrac{t(P, f)\, s_x}{\sqrt{n}} \dfrac{1}{\bar{x}}$ anzugeben. Falls die systematischen Fehleranteile u_s nicht erfaßbar, d. h. unbekannt bzw. nicht meßbar sind, ist ihr abschätzbarer Wert zu berücksichtigen. Im Falle $|u_s(X)| < |u_z(X)|$ summiert man als praktikable Näherung die beiden Fehleranteile und erhält als endgültiges Meßergebnis

$$\boxed{X = \bar{x} \pm [|u_s(X)| + |u_z(X)|].} \qquad (29)$$

Liegen die systematischen Fehleranteile in der Größenordnung der zufälligen Fehleranteile oder übertreffen diese gar, so ist auf eine statistische Fehleranalyse zu verzichten und eine Abschätzung für den Wert von $u_z(X)$ vorzunehmen. Alle Fehlerangaben sind in der Regel auf eine Ziffer aufzurunden. Die endgültigen Ergebnisse rundet man auf signifikante Stellen, d. h., es wird nur noch die Stelle angegeben, in der sich der Fehler bemerkbar macht.

1.6. Statistische Tests

Statistische Tests verwenden Methoden und Verfahren zur Auswertung von Meßergebnissen zufälliger Meßgrößen, die auf den Grundlagen der mathematischen Statistik und Wahrscheinlichkeitsrechnung beruhen. In den folgenden beiden Abschnitten werden einige Beispiele vorgestellt, wie man anschaulich und zweckmäßig statistisch begründete Fehleranalysen von Meßdaten im Laborpraktikum durchführen kann.

1.6.1. Ermittlung von Häufigkeitsverteilungen

Eine Art Vorstufe der statistischen Analyse von Meßdaten stellt die Ermittlung von *Häufigkeitsverteilungen* dar. Die zufällige Meßgröße X bezeichnet man in diesem Falle auch als Merkmal, die Meßwerte $x_1, x_2, \ldots, x_n$ als Merkmalswerte und die Meßwertreihe als Urliste. Treten in der Urliste einzelne Werte mehrfach auf, so wird man eine Häufigkeitstabelle aufstellen und daraus die absoluten Häufigkeiten und oftmals auch die relativen Häufigkeiten oder die relativen Summenhäufigkeiten bestimmen (vgl. Tab. 1.6.1). Liegt eine ausreichende Anzahl unterschiedlich großer Meßwerte vor, so ist eine Aufteilung der Meßwerte in eine bestimmte Anzahl r von Klassen k oder Intervallen ($k = 1, \ldots, r$) zweckmäßig. Die Klassenbreite wird so festgelegt, daß die charakteristische Größenverteilung der Merkmalswerte gut zu erkennen ist. Sie soll nicht zu klein, aber auch nicht zu groß gewählt werden, da bei zu engen Intervallen die Schwankungen groß werden, bei zu weiten Intervallen das Typische der Verteilung verlorengehen kann. Die auf eine Intervallgrenze fallenden Werte werden je zur Hälfte den angrenzenden Intervallen angerechnet, wobei die Intervall- oder Klassenbreite in der Regel für alle Klassen gleichgroß festgelegt wird.

Der Wert x_k repräsentiert dann den Mittenwert bezüglich der Klasse k.

Tabelle 1.6.1. Übersicht über verschiedene Häufigkeitsgrößen

Absolute Häufigkeit	$h_k = h(x_k)$
Relative Häufigkeit	$h_k/n = h(x_k)/n$
Relative Summenhäufigkeit	$H_k = H(x_k) = \sum\limits_{i=1}^{k} h_i/n, \; H_r = 1$

k: Klassenindex, r: Gesamtzahl der Klassen,
n: Anzahl der Meßwerte (Merkmale)

Die relativen *Summenhäufigkeiten* bestimmt man, indem die Summe aus den einzelnen relativen Häufigkeiten bis einschließlich zur jeweils k-ten Klasse gebildet wird.

Zur Veranschaulichung von Häufigkeitsverteilungen eignen sich besonders Histogramme, Häufigkeitspolygone oder Summenhäufigkeitspolygone (vgl. Abb. 3).

Wie bei der Analyse der zufälligen Fehler führt man auch für die Häufigkeitsverteilung statistische Kennwerte, den Mittelwert und die Standardabweichung ein:

$$\bar{x} \simeq \frac{1}{n} \sum_{k=1}^{r} h_k x_k, \quad s_x \simeq \sqrt{\frac{1}{n-1} \sum_{k=1}^{r} h_k (x_k - \bar{x})^2}.$$

$$(30)$$

Das Gleichheitszeichen steht nur bei ausreichend kleinen Intervallen und bei einer genügend großen Anzahl von Meßwerten, andernfalls gelten die Beziehungen für $\bar{x}$ und s_x nur näherungsweise.

Beispiel: Es wurde zweihundertmal ($n = 200$) die Periodendauer eines Pendels mit einer digitalen Stoppuhr (systematischer Fehler vernachlässigbar) gemessen. Die zufälligen Fehler sollen alle das gleiche „Gewicht" haben.

Die Auszählung der Meßwerte, die in eine der festgelegten Klassen $k = 1$ bis 14 fallen, vermittelt Tab. 1.6.2.

1.6.2. Verteilungen und Prüfverfahren

Ein Nachteil für die mathematische Beschreibung der im vorhergehenden Abschnitt eingeführten Häufigkeitsverteilung ist ihre Unstetigkeit und Nichtdifferenzierbarkeit. Für den Fall unendlich vieler, sich stetig ändernder Merkmalswerte konvergiert jedoch die Häufigkeitsverteilung gegen die

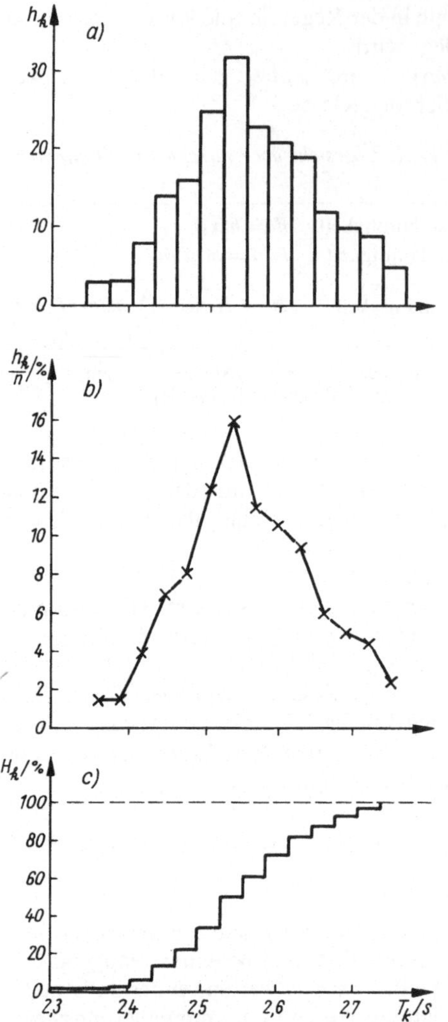

Abb. 3. Typische Formen der Darstellung von Häufigkeitsverteilungen: a) Histogramm, b) Häufigkeitspolygon, c) Summenhäufigkeitspolygon. Die Werte wurden Tab. 1.6.2 entnommen

Verteilungsfunktion der Grundgesamtheit. Mit der Verteilungsfunktion ist dann im Prinzip die Berechnung der Wahrscheinlichkeit für das Auftreten eines bestimmten Ereignisses (Meßwertes) möglich. Die Erörterung, wie gut konkrete empirische Verteilungen bzw. ihre charakteristischen Parameter durch spezielle theoretische Verteilungen wiedergegeben werden, ist Gegenstand statistischer Prüfverfahren. Diese beruhen alle auf Vergleichstests und gehen von der Annahme (Hypo-

these) aus, daß sich die aus einer konkreten Stichprobe gewonnenen Kennwerte nur durch zufällige Abweichungen von den entsprechenden Kennwerten der Grundgesamtheit unterscheiden. Diese Art der Annahme nennt man Nullhypothese H_0, die gegenteilige Entscheidung wird als Alternativhypothese H_1 bezeichnet.

Die Annahme der Nullhypothese bedeutet aber nicht in jedem Falle, daß nur sie die richtige ist. Einerseits wurde sie gegenüber einer Alternativhypothese vorgezogen und andererseits kann der begrenzte Stichprobenumfang n einen (statistischen) Irrtum nicht ausschließen. Deshalb ist bei einer Entscheidung noch die Irrtumswahrscheinlichkeit α zu berücksichtigen.

In 1.5.3.1 wurde bereits eine solche Verteilung (t-Verteilung) zur statistisch begründeten Schätzung des Vertrauensbereiches des Mittelwertes einer normalverteilten Größe verwendet, bei der sowohl die Irrtumswahrscheinlichkeit α als auch die Anzahl der Messungen n bzw. der Freiheitsgrade $f = n - 1$ eine Rolle spielten. Allgemein wird der Freiheitsgrad einer Meßwertreihe bestehend aus n Messungen als die Differenz $f = n - m$ definiert, wobei m die Anzahl der aus den Meßwerten berechneten statistischen Kenngrößen ist.

Zum Prüfen der Nullhypothese verwendet man geeignete *Prüfverteilungen*, z. B. die *Normalverteilung*, die *t-Verteilung* (Student-Verteilung) oder die χ^2-*Verteilung* (Chi-Quadrat-Verteilung), die in der entsprechenden Fachliteratur tabelliert vorliegen. Die wichtigste stetige Verteilung ist die *Normal-* oder *Gaußverteilung*. Sie wird mathematisch durch die Verteilungsdichtefunktion Gl. (31) mit den Parametern *Zentralwert* μ und *Standardabweichung* σ dargestellt, die im Falle einer normalverteilten Stichprobe durch $\bar{x}$ und s zu ersetzen sind:

$$f(x) = \frac{1}{\sqrt{2\pi}\,\sigma} \exp\left[-\frac{(x-\mu)^2}{2\sigma^2}\right]. \qquad (31)$$

Der Faktor $1/(\sqrt{2\pi}\,\sigma)$ ergibt sich aus der Normierungsbedingung

$$\int_{-\infty}^{+\infty} f(x)\,\mathrm{d}x = 1.$$

Sie besagt, daß die Wahrscheinlichkeit für das Auffinden des Wertes x der Meßgröße X im Intervall zwischen $-\infty$ und $+\infty$ gleich 1 ist.

Tabelle 1.6.2

k	Intervallgrenzen/s	T_k/s	h_k	(h_k/n)/%	H_k/%	$(T_k - \bar{T})^2$/s^2
1	2,345–2,375	2,36	3	1,5	1,5	0,0408
2	2,375–2,405	2,39	3	1,5	3,0	0,0296
3	2,405–2,435	2,42	8	4,0	7,0	0,0202
4	2,435–2,465	2,45	14	7,0	14,0	0,0125
5	2,465–2,495	2,48	16	8,0	22,0	0,0067
6	2,495–2,525	2,51	25	12,5	34,5	0,0027
7	2,525–2,555	2,54	32	16,0	50,5	0,0005
8	2,555–2,585	2,57	23	11,5	62,0	0,0001
9	2,585–2,615	2,60	21	10,5	72,5	0,0014
10	2,615–2,645	2,63	19	9,5	82,0	0,0046
11	2,645–2,675	2,66	12	6,0	88,0	0,0096
12	2,675–2,705	2,69	10	5,0	93,0	0,0164
13	2,705–2,735	2,72	9	4,5	97,5	0,0250
14	2,735–2,765	2,75	5	2,5	100	0,0353

$$\bar{T} \simeq 2{,}562 \text{ s} \qquad\qquad s_T \simeq 0{,}0879 \text{ s}$$

Der Verlauf des Graphen der Dichtefunktion der Normalverteilung in Abb. 4 zeigt die typische Symmetrie der glockenförmigen Kurve bezüglich des Wertes μ. Die Wendepunkte liegen an den Stellen $\mu - \sigma$ und $\mu + \sigma$. Man erkennt außerdem das Charakteristikum der zufälligen Fehler, daß kleine Abweichungen häufiger vorkommen als große.

Die Integration der Dichteverteilung $f(x)$ führt zur eigentlichen Verteilungsfunktion oder zur sogenannten Fehlerfunktion $F(x)$ mit

$$F(x) = \int_{-\infty}^{x} f(x')\, dx', \qquad (32)$$

die durch Einsetzen von Gl. (31) zum bekannten Gaußschen Fehlerintegral führt. In Abb. 5 ist das Gaußsche Fehlerintegral graphisch dargestellt.

Die Funktion $F(x)$ stellt die Wahrscheinlichkeit $p(x)$ dar, mit der die Zufallsgröße X einen Wert aus dem Intervall $(-\infty, x)$ annimmt. Gleichzeitig entspricht der Wert von $F(x)$ dem bestimmten Integral von $f(x)$ und damit der Fläche von $-\infty$ bis zur Stelle x. Deshalb ist es möglich, die experimentell ermittelten Summenhäufigkeiten in Beziehung zu den theoretischen Wahrscheinlichkeiten der Normalverteilung zu setzen.

Eine graphische Prüfung, ob eine Stichprobe von Meßwerten einer Normalverteilung genügt, kann unter Verwendung von speziellem Koordinatenpapier (Wahrscheinlichkeitsnetz) erfolgen. Bei diesem ist die Ordinate so unterteilt, daß der Graph der Verteilungsfunktion $F(x)$ der Normalverteilung zu einer Geraden gestreckt wird.

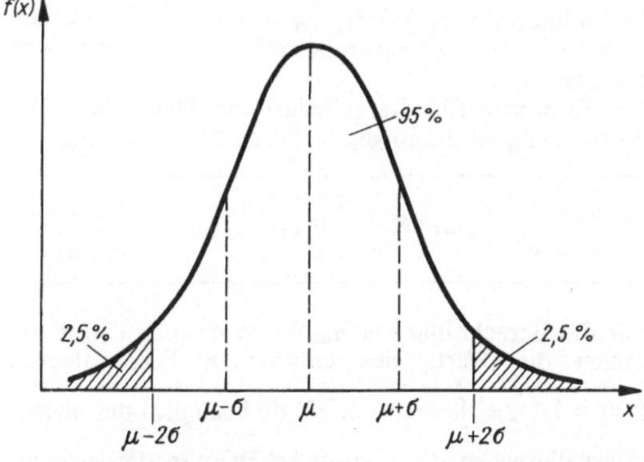

Abb. 4. Dichtefunktion $f(x)$ der Normalverteilung mit einer Irrtumswahrscheinlichkeit $\alpha = 0{,}05$ (schraffierte Fläche). Vertrauensniveau $P = 1 - \alpha = 0{,}95$ für $\mu - 2\sigma \leqq x \leqq \mu + 2\sigma$

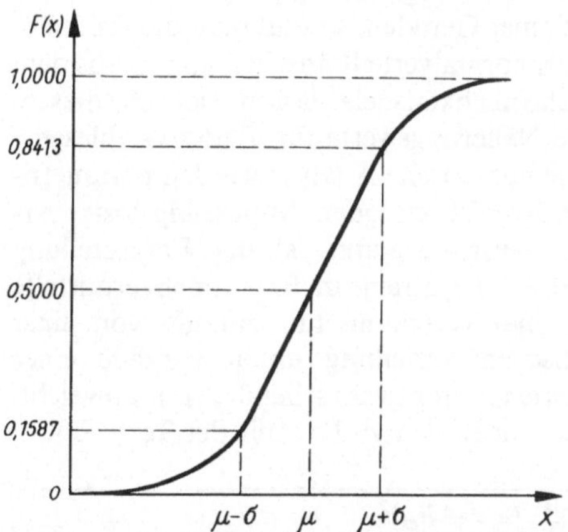

Abb. 5. Verteilungsfunktion $F(x)$ der Normalverteilung

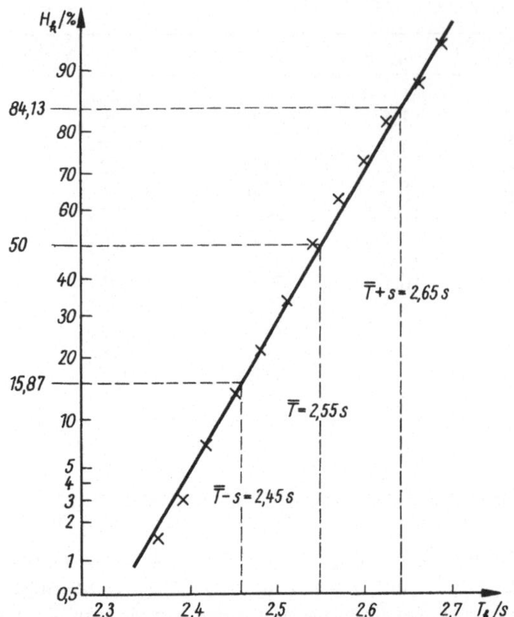

Abb. 6. Darstellung der relativen Summenhäufigkeiten aus Tab. 1.6.2 im Wahrscheinlichkeitsnetz. Abszissenachse gleichmäßig, Ordinatenachse nach Fehlerintegral Gl. (32) geteilt

Abb. 6 zeigt die relativen Summenhäufigkeiten aus Tab. 1.6.2 im Wahrscheinlichkeitsnetz. Zur Charakterisierung des Graphen wird nur der Bereich zwischen 10% und 90% herangezogen, da für kleine bzw. große Ordinatenwerte der Ordinatenmaßstab sehr stark gedehnt ist.

Wie man sieht, liegen die experimentellen Werte gut auf einer Geraden, so daß man die Zeitmeßfehler als normalverteilt ansehen kann. Aus dem Wahrscheinlichkeitsnetz lassen sich in diesem Fall die Näherungswerte für $\bar{T}$ und s_T ablesen.

Für eine numerische Analyse werden parametrische Prüfverfahren oder Anpassungstests verwendet. Ausgangspunkt ist die Fragestellung (Hypothese H_0), ob eine im Experiment ermittelte (empirische) Verteilung nur zufällig von einer theoretischen Verteilung unter Vorgabe einer bestimmten Irrtumswahrscheinlichkeit abweicht. Wir verwenden den χ^2-*Test* mit der Testgröße

$$\chi^2 = \sum_{k=1}^{r} \frac{(h_{bk} - h_{ek})^2}{h_{ek}}. \qquad (33)$$

Dabei setzt man voraus, daß die Verteilung der einzelnen Summanden in Gl. (33) mit genügender Genauigkeit durch die χ^2-Verteilung approximiert wird. Unter Berücksichtigung der entsprechenden Anzahl der Freiheitsgrade f und der vereinbarten Irrtumswahrscheinlichkeit α lautet das Entscheidungskriterium:

Annahme der Hypothese H_0, wenn $\chi^2 < \chi^2_{\alpha,f}$,
Ablehnung der Hypothese H_0, wenn $\chi^2 \geqq \chi^2_{\alpha,f}$.

Der Wert für $\chi^2_{\alpha,f}$ kann der χ^2-Tafel im Anhang entnommen werden.

In Gl. (33) sind die h_{bk} die beobachteten und die h_{ek} die theoretischen (erwarteten) absoluten Häufigkeiten in der k-ten Klasse ($k = 1, \ldots, r$). Die erwartete Häufigkeit in jeder Klasse soll mindestens 5 betragen, um dem statistischen Charakter der Verteilung Rechnung zu tragen. Damit das Risiko der Annahme einer falschen Hypothese herabgesetzt wird, ist die Irrtumswahrscheinlichkeit nicht zu klein ($\geqq 5\%$) anzusetzen. Die Anzahl der Freiheitsgrade f ist gleich der Anzahl r der Klassen vermindert um die Anzahl m der aus der Stichprobe geschätzten Parameter (z. B. Mittelwert) und um die Anzahl der Beziehungen, die zwischen den Häufigkeiten besteht (z. B. $\sum h_k = n$), also $f = r - m - 1$.

Beispiel 1: Hypothese H_0: Die Häufigkeitsverteilung manuell gemessener Periodendauern eines Pendels ist normalverteilt! Für die Entscheidungsfindung ist die Berechnung von Wahrscheinlichkeiten mit dem Gaußschen Fehlerintegral zur Ermittlung der h_{ek}-Werte erforderlich. Man verwendet dazu die Transformationsgleichung $y = (x - \mu)/\sigma$ und erhält als normierte Dichtefunktion $f(y) = 1/\sqrt{2\pi}\,\exp(-y^2/2)$, bei der μ und σ im vorliegenden Beispiel durch $\bar{T}$ und s_T zu ersetzen sind.

Als Kopfzeile für die tabellarische Darstellung der Auswertung ist die folgende Form zu empfehlen:

Klassen-grenze T_{gk}/s	$y_k = \dfrac{T_{gk} - \bar{T}}{s_T}$	$F(y_k)$	p_k	h_{ek}	h_{bk}	$\dfrac{(h_{bk} - h_{ek})^2}{h_{ek}}$

Für die Berechnung der h_{ek}-Werte bestimmt man zunächst die Werte des Gaußschen Fehlerintegrals

$$F(y) = 1/\sqrt{2\pi} \int_{-\infty}^{y} \exp(-\eta^2/2)\,d\eta$$

bezüglich der oberen Intervallgrenzen T_{gk}. Damit erhält man die jeweilige Wahrscheinlichkeit p_k für $k = 1$ zu $p_1 = F(y_1)$, für $k = 2, \ldots, r-1$ zu $p_k = F(y_k) - F(y_{k-1})$ und für $k = r$ zu $p_r = 1 - F(y_{r-1})$. Die erwarteten Häufigkeiten ergeben sich dann zu $h_{ek} = n \cdot p_k$ ($k = 1, \ldots, r$).

Die Summation über die Werte in der letzten Spalte liefert den Wert für χ^2.

Häufig wird zur Einschätzung der Güte der Anpassung die Überschreitungswahrscheinlichkeit bestimmt, die zu dem berechneten χ^2-Wert gehört. Die in der χ^2-Tafel im Anhang angeführten α-Werte in der oberen Zeile geben gerade die Wahrscheinlichkeiten an, mit denen die darunter stehenden Werte von χ^2 erreicht oder überschritten werden. Bestimmt man mit Hilfe des Wertes von χ_f^2 unter Berücksichtigung des Freiheitsgrades f die Überschreitungswahrscheinlichkeit, so ist diese ein Maß für die Güte der Anpassung. Als gut wird diese bezeichnet, wenn die Überschreitungswahrscheinlichkeit Werte größer 0,50 annimmt, dagegen ist sie mäßig für 0,50 bis 0,20 und schwach für 0,19 bis 0,05.

Das folgende Beispiel demonstriert, wie gut die Häufigkeit eines „Nulleffektes" durch die einparametrige Poissonverteilung beschrieben werden kann (vgl. Versuch O.7.2).

Als Nulleffekt soll diejenige Anzahl der Impulse z betrachtet werden, die man während einer festgelegten Meßzeit bei Abwesenheit eines Meßobjektes bestimmt.

Die *Poissonverteilung* wird für $z = 0, 1, 2, \ldots, \infty$ durch

$$p_\lambda(z) = \frac{\lambda^z}{z!} \exp(-\lambda) \tag{34}$$

erklärt. Der Parameter $\lambda > 0$ hat die Bedeutung des Erwartungswertes. Daher ist es sinnvoll, für λ den Mittelwert $\bar{z}$ zu verwenden. Wenn man $p_\lambda(z)$ über z darstellt, erhält man im Gegensatz zur Normalverteilung keine Kurve, sondern diskrete Wahrscheinlichkeiten. Diese sind um den Erwartungswert nicht symmetrisch verteilt. Mit steigendem Wert für λ nimmt die Asymmetrie ab.

Beispiel 2: Es soll die Häufigkeitsverteilung des Nulleffektes mit einer Poissonverteilung unter Verwendung des χ^2-Tests analysiert und die Güte der Anpassung abgeschätzt werden.

Anzahl der Messungen $n = 200$, Meßzeit $t = 6$ s, $h_{ek} = p_\lambda(z_k) \cdot n$ bzw. h_{bk} erwartete bzw. beobachtete Häufigkeiten in der k-ten Klasse,

$$\bar{z} = \frac{1}{n} \sum_{k=1}^{r} h_{bk} z_k = 3{,}83\,.$$

k	z_k	h_{bk}	h_{ek}	$(h_{ek} - h_{bk})^2/h_{ek}$
1	0	4	4,3	0,173
2	1	15	16,6	
3	2	33	31,8	0,045
4	3	43	40,7	0,130
5	4	34	38,9	0,617
6	5	29	29,8	0,021
7	6	25	19,0	1,895
8	7	12	10,4	0,246
9	8	5	5,0	0,000

Die Klassen 1 und 2 wurden wegen der Forderung $h_{ek} \geq 5$ zusammengefaßt.

Die Summation der letzten Spalte liefert den Testwert $\chi^2 = 3{,}13$.

Für die Anzahl der Freiheitsgrade der zur Verfügung stehenden Stichprobe mit $r = 8$ und $m = 1$ ergibt sich ein Wert $f = 6$. Der aus der χ^2-Tafel im Anhang zu entnehmende Wert für die Überschreitungswahrscheinlichkeit α liegt für den ermittelten χ^2-Wert zwischen 70% und 90% und entspricht einer guten Anpassung.

1.7. Regression und Korrelation

Als wichtige statistische Kennzahlen zur Charakterisierung einer eindimensionalen Verteilung einer meßbaren Merkmalsgröße wurden bereits der Mittelwert und die Standardabweichung im Abschnitt 1.5.3.1 eingeführt. Die mathematisch-statistische Beschreibung mehrdimensionaler Verteilungen ist Gegenstand von Regressions- und Korrelationsanalysen. Während die *Regression* die (funktionelle) Art des Zusammenhanges zwischen den Merkmalsgrößen untersucht, ist es das Ziel der *Korrelationsanalyse,* die „Stärke" der Abhängigkeit zwischen den betrachteten Merkmalen zu untersuchen. Ein häufig auftretender (zweidimensionaler) Fall beinhaltet die Fragestellung, ob zwischen zwei meßbaren Größen X und Y ein linearer Zusammenhang vorliegt. Dabei ist die Zielgröße Y in jedem Falle eine Zufallsgröße, während die Einflußgröße X eine Zufallsgröße sein kann, aber nicht sein muß (vgl. 1.4.1). Letzteres bedeutet, daß für einen festen Wert der Größe X die Größe Y verschiedene (zufallsverteilte) Werte annehmen kann. Die mathematische Behandlung dieses

Spezialfalles erfolgt analog der Ausgleichsrechnung.

Sind auch die Meßwerte der Größe X zufällig verteilt, wird die Berechnung der optimalen Geradenparameter aufwendiger.

Wie bereits oben erwähnt, ermittelt die Korrelationsanalyse die „Stärke" des funktionellen Zusammenhanges zwischen den Größen X und Y. Eine der möglichen statistischen Maßzahlen dafür ist die *empirische Kovarianz*

$$s_{xy} = \frac{1}{(n-1)} \sum_{i=1}^{n} (x_i - \bar{x})(y_i - \bar{y}). \qquad (35)$$

Häufiger findet jedoch die Berechnung des dimensionslosen empirischen *Korrelationskoeffizienten* r_{xy} Anwendung, der durch die Normierung der empirischen Kovarianz erhalten wird:

$$r_{xy} = \frac{\displaystyle\sum_{i=1}^{n} (x_i - \bar{x})(y_i - \bar{y})}{\sqrt{\displaystyle\sum_{i=1}^{n} (x_i - \bar{x})^2 \sum_{i=1}^{n} (y_i - \bar{y})^2}}. \qquad (36)$$

Eine notwendige Bedingung in unserem Korrelationsmodell (zweidimensional, linear) ist die Normalverteilung der y_i-Werte im Gegensatz zum Regressionsmodell. Für den Wert des Korrelationskoeffizienten nach Gleichung (36) sind drei Grenzfälle von Bedeutung:

$r_{xy} = +1$: x_i, y_i sind streng gleichsinnig korreliert,

$r_{xy} = -1$: x_i, y_i sind streng gegenläufig korreliert,

$r_{xy} = 0$: x_i, y_i sind unkorreliert, d. h., beide Meßgrößen stehen in keinem statistischen Zusammenhang miteinander, sondern streuen unabhängig voneinander.

Man kann somit der Größe von r_{xy} die Stärke des Zusammenhanges, dem Vorzeichen hingegen den Richtungssinn der Geraden entnehmen. Die Lagegenauigkeit der berechneten Geraden hängt von den empirischen Standardabweichungen der Geradenparameter $\bar{\alpha}$ und $\bar{\beta}$ (vgl. 1.5.3.3) ab. Wurden die Werte für $\bar{\alpha}$ und $\bar{\beta}$ aus einer Stichprobe von n Wertepaaren bestimmt, ist die Berech-

nung für die Standardabweichung des empirischen Regressionskoeffizienten $s_{\bar{\beta}}$ unter Verwendung des Korrelationskoeffizienten r_{xy} mit Gl. (37) möglich:

$$s_{\bar{\beta}} = \sqrt{\frac{\bar{\beta}^2(1 - r_{xy}^2)}{(n-2)\, r_{xy}^2}}. \qquad (37)$$

Daraus kann man ablesen, daß die Anzahl der Messungen n und der Wert des Korrelationskoeffizienten den Fehler des Anstieges bestimmen. Je mehr Messungen vorliegen und je mehr sich r_{xy} den Werten $+1$ oder -1 nähert, desto genauer ist die „beste" Gerade festgelegt. Daraus ergibt sich für die Festlegung von Meßintervallen folgende Konsequenz: Die äußeren Punkte des durch eine Messung erfaßten Wertebereiches tragen viel stärker zur Verbesserung der Lagegenauigkeit der „besten" Geraden bei als Punkte in der Nähe des Mittelpunktes $(\bar{x}, \bar{y})$.

1.8. Versuchsvorbereitung und Protokollführung

Jeder Praktikant bereitet sich mit entsprechender Fachliteratur gründlich auf die Versuche vor. Notwendige Literaturhinweise und Angaben zu den Schwerpunkten der theoretischen Vorbereitung findet man in der Regel in den praktikumsspezifischen Aufgabenstellungen und Versuchsanleitungen. Die Erarbeitung der erforderlichen theoretischen und experimentellen Grundlagen sowie die gedankliche Vorbereitung der einzelnen Versuchsetappen sind in einem Protokoll in kurzer, exakter Form schriftlich festzuhalten und stellen die i. allg. in Hausarbeit durchzuführende Vorbereitungsphase des Experiments dar.

Jedes Protokoll ist eine dokumentarische Zusammenstellung der Versuchsdurchführung, der Erfassung und Auswertung von Meßdaten sowie der Diskussion der Ergebnisse. Daher sollen alle Eintragungen mit Ausnahme von Skizzen oder graphischen Darstellungen nicht mit Bleistift erfolgen.

Das Protokoll muß in übersichtlicher und gut leserlicher Form alles enthalten, um den Lösungsweg vollständig rekonstruieren oder wiederholen bzw. die Meßergebnisse weiter verwenden zu können. Fehlerhafte Eintragungen sind unter Angabe der Fehlerursache sauber durchzustreichen und gegebenenfalls mit einem erläuterndem Kommentar zu versehen. Es sind in keinem Falle für die vorläufige Niederschrift Notizzettel zu verwenden, sondern jeder Meßwert und jede Zwischenrechnung ist unmittelbar im Protokollbuch zu notieren.

Die erfolgreiche und qualitätsgerechte Realisierung der Praktikumsexperimente hängt nicht nur vom gewählten Meßverfahren, von der Genauigkeit der Meßgeräte und der exakten experimentellen Arbeit ab, sondern auch von einer exakten und korrekten Protokollführung.

Man beachte beim Experimentieren immer den Grundsatz „Erst denken, dann handeln!", um mit dem kleinstmöglichen Aufwand das bestmögliche Resultat zu erzielen.

Als Standardform für die Gliederung eines Protokolls kann das folgende Musterbeispiel dienen.

Protokollmuster

Im Kopf des Protokolls sind folgende Angaben zu machen:
Name, Studienrichtung, Datum, Betreuungsassistent, Versuchsbezeichnung, Aufgaben, Zubehör und Meßplatznummer.
Der erste Abschnitt „Grundlagen" ist vor Beginn des Praktikums vorzubereiten.

1. Grundlagen (Vorbereitung)

Es sind die grundlegenden physikalischen Gesetzmäßigkeiten anzugeben, die zur Lösung der Aufgaben benötigt werden.
Wichtige Gleichungen sind aufzuschreiben, und ihre Herleitung ist ggf. zu skizzieren. Bei allen Gleichungen sind die vorkommenden Größen zu erläutern, und wenn erforderlich, ist der Gültigkeitsbereich anzugeben.
Die für die Berechnung oder Abschätzung der Meßunsicherheit erforderlichen Gleichungen (z. B. für die Fehlerfortpflanzung nach Gauß oder für die Größtfehlerabschätzung) sind herzuleiten. Die verwendeten Meßprinzipien, Apparaturen, Schaltungen u. ä. sind kurz zu beschreiben. Eine zeitlich sinnvolle Reihenfolge der Arbeitsschritte für einen effektiven Versuchsablauf ist zu überlegen.

Während des Praktikums sind, wenn nicht anders vereinbart, die folgenden Abschnitte abzuschließen.

2. Meßergebnisse

Die direkt gemessenen Werte werden in geeignete Tabellen eingetragen, wobei gegebenenfalls weitere Spalten für Umrechnungen oder Zwischenergebnisse vorzusehen sind.
Meßbereiche, gerätespezifische Daten und Angaben zur Ermittlung der Meßunsicherheit sowie die Versuchsbedingungen sind zu notieren.

3. Auswertung

Die Berechnungen und deren wichtigste Zwischenergebnisse sind aufzuschreiben. Graphische Darstellungen und Auswertungen sind in geeigneten Maßstäben anzufertigen.

4. Fehlerbetrachtung

Die systematischen und zufälligen Fehleranteile sind zu ermitteln. Bei einer Einzelmessung ist in der Regel eine Größtfehlerabschätzung vorzunehmen. Liegt eine Meßserie vor, deren Werte zufällig schwanken, ist der Vertrauensbereich zu berechnen.

5. Ergebnisse und ihre Diskussion

Die in den Aufgabenstellungen geforderten Ergebnisse sind mit der Angabe der Meßunsicherheit in Form von signifikant gerundeten Größengleichungen zusammenzufassen. Die geforderten Diagramme sind zu deuten.
Von besonderem Wert ist eine Diskussion der Ergebnisse im Hinblick auf

— den Vergleich mit bereits bekannten Werten (Tabellenwerten),

— die Übereinstimmung mit theoretischen Zusammenhängen,

— den Vergleich mit anderen Meßprinzipien und Meßverfahren,

— den unterschiedlichen Einfluß der Meßunsicherheiten der jeweiligen Meßgrößen und

— eine kritische Betrachtung zusätzlicher Fehlerquellen.

Mechanik

1. Wägung

1.0. Allgemeine Grundlagen

1.0.1. Zweischalenwaage

Die gleicharmige Zweischalenwaage ist eine spezielle Konstruktionsform der Hebelwaage. Das schwingfähige System einer solchen Waage besteht aus dem Waagebalken, an dem ein Zeiger starr befestigt ist, und zwei Waagschalen, die an den Schneiden A_1 und A_2 hängen und als völlig gleich angenommen werden sollen. Genau in der Mitte des Waagebalkens ist die Schneide A – die Drehachse – angebracht. Die Schneiden A_1 und A_2 sollen bei der unbelasteten Waage höher als die Drehachse A liegen. Der Winkel α zwischen jedem der beiden Hebelarme und der Horizontalen wird in diesem Falle positiv gerechnet. Der Massenmittelpunkt S_0 von Waagebalken und Zeiger muß unterhalb der Schneide A liegen, damit das schwingfähige System an eine stabile Ruhelage gebunden ist (vgl. Abb. M.1.0.1).

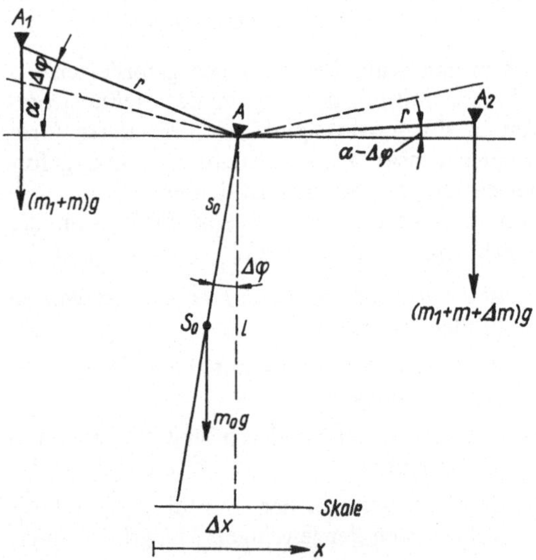

Abb. M.1.0.1. Gleichgewichtslage einer ungleich belasteten Zweischalenwaage (schematisch)

Ein Maß für die Güte einer Waage ist die Empfindlichkeit E. Legt man auf eine der beiden Schalen einer zuvor abgeglichenen Waage einen Körper hinreichend kleiner Masse Δm, so führt das System Schwingungen aus. Diese sind infolge der Reibung der Schneide A in ihrem Lager gedämpft.[1]) Ist das System nach einer gewissen Zeit zur Ruhe gekommen, haben sich Waagebalken und Zeiger gegenüber der Ausgangsstellung um den Winkel $\Delta\varphi$ gedreht, und das freie Ende des Zeigers, dessen Lage an einer Skale beobachtet werden kann, hat sich um das Stück Δx verschoben. Die Entfernung der Skale von der Schneide A sei l. Da

$$\Delta\varphi \ll 1 \qquad (1)$$

ist, gilt in sehr guter Näherung

$$\Delta x = l\,\Delta\varphi.$$

Als *Empfindlichkeit* definiert man das Verhältnis

$$E = \frac{\Delta x}{\Delta m} = l\,\frac{\Delta\varphi}{\Delta m}. \qquad (2)$$

Nach Übereinkunft gibt man Δx in Skalenteilen und Δm in Milligramm an. Die Empfindlichkeit einer Zweischalenwaage ist sowohl von physikalischen Größen der Waage als auch von der Belastung m abhängig. In den folgenden Überlegungen wird die Länge des Hebelarmes (der Abstand zwischen A und A_1 bzw. A und A_2) mit r, die Masse von Waagebalken und Zeiger mit m_0, die Masse einer Waagschale mit m_1 und der Abstand zwischen S_0 und A mit s_0 bezeichnet. In Abb. M.1.0.1 ist die Gleichgewichtslage einer ungleich belasteten Waage dargestellt. Nach dem Hebelgesetz befindet sich eine Waage im Gleichgewicht, wenn die Summe aller auftretenden Drehmomente verschwindet. Rechnet man Drehmomente im Uhrzeigersinn positiv, im Gegenuhrzeigersinn negativ, so gilt

$$r(m_1 + m + \Delta m)\,g \cos(\alpha - \Delta\varphi)$$
$$- r(m_1 + m)\,g \cos(\alpha + \Delta\varphi)$$
$$- s_0 m_0 g \sin \Delta\varphi = 0.$$

---

[1]) Die Waagebalken mancher Analysenwaagen sind zusätzlich mit Dämpfungstöpfen versehen.

Jeder Summand in Gl. (3) enthält die Schwerebeschleunigung g als Faktor. Daraus folgt, daß man mit einer Hebelwaage die Masse m eines Körpers, nicht sein Gewicht $F = mg$ bestimmt. Nach Ungleichung (1) ist

$$\sin \Delta\varphi \approx \Delta\varphi,$$

$$\cos(\alpha \pm \Delta\varphi) \approx \cos\alpha \mp \Delta\varphi \sin\alpha.$$

Damit kann man Gl. (3) in guter Näherung

$$r\,\Delta m \cos\alpha$$
$$= \{s_0 m_0 - r[2(m_1 + m) + \Delta m]\sin\alpha\}\,\Delta\varphi \qquad (3\,\text{a})$$

schreiben. In der Praxis ist stets

$$\alpha \ll 1, \quad \Delta m \ll 2(m_1 + m),$$

und Gl. (3a) vereinfacht sich zu

$$r\,\Delta m = \{s_0 m_0 - 2r(m_1 + m)\alpha\}\,\Delta\varphi. \qquad (3\,\text{b})$$

Jede Waage, deren Prinzip mit Abb. M.1.0.1 übereinstimmt, wird so konstruiert, daß

$$s_0 m_0 > 2r(m_1 + m)\alpha$$

für alle zulässigen Belastungen m ist. Die durch Gl. (2) definierte Empfindlichkeit lautet also

$$E = l\,\frac{r}{s_0 m_0 - 2r(m_1 + m)\alpha}. \qquad (4)$$

Aus Gl. (4) folgt, daß die Empfindlichkeit der Länge des Hebelarmes r näherungsweise proportional ist. Eine Vergrößerung von r ist aber mit einer Zunahme der Masse m_0 verbunden, da man den Querschnitt des Waagebalkens nicht beliebig klein wählen kann. Außerdem wächst das Trägheitsmoment des schwingfähigen Systems bei Verlängerung des Hebelarmes erheblich an. Dadurch wird die Schwingungsdauer und also auch der Zeitaufwand für eine Wägung größer [vgl. Gl. (M.3.–13)]. Es ist daher nicht erstaunlich, daß Analysenwaagen mit relativ kurzen Waagebalken ausgestattet sind. Eine Verkleinerung des Abstandes s_0 erhöht zwar die Empfindlichkeit, führt aber auch dazu, daß die Ruhelage des schwingfähigen Systems der Waage weniger stabil und die Schwingungsdauer größer wird.

Die Empfindlichkeit wächst nach Gl. (4) mit der Belastung m an. Dieser Empfindlichkeitssteigerung wirkt aber die unvermeidliche Durchbiegung des Waagebalkens entgegen, die einer Abnahme des Winkels α gleichkommt und den Abstand s_0 vergrößert; α und s_0 sind also Funktionen der Belastung m

$$\alpha = \alpha(m), \quad s_0 = s_0(m).$$

Der Nenner von Gl. (4) nimmt daher mit zunehmender Masse m nicht monoton ab, sondern hat bei einer bestimmten Belastung $m = m'$ ein Minimum. Der Wert von m' hängt sowohl von der Größe des Winkels $\alpha(0)$ als auch von der Festigkeit des Waagebalkens ab. Die Empfindlichkeit E als Funktion der Belastung m hat bei $m = m'$ ein Maximum.

Bei einer Belastung $m = m'' > m'$ liegen die Drehachse A und die Schneiden A_1 und A_2 auf einer Geraden ($\alpha = 0$). In diesem Falle lautet Gl. (4)

$$E = l\,\frac{r}{s_0 m_0}. \qquad (4\,\text{a})$$

Wird die Belastung m größer als m'', so befinden sich die Schneiden A_1 und A_2 bei abgeglichener Waage unterhalb der Drehachse A. Dann ist in Gl. (4) der Winkel α durch $-\alpha$ zu ersetzen, und die Empfindlichkeit nimmt gemäß

$$E = l\,\frac{r}{s_0 m_0 + 2r(m_1 + m)\alpha} \qquad (4\,\text{b})$$

mit der Belastung ab. Die bei der Diskussion von Gl. (4) gewonnenen Ergebnisse lassen sich am Waagemodell prüfen.

Mit einer Zweischalen-Analysenwaage können sehr genaue Massebestimmungen durchgeführt werden. Man muß aber bedenken, daß der Schwerkraft bei einer Wägung in einem materiellen Medium – z. B. in Luft – der Auftrieb entgegenwirkt.

Das *Archimedische Prinzip* besagt:

Der *Auftrieb*, der auf einen Körper in einem materiellen Medium (Flüssigkeit oder Gas) wirkt, ist eine Kraft, die dem Gewicht des vom Körper verdrängten Mediums entgegengesetzt gleich ist:

$$|F_\text{A}| = V\varrho_\text{M}g = m\,\frac{\varrho_\text{M}}{\varrho}\,g. \qquad (5)$$

In Gl. (5) sind V das Volumen und ϱ die Dichte des Körpers, während die Dichte des Mediums mit ϱ_M bezeichnet ist.

Außerdem lassen sich die beiden Hebelarme einer Waage niemals völlig gleich lang herstellen. Die Länge des linken Hebelarmes r_l unterscheidet sich stets geringfügig von der des rechten r_r. Der dadurch hervorgerufene Fehler wird mit Hilfe einer Doppelwägung eliminiert.

Legt man den zu wägenden Körper der Masse m auf die linke, Wägestücke der Masse m_r^* auf die rechte Schale einer Waage, die sich in Luft befindet, so gilt für den Abgleich

$$\left\{ mg - m\,\frac{\varrho_\mathrm{L}}{\varrho}\,g \right\} r_\mathrm{l} = \left\{ m_\mathrm{r}^* g - m_\mathrm{r}^*\,\frac{\varrho_\mathrm{L}}{\varrho^*}\,g \right\} r_\mathrm{r},$$

$$m\left(1 - \frac{\varrho_\mathrm{L}}{\varrho}\right) r_\mathrm{l} = m_\mathrm{r}^*\left(1 - \frac{\varrho_\mathrm{L}}{\varrho^*}\right) r_\mathrm{r}. \tag{6}$$

ϱ_L bzw. ϱ^* sind die Dichte der Luft bei Zimmertemperatur und Luftdruck bzw. der Wägestücke. Vertauscht man nun Körper und Wägestücke, tritt an die Stelle der Gl. (6)

$$m\left(1 - \frac{\varrho_\mathrm{L}}{\varrho}\right) r_\mathrm{r} = m_\mathrm{l}^*\left(1 - \frac{\varrho_\mathrm{L}}{\varrho^*}\right) r_\mathrm{l}. \tag{7}$$

Aus den Gln. (6) und (7) folgt mit der Abkürzung

$$\bar{m} = \sqrt{m_\mathrm{l}^* m_\mathrm{r}^*} \tag{8a}$$

für die zu bestimmende Masse

$$m = \bar{m}\,\frac{1 - \dfrac{\varrho_\mathrm{L}}{\varrho^*}}{1 - \dfrac{\varrho_\mathrm{L}}{\varrho}}. \tag{9a}$$

Da die Dichte der Luft sehr klein gegen die Dichte des Körpers bzw. die der Wägestücke ist, kann man für Gl. (9a)

$$m = \bar{m}\left\{1 + \frac{\varrho_\mathrm{L}}{\varrho} - \frac{\varrho_\mathrm{L}}{\varrho^*}\right\} \tag{9b}$$

schreiben.

Mit einer sehr genauen Analysenwaage lassen sich m_l^* und m_r^* bei Verwendung des Reiters bis auf 10^{-4} g bestimmen. Wenn m_l^* und m_r^* jeweils größer als 100 g sind, muß man zur Berechnung des geometrischen Mittels $\bar{m}$ zwei siebenstellige Zahlen miteinander multiplizieren und aus dem Produkt die Wurzel ziehen. Um diese lästige Zahlenrechnung zu umgehen, schreibt man Gl. (8a)

$$\bar{m} = m_\mathrm{l}^* \sqrt{1 + \frac{m_\mathrm{r}^* - m_\mathrm{l}^*}{m_\mathrm{l}^*}} \tag{8b}$$

und bedenkt, daß der Unterschied zwischen m_l^* und m_r^* sehr gering ist. Die Wurzel in Gl. (8b) läßt sich nach der kleinen Größe $(m_\mathrm{r}^* - m_\mathrm{l}^*)/m_\mathrm{l}^*$ entwickeln, und die Entwicklung darf nach dem linearen Glied abgebrochen werden.

$$\bar{m} \approx m_\mathrm{l}^*\left(1 + \frac{1}{2}\,\frac{m_\mathrm{r}^* - m_\mathrm{l}^*}{m_\mathrm{l}^*}\right)$$

$$= \frac{1}{2}(m_\mathrm{l}^* + m_\mathrm{r}^*). \tag{8}$$

Man darf also das geometrische Mittel der Massen m_l^* und m_r^* mit hinreichender Genauigkeit durch das arithmetische Mittel ersetzen. Aus den Gln. (8) und (9b) erhält man

$$m = \frac{1}{2}(m_\mathrm{l}^* + m_\mathrm{r}^*)\left(1 + \frac{\varrho_\mathrm{L}}{\varrho} - \frac{\varrho_\mathrm{L}}{\varrho^*}\right). \tag{9}$$

Das Längenverhältnis der beiden Hebelarme der Waage ergibt sich aus den Gln. (6) und (7) zu

$$\frac{r_\mathrm{l}}{r_\mathrm{r}} = \sqrt{\frac{m_\mathrm{r}^*}{m_\mathrm{l}^*}} = \sqrt{1 + \frac{m_\mathrm{r}^* - m_\mathrm{l}^*}{m_\mathrm{l}^*}} \tag{10a}$$

oder nach Entwicklung der Wurzel zu

$$\frac{r_\mathrm{l}}{r_\mathrm{r}} = 1 + \frac{1}{2}\,\frac{m_\mathrm{r}^* - m_\mathrm{l}^*}{m_\mathrm{l}^*}. \tag{10}$$

1.0.2. Regeln für das Arbeiten mit Analysenwaagen

Eine Analysenwaage ist ein genaues und empfindliches Meßinstrument, das äußerst sorgfältig behandelt werden muß.

Zunächst ist der Nullpunkt der unbelasteten Waage zu bestimmen. Wenn man die Arretierschraube einer Waage vorsichtig löst, erhält der Waagebalken einen leichten Stoß, und das System Waagebalken – Zeiger – Waagschalen beginnt um die Gleichgewichtslage zu schwingen. Die Amplitude der Schwingungen wird meist durch eine Lupe auf einer Skale beobachtet, die hinter dem freien Ende des Zeigers am Ständer der Waage befestigt ist. Die Gleichgewichtslage (der Nullpunkt) wird stets bei schwingender Waage und geschlossenem Gehäuse festgestellt.

M

Nach dem Entarretieren läßt man das System einige Schwingungen ausführen und ermittelt dann die Lage von fünf aufeinanderfolgenden Umkehrpunkten des Zeigers. Dabei ist auf Zehntelskalenteile zu schätzen. Die Zahl der Umkehrpunkte muß ungerade sein (vgl. Abb. M.1.0.2), da die Schwingungen gedämpft sind. Wenn die Dämpfung nicht zu groß ist, kann man

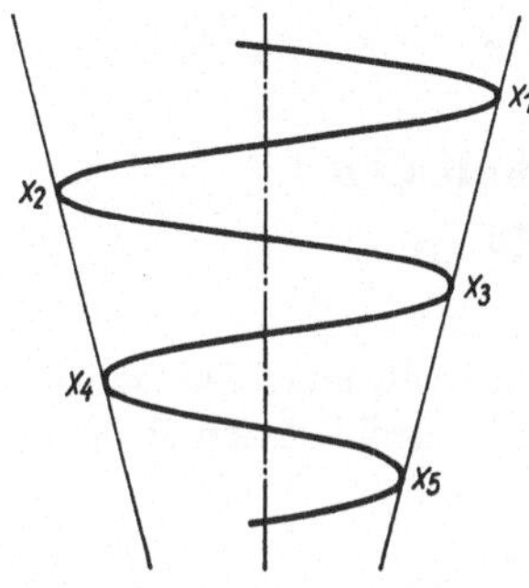

Abb. M.1.0.2. Zur Bestimmung der Gleichgewichtslage einer Waage

die Abnahme der Amplituden als nahezu linear ansehen. Die Gleichgewichtslage x ergibt sich, indem man das arithmetische Mittel von x_1, x_3 und x_5 sowie das von x_2 und x_4 bildet und aus diesen beiden Werten das arithmetische Mittel berechnet.

$$x = \frac{1}{2}\left\{\frac{1}{3}(x_1 + x_3 + x_5) + \frac{1}{2}(x_2 + x_4)\right\}. \quad (11)$$

Nach der Nullpunktsbestimmung wird die Waage sofort arretiert. Eine Waage darf nur im arretierten Zustand be- oder entlastet werden. Beachtet man diese Vorschrift nicht, besteht die Gefahr, daß die Schneiden A, A_1 und A_2 (vgl. Abb. M.1.0.1) aus ihren Lagern springen und beschädigt werden. Nach jeder Wägung wird der Nullpunkt erneut bestimmt. Unterscheidet sich die Gleichgewichtslage vor der Wägung x_v nur wenig von der nach der Wägung x_n, so arbeitet man mit

$$x = \frac{1}{2}(x_v + x_n). \quad (12)$$

Beträgt der Unterschied zwischen x_v und x_n mehrere Skalenteile, soll ein Assistent die Waage prüfen.

Die Wägestücke und der Reiter dürfen nur mit der Pinzette angefaßt werden. Der Reiter hat eine Masse von 10 mg. Er kann mit einem verschiebbaren Haken auf das am Waagebalken angebrachte Reiterlineal gesetzt werden. Bei der Bestimmung des Nullpunktes soll sich der Reiter in der Mitte des Waagebalkens (Teilstrich 0) befinden.

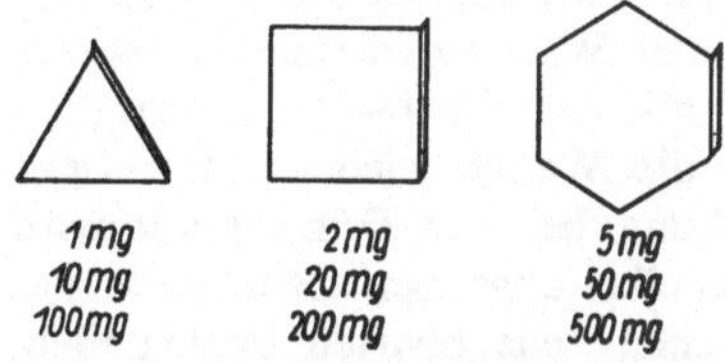

Abb. M.1.0.3. Die verschiedenen Formen der Bruchgrammstücke Ausgabe A.
Heute werden Bruchgrammstücke als Ausgabe B auch in Rechteckform verschiedener Größen hergestellt. Die Masse ist als Zahlenwert in mg eingedruckt

1.0.3. Einschalen-Analysenwaage

Heute werden in der Laborpraxis vorwiegend ungleicharmige Analysenwaagen verwendet, die nur mit einer Waagschale versehen sind.
Die Modelle der ersten Generation arbeiten nach dem *Substitutionsprinzip*. Bei diesen ist der eine Hebelarm mit der Schale (Masse m_s) und einem aus verschiedenen Bügeln zusammengesetzten Zusatzkörper (Gesamtmasse m_{max}) belastet. Das Gleichgewicht wird durch den geeignet bemessenen anderen Hebelarm hergestellt. Wenn man die Arretierung der Waage durch Drehen des Arretierschalters im mathematisch positiven Sinn aufhebt, werden eine Glühlampe eingeschaltet und ein Faden (die Bezugsmarke) sowie eine Zahlenskale über ein optisches System auf einer kleinen Mattscheibe sichtbar gemacht. An der Waage befindet sich ein Knopf zur Nullpunktkorrektur, der so zu drehen ist, daß sich die Abbildungen von Faden und Teilstrich Null der Skale exakt decken. Danach wird die Waage wieder arretiert. Legt man nun einen Körper der Masse $m < m_{max}$ auf die Waagschale, dann kann durch Drehen des Arretierschalters im mathematisch negativen Sinn eine Grobwägung

durchgeführt werden. Bei dieser ist die Auslenkung des Waagebalkens im Vergleich mit der später auszuführenden Feinwägung im Verhältnis 1 : 1000 untersetzt. Die Masse des Körpers läßt sich auf der bereits erwähnten Mattscheibe mit einer Genauigkeit von etwa 0,1 g ablesen. Nach dem Arretieren der Waage werden mit Hilfe eines mechanischen Schaltwerkes so viele Bügel des Zusatzkörpers abgehoben, daß die Waage näherungsweise abgeglichen ist. Dies ist der Fall, wenn das mit dem Schaltwerk gekoppelte Zählwerk der Waage diejenige Masse anzeigt, die man mit der Grobwägung ermittelt hat. Nun wird die Waage wieder entarretiert. Die Restauslenkung bei der Feinwägung wird auf der Mattscheibe abgelesen. Bruchteile des Abstandes zwischen benachbarten Skalenteilen, der i. a. einem mg entspricht, werden bestimmt, indem man einen dafür vorgesehenen Knopf so lange dreht, bis sich die Bilder des Fadens und eines Teilstriches auf der Mattscheibe decken.

Da die Belastung bei dieser Waagenart unabhängig von der zu bestimmenden Masse m ist, bleibt die Empfindlichkeit im gesamten Wägebereich konstant. Die Genauigkeit der Massebestimmung hängt nur von der Empfindlichkeit der Waage und der Präzision ab, mit der die Teile des Zusatzkörpers angefertigt worden sind. Das Längenverhältnis der beiden Hebelarme beeinflußt dagegen die Genauigkeit nicht.

Einschalenwaagen der zweiten Generation arbeiten nach dem *Kompensationsprinzip*. Bei einer Auslenkung des Waagebalkens aus der Ruhelage liefert ein geeigneter Indikator ein elektrisches Signal, das nach Verstärkung den durch einen Elektromagneten fließenden Strom so steuert, daß der Waagebalken in seine Ruhelage zurückgedreht wird.

Die Kompensationsmethoden sind je nach Hersteller der Waage sehr verschieden und i. a. patentrechtlich gesichert. Als Indikator kann z. B. ein induktiver Wegaufnehmer (vgl. M.5.3) dienen. In anderen Fabrikaten wird eine Photodiode (vgl. O.5.1) als Indikator verwendet, auf die ein Lichtstrahl fällt, dessen Intensität in Abhängigkeit von der Lage des Waagebalkens durch ein Blendensystem verändert wird.

Im Stromkreis des Elektromagneten befindet sich u. a. ein Normalwiderstand. Die an diesem auftretenden Spannungsänderungen werden i. a. elektronisch in eine direkte Masseanzeige umgewandelt. Bei bestimmten Spezialwaagen, auf die hier aber nicht näher eingegangen werden soll, gibt man die Spannungsänderungen auf einen Kompensationsbandschreiber, mit dem ein Masse-Zeit-Diagramm aufgezeichnet werden kann.

1.1. Empfindlichkeit einer Zweischalenwaage

Aufgabe: Die Empfindlichkeit einer Zweischalen-Analysenwaage soll bei verschiedenen Belastungen bestimmt werden.

Versuchsausführung

Wir lösen vorsichtig die Arretierschraube und bestimmen den Nullpunkt x_v aus der Lage von fünf aufeinanderfolgenden Umkehrpunkten des Zeigers der schwingenden Waage [vgl. Gl. (11)]. Dann wird die Waage arretiert und der Reiter auf Teilstrich 3 des Reiterlineals am Waagebalken gesetzt. Das entspricht einer Belastung von 3 mg. Die neue Gleichgewichtslage x' ist wieder aus fünf Umkehrpunkten des Zeigers zu ermitteln. Wir arretieren die Waage und heben den Reiter mit dem verschiebbaren Haken auf Teilstrich 0 des Reiterlineals. Nun wird der Nullpunkt x_n nochmals bestimmt und x aus Gl. (12) berechnet. Die Empfindlichkeit der unbelasteten Waage ergibt sich, indem wir die Differenz $|x' - x|$ durch 3 mg teilen.

In gleicher Weise ist die Empfindlichkeit der Waage zu bestimmen, wenn jede der beiden Schalen mit 5; 10; 20; 50 bzw. 100 g belastet ist. Der Nullpunkt stimmt bei den verschiedenen Belastungen im allgemeinen nicht mit dem der unbelasteten Waage überein, da zwei Wägestücke der gleichen Wertstufe niemals völlig identisch sind und das Längenverhältnis der beiden Hebelarme nicht exakt 1 ist.

Wir stellen die Empfindlichkeit als Funktion der Belastung graphisch dar und vergleichen das experimentelle Ergebnis mit der in M.1.0.1 gegebenen Diskussion.

1.2. Absolute Wägung

Aufgabe: Die Masse *m* eines Körpers ist mit einer Zweischalen-Analysenwaage zu bestimmen. Der Fehler soll $2 \cdot 10^{-4}$ g nicht überschreiten. Außerdem ist das Längenverhältnis der beiden Hebelarme der Waage zu berechnen.

Versuchsausführung

Wir bestimmen den Nullpunkt x_v der Waage [vgl. Gl. (11)]. Dann wird die Waage arretiert und der zu wägende Körper auf die linke Schale gelegt. Wir schätzen die Masse des Körpers und belasten die rechte Schale mit den entsprechenden Wägestücken. Bei unvollständiger Aufhebung der Arretierung läßt sich leicht erkennen, ob die Waage näherungsweise abgeglichen ist. Die Lage des Reiters wird auf dem Lineal so lange verändert, bis der Zeiger frei vor der Skale schwingt. Die Gleichgewichtslage x' soll sich nur wenig von x_v unterscheiden. Nun verschieben wir den Reiter um einen Teilstrich nach rechts, d. h., wir vergrößern die Belastung der rechten Schale um 1 mg und stellen die Gleichgewichtslage x'' fest. Die arretierte Waage wird vollständig entlastet, der Reiter auf Teilstrich 0 des Lineals gesetzt und der Nullpunkt kontrolliert: x_n.

Die Masse m_r^* ergibt sich aus der Masse der Wägestücke unter Berücksichtigung der Stellung des Reiters bei der Gleichgewichtslage x'. Wenn x [vgl. Gl. (12)] und x' nicht übereinstimmen, fügen wir ε Milligramm hinzu.

$$\varepsilon = \frac{x' - x}{x' - x''},$$

ε kann sowohl positiv als auch negativ sein. In analoger Weise ist die Masse m_l^* zu ermitteln. Dafür gilt die obige Beschreibung, es sind nur die Begriffe rechts und links zu vertauschen.

Die Dichte der Luft bei Zimmertemperatur und Luftdruck ist

$$\varrho_L \approx 1{,}2 \; \text{kg} \cdot \text{m}^{-3}.$$

Die Dichten ϱ und ϱ^* sind der Tab. 1 zu entnehmen. Die Masse *m* des Körpers wird nach Gl. (9), das Längenverhältnis der Hebelarme nach Gl. (10) berechnet.

2. Dichte

2.0. Allgemeine Grundlagen

Die Dichte ϱ eines homogenen Körpers ist das Verhältnis seiner Masse *m* zu seinem Volumen *V*

$$\varrho = \frac{m}{V}. \tag{1}$$

Die Einheit der Dichte ist $\text{kg} \cdot \text{m}^{-3}$.

Die Masse eines Körpers läßt sich durch eine Wägung mit großer Genauigkeit ermitteln. Wenn zur Bestimmung der Masse eine Analysenwaage verwendet werden soll, ist vor dem Versuchsbeginn unbedingt M.1.0.2 und M.1.0.3 zu lesen.

Eine Volumenbestimmung ist nach verschiedenen Methoden möglich, von denen drei erwähnt werden sollen:

1. Hat ein fester Körper eine einfache geometrische Gestalt, d. h., läßt sich sein Volumen als Funktion gewisser Längen ausdrücken, so wird die Volumenbestimmung auf Längenmessungen zurückgeführt, die mit mechanischen Meßwerkzeugen (Meßschieber, Meßschraube, Endmaße usw.) vorgenommen werden können.

2. Wenn man das von einem beliebigen Körper eingenommene Volumen mit einer Flüssigkeit bekannter Dichte – z. B. mit Wasser – ausfüllt, kann die Volumenbestimmung durch Wägungen erreicht werden.

3. Jeder Körper erfährt in einer Flüssigkeit bzw. in einem Gas einen Auftrieb. Dieser ist nach dem Archimedischen Prinzip gleich dem Gewicht des verdrängten Flüssigkeits- bzw. Gasvolumens [vgl. Gl. (M.1.–5)]. Das Volumen des Körpers läßt sich daher durch Wägung in zwei verschiedenen Medien bekannter Dichte – z. B. in Luft und in Wasser – bestimmen.

Während die Dichte eines festen Körpers oder einer Flüssigkeit nur wenig von der Temperatur *T* und dem Druck *p* abhängt, ändert sich die Dichte eines Gases oder eines Dampfes erheblich mit den Zustandsgrößen *T* und *p*. Bei Angabe einer Gas-

oder Dampfdichte sind daher stets die Versuchsbedingungen zu erwähnen.

Unter T ist die absolute Temperatur zu verstehen, die in Kelvin (K) angegeben wird. Die mit gewöhnlichen Flüssigkeitsthermometern in Grad Celsius (°C) gemessene Temperatur soll dagegen mit t bezeichnet werden. Wenn T und t den gleichen Zustand eines Körpers beschreiben, besteht der Zusammenhang

$$\{T\} = 273{,}15 + \{t\}.$$

Die geschweiften Klammern bedeuten, daß nur die Zahlenwerte der entsprechenden Größen gemeint sind.

Der Druck p ist die senkrecht auf eine Fläche wirkende Kraft geteilt durch diese Fläche. Die Einheit des Druckes ist das Pascal

$$1\,\text{Pa} = 1\,\text{N} \cdot \text{m}^{-2}.$$

Die konsequente Einführung und Verwendung dieser SI-Einheit stößt allerdings noch auf Schwierigkeiten. Diese sind nicht darin zu sehen, daß das Pascal eine unhandlich kleine Einheit ist. Die Einheit der Kapazität, das Farad, ist ja auch unhandlich, allerdings unhandlich groß. Die konsequente Anwendung des Pascal in der naturwissenschaftlichen und technischen Literatur ist auch kein Problem. Der Leser soll aber selbst einmal darüber nachdenken, was es bedeutet, alle in der Wissenschaft, in der Industrie und im Haushalt verwendeten Druckmesser – Manometer und Barometer – durch neue zu ersetzen, auf deren Skale der Druck in der Einheit Pascal angegeben wird. So ist es nicht verwunderlich, daß die bereits vor vielen Jahren ausgearbeitete Vorschrift, in der u. a. alle SI-fremden Druckeinheiten für ungesetzlich erklärt werden, noch nicht in allen Ländern in Kraft getreten ist.

Der Luftdruck wird noch häufig mit einem Quecksilberbarometer gemessen. Die bei Zimmertemperatur in mm abgelesene Höhe der Quecksilbersäule ergibt nach Umrechnung auf Normalbedingungen (vgl. Tab. 5) den Druck in der veralteten Einheit Torr. Aus

$$p = h\varrho_{\text{Hg}}g \qquad (2)$$

folgt der schon in 1.2 der Einführung angegebene Zusammenhang

$$1\,\text{Torr} = 1{,}333\,\text{hPa}.$$

In Gl. (2) bedeuten ϱ_{Hg} die Dichte von Quecksilber bei 0 °C und g die Schwerebeschleunigung. Als relative Gas- oder Dampfdichte D definiert man das Verhältnis der Dichte des Gases ϱ_{G} oder des Dampfes ϱ_{D} zur Dichte trockener Luft ϱ_{L} bei gleichen Zustandsgrößen T und p:

$$D = \frac{\varrho_{\text{G}}(T,p)}{\varrho_{\text{L}}(T,p)} = \frac{m_{\text{G}}}{m_{\text{L}}} \quad \text{oder}$$

$$D = \frac{\varrho_{\text{D}}(T,p)}{\varrho_{\text{L}}(T,p)} = \frac{m_{\text{D}}}{m_{\text{L}}}; \qquad (3)$$

dabei ist D das Verhältnis der Masse des Gases m_{G} oder des Dampfes m_{D} zu der im gleichen Volumen bei gleichen Bedingungen enthaltenen Masse trockener Luft m_{L}. Wenn man annimmt, daß die zu untersuchenden Gase bzw. Dämpfe der Zustandsgleichung

$$\frac{pV}{T} = \frac{p_0 V_0}{T_0} = \text{const} \quad \text{oder}$$

$$\varrho\,\frac{T}{p} = \varrho_0\,\frac{T_0}{p_0} = \text{const} \qquad (4)$$

genügen,[1]) ist D unabhängig von T und p. In diesem Falle kann man mit Hilfe von D die molare Masse eines Gases bzw. Dampfes M berechnen. Ein Mol (mol) ist die Teilchenmenge, in der genau so viele, unter sich gleiche Teilchen wie in 12 g des häufigsten Kohlenstoffisotops ^{12}C Nuklide enthalten sind. Nach dem Gesetz von *Avogadro* befindet sich in gleichen Volumina verschiedener Gase, für die Gl. (4) erfüllt ist, bei gleicher Temperatur und gleichem Druck die gleiche Anzahl Moleküle. Daraus folgt, daß das molare Volumen für alle idealen Gase gleich ist. Es beträgt bei Normalbedingungen

$$V_{\text{M,N}} = 22{,}41 \cdot 10^{-3}\,\text{m}^3 \cdot \text{mol}^{-1}.$$

Wenn man die in Gl. (3) vorkommenden Massen auf das molare Volumen bezieht und die molare Masse von Luft

$$M_{\text{L}} = V_{\text{M,N}}\varrho_{\text{L,N}}$$

schreibt, ergibt sich

$$M = V_{\text{M,N}}\varrho_{\text{L,N}}D. \qquad (5)$$

Die Dichte der Luft bei Normalbedingungen $\varrho_{\text{L,N}}$ ist der Tab. 3 zu entnehmen.

Als relative Molekülmasse M' definiert man die Masse eines Moleküls des betrachteten Stoffes geteilt durch den zwölften Teil der Masse eines

---

[1]) Für Dämpfe ist die Annahme nur dann erfüllt, wenn die Temperatur T erheblich größer als die Siedetemperatur der Flüssigkeit ist.

^{12}C-Nuklids. Aus dieser Definition folgt, daß die relative Molekülmasse mit dem in der Einheit g angegebenen Zahlenwert der molaren Masse übereinstimmt.

$$M' = 22{,}41 \cdot 1{,}293 \cdot D = 29{,}0\,D. \qquad (5a)$$

Die chemische Untersuchung eines Stoffes gibt Aufschluß darüber, welche Elemente in welchem Massenverhältnis enthalten sind. Eine Analyse von z. B. Benzen führt zu dem Ergebnis, daß Kohlenstoff und Wasserstoff im Massenverhältnis $12 : 1$ vorkommen. Danach ist die chemische Formel C_nH_n, wobei n eine beliebige ganze Zahl sein kann. Hat man nun die relative Dampfdichte von Benzen zu $D = 2{,}70$ bestimmt, ergibt sich M' nach Gl. (5a) zu 78,3. Die chemische Formel muß daher C_6H_6 heißen.

2.1. Auftriebsmethode

Aufgabe: Die Dichte verschiedener fester Körper soll nach der Auftriebsmethode bestimmt werden.

Eine Hebelwaage sei abgeglichen, nachdem am Bügel einer der beiden Schalen ein sehr dünner Kupferdraht (Volumen ΔV) angebracht worden ist. Man befestigt den zu untersuchenden Körper (Masse m, Volumen V) an dem Draht und führt die Wägung in Luft durch. Die Gleichgewichtsbedingung lautet bei Berücksichtigung des Auftriebes

$$m - V\varrho_L = m^* \left(1 - \frac{\varrho_L}{\varrho^*} \right). \qquad (6)$$

In Gl. (6) sind m^* bzw. ϱ^* die Masse bzw. die Dichte der Wägestücke und ϱ_L die Dichte der Luft bei Zimmertemperatur und Luftdruck. Während der Wägung in Wasser soll der Körper völlig, der Befestigungsdraht mit $1/n$ seiner Länge eintauchen. Für das Gleichgewicht gilt

$$m - V\varrho_W - \frac{1}{n}\Delta V(\varrho_W - \varrho_L)$$

$$= m_W^* \left(1 - \frac{\varrho_L}{\varrho^*} \right); \qquad (7a)$$

dabei ist ϱ_W die Dichte des Wassers und m_W^* die Masse der Wägestücke bei dieser Wägung. Mit dem letzten Summanden auf der linken Seite von Gl. (7a) wird berücksichtigt, daß der Draht in

Wasser einen größeren Auftrieb als in Luft erfährt. Wenn der Draht einen Durchmesser von 0,2 mm, eine Länge von 20 cm hat und etwa zur Hälfte in das Wasser taucht, stellt $\dfrac{1}{n}\Delta V\varrho_L$ eine Masse von ungefähr $4 \cdot 10^{-6}$ g dar. Glieder dieser Größenordnung sollen in der weiteren Betrachtung vernachlässigt werden. Gl. (7a) lautet dann

$$m - V\varrho_W - \frac{1}{n}\Delta V\varrho_W = m_W^* \left(1 - \frac{\varrho_L}{\varrho^*} \right). \qquad (7)$$

Die Gln. (6) und (7) sind zwei lineare Gleichungen zur Bestimmung der unbekannten Größen m und V. Die Lösung kann

$$m(\varrho_W - \varrho_L) = (m^*\varrho_W - m_W^*\varrho_L)\left(1 - \frac{\varrho_L}{\varrho^*} \right),$$

$$V(\varrho_W - \varrho_L)$$

$$= \left(m^* - m_W^* - \frac{1}{n}\Delta V\varrho_W \right)\left(1 - \frac{\varrho_L}{\varrho^*} \right)$$

geschrieben werden. Damit erhält man für die gesuchte Dichte

$$\varrho = \frac{m^*\varrho_W - m_W^*\varrho_L}{m^* - m_W^* - \dfrac{1}{n}\Delta V\varrho_W}. \qquad (8)$$

Der Ausdruck $\dfrac{1}{n}\Delta V\varrho_W$ hat die Größenordnung 10^{-3} g. Außerdem gilt die Abschätzung

$$m_W^*\varrho_L \approx 10^{-3}\,m^*\varrho_W.$$

Die Berücksichtigung des Auftriebes, den der Draht in Wasser erfährt, und der Auftriebskräfte, die auf den Körper und die Wägestücke in Luft wirken, hat nur dann einen Sinn, wenn man eine genügend empfindliche Waage verwendet. Führt man den Versuch mit einer Balkenwaage durch, so darf Gl. (8) durch

$$\varrho = \frac{m^*}{m^* - m_W^*}\varrho_W \qquad (8a)$$

ersetzt werden.

Das Verfahren in der oben beschriebenen Form versagt, wenn die Dichte des Körpers kleiner als die von Wasser ist. In diesem Falle wird der Körper vor der Wägung in Wasser mit einem

Zusatzkörper hinreichend großer Dichte beschwert. An die Stelle der Gl. (7) tritt dann

$$m - V\varrho_\mathrm{w} + m_\mathrm{z} - V_\mathrm{z}\varrho_\mathrm{w} - \frac{1}{n}\Delta V\varrho_\mathrm{w}$$

$$= m_\mathrm{w}^*\left(1 - \frac{\varrho_\mathrm{L}}{\varrho^*}\right); \qquad\qquad (9\,\mathrm{a})$$

V_z bzw. m_z sind das Volumen bzw. die Masse des Zusatzkörpers. Durch Wägung dieses Körpers in Wasser erhält man

$$m_\mathrm{z} - V_\mathrm{z}\varrho_\mathrm{w} - \frac{1}{n}\Delta V\varrho_\mathrm{w} = m_{\mathrm{z,w}}^*\left(1 - \frac{\varrho_\mathrm{L}}{\varrho^*}\right).$$

Es wird also vorausgesetzt, daß der Befestigungsdraht bei beiden Wägungen gleich weit in das Wasser eintaucht. Damit kann Gl. (9a)

$$m - V\varrho_\mathrm{w} = (m_\mathrm{w}^* - m_{\mathrm{z,w}}^*)\left(1 - \frac{\varrho_\mathrm{L}}{\varrho^*}\right) \qquad (9)$$

geschrieben werden. Aus den Gln. (6) und (9) lassen sich m und V und folglich auch die gesuchte Dichte ϱ berechnen. Das Ergebnis lautet

$$\boxed{\varrho = \frac{m^*\varrho_\mathrm{w} - (m_\mathrm{w}^* - m_{\mathrm{z,w}}^*)\,\varrho_\mathrm{L}}{m^* - (m_\mathrm{w}^* - m_{\mathrm{z,w}}^*)}} \qquad (10)$$

oder bei Verwendung einer Balkenwaage

$$\boxed{\varrho = \frac{m^*}{m^* - (m_\mathrm{w}^* - m_{\mathrm{z,w}}^*)}\,\varrho_\mathrm{w}.} \qquad (10\,\mathrm{a})$$

Versuchsausführung

Wir messen die Länge und den Durchmesser eines dünnen Kupferdrahtes zur Berechnung von ΔV, befestigen den Draht am Bügel einer Waagschale und gleichen die Waage ab (vgl. M.1.0.2 bzw. M.1.0.3). Der zu untersuchende Körper wird an den Draht gehängt. Aus der Wägung in Luft erhalten wir m^*. Anschließend ist die Waagschale mit einer kleinen Bank zu überbrücken, auf die wir ein Becherglas stellen. Das Glas muß so weit mit Wasser gefüllt sein, daß der an dem Draht hängende Körper vollständig eintaucht. Sollten an dem Körper Luftblasen haften, so sind diese zu beseitigen. Die Wägung in Wasser liefert m_w^*. Wir messen die Wassertemperatur und schätzen die Länge des eintauchenden Drahtes. Nach der Bestimmung der Empfindlichkeit der Waage ist zu entscheiden, ob die gesuchte

Dichte gemäß Gl. (8) oder (8a) zu berechnen ist. Die Dichte von Wasser wird der Tab. 4 entnommen. Bei Verwendung der Gl. (8) ist die Dichte der Luft nach Gl. (4) aus der Dichte bei Normalbedingungen auf zwei Stellen genau zu berechnen.

Wir wiederholen die Messung mit anderen Versuchskörpern. Sollte ein Körper in Wasser schwimmen, so ist er vor der Wägung in Wasser mit dem Versuchskörper zu beschweren, der die größte Dichte hat. In diesem Falle erhalten wir die gesuchte Dichte aus Gl. (10) bzw. (10a).

Hat ein Körper einfache geometrische Gestalt, dann sollen außerdem die Längen gemessen werden, die zur Berechnung seines Volumens notwendig sind. Aus Gl. (6) und dem berechneten Volumen ergibt sich seine Dichte.

2.2. Mohr-Westphalsche Waage

Aufgabe: Die Dichte einer Flüssigkeit und die Dichte eines festen Körpers sollen mit der Mohr-Westphalschen Waage bestimmt werden.

Die Mohr-Westphalsche Waage ist eine ungleicharmige Hebelwaage. Der längere Hebelarm ist durch Kerben in Zehntel seiner Länge geteilt. Am Ende befindet sich ein Haken, an den ein Senkkörper gehängt werden kann. Dieser enthält ein Thermometer. Der andere Hebelarm endet in einem Metallzylinder, der mit einem Dorn versehen ist. Bei abgeglichener Waage spielt die Spitze des Dornes vor der Spitze eines zweiten Dornes, der am Stativ der Waage befestigt ist. Als Wägestücke dienen Reiter verschiedener Größe, deren Massen sich wie 1 : 0,1 : 0,01 verhalten.

Die Waage wird so justiert, daß sie bei Belastung mit dem Senkkörper (Masse m_S, Volumen V_S) abgeglichen ist. Dann greift am Haken des längeren Hebelarmes das Gewicht des Senkkörpers und des Befestigungsdrahtes (Masse Δm, Volumen ΔV) vermindert um den Luftauftrieb an. Bezeichnet man diese Kraft mit $m'g$, die Dichte der Luft bei Zimmertemperatur und Luftdruck mit ϱ_L, so ergibt sich

$$m' = m_\mathrm{S} + \Delta m - (V_\mathrm{S} + \Delta V)\,\varrho_\mathrm{L}. \qquad (11)$$

Nun taucht man den Senkkörper völlig, den Befestigungsdraht mit $1/n$ seiner Länge in Wasser und belastet den längeren Hebelarm mit Reitern der Masse m_1, bis sich die Waage im Gleichgewicht befindet. Dann gilt

$$m' = m_S + \Delta m - \left(V_S + \frac{1}{n}\,\Delta V\right)\varrho_W$$
$$- \left(1 - \frac{1}{n}\right)\Delta V\varrho_L + m_1\left(1 - \frac{\varrho_L}{\varrho_R}\right); \qquad (12)$$

ϱ_R ist die Dichte der Reiter. Man trocknet den Senkkörper sorgfältig ab und hängt ihn in eine Flüssigkeit der Dichte ϱ. Nach dem Abgleich der Waage mit Reitern der Masse m_2 soll der Befestigungsdraht genau so tief in die Flüssigkeit wie zuvor in Wasser tauchen. In diesem Falle ist

$$m' = m_S + \Delta m - \left(V_S + \frac{1}{n}\,\Delta V\right)\varrho$$
$$- \left(1 - \frac{1}{n}\right)\Delta V\varrho_L + m_2\left(1 - \frac{\varrho_L}{\varrho_R}\right). \qquad (13)$$

Zieht man Gl. (11) von Gl. (13) bzw. (12) ab, so erhält man

$$m_2\left(1 - \frac{\varrho_L}{\varrho_R}\right) = \left(V_S + \frac{1}{n}\,\Delta V\right)(\varrho - \varrho_L),$$

$$m_1\left(1 - \frac{\varrho_L}{\varrho_R}\right) = \left(V_S + \frac{1}{n}\,\Delta V\right)(\varrho_W - \varrho_L).$$

Daraus folgt

$$\varrho = \frac{m_2}{m_1}\,\varrho_W + \left(1 - \frac{m_2}{m_1}\right)\varrho_L. \qquad (14)$$

In Gl. (14) geht nur das Verhältnis von m_2 zu m_1 ein. Aus diesem Grunde ist es möglich, beide Massen in der gleichen, aber willkürlichen Einheit »Reitermasse« auszudrücken. Darunter soll die Masse des großen Reiters verstanden werden. Zur Erläuterung sei ein Beispiel angegeben: Wenn sich der Senkkörper in einer Flüssigkeit befindet, und die Waage spielt bei Belastung des längeren Hebelarmes mit dem großen Reiter in Kerbe 7, dem mittleren in Kerbe 9 und dem kleinen in Kerbe 1, so ist das nach dem Hebelgesetz gleichbedeutend mit einer Belastung des Hakens von

$$m = 0{,}791 \text{ »Reitermasse«}.$$

Die Dichte fester Körper läßt sich mit der Mohr-Westphalschen Waage nach der *Schwebemethode* bestimmen.

Ein fester Körper schwebt in einer Flüssigkeit, wenn die Dichten der beiden Stoffe übereinstimmen. Auf den festen Körper wirkt dann die Gesamtkraft Null, da sich Schwerkraft und Auftrieb gegenseitig aufheben. Die Bestimmung der Dichte einer solchen Flüssigkeit ist also zugleich die Bestimmung der Dichte des festen Körpers. Um dieses Verfahren anwenden zu können, benötigt man zwei mischbare Flüssigkeiten. Die Dichte der einen Flüssigkeit muß größer, die der anderen kleiner als die Dichte des festen Körpers sein. Die Herstellung einer homogenen Mischung, in der der feste Körper exakt schwebt, erfordert einige Zeit und Mühe. Man kommt im allgemeinen schneller zum Ziel, wenn man zunächst eine Mischung anfertigt, in der der Körper mit sehr geringer Geschwindigkeit fällt, und anschließend eine Mischung, in der der Körper etwa mit gleicher Geschwindigkeit steigt. Die Dichte des festen Körpers ist dann in guter Näherung gleich dem arithmetischen Mittel der beiden Flüssigkeitsdichten. Die Schwebemethode ist immer dann zu empfehlen, wenn der zu untersuchende feste Körper sehr klein ist.

Mit Methyleniodid und Toluen lassen sich Mischungen herstellen, deren Dichte ϱ in dem Intervall

$$0{,}87 \text{ g} \cdot \text{cm}^{-3} \leqq \varrho \leqq 3{,}2 \text{ g} \cdot \text{cm}^{-3}$$

liegt. Hat der zu untersuchende feste Körper eine Dichte, die nur wenig größer als die von Wasser ist, kann eine wäßrige Kochsalzlösung Verwendung finden.

Versuchsausführung

Wir hängen den Senkkörper an den Haken und justieren die Waage, bis sie sich im Gleichgewicht befindet. Der Senkkörper wird vollständig in Wasser getaucht und die Waage durch Aufsetzen von Reitern abgeglichen: m_1. Die Wassertemperatur wird abgelesen und notiert. Wir trocknen den Senkkörper ab und hängen ihn in die zu untersuchende Flüssigkeit. Der Abgleich der Waage liefert m_2. Die Temperatur der Flüssigkeit ist zu notieren. Wir berechnen die gesuchte Dichte nach Gl. (14). Die Dichte des Wassers wird der Tab. 4 entnommen. Für die Mehrzahl aller Flüssigkeiten ist der zweite Summand in Gl. (14) vernachlässigbar klein. Muß er doch berücksichtigt werden, berechnen wir die Dichte

der Luft mit Hilfe der Gl. (4) aus der Dichte bei Normalbedingungen auf zwei Stellen genau.
Wir stellen eine Flüssigkeitsmischung bzw. eine Kochsalzlösung her, in der der zu untersuchende feste Körper schwebt, und bestimmen die Dichte dieses Gemisches bzw. dieser Lösung.

2.3. Pyknometer

Aufgabe: Die Dichte eines festen Körpers soll durch die Bestimmung seiner Masse und durch die Wägung des von ihm verdrängten Wassers ermittelt werden.

Das *Pyknometer* (vgl. Abb. M.2.3.1) ist ein im allgemeinen doppelwandiges Glasgefäß, an das eine mit einer Strichmarke S versehene Kapillare angeschmolzen ist und das mit einem sorgfältig eingeschliffenen Thermometer geschlossen werden kann.

Eine Analysenwaage befinde sich im Gleichgewicht, wenn man eine Waagschale mit dem zu untersuchenden Körper (Masse m, Volumen V, die andere mit Wägestücken (Masse m^*, Dichte ϱ^*) belastet. Die Dichte der Luft bei Zimmertemperatur und Luftdruck sei ϱ_L. Dann gilt bei Berücksichtigung des Auftriebes

$$m - V\varrho_L = m^* \left(1 - \frac{\varrho_L}{\varrho^*}\right). \qquad (15)$$

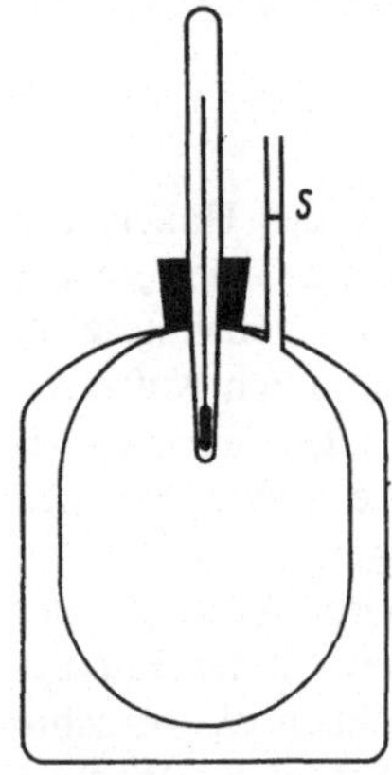

Abb. M.2.3.1. Pyknometer

Das äußere Volumen des Pyknometers soll mit V_P bezeichnet werden. Eine Wägung des mit destilliertem Wasser gefüllten Pyknometers (Masse m_1)

führt zu der Abgleichbedingung

$$m_1 - V_P\varrho_L = m_1^* \left(1 - \frac{\varrho_L}{\varrho^*}\right), \qquad (16)$$

während die Wägung des mit dem festen Körper und mit destilliertem Wasser gefüllten Pyknometers (Masse m_2) die Bedingung

$$m_2 - V_P\varrho_L = m_2^* \left(1 - \frac{\varrho_L}{\varrho^*}\right) \qquad (17)$$

liefert. Dabei sind m_1^* und m_2^* die Massen der Wägestücke, die bei den entsprechenden Wägungen dem Pyknometer das Gleichgewicht halten. Unter der Voraussetzung, daß die Temperatur des Wassers bei beiden Wägungen gleich der konstanten Zimmertemperatur ist, besteht zwischen den Massen m, m_1 und m_2 und dem Volumen V der Zusammenhang

$$m - V\varrho_W = m_2 - m_1; \qquad (18)$$

ϱ_W ist die Dichte von Wasser. Setzt man die Gln. (16) und (17) in Gl. (18) ein, erhält man

$$m - V\varrho_W = (m_2^* - m_1^*)\left(1 - \frac{\varrho_L}{\varrho^*}\right). \qquad (19)$$

Die Gln. (15) und (19) sind zwei lineare Gleichungen zur Bestimmung der unbekannten Größen m und V. Die Lösung lautet

$$m(\varrho_W - \varrho_L)$$
$$= [m^*\varrho_W - (m_2^* - m_1^*)\,\varrho_L]\left(1 - \frac{\varrho_L}{\varrho^*}\right),$$

$$V(\varrho_W - \varrho_L) = [m^* - (m_2^* - m_1^*)]\left(1 - \frac{\varrho_L}{\varrho^*}\right).$$

Damit ergibt sich für die gesuchte Dichte

$$\boxed{\varrho = \frac{m^*\varrho_W - (m_2^* - m_1^*)\,\varrho_L}{m^* - (m_2^* - m_1^*)}. \qquad (20)}$$

Die Wägungen des Pyknometers führen zu fehlerhaften Ergebnissen, wenn sich Luftblasen im Inneren oder Wassertropfen am äußeren Umfang des Gefäßes befinden. Außerdem treten Fehler auf, wenn die Temperatur t_1 im Inneren des nur mit Wasser gefüllten Pyknometers von der Temperatur t_2 des mit Wasser und mit dem zu untersuchenden Körper gefüllten Pyknometers abweicht. Sieht man das Volumen V und das innere Volumen des Gefäßes V_i als konstant an, tritt

an die Stelle der Gl. (18)

$$m - V\varrho_w(t_2)$$

$$= m_2 - m_1 + V_i[\varrho_w(t_1) - \varrho_w(t_2)]. \qquad (18\,a)$$

In den Gln. (18) und (19) fehlt dann also der Summand

$$V_i[\varrho_w(t_1) - \varrho_w(t_2)].$$

Mit $V_i = 50\ \text{cm}^3$, $t_2 = 20\,°\text{C}$ und $\Delta t = |t_2 - t_1| = 1\ \text{K}$ beträgt diese Masse etwa 10^{-2} g, während der aus den Wägungen resultierende Fehler von $m_2^* - m_1^*$ bei Verwendung einer Analysenwaage kleiner gehalten werden kann. Man muß sich daher im Experiment bemühen, daß die Differenz Δt so klein wie nur möglich wird. Außerdem ist diese Überlegung bei der Fehlerrechnung zu beachten.

Das in Abb. M.2.3.1 dargestellte Pyknometer kann auch zur Bestimmung der Dichte einer Flüssigkeit verwendet werden. In diesem Falle ermittelt man die Massen des mit Luft (m_3^*), des mit destilliertem Wasser (m_1^*) und des mit der zu untersuchenden Flüssigkeit gefüllten Pyknometers (m_4^*). Aus den Abgleichbedingungen, die den drei Wägungen entsprechen, erhält man analog zu Gl. (20) für die gesuchte Dichte

$$\varrho_{Fl} = \frac{(m_4^* - m_3^*)(\varrho_W - \varrho_L) + (m_1^* - m_3^*)\,\varrho_L}{(m_1^* - m_3^*)}. \qquad (20\,a)$$

Ein Pyknometer, das zur Bestimmung der Luftdichte verwendet werden soll, ist ein Glaskolben mit zwei angesetzten Rohren, die sich durch Hähne gasdicht verschließen lassen. Die Dichte der Luft kann berechnet werden, wenn man die Masse des luftgefüllten (m_3^*), des evakuierten (m_5^*) und des mit Wasser gefüllten (m_1^*) Pyknometers bestimmt. Analog zu Gl. (20) ergibt sich für die gesuchte Dichte

$$\varrho_L = \frac{(m_3^* - m_5^*)}{(m_1^* - m_5^*)}\,\varrho_W. \qquad (20\,b)$$

Versuchsausführung

Wir wägen den zu untersuchenden festen Körper bei der Temperatur t_0 mit einer Analysenwaage (vgl. M.1.0.2 bzw. M.1.0.3) und erhalten m^*. Nun wird das Pyknometer mit destilliertem Wasser gefüllt. Wir achten darauf, daß sich vor dem Einsetzen des Thermometers keine Luftblasen im Inneren des Glaskolbens befinden. Der Wasserspiegel in der Kapillare soll oberhalb der Marke S liegen. Anschließend ist das Pyknometer sorgfältig mit Zellstoff abzutrocknen. Um eine Erwärmung des Wassers zu vermeiden, fassen wir das Pyknometer nur am Hals an. Nach einigen Minuten hat das Wasser die Gleichgewichtstemperatur t_1 angenommen, die wir notieren. Das Wasser, das sich in der Kapillare oberhalb der Marke S befindet, wird vorsichtig mit Zellstoff oder Fließpapier abgesaugt. Die Wägung des Pyknometers liefert m_1^*. Anschließend bringen wir den festen Körper mit Hilfe einer Pinzette in das Pyknometer. Es ist wieder darauf zu achten, daß vor dem Einsetzen des Thermometers alle Luftblasen aus dem Wasser entwichen sind. Nun warten wir so lange, bis die Temperatur im Inneren des gut abgetrockneten und bis zur Marke S gefüllten Pyknometers mit t_1 übereinstimmt, und ermitteln die Masse m_2^*. Die Dichte des Wassers bei der Temperatur t_1 ist der Tab. 4 zu entnehmen, die der Luft bei Zimmertemperatur und Luftdruck mit Hilfe der Gl. (4) aus der Dichte bei Normalbedingungen auf zwei Stellen genau zu berechnen. Die gesuchte Dichte ϱ erhalten wir aus Gl. (20).

2.4. Schwingrohr

Aufgabe: Mit dem *Schwingrohr* ist die Dichte einer Flüssigkeit zu bestimmen.

Auf Grund der hohen Genauigkeit von *Resonanzverfahren* können diese auch zur Bestimmung der Dichten von Flüssigkeiten eingesetzt werden. Die Methode kommt ohne Wägung und Volumenbestimmung aus und kann auch bei kleinen Substanzmengen eingesetzt werden. Es wird die Tatsache genutzt, daß die Eigenfrequenz f eines mechanischen Schwingers von seiner

M

Masse abhängt:

$$f = \frac{1}{T} = \frac{1}{2\pi} \sqrt{\frac{k}{m}}. \tag{21}$$

T: Schwingungsdauer
k: Konstante

In der praktischen Ausführung (z. B. in Form einer hohlen Stimmgabel, vgl. Abb. M.2.4.1) setzt sich die Masse m aus der Schwingrohrmasse m_S und der Flüssigkeitsmasse m_F zusammen.
Die Schwingungsaufnahme erfolgt über einen elektromagnetischen Wandler (A). Nach Verstärkung und Amplitudenbegrenzung (B) wird das Signal einem elektromagnetischen Erregersystem (E) an der Stimmgabel zugeführt (Rückkopplung). Bereits kleinste Bewegungen der Stimmgabel führen zu einem Aufschaukeln der Spannung im Erregerverstärker und damit innerhalb kürzester Zeit zu einer stabilen Schwingung.
Da das an der Schwingung beteiligte Flüssigkeitsvolumen V_F für den gegebenen Schwinger konstant ist, ergibt sich eine einfache Abhängigkeit der Schwingungsdauer T von der Flüssigkeitsdichte ϱ_F:

$$m = m_s + m_F = KT^2 \tag{22}$$

bzw.

$$\varrho_F = \frac{m_F}{V_F} = K\,\frac{T^2}{V_F} - \frac{m_s}{V_F} = K_1 T^2 + K_2. \tag{23}$$

Die Konstanten K_1 und K_2 können durch Kalibrierung mit Hilfe von zwei Substanzen bekannter Dichte ϱ_1 und ϱ_2 erhalten werden.
Es gilt:

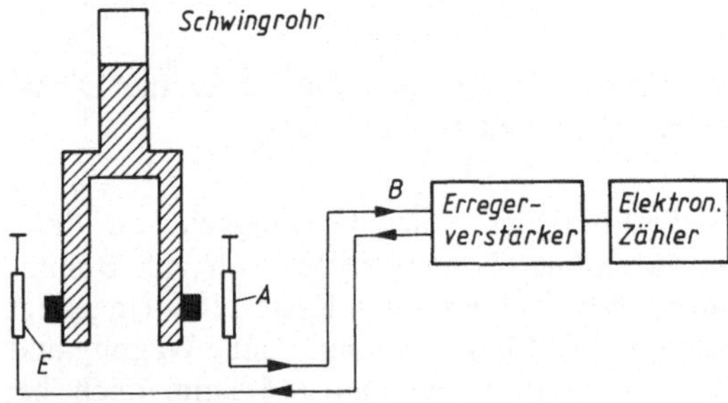

Abb. M.2.4.1. Schema der Versuchsanordnung (E: Erregerspule, A: Wandlerspule zur Amplitudenbegrenzung)

$$K_1 = \frac{\varrho_1 - \varrho_2}{(T_1^2 - T_2^2)}. \tag{24}$$

Damit folgt unmittelbar für die Dichte einer unbekannten Flüssigkeit

$$\boxed{\varrho_x = K_1(T_x^2 - T_R^2) + \varrho_R. \tag{25}}$$

T_R und ϱ_R sind Werte einer „Referenzsubstanz", z. B. Luft, Vakuum oder eine Flüssigkeit bekannter Dichte.

Versuchsausführung

Nach dem Einschalten von Zähler und Erregerverstärker wird die Schwinggabel mit Hilfe einer Pumpe sorgfältig ausgepumpt, um mögliche Flüssigkeitsreste zu beseitigen. Nachdem die Schwinggabel mit den Permanentmagneten an den Schwingrohren zwischen die Feldspulen (Erreger- und Wandlerspule) gebracht wurde, kann die Ausbildung stabiler Eigenschwingungen mit einem Oszilloskop kontrolliert werden. Dazu wird das am Ausgang des Erregerverstärkers liegende Signal auf den Y-Eingang des Oszilloskops gegeben, auf dessen Schirm gleichmäßige Rechteckimpulse erscheinen müssen. Um die notwendige hohe Meßgenauigkeit zu erreichen, muß die Zeit für hinreichend viele Schwingungen bestimmt werden, was durch die Einstellung entsprechend großer Torzeiten zwischen Start und Ende des Meßvorganges bewirkt werden kann. Nach dem Auspumpen bzw. Füllen des Schwingrohres ist vor jeder neuen Messung die Einstellung des Temperaturgleichgewichtes abzuwarten. Als Kontrolle werden dazu Frequenzmessungen durchgeführt. Die Schwankungen der Frequenz sollen nach der Einstellung des Temperaturgleichgewichtes nicht größer als der $5 \cdot 10^6$-te Teil des mittleren Meßwertes sein. Falls das nach etwa 10 bis 15 Minuten nicht erreicht wird, sind die Messungen trotzdem zu beginnen. Dieser systematische Fehleranteil ist im Rahmen der Fehlerbetrachtungen zu diskutieren.

Zur Ermittlung der Schwingrohrkonstanten K_1 werden zwei Stoffe bekannter Dichte (Luft, Referenzflüssigkeit) verwendet.

Die Luftdichte ergibt sich nach Gl. (4), die Temperaturabhängigkeit der Dichte der Referenzflüssigkeit wird gegeben.

Für die Fehlerabschätzung sind mögliche, während der Messungen auftretende Temperaturschwankungen, die einen merklichen Einfluß auf die Schwingungsfrequenz haben, zu berücksichtigen.

2.5. Stimmgabeldichtemesser

Aufgabe: Mit einem *Stimmgabeldichtemesser* sind die Druckabhängigkeit der Dichte von Kohlendioxid sowie die Dampfdichte von Ether für verschiedene Dampfdrücke zu bestimmen.

Die hohe Genauigkeit von *Resonanzverfahren* läßt sich auch vorteilhaft zur direkten Bestimmung der Dichte von Gasen und Dämpfen einsetzen. Dabei wird die Tatsache genutzt, daß die Eigenfrequenz einer Stimmgabel von der Dichte des sie umgebenden Mediums (Gas, Dampf) abhängt.

Für das System gilt die folgende Bewegungsgleichung:

$$m_0\ddot{x} + d_0\dot{x} + cx + m\ddot{x} + d\dot{x} = K(t) \qquad (26)$$

mit

m_0: Masse eines Gabelzinkens,
d_0: Dämpfung eines Gabelzinkens,
c: „Federkonstante",
m: Masse der mitbewegten Gas- bzw. Dampfmoleküle,
d: Dämpfung infolge von Reibungsverlusten der Gasmoleküle,
$K(t)$: zur „Entdämpfung" notwendige Kraft.

Soll eine ungedämpfte Schwingung zustandekommen, muß dem System durch (elektrische) Rückkopplung soviel Energie zugeführt werden wie durch Reibungsverluste verloren geht, d. h.,

es muß gelten

$$K(t) = d_0\dot{x} + d\dot{x}. \qquad (27)$$

Man erhält damit aus Gl. (26) und Gl. (27)

$$(m_0 + m)\,\ddot{x} + cx = 0 \qquad (28)$$

und daraus für die Resonanzfrequenz

$$\omega = \sqrt{\frac{c}{m_0 + m}}. \qquad (29)$$

Mit

$$\omega_0 = \sqrt{\frac{c}{m_0}} \qquad (30)$$

folgt für die Dichte

$$\varrho = \frac{m_0}{V}\left(\frac{f_0^2}{f^2} - 1\right). \qquad (31)$$

$m_0/V = \varrho_0$ hat dabei die Bedeutung einer Gerätekonstanten, die sich durch Frequenzmessungen in Vakuum (f_0) und bei einem vorgegebenen Luftdruck (f) ermitteln läßt.

Zur Verstärkung des Meßeffektes (Einfluß der Gas- bzw. Dampfmoleküle auf die Resonanzfrequenz) ist es zweckmäßig, an der Stimmgabel Zusatzbleche anzubringen, denn es gilt:

$$m\ddot{x} + d\dot{x} = \int p\,\mathrm{d}A. \qquad (32)$$

p: Gasdruck,
A: Fläche der Stimmgabel.

Die folgende Abbildung M.2.5.1 zeigt das Schema des Versuchsaufbaus.

Der elektronische Teil der Meßanordnung hat die gleichen Aufgaben wie in Abb. M.2.4.1:

— Anregung ungedämpfter Schwingungen der Stimmgabel,
— Präzisionsmessung der Schwingungsfrequenz,
— digitale Meßwertanzeige.

Die erreichbare Frequenzgenauigkeit wird in erster Linie durch den Temperaturkoeffizienten

M

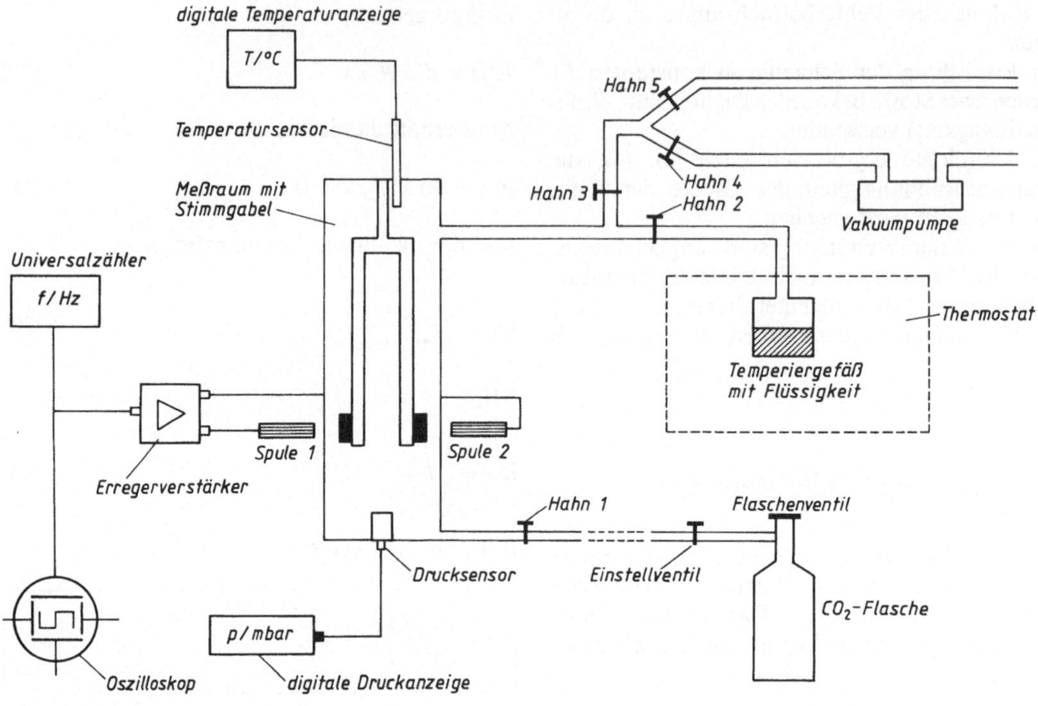

Abb. M.2.5.1. Schema des Versuchsaufbaus

der Eigenfrequenz der Stimmgabel bestimmt. Für die Eigenfrequenz gilt

$$f = k \frac{a}{l^2} \sqrt{\frac{E}{\varrho}}. \tag{33}$$

Die Größen a (Zinkenstärke), l (Zinkenlänge) und ϱ (Materialdichte) hängen vom thermischen Ausdehnungskoeffizienten α, der Elastizitätsmodul E vom thermoelastischen Koeffizienten ε ab. Der Temperatureinfluß verschwindet annähernd für $\varepsilon = -\alpha$. Für eine spezielle Eisen-Nickel-Chrom-Legierung mit 10% Cr und 36% Ni ergibt sich z. B. ein Temperaturkoeffizient von $4 \cdot 10^{-6} \, \mathrm{K}^{-1}$, so daß man bei einer Temperaturkonstanz von 0.1 K den Temperaturfehler auf weniger als 10^{-6} verringern kann.

Versuchsausführung

Nach Einschalten der Geräte wird zunächst die Stimmgabelkonstante durch Frequenzmessun-

gen in Vakuum und bei mehreren Luftdrücken bestimmt. Bei der Ausführung des Versuchs ist es zweckmäßig, Gl. (31) zu modifizieren:

$$\varrho = A \frac{1}{f^2} + B. \tag{34}$$

Hierin sind

$$A = \frac{m_0}{V} f_0^2, \quad B = -\frac{m_0}{V}. \tag{35}$$

Die Bestimmung der Konstanten A und B erfolgt dann über Messungen bei verschiedenen Luftdrücken und linearen Ausgleich.

Messung in Luft:
Die Anlage ist zu Beginn der Messung mit einer Vakuumpumpe zu evakuieren, um Restgase aus vorherigen Messungen zu entfernen. Dazu sind die Hähne 1, 2 und 5 geschlossen zu halten.

Nach dem Evakuieren sind Hahn 3 zu schließen und die Vakuumpumpe abzuschalten. Durch Öffnen des Hahns 5 ist die Pumpe anschließend zu belüften, um ein Hochdrücken des Pumpenöles zu vermeiden.

Über den Hahn 1 kann nun dosiert Luft bis zum gewünschten Druck eingelassen werden.

Messung in CO_2:

Über den Hahn 1 wird bei geöffneten Hähnen 3 und 5 Kohlendioxid in die Anlage geleitet. Die Hähne 2 und 4 sind dabei geschlossen. Zuerst wird bei geschlossenem Einstellventil das Flaschenventil der Druckgasflasche um eine viertel Umdrehung geöffnet. Anschließend ist die Schlauchverbindung zwischen dem Einstellventil und dem Hahn 1 herzustellen.

Nachdem man sich überzeugt hat, daß die Hähne 1, 3 und 5 geöffnet sind, um unkontrollierbaren Überdruck zu verhindern, ist durch Öffnen des Einstellventils die Anlage mit CO_2 durchzuspülen. Dabei soll die Durchflußgeschwindigkeit etwa 5 l/min betragen. Der Spülvorgang wird beendet, indem man zuerst das Flaschenventil schließt und nach Abbau des Überdrucks anschließend sofort die Hähne 1 und 3 sowie das Einstellventil. Durch diese Maßnahmen erreicht man, daß der CO_2-Druck in der Anlage dem äußeren Luftdruck entspricht (Kontrolle über Druckmeßgerät).

Soll die Messung bei niedrigeren Drücken erfolgen, ist Hahn 5 zu schließen und mit der Vakuumpumpe der Raum zwischen den Hähnen 3 und 4 nach vorheriger Öffnung von Hahn 4 zu evakuieren. Nach Schließen des Hahnes 4 und kurzzeitigem Öffnen von Hahn 3 kann der Druck im Meßraum verringert werden.

Messung in Dampf:

Die Anlage ist wie bei der Messung in Luft zu evakuieren. Ist der Minimaldruck erreicht, wird durch kurzzeitiges Öffnen von Hahn 2 Dampf der Versuchsflüssigkeit in die Anlage gespült. Damit entfernt man die Messung verfälschende Restgase. Nach Wiedererreichen des Minimaldruckes sind Hahn 3 zu schließen und Hahn 2 zu öffnen. Die Vakuumpumpe ist abzuschalten und über die Hähne 4 und 5 zu belüften. Zur Einstellung verschiedener Dampfdichten (Dampfdrücke) ist das Vorratsgefäß mit der Versuchsflüssigkeit mit einem Thermostaten geeignet zu temperieren.

Nach Beendigung der letzten Messung ist Hahn 2 zu schließen, die Anlage wieder zu evakuieren und danach einschließlich der Vakuumpumpe zu belüften.

2.6. Dampfdichte nach Menzies

Aufgabe: Es ist die Dampfdichte einer Flüssigkeit in Abhängigkeit vom Druck zu bestimmen.

Die Versuchsanordnung nach *Menzies* (vgl. Abb. M.2.6.1) besteht im wesentlichen aus einem Glaskolben 1, dessen oberes Ende in ein Rohr 2 mit Glasschliff übergeht.

Im unteren Teil des Glaskolbens 1 ist ein *Drucksensor* 7 angebracht, der mit einer kalibrierten digitalen Druckanzeige verbunden ist. Über das Rohr 2 kann ein mit zahlreichen Öffnungen versehener Metallzylinder 4 in den Glaskolben 1 eingebracht werden, in dem sich das Glaskölbchen 6 mit der flüssigen Versuchssubstanz befindet.

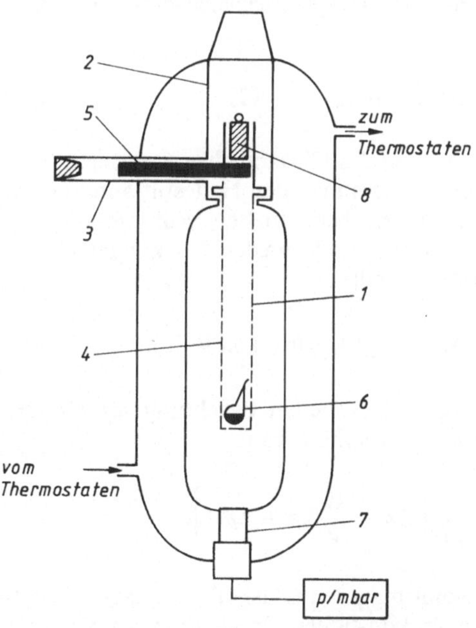

Abb. M.2.6.1. Versuchsanordnung nach *Menzies*

M

Das seitlich angebrachte Rohr 3 dient zur Einführung eines Eisenstiftes 5 in den Metallzylinder 4, um darauf den Fallkörper 8 setzen zu können. Zur Temperaturmessung im Innenraum des Glaskolbens 1 kann ein Thermometer mit Hilfe eines Stopfens am oberen Ende des Glasrohres 2 befestigt werden.

Der gesamte Glaskolben 1 ist mit einem Thermostaten temperierbar, der im Temperaturgleichgewicht eine konstante Temperatur T mit $T > T_s$ (T_s: Siedetemperatur des zu untersuchenden Stoffes) realisiert.

Das Glaskölbchen 6 mit dem Volumen V_K, das bei Zimmertemperatur zugeschmolzen wird, enthält die zu untersuchende Stoffmenge n. Ein mögliches Restluftvolumen ist durch verdampfende Versuchsflüssigkeit in der Regel vernachlässigbar.

Nach Einbringen des Metallzylinders 4 mit dem Probekölbchen 6 in den Glaskolben 1 wird das Rohr 2 mit einem temperierbaren Glasschliff und das Glasrohr 3 mit einem Gummistopfen fest verschlossen. Der Druck im Glaskolben 1 kann sich danach gegenüber dem äußeren Luftdruck p um einen kleinen Wert Δp_0 erhöhen. Die Zustandsgleichung für die Luftmenge n_0 im Glaskolben 1 nach Einstellung des Temperaturgleichgewichtes lautet dann

$$(p + \Delta p_0)(V - V_K) = n_0 RT. \tag{36}$$

Zerstört man das Glaskölbchen 6 mit dem Fallkörper 8, indem man den Haltestift 5 mit einem Ringmagneten herauszieht, verdampft der zu untersuchende Stoff, und der Druck steigt um den Wert Δp. Es gilt:

$$(p + \Delta p_0 + \Delta p) V = (n_0 + n) RT. \tag{37}$$

Löst man Gl. (37) unter Beachtung von Gl. (36) nach n auf, so erhält man

$$n = \frac{V}{RT} \left[\Delta p + \frac{V_K}{V} (p + \Delta p_0) \right]. \tag{38}$$

Entspannt man den Glaskolben 1 nach Einstellung einer konstanten Druckerhöhung Δp_0, vereinfacht sich Gl. (38) zu

$$n = \frac{V}{RT} \left[\Delta p + \frac{V_K}{V} p \right]. \tag{39}$$

Die molare Masse M ergibt sich aus n und der Masse m des zu untersuchenden Stoffes im Glaskölbchen 6 zu $M = m/n$. Daraus bestimmt man mit Hilfe von Gl. (5a) die relative Dampfdichte und danach unter Verwendung von Gl. (3) die Dampfdichte.

Ist das restliche Luftvolumen v im zugeschmolzenen Kölbchen 6 nicht vernachlässigbar, kommt in Gleichung (38) ein entsprechendes Korrekturglied hinzu:

$$n = \frac{V}{RT} \left[\Delta p + \frac{V_K}{V} (p + \Delta p_0) + \frac{v}{V} \right.$$
$$\left. \times \left(p + \Delta p + \Delta p_0 - p \frac{T}{T_1} \right) \right]. \tag{40}$$

In Gl. (40) ist T_1 die Zimmertemperatur, bei der das Kölbchen zugeschmolzen wurde.

Das Innenvolumen V der Glasapparatur wird in einem Vorversuch mit einer Flüssigkeit bekannter molarer Masse ermittelt.

Um die Verdampfung auch bei Drücken ausführen zu können, die kleiner als der äußere Luftdruck sind, erzeugt man einen Unterdruck im Glaskolben 1 durch Anschließen einer Vakuumpumpe am Glasschliff des Rohres 2.

Der im Versuch verwendete *Drucksensor* enthält in einer Wheatstoneschen Brückenschaltung vier in die Randzonen einer Siliziummembran eindiffundierte Halbleiterwiderstände etwa gleicher Größe. Die durch äußeren Druck auf die Membran verursachten mechanischen Spannungen verändern die Größe der Widerstände sowohl durch die Änderung der geometrischen Abmessungen als auch durch die Änderung des spezifischen Widerstandes infolge von Verschiebungen in den Bandstrukturen (piezoresistiver Effekt). Mechanisch bilden die Widerstände einen Teil der Membran, elektrisch wirken sie unabhängig voneinander, da sie durch p-n-Übergänge vom Rest der Membran isoliert sind. Die Dicke der Membranen beträgt je nach Druckbereich 0,035...0,5 mm. Den schematischen Aufbau

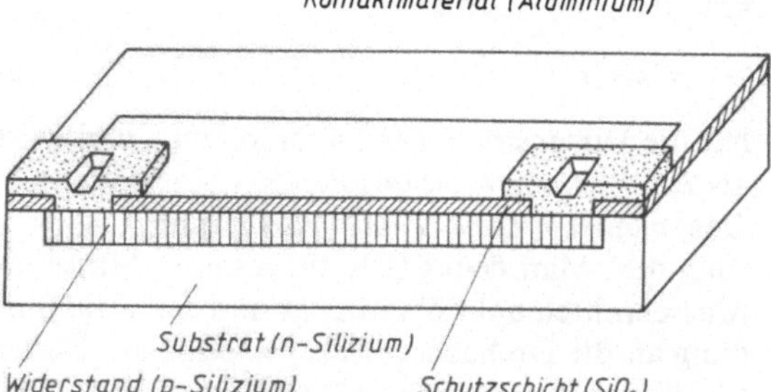

Abb. M.2.6.2. Aufbau eines piezoresistiven Siliziumchips

einer solchen Siliziummembran (Querschnitt) zeigt Abb. M.2.6.2.

Das Ausgangsmaterial besteht aus n-, der Piezowiderstand aus p-dotiertem Silizium. Ein ohmscher Kontakt wird in diesem Beispiel durch Einlegieren von Aluminium in das p-dotierte Silizium erreicht. Die Schutzschicht besteht aus SiO_2. Im Vergleich zu Metallen zeigen Halbleiter einen wesentlich stärkeren piezoresistiven Effekt, als Nachteil erweisen sich eine geringere Langzeitstabilität und Linearität sowie eine bis ca. 150 °C begrenzte Arbeitstemperatur.

Versuchsausführung

Nach Einstellung der Solltemperatur T am Regelteil des Thermostaten sind Heizung und Umwälzpumpe einzuschalten. Anschließend werden zwei zunächst leer gewogene Kölbchen unter Verwendung einer Injektionsspritze mit einer Flüssigkeit bekannter molarer Masse und mit dem zu untersuchenden Stoff gefüllt. Danach werden die Kölbchen zugeschmolzen und erneut gewogen. Die entsprechende Massendifferenz liefert die für die Auswertung erforderliche Masse m der in den Kölbchen eingeschlossenen Substanzen.

Nach der Entnahme des Thermometers aus dem Glaskolben 1 wird das mit der bekannten Flüssigkeit gefüllte Kölbchen in den Metallzylinder 4 gelegt, dieser über das Rohr 2 in den Glaskolben 1 eingesetzt und der Fallkörper 8 auf den zuvor eingeschobenen Eisenstift 5 postiert. Danach ist Rohr 2 mit einer temperierbaren Glashülse und Rohr 3 mit einem Gummistopfen

fest zu verschließen. Sobald sich das Temperaturgleichgewicht im Glaskolben 1 eingestellt hat und der Druckausgleich bezüglich Δp_0 über Rohr 3 vorgenommen wurde, wird das Kölbchen mit dem Fallkörper zerstört. Nach der Einstellung eines konstanten Druckanstieges kann Δp abgelesen und das Volumen V unter Verwendung von Gl. (39) berechnet werden. Vor dem Ablesen der Druckwerte ist die Einstellung des Temperaturgleichgewichtes abzuwarten.

Anschließend ist der Versuch mit der zu untersuchenden Substanz durchzuführen. Die Messung ist bei verschiedenen Drücken zu wiederholen.

3. Pendel

3.0. Allgemeine Grundlagen

3.0.1. Physikalisches und mathematisches Pendel

Ein *physikalisches Pendel* ist ein starrer Körper mit einer im allgemeinen horizontalen, fest vorgegebenen Drehachse, die nicht durch den *Massenmittelpunkt* des Körpers geht. Nach einer Auslenkung führt das Pendel unter dem Einfluß der Schwerkraft Schwingungen um seine Ruhelage aus. In den folgenden Überlegungen wird vorausgesetzt, daß die Reibung im Achsenlager vernachlässigbar klein ist.

Der senkrechte Abstand des Massenmittelpunktes S eines Körpers K von der Drehachse A soll mit s_A bezeichnet werden (vgl. Abb. M.3.0.1). Ein beliebiges Massenelement dm habe den senkrechten Abstand r von der Achse A. Der zeitlich konstante Winkel zwischen r und s_A sei α. Bildet s_A mit der Vertikalen den Winkel φ, so lautet die Bewegungsgleichung für das Massenelement

$$dm\, r\ddot{\varphi} = -dm\, g\, \sin(\alpha + \varphi). \qquad (1)$$

Durch Multiplikation von Gl. (1) mit dem Kraftarm r und anschließende Integration über den gesamten Körper K erhält man die Drehmomen-

tengleichung

$$\int\limits_{K} \ddot{\varphi} r^2 \, \mathrm{d}m = -g \int\limits_{K} r \sin(\alpha + \varphi) \, \mathrm{d}m. \qquad (2)$$

Da der Körper starr sein soll, ist die Winkelbeschleunigung $\ddot{\varphi}$ für alle Massenelemente gleich und kann vor das Integral geschrieben werden.

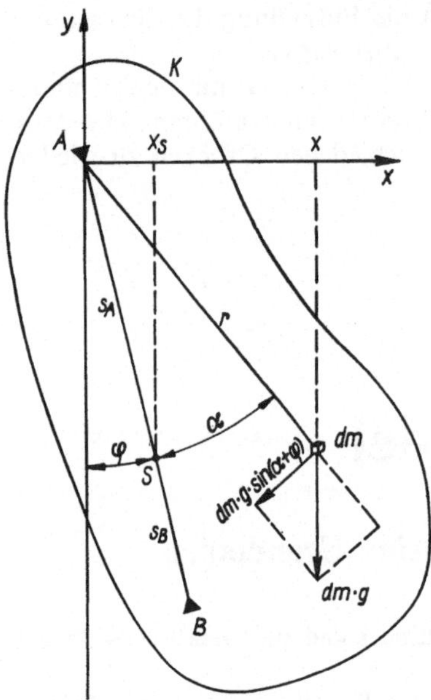

Abb. M.3.0.1. Physikalisches Pendel

Die Größe

$$I_A = \int\limits_{K} r^2 \, \mathrm{d}m \qquad (3)$$

ist das *Trägheitsmoment* des Körpers, bezogen auf die Achse A. Die Einheit des Trägheitsmomentes ist $\mathrm{kg \cdot m^2}$.

Nach der Definition des Massenmittelpunktes gilt

$$\int\limits_{K} r \sin(\alpha + \varphi) \, \mathrm{d}m = \int\limits_{K} x \, \mathrm{d}m = mx_S = ms_A \sin\varphi; \qquad (4)$$

m ist die Masse des Pendels. Mit den Gln. (3) und (4) kann man Gl. (2)

$$\ddot{\varphi} = -\frac{ms_A g}{I_A} \sin\varphi \qquad (5)$$

schreiben. Die Größe

$$D_A = ms_A g \qquad (6)$$

hat die Dimension eines Drehmoments und wird als *Direktionsmoment* des Pendels bezeichnet.

Das *mathematische Pendel* stellt eine Idealisierung dar. Man denkt sich die gesamte Masse im Massenmittelpunkt S vereinigt und sieht die Bindung an die Drehachse A als masselos an. Dieser Idealisierung entspricht näherungsweise das Fadenpendel, das aus einer Metallkugel besteht, die an einem dünnen Faden der Länge l aufgehängt ist. Die Bewegungsgleichung des mathematischen Pendels lautet

$$ml\ddot{\varphi} = -mg \sin\varphi$$

oder

$$\ddot{\varphi} = -\frac{g}{l} \sin\varphi. \qquad (7)$$

Die Gln. (5) und (7), deren Lösung elementar nicht möglich ist, vereinfachen sich, wenn man nur sehr kleine Auslenkungen

$$|\varphi| \ll 1$$

zuläßt. Dann kann man den Sinus durch das Argument ersetzen und erhält

$$\ddot{\varphi} = -\frac{ms_A g}{I_A} \varphi, \qquad (5\,\mathrm{a})$$

$$\ddot{\varphi} = -\frac{g}{l} \varphi. \qquad (7\,\mathrm{a})$$

Die bisherigen Betrachtungen gelten nur für Bewegungen im Vakuum. Schwingt das Pendel in Luft (Dichte ϱ_L), so ist der Auftrieb [vgl. Gl. (M.1.–5)] zu berücksichtigen. Die rücktreibende Kraft auf ein Massenelement hat dann den Betrag

$$\mathrm{d}m\, g \left(1 - \frac{\varrho_L}{\varrho}\right) \sin(\alpha + \varphi),$$

und an die Stelle der Gl. (2) tritt

$$\int\limits_{K} \ddot{\varphi} r^2 \, \mathrm{d}m = -g \int\limits_{K} \left(1 - \frac{\varrho_L}{\varrho}\right) r \sin(\alpha + \varphi) \, \mathrm{d}m. \qquad (2\,\mathrm{a})$$

Setzt sich das Pendel aus N homogenen Teilkörpern K_i zusammen, deren Massenmittelpunkte S_i auf einer die Achse A schneidenden Geraden liegen und deren Massen bzw. Dichten mit m_i bzw. ϱ_i ($i = 1, 2,$

..., N) bezeichnet werden sollen, wird Gl. (2a)

$$\int_K \ddot{\varphi} r^2 \, dm = -g \sum_{i=1}^{N} \left(1 - \frac{\varrho_L}{\varrho_i}\right) \int_{K_i} r \sin(\alpha + \varphi) \, dm$$

oder

$$I_A \ddot{\varphi} = -g \sum_{i=1}^{N} \left(1 - \frac{\varrho_L}{\varrho_i}\right) m_i s_{Ai} \sin \varphi. \tag{5b}$$

Hierbei ist s_{Ai} der Abstand des Massenmittelpunktes des i-ten Teilkörpers von der Drehachse A. Die Berücksichtigung des Auftriebes bedeutet also in diesem Falle: Man ersetzt in Gl. (5) sowie in den daraus gewonnenen Gln. (5a) und (13) den Ausdruck ms_A durch

$$\sum_{i=1}^{N} \left(1 - \frac{\varrho_L}{\varrho_i}\right) m_i s_{Ai}. \tag{8}$$

Haben alle Teile des Pendels die gleiche Dichte ϱ, dann vereinfacht sich der Ausdruck (8) zu

$$ms_A \left(1 - \frac{\varrho_L}{\varrho}\right). \tag{8a}$$

3.0.2. Drehtisch und Torsionspendel

Unter einem Drehtisch versteht man einen starren Körper, der um eine vertikale Achse gedreht werden kann. Bindet man dieses System durch eine Spiralfeder an eine Ruhelage, so führt es nach einer Auslenkung Schwingungen aus. Wenn die elastischen Deformationen der Feder hinreichend klein sind, kann man das rücktreibende Drehmoment der Auslenkung φ proportional setzen. Bei Vernachlässigung der Reibung im Achsenlager lautet die Bewegungsgleichung

$$\ddot{\varphi} = -\frac{D}{I}\, \varphi. \tag{9}$$

Dabei ist I das Trägheitsmoment des Drehtisches um die vorgegebene Achse, und der Proportionalitätsfaktor D ist das Direktionsmoment der Feder.

Ein *Torsionspendel* ist ein starrer Körper, der an einem Draht aufgehängt oder zwischen zwei Blattfedern gespannt ist. Nach einer Verdrillung des Drahtes bzw. der Federn führt das Torsionspendel Drehschwingungen aus. Für sehr kleine Scherwinkel kann man berechnen [vgl. Gl. (M.5.2.–26)], daß das rücktreibende Drehmoment der Auslenkung aus der Ruhelage proportional ist. Die Bewegung des Torsionspendels wird daher auch durch Gl. (9) beschrieben.

3.0.3. Lösung der Bewegungsgleichungen

Die Bewegungsgleichungen (5a), (7a) und (9) sind vom Typ

$$\ddot{\varphi} = -\omega^2 \varphi. \tag{10}$$

Gl. (10) sagt aus: Es wird eine Funktion $\varphi(t)$ gesucht, die ihrer zweiten Ableitung nach der Zeit proportional ist. Da die Gl. (10) durch zwei nacheinander auszuführende Integrationen gelöst wird, muß die vollständige mathematische Lösung zwei Integrationskonstanten enthalten. Man kann sich leicht davon überzeugen, daß die Funktion

$$\varphi = c_1 \cos \omega t + c_2 \sin \omega t \tag{11}$$

die obengenannten Forderungen erfüllt. Die Konstanten c_1 und c_2 sind aus den Anfangsbedingungen zu bestimmen. Dem Versuchsbeginn entsprechen

$$\varphi = \varphi_0, \quad \dot{\varphi} = 0 \quad \text{für} \quad t = 0.$$

Damit lautet Gl. (11)

$$\varphi = \varphi_0 \cos \omega t = \varphi_0 \cos\left(2\pi \frac{t}{T}\right); \tag{11a}$$

T ist die Schwingungsdauer bei sehr kleinen Auslenkungen (physikalisches und mathematisches Pendel) bzw. bei geringen elastischen Deformationen (Drehtisch und Torsionspendel).

Wenn man die Schwingungsdauer stoppen will, wählt man dagegen den Augenblick als Anfang der Zeitmessung, in dem das Pendel die maximale Geschwindigkeit hat, d. h., es ist

$$\varphi = 0, \quad \dot{\varphi} = \dot{\varphi}_{\max} \quad \text{für} \quad t = 0.$$

Dann ist

$$\varphi = \frac{\dot{\varphi}_{\max}}{\omega} \sin \omega t = \varphi_0 \sin \omega t$$

$$= \varphi_0 \sin\left(2\pi \frac{t}{T}\right). \tag{11b}$$

Durch Einsetzen von Gl. (11a) oder (11b) in die Gln. (7a), (5a) bzw. (9) findet man für das Fadenpendel

$$T = 2\pi \sqrt{\frac{l}{g}}, \tag{12}$$

M

für das physikalische Pendel

$$T = 2\pi \sqrt{\frac{I_A}{ms_A g}} \qquad (13)$$

und für den Drehtisch oder das Torsionspendel

$$T = 2\pi \sqrt{\frac{I}{D}}. \qquad (14)$$

Die mathematische Behandlung der Gln. (5) und (7) liefert für die Schwingungsdauer

$$T' = T\left\{1 + \left(\frac{1}{2}\right)^2 \sin^2 \frac{\varphi_0}{2}\right.$$
$$\left. + \left(\frac{1\cdot 3}{2\cdot 4}\right)^2 \sin^4 \frac{\varphi_0}{2} + \ldots\right\}. \qquad (15)$$

Für T ist beim Fadenpendel Gl. (12) und beim physikalischen Pendel Gl. (13) einzusetzen. Wenn die Amplitude φ_0 kleiner als 0,1 (d. h. $<6°$) ist, dann kann man in sehr guter Näherung mit

$$T' = T\left(1 + \frac{1}{16}\,\varphi_0^2\right) \qquad (15a)$$

arbeiten.

3.0.4. Satz von Steiner

Das Trägheitsmoment eines starren Körpers, bezogen auf die Achse A, ist gleich dem Trägheitsmoment, bezogen auf die durch den Massenmittelpunkt gehende, zu A parallele Achse S, vermehrt um das Produkt aus der Masse des Körpers und dem Quadrat des senkrechten Abstandes der beiden Achsen.
Zum Beweis dieses Satzes betrachtet man den in Abb. M.3.0.2 dargestellten ebenen Schnitt durch

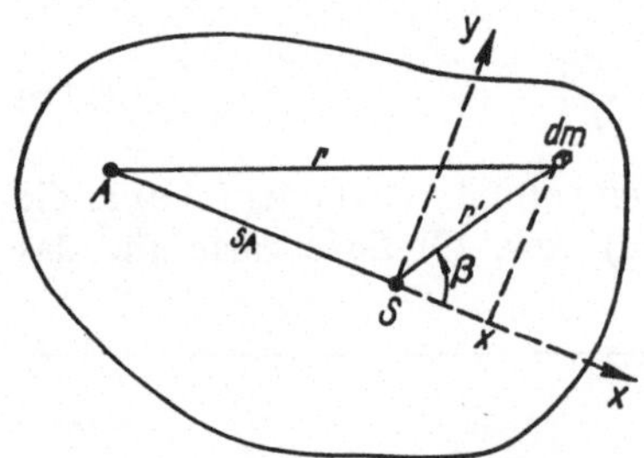

Abb. M.3.0.2. Zum Steinerschen Satz

den Körper. Der Ursprung des Koordinatensystems x, y, z (die z-Achse stimmt mit der Drehachse S überein) soll im Massenmittelpunkt des Körpers liegen. Nach dem Kosinussatz gilt

$$r^2 = r'^2 + s_A^2 + 2s_A r' \cos \beta$$
$$= r'^2 + s_A^2 + 2s_A x.$$

Dann ist das Trägheitsmoment des Körpers bezogen auf die Achse A

$$I_A = \int_K r^2 \, dm = \int_K r'^2 \, dm + s_A^2 \int_K dm$$
$$+ 2s_A \int_K x \, dm,$$

$$\int_K x \, dm = x_S m = 0,$$

$$I_A = I_S + ms_A^2. \qquad (16)$$

Der Steinersche Satz ist ein wertvolles Hilfsmittel für die Berechnung von Trägheitsmomenten.

3.0.5. Reduzierte Pendellänge

Ein physikalisches Pendel hat die gleiche Schwingungsdauer wie ein mathematisches Pendel der Fadenlänge

$$l_A = \frac{I_A}{ms_A}. \qquad (17)$$

l_A ist die der Achse A entsprechende reduzierte Pendellänge. Gegeben sei ein physikalisches Pendel mit den parallelen Drehachsen A und B (vgl. Abb. M.3.0.1). Der Massenmittelpunkt soll auf der Geraden von A nach B liegen, und der Achsenabstand sei

$$l = s_A + s_B.$$

Es soll untersucht werden, unter welchen Bedingungen die Schwingungsdauern um diese beiden Achsen übereinstimmen. Aus

$$T_A = 2\pi \sqrt{\frac{I_A}{ms_A g}} = 2\pi \sqrt{\frac{l_A}{g}}$$
$$= 2\pi \sqrt{\frac{I_B}{ms_B g}} = T_B$$

folgt bei Verwendung des Steinerschen Satzes

$$l_A = \frac{I_B}{m s_B} = \frac{I_S + m(l - s_A)^2}{m(l - s_A)}$$

$$= \frac{I_A + ml^2 - 2mls_A}{m(l - s_A)},$$

$$l_A = \frac{ml_A\, s_A + ml^2 - 2mls_A}{m(l - s_A)}$$

oder

$$l^2 - (l_A + 2s_A)\, l + 2l_A s_A = 0. \tag{18}$$

Die quadratische Gleichung (18) kann

$$(l - l_A)\,(l - 2s_A) = 0 \tag{19}$$

geschrieben werden.

Ist $l \neq 2s_A$, so muß $l = l_A$ sein, d. h., der Achsenabstand, bei dem die Schwingungsdauern gleich sind, ist gleich der reduzierten Pendellänge. Ist jedoch $l = 2s_A$, d. h., der Massenmittelpunkt halbiert die Verbindungslinie der beiden Achsen, so ist der Schluß $l = l_A$ falsch.

3.1. Fadenpendel

Aufgabe: Die Schwerebeschleunigung g ist mit dem Fadenpendel zu bestimmen. Der relative Größtfehler soll 0,8 % nicht überschreiten.

Eine Metallkugel hängt an einem dünnen Faden vor einer Spiegelskale mit Millimeterteilung. Der Nullpunkt des Maßstabes soll mit der Drehachse übereinstimmen. Die Fadenlänge l ist der Abstand der Drehachse vom Mittelpunkt der Kugel. Regt man das Pendel zu Schwingungen kleiner Amplitude ($\varphi_0 < 5°$) an, so liefert Gl. (12) den Zusammenhang zwischen der Schwingungsdauer T, der Fadenlänge l und der Schwerebeschleunigung g.

$$g = \left(\frac{2\pi}{T}\right)^2 l. \tag{20}$$

Das Fadenpendel ist strenggenommen ein physikalisches Pendel, das in einem materiellen Medium (Luft) schwingt. Es empfiehlt sich zu prüfen, ob die verschiedenen Vernachlässigungen tragbar sind, die man bei der Verwendung der Gleichungen für ein im Vakuum schwingendes mathematisches Pendel macht.

Das Trägheitsmoment I des Pendels setzt sich additiv aus dem der Kugel I_K und dem des Fadens I_F zusammen. Da das Trägheitsmoment einer homogenen Kugel mit dem Radius R und der Masse m_K bezogen auf eine durch den Kugelmittelpunkt gehende Achse

$$I_0 = \frac{2}{5}\, m_K R^2$$

ist, erhält man nach Gl. (16)

$$I_K = m_K l^2 + \frac{2}{5}\, m_K R^2 = m_K l^2 \left\{ 1 + \frac{2}{5} \left(\frac{R}{l}\right)^2 \right\}.$$

Das Trägheitsmoment des Fadens der Masse m_F bezogen auf die gegebene Drehachse ist

$$I_F = \frac{1}{3}\, m_F l^2.$$

Damit wird

$$I = m_K l^2 \left\{ 1 + \frac{2}{5} \left(\frac{R}{l}\right)^2 + \frac{1}{3}\, \frac{m_F}{m_K} \right\}. \tag{21}$$

Bezeichnet man die Dichte der Kugel mit ϱ_K und die des Fadens mit ϱ_F, so lautet Gl. (5b)

$$I\ddot\varphi = -g \left\{ \left(1 - \frac{\varrho_L}{\varrho_K}\right) m_K l \right.$$

$$\left. + \left(1 - \frac{\varrho_L}{\varrho_F}\right) m_F\, \frac{l}{2} \right\} \sin\varphi$$

oder

$$I\ddot\varphi = -g m_K l \sin\varphi \left\{ 1 - \frac{\varrho_L}{\varrho_K} \right.$$

$$\left. + \frac{1}{2}\, \frac{m_F}{m_K} \left(1 - \frac{\varrho_L}{\varrho_F}\right) \right\}. \tag{22}$$

Setzt man I gemäß Gl. (21) in Gl. (22) ein und beschränkt die Betrachtungen auf sehr kleine Auslenkungen, so erhält man

$$\ddot\varphi = -\frac{g}{l^*}\, \varphi$$

mit

$$l^* = l\, \frac{1 + \dfrac{2}{5} \left(\dfrac{R}{l}\right)^2 + \dfrac{1}{3}\, \dfrac{m_F}{m_K}}{1 - \left\{ \dfrac{\varrho_L}{\varrho_K} - \dfrac{1}{2}\, \dfrac{m_F}{m_K} \left(1 - \dfrac{\varrho_L}{\varrho_F}\right) \right\}}.$$

Für die Schwerebeschleunigung gilt daher Gl. (20) mit l^* statt l. Da $(R/l)^2$, m_F/m_K, ϱ_L/ϱ_K und ϱ_L/ϱ_F sehr klein gegen 1 sind, sollen alle Produkte solcher Ausdrücke vernachlässigt werden. In dieser Näherung ist

$$g = \left(\frac{2\pi}{T}\right)^2 l \left\{ 1 + \frac{2}{5} \left(\frac{R}{l}\right)^2 + \frac{\varrho_L}{\varrho_K} - \frac{1}{6}\, \frac{m_F}{m_K} \right\}. \tag{23}$$

Versuchsausführung

Zur Bestimmung der Fadenlänge l blicken wir in horizontaler Richtung so auf den oberen Rand der ruhenden Kugel, daß er sich mit seinem Spiegelbild deckt, und lesen die Länge l_0 ab. In

M

gleicher Weise ergibt sich für den unteren Kugel-rand l_u. Die Fadenlänge ist das arithmetische Mittel von l_0 und l_u. Hängt das Pendel nicht vor einer Spiegelskale, so ist die Fadenlänge mit einem Kathetometer zu messen. Wir bestimmen die Schwingungsdauer T, indem wir fünfmal die Zeit für 100 Schwingungen stoppen. Der Versuch ist bei $n - 1$ anderen Fadenlänge zu wieder-holen.

Wir berechnen g nach Gl. (20) und bilden die arithmetischen Mittel g_i aller Werte, die sich bei der Fadenlänge l_i ergeben haben. Da die Mes-sungen bei großen Fadenlängen genauer als die bei kleinen sind, ist aus den Größen g_1, g_2, ..., g_n der gewichtete Mittelwert

$$\bar{g} = \frac{l_1 g_1 + l_2 g_2 + \ldots + l_n g_n}{l_1 + l_2 + \ldots + l_n}$$

zu berechnen.

Studenten mit Physik als Hauptfach sollen nachwei-sen, daß die Verwendung von Gl. (20) anstelle von Gl. (23) zur Bestimmung der Schwerebeschleunigung gerechtfertigt ist. Dazu muß gezeigt werden, daß die Abweichung der geschweiften Klammer in Gl. (23) von 1 dem Betrag nach hinreichend klein gegen die relative Meßunsicherheit ist.

3.2. Reversionspendel

Aufgaben: 1. Die Schwerebeschleunigung g ist mit dem Reversionspendel zu bestimmen. Der relative Größtfehler von g soll kleiner als 0,08 % sein.
2. Die Abhängigkeit der Schwingungsdauer T' vom Auslenkwinkel φ_0 ist mit dem Reversions-pendel bei einer vorgeschriebenen Lage des Lauf-gewichtes experimentell zu ermitteln, um die Gültigkeit von Gl. (15a) nachzuweisen.

Das *Reversionspendel* besteht im allgemeinen aus einem Metallstab, der um zwei parallele Achsen A und B gedreht werden kann (vgl. Abb. M.3.2.1). Die Achsen haben den fest vorgegebenen Ab-stand l. Zwischen den Achsen befindet sich ein kleines Laufgewicht L der Masse m_L. Durch Verschieben von L läßt sich die Schwingungs-dauer des Pendels innerhalb gewisser Grenzen variieren. In der Nähe des einen Stabendes ist ein Zusatzkörper K (Masse m_K) angebracht. Wenn m_K hinreichend groß gegen m_L ist, kann

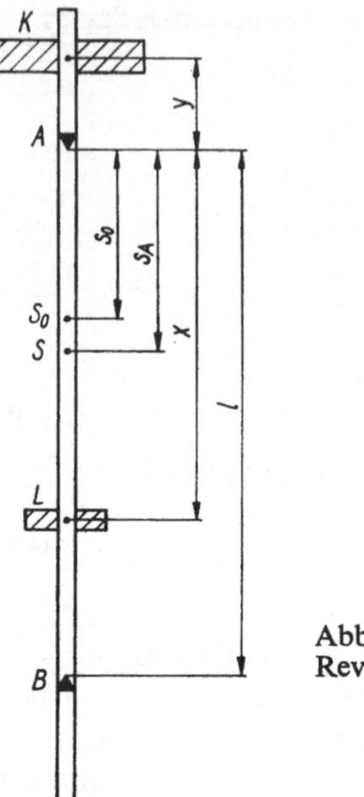

Abb. M.3.2.1.
Reversionspendel

man den Abstand y so wählen, daß für jede mögliche Lage des Laufgewichtes ($0 < x < l$)

$$0 < s_A < \frac{l}{2} \tag{24}$$

ist. Dabei soll mit s_A der Abstand des Massen-mittelpunktes S des Pendels von der Drehachse A bezeichnet werden. Wenn bei einer bestimmten Stellung x des Laufgewichtes die Schwingungs-dauer um die Achse A gleich der um die Achse B ist, dann entspricht der Achsenabstand l der reduzierten Pendellänge. Setzt man

$$T_A = T_B = T, \tag{25}$$

so gilt für die Schwerebeschleunigung

$$g = \left(\frac{2\pi}{T}\right)^2 l. \tag{26}$$

Die bisherigen Betrachtungen gelten streng für ein im Vakuum schwingendes Pendel, dessen Amplitude unendlich klein ist. In Wirklichkeit schwingt das Pendel in Luft mit endlicher Ampli-tude. Nimmt man an, daß das Pendel ein homo-gener Körper ist, d. h., daß alle Teile des Pendels die gleiche Dichte ϱ haben, so wird die Pendel-bewegung durch Gl. (5b) mit $N = 1$ beschrieben. Aus den Gln. (15a) und (13) in Verbindung mit dem Ausdruck (8a) folgt für die tatsächliche

Schwingungsdauer um die Achse A

$$T_A^* = 2\pi \sqrt{\frac{I_A}{ms_A g \left(1 - \dfrac{\varrho_L}{\varrho}\right)}} \left(1 + \frac{1}{16} \varphi_0^2\right)$$

$$= T_A \frac{1 + \dfrac{1}{16} \varphi_0^2}{\sqrt{1 - \dfrac{\varrho_L}{\varrho}}}.$$

Eine analoge Beziehung gilt für die tatsächliche Schwingungsdauer um die Achse B. Im Experiment wird

$$T_A^* = T_B^* = T^*$$

bestimmt. Dann gilt Gl. (25) mit

$$T = T^* \frac{\sqrt{1 - \dfrac{\varrho_L}{\varrho}}}{1 + \dfrac{1}{16} \varphi_0^2}. \tag{27}$$

Setzt man T nach Gl. (27) in Gl. (26) ein, erhält man für die Schwerebeschleunigung

$$g = \left(\frac{2\pi}{T^*}\right)^2 \frac{\left(1 + \dfrac{1}{16} \varphi_0^2\right)^2}{1 - \dfrac{\varrho_L}{\varrho}} \, l.$$

Wenn man bedenkt, daß $\varrho_L/\varrho < 10^{-3}$ und für $\varphi_0 < 0{,}1$ auch $(1/16)\,\varphi_0^2 < 10^{-3}$ ist, sind alle Produkte solcher Größen vernachlässigbar, und es gilt

$$\boxed{g = \left(\frac{2\pi}{T^*}\right)^2 l \left\{1 + \frac{1}{8} \varphi_0^2 + \frac{\varrho_L}{\varrho}\right\}. \tag{28}}$$

Der voranstehenden Beschreibung liegt die Annahme zugrunde, daß mindestens eine Stellung des Laufgewichtes in dem Intervall $0 < x < l$ existiert, für die die Schwingungsdauern um die Achsen A und B gleich sind. Es lohnt sich, die Bedingungen zu untersuchen, unter denen Gl. (25) erfüllt werden kann. Zu diesem Zweck sind die Massenmittelpunktsabstände s_A und s_B, die Trägheitsmomente I_A und I_B und anschließend die Schwingungsdauern T_A und T_B als Funktionen von x darzustellen.

$$ms_A = m_0 s_0 + m_L x,$$
$$ms_B = m(l - s_A) = m_0(l - s_0) + m_L(l - x).$$

Dabei bedeuten m die Masse des gesamten Pendels, m_0 die Masse des Pendels ohne Laufgewicht und s_0 den Abstand zwischen dem Massenmittelpunkt S_0 des Pendels ohne Laufgewicht und der Achse A.

$$I_A = I_0 + m_0 s_0^2 + I_L + m_L x^2,$$
$$I_B = I_0 + m_0(l - s_0)^2 + I_L + m_L(l - x)^2.$$

I_0 ist das Trägheitsmoment des Pendels ohne Laufgewicht bezogen auf die durch S_0 gehende, zu A und B parallele Drehachse, und I_L ist das Trägheitsmoment des Laufgewichtes bezogen auf die zu A und B parallele Achse, die durch den Massenmittelpunkt des Laufgewichtes geht. Mit der Abkürzung

$$I = I_0 + m_0 s_0^2 + I_L \tag{29}$$

erhält man für die Schwingungsdauern

$$T_A = 2\pi \sqrt{\frac{I_A}{ms_A g}} = \frac{2\pi}{\sqrt{g}} \sqrt{\frac{I + m_L x^2}{m_0 s_0 + m_L x}}, \tag{30}$$

$$T_B = 2\pi \sqrt{\frac{I_B}{ms_B g}}$$

$$= \frac{2\pi}{\sqrt{g}} \sqrt{\frac{I + m_0 l(l - 2s_0) + m_L(l - x)^2}{m_0(l - s_0) + m_L(l - x)}}. \tag{31}$$

Die Forderung $T_A = T_B$ führt auf die nachstehende Gleichung dritten Grades in x

$$2m_L^2 x^3 - m_L \left\{m_0(l - 2s_0) + 3m_L l\right\} x^2$$
$$+ m_L \left\{2I + m_0 l(l - 4s_0) + m_L l^2\right\} x$$
$$- \left\{I - m_0 l s_0\right\} \left\{m_0(l - 2s_0) + m_L l\right\} = 0. \tag{32}$$

Eine der drei Lösungen von Gl. (32) kann man sofort angeben. Für $x = x_3$ sei $s_A = l/2$ [vgl. Gl. (19)]. Dann gilt

$$m\frac{l}{2} = (m_0 + m_L)\frac{l}{2} = m_0 s_0 + m_L x_3$$

oder

$$x_3 = \frac{1}{2} \left\{\frac{m_0}{m_L}(l - 2s_0) + l\right\}.$$

Da die Ungleichung (24) erfüllt sein soll, ist x_3 größer als l, d. h., die Stellung des Laufgewichtes kommt im Experiment nicht vor. Dividiert man Gl. (32) durch $x - x_3$, so erhält man die qua-

dratische Gleichung

$$x^2 - lx + \frac{I - m_0 s_0 l}{m_L} = 0,$$

deren Lösungen

$$x_{1,2} = \frac{l}{2}(1 \pm \varepsilon) \qquad (33)$$

mit

$$\varepsilon = + \sqrt{1 - \frac{I - m_0 s_0 l}{m_L \left(\frac{l}{2}\right)^2}}$$

sind. Gl. (33) besagt, daß in dem Intervall $0 < x < l$ symmetrisch zu $x = l/2$ zwei Stellungen x_1 und x_2 des Laufgewichtes zu finden sind, bei denen der Achsenabstand l der reduzierten Pendellänge entspricht, sofern die in Gl. (29) definierte Größe I der Bedingung

$$I = m_0 s_0 l + m_L \left(\frac{l}{2}\right)^2 (1 - \varepsilon^2) \qquad (34)$$

mit $0 < \varepsilon < 1$ genügt. Gl. (34) läßt sich durch geeignete Wahl der Masse und der Anordnung des Zusatzkörpers K stets so erfüllen, daß die Ungleichung (24) erhalten bleibt.

Es kann gezeigt werden, daß die Funktionen $T_A(x)$ und $T_B(x)$, die durch die Gln. (30) und (31) gegeben sind, nur je einen Extremwert, und zwar ein Minimum haben. Die beiden Minima liegen unter den oben gemachten Voraussetzungen in der Nähe des Wertes $x = l/2$. Abb. M.3.2.2 zeigt den prinzipiellen Verlauf der Funktionen $T_A(x)$ und $T_B(x)$.

Versuchsausführung

Zu Aufgabe 1: Wir bestimmen die Schwingungsdauern T_A^* und T_B^* für verschiedene Stellungen des Laufgewichtes L und achten darauf, daß die Amplitude bei allen Schwingungen den gleichen Wert $\varphi_0 \leq 0{,}1$ hat. Das Laufgewicht soll in dem Intervall $0 < x < l$ von Messung zu Messung um 5 cm verschoben werden. Um die in der Aufgabenstellung geforderte Genauigkeit zu erreichen, werden die Schwingungsdauern nach der Koinzidenzmethode oder mit einem elektronischen Zählfrequenzmesser ermittelt.

Die folgende Darstellung beschreibt nur eine der technisch recht verschiedenen Möglichkeiten zur Bestimmung der Koinzidenzzeit. Wir bringen

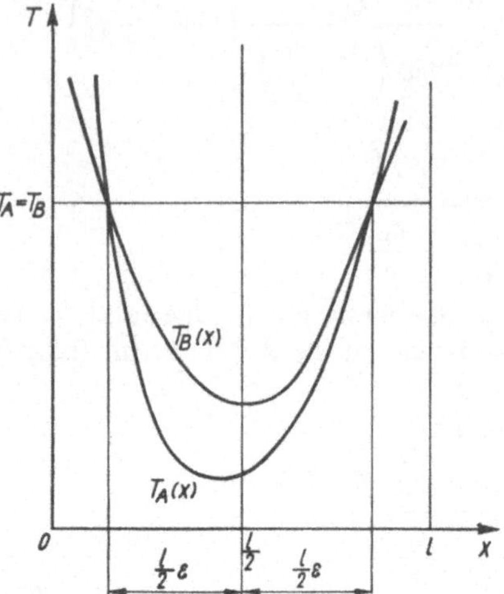

Abb. M.3.2.2. Graphische Darstellung von $T_A(x)$ und $T_B(x)$

eine Glimmlampe durch Spannungsimpulse der Impulsfolgefrequenz $\nu_0 = 1/T_0$ kurzzeitig zum Aufleuchten. Das Licht soll durch einen engen, horizontalen Spalt auf einen kleinen Spiegel fallen, der an das untere Ende des Pendelstabes gekittet ist. Der Spalt wird über den Spiegel durch ein Fernrohr mit Visierlinie beobachtet. Das Fernrohr ist so zu justieren, daß sich Spalt und Visierlinie bei ruhendem Pendel decken. Schwingt das Pendel mit einer Schwingungsdauer T^*, sie sich nur wenig von T_0 unterscheidet, so beobachten wir durch das Fernrohr ein langsames Wandern der Lage der Lichtblitze, da die Phase der Schwingungen bei aufeinanderfolgenden Lichtimpulsen nicht gleich ist. Zur Zeit $t = 0$ soll ein Lichtimpuls mit der Visierlinie des Fernrohres zur Deckung kommen. Nun wandert die Lage der Lichtblitze z. B. nach oben, kehrt nach Erreichen eines höchsten Wertes um, passiert die Visierlinie in entgegengesetzter Richtung wie zur Zeit $t = 0$, erreicht einen tiefsten Wert und fällt zur Zeit $t = t_1$ wieder mit der Visierlinie zusammen. t_1 wird als Koinzidenzzeit bezeichnet. Wenn in dieser Zeit die Glimmlampe n_1-mal aufgeleuchtet hat, ist

$$t_1 = n_1 T_0. \qquad (35)$$

Das Pendel hat in der Zeit t_1 entweder $n_1 + 1$ oder $n_1 - 1$ volle Schwingungen ausgeführt, je nachdem ob T_A^* bzw. T_B^* kleiner oder größer als T_0 ist, d. h., es gilt

$$T_{A,B}^* = T_0\, \frac{n_1}{n_1 \pm 1}. \qquad (36)$$

Beobachten wir k Koinzidenzen, bestehen die Zusammenhänge

$$t_k = n_k T_0 = k n_1 T_0, \qquad (35a)$$

$$T_{A,B}^* = T_0\, \frac{n_k}{n_k \pm k}. \qquad (36a)$$

Die Zeit T_0 soll mit großer Genauigkeit gegeben sein. Im Experiment müssen wir also zunächst feststellen, ob die Schwingungsdauer T_A^* bzw. T_B^* größer oder kleiner als T_0 ist. Dann genügt es, die Koinzidenzzeit t_1 bzw. t_k mit einer genauen Uhr zu messen. Das langweilige Zählen der Schwingungen ist überflüssig. Aus Gl. (35) bzw. (35a) erhalten wir n_1 bzw. n_k, aus Gl. (36) bzw. (36a) die Schwingungsdauer T_A^* bzw. T_B^*.
Wir stellen T_A^* und T_B^* als Funktionen von x graphisch dar (vgl. Abb. M.3.2.2). Die Schnittpunkte der beiden Kurven werden sich im allgemeinen noch nicht mit hinreichender Genauigkeit ermitteln lassen. Aus diesem Grunde bestimmen wir T_A^* und T_B^* in der Nähe von x_1 und x_2, indem wir das Laufgewicht von Messung zu Messung nur um 1 cm verschieben. Der relative Fehler von T^* kann auf diese Weise kleiner als 0,01 % gehalten werden.
Der Achsenabstand l wird dem Studenten im allgemeinen als Funktion der Temperatur angegeben. Die Voraussetzung, daß das Reversionspendel ein homogener Körper ist, trifft nur selten zu. Wenn das Pendel aus Stahl- und Messingteilen zusammengesetzt ist, können wir

$$\frac{\varrho_L}{\varrho} \approx 1{,}5 \cdot 10^{-4}$$

setzen und g nach Gl. (28) berechnen. Da der Versuch viel Zeit beansprucht, werden im Praktikum oft nur Teilaufgaben gestellt.
Steht zur Bestimmung von T_A^* und T_B^* ein Zählfrequenzmesser zur Verfügung, so lassen wir das Pendel eine Lichtschranke passieren, deren elektrische Impulse dem Gerät zugeleitet werden. Die handelsüblichen Zählfrequenzmesser können wir im allgemeinen so einstellen, daß die Zeit von 10 Impulsen — das entspricht der Dauer von 5 Pendelschwingungen — gemessen wird. Da

eine derartige Bestimmung nur ungefähr 10 s dauert, nehmen wir sie bei jeder Stellung des Laufgewichtes mindestens dreimal vor und arbeiten mit den Mittelwerten. Dieses Verfahren der Zeitmessung ist genau so exakt wie die Koinzidenzmethode, läßt sich aber viel schneller durchführen.
Zu Aufgabe 2: Die Schwingungsdauer T' wird hinreichend oft für $1° \leqq \varphi_0 \leqq 10°$, z. B. mit einem Zählfrequenzmesser, bestimmt. Tragen wir T' über φ_0^2 (φ_0 in Bogenmaß) auf, so ergibt sich nach Gl. (15a) eine Gerade, die eine Steigung von $(1/16)\, T$ hat und für $\varphi_0 = 0$ den Wert $T' = T$ liefert. Eventuelle Abweichungen vom linearen Verlauf sollen diskutiert werden.

3.3. Gekoppelte Pendel

Aufgabe: Die Schwingungsdauern zweier gekoppelter Pendel bei gleichsinnigen bzw. gegensinnigen Schwingungen T_1 bzw. T_2 sollen gemessen werden. Die Schwingungsdauer bei Schwebungsschwingungen T und die Schwebungsdauer T_S sind sowohl experimentell zu bestimmen als auch aus T_1 und T_2 zu berechnen. Außerdem ist der Kopplungsgrad k zu ermitteln.

Gegeben seien zwei völlig gleiche physikalische Pendel *1* und *2*, die elastisch gekoppelt sind. Im allgemeinen wird die Kopplung durch eine Schraubenfeder (vgl. Abb. M.3.3.1) oder durch eine Gummischnur erzeugt.

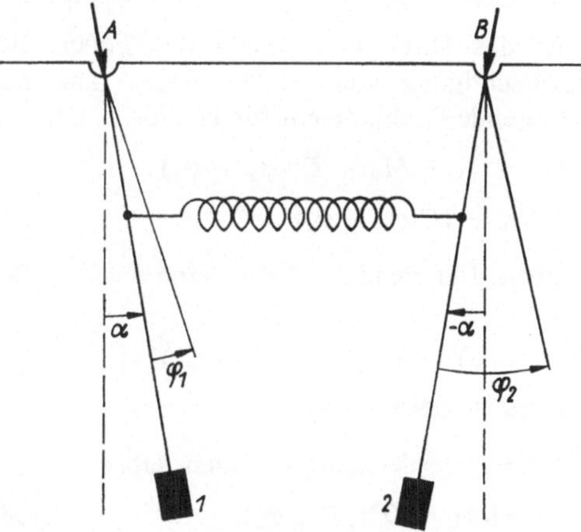

Abb. M.3.3.1. Gekoppelte Pendel

Es ist aber auch möglich, die Pendel ohne mechanische Hilfsmittel zu koppeln. Sind z. B. beide Pendelkörper Dauermagnete, erfolgt die Kopplung durch das Magnetfeld.

Die Drehachsen A und B sind so gelagert, daß beide Pendel nur in ein und derselben Ebene schwingen können. In den folgenden Überlegungen werden Winkel und Drehmomente nach rechts positiv und nach links negativ gerechnet. Außerdem wird vorausgesetzt, daß die Schwingungsamplituden der Pendel sehr klein sind und die Reibung in den Achsenlagern vernachlässigt werden kann.

Die Kopplung bewirkt, daß sich die Ruhelage des Pendels 1 um den Winkel α, die des Pendels 2 um den Winkel $-\alpha$ von der Vertikalen unterscheidet. In der Ruhelage verschwindet das resultierende Drehmoment sowohl für Pendel 1 als auch für Pendel 2. Bezeichnet man mit D das Direktionsmoment [vgl. Gl. (6)] von Pendel 1 bzw. 2 und mit M_0 den Betrag des Drehmomentes, das von der Feder auf jedes der beiden Pendel ausgeübt wird, so gilt

$$D\alpha = M_0. \tag{37}$$

Ist Pendel 1 um den Winkel φ_1, Pendel 2 um den Winkel φ_2 aus der Ruhelage ausgelenkt, so wirkt auf Pendel 1 das rücktreibende Drehmoment

$$-D(\varphi_1 + \alpha),$$

und das von der Feder herrührende Drehmoment ist

$$M_0 + D^*(\varphi_2 - \varphi_1).$$

D^* ist das Direktionsmoment der Feder. Bei Berücksichtigung von Gl. (37) kann man das resultierende Drehmoment für Pendel 1

$$-D(\varphi_1 + \alpha) + M_0 + D^*(\varphi_2 - \varphi_1)$$
$$= -D\varphi_1 - D^*(\varphi_1 - \varphi_2)$$

schreiben. Für Pendel 2 liefert eine analoge Betrachtung

$$-D(\varphi_2 - \alpha) - M_0 - D^*(\varphi_2 - \varphi_1)$$
$$= -D\varphi_2 + D^*(\varphi_1 - \varphi_2).$$

Die Bewegungsgleichungen lauten daher

$$I\ddot{\varphi}_1 = -D\varphi_1 - D^*(\varphi_1 - \varphi_2), \tag{38}$$
$$I\ddot{\varphi}_2 = -D\varphi_2 + D^*(\varphi_1 - \varphi_2). \tag{39}$$

Durch die Substitution

$$\psi_1 = \varphi_1 + \varphi_2, \qquad \psi_2 = \varphi_1 - \varphi_2$$

vereinfachen sich die Gln. (38) und (39) zu

$$I\ddot{\psi}_1 = -D\psi_1$$
$$I\ddot{\psi}_2 = -(D + 2D^*)\,\psi_2.$$

Die Lösungen [vgl. Gl. (11)] sind

$$\psi_1 = a_1 \cos \omega_1 t + b_1 \sin \omega_1 t,$$
$$\psi_2 = a_2 \cos \omega_2 t + b_2 \sin \omega_2 t$$

mit

$$\omega_1 = \frac{2\pi}{T_1} = +\sqrt{\frac{D}{I}}, \tag{40}$$

$$\omega_2 = \frac{2\pi}{T_2} = +\sqrt{\frac{D + 2D^*}{I}}$$

$$= +\omega_1 \sqrt{1 + 2\frac{D^*}{D}}. \tag{41}$$

Geht man wieder zu den Winkeln φ_1 und φ_2 über, erhält man

$$\varphi_1 = \frac{1}{2}\{a_1 \cos \omega_1 t + b_1 \sin \omega_1 t$$
$$+ a_2 \cos \omega_2 t + b_2 \sin \omega_2 t\}, \tag{42}$$

$$\varphi_2 = \frac{1}{2}\{a_1 \cos \omega_1 t + b_1 \sin \omega_1 t$$
$$- a_2 \cos \omega_2 t - b_2 \sin \omega_2 t\}. \tag{43}$$

Die Integrationskonstanten a_1, b_1, a_2 und b_2 sollen für drei verschiedene Fälle bestimmt werden.

1. Gleichsinnige Schwingungen

Beide Pendel werden um den gleichen Winkel φ_0 aus ihrer Ruhelage ausgelenkt und zur Zeit $t=0$ losgelassen. Mit den Anfangsbedingungen

$$\varphi_1(0) = \varphi_2(0) = \varphi_0, \qquad \dot{\varphi}_1(0) = \dot{\varphi}_2(0) = 0$$

folgt aus den Gln. (42) und (43)

$$a_1 = 2\varphi_0, \qquad b_1 = a_2 = b_2 = 0,$$
$$\varphi_1 = \varphi_2 = \varphi_0 \cos \omega_1 t. \tag{44}$$

Die beiden Pendel schwingen gleich, und zwar so, als wenn die Kopplung nicht vorhanden wäre.

2. Gegensinnige Schwingungen

Pendel 1 wird um den Winkel φ_0, Pendel 2 um den Winkel $-\varphi_0$ ausgelenkt. Zur Zeit $t = 0$

läßt man beide Pendel los. Aus den Anfangsbedingungen

$$\varphi_1(0) = -\varphi_2(0) = \varphi_0,$$

$$\dot{\varphi}_1(0) = \dot{\varphi}_2(0) = 0$$

folgt

$$a_2 = 2\varphi_0, \qquad a_1 = b_1 = b_2 = 0,$$

$$\varphi_1 = -\varphi_2 = \varphi_0 \cos \omega_2 t. \tag{45}$$

Beide Pendel schwingen mit gleicher Amplitude und gleicher Frequenz, aber mit einer Phasendifferenz π. Die Frequenz der gegensinnigen Schwingung ist größer als die der gleichsinnigen.

3. Schwebungsschwingungen

Man hält Pendel *1* in seiner Ruhelage fest, lenkt Pendel *2* um den Winkel φ_0 aus und läßt beide Pendel zur Zeit $t = 0$ los. Aus den Anfangsbedingungen

$$\varphi_1(0) = 0, \qquad \varphi_2(0) = \varphi_0,$$

$$\dot{\varphi}_1(0) = \dot{\varphi}_2(0) = 0$$

ergibt sich

$$a_1 = -a_2 = \varphi_0, \qquad b_1 = b_2 = 0.$$

Die Gln. (42) und (43) lauten dann

$$\varphi_1 = \frac{\varphi_0}{2} (\cos \omega_1 t - \cos \omega_2 t)$$

$$= \varphi_0 \sin \left[\frac{1}{2}(\omega_2 - \omega_1)\, t\right] \sin \left[\frac{1}{2}(\omega_2 + \omega_1)\, t\right], \tag{46}$$

$$\varphi_2 = \frac{\varphi_0}{2} (\cos \omega_1 t + \cos \omega_2 t)$$

$$= \varphi_0 \cos \left[\frac{1}{2}(\omega_2 - \omega_1)\, t\right] \cos \left[\frac{1}{2}(\omega_2 + \omega_1)\, t\right]. \tag{47}$$

Die durch die Gln. (46) und (47) beschriebenen Schwingungen haben im allgemeinen einen komplizierten Verlauf. Aus diesem Grunde soll vorausgesetzt werden, daß die Kopplung der beiden Pendel nur lose ist. Als Maß für die Kopplung definiert man den Kopplungsgrad

$$k = \frac{D^*}{D + D^*}. \tag{48}$$

Mit den Gln. (40) und (41) kann man dafür

$$k = \frac{\omega_2^2 - \omega_1^2}{\omega_2^2 + \omega_1^2} = \frac{T_1^2 - T_2^2}{T_1^2 + T_2^2} \tag{49}$$

schreiben. Kleiner Kopplungsgrad bedeutet also, daß das Direktionsmoment der Feder klein gegen das des Pendels bzw. daß die Schwingungsdauer der gleichsinnigen Schwingung nur wenig größer als die der gegensinnigen ist. In diesem Falle kann man die Gln. (46) und (47) so interpretieren: Beide Pendel führen Schwingungen mit der Kreisfrequenz

$$\omega = \frac{1}{2} (\omega_2 + \omega_1)$$

bzw. der Schwingungsdauer T gemäß

$$\frac{1}{T} = \frac{1}{2} \left(\frac{1}{T_2} + \frac{1}{T_1} \right) \tag{50}$$

aus. Die Amplituden $\varphi_0 \sin \frac{1}{2} (\omega_2 - \omega_1)\, t$ bzw. $\varphi_0 \cos \frac{1}{2} (\omega_2 - \omega_1)\, t$ ändern sich mit kleiner Kreisfrequenz periodisch mit der Zeit. Die Amplituden von Pendel *1* verschwinden zu den Zeiten

$$t = nT_s, \qquad n = 0, 1, 2, \ldots$$

Es gilt also

$$\frac{\omega_2 - \omega_1}{2}\, T_s = \pi,$$

$$\frac{1}{T_s} = \frac{1}{T_2} - \frac{1}{T_1}. \tag{51}$$

Das beschriebene Verhalten bezeichnet man als Schwebung, T_s als Schwebungsdauer.

Versuchsausführung

Wir bestimmen die Schwingungsdauern T_1 und T_2 bei der gleichen Lage der Kopplungsfeder, indem wir mehrmals die Zeit für je N Schwingungen sehr kleiner Amplitude stoppen. Die Zahl N ist so groß zu wählen, daß die zur Berechnung von k und T_s [vgl. die Gln. (49) und (51)] benötigte Differenz $T_1 - T_2$ mit hinreichender Genauigkeit angegeben werden kann. Anschließend sind bei gleicher Kopplung die Schwingungsdauer der Schwebungsschwingung

T und die Schwebungsdauer T_s zu messen. Beide Zeiten sollen auch aus den Gln. (50) bzw. (51) berechnet werden. Den Kopplungsgrad k erhalten wir aus Gl. (49). Der Versuch ist bei zwei anderen Einstellungen der Kopplungsfeder zu wiederholen.

Die Erscheinung der Schwebungsschwingungen ist anhand des Energiesatzes zu diskutieren. Studenten mit Physik als Hauptfach sollen sich außerdem überlegen, warum bzw. unter welchen Bedingungen beim Nulldurchgang der Amplitude der Schwebungsschwingung ein Phasensprung von π auftritt.

3.4. Trägheits- und Direktionsmomente

Aufgabe: 1. Das Trägheitsmoment I und das Direktionsmoment D eines Drehtisches sollen bestimmt werden. Der Satz von *Steiner* ist experimentell zu prüfen.

Ein Drehtisch besteht aus einer horizontal liegenden Platte, die starr mit einer gut gelagerten, vertikalen Drehachse verbunden ist. An der Achse ist das innere Ende einer Spiralfeder befestigt. Das äußere Ende der Feder ist an das Gehäuse des Drehtisches angeschraubt. In die Platte sind kleine Löcher gebohrt, die definierte Abstände s von der Drehachse haben und zur Befestigung eines Körpers dienen. Als Körper K soll ein homogener Zylinder mit dem Radius R und der Masse m verwendet werden. Für die Schwingungsdauer des Drehtisches gilt unter den in M.3.0.2 gemachten Voraussetzungen Gl. (14), d. h., es ist

$$T^2 = 4\pi^2 \frac{I}{D}. \tag{52}$$

Befestigt man den Zylinder so auf dem Drehtisch, daß die Zylinderachse parallel zur Drehachse verläuft und von ihr den Abstand s hat, dann ist das Trägheitsmoment des Zylinders nach dem Steinerschen Satz Gl. (16)

$$I_K = \frac{1}{2} mR^2 + ms^2. \tag{53}$$

Für das Trägheitsmoment des Systems Drehtisch + Zylinder gilt

$$I_s = I + I_K = I + \frac{1}{2} mR^2 + ms^2, \tag{54}$$

für die Schwingungsdauer

$$T_s^2 = 4\pi^2 \frac{I_s}{D}. \tag{55}$$

Ist speziell $s = 0$, erhält man

$$T_0^2 = 4\pi^2 \frac{I + \frac{1}{2} mR^2}{D}. \tag{56}$$

Aus den Gln. (52) und (56) folgt

$$D = \frac{2\pi^2 mR^2}{T_0^2 - T^2}. \tag{57}$$

Den Rechnungen (vgl. M.3.0.2) liegt die Annahme zugrunde, daß die Reibung in den Achsenlagern vernachlässigbar ist. In Wirklichkeit treten im Experiment stets Reibungsverluste auf, die eine Dämpfung der Schwingungen zur Folge haben. Wenn man das Drehmoment der Reibung proportional der Winkelgeschwindigkeit $\dot\varphi$ ansetzt, läßt sich berechnen, daß die Schwingungsamplitude exponentiell mit der Zeit abnimmt. Ist das Verhältnis einer Amplitude zur nächstfolgenden kleiner als 2, so wird die Schwingungsdauer der gedämpften Schwingung nur um weniger als 1% größer als die der ungedämpften. Aus diesem Grunde ist es gerechtfertigt, zur Berechnung der Trägheitsmomente die Gleichungen für ungedämpfte Schwingungen zu verwenden.

Versuchsausführung

Wir bestimmen die Masse m und den Radius R des Zylinders K und berechnen die Trägheitsmomente I_K nach Gl. (53) für die mit dem Drehtisch realisierbaren Abstände s. Vor Beginn der weiteren Messungen ist der Drehtisch zu justieren. Zur Bestimmung der Größen T, T_0 und T_s ist die Zeit für möglichst viele Schwingungen zu stoppen. Das Direktionsmoment D ergibt sich aus Gl. (57), das Trägheitsmoment des Drehtisches I aus Gl. (52).

Wir berechnen die Trägheitsmomente I_s nach Gl. (54) und stellen die Gerade I_s über s^2 graphisch dar. In diese Darstellung werden die nach Gl. (55) ermittelten Werte I_s als deutlich erkennbare Punkte eingetragen. Wenn die Abweichungen dieser Punkte von der Geraden kleiner als die absoluten Meßfehler sind, ist die Gültigkeit des Steinerschen Satzes experimentell nachgewiesen.

Aufgabe: 2. Die drei Hauptträgheitsmomente eines homogenen Körpers mit zwei zueinander senkrechten Symmetrieebenen sollen für den Massenmittelpunkt experimentell bestimmt werden.

Gegeben sei ein starrer Körper mit einer beliebigen Drehachse A. Ein Punkt der Achse wird als Ursprung eines rechtwinkligen Koordinatensystems mit den Einheitsvektoren i, j, k gewählt (vgl. Abb. M.3.4.1). In diesem System hat der

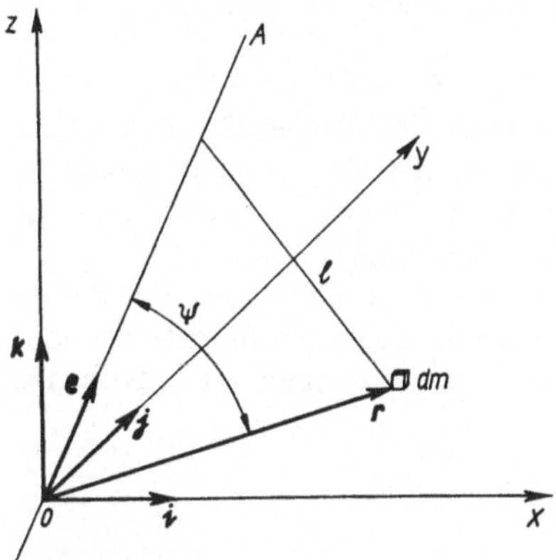

Abb. M.3.4.1. Zur Drehung eines Körpers um eine feste Achse

Einheitsvektor e der Drehachse die Komponenten (Richtungskosinus) α, β, γ.

$$e = \alpha i + \beta j + \gamma k,$$

$$e \cdot e = |e|^2 = 1 = \alpha^2 + \beta^2 + \gamma^2.$$

Ein beliebiges Massenelement dm des Körpers habe den Ortsvektor

$$r = xi + yj + zk.$$

Der senkrechte Abstand des Massenelementes von der Achse sei l.

$$l^2 = |r|^2 \sin^2 \psi = |r|^2 - |r|^2 \cos^2 \psi$$

$$= |r|^2 |e|^2 - (r \cdot e)^2.$$

Das Trägheitsmoment I_A des Körpers, bezogen auf die gegebene Achse, ist

$$I_A = \int l^2 \, dm = \int |r|^2 |e|^2 \, dm - \int (r \cdot e)^2 \, dm$$

oder

$$I_A = \int (x^2 + y^2 + z^2)(\alpha^2 + \beta^2 + \gamma^2) \, dm$$
$$- \int (x\alpha + y\beta + z\gamma)^2 \, dm.$$

Ordnet man nach den Komponenten des Einheitsvektors e, so wird

$$I_A = \alpha^2 \int (y^2 + z^2) \, dm + \beta^2 \int (z^2 + x^2) \, dm$$
$$+ \gamma^2 \int (x^2 + y^2] \, dm$$
$$- 2 \left\{ \alpha\beta \int xy \, dm + \beta\gamma \int yz \, dm \right.$$
$$\left. + \gamma\alpha \int zx \, dm \right\}.$$

Die Ausdrücke

$$\int (y^2 + z^2) \, dm = I_{xx}, \quad \int (z^2 + x^2) \, dm = I_{yy},$$

$$\int (x^2 + y^2) \, dm = I_{zz}$$

sind die Trägheitsmomente des Körpers, bezogen auf die drei Achsen des Koordinatensystems. Die Größen

$$\int xy \, dm = I_{xy}, \quad \int yz \, dm = I_{yz}, \quad \int zx \, dm = I_{zx}$$

bezeichnet man als Trägheitsprodukte. Damit wird

$$I_A = \alpha^2 I_{xx} + \beta^2 I_{yy} + \gamma^2 I_{zz}$$
$$- 2\{\alpha\beta I_{xy} + \beta\gamma I_{yz} + \gamma\alpha I_{zx}\}. \tag{58}$$

Gl. (58) sagt aus: Wenn man die drei Trägheitsmomente, bezogen auf die Achsen eines Koordinatensystems, und die drei Trägheitsprodukte kennt, kann man das Trägheitsmoment für jede durch den Nullpunkt des Systems gehende Achse angeben.

Auf der Drehachse soll vom Nullpunkt aus die Größe

$$R = I_A^{-\frac{1}{2}}$$

aufgetragen, d. h., es soll der Vektor

$$R = I_A^{-\frac{1}{2}} e$$
$$= R\alpha i + R\beta j + R\gamma k = \xi i + \eta j + \zeta k$$

dargestellt werden. Multipliziert man Gl. (58) mit R^2, so erhält man für die Komponenten ξ, η, ζ des Vektors R

$$\xi^2 I_{xx} + \eta^2 I_{yy} + \zeta^2 I_{zz}$$
$$- 2\{\xi\eta I_{xy} + \eta\zeta I_{yz} + \zeta\xi I_{zx}\} = 1. \tag{59}$$

61

Gl. (59) stellt eine Fläche im Raum dar. Da das Trägheitsmoment I_A für keine Drehachse verschwindet, bleibt der Vektor $\boldsymbol{R}$ stets endlich. Die Fläche ist also ein Ellipsoid, das Trägheitsellipsoid. Durch eine Hauptachsentransformation (Drehung des Koordinatensystems um den Nullpunkt) kann man Gl. (59) in die Form

$$X^2 I_X + Y^2 I_Y + Z^2 I_Z = 1 \qquad (60)$$

bringen. I_X, I_Y und I_Z bezeichnet man als Hauptträgheitsmomente, die Achsen des neuen Koordinatensystems X, Y, Z als Hauptträgheitsachsen und die durch die Achsen gebildeten Ebenen als Hauptträgheitsebenen.

Die Verhältnisse werden wesentlich einfacher, wenn der Körper homogen und z. B. die xy-Ebene des Koordinatensystems eine Symmetrieebene ist. In diesem Falle verschwinden die Trägheitsprodukte I_{yz} und I_{zx}, und die Hauptachsentransformation wird durch eine Drehung des Koordinatensystems um die z-Achse erreicht. Hat der Körper noch zusätzlich eine Symmetrieebene, die senkrecht auf der xy-Ebene steht (z. B. die xz-Ebene des Koordinatensystems), dann verschwindet auch I_{xy}. Die Achsen des Koordinatensystems x, y, z sind also bereits Hauptträgheitsachsen. Diese Betrachtungen gelten z. B. für den in Abb. M.3.4.2 skizzierten

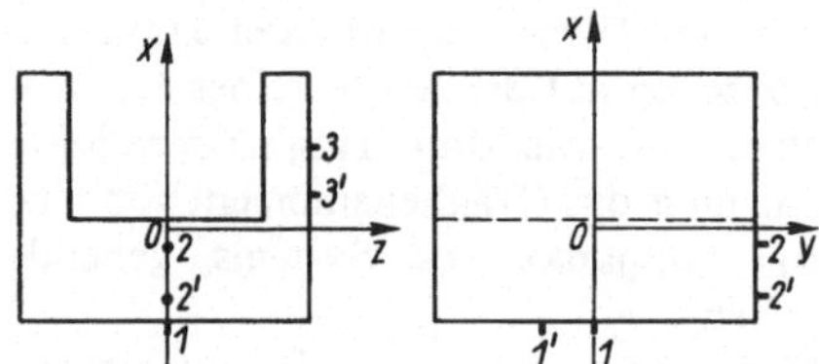

Abb. M.3.4.2. Körper mit U-Profil

Körper. Der Ursprung des Koordinatensystems soll im Massenmittelpunkt liegen. Zur Bestimmung der verschiedenen Trägheitsmomente des Körpers verwendet man einen Drehtisch, dessen Trägheitsmoment I und Direktionsmoment D bekannt sind. Die Stifte 1, $1'$, 2, $2'$, 3 und $3'$ dienen dazu, den Körper in definierten Lagen auf dem Drehtisch zu befestigen.

Versuchsausführung

Wir bringen die x-Achse (Stift 1) mit der Achse des Drehtisches zur Deckung und bestimmen die

Schwingungsdauer T_{01}. Dann werden die Schwingungsdauern T_{s2} bzw. T_{s3} bei verschiedenen Abständen s zwischen Drehachse und Stift 2 bzw. Stift 3 gemessen. Aus

$$T_{sn}^2 = 4\pi^2 \frac{I + I_{sn}}{D}, \qquad n = 1, 2, 3$$

lassen sich die Trägheitsmomente I_{sn} berechnen. Wir stellen I_{s2} und I_{s3} in Abhängigkeit von s graphisch dar und ermitteln die Minima der beiden Kurven.

Es gilt

$$I_{01} = I_{xx} = I_X,$$

$$\text{Min}\,(I_{s2}) = I_{yy} = I_Y$$

$$\text{Min}\,(I_{s3}) = I_{zz} = I_Z.$$

Damit ist das Trägheitsellipsoid Gl. (60) für den Massenmittelpunkt des Körpers vollständig bestimmt. Außerdem können wir die Lage des Massenmittelpunktes angeben.

Die Lage des Massenmittelpunktes und die zugehörigen drei Hauptträgheitsmomente des Körpers der Abb. M.3.4.2 können auch berechnet werden.

4. Kreisel

4.0. Allgemeine Grundlagen

4.0.1. Kreiselarten

Jeder starre Körper, der sich um einen festen Punkt dreht, stellt einen *Kreisel* dar. Besitzt er bezüglich einer durch seinen Schwerpunkt (Massenmittelpunkt) gehenden Achse Rotationssymmetrie, spricht man von einem *symmetrischen Kreisel*. Die Symmetrieachse ist Hauptträgheitsachse und wird Figurenachse genannt. Wenn der Schwerpunkt eines solchen Kreisels gleichzeitig Drehpunkt ist, liegt ein *kräftefreier Kreisel* vor, weil seine eigene Schwere die Kreiselbewegung nicht beeinflußt (Schweremoment gleich Null). Ein Kreisel, auf den ein Schweremoment oder ein beliebiges anderes, beispielsweise magnetisch

M

bedingtes Moment wirkt, heißt *schwerer Kreisel.* Das im Versuch dieses Kapitels verwendete Fesselsche Gyroskop ist eine besondere Form eines symmetrischen Kreisels, der als kräftefreier und schwerer Kreisel betrieben werden kann. Drehungen um Achsen sind Sonderfälle der Kreiselbewegung. Man findet sie beispielsweise bei navigatorischen Kreiselgeräten (Kreiselkompaß, Wendezeiger, künstlicher Horizont u. a.), bei rotierenden Maschinenteilen (Räder, Schwungscheiben, Rotor von Motor, Generator, Turbine usw.), bei der Erde und anderen Himmelskörpern, aber auch bei atomaren Drehbewegungen.

4.0.2. Präzession des symmetrischen Kreisels

Ein *symmetrischer Kreisel* möge sich zunächst kräftefrei um seine im Raum ruhende Figurenachse drehen (vgl. Abb. M.4.0.1a). Diese ist gleichzeitig Richtung des Drehimpulsvektors L und der Winkelgeschwindigkeit ω sowie der diesen Vektoren zugeordneten Achsen, der Drehimpuls- und der momentanen Drehachse. Können Reibungskräfte vernachlässigt werden, behält der Drehimpuls des Kreisels seinen Betrag und seine Richtung unverändert bei (Drehimpulssatz). Wenn jedoch während der Zeit dt auf den Kreisel

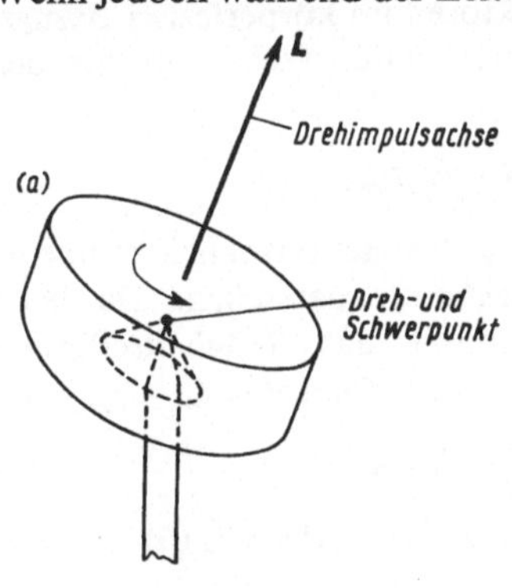

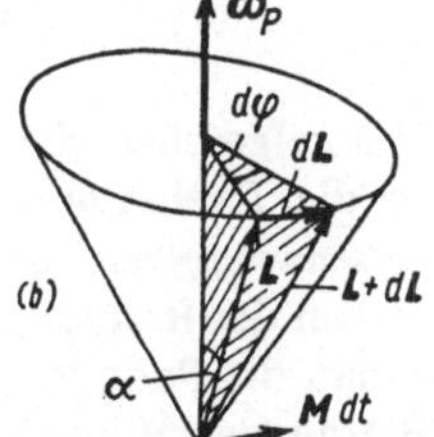

Abb. M.4.0.1. Kräftefreier (a) und schwerer (b) Kreisel

ein Drehmoment M äußerer Kräfte wirkt (schwerer Kreisel), ändert sich der Drehimpuls gemäß der Gleichung

$$dL = M\,dt. \tag{1}$$

Der Vektor dL hat stets die Richtung des Drehmomentvektors M.

Zu dieser Gleichung führt folgende Überlegung: Faßt man einen Kreisel als System von Massenelementen auf, trägt jedes mit seinem Bahnimpuls p_i zum Gesamtdrehimpuls L bei. Man setzt daher definitionsgemäß

$$L = \sum_i (r_i \times p_i)$$

und versteht unter r_i den Radiusvektor, der von einem Bezugspunkt auf der Achse zum i-ten Massenelement geht.
Die Differentiation ergibt

$$\frac{dL}{dt} = \sum_i \left[\left(\frac{dr_i}{dt} \times p_i\right) + \left(r_i \times \frac{dp_i}{dt}\right)\right].$$

Da $p_i \parallel dr_i/dt$ ist, wird die erste Klammer dieser Gleichung Null. Das Vektorprodukt der zweiten Klammer stellt das durch eine Kraft F_i verursachte Drehmoment M_i dar; denn es ist $dp_i/dt = F_i$ und $r_i \times F_i = M_i$, so daß über

$$\frac{dL}{dt} = \sum_i M_i = M$$

die Gl. (1) unmittelbar folgt.

Zwei Grenzfälle der Drehimpulsänderung sind bemerkenswert:

a) Der Drehmomentvektor M verläuft in Richtung L. Dann liegt auch dL parallel zu L. Die Vektoraddition $L + dL$ wirkt sich nur auf den Betrag des Drehimpulses aus, seine Richtung bleibt erhalten. Je nach dem Richtungssinn des Drehmomentes wird der Kreisel angetrieben oder abgebremst.

b) Das Drehmoment M bildet mit dem Drehimpulsvektor L einen rechten Winkel. Dann steht auch dL senkrecht auf L (vgl. Abb. M.4.0.1 b). In diesem Falle weicht die Drehimpulsachse in Richtung des Drehmomentes M, also senkrecht zur wirkenden Kraft aus. Solange ein Drehmoment M wirkt, läuft der Drehimpulsvektor L auf der Mantelfläche eines Kreiskegels gleichförmig um, der Kreisel präzediert. Der Öffnungswinkel 2α des Kreiskegels ist durch die Anfangsbedingungen gegeben, die hier nicht erörtert werden. Für

M

die *Winkelgeschwindigkeit* $|\omega_P|$ *der Präzession* folgt aus Abb. M.4.0.1 b

$$|\omega_P| = \frac{d\varphi}{dt} = \frac{1}{|L|\sin\alpha}\frac{|dL|}{dt} = \frac{|M|}{|L|\sin\alpha} \quad (2)$$

und daraus

$$|M| = |\omega_P|\,|L|\sin\alpha. \quad (3)$$

Dies ist der Betrag des Vektorproduktes

$$M = \omega_P \times L, \quad (4)$$

das somit die durch ein Drehmoment M verursachte Präzession eines Kreisels beschreibt. Der Drehmomentvektor M steht senkrecht zu der durch die Vektoren ω_P und L gebildeten Ebene, die Vektoren ω_P, L und M bilden in dieser Reihenfolge ein Rechtssystem.
Der allgemeine Fall, daß der Drehmomentvektor M und der Drehimpuls L einen beliebigen Winkel einschließen, kann über eine Komponentenzerlegung auf die zuvor diskutierten Grenzfälle zurückgeführt werden.

4.0.3. Nutation des symmetrischen Kreisels

Wenn sich bei einem rotierenden symmetrischen Kreisel die Figuren-, die Drehimpuls- und die momentane Drehachse nicht decken (vgl. Abb. M.4.0.2), treten komplizierte Verhältnisse auf: Die momentane Drehachse und die Figurenachse beschreiben je einen Kreiskegel um die Drehimpulsachse, die beim kräftefreien Kreisel ihre Richtung im Raum beibehält (Drehimpulssatz). Die Kegel rollen aufeinander so ab, daß ihre Achsen stets eine Ebene bilden und bei einem verlängerten Kreisel[1]) zueinander die in der Abb. M.4.0.2 gezeichnete Lage haben. Die Bewegung der Figurenachse um die Drehimpulsachse ist gut zu beobachten und wird *Nutation* genannt, der zugehörige Kreiskegel ist der Nutationskegel. Die momentane Drehachse wandert im Kreiselkörper.
Führt man ein körperfestes kartesisches Koordinatensystem ein, dessen Achsen x, y, z mit den

---

[1]) Er besitzt bezüglich seiner Figurenachse ein minimales, der abgeplattete Kreisel ein maximales Trägheitsmoment.

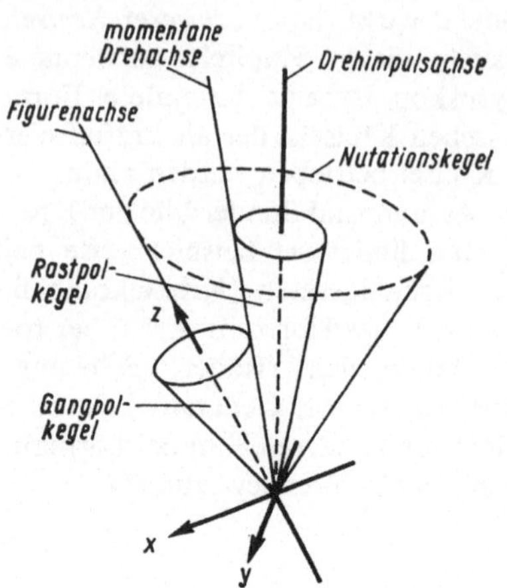

Abb. M.4.0.2. Zur Bewegung eines verlängerten symmetrischen Kreisels

Hauptträgheitsachsen des Kreisels zusammenfallen und bei dem z in Richtung der Figurenachse weist, läßt sich die Winkelgeschwindigkeit ω um die momentane Drehachse durch ihre Komponenten $\omega_x i$, $\omega_y j$, $\omega_z k$ im körperfesten Bezugssystem ausdrücken:

$$\omega = \omega_x i + \omega_y j + \omega_z k \quad (5)$$

(i, j, k Einheitsvektoren im körperfesten Bezugssystem). In entsprechender Weise gilt für den Drehimpuls

$$L = \omega_x I_x i + \omega_y I_y j + \omega_z I_z k,$$

wenn I_x, I_y und I_z die Hauptträgheitsmomente (vgl. M.3.4. *Aufgabe 2*) darstellen. Da beim symmetrischen Kreisel das Trägheitsellipsoid rotationssymmetrisch ist, folgt mit $I_x = I_y = I_s$

$$L = I_s(\omega_x i + \omega_y j) + I_z\omega_z k \quad (6)$$

und daraus unter Beachtung der Gl. (5)

$$\omega = \frac{1}{I_s}L + \left(1 - \frac{I_z}{I_s}\right)\omega_z k. \quad (7)$$

Der erste Summand stellt die Winkelgeschwindigkeit ω_N der Figurenachse um die Drehimpulsachse und damit die *Winkelgeschwindigkeit der Nutation* dar. Sie ist ein Vektor von der Richtung des Drehimpulses. Bezeichnet man die Periodendauer mit T_N, gilt für den Betrag der Winkelgeschwindigkeit und damit für die Kreisfrequenz

der Nutation

$$\omega_N = \frac{2\pi}{T_N} = \frac{1}{I_s}\,|L|\,. \tag{8}$$

Da sich die Bewegung der Figurenachse gut beobachten läßt, kann die Nutationsfrequenz experimentell leicht ermittelt werden. Aus ihr und der Präzessionsfrequenz ω_P können die Hauptträgheitsmomente des Kreisels bestimmt werden. Dazu dienen folgende Überlegungen: Das Skalarprodukt aus Gl. (6) und k ergibt

$$kL = |L|\cos\vartheta = I_z\omega_z$$

(ϑ ist der halbe Öffnungswinkel des Nutationskegels). Für kleine Winkel ϑ ($\cos\vartheta \approx 1$) folgt näherungsweise

$$|L| = I_z\omega_z = 2\pi\nu_z I_z\,. \tag{9}$$

Hierin ist ν_z die Frequenz der Rotation des Kreisels um seine Figurenachse. Setzt man Gl. (9) in Gl. (8) ein, ergibt sich für die *Nutationsperiode*

$$T_N = \frac{1}{\nu_z}\,\frac{I_s}{I_z}\,. \tag{10}$$

Wenn ein Kreisel infolge eines permanenten äußeren Drehmomentes präzediert, überlagert sich die Nutation dieser Bewegung, so daß der Kreisel insgesamt eine Nick- oder Schleifenbewegung auf kreisförmiger Bahn ausführt.
Setzt man den für kleine Nutationen gültigen Betrag des Drehimpulses gemäß Gl. (9) in Gl. (2) ein, folgt für die *Periodendauer der Präzession*

$$T_P = \frac{2\pi}{\omega_P} = \frac{4\pi^2\nu_z I_z}{|M|}\sin\alpha\,. \tag{11}$$

4.1. Gyroskop

Aufgaben: An einem Gyroskop sollen ermittelt werden

1. die Nutationsperiode in Abhängigkeit von der Kreiselfrequenz [$T_N = f(\nu_z)$],
2. die Abhängigkeit der Präzessionsperiode von äußeren Drehmomenten und von der Kreisel-

frequenz, evtl. vom Trägheitsmoment des Kreisels [$T_P = f(M, \nu_z, I_z)$],
3. die Hauptträgheitsmomente des Kreisels. Gegebenenfalls sind die aus experimentellen Daten ermittelten Werte mit den aus den Kreiselabmessungen berechneten zu vergleichen.

Als Modell für einen symmetrischen Kreisel dient ein modifiziertes Fesselsches *Gyroskop* (vgl. Abb. M.4.1.1). An dem einen Ende eines Stabes befindet sich ein elektrisch angetriebener Kreisel K, der vom Kurzschlußläufer eines Asynchronmotors gebildet wird. Seine Figurenachse zeigt

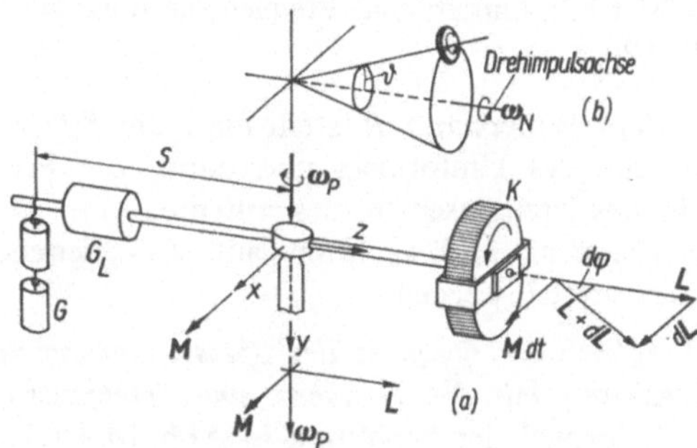

Abb. M.4.1.1. Präzession (a) und Nutation (b) des Gyroskopes

in Richtung des Stabes. Sie ist in Abb. M.4.1.1a gleichzeitig Richtung der Drehimpulsachse. (Die Zuordnung der Vektoren M und ω_L zu L geht aus der Abb. M.4.0.1 für $\alpha = 90°$ hervor.) Mit dem Laufgewicht G_L am anderen Stabende kann das Gyroskop in bezug auf die horizontale Achse, die x-Achse der Abb. M.4.1.1 ausbalanciert werden. Außerdem ist eine Drehung (Präzession) um die vertikale, die y-Achse möglich. Sie wird durch ein äußeres Moment M verursacht, welches im Abstand s von der Drehachse angebrachte Zusatzgewichte $G = mg$ (m – Masse der Gewichtsstücke, g – Schwerebeschleunigung) erzeugen. In diesem Falle kann Gl. (11) durch

$$T_P = \frac{4\pi^2\nu_z I_z}{mgs} \tag{12}$$

ersetzt werden. Die Kreiselfrequenz ν_z ist mit der Frequenz ν_E des elektrischen Drehfeldes im Motor M nahezu identisch. Es wird in unserem

65

Beispiel vom Dreiphasenstrom eines Umformers erzeugt (vgl. Abb. M.4.1.2)[1]).

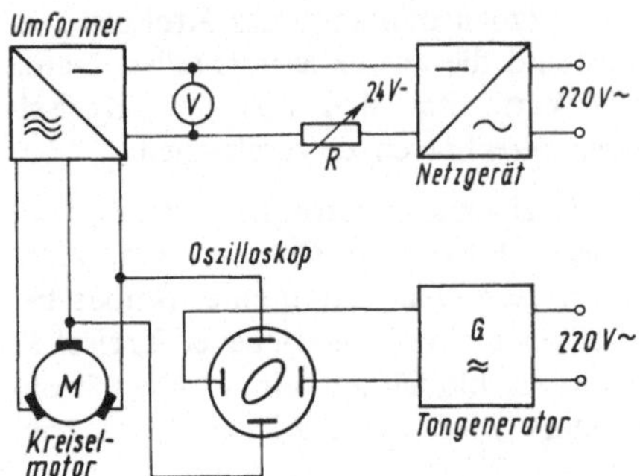

Abb. M.4.1.2. Antrieb und Frequenzmessung beim Gyroskop

Mit dem Widerstand R stellt man die Speisespannung des Umformers und damit die Frequenz des Dreiphasenstromes stufenlos ein.

Die Frequenz $\nu_z \approx \nu_E$ kann auf verschiedene Weise ermittelt werden:

a) *Vergleich der Frequenz der Speisespannung ν_E des Kreisels mit der Frequenz eines Tongenerators G* (gemäß der Schaltung in Abb. M.4.1.2): Auf dem Schirm eines Elektronenstrahloszilloskops wird die Lissajous-Figur für das Frequenzverhältnis 1 : 1 (vgl. E. 5.4) erzeugt. Die Messung ist bei Asynchronmotoren wegen des Schlupfes von Rotor und Drehfeld ($\nu_z < \nu_E$) mit einem systematischen Fehler behaftet, der beim unbelasteten Asynchronmotor im allgemeinen < 1% ist, im Versuch durchaus 5% betragen kann.

b) *Stroboskopische Frequenzmessung:* Auf der Rotorachse befindet sich eine Meßmarke oder eine mit einer Segmentteilung versehene Scheibe. Sie wird mit einer intensitätsmodulierten Lichtquelle (Lichtblitzstroboskop) periodisch beleuchtet. Stimmen die Frequenzen des Wechsellichtes und des Motors überein, ist ein stehendes Bild der Meßmarke bzw. der Segmentscheibe zu beobachten. Je nach Teilung der Segmentscheibe ist dies auch der Fall, wenn die Motorfrequenz be-

stimmte Bruchteile oder Vielfache der Frequenz des Wechsellichtes beträgt [vgl. M. 3.2 (Versuchsausführung)]. Aus der an der Skale des Lichtblitzstroboskopes ablesbaren Frequenz des Wechsellichtes folgt die Frequenz des Rotors.

Eine andere Bauart des Gyroskopes geht aus dem zuvor beschriebenen Modell hervor, indem der Motorkreisel der Abb. M.4.1.1 bei kardanischer Lagerung in das Drehzentrum gelegt wird. Auf dieses Modell lassen sich alle Überlegungen dieses Kapitels ohne Einschränkungen anwenden.

Versuchsausführung

Die Figurenachse des Gyroskopes wird mittels Laufgewichtes G_L horizontal ausgerichtet, die Schaltung nach Abb. M.4.1.2 aufgebaut. Die Meßreihen für *Aufgabe 1 und 2* beginnen jeweils mit maximaler Frequenz ν_E bzw. ν_z ($R = 0$). Innerhalb der Meßreihen soll mit mindestens 5 Rotorfrequenzen gearbeitet werden, die möglichst gleichmäßig auf das Intervall zwischen maximaler Frequenz ($\nu_{E\,max}$) und etwa ihren halbem Wert ($1/2\,\nu_{E\,max}$) verteilt sind. Eine konstante Drehzahl des Kreisels ist jeweils an einer gleichmäßigen Tonhöhe des Rotorgeräusches zu erkennen.

Zur Frequenzbestimmung über Lissajous-Figuren wird die Verstärkung am Oszilloskop bzw. am Tonfrequenzgenerator so gewählt, daß im abgeglichenen Zustand möglichst wenig verzerrte Ellipsen entstehen (vgl. E. 5.4). Beim Abgleichen verändern wir die Tonfrequenz kontinuierlich und lesen den Meßwert an der Skale des Generators ab, für den das Ellipsenbild ruht.

Bei *Aufgabe 1* lösen wir die Nutation des Gyroskops durch einen leichten Stoß gegen den Kreiselkörper aus. Wegen der Näherung in Gl. (9) soll ϑ klein gehalten werden ($\vartheta < 10°$). T_N wird mit der Stoppuhr ermittelt, indem wir im Interesse eines kleinen Meßfehlers den Mittelwert aus mindestens 10 Umläufen der Figurenachse bilden. Die graphische Darstellung von T_N über $1/\nu_z$ ergibt nach Gl. (10) als Ausgleichskurve eine Gerade.

Für *Aufgabe 2* stellen wir mit mehreren Gewichtsstücken G, die in bestimmten Abständen s vom Drehpunkt an das Gyroskop gehängt werden, verschiedene Werte des Drehmomentes $|M| = mgs$ ein. Für jede Belastung und Rotorfrequenz wird die Periodendauer der Präzession mit der Stopp-

---

[1]) Im Versuch handelt es sich beispielsweise um einen Kreisel eines Bordgerätes aus einem Flugzeug. Der Umformer wandelt den Gleichstrom des Bordnetzes (24 V) in Drehstrom ($\nu_E \approx 500$ Hz) um, so daß der Kreisel hochtourig betrieben werden kann. Aus diesem Grunde werden Kreisel als Kurzschlußläufer ausgebildet.

uhr bestimmt, indem wiederum der Mittelwert aus mehreren Umläufen gebildet wird. Läßt sich das Trägheitsmoment beim Kreiselmodell des Praktikums variieren, wird eine weitere Meßreihe bei geändertem Trägheitsmoment aufgenommen. Erfahrungsgemäß sinkt die Figurenachse auf der Seite der Zusatzgewichte im Laufe der Messung infolge Reibung ab. Dadurch verringert sich das Drehmoment, so daß die Messungen verfälscht werden. Deshalb muß die Figurenachse von Zeit zu Zeit durch einen leichten Druck in Präzessionsrichtung oder durch eine entsprechende Unterstützung angehoben werden.

Eine graphische Darstellung von T_P über $v_z/(ms)$ liefert nach Gl. (12) als ausgleichende Kurve eine Gerade. Aus ihrer Steigung wird gemäß *Aufgabe 3* mit Hilfe von Gl. (12) der Mittelwert des Hauptträgheitsmomentes I_z und mit der graphischen Darstellung der Aufgabe 1 und Gl. (10) der Mittelwert des Hauptträgheitsmomentes I_s berechnet.

5. Elastische Eigenschaften fester Körper

5.0. Allgemeine Grundlagen

Jeder feste Körper wird unter dem Einfluß einer mechanischen Spannung deformiert. Bei hinreichend kleiner Spannung ist die Deformation meist elastisch, d. h., der Körper nimmt nach der Entlastung seine ursprüngliche Gestalt wieder an. Überschreitet die Spannung dagegen einen bestimmten Wert, so können Fließerscheinungen zu bleibenden Volumen- oder Formänderungen führen. Dann nennt man die Deformation unelastisch oder plastisch.

Das elastische Verhalten homogener, isotroper fester Körper wird durch vier Materialgrößen charakterisiert: den *Elastizitätsmodul E*, die *Poissonsche Zahl μ*, den *Torsions-* oder *Schubmodul G* und den *Kompressionsmodul K*. Wenn man sich auf den eindimensionalen Fall beschränkt, wird

der Elastizitätsmodul durch das *Hookesche Gesetz* in der Form

$$\sigma = E\varepsilon \tag{1}$$

definiert. Gl. (1) besagt, daß bei hinreichend kleinen Deformationen die Zugspannung σ der Dehnung ε proportional ist. Dabei ist die Zugspannung die senkrecht zum Querschnitt A des Körpers angreifende Kraft F_z (vgl. Abb. M.5.0.1) geteilt durch diesen Querschnitt.

$$\sigma = \frac{F_z}{A}. \tag{2}$$

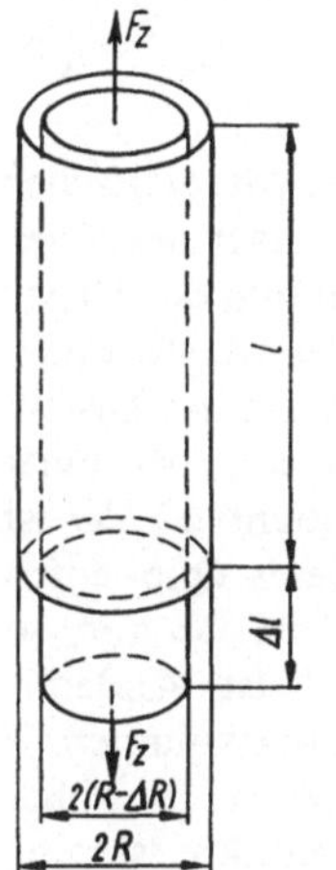

Abb. M.5.0.1. Deformation eines Zylinders durch eine Zugkraft

Als Dehnung bezeichnet man das Verhältnis der Längenänderung Δl zur ursprünglichen Länge l.

$$\varepsilon = \frac{\Delta l}{l}. \tag{3}$$

Die Poissonsche Zahl ist der Quotient der relativen Querverkürzung $\Delta R/R$ und der Dehnung (vgl. Abb. M.5.0.1).

$$\mu = \frac{\Delta R}{R} \frac{1}{\varepsilon} = \frac{\Delta R}{R} \frac{l}{\Delta l}. \tag{4}$$

Wenn auf die obere Deckfläche eines Würfels, dessen Bodenfläche festgehalten wird, eine nicht zu große Kraft F_s in der in Abb. M.5.0.2 dargestellten Richtung wirkt, so ist der Scherwinkel α der Schubspannung τ proportional.

$$\tau = G\alpha. \tag{5}$$

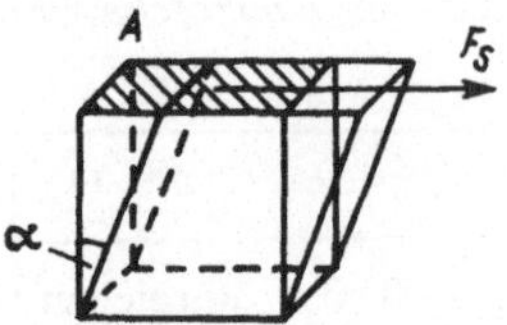

Abb. M.5.0.2. Deformation eines Würfels durch eine Scherkraft

Den Proportionalitätsfaktor G nennt man Schub- oder Torsionsmodul, und die Schubspannung ist das Verhältnis der Scherkraft F_s zum Querschnitt A des Würfels.

$$\tau = \frac{F_s}{A}. \tag{6}$$

Ein fester Körper habe bei einem hydrostatischen Druck p, d. h. bei Vorhandensein einer negativen Spannung, das Volumen V. Wenn nun der Druck um den kleinen Wert Δp geändert wird, stellt man eine Volumenänderung ΔV fest. Bei einer Druckerhöhung nimmt das Volumen ab, bei einer Druckerniedrigung zu. Der Quotient $\Delta V/\Delta p$ ist also stets negativ. Der Betrag dieses Quotienten wird bei gegebener Druckdifferenz Δp um so größer, je größer das Volumen V ist. Andererseits wird bei gegebenem Ausgangsvolumen V der Betrag von $\Delta V/\Delta p$ um so kleiner, je größer die Druckdifferenz Δp ist. Zur Charakterisierung der Zusammendrückbarkeit eines festen Körpers empfiehlt sich daher der Ausdruck

$$\varkappa = \lim_{\Delta p \to 0} \left\{ -\frac{1}{V} \frac{\Delta V}{\Delta p} \right\} = -\frac{1}{V} \frac{dV}{dp}; \tag{7}$$

$\varkappa$ bezeichnet man als (differentielle) *Kompressibilität*, ihren Kehrwert als Kompressionsmodul.

$$K = \frac{1}{\varkappa}. \tag{8}$$

Aus den Definitionsgleichungen (1), (5) und (8) in Verbindung mit Gl. (7) folgt, daß die Größen E, G und K die Dimension eines Druckes haben. Ihre kohärente Einheit ist daher das Pascal (1 Pa = 1 N · m⁻²). Nach internationaler Vereinbarung sind die Moduln der Deformationstechnik in der inkohärenten Einheit

$$\text{GPa} = 10^9 \, \text{Pa} = 10^3 \, \text{N} \cdot \text{mm}^{-2}$$

anzugeben, durch die die in der Technik früher übliche Einheit

$$\text{kp} \cdot \text{mm}^{-2} = 9{,}81 \cdot 10^6 \, \text{Pa}$$

abgelöst worden ist.

Es soll noch erwähnt werden, daß zwischen den Materialgrößen der Elastizitätslehre der Zusammenhang

$$\mu = \frac{E}{2G} - 1, \tag{9}$$

$$K = \frac{E}{3(1 - 2\mu)} \tag{10}$$

besteht. Wenn man also z. B. den Elastizitätsmodul und den Torsionsmodul experimentell bestimmt hat, können die Poissonsche Zahl und der Kompressionsmodul aus den Gln. (9) und (10) berechnet werden.

5.1. Elastizitätsmodul

Das Verhalten fester Körper bei Zugbeanspruchung wird in der Technik mit Hilfe spezieller Werkstoffprüfmaschinen (Zerreißmaschinen) untersucht. Diese sind mit einer Einspannvorrichtung ausgerüstet, die zur Befestigung eines Stabes aus dem zu untersuchenden Material dient. Der Stab wird an einem Ende starr mit dem Ständer der Zerreißmaschine verbunden. Greift nun am anderen Ende eine Zugkraft F_Z in Richtung der Stabachse an, so dehnt sich die Materialprobe um Δl. An der Zerreißmaschine ist eine Meßuhr angebracht, die den Betrag von F_Z anzeigt. Die Verlängerung Δl kann an einem Maßstab abgelesen werden. Im allgemeinen ist in eine Zerreißmaschine noch zusätzlich ein Schreiber eingebaut, der F_Z über Δl graphisch darstellt.

Um das Verhalten verschiedener Stoffe und von Proben mit unterschiedlichen Abmessungen bei Zugbeanspruchung vergleichen zu können, werden die Zugkraft F_Z auf den Querschnitt A der Probe und ihre Verlängerung Δl auf die Anfangslänge l bezogen. Man geht also zu σ [vgl. Gl. (2)] und ε [vgl. Gl. (3)] über und stellt den Zusammenhang zwischen beiden Größen in einem *Spannungs-Dehnungs-Diagramm* dar, das für Metalle beispielsweise das in Abb. M.5.1.1 schematisch dargestellte Aussehen hat. Im Intervall $0 < \sigma < \sigma_1$

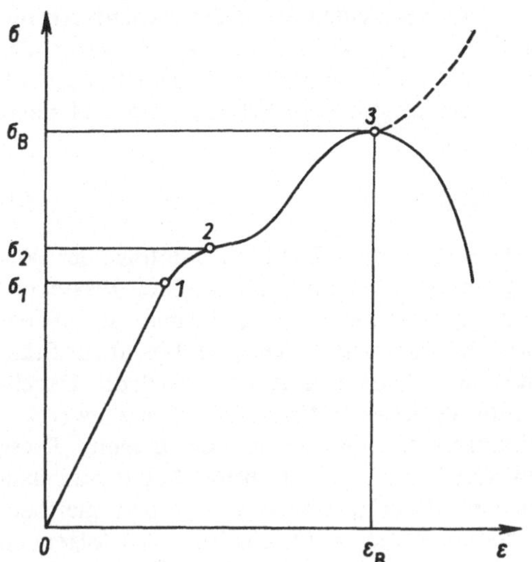

Abb. M.5.1.1. Spannungs-Dehnungs-Diagramm (schematisch)

gilt das Hookesche Gesetz [vgl. Gl. (1)]. Punkt 1 wird als *Proportionalitätsgrenze* bezeichnet, und der Elastizitätsmodul ergibt sich aus der Steigung der sogenannten Hookeschen Geraden zu

$$E = \frac{\Delta\sigma}{\Delta\varepsilon}. \qquad (11)$$

Im linearen Bereich des Diagramms nehmen die Probekörper nach einer Entlastung ohne Verzögerung ihre ursprüngliche Länge wieder an; die Stoffe sind hier *elastisch*.

Im Intervall $\sigma_1 < \sigma < \sigma_2$ bilden sich die Verformungen zwar auch noch zurück, wenn die Zugspannung aufgehoben wird, doch geschieht dies allmählich. Man beobachtet eine elastische Nachwirkung (Viskoelastizität), außerdem sind Spannung und Dehnung einander nicht mehr proportional. Punkt 2 des Diagramms wird *Elastizitätsgrenze* genannt. Sie kann weder streng definiert noch bestimmt werden und wird deshalb bei Metallen oft willkürlich als die zu einer bestimmten Dehnung – beispielsweise zu $\varepsilon = 0{,}01\,\%$ – gehörende Spannung festgelegt (technische Elastizitätsgrenze). Oberhalb des Punktes 2 werden die Proben irreversibel verformt. Hier sind die Stoffe *plastisch*, und das Spannungs-Dehnungs-Diagramm kann wegen strukturbedingter Fließ- und Verfestigungsprozesse kompliziert aussehen. Die höchste nominelle Span-

nung (Zugkraft F_Z bezogen auf den Anfangsquerschnitt A) wird *Zugfestigkeit* oder *Bruchspannung* σ_B genannt. Dazu gehört die *Bruchdehnung* ε_B. Wird der durch σ_B und ε_B bestimmte Punkt 3 des Diagramms überschritten, zerreißt die Probe.

Im oberen plastischen Bereich der Deformation schnüren sich die Zerreißproben an einer Stelle merklich ein. Wird diese Querkontraktion berücksichtigt und die Zugkraft F_Z jeweils auf den tatsächlichen Querschnitt der Probe bezogen, steigt die Kurve bis zum Bruch der Probe (gestrichelter Kurvenverlauf in Abb. M.5.1.1).

Einige Werkstoffe (z. B. gehärteter Kohlenstoffstahl) zerreißen bereits im oder am Ende des elastischen Bereiches, sie sind *spröde*. Andere Materialien (z. B. Blei) werden bei Raumtemperatur schon bei den geringsten Belastungen plastisch verformt. Bei ihnen ist der elastische Bereich unterdrückt, und sie sind besonders *duktil*.

Das deformationsmechanische Verhalten der Werkstoffe hängt außerdem von den äußeren Bedingungen während der Beanspruchung ab. So werden Metalle bei höheren Temperaturen plastischer (vgl. Schmieden, Walzen und Preßschweißen), bei tiefen Temperaturen werden sie elastischer, sogar spröde. Letzteres gilt auch bei einer mit hoher Geschwindigkeit erfolgenden Deformation.

Demnach gibt es keine deformationsmechanischen Materialkonstanten im strengen Sinne. Für die Werkstoffprüfung müssen Prüfverfahren und Prüfbedingungen vereinbart werden, durch die die Stoffgrößen dann definiert sind.

Zur Bestimmung des Elastizitätsmoduls im Laborversuch ist nicht unbedingt eine Zerreißmaschine notwendig. Hat die Probe des zu untersuchenden Materials einen kleinen Querschnitt, kann man durch Belastung mit Wägestücken, deren Masse einige Kilogramm beträgt, gut meßbare Verlängerungen erzielen. Wenn die Probe einen größeren Querschnitt hat, empfiehlt es sich, den Elastizitätsmodul durch einen Biegeversuch zu ermitteln.

5.1.1. Dehnung

Aufgabe: Der Elastizitätsmodul E verschiedener Metalle soll aus der Dehnung von Drähten bestimmt werden.

Ein Draht sei an einem Ende eingespannt, während am anderen Ende eine Zugkraft F_0 angreift. Diese wird so groß gewählt, daß der Draht straff gespannt ist. Am Draht sind zwei Marken 1 und 2 angebracht, die bei der Belastung F_0 den Abstand l haben sollen. Beide Marken werden mit je einem Mikroskop beobachtet. Die Mikroskopständer dürfen während des Versuches nicht verschoben werden. Dagegen soll sich jedes Mikroskop relativ zu seinem Ständer mit Hilfe einer Meßschraube parallel zu dem zu untersuchenden Draht bewegen lassen, so daß man nach Vergrößerung der Zugkraft die Verschiebung der beiden Marken messen kann.

Versuchsausführung

Wir belasten den Draht mit der Zugkraft F_0 und messen den Abstand l. Der Drahtdurchmesser $2r$ ist an etwa zehn verschiedenen Stellen zwischen den Marken zu bestimmen. Zur Berechnung des Querschnittes wird der arithmetische Mittelwert $\bar{r}$ verwendet. Wir stellen die beiden Meßschrauben auf 0 und lesen die Lage von Marke 1 bzw. 2 an den Okularskalen der Mikroskope ab. Nach zusätzlicher Belastung des Drahtes mit der Zugkraft F_z sind die Meßschrauben so zu verstellen, daß die beiden Marken mit den gleichen Teilstrichen der Okularskalen wie vor der Belastung zur Deckung kommen. Die Differenz der Meßschraubeneinstellungen ist die der Zugkraft F_z entsprechende Verlängerung Δl. Wir berechnen die Zugspannung σ nach Gl. (2), die Dehnung ε nach Gl. (3) und wiederholen die Messung bei mehreren verschieden großen Zugkräften; σ ist über ε graphisch darzustellen. Der Elastizitätsmodul E ergibt sich aus dem Anstieg der gewonnenen Geraden [vgl. Gl. (11)]. Der Versuch ist mindestens mit einem Draht aus anderem Material zu wiederholen. Es ist zu beachten, daß die Drähte keinesfalls Knicke haben dürfen!

5.1.2. Biegung

Aufgabe: Der Elastizitätsmodul E verschiedener Metalle ist aus der Biegung von Stäben zu ermitteln.

Gegeben sei ein homogener Stab (Dichte ϱ, Querschnitt A), der auf zwei Schneiden (Abstand l)

liegt. Jede der beiden Schneiden ist dadurch mit der Kraft $0{,}5\,F_0$ belastet. Das Gewicht des Stabes F_0 kann unter der Voraussetzung, daß die Stablänge mit dem Schneidenabstand übereinstimmt,

$$F_0 = \varrho A l g \tag{12}$$

geschrieben werden. Der Stab ist infolge der Wirkung seines Gewichtes auch ohne zusätzliche Belastung etwas gebogen. Läßt man nun in der Mitte zwischen den Auflagen senkrecht zur Stabachse eine Kraft F angreifen, wird die Durchbiegung vergrößert. Abb. M.5.1.2 zeigt zwei Anordnungen zur Untersuchung der Biegung. Diese sind gleichwertig, wenn beide Stäbe aus dem gleichen Material bestehen und den gleichen, konstanten Querschnitt A haben. Den folgenden Überlegungen liegt die Anordnung b) zugrunde. Die angreifenden Kräfte bewirken, daß die oberen Schichten des Stabes gedrückt, die unteren gedehnt werden. Im Inneren gibt es eine Schicht, deren Länge sich nicht ändert. Diese Schicht bezeichnet man als *neutrale Faser*. Die Gleichung der neutralen Faser $y(x)$ kann leicht berechnet werden, wenn

1. das Hookesche Gesetz Gl. (1) gilt,

2. ein ebener Querschnitt des Stabes bei allen auftretenden Belastungen eben bleibt,

3. die Durchbiegung so klein ist, daß für alle vorkommenden Werte von x der Betrag der Ableitung $y'(x)$ sehr klein gegen 1 ist.

Auf den Stabquerschnitt an der Stelle x (vgl. Abb. M.5.1.2 und Abb. M.5.1.3) wirkt ein Dreh-

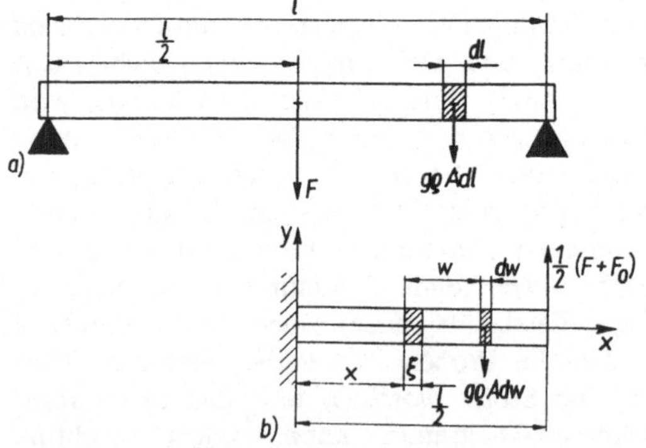

Abb. M.5.1.2. Gleichwertige Anordnungen zur Untersuchung der Biegung

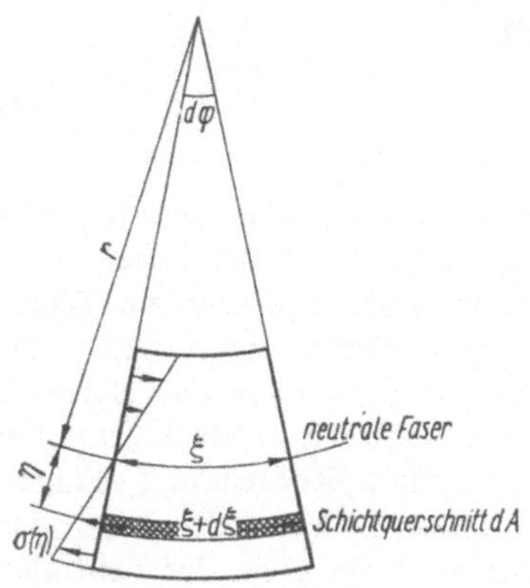

Abb. M.5.1.3. Deformiertes Volumenelement

moment im Uhrzeigersinn

$$M_1 = g\varrho A \int\limits_0^{\frac{l}{2} - x} w \, dw + \int\limits_A \eta \sigma(\eta) \, dA. \qquad (13)$$

Aus Abb. M.5.1.3 kann man entnehmen, daß sich das Hookesche Gesetz

$$\sigma(\eta) = E\varepsilon = E \frac{d\xi}{\xi} = E \frac{\eta}{r} \qquad (14)$$

schreiben läßt. Dabei ist r der Krümmungsradius der neutralen Faser an der Stelle x. Das beim Einsetzen von Gl. (14) in Gl. (13) entstehende Integral

$$\boxed{I_\eta = \int\limits_A \eta^2 \, dA} \qquad (15)$$

bezeichnet man als *Flächenträgheitsmoment*. Seine Einheit ist m⁴. Wenn man das erste Integral in Gl. (13) löst und Gl. (15) verwendet, erhält man

$$M_1 = \frac{1}{2} g\varrho A \left(\frac{l}{2} - x\right)^2 + \frac{E}{r} I_\eta. \qquad (16)$$

Die Kraft 0,5 $(F + F_0)$ übt auf den Querschnitt an der Stelle x (vgl. Abb. M.5.1.2) ein Drehmoment im mathematisch positiven Sinne

$$M_2 = \frac{1}{2} \left(\frac{l}{2} - x\right)(F + F_0) \qquad (17)$$

aus. Im Gleichgewichtsfalle gilt

$$M_1 = M_2.$$

Aus den Gln. (16) und (17) folgt bei Verwendung von Gl. (12)

$$\frac{1}{r} EI_\eta = \frac{1}{4} F(l - 2x) + \frac{1}{2} g\varrho A \left\{\left(\frac{l}{2}\right)^2 - x^2\right\}. \qquad (18\,a)$$

Die Größe $1/r$ ist die Krümmung der neutralen Faser an der Stelle x. Aus der Theorie der Berührung höherer Ordnung folgt für die Krümmung einer Kurve $y(x)$

$$\frac{1}{r} = \pm \frac{y''}{[1 + (y')^2]^{3/2}}.$$

Nach Voraussetzung 3 soll $(y')^2$ vernachlässigbar klein gegen 1 sein. In dieser Näherung gilt

$$\frac{1}{r} = \pm y''.$$

Die Integration der Gleichung

$$\pm EI_\eta y'' = \frac{1}{4} F(l - 2x)$$

$$+ \frac{1}{2} g\varrho A \left\{\left(\frac{l}{2}\right)^2 - x^2\right\} \qquad (18)$$

liefert bei Berücksichtigung der Randbedingungen $y'(0) = y(0) = 0$

$$\pm EI_\eta y' = \frac{1}{4} F(lx - x^2)$$

$$+ \frac{1}{2} g\varrho A \left\{\left(\frac{l}{2}\right)^2 x - \frac{1}{3} x^3\right\}, \qquad (19)$$

$$\pm EI_\eta y = \frac{1}{4} F\left(\frac{l}{2} x^2 - \frac{1}{3} x^3\right)$$

$$+ \frac{1}{4} g\varrho A \left\{\left(\frac{l}{2}\right)^2 x^2 - \frac{1}{6} x^4\right\}. \qquad (20)$$

Da im vorliegenden Falle $y(x)$ im Intervall $0 < x < l/2$ positiv ist, muß in den Gln. (18) bis (20) das positive Vorzeichen verwendet werden. Die Funktion der neutralen Faser hat an der Stelle $x = l/2$ sowohl die größte Steigung als auch den größten Funktionswert. Mit den Bezeichnungen

$$\varphi \approx \tan \varphi = y'(l/2) \quad \text{und} \quad s = y(l/2)$$

kann man die Gln. (19) und (20)

$$EI_\eta \varphi = \frac{1}{16}\left(Fl^2 + \frac{2}{3} g\varrho Al^3\right),$$

$$EI_\eta s = \frac{1}{48}\left(FL^3 + \frac{5}{8} g\varrho Al^4\right)$$

oder

$$\varphi = \frac{l^2\left(F + \frac{2}{3} F_0\right)}{16EI_\eta}, \tag{21}$$

$$s = \frac{l^3\left(F + \frac{5}{8} F_0\right)}{48EI_\eta} \tag{22}$$

schreiben. Die Länge s nennt man *Biegepfeil*.
Im Experiment ist der Stab zunächst mit einer Schale (Masse m_s) belastet, die zur Aufnahme von Wägestücken dient. Man erhält den Winkel φ_0 bzw. den Biegepfeil s_0, indem man in den Gln. (21) und (22)

$$F = m_s g$$

setzt. Anschließend wird auf die Schale ein Wägestück der Masse m gelegt. Der Winkel φ ergibt sich aus Gl. (21), der Biegepfeil s aus Gl. (22) mit

$$F = (m_s + m)\, g.$$

Gemessen werden die Differenzen $\varphi - \varphi_0$ oder $s - s_0$. Dafür können die Gln. (21) und (22)

$$E = \frac{l^2 mg}{16I_\eta(\varphi - \varphi_0)}, \tag{23}$$

$$E = \frac{l^3 mg}{48I_\eta(s - s_0)} \tag{24}$$

geschrieben werden. Das Gewicht des Stabes und das der Schale brauchen daher nicht bekannt zu sein.
Um den Elastizitätsmodul E angeben zu können, muß man das Flächenträgheitsmoment I_η für den Querschnitt des zu untersuchenden Stabes berechnen. Voraussetzung für diese Berechnung ist, daß man die Lage der neutralen Faser kennt. Da sich der Stab bei der Biegung insgesamt weder verlängert noch verkürzt, ist

$$\int_A \sigma(\eta)\, \mathrm{d}A = 0$$

oder mit Gl. (14)

$$\int_A \eta\, \mathrm{d}A = 0. \tag{25}$$

Aus Gl. (25) folgt, daß der Massenmittelpunkt des Stabes in der neutralen Faser liegen muß. Hat der unbelastete Stab senkrecht zur Biegekraft eine Symmetrieebene, dann stellt die Symmetrieebene die neutrale Faser dar. Beispiele für diesen Fall sind Stäbe mit rechteckigem oder kreisförmigem Querschnitt, Rohre und ⊥-Träger. Für U- oder T-Träger (Biegekraft nach oben oder nach unten) muß die Lage der neutralen Faser nach Gl. (25) berechnet werden.

Versuchsausführung

Wir legen den zu untersuchenden Stab so auf die Schneiden, daß die Stabenden nur sehr wenig überstehen (vgl. Abb. M.5.1.2), und messen den Abstand l. Dann wird die Schale zur Aufnahme der Wägestücke in der Mitte zwischen den Schneiden an den Stab gehängt.
Wir messen den Biegepfeil s_0 mit einer Meßuhr oder einer Meßschraube. In gleicher Weise sind die Biegepfeile s_i nach Belastung der Schale mit Wägestücken der Masse m_i ($i = 1, 2, \ldots, n$) zu bestimmen. Die Gerade $F_i = m_i g$ über $S_i = s_i - s_0$, deren Steigung $\Delta F / \Delta S$ ist, wird graphisch dargestellt. Der gesuchte Elastizitätsmodul E ergibt sich nach Gl. (24) aus

$$E = \frac{l^3\, \Delta F / \Delta S}{48 I_\eta}.$$

Wenn statt des Biegepfeiles s der Winkel φ gemessen werden soll, befestigen wir an einem Stabende einen kleinen Spiegel. Eine senkrecht stehende Skale wird über den Spiegel durch ein Fernrohr mit Visierlinie beobachtet. Wir messen den Abstand L zwischen Spiegel und Skale. Ist der Stab nur mit der Schale belastet, wird am Maßstab der Skale der Wert z_0 abgelesen, bei zusätzlicher Belastung mit einem Wägestück der Masse m_i der Wert z_i ($i = 1, 2, \ldots, n$). Dann gilt

$$2(\varphi_i - \varphi_0) \approx \tan 2\varphi_i - \tan 2\varphi_0 = \frac{(z_i - z_0)}{L}.$$

Wir stellen die Gerade $F_i = m_i g$ über $\Phi_i = \varphi_i - \varphi_0$ deren Steigung $\Delta F / \Delta \Phi$ ist, graphisch dar und berechnen den gesuchten Elastizitätsmodul E

nach Gl. (23) aus

$$E = \frac{l^2 \, \Delta F/\Delta \Phi}{16 I_\eta}.$$

Das Flächenträgheitsmoment I_η für den Stabquerschnitt ist der Tab. 7 zu entnehmen. Die zur Berechnung von I_η benötigten Längen sind mit mechanischen Meßwerkzeugen an verschiedenen Stellen des Stabes zu bestimmen. Der Versuch soll mit mindestens einem Stab aus anderem Material wiederholt werden.

5.2. Torsionsmodul

Der Torsionsmodul G läßt sich leicht aus Untersuchungen an verdrillten Stäben mit kreisförmigem Querschnitt bestimmen. Gegeben sei ein einseitig eingespannter Stab, dessen Länge l groß gegen den Radius r sein soll. Betrachtet man im Stabinneren einen koaxialen Hohlzylinder mit dem Radius r' und der Dicke dr' (vgl. Abb. M.5.2.1) und läßt am freien Ende peripher eine Schubkraft dF_S angreifen, so wird eine ursprünglich senkrechte Faser des Zylindermantels um den Scherwinkel α gedreht. Für den Bogen

$$s = r'\varphi$$

gilt unter der Voraussetzung $|\alpha| \ll 1$ in guter Näherung

$$s = l\alpha.$$

Damit kann man Gl. (5)

$$\tau = G\alpha = G\frac{r'}{l}\varphi$$

schreiben. Das Produkt aus der Schubspannung τ und dem Querschnitt des Hohlzylinders ist die Schubkraft

$$dF_S = 2\pi r' \, dr' G \frac{r'}{l}\varphi.$$

Durch Multiplikation mit dem Hebelarm r' geht die Schubkraft in das Drehmoment

$$dM = \frac{2\pi G}{l}\varphi r'^3 \, dr'$$

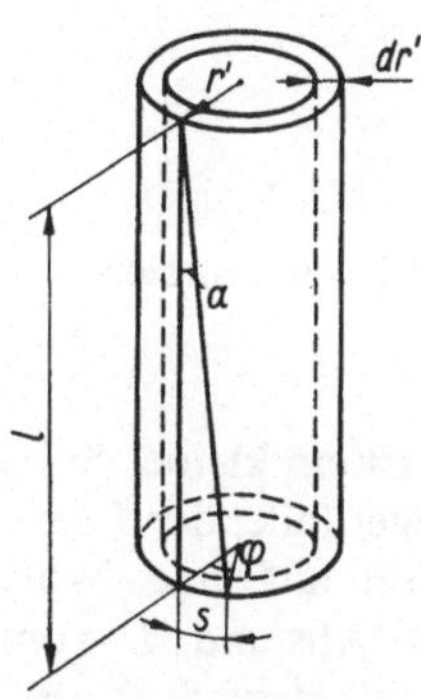

Abb. M.5.2.1.
Zur Torsion eines Zylinders

über. Das resultierende Drehmoment erhält man durch Integration über alle Hohlzylinder:

$$M = \int dM = \frac{2\pi G}{l}\varphi \int_0^r r'^3 \, dr',$$

$$M = \frac{\pi G r^4}{2l}\varphi. \tag{26}$$

Wenn zur Verdrillung des Stabes ein großes Drehmoment erforderlich ist, empfiehlt sich eine statische Bestimmung des Torsionsmoduls. Liegt dagegen das zu untersuchende Material als Draht vor, wird der Torsionsmodul zweckmäßigerweise mit einer dynamischen Meßmethode ermittelt.

5.2.1. Statische Meßmethode

Aufgabe: Der Torsionsmodul von Stäben aus verschiedenem Material soll statisch bestimmt werden.

Das nicht eingespannte Ende eines Stabes wird starr mit einer zylindrischen Scheibe (Radius R) verbunden. Dabei sollen Stabachse und Scheibenachse übereinstimmen. Wenn man nun die Schubkraft F_S in der in Abb. M.5.2.2 dargestellten Weise an der Scheibe angreifen läßt, ist das auf den Stab übertragene Drehmoment

$$M = RF_S. \tag{27}$$

Aus den Gln. (26) und (27) erhält man für den Torsionsmodul

$$G = \frac{2lRF_S}{\pi r^4 \varphi}. \tag{28}$$

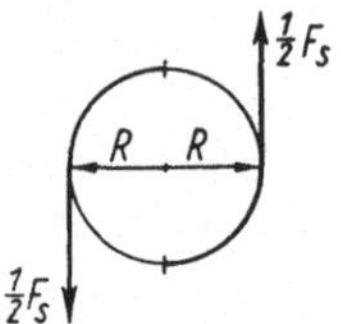

Abb. M.5.2.2. Zur Torsion

An das freie Ende des Stabes ist ein kleiner Spiegel gekittet. Ein auf den Spiegel fallender Lichtstrahl soll nach der Reflexion auf eine Skale treffen, die den senkrechten Abstand L vom Spiegel hat. Dreht man die mit dem Stab verbundene Scheibe um den Winkel φ, wird die Lichtmarke auf der Skale um die Strecke x verschoben. Dann gilt

$$\tan 2\varphi = x/L \tag{29}$$

oder für $|\varphi| \ll 1$

$$\varphi = \frac{x}{2L}. \tag{29a}$$

Versuchsausführung

Wir messen die Stablänge l, die Durchmesser $2r$ bzw. $2R$ des Stabes bzw. der Scheibe und den Abstand L zwischen Spiegel und Skale. Anschließend sind die Werte $x_1, x_2, \ldots, x_n$ für n verschieden große Schubkräfte zu ermitteln. Die zugehörigen Winkel $\varphi_1, \varphi_2, \ldots, \varphi_n$ ergeben sich aus Gl. (29) bzw. (29a). Wir bestimmen den arithmetischen Mittelwert aller Quotienten F_{Si}/φ_i und berechnen den Torsionsmodul aus Gl. (28). Der Versuch ist mindestens mit einem Stab aus anderem Material zu wiederholen.

5.2.2. Dynamische Meßmethode

Aufgabe: Der Torsionsmodul eines Drahtes soll dynamisch bestimmt werden.

Ein Draht habe die Länge l und den Radius r. Das obere Ende sei eingespannt, das untere mit einer zylindrischen Scheibe belastet. Dreht man die Scheibe um den Winkel φ_0 aus ihrer Ruhelage und läßt sie zur Zeit $t = 0$ los, so führt das System unter der Wirkung der elastischen Kräfte des verdrillten Drahtes Torsionsschwingungen aus (vgl. M.3.0.2). Bei einem Auslenkwinkel φ ist der Betrag des rücktreibenden Drehmomentes

durch Gl. (26) gegeben. Die Größe

$$D = \frac{\pi G r^4}{2l} \tag{30}$$

ist das Direktionsmoment des Torsionspendels. Bezeichnet man mit I das Trägheitsmoment des Systems, so lautet nach Gl. (M.3.-9) die Bewegungsgleichung

$$I\ddot{\varphi} = -D\varphi,$$

und für die Schwingungsdauer gilt nach Gl. (M.3.-14)

$$T = 2\pi \sqrt{\frac{I}{D}}. \tag{31}$$

Ist das Trägheitsmoment I bekannt, kann der Torsionsmodul G aus den Gln. (30) und (31) bestimmt werden. Im allgemeinen läßt sich aber das Trägheitsmoment des Systems (Draht, Scheibe und Befestigungsvorrichtung) nicht berechnen. Aus diesem Grunde ist es notwendig, I zu eliminieren.

Man schraubt einen Zylinder (Masse m, Radius R) so an die schon vorhandene Scheibe, daß die Achse des Zylinders mit der Drahtachse übereinstimmt. Das Trägheitsmoment des Torsionspendels vergrößert sich dadurch additiv um

$$I_1 = \frac{1}{2}mR^2,$$

und die Schwingungsdauer wird

$$T_1 = 2\pi \sqrt{\frac{I + I_1}{D}}. \tag{32}$$

Wenn man die Gln. (32) und (31) quadriert und anschließend voneinander abzieht, ergibt sich für das Direktionsmoment

$$D = \frac{4\pi^2 I_1}{T_1^2 - T^2} = \frac{2\pi^2 mR^2}{T_1^2 - T^2}. \tag{33}$$

Aus den Gln. (30) und (33) folgt

$$\boxed{G = \frac{4\pi l m R^2}{r^4(T_1^2 - T^2)}.} \tag{34}$$

Versuchsausführung

Wir bestimmen die Masse m und den Durchmesser $2R$ des Zylinders sowie die Länge l und den Durchmesser $2r$ des Drahtes. Der Draht-

M

durchmesser ist an mindestens zehn verschiedenen Stellen zu messen. In Gl. (34) soll der arithmetische Mittelwert $\bar{r}$ verwendet werden. Zur Bestimmung der Schwingungsdauern T und T_1 stoppen wir mehrfach die Zeiten für je 50 Schwingungen. Der Torsionsmodul G ergibt sich aus Gl. (34).

Die Zeiten $50T$ bzw. $50T_1$ betragen im allgemeinen mehrere Minuten. Die Erfahrung hat gezeigt, daß sich Praktikanten wegen der unvermeidlichen Geräusche in einem Labor leicht ablenken lassen und verzählen. So wird häufig die Dauer von 49 oder 51 Schwingungen statt der von 50 gestoppt. Ein Beispiel soll zeigen, wie dieser grobe Fehler ausgeschaltet werden kann. Wir bestimmen zunächst $3T = 22{,}4$ s und $3T = 22{,}0$ s. Aus diesen Werten ist zu schließen

$$7{,}3 \text{ s} < T < 7{,}5 \text{ s}.$$

Nun messen wir $10T = 74{,}0$ s und $10T = 74{,}4$ s, woraus

$$7{,}40 \text{ s} < T < 7{,}44 \text{ s}$$

folgt. Die Gefahr, daß wir uns bei 3 oder 10 Schwingungen verzählt haben, ist äußerst gering.

Für 50 Schwingungen soll sich $50T = 363{,}2$ s ergeben. Rechnen wir mit einem Stoppfehler von $\pm 0{,}4$ s, so erhalten wir

$$T = 7{,}264 \text{ s}, \qquad \Delta T = \pm 0{,}008 \text{ s}.$$

Dieser Wert T liegt erheblich unterhalb der Grenzen aus der Bestimmung der Dauer von 10 Schwingungen und ist mit Sicherheit falsch. In Wirklichkeit gilt $49T = 363{,}2$ s,

$$T = 7{,}412 \text{ s}, \quad \Delta T = \pm 0{,}008 \text{ s}.$$

Wir wiederholen die Messung von $50T$ mehrmals mit großer Sorgfalt, um die angestellte Überlegung zu bestätigen. Zur Bildung des Mittelwertes $\bar{T}$ darf auf keinen Fall der falsche Wert $T = 7{,}264$ s – wohl aber $T = 7{,}412$ s – einbezogen werden.

5.3. Schraubenfeder

Aufgaben: 1. Ein berührungsloser (induktiver) Wegaufnehmer ist einzumessen.

2. Die Federkonstante einer Schraubenfeder soll mit einem Wegaufnehmer statisch bestimmt werden.
3. Die Federkonstante soll dynamisch, d. h. aus der Periodendauer einer schwingenden Schraubenfeder, ermittelt werden.
4. Der Torsionsmodul des Federmaterials ist zu berechnen.

Eine Schraubenfeder (Drahtradius r, Windungsradius R) habe n Windungen und sei am oberen Ende eingespannt. Hängt man nun an das untere Ende einen Körper der Masse m, so wird die Feder um das Stück x gedehnt (vgl. Abb. M.5.3.1). Im Gleichgewichtsfall ist die Summe der Kräfte gleich Null, d. h.

$$mg - cx = 0.$$

Darin sind g die Schwerebeschleunigung und c die Federkonstante. Es gilt also

$$c = \frac{m}{x}\, g. \tag{35}$$

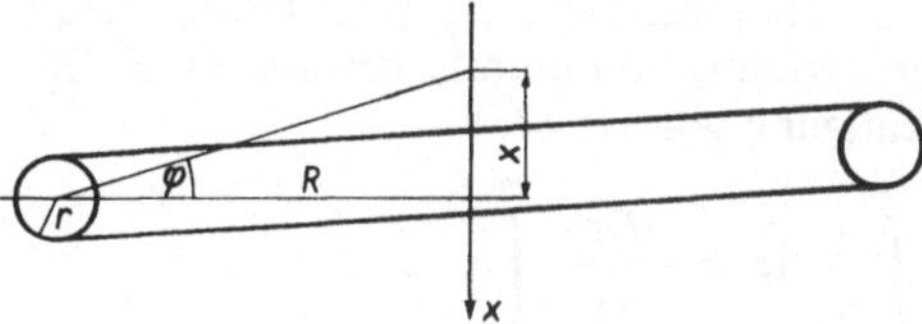

Abb. M.5.3.1. Schnitt durch die unterste Windung einer um das Stück x gedehnten Schraubenfeder

Wenn man die belastete Feder, z. B. mit der Hand aus ihrer Ruhelage zieht und plötzlich losläßt, beginnt die Feder zu schwingen. Die Bewegungsgleichung

$$\ddot{x} = g - \frac{c}{m}\, x = -\frac{c}{m}\left(x - \frac{mg}{c}\right) \tag{36}$$

hat eine partikuläre Lösung

$$x = A \sin \omega t + \frac{mg}{c}, \tag{37}$$

worin A eine Konstante und ω die Kreisfrequenz sind.

Aus Gl. (37) folgt

$$\ddot{x} = -\omega^2 A \sin \omega t = -\omega^2 \left(x - \frac{mg}{c}\right). \tag{38}$$

M

Der Vergleich der Gln. (36) und (38) liefert

$$\omega^2 = \left(\frac{2\pi}{T}\right)^2 = \frac{c}{m}. \tag{39}$$

Während der Schwingungen wandeln sich kinetische und potentielle Energie ständig ineinander um. Bei diesem Prozeß müssen auch die Energieanteile der schwingenden Feder (Masse m_F) berücksichtigt werden. In Gl. (39) ist aus diesem Grunde – wie hier aber nicht bewiesen werden soll – m durch $m + \frac{1}{3} m_F$ zu ersetzen. Für die Federkonstante ergibt sich

$$c = \left(\frac{2\pi}{T}\right)^2 \left(m + \frac{1}{3} m_F\right). \tag{40}$$

Die Feder speichert bei einer Auslenkung x aus der Ruhelage eine potentielle Energie

$$E_p = \frac{c}{2} x^2. \tag{41}$$

Bei dieser Dehnung wird der Draht um den kleinen Winkel $\varphi = x/R$ gedrillt (vgl. Abb. M.5.3.1). Die potentielle Energie, die der Draht bei der Drillung aufnimmt, beträgt unter Berücksichtigung von Gl. (26)

$$E_p = \int_0^\varphi M \, d\varphi = \frac{\pi G r^4}{2l} \int_0^\varphi \varphi \, d\varphi$$

$$= \frac{\pi G r^4}{4l} \varphi^2. \tag{42a}$$

Für die Länge des Drahtes kann man im allgemeinen in guter Näherung

$$l = 2\pi R n \tag{43}$$

schreiben. Damit wird Gl. (42a)

$$E_p = \frac{G r^4}{8 n R} \varphi^2 = \frac{G r^4}{8 n R^3} x^2. \tag{42}$$

Aus dem Vergleich der Gln. (41) und (42) erhält man für den Torsionsmodul

$$G = \frac{4 n R^3 c}{r^4}. \tag{44}$$

Versuchsausführung

Die Bestimmung der Federkonstanten soll mit einem induktiven Wegaufnehmer W vorgenommen werden (vgl. die Abbn. M.5.3.2 und M.5.3.3). Dieser besteht aus zwei hintereinandergeschalteten Spulen L_1 und L_2, die auf einen durchbohrten Kern aus magnetischem Material gewickelt sind.

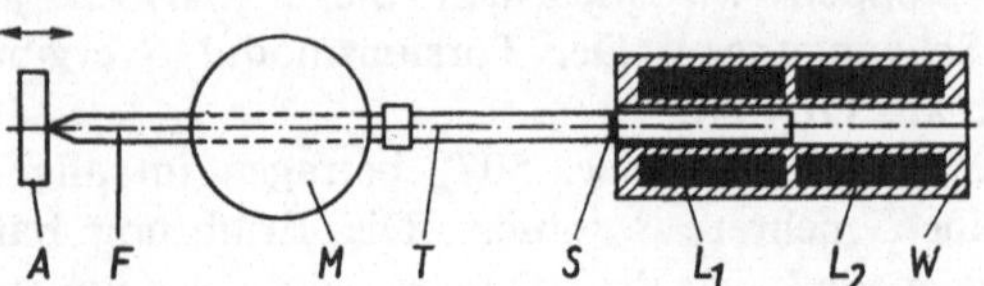

Abb. M.5.3.2. Zur Einmessung eines induktiven Wegaufnehmers

Die Induktivitäten und damit die Wechselstromwiderstände der beiden Spulen hängen davon ab, wie weit der Taststift T in die Bohrung des Kernes eingeführt wird. Für die Messungen soll eine Universalmeßeinrichtung zur Verfügung stehen, deren Prinzipschaltbild in Abb. M.5.3.3 dargestellt ist. Der Wegaufnehmer wird mit einem

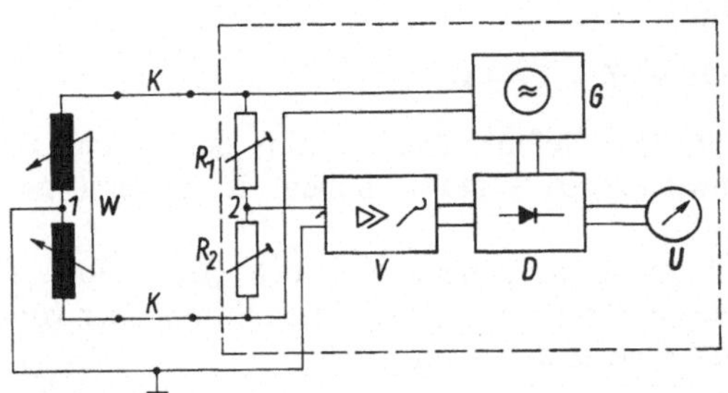

Abb. M.5.3.3. Prinzipschaltbild einer Universalmeßeinrichtung mit angeschlossenem induktivem Wegaufnehmer

Kabel K an das Gerät angeschlossen und bildet mit den Widerständen R_1 und R_2 eine Wechselstrombrücke in Whaetstoneschaltung. Ein Niederfrequenzgenerator G speist die Brücke. Die zwischen den Punkten 1 und 2 auftretende Spannung wird über einen Verstärker V einem phasenempfindlichen Demodulator D zugeführt, an den ein Anzeigeinstrument U angeschlossen ist. Es ist auch möglich, die demodulierte Spannung einem Zählfrequenzmesser oder einem Motorkompensator zuzuleiten.

Zunächst muß der Wegaufnehmer eingemessen werden. Dazu befestigen wir den Taststift am Fühler F einer mechanischen Meßuhr M und stecken ihn bis zur Strichmarke S in den Wegaufnehmer (vgl. Abb. M.5.3.2). Der Fühler drückt gegen einen verstellbaren Anschlag A, der

so eingestellt wird, daß der Zeiger der Meßuhr auf Teilstrich 0 steht. Nun gleichen wir die Wechselstrombrücke ab. Dann wird der Anschlag ein kleines Stück – z. B. 2 mm – in Richtung auf die Meßuhr verschoben. Dadurch gelangt der Taststift um das gleiche Stück weiter in den Wegaufnehmer hinein, und die Wechselstrombrücke wird verstimmt. Wir wählen die Verstärkung so, daß der Zeiger des Instrumentes U auf Vollausschlag steht. Von jetzt ab darf an der Universalmeßeinrichtung nichts mehr verstellt werden.

Wir ziehen den Taststift schrittweise – z. B. um je 0,2 mm – durch Verschieben des Anschlages aus dem Wegaufnehmer heraus, bis der Zeiger des Instrumentes U die gesamte Skale überstrichen hat. Die Lage des Taststiftes als Funktion des Zeigerausschlages wird graphisch dargestellt.

Um *Aufgabe 2* auszuführen, hängen wir den Taststift an die unbelastete Feder und lassen ihn so weit in den Wegaufnehmer hineinreichen, daß das Anzeigeinstrument der Meßeinrichtung negativen Vollausschlag zeigt. Die Feder wird mit verschiedenen Körpern bekannter Masse m_i belastet. Die Verschiebungen x_i, die den sich einstellenden Zeigerausschlägen entsprechen, entnehmen wir dem angefertigten Diagramm und stellen m_i über x_i graphisch dar. Aus der Steigung der Geraden erhalten wir die Federkonstante.

Wir schließen statt des Anzeigeinstrumentes einen elektronischen Zählfrequenzmesser an die Meßeinrichtung an, belasten die Feder mit Körpern bekannter Masse m_i, bestimmen hinreichend oft die Periodendauern T_i der schwingenden Feder und berechnen c nach Gl. (40) sowie G nach Gl. (44).

Dieser Versuch ist ein typisches Beispiel für die Bestimmung mechanischer Größen mit elektrischen Methoden. Der Student sollte sich überlegen, wie die Federkonstante mit rein mechanischen Mitteln gemessen werden kann.

5.4. Poissonsche Zahl

Aufgabe: Die Poissonsche Zahl ist sowohl aus den beiden Hauptkrümmungsradien einer gebogenen Platte als auch dem Winkel 2α zu bestimmen, den die Hyperbelasymptoten einschließen.

Gegeben sei eine Platte (Länge l, Breite b und Höhe h), die auf den zwei Schneiden S, S' aufliegt. Wird über die Schneiden S_1, S_1' (vgl. Abb. M.5.4.1) mit Hilfe einer geeigneten Spannvorrichtung auf die Platte ein Druck ausgeübt,

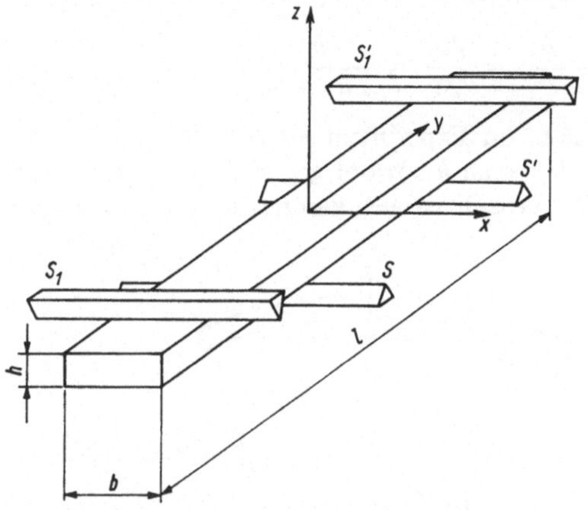

Abb. M.5.4.1. Anordnung der Schneiden

so biegt sie sich in der yz-Ebene (Primärbiegung). Dabei werden die oberen Schichten der Platte gedehnt und erleiden eine Querkontraktion, während die unteren Schichten zusammengedrückt und somit in der Querrichtung gedehnt werden. Es tritt also auch in der xz-Ebene eine Biegung auf (Sekundärbiegung). Die Oberfläche der gebogenen Platte unter den Schneiden S_1, S_1' ist in Abb. M.5.4.2 dargestellt. Die Kurven der Oberflächen der Platte in der yz-Ebene und in der xz-Ebene lassen sich in sehr guter Näherung durch ihre Krümmungskreise beschreiben. Alle Krümmungen in den Abbn. M.5.4.2, 5.4.3a

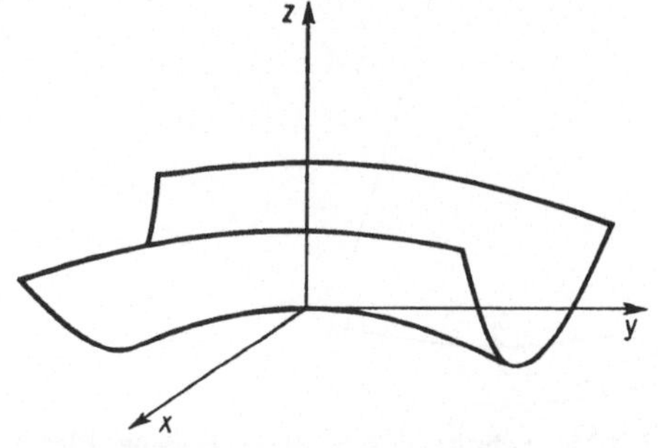

Abb. M.5.4.2. Sattelförmige Oberfläche

und b sind stark übertrieben. Aus Abb. M.5.4.3a folgt für die relative Verlängerung

$$\frac{l_1 - l}{l} = \frac{\beta_l h}{2l} = \frac{h}{2R_l - h},$$

während man für die relative Verkürzung aus Abb. M.5.4.3b

$$\frac{b - b_1}{b} = \frac{\beta_b h}{2b} = \frac{h}{2R_b + h}$$

erhält. Im Experiment ist $h \ll R_l$ und $h \ll R_b$, so daß man h sowohl gegen $2R_l$ als auch gegen $2R_b$ vernachlässigen kann. Für die Poissonsche

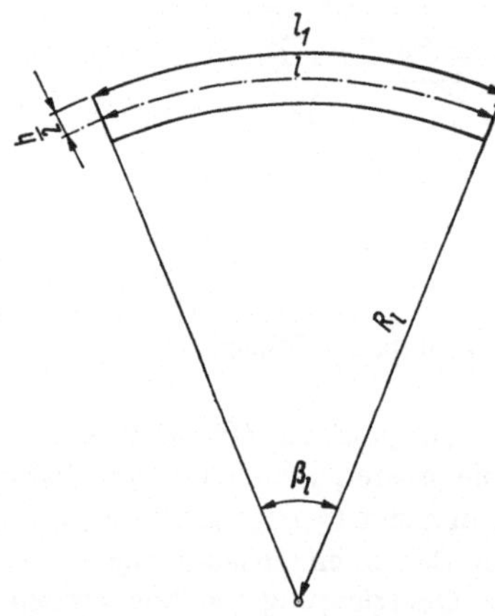

Abb. M.5.4.3a. Schnitt durch die gebogene Platte in der yz-Ebene

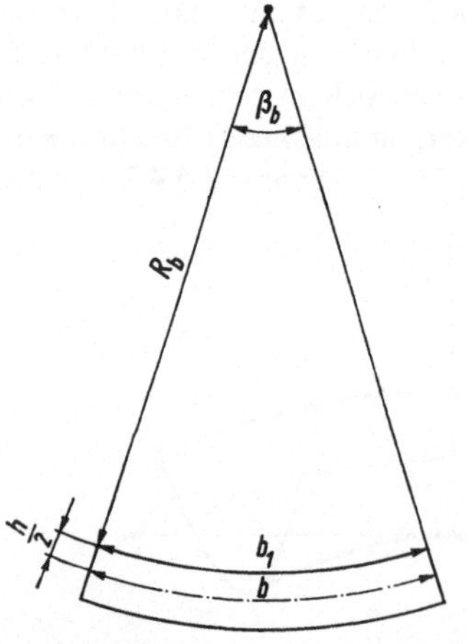

Abb. M.5.4.3b. Schnitt durch die gebogene Platte in der xz-Ebene

Zahl ergibt sich deshalb in guter Näherung

$$\mu = \frac{R_l}{R_b}. \tag{45}$$

Die Gleichung der in Abb. M.5.4.2 dargestellten Sattelfläche ist

$$z = R_b \left(1 - \sqrt{1 - \left(\frac{x}{R_b}\right)^2}\right) + R_l \left(\sqrt{1 - \left(\frac{y}{R_l}\right)^2} - 1\right).$$

Da im Experiment $x \ll R_b$ und $y \ll R_l$ ist, kann man die Reihenentwicklung der Wurzeln nach den Gliedern mit $(x/R_b)^2$ bzw. $(y/R_l)^2$ abbrechen und erhält

$$z = \frac{x^2}{2R_b} - \frac{y^2}{2R_l}. \tag{46}$$

Schnitte durch die Sattelfläche parallel zur xy-Ebene ($z =$ konstant) ergeben Hyperbeln. Für $z = 0$ erhält man ein sich schneidendes Geradenpaar

$$y = +\sqrt{\frac{R_l}{R_b}}\, x \quad \text{und} \quad y = -\sqrt{\frac{R_l}{R_b}}\, x.$$

Der kleinere Winkel zwischen den Geraden sei 2α (vgl. Abb. M.5.4.4). Dann gilt

$$\mu = \frac{R_l}{R_b} = \tan^2 \alpha. \tag{47}$$

Versuchsausführung

Die Spannvorrichtung wird auf den Tisch eines Mikroskops gestellt, der sich sowohl in einer Längsrichtung bewegen als auch um seine Achse drehen läßt. Legen wir auf die gebogene Platte eine planparallele Glasplatte und bestrahlen die Anordnung mit monochromatischem Licht, so lassen sich die in Abb. M.5.4.4 angegebenen Hyperbelscharen – von denen nur je 3 dargestellt sind – als Interferenzlinien sichtbar machen. Für die Abstände der Hyperbelscheitelpunkte vom Nullpunkt r_{lk} und r_{bk} gilt Gl. (O.2.-20a). Die Längen $2r_{lk}$ und $2r_{bk}$ sind für $k = 1, \ldots, 15$ auszumessen. Anschließend sollen

$$r_{lk}^2 = f_1(k) \quad \text{und} \quad r_{bk}^2 = f_2(k)$$

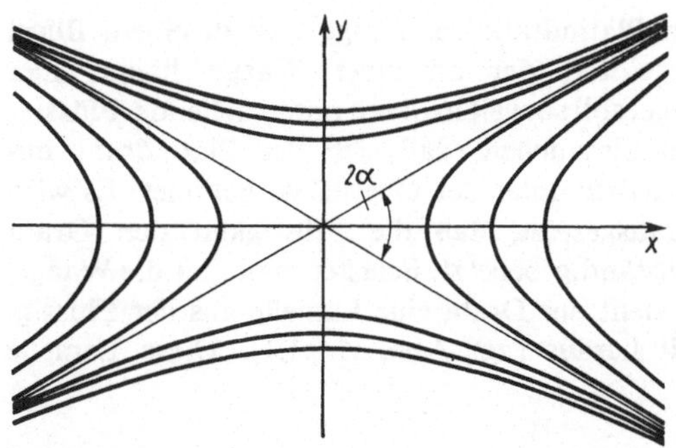

Abb. M.5.4.4. Interferenzlinien

graphisch dargestellt werden. Bezeichnen wir die Steigungen der beiden Geraden mit S_l und S_b, so gilt

$$\mu = \frac{S_l}{S_b} = \frac{R_l}{R_b}.$$

Den Winkel 2α messen wir durch Drehung des Mikroskoptisches direkt. Ist der Elastizitätsmodul des zu untersuchenden Materials bekannt, so können wir nach Gl. (9) den Torsionsmodul G berechnen.

Der Versuch ist nur mit Platten aus solchem Material durchführbar, deren Oberfläche völlig plan und gut reflektierend ist.

6. Oberflächenspannung

6.0. Allgemeine Grundlagen

Zwischen den Molekülen einer Flüssigkeit wirken sowohl anziehende als auch abstoßende Kräfte geringer Reichweite. Der Abstand r_1 zweier nächster Nachbarn stellt sich so ein, daß die Summe der abstoßenden und der anziehenden Kräfte gerade verschwindet. Wenn der Abstand zwischen zwei Molekülen etwas größer als dieser Normalabstand ist, so überwiegt die Anziehungskraft, ist er dagegen etwas kleiner, dann stoßen sich die Moleküle gegenseitig ab. Ein beliebiges Molekül der Flüssigkeit (Zentralmolekül) wird daher von allen Nachbarmolekülen angezogen,

deren Abstand vom Zentralmolekül größer als r_1, aber kleiner als der Radius r_2 der Wirkungssphäre der Molekularkräfte ist.

Die Anziehungskräfte zwischen den Bausteinen (Molekülen, Atomen, Ionen) eines Stoffes nennt man allgemein *Kohäsionskräfte*, da sie für den Zusammenhalt des Stoffes sorgen. Es existieren aber auch anziehende Kräfte zwischen benachbarten Bausteinen verschiedener Stoffe, die als *Adhäsionskräfte* bezeichnet werden.

Betrachtet man ein Molekül im Inneren einer Flüssigkeit, so ist die Resultierende der Anziehungskräfte Null, da die Nachbarmoleküle über alle Richtungen gleichmäßig verteilt sind. Für ein Flüssigkeitsmolekül in einer Grenzschicht (Oberfläche), deren Dicke dem Radius der Wirkungssphäre der Molekularkräfte entspricht, verschwindet dagegen die resultierende Kraft im allgemeinen nicht. Es sind zwei Möglichkeiten zu diskutieren:

1. Die Kohäsionskräfte zwischen den Molekülen der Flüssigkeit sind größer als die Adhäsionskräfte zwischen den Flüssigkeitsmolekülen und den Bausteinen des angrenzenden Stoffes (vgl. Abb. M.6.0.1 a, b). In diesem Falle wirkt auf ein Flüssigkeitsmolekül eine resultierende Kraft F senkrecht zur Oberfläche in das Innere der Flüssigkeit hinein. Die Flüssigkeit ist daher bestrebt, eine möglichst kleine Grenzfläche mit dem anderen Stoff zu bilden. Zur Vergrößerung dieser Fläche um ΔA muß der Flüssigkeit eine Arbeit

$$\Delta W = \sigma \, \Delta A \tag{1}$$

zugeführt werden. Bei einer Verkleinerung der Grenzfläche um ΔA wird eine Arbeit gemäß Gl. (1) frei. Den Proportionalitätsfaktor σ nennt man *Oberflächenspannung*. Ihre Einheit ist

$$J \cdot m^{-2} = N \cdot m^{-1}.$$

Man muß sich darüber im klaren sein, daß die Oberflächenspannung sowohl von der Natur der Flüssigkeit als auch von der Natur des angrenzenden Stoffes abhängig ist. Bei Angabe eines Wertes für σ ist daher stets der angrenzende Stoff zu nennen. Die Oberflächenspannung kann nur dann als reine Materialeigenschaft der Flüssigkeit angesehen werden, wenn die Resultierende der Adhäsionskräfte F_A vernachlässigbar klein gegen

M

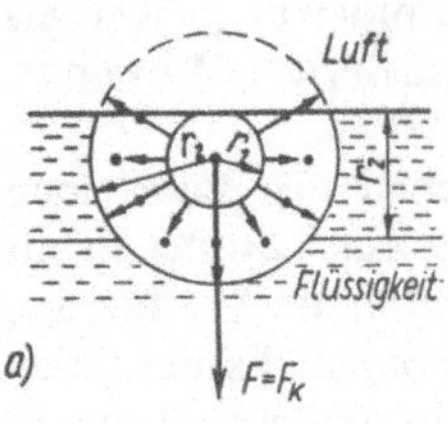

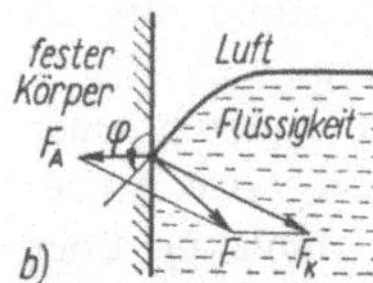

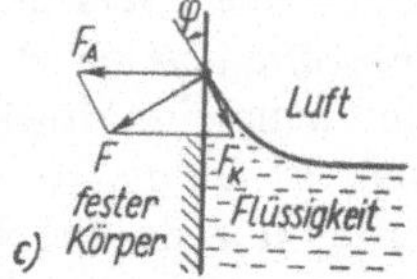

Abb. M.6.0.1. Kräfte, die auf ein Grenzschicht-molekül wirken (schematisch)

die Resultierende der Kohäsionskräfte F_K ist (Beispiel: Flüssigkeit – Luft).

Im Falle der Abb. M.6.0.1 b bezeichnet man die Flüssigkeit als nicht benetzend für den angrenzenden festen Körper. Wird der Randwinkel φ gleich π, d. h., ist $F_A \ll F_K$, ist die Nichtbenetzung vollständig.

2. Die Kohäsionskräfte sind kleiner als die Adhäsionskräfte (vgl. Abb. M.6.0.1c). Dann wirkt auf ein Flüssigkeitsmolekül der Grenzschicht eine resultierende Kraft F senkrecht zur Oberfläche aus der Flüssigkeit heraus. Die beiden Stoffe bilden daher eine möglichst große Grenzfläche. In diesem Falle bezeichnet man die Flüssigkeit als benetzend für den angrenzenden Stoff. Verschwindet der Randwinkel φ, d. h., ist $F_K \ll F_A$, spricht man von vollständiger Benetzung.

Taucht man einen festen Körper in eine vollständig benetzende Flüssigkeit (etwa Glas in Wasser), so bleibt nach dem Herausziehen ein dünner Flüssigkeitsfilm an ihm haften. Die gründliche Entfernung solcher Flüssigkeitsschichten auf Festkörpern kann unter Umständen recht mühsam sein.

6.1. Abreißmethode

Aufgabe: Die Oberflächenspannung σ verschiedener Flüssigkeiten soll nach der Abreiß-methode bestimmt werden.

Ein Platindraht der Länge l ist in einem Bügel eingelötet, der an einer Waage hängt. Der Bügel soll so weit in die zu untersuchende Flüssigkeit eintauchen, daß sich der Platindraht unmittelbar unter der Oberfläche befindet. Es wird vorausgesetzt, daß die Flüssigkeit den Draht vollständig benetzt. Belastet man nun die Waage, so zieht der Draht eine Lamelle aus der Flüssigkeit heraus (vgl. Abb. M.6.1.1). Diese Lamelle

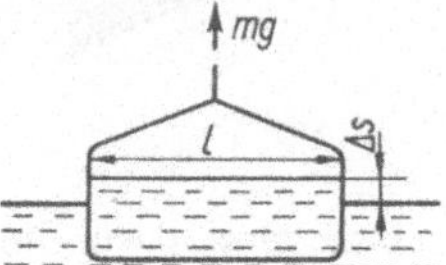

Abb. M.6.1.1. Zur Abreißmethode

soll bei der Belastung $F = mg$ gerade noch nicht abreißen. Da sich die Flüssigkeitsoberfläche um $2l\,\Delta s$ vergrößert, lautet Gl. (1)

$$\Delta W = \sigma\, 2l\, \Delta s.$$

Andererseits ist

$$\Delta W = F\, \Delta s.$$

Daraus folgt

$$\sigma = \frac{F}{2l}. \tag{2}$$

In der Betrachtung, die zu Gl. 2 führt, sind alle Randeffekte des Bügels und der Einfluß des Gewichtes der herausgezogenen Lamelle unberücksichtigt geblieben. Wenn der Platindraht einen Durchmesser von 0,3 mm hat, ergeben sich für σ nach Gl. (2) Werte, die um etwa 10 % zu groß sind. Die Abweichungen werden um so kleiner, je dünner der Platindraht ist.

Lenard hat eine genauere Beziehung zur Bestimmung der Oberflächenspannung nach der Abreißmethode abgeleitet. Diese lautet bei Vernachlässigung von Gliedern in r^2

$$\sigma = \frac{F}{2l} - r\left\{ \sqrt{\frac{F\varrho g}{l}} - \frac{F}{l^2} \right\}. \tag{2a}$$

In Gl. (2a) bedeuten r den Radius des Platindrahtes und ϱ die Dichte der Flüssigkeit.

Versuchsausführung

Die Drahtbügel sind mit größter Vorsicht zu behandeln. Vor allen Dingen darf der Platindraht nicht berührt oder der Bügel verbogen werden. Die Bügel sind vor jeder Messung zur Reinigung

mit Chromschwefelsäure, destilliertem Wasser, Spiritus, Ether und der zu untersuchenden Flüssigkeit abzuspülen.

Wir messen die Drahtlänge l (z. B. mit einem Abbe-Komparator) und hängen den Bügel an die Waage, die so abgeglichen wird, daß der Platindraht in der Ebene der Flüssigkeitsoberfläche liegt. Zur Bestimmung der Kraft $F = mg$ eignen sich besonders gut Spiralfederwaagen, mit denen man die Zugkraft kontinuierlich einstellen kann. Der Versuch läßt sich auch mit einer empfindlichen Balkenwaage durchführen, deren Belastung in möglichst kleinen Schritten erhöht wird, bis die Flüssigkeitslamelle abreißt. Für F ist diejenige Belastung einzusetzen, der die Lamelle gerade noch das Gleichgewicht hält. Die Oberflächenspannung soll nach Gl. (2a) berechnet werden. Der Drahtradius r sei gegeben, die Dichte der Flüssigkeit wird einer Tabelle entnommen.

Der Versuch ist mit Bügeln anderer Abmessungen und mit anderen Flüssigkeiten zu wiederholen. Jede Messung soll mehrfach ausgeführt werden.

6.2. Steighöhenmethode

Aufgabe: Die Oberflächenspannung σ verschiedener Flüssigkeiten ist aus der Steighöhe in einem Kapillarrohr aus Glas zu bestimmen.

Eine Glaskapillare (Innenradius r, Außenradius r_1) sei vollständig von der zu untersuchenden Flüssigkeit benetzt. Wenn man die Kapillare senkrecht in eine mit Flüssigkeit gefüllte Schale eintaucht, steigt die Flüssigkeit in dem Kapillarrohr bis zu einer Höhe h über den äußeren Spiegel an. Der innere, horizontale Querschnitt der Schale soll mit A, der Umfang dieses Querschnittes mit U bezeichnet werden.

Die Steighöhe h berechnet man zweckmäßigerweise nach dem Prinzip der virtuellen Arbeit. Eine unendlich langsam verlaufende Vergrößerung der Steighöhe von h auf $h + \Delta h$, bei der der Flüssigkeitsspiegel in der Schale um δh sinkt (vgl. Abb. M.6.2.1), erfordert die Arbeit

$$\Delta W_1 = \varrho \pi r^2 h g (\Delta h - \delta h); \tag{3}$$

dabei ist ϱ die Dichte der zu untersuchenden Flüssigkeit. Da das Volumen der Flüssigkeit

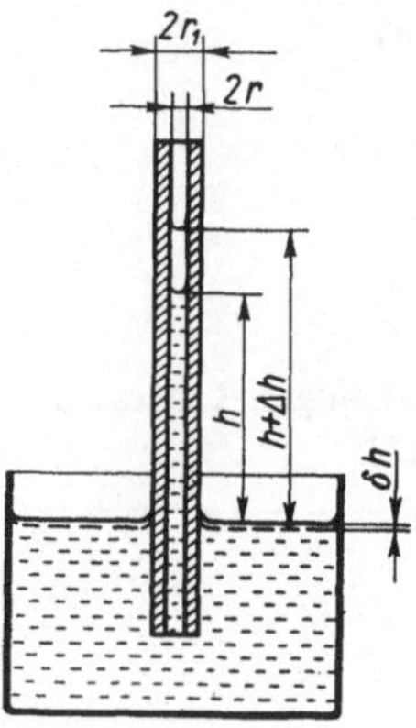

Abb. M.6.2.1.
Zur Steighöhenmethode

konstant ist, gilt

$$\pi r^2 (\Delta h - \delta h) = (A - \pi r_1^2)\, \delta h.$$

Durch das Anheben der Flüssigkeitssäule verkleinert sich die Grenzfläche zwischen der Luft und dem an der Innenwand der Kapillare haftenden Flüssigkeitsfilm um

$$2\pi r (\Delta h - \delta h).$$

Gleichzeitig nimmt die Grenzfläche zwischen der Luft und dem an der Innenwand der Schale sowie dem Außenmantel der Kapillare haftenden Flüssigkeitsfilm um

$$(U + 2\pi r_1)\, \delta h = \frac{\pi r^2 (U + 2\pi r_1)}{A - \pi r_1^2} (\Delta h - \delta h)$$

zu. Die gesamte Verkleinerung der Grenzfläche zwischen Luft und Flüssigkeit ist daher

$$\Delta A = 2\pi r \left\{ 1 - \frac{r \left(\frac{1}{2} U + \pi r_1 \right)}{A - \pi r_1^2} \right\} (\Delta h - \delta h),$$

und gemäß Gl. (1) wird die Energie

$$\Delta W_2 = \sigma 2\pi r \left\{ 1 - \frac{r \left(\frac{1}{2} U + \pi r_1 \right)}{A - \pi r_1^2} \right\} (\Delta h - \delta h) \tag{4}$$

frei. Diese Energie dient zum Anheben der Flüssigkeitssäule. Aus

$$\Delta W_1 = \Delta W_2$$

folgt mit den Gln. (3) und (4)

$$\sigma = \frac{\varrho g r h}{2\left\{1 - \dfrac{r\left(\dfrac{1}{2}U + \pi r_1\right)}{A - \pi r_1^2}\right\}}. \tag{5}$$

Hat die Schale einen kreisförmigen Querschnitt (Innenradius R), lautet Gl. (5)

$$\sigma = \frac{\varrho g r h}{2\left\{1 - \dfrac{r}{R - r_1}\right\}}. \tag{5a}$$

Die genaue Bestimmung der Steighöhe h bereitet insofern Schwierigkeiten, als man die Höhe des Flüssigkeitsspiegels in der Schale im allgemeinen nicht sehr genau messen kann. Aus diesem Grunde empfiehlt es sich, als Vorratsgefäß eine Küvette zu verwenden. Eine Küvette ist ein Glasgefäß mit rechteckigem Querschnitt (Kantenlängen a und b). Zwei gegenüberliegende, senkrechte Deckflächen bestehen aus geschliffenem Glas. Wenn man auf eine solche Fläche blickt, kann man den Flüssigkeitsspiegel sehr deutlich erkennen. Bei Verwendung einer Küvette lautet Gl. (5)

$$\sigma = \frac{\varrho g r h}{2\left\{1 - \dfrac{r(a + b + \pi r_1)}{ab - \pi r_1^2}\right\}}. \tag{5b}$$

Wenn der Querschnitt A der Schale sehr groß gegen πr_1^2 ist, vereinfachen sich die Gln. (5) bis (5b) in guter Näherung zu

$$\sigma = \frac{1}{2}\,\varrho g r h. \tag{5c}$$

Die Kenntnis der Höhe des Flüssigkeitsspiegels wird überflüssig, wenn man mehrere Kapillaren mit unterschiedlichen Innenradien in das Vorratsgefäß taucht. Die Oberflächenspannung läßt sich dann aus den Differenzen der verschiedenen Steighöhen berechnen.

Versuchsausführung

Die benötigten Längen der Schale ($2R$ oder a und b) und der Außendurchmesser des Kapillar-

rohres $2r_1$ werden mit einem Meßschieber ermittelt. Zur Bestimmung von r sollen zwei völlig unterschiedliche Methoden beschrieben werden.

Wägemethode

Wir saugen mit einem Gummigebläse Quecksilber in die trockene Kapillare. Der Quecksilberfaden soll eine Länge l von mehreren Zentimetern haben. Wir messen l so genau wie möglich, bringen den Quecksilberfaden Schritt für Schritt an verschiedene Stellen der Kapillare, wiederholen jeweils die Längenmessung und bilden den arithmetischen Mittelwert l. Anschließend ist die Masse m des in der Kapillare enthaltenen Quecksilbers mit einer Analysenwaage zu bestimmen (vgl. M.1.0.2 bzw. 3). Dazu wird die Masse m_1 eines Uhrgläschens und die Masse m_2 des Gläschens mit dem Quecksilber ermittelt. Es besteht der Zusammenhang

$$m = m_2 - m_1 = \varrho_{Hg} V = \varrho_{Hg} \pi r^2 l$$

oder

$$r = \sqrt{\frac{m_2 - m_1}{\pi l \varrho_{Hg}}}.$$

Die Dichte des Quecksilbers ϱ_{Hg} ist der Tab. 2 zu entnehmen. Für l verwenden wir den Mittelwert l.

Optische Methode

Wir legen die Kapillare auf den Tisch eines Durchlichtmikroskops und durchstrahlen sie mit monochromatischem, parallelem Licht. Dann sehen wir die in Abb. M.6.2.2 dargestellten Strahlen als helle Linien. Ihren Abstand $2s$ können wir mit einem Okularmaßstab messen. Aus Abb. M.6.2.2 folgt

$$\tan(\alpha - \beta) = \frac{\sin\alpha\cos\beta - \sin\beta\cos\alpha}{\cos\alpha\cos\beta + \sin\alpha\sin\beta}$$

$$= \frac{s - r}{\sqrt{r_1^2 - s^2}}, \tag{6}$$

$$\sin\alpha = \frac{s}{r_1} \quad \text{und} \quad \cos\alpha = \sqrt{1 - \left(\frac{s}{r_1}\right)^2}.$$

Nach dem Brechungsgesetz gilt

$$\sin\beta = \frac{1}{n}\frac{s}{r_1} \quad \text{und} \quad \cos\beta = \sqrt{1 - \left(\frac{s}{nr_1}\right)^2}.$$

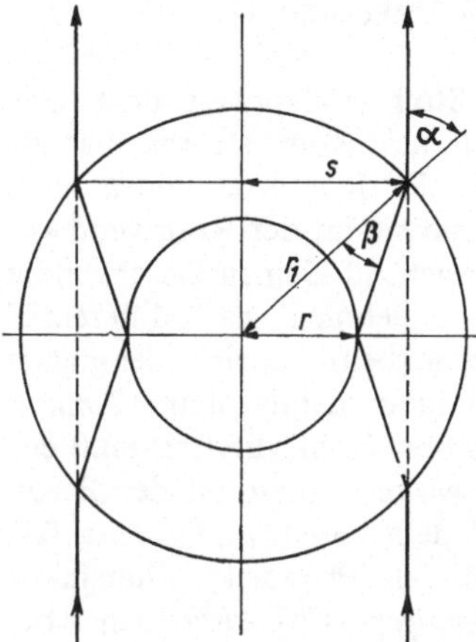

Abb. M.6.2.2. Strahlen durch eine Kapillare

Wenn wir in Gl. (6) alle Winkelfunktionen durch s, r_1 und n ausdrücken und Gl. (6) nach r auflösen, ergibt sich

$$r = \frac{s}{n \sqrt{1 - \left(\frac{s}{r_1}\right)^2} \sqrt{1 - \left(\frac{s}{nr_1}\right)^2} + \left(\frac{s}{r_1}\right)^2}$$

$$= \frac{s}{n} \frac{1}{\cos(\alpha - \beta)} = \frac{s}{n} \sqrt{1 + \tan^2(\alpha - \beta)}.$$

Es gilt also

$$r = \frac{s}{n} \sqrt{1 + \frac{(s-r)^2}{r_1^2 - s^2}}. \qquad (7a)$$

Die relative Meßunsicherheit von s und damit auch die von r wird in der Größenordnung von einigen Prozent liegen. Wenn wir nachweisen, daß

$$\frac{\left(s - \frac{s}{n}\right)^2}{r_1^2 - s^2} < 10^{-2}$$

ist, so vereinfacht sich Gl. (7a) zu

$$r = \frac{s}{n}. \qquad (7)$$

Der Brechungsindex n der Glaskapillare soll gegeben sein.
Vor Beginn der Steighöhenbestimmung ist die Kapillare sorgfältig mit Chromschwefelsäure, destilliertem Wasser und der zu untersuchenden Flüssigkeit zu reinigen. Dann tauchen wir die Kapillare senkrecht in die Flüssigkeit, saugen diese mit einem Gummigebläse hoch und warten die Einstellung von h von oben her ab. Die Höhe h wird entweder an einer Spiegelskale, die sich hinter dem Kapillarrohr befindet, abgelesen oder mit einem Kathetometer gemessen. Die Steighöhenbestimmung ist für jede Flüssigkeit mehrmals auszuführen. Wir bilden den arithmetischen Mittelwert $\bar{h}$ und berechnen damit die gesuchte Oberflächenspannung nach Gl. (5a) bzw. (5b). Die Dichte ϱ ist der Tab. 2 oder der Versuchsanleitung im Praktikum zu entnehmen.

7. Viskosität und Strömungsprobleme

7.0. Allgemeine Grundlagen

7.0.1. Bernoullische Gleichung

Eine idealisierte Flüssigkeit oder ein idealisiertes Gas ströme durch ein Rohr. Die Idealisierung soll darin bestehen, daß der strömende Stoff als inkompressibel angesehen und die Wechselwirkung der Flüssigkeits- bzw. Gasmoleküle untereinander und mit der Rohrwand vernachlässigt wird. Das Volumen V eines Stromfadens,

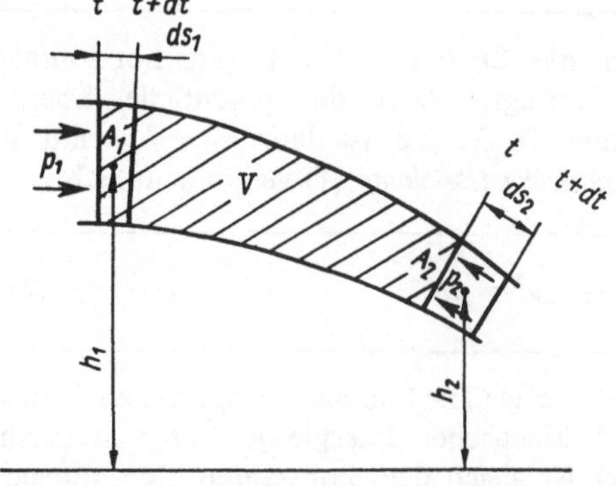

Abb. M.7.0.1. Zur Bernoullischen Gleichung

dessen Querschnitt A von Ort zu Ort verschieden sein kann, bewegt sich in der Zeit $\mathrm{d}t$ bei Vorhandensein einer Druckdifferenz $p_1 - p_2$ gemäß Abb. M.7.0.1. Da der Stoff inkompressibel sein soll, ist

$$A_1\,\mathrm{d}s_1 = A_2\,\mathrm{d}s_2\,.$$

Die bei der Verschiebung des Volumens V verrichtete Arbeit ist

$$p_1 A_1\,\mathrm{d}s_1 - p_2 A_2\,\mathrm{d}s_2 = (p_1 - p_2)\,A_1\,\mathrm{d}s_1\,.$$

Die kinetische Energie vergrößert sich um

$$\frac{1}{2}\,\varrho A_2\,\mathrm{d}s_2 v_2^2 - \frac{1}{2}\,\varrho A_1\,\mathrm{d}s_1 v_1^2$$

$$= \left(\frac{1}{2}\,\varrho v_2^2 - \frac{1}{2}\,\varrho v_1^2\right) A_1\,\mathrm{d}s_1\,,$$

während die potentielle Energie um

$$\varrho A_2\,\mathrm{d}s_2 g h_2 - \varrho A_1\,\mathrm{d}s_1 g h_1 = \varrho g(h_2 - h_1)\,A_1\,\mathrm{d}s_1$$

zunimmt. ϱ ist die Dichte des strömenden Stoffes. Da jegliche Wechselwirkung vernachlässigt werden soll, muß die verrichtete Arbeit gleich der Summe der gewonnenen kinetischen und potentiellen Energie sein. Es gilt also

$$p_1 + \frac{1}{2}\,\varrho v_1^2 + \varrho g h_1 = p_2 + \frac{1}{2}\,\varrho v_2^2 + \varrho g h_2$$

$$= \text{const} \tag{1a}$$

oder unter Verzicht auf die Indizes und mit const $= p_0$

$$p + \frac{1}{2}\,\varrho v^2 + \varrho g h = p_0\,. \tag{1}$$

Wenn die Strömung durch ein horizontales Rohr erfolgt, bleibt die potentielle Energie konstant. In Gl. (1a) ist dann $h_1 = h_2$, und die *Bernoullische Gleichung* (1) vereinfacht sich zu

$$p + \frac{1}{2}\,\varrho v^2 = p_0\,. \tag{2}$$

Gl. (2) besagt: Die Summe von statischem Druck p und kinetischer Energie je Volumen (Staudruck) ist gleich dem konstanten Gesamtdruck p_0.

7.0.2. Definition der Viskosität

Wenn ein realer Stoff (Flüssigkeit oder Gas) durch ein zylindrisches Rohr strömt, hat die Geschwindigkeit in der Rohrachse einen maximalen Wert, während sie an der Rohrwand verschwindet. Bei hinreichend kleinen Geschwindigkeiten kann man annehmen, daß differentiell dünne Hohlzylinder wirbelfrei aneinander gleiten. Eine solche Strömung nennt man *laminar*. Zwischen benachbarten Hohlzylindern muß eine Reibungskraft F_W wirken. Diese ist der Berührungsfläche A und dem Geschwindigkeitsgefälle $\mathrm{d}v/\mathrm{d}r$ proportional. Als Proportionalitätsfaktor führt man die *dynamische Viskosität* (den Koeffizienten der inneren Reibung) η ein

$$F_\mathrm{W} = \eta A\,\frac{\mathrm{d}v}{\mathrm{d}r}\,. \tag{3}$$

Gl. (3) wird als *Newtonsches Reibungsgesetz* bezeichnet. Die Dimension der dynamischen Viskosität ist

Kraft $\cdot$ Zeit $\cdot$ Länge^{-2}

$= $ Masse $\cdot$ Länge^{-1} $\cdot$ Zeit^{-1}.

Die Einheit der dynamischen Viskosität ist Pa $\cdot$ s $=$ kg $\cdot$ m^{-1} $\cdot$ s^{-1}. Früher verwendete Einheiten sind das Poise (P) und das Zentipoise (cP):

$$1\,\mathrm{P} = 10^2\,\mathrm{cP} = 10^2\,\mathrm{mPa}\cdot\mathrm{s}$$

$$= 1\,\mathrm{g}\cdot\mathrm{cm}^{-1}\cdot\mathrm{s}^{-1} = 10^{-1}\,\mathrm{kg}\cdot\mathrm{m}^{-1}\cdot\mathrm{s}^{-1}.$$

Das Verhältnis von dynamischer Viskosität η zur Dichte ϱ bezeichnet man als *kinematische Viskosität* ν

$$\nu = \frac{\eta}{\varrho}\,. \tag{4}$$

Die kinematische Viskosität hat die Dimension Länge^2 $\cdot$ Zeit^{-1}. Ihre Einheit ist m^2 $\cdot$ s^{-1}. Früher verwendete Einheiten sind das Stokes (St) und das Zentistokes (cSt):

$$1\,\mathrm{St} = 10^2\,\mathrm{cSt} = 1\,\mathrm{cm}^2\cdot\mathrm{s}^{-1} = 10^{-4}\,\mathrm{m}^2\cdot\mathrm{s}^{-1}.$$

7.0.3. Gesetz von Hagen und Poiseuille

In einem mit Flüssigkeit oder Gas gefüllten Rohr vom Radius R entsteht eine *laminare Strömung*, wenn ein nicht zu großes Druckgefälle vorhanden ist. Im stationären Zustand ist für jeden koaxialen Zylinder vom Radius r die Summe von Druckkraft F und Reibungskraft F_W gleich Null:

$$F + F_W = 0.$$

Für die Reibungskraft verwendet man Gl. (3)

$$\pi r^2 (p_1 - p_2) + \eta\, 2\pi r l \frac{dv}{dr} = 0.$$

Die Lösung lautet unter Berücksichtigung der Randbedingung $v(R) = 0$

$$v(r) = \frac{p_1 - p_2}{4\eta l}\,(R^2 - r^2). \qquad (5)$$

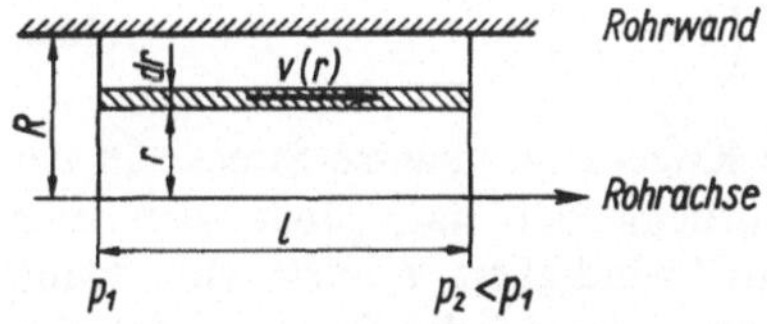

Abb. M.7.0.2. Zum Gesetz von *Hagen* und *Poiseuille*

Durch einen Hohlzylinder vom Radius r und der Dicke dr fließt in der Zeit t das Volumen dV (vgl. Abb. M.7.0.2). Dann gilt

$$\frac{dV}{t} = 2\pi r\, dr v(r).$$

Mit $v(r)$ gemäß Gl. (5) liefert die Integration über alle Hohlzylinder das *Gesetz von Hagen und Poiseuille*

$$\frac{V}{t} = \frac{\pi(p_1 - p_2)}{4\eta l} \int\limits_0^R (R^2 - r^2)\, 2r\, dr,$$

$$\frac{V}{t} = \frac{\pi(p_1 - p_2)\, R^4}{8\eta l}. \qquad (6)$$

Es ist zweckmäßig, einen Mittelwert der Geschwindigkeit einzuführen. Als mittlere Geschwindigkeit $\bar{v}$ definiert man das ausfließende Volumen je Zeit, geteilt durch den Rohrquerschnitt,

d. h., es ist

$$\frac{V}{t} = \pi R^2 \bar{v}. \qquad (7)$$

Aus dem Vergleich der Gln. (6) und (7) folgt

$$\bar{v} = \frac{(p_1 - p_2)\, R^2}{8\eta l}. \qquad (8)$$

Das Gesetz von *Hagen* und *Poiseuille* gilt unter der Voraussetzung, daß die Strömung laminar ist. Bei *turbulenter Strömung*, bei der durch Wirbel Teilchen aus einer dünnen Schicht in benachbarte Schichten gelangen, ist (Gl. (6) unbrauchbar. Aber auch im Bereich der laminaren Strömung ist das Gesetz von *Hagen* und *Poiseuille* nur richtig, wenn eine energetische Bedingung erfüllt ist. Um das einzusehen, betrachtet man die in einem Hohlzylinder mit dem Radius r und der Dicke dr bei einer Geschwindigkeitsverteilung gemäß Gl. (5) enthaltene kinetische Energie

$$dE_k = \frac{1}{2}\, v^2\, dm$$

$$= \frac{1}{2}\left(\frac{p_1 - p_2}{4\eta l}\right)^2 (R^2 - r^2)^2\, \varrho\, 2\pi r l\, dr.$$

Die gesamte kinetische Energie ergibt sich durch Integration über alle Hohlzylinder zu

$$E_k = \int\limits_0^R dE_k = \frac{\pi\varrho(p_1 - p_2)^2\, R^6}{96\eta^2 l}.$$

Dafür kann man

$$E_k = \pi R^2(p_1 - p_2)\,\frac{\varrho\bar{v}R}{\eta}\,\frac{R}{12} \qquad (9)$$

schreiben. Der in Gl. (9) auftretende Faktor

$$\mathrm{Re} = \frac{\varrho\bar{v}R}{\eta} \qquad (10)$$

ist, wie sich leicht nachweisen läßt, dimensionslos und wird *Reynoldssche Zahl* genannt.
Die kinetische Energie E_k kann nun unter keinen Umständen größer als die in den strömenden Stoff hineingesteckte Arbeit

$$W = \pi R^2(p_1 - p_2)\, l \qquad (11)$$

sein. Der Vergleich der Gln. (11) und (9) liefert

$$l > \frac{\varrho \bar{v} R}{\eta} \frac{R}{12} = \frac{\mathrm{Re}}{12} R. \tag{12}$$

Aus sorgfältigen Messungen ist bekannt, daß für

$$\mathrm{Re} < 1160$$

die Strömung in einem Rohr mit Sicherheit laminar ist. Versteht man unter l die Länge des Rohres, dann folgt aus der Ungleichung (12), daß sich eine parabolische Geschwindigkeitsverteilung im gesamten Bereich der laminaren Strömung nur dann einstellen kann, wenn das Verhältnis der Rohrlänge zum Rohrradius größer als 100 ist. Da bei der Herleitung des Gesetzes von *Hagen* und *Poiseuille* Gl. (5) verwendet wird, kann Gl. (6) nur gelten, wenn die Ungleichung (12) erfüllt ist.

7.1. Kugelfallmethode nach Stokes

Aufgabe: Die dynamische Viskosität einer sehr zähen Flüssigkeit ist nach der Kugelfallmethode bei Zimmertemperatur zu bestimmen.

Auf eine in einer zähen Flüssigkeit fallende Kugel (vgl. Abb. M.7.1.1) vom Radius r wirken drei Kräfte: die Schwerkraft F_0, der Auftrieb F_A und die Reibungskraft F_W:

$$F_0 = \frac{4}{3} \pi r^3 \varrho_K g, \tag{13}$$

$$F_A = -\frac{4}{3} \pi r^3 \varrho_F g, \tag{14}$$

dabei sind ϱ_K bzw. ϱ_F die Dichte der Kugel bzw. der Flüssigkeit. Für eine Kugel, die sich mit der Geschwindigkeit v in einer unendlich ausgedehnten Flüssigkeit bewegt, gilt nach *Stokes*

$$F_W = -6\pi\eta r v. \tag{15}$$

Im Experiment fällt die Kugel in einem endlichen Rohr mit dem Radius R und der Höhe h. Der Betrag der Reibungskraft vergrößert sich mit wachsenden Verhältnissen r/R und r/h. Da im allgemeinen

$$h \gg R \gg r$$

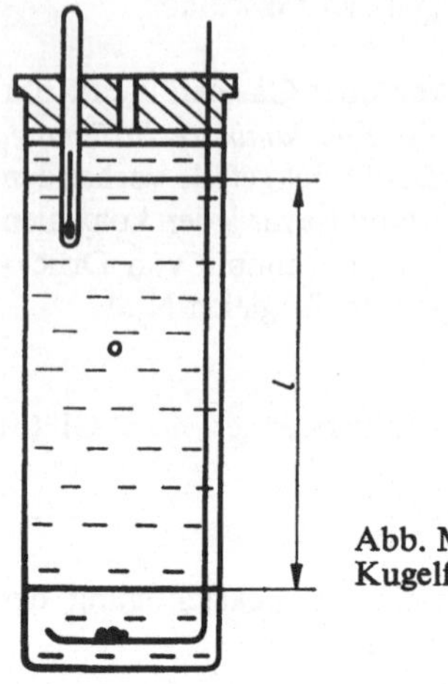

Abb. M.7.1.1.
Kugelfallmethode

ist, soll die Abhängigkeit von h vernachlässigt werden. Als Ansatz für F_W empfiehlt sich

$$F_W = -6\pi\eta r v \left(1 - \frac{r}{R}\right)^{-n}. \tag{15a}$$

Nachdem die Kugel eine gewisse Strecke in der Flüssigkeit zurückgelegt hat, stellt sich eine konstante Geschwindigkeit $v = l/t$ ein. Dann muß die Summe der auf die Kugel wirkenden Kräfte verschwinden.

$$F_0 + F_A + F_W = 0 \tag{16}$$

Setzt man die Gln. (13), (14) und (15a) in Gl. (16) ein, so erhält man für die Viskosität

$$\eta = \frac{2(\varrho_K - \varrho_F) g}{9l} r^2 t \left(1 - \frac{r}{R}\right)^n. \tag{17}$$

Die Stokesschen Beziehungen Gl. (15) bzw. (15a) gelten unter der Voraussetzung, daß die Reynoldssche Zahl[1]

$$\mathrm{Re} = \frac{\varrho_F v r}{\eta} \tag{18}$$

sehr klein gegen 1 ist. Aus diesem Grunde ist auch Gl. (17) nur für sehr kleine Reynoldssche Zahlen brauchbar.

[1] Im Gegensatz zu der in Gl. (10) angegebenen Reynoldsschen Zahl für den Fall einer zylindersymmetrischen Strömung tritt in Gl. (18) der Kugelradius r auf.

Die Kugelfallmethode zur Bestimmung der dynamischen Viskosität kann nur als Demonstrationsversuch angesehen werden. Für die meisten Flüssigkeiten sind die Fallzeiten von Glas- oder gar Metallkugeln selbst bei sehr großen Fallstrecken sehr klein. Außerdem ist die Viskosität aller Flüssigkeiten stark von der Temperatur abhängig. Es macht experimentell viel Mühe, die Temperatur einer in einem langen Rohr befindlichen Flüssigkeit konstant zu halten.

Gl. (17) kann bei bekannter Viskosität des Mediums auch zur Bestimmung des Radius sehr kleiner Partikeln verwendet werden (vgl. O.6.1).

Versuchsausführung

Wir messen die Fallstrecke l und bestimmen den Rohrradius R sowie die aus mehreren Messungen gemittelten Werte der Radien $r_1 < r_2 < \ldots < r_m$ von m verschieden großen Kugeln. Wir stoppen rasch nacheinander die Fallzeiten $t_1 > t_2 > \ldots > t_m$ der Kugeln zwischen oberer und unterer Marke am Rohr und notieren während jeder Messung die Temperatur. Es ist darauf zu achten, daß die Kugeln längs der Rohrachse fallen und daß keine Luftblasen an den Kugeln hängen. Der Exponent n wird aus allen zur gleichen Temperatur gehörenden Kombinationen

$$r_i^2 t_i \left(1 - \frac{r_i}{R}\right)^n = r_k^2 t_k \left(1 - \frac{r_k}{R}\right)^n$$

bestimmt. Wir berechnen die Viskosität η nach Gl. (17) und wiederholen den Versuch mindestens einmal. Die Dichten ϱ_F und ϱ_K sind den Tab. 1 und 2 bzw. der Versuchsanleitung im Praktikum zu entnehmen. Wir weisen nach, daß die Reynoldssche Zahl für die größte Kugel noch sehr klein gegen 1 ist [vgl. Gl. (18)].

7.2. Höppler-Viskosimeter

Aufgabe: Die Temperaturabhängigkeit der dynamischen Viskosität einer Flüssigkeit soll mit dem *Höppler-Viskosimeter* in einem vorgegebenen Temperaturbereich bestimmt werden.

Fällt eine Kugel in einem senkrecht stehenden Rohr, dessen Durchmesser nur wenig größer als der Kugeldurchmesser ist, so berührt die Kugel im allgemeinen in unkontrollierbarer Weise die Rohrwand. Ihre Bewegung wird reproduzierbar, wenn man das Rohr um einige Grad gegen die Vertikale neigt, d. h. die Kugel an der Rohrwand gleiten läßt. Diese Überlegung veranlaßte *Höppler,* ein Viskosimeter mit geneigtem Rohr zu entwickeln (vgl. Abb. M.7.2.1).

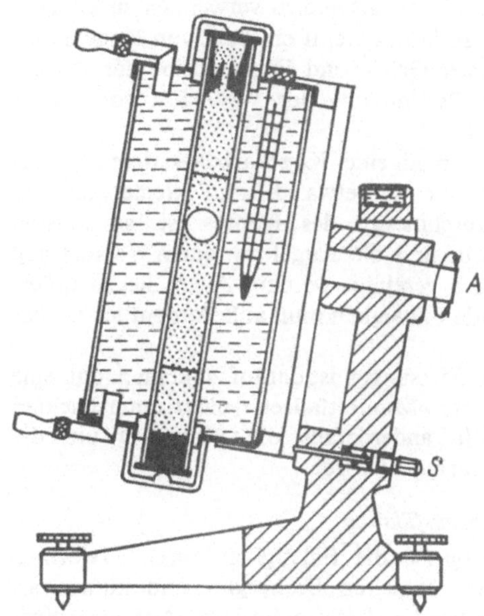

Abb. M.7.2.1. Höppler-Viskosimeter

Die Viskosität aller Flüssigkeiten hängt sehr stark von der Temperatur ab. Aus diesem Grunde befindet sich das Viskosimeterrohr in einem weiten Glasrohr, durch das man Flüssigkeit konstanter Temperatur strömen läßt. Hat die Kugel die Meßstrecke (Abstand zwischen oberer und unterer Marke am Viskosimeterrohr) durchlaufen, dreht man das Viskosimeter 180° um die Achse A und läßt die Kugel zurückgleiten. Während der Messung ist das Viskosimeter mit der Schraube S zu arretieren. Die Viskosität wird nach der empirischen Formel

$$\eta = K(\varrho_K - \varrho_F)\, t \tag{19}$$

berechnet. In Gl. (19) ist K die Kugelkonstante, t die Zeit, in der die Kugel die Meßstrecke durchläuft, und ϱ_K bzw. ϱ_F sind die Dichte der Kugel bzw. der Flüssigkeit.

Die Gln. (17) und (19) stimmen formal überein. Während sich aber für eine in einem weiten Rohr fallende kleine Kugel die Kugelkonstante berechnen läßt, muß die Größe K in Gl. (19) mit Hilfe einer Einmeßflüssigkeit empirisch ermittelt werden.

Um das Höppler-Viskosimeter in einem sehr großen Viskositätsbereich verwenden zu können, gehört zu jedem Gerät ein Satz von Kugeln verschiedener Größe und Dichte. Eine der Kugeln ist zur Bestimmung der Viskosität von Gasen geeignet.

Wenn man mit einer Kugel arbeitet, deren Durchmesser nur um etwa 0,1 mm kleiner als der Innendurchmesser des Rohres ist, so müssen das Rohr und die Kugel an jedem Versuchstag gründlich gereinigt werden. Auch die zu untersuchende Flüssigkeit muß außerordentlich sauber sein.

Bei den Messungen ist darauf zu achten, daß eine bestimmte »Mindestfallzeit« nicht unterschritten wird, da anderenfalls die Strömung um die Kugel turbulent wird.

Versuchsausführung

Wir entgasen die Flüssigkeit durch Erwärmen in einem sauberen Becherglas und kühlen sie anschließend auf die geforderte Anfangstemperatur ab. Die Flüssigkeit wird in das Viskosimeterrohr gefüllt. Alle an der Rohrwand haftenden Luftblasen sind sorgfältig zu entfernen. Dann stecken wir die Kugel in das Rohr. Auch an der Kugel darf keine Luftblase sitzen. Der Einsatz am oberen Ende des Viskosimeterrohres soll nicht vollständig gefüllt sein, damit sich die Flüssigkeit beim Erwärmen ausdehnen kann. Wir schließen das Rohr mit dem dafür vorgesehenen Schraubverschluß und justieren das Viskosimeter. Wir wählen am Kontaktthermometer die gewünschte Meßtemperatur, schrauben das entsprechende Thermometer in das Viskosimeter und schalten den Thermostaten (vgl. W.1.0.5) ein.

Die Zeit, in der sich die Kugel von der oberen bis zur unteren Marke am Viskosimeterrohr bewegt, wird mit einer Stoppuhr gemessen. Da

die Temperatur nicht in der zu untersuchenden Flüssigkeit, sondern im Temperierbad bestimmt wird, ist die »Fallzeit« bei jeder Temperatur so oft zu stoppen, bis sich ein im Rahmen der Meßgenauigkeit konstanter Wert ergibt.

Die Dichten ϱ_K und ϱ_F sind der Anleitung im Praktikum zu entnehmen. Wir berechnen die Viskosität η nach Gl. (19) und stellen die Meßergebnisse graphisch dar. Da die Viskosität vieler Flüssigkeiten der Beziehung

$$\eta(T) = A \exp\left(\frac{B}{T}\right)$$

genügt, tragen wir $\lg \eta$ über $1/T$ auf geeignetem Koordinatenpapier auf. A und B sind Materialkonstanten, und T ist die absolute Temperatur. Jeder Praktikant soll sich davon überzeugen, daß alle Schläuche am Thermostat und am Viskosimeter mit Schlauchklemmen abgesichert sind.

7.3. Ubbelohde-Viskosimeter

Aufgabe: Die Abhängigkeit der kinematischen Viskosität einer Flüssigkeit von der Temperatur T ist in einem Intervall $T_0 < T < T_1$ mit dem *Ubbelohde-Viskosimeter* zu bestimmen.

Das Viskosimeter nach *Ubbelohde* ist ein Kapillarviskosimeter. Es unterscheidet sich von dem älteren Viskosimeter nach *Ostwald* durch das Rohr *3* (vgl. Abb. M.7.3.1). Dieses Rohr sorgt dafür, daß am unteren Ende der Kapillare *4* Luftdruck herrscht. Die aus der Kapillare austretende Flüssigkeit fließt in einer dünnen Schicht an der Innenwand des Volumens C ab. In C bildet sich ein sogenanntes hängendes Kugelniveau, das nach sorgfältigen Untersuchungen von *Ubbelohde* unabhängig von der Dichte, der Viskosität und der Oberflächenspannung der zu untersuchenden Flüssigkeit ist. Die untere Grenze der Druckhöhe h ist daher das untere Ende der Kapillare (nicht wie beim Ostwald-Viskosimeter die variable Höhe des Flüssigkeitsspiegels im Volumen B). Die Druckhöhe h ändert sich während der Messung von $h(0)$ bis $h(t)$. Man rechnet dashalb mit dem zeitlichen Mittelwert

$$\bar{h} = \frac{1}{t} \int_0^t h \, \mathrm{d}t \, .$$

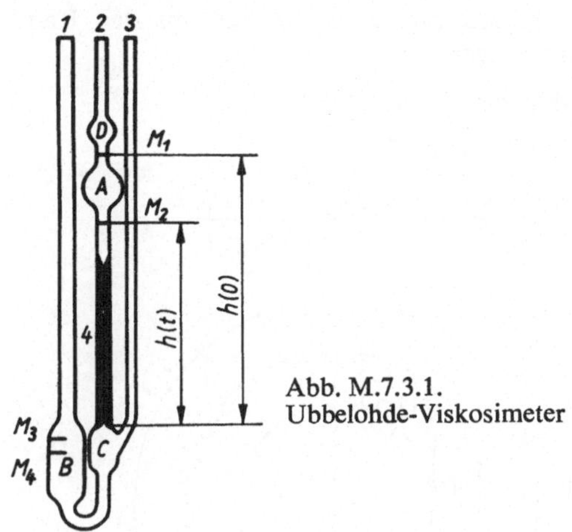

Abb. M.7.3.1.
Ubbelohde-Viskosimeter

Für die kinematische Viskosität gilt nach den Gln. (6) und (4)

$$v = \frac{\pi(p_1 - p_2)\,R^4 t}{8\,Vl\varrho}.\tag{20}$$

Beim Eintritt in die Kapillare muß die Flüssigkeit beschleunigt werden. Dazu ist ein Druck δp notwendig.

$$p_1 - p_2 = \varrho g \bar{h} - \delta p \tag{21}$$

Zur Berechnung von δp (*Hagenbachsche Korrektur*) schreibt man die kinetische Energie je Zeit dE^* der durch einen Hohlzylinder mit dem Radius r und der Dicke dr strömenden Flüssigkeit auf (vgl. Abb. M.7.0.2). Es gilt

$$dE^* = \frac{1}{2}\,\varrho\,2\pi r\,dr[v(r)]^3\,.$$

Die Integration über alle Hohlzylinder mit $v(r)$ nach Gl. (5) liefert die gesamte kinetische Energie je Zeit

$$E^* = \frac{\varrho V^3}{\pi^2 R^4 t^3}\,.$$

Andererseits ist

$$E^* = \frac{\delta p\,V}{t}\,.$$

Daraus folgt

$$\delta p = \frac{\varrho V^2}{\pi^2 R^4 t^2}\,.\tag{22}$$

Die dargestellte Überlegung ist insofern unexakt, als beim Eintritt der Flüssigkeit in die Kapillare eine parabolische Geschwindigkeitsverteilung gemäß Gl. (5) noch gar nicht vorliegt. Aus diesem Grunde bringt man an Gl. (22) einen Korrekturfaktor m an, der einen Wert von etwa 1,1 hat.

$$\delta p = \frac{m\varrho V^2}{\pi^2 R^4 t^2}\,.\tag{23}$$

Setzt man die Gln. (21) und (23) in Gl. (20) ein, erhält man

$$v = \frac{\pi g \bar{h} R^4}{8\,Vl}\,t - \frac{mV}{8\pi l}\,\frac{1}{t}\,.\tag{24}$$

Mit den Viskosimeterkonstanten

$$K = \frac{\pi g \bar{h} R^4}{8\,Vl}\quad \text{und}\quad K' = \frac{mV}{8\pi l}$$

wird

$$v = K\left[t - \frac{K'}{Kt}\right]\,.$$

Die Größe $K'/(Kt)$ muß die Dimension einer Zeit haben. Daher führt man eine Korrekturzeit

$$t' = \frac{K'}{Kt}$$

ein. Gl. (24) lautet dann

$$\boxed{v = K(t - t')\,.\qquad\qquad (25)}$$

Die Ubbelohde-Viskosimeter sind so dimensioniert, daß sich die Werte der Apparatekonstanten K nur sehr wenig von 1, 0,1 bzw. 0,01 cSt $\cdot$ s^{-1} unterscheiden. Der exakte Wert von K ist in jedes Viskosimeter geätzt. Die den verschiedenen Ausflußzeiten t entsprechenden Korrekturzeiten t' sind tabelliert.

Versuchsausführung

Wir füllen Rohr *1* (vgl. Abb. M.7.3.1) mit Meßflüssigkeit, bis der Flüssigkeitsspiegel zwischen den Marken M_3 und M_4 liegt. Wir wählen am Kontaktthermometer die gewünschte Temperatur und schalten den Thermostaten ein (vgl. W.1.0.5). Dieser speist einen Glasbehälter, in den das Viskosimeter einzusetzen ist. Rohr *3* wird mit dem Finger geschlossen und die Meßflüssigkeit mit Hilfe eines Gummigebläses in

Rohr *2* hochgesaugt. Wenn das Volumen *D* völlig gefüllt ist, öffnen wir Rohr *3* und bestimmen die Zeit *t*, in der der Flüssigkeitsspiegel von der Marke M_1 bis zur Marke M_2 sinkt. Wir notieren die Temperatur des Flüssigkeitsbades und messen die Ausflußzeit *t* bei dieser Temperatur so oft, bis sich der Wert von *t* nicht mehr ändert. Die der Ausflußzeit *t* entsprechende Korrekturzeit *t'* wird der vom Herstellerbetrieb des Viskosimeters gelieferten Tabelle entnommen und die kinematische Viskosität nach Gl. (25) berechnet. Der Versuch ist bei anderen Temperaturen zu wiederholen. Wir stellen die Temperaturabhängigkeit der kinematischen Viskosität auf geeignetem Koordinatenpapier graphisch dar.

7.4. Rotationsviskosimeter

Aufgaben: 1. Die dynamische Viskosität η einer sehr zähen Flüssigkeit soll in Abhängigkeit von der Temperatur mit dem Rotationsviskosimeter bestimmt werden.
2. Bei einer konstanten Temperatur ist die Abhängigkeit des Geschwindigkeitsgefälles d*v*/d*r* von der Schubspannung τ zu ermitteln.

Das *Rotationsviskosimeter* arbeitet nach folgendem Prinzip: In dem Spalt zwischen zwei konzentrisch angeordneten Zylindern (Radius r_i und r_a) befindet sich eine zähe Flüssigkeit. Nun wird einer der beiden Zylinder mit einer konstanten Winkelgeschwindigkeit ω gedreht, während der andere z. B. durch eine geeignete Torsionsvorrichtung oder eine Spiralfeder an eine Ruhelage gebunden ist. Die am rotierenden Zylinder haftende Flüssigkeitsschicht bewegt sich mit der Winkelgeschwindigkeit ω, die am anderen Zylinder haftende Schicht ruht.
Es gibt sowohl Rotationsviskosimeter, bei denen sich der äußere Zylinder dreht, als auch solche, bei denen der innere Zylinder rotiert. Hier soll der letztgenannte Fall behandelt werden (vgl. Abb. M.7.4.1).
Wenn der Spalt zwischen den beiden Zylindern sehr schmal ist ($r_a \approx r_i$), kann man bei laminarer Strömung in guter Näherung annehmen, daß die Geschwindigkeit linear vom rotierenden zum ruhenden Zylinder abnimmt,

$$v(r) = ar + b. \tag{26}$$

Die Konstanten *a* und *b* sind aus den Randbedingungen

$$v(r_i) = \omega r_i, \qquad v(r_a) = 0$$

zu bestimmen. Man erhält

$$a = -\frac{\omega r_i}{r_a - r_i}, \qquad b = \frac{\omega r_a r_i}{r_a - r_i}.$$

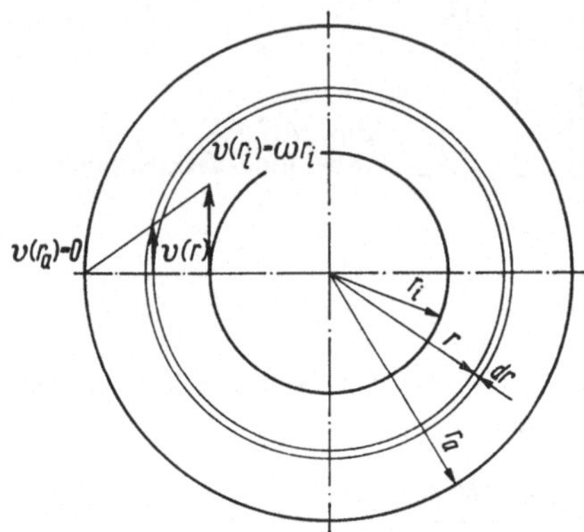

Abb. M.7.4.1. Strömung zwischen rotierenden Zylindern

Damit wird Gl. (26)

$$v(r) = \frac{\omega r_i}{r_a - r_i}(r_a - r),$$

und für das Geschwindigkeitsgefälle ergibt sich

$$\frac{dv}{dr} = -\frac{\omega r_i}{r_a - r_i}. \tag{27}$$

Nach dem Newtonschen Reibungsgesetz Gl. (3) gilt für die Viskosität

$$\eta = \frac{\tau(r)}{\left|\dfrac{dv}{dr}\right|} = \frac{F(r)}{2\pi h r \left|\dfrac{dv}{dr}\right|} = \frac{M(r)}{2\pi h r^2 \left|\dfrac{dv}{dr}\right|}. \tag{28}$$

In Gl. (28) bedeuten $F(r)$ die positiv gerechnete Reibungskraft, $\tau(r)$ die Schubspannung und $M(r)$ das Drehmoment im Abstand *r* von der Achse. Die Länge des rotierenden Zylinders ist mit *h* bezeichnet. Setzt man Gl. (27) in Gl. (28) für den Fall $r = r_i$ ein, so ergibt sich

$$\eta = \frac{M(r_i)}{\omega} \frac{r_a - r_i}{2\pi h r_i^3}. \tag{29}$$

Die Bestimmung des Drehmomentes läßt sich auf eine Winkelmessung zurückführen. Die

Winkelgeschwindigkeit kann in den meisten Viskosimetern stufenweise eingestellt werden. Der zweite Bruch in Gl. (29) ist für jedes Zylinderpaar eine Konstante. Die Viskosität und die Schubspannung lassen sich daher nach den Beziehungen

$$\eta = KN\alpha, \qquad (30)$$

$$\tau = k\alpha \qquad (31)$$

bestimmen, wenn die Konstanten K und k sowie der Drehzahlfaktor N bekannt sind und der Winkel α gemessen wird.

Die Voraussetzung, daß der zylinderförmige Spalt sehr eng ist, ist für die Gültigkeit der Gln. (30) und (31) nicht nötig. Für dieses Problem (Couette-Strömung) läßt sich die Navier-Stokessche Differentialgleichung exakt lösen. An die Stelle der Gln. (26) und (29) treten dann folgende Beziehungen

$$v(r) = c_1 r + \frac{c_2}{r},$$

$$\eta = \frac{M(r_1)}{\omega} \frac{r_a^2 - r_i^2}{2\pi h r_i^2 (r_a^2 + r_i^2)}.$$

Da die Viskosität aller Flüssigkeiten stark von der Temperatur abhängig ist, muß sich das Rotationsviskosimeter in einem Temperiergefäß befinden, das von einem Thermostaten (vgl. W.1.0.5) gespeist wird.

Versuchsausführung

Nachdem der Ringspalt mit der zu untersuchenden Flüssigkeit gefüllt und das Viskosimeter in den Temperierbehälter eingesetzt ist, stellen wir am Kontaktthermometer die gewünschte Temperatur ein und nehmen den Thermostat in Betrieb. Ist Temperaturgleichgewicht erreicht, wird der Winkel α bestimmt. Wir stellen bei jeder Messung die kleinste Winkelgeschwindigkeit, d. h. den größten Drehzahlfaktor, ein. Erst wenn α sehr klein und damit der Fehler groß wird, schalten wir auf das nächstkleinere N um. Die Messung soll bei gleicher Temperatur mehrmals wiederholt werden. Mit dem Mittelwert $\bar{\alpha}$ berechnen wir η nach Gl. (30). Haben wir die Messungen bei hinreichend vielen Temperaturen ausgeführt, wird $\eta(T)$ auf geeignetem Koordinatenpapier graphisch dargestellt.

In *Aufgabe 2* bestimmen wir α bei verschiedenen Winkelgeschwindigkeiten ω bzw. Drehzahlfaktoren N – eventuell bei zwei Zylinderkombinationen – und berechnen τ nach Gl. (31). Die Werte für dv/dr und k sollen dem Prüfschein des Viskosimeters entnommen werden. Die graphische Darstellung

$$\left| \frac{dv}{dr} \right| = \frac{1}{\eta} \tau$$

liefert für eine Newtonsche Flüssigkeit eine Gerade mit der Steigung $1/\eta$. η soll berechnet werden.

Wenn dieser lineare Zusammenhang nicht gilt, bezeichnet man die Flüssigkeit als nichtnewtonsch oder strukturviskos. In diesem Falle können wir den Ansatz

$$\left| \frac{dv}{dr} \right| = \frac{1}{\eta(\tau)} \tau = \frac{1}{\eta_0} \tau^n$$

machen und berechnen den Exponenten n nach

$$n \lg\left(\frac{\tau_1}{\tau_2}\right) = \lg\left\{ \frac{\left|\dfrac{dv}{dr}\right|_1}{\left|\dfrac{dv}{dr}\right|_2} \right\}.$$

Außerdem bestimmen wir die Viskosität für die verschiedenen Schubspannungen nach Gl. (30) und stellen die Funktion $\eta(\tau)$ graphisch dar.

7.5. Prandtlsches Staurohr

Aufgabe: Die Geschwindigkeitsverteilung einer stationären Luftströmung in einem zylindrischen Rohr soll mit dem *Prandtlschen Staurohr* bestimmt werden.

Mit Hilfe eines Ventilators, dessen Drehzahl innerhalb gewisser Grenzen einstellbar ist, wird in einem horizontalen Rohr eine Luftströmung erzeugt. Zur Bestimmung der Strömungsgeschwindigkeit verwendet man ein Prandtlsches Staurohr, das längs eines Rohrdurchmessers verschoben werden kann. An der Öffnung *1* (vgl. Abb. M.7.5.1) herrscht der Gesamtdruck p_0, da dort die Strömungsgeschwindigkeit $v = 0$ ist. An den Öffnungen *2* und *3* herrscht dagegen der statische Druck p. Die Druck-

differenz $p_0 - p$ mißt man zweckmäßigerweise mit einem Differenzmanometer, dessen Rohr um den kleinen Winkel α gegen die Horizontale geneigt ist. Es gilt

$$p_0 - p = \varrho_F g\, \Delta h \sin \alpha. \tag{32}$$

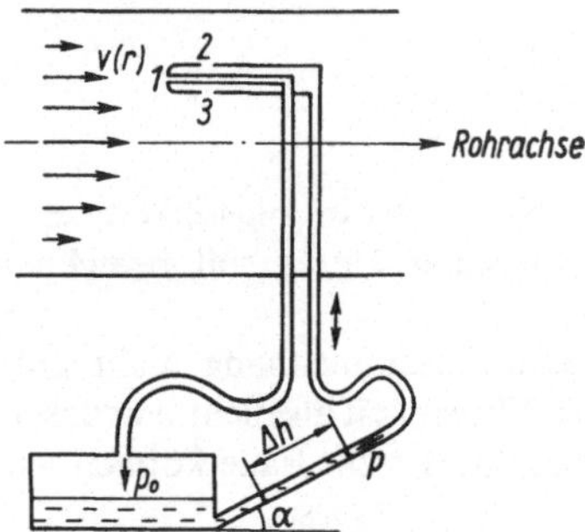

Abb. M.7.5.1. Prandtlsches Staurohr und Differenzmanometer

Die Strömungsgeschwindigkeit ergibt sich in ausreichender Näherung aus der Bernoullischen Gleichung (2) zu

$$v = \sqrt{\frac{2(p_0 - p)}{\varrho_L}}. \tag{33}$$

Setzt man Gl. (32) in Gl. (33) ein, erhält man

$$v = \sqrt{\frac{2\varrho_F g \sin \alpha}{\varrho_L}}\,\sqrt{\Delta h}. \tag{34}$$

Hierin sind ϱ_F bzw. ϱ_L die Dichte der Manometerflüssigkeit bzw. der Luft.

Versuchsausführung

Wir bestimmen Zimmertemperatur und Luftdruck und berechnen die diesen Werten entsprechende Dichte der Luft aus der Dichte bei Normalbedingungen. Nun wird das Differenzmanometer justiert. Die Lage des Flüssigkeitsspiegels im Manometerrohr bei der Druckdifferenz 0 ist zu notieren. Wir schalten den Motor des Ventilators ein und warten 10 bis 15 Minuten, damit sich im Motor und im Vorwiderstand ein Temperaturgleichgewicht und folglich eine zeitlich konstante Drehzahl des Flügelrades einstellen kann. Wir bestimmen Δh (vgl. Abb. M.7.5.1) für verschiedene Lagen des Staurohres und berechnen die Geschwindigkeit v

nach Gl. (34). Das Staurohr soll von Messung zu Messung um 5 mm längs eines Durchmessers des Strömungsrohres verschoben werden. Es ist darauf zu achten, daß die Achsen des Staurohres und des Strömungsrohres stets parallel zueinander sind. Der Versuch wird bei einer anderen Drehzahl des Flügelrades wiederholt. Wir stellen die Geschwindigkeit v über dem Abstand von der Rohrachse r für beide Drehzahlen graphisch dar und vergleichen die Ergebnisse mit Gl. (5).

7.6. Reynoldssche Zahlen

Aufgabe: Diejenige *Reynoldssche Zahl* soll bestimmt werden, bei der die laminare Strömung in einem Rohr in turbulente Strömung umschlägt.

Bei einer stationären Strömung durch ein Rohr vom Radius R ist die Summe der Druckkraft F und der Reibungskraft F_W gleich Null.

$$F + F_W = 0. \tag{35}$$

Für F_W soll ein Ansatz gewählt werden, der im Gegensatz zu Gl. (3) sowohl im Bereich der laminaren als auch in dem der turbulenten Strömung brauchbar ist. Man setzt die Reibungskraft F_W proportional der angeströmten Fläche A und der kinetischen Energie je Volumen mit der mittleren Geschwindigkeit $\bar{v}$ [vgl. die Gln. (7) und (8)].

$$F_W = -wA\frac{\varrho}{2}\bar{v}^2; \tag{36}$$

w ist ein dimensionsloser Widerstandsbeiwert, und ϱ ist die Dichte der Flüssigkeit. Aus

$$\pi R^2 (p_1 - p_2) - w 2\pi R l\, \frac{\varrho}{2}\, \bar{v}^2 = 0$$

folgt

$$w = \frac{(p_1 - p_2)\, R}{\varrho l \bar{v}^2}. \tag{37}$$

Für die Druckdifferenz (vgl. Abb. M.7.6.1) gilt

$$p_1 - p_2 = \varrho g (h_1 - h_2).$$

Damit wird der Widerstandsbeiwert

$$w = \frac{g(h_1 - h_2)\, R}{l \bar{v}^2}. \tag{38}$$

Ist die Strömung laminar, kann man Gl. (8)

$$(p_1 - p_2)\,\pi R^2 - 8\pi\eta l\bar{v} = 0 \qquad (39)$$

schreiben. Aus den Gln. (35) und (39) folgt

$$F_\mathrm{W} = -8\pi\eta l\bar{v}. \qquad (40)$$

Der Vergleich der Gln. (36) und (40) liefert

$$w = \frac{8}{\dfrac{R\varrho\bar{v}}{\eta}} = \frac{8}{\mathrm{Re}}. \qquad (41)$$

Trägt man lg w über lg Re auf, so ergibt sich im Bereich der laminaren Strömung gemäß (Gl. 41) eine Gerade mit der Steigung -1. Bei turbulenter Strömung besteht zwischen lg w und lg Re ein anderer Zusammenhang.

Versuchsausführung

Wir stellen eine Druckdifferenz $p_1 - p_2$ ein und bestimmen die Zeit t, in der das Volumen V ausfließt. Befindet sich Luft im Strömungsrohr, darf erst dann mit der Messung begonnen werden, wenn die strömende Flüssigkeit alle Luftblasen aus dem Rohr entfernt hat. Wir lesen die Temperatur der Flüssigkeit (Wasser) ab und entnehmen die Dichte ϱ sowie die Viskosität η der Tab. 4.

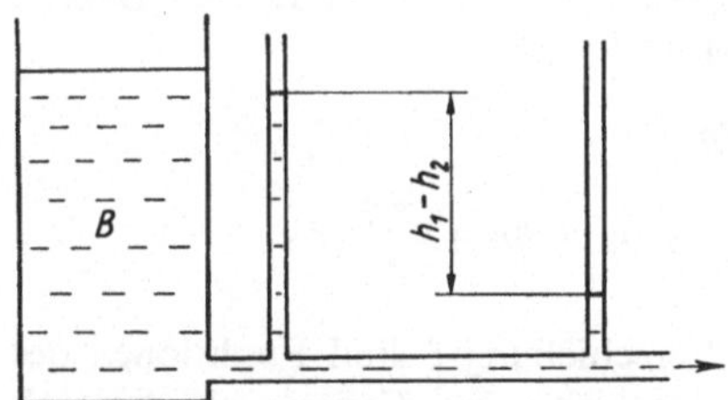

Abb. M.7.6.1. Schematische Darstellung der Versuchsanordnung

Wir wiederholen die Messung bei etwa 30 verschiedenen Druckdifferenzen. Dies kann z. B. so geschehen, daß der gefüllte Behälter B (vgl. Abb. M.7.6.1) von Messung zu Messung etwas geleert wird. Um genügend viele Messungen im Bereich der laminaren Strömung auszuführen, wählen wir die Differenz der Flüssigkeitshöhen in B zwischen zwei Messungen zunächst etwa 10 cm und lassen sie immer kleiner werden. Ist der Behälter B fast leer, soll die Differenz nur

noch ungefähr 0,5 cm betragen. Wir berechnen den Rohrradius R mit Hilfe von Gl. (6). Da das Gesetz von *Hagen* und *Poiseuille* nur für laminare Strömung gilt, verwenden wir zur Berechnung von R die bei kleinen Druckdifferenzen ermittelten Werte V/t. Die mittleren Geschwindigkeiten $\bar{v}$ erhalten wir aus Gl. (7), die Widerstandsbeiwerte w aus Gl. (38) und die Reynoldsschen Zahlen Re aus Gl. (10). Wir tragen lg w über lg Re auf geeignetem Koordinatenpapier auf und lesen den Wert der Reynoldschen Zahl ab, bei dem der Umschlag von laminarer in turbulente Strömung stattfindet.

8. Schallwellen

8.0. Allgemeine Grundlagen

Eine elastische Deformation, d. i. die durch elastische Kräfte hervorgerufene Verschiebung eines Volumenelementes aus seiner stabilen Ruhelage, pflanzt sich in einem elastisch deformierbaren Medium mit endlicher Geschwindigkeit fort. Es entsteht eine mechanische Welle, die man als Schallwelle bezeichnet. Die Gesamtheit aller Flächenelemente des elastischen Körpers, die sich zu einer bestimmten Zeit im gleichen Schwingungszustand (in gleicher Phase) befindet, nennt man Wellenfläche. Existiert in einem homogenen, isotropen Körper ein punktförmiges Erregerzentrum, so entsteht eine *Kugelwelle*. Die Wellenflächen sind konzentrische Kugeln um den Erreger. Ist dagegen das Erregerzentrum unendlich weit entfernt, liegt eine *ebene Welle* vor. Die Wellenflächen sind zueinander parallele Ebenen. Alle Linien, die die Wellenflächen senkrecht schneiden, bezeichnet man als Strahlen.
In der folgenden Betrachtung wird vorausgesetzt, daß der elastische Körper eindimensional ist. In Wirklichkeit gibt es derartige Körper nicht. Man kann aber einen langen Metallstab (Dichte ϱ), dessen Querschnitt A hinreichend klein ist, näherungsweise als eindimensional betrachten. Jedes beliebige Volumenelement des Stabes führt unter dem Einfluß einer örtlich

und zeitlich variablen Zugspannung

$$\sigma = \sigma(x, t)$$

in Richtung der Stabachse (x-Achse) Bewegungen um die Lage aus, die es ohne Vorhandensein einer Spannung einnimmt. Die Verschiebung eines beliebigen Querschnittes

$$\xi = \xi(x, t)$$

ist dann auch eine Funktion des Ortes und der Zeit.

Ein bestimmter Querschnitt des Stabes stehe zur Zeit $t = t_1$ unter der Spannung σ und sei um das Stück ξ aus seiner Ruhelage x verschoben (vgl. Abb. M.8.0.1). Ein benachbarter Querschnitt,

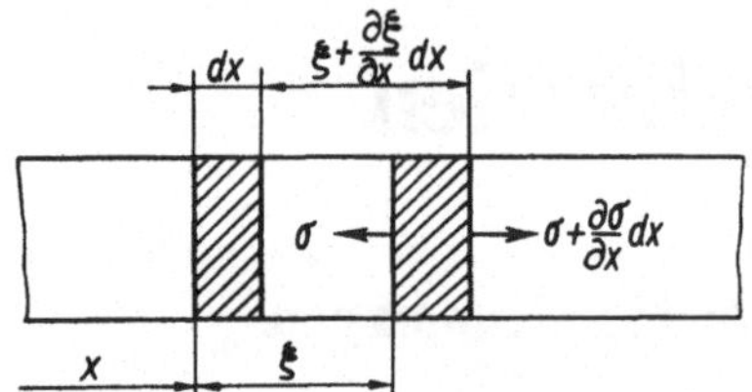

Abb. M.8.0.1. Zur linearen Wellengleichung in festen Körpern

der unter der Spannung $\sigma + \dfrac{\partial \sigma}{\partial x}\, dx$ steht, ist zur gleichen Zeit $t = t_1$ um $\xi + \dfrac{\partial \xi}{\partial x}\, dx$ aus seiner Ruhelage verschoben. Das Volumenelement $A\, dx$ erfährt durch die Spannung eine absolute Längenänderung von $\dfrac{\partial \xi}{\partial x}\, dx$ während die Dehnung (relative Längenänderung) gleich $\dfrac{\partial \xi}{\partial x}$ ist.

Alle auftretenden Spannungen sollen so klein sein, daß das Hookesche Gesetz [vgl. Gl. (M.5.-1)] gilt. Dieses Gesetz kann im vorliegenden Falle

$$\sigma = E\, \frac{\partial \xi}{\partial x}$$

geschrieben werden. E ist der Elastizitätsmodul des Stabmaterials.

Auf das Volumenelement wirkt in Richtung der x-Achse eine Kraft

$$A\, dx\, \frac{\partial \sigma}{\partial x} = A\, dx\, E\, \frac{\partial^2 \xi}{\partial x^2}.$$

Diese Kraft ist andererseits

$$dm\, \frac{\partial^2 \xi}{\partial t^2} = A\, dx\varrho\, \frac{\partial^2 \xi}{\partial t^2}.$$

Daraus folgt

$$\frac{\partial^2 \xi}{\partial t^2} = \frac{E}{\varrho}\, \frac{\partial^2 \xi}{\partial x^2}. \tag{1}$$

Eine ähnliche Betrachtung kann auch für Flüssigkeiten oder Gase angestellt werden. Man setzt voraus, daß sich der Stoff (Dichte ϱ) in einem dünnen, horizontalen Rohr (Querschnitt A) befindet. Im Ruhezustand herrscht an allen

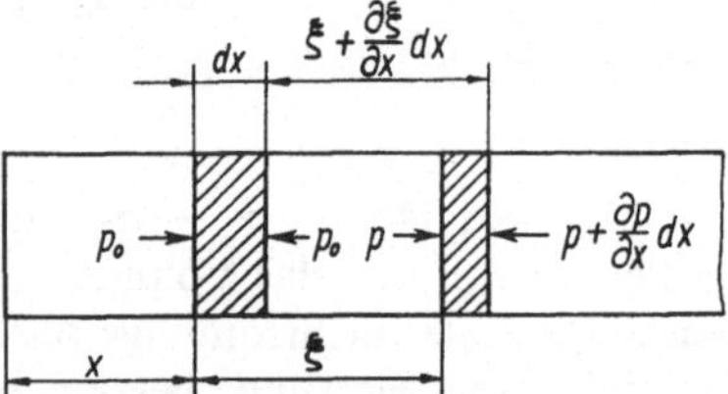

Abb. M.8.0.2. Zur linearen Wellengleichung in Flüssigkeiten und Gasen

Stellen des Rohres der konstante hydrostatische Druck p_0. Für die zur Zeit $t = t_1$ auf das Volumenelement $dV = A\, dx$ wirkenden Drücke (vgl. Abb. M.8.0.2) gilt

$$p = p_0 + \delta p,$$

$$p + \frac{\partial p}{\partial x}\, dx = p_0 + \delta p + \frac{\partial \delta p}{\partial x}\, dx.$$

δp und die Verschiebung ξ sind Funktionen des Ortes und der Zeit. Das Volumenelement dV steht unter dem Einfluß einer Kraft

$$-A\, dx\, \frac{\partial \delta p}{\partial x}$$

in Richtung der x-Achse, die gleich

$$A\, dx\, \varrho\, \frac{\partial^2 \xi}{\partial t^2}$$

sein muß. Daraus folgt

$$\frac{\partial^2 \xi}{\partial t^2} = -\frac{1}{\varrho}\, \frac{\partial \delta p}{\partial x}. \tag{2}$$

Nun führt man den Kompressionsmodul [vgl. Gl. (M.5.0.-8)]

$$\frac{1}{K} = - \frac{1}{V} \frac{\delta V}{\delta p} \tag{3}$$

ein. Wendet man Gl. (3) auf das Volumenelement dV an, erhält man

$$\frac{1}{K} = - \frac{1}{dV} \frac{\delta \, dV}{\delta p} = - \frac{1}{dx} \frac{\delta \, dx}{\delta p}. \tag{4}$$

$\delta \, dx$ ist die absolute Längenänderung des Elementes unter der Wirkung des Druckes δp, d. h., es gilt

$$\delta \, dx = \frac{\partial \xi}{\partial x} \, dx.$$

Damit kann man Gl. (4)

$$\delta p = - K \frac{\partial \xi}{\partial x} \tag{5}$$

schreiben. Wird Gl. (5) in Gl. (2) eingesetzt, erhält man

$$\frac{\partial^2 \xi}{\partial t^2} = \frac{K}{\varrho} \frac{\partial^2 \xi}{\partial x^2}. \tag{6}$$

Die *linearen Wellengleichungen* (1) und (6) sind vom Typ

$$\frac{\partial^2 \xi}{\partial t^2} = c^2 \frac{\partial^2 \xi}{\partial x^2}. \tag{7}$$

Gl. (7) ist der einfachste Fall der hyperbolischen Normalform der partiellen Differentialgleichung zweiter Ordnung. Es existieren unendlich viele Lösungen. Jede Funktion

$$\xi = \xi \left(t - \frac{x}{c} \right), \tag{8}$$

$$\xi = \xi \left(t + \frac{x}{c} \right) \tag{9}$$

genügt Gl. (7). Dies läßt sich sofort nachweisen, wenn man die beiden partiellen Ableitungen zweiter Ordnung von den Gln. (8) und (9) bildet.
Wie man sich leicht überzeugen kann, ist die in Gl. (7) formal eingeführte Größe c die Geschwindigkeit, mit der sich ein bestimmter Schwingungszustand (eine Phase) fortpflanzt. Die Schallge-schwindigkeit c ist daher eine *Phasengeschwindigkeit*.
Die durch Gl. (8) bzw. (9) beschriebenen Wellen breiten sich in positiver bzw. negativer x-Richtung aus und sind als Lösungen der linearen Wellengleichung ebene Wellen. Da die Verschiebung in der Geraden der Ausbreitungsgeschwindigkeit erfolgt, nennt man diese Wellen *longitudinal*.
Schallwellen in Gasen und Flüssigkeiten sind longitudinale Wellen, da man im allgemeinen den Einfluß der inneren Reibung (Viskosität) vernachlässigen kann. In mehrdimensionalen festen Körpern treten dagegen infolge der nicht vernachlässigbaren Schubkräfte sowohl longitudinale als auch transversale Schallwellen auf.
Von besonderem Interesse sind die *harmonischen Wellen*, bei denen die Verschiebung ξ durch eine zeitlich und räumlich periodische Funktion

$$\xi = \xi_0 \cos \omega \left(t - \frac{x}{c} \right) \tag{10}$$

oder

$$\xi = \xi_0 \sin \omega \left(t - \frac{x}{c} \right) \tag{11}$$

beschrieben wird. ξ_0 ist die Amplitude der Schwingung. Die in den Gln. (10) und (11) auftretende Größe ω hat die Dimension Zeit^{-1}. Ihre Bedeutung erkennt man, wenn man den zeitlichen Verlauf der durch Gl. 10 dargestellten Welle an der Stelle $x = 0$ verfolgt. Zu allen Zeiten $t = n\tau$ ($n = 0, 1, 2, \ldots$) ist ξ gleich ξ_0. Daraus folgt $\omega n \tau = n \, 2\pi$ oder

$$\omega = \frac{2\pi}{\tau} = 2\pi\nu. \tag{12}$$

Hierin ist τ die Schwingungsdauer, ν die Frequenz und ω die Kreisfrequenz der Welle.
Betrachtet man andererseits den örtlichen Verlauf der durch Gl. (10) beschriebenen harmonischen Welle zur Zeit $t = 0$, dann ist an allen Stellen $x = n\lambda$ ($n = 0, 1, 2, \ldots$) ξ gleich ξ_0. Es gilt also

$$\omega \frac{n\lambda}{c} = n \, 2\pi$$

oder

$$c = \frac{\lambda}{\tau} = \lambda \nu. \qquad (13)$$

Die Phasengeschwindigkeit einer harmonischen Welle (Schallgeschwindigkeit) ist gleich dem Produkt aus der Wellenlänge λ und der Frequenz ν.
Aus dem Vergleich der Gl. (7) mit den Gln. (1) und (6) folgt

$$c^2 = \frac{E}{\varrho}, \qquad (14)$$

$$c^2 = \frac{K}{\varrho}. \qquad (15)$$

Die Schallschwingungen erfolgen mit so großer Geschwindigkeit, daß sie als adiabatische Vorgänge angesehen werden können. Ist das deformierbare Medium ein ideales Gas, gilt für die Schwingungen die Adiabatengleichung [vgl. Gl. (W.2.-18)]

$$V^{\varkappa} p = \text{const.} \qquad (16)$$

In Gl. (16) bedeutet $\varkappa$ das Verhältnis der spezifischen Wärmekapazität bei konstantem Druck c_p zur spezifischen Wärmekapazität bei konstantem Volumen c_v. Differenziert man Gl. (16) nach V, ergibt sich

$$\varkappa V^{\varkappa-1} p + V^{\varkappa} \frac{\delta p}{\delta V} = 0$$

oder

$$\frac{\delta p}{\delta V} = -\varkappa \frac{p}{V}.$$

Damit lautet Gl. (3)

$$K = \varkappa p. \qquad (3\,a)$$

Setzt man Gl. (3 a) in Gl. (15) ein, erhält man

$$c^2 = \varkappa \frac{p}{\varrho}. \qquad (17)$$

Für ideale Gase gilt [vgl. Gl. (M.2.-4)]

$$\frac{p}{\varrho} = \frac{p_0}{\varrho_0} \frac{T}{T_0} = \frac{p_0}{\varrho_0} \left\{ 1 + \frac{T - T_0}{T_0} \right\}. \qquad (18)$$

Die Schallgeschwindigkeit in idealen Gasen ist eine vom Druck unabhängige Funktion der absoluten Temperatur T. Aus den Gln. (17) und (18) folgt

$$c = \sqrt{\varkappa \frac{p_0}{\varrho_0}} \sqrt{1 + \frac{T - T_0}{T_0}}. \qquad (19\,a)$$

Für Luft erhält man im Bereich der Zimmertemperatur ($|T - T_0| \ll T_0$) in guter Näherung

$$c = 330{,}6 \left\{ 1 + \frac{T - T_0}{2T_0} \right\} \text{ m} \cdot \text{s}^{-1}. \qquad (19\,b)$$

Stehende Wellen treten auf, wenn sich zwei gegenläufige harmonische Wellen gleicher Frequenz und gleicher Amplitude überlagern. Dies kann z. B. dadurch geschehen, daß eine Welle an einer bestimmten Grenze reflektiert wird.
Das Experiment zeigt:
Erfolgt die Reflexion der Welle am akustisch dünneren Medium, entsteht an der Grenze ein *Bauch* (Schwingungsmaximum). Wird die Welle dagegen am akustisch dichteren Medium reflektiert, entsteht ein *Knoten* (Auslöschung des Schwingungszustandes).

8.1. Kundtsches Rohr

Aufgaben: 1. Die Schallgeschwindigkeit in einem Gas c_G und das Verhältnis der spezifischen Wärmekapazität bei konstantem Druck zu der bei konstantem Volumen $\varkappa$ sollen bestimmt werden.
2. Außerdem sind die Schallgeschwindigkeit in einem Metallstab c_M und der Elastizitätsmodul E des Stabmaterials zu ermitteln.

Das Kundtsche Rohr (vgl. Abb. M.8.1.1) ist ein horizontal liegendes Glasrohr, das an einem Ende durch einen mit der Platte P_1 versehenen Stopfen geschlossen ist. In das andere Ende ragt ein dünner Metallstab mit kreisförmigem Querschnitt. Dieser Stab ist genau in der Mitte seiner Länge fest eingeklemmt. Wenn man die Mantelfläche des Stabes mit einem Lappen parallel zur Stabachse reibt, bildet sich im Metallstab eine stehende Welle, die man als unangenehmen

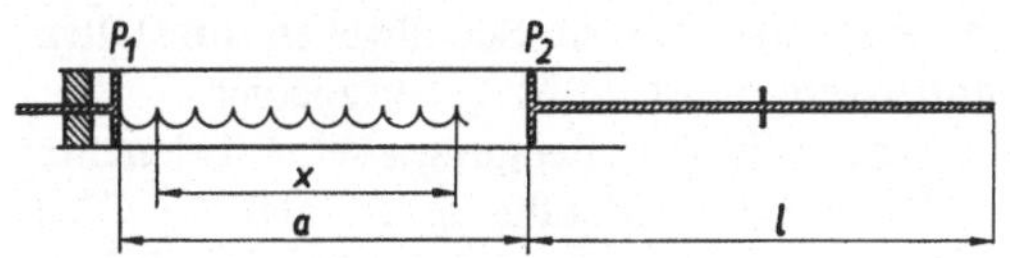

Abb. M.8.1.1. Kundtsches Rohr

Quietschton wahrnimmt. In der Mitte des Stabes (eingespannte Stelle) entsteht ein Schwingungsknoten, an den freien Enden je ein Schwingungsbauch. Zwischen der Wellenlänge und der Stablänge l besteht daher der Zusammenhang

$$\lambda_M = 2l. \tag{20}$$

Durch die am Stabende starr befestigte Platte P_2 wird die Luft bzw. das Gas im Rohr zu Schwingungen angeregt. Da die von P_2 ausgehenden Schallwellen an der Platte P_1 reflektiert werden, entsteht in der Luft bzw. in dem Gas ebenfalls eine stehende Welle. Diese kann bei geeigneter Wahl des Abstandes a zwischen P_1 und P_2 durch Korkpulver sichtbar gemacht werden. An der Platte P_1 befindet sich ein Schwingungsknoten. Der Abstand ist immer dann geeignet gewählt, wenn sich die Platte P_2 in unmittelbarer Nähe eines anderen Knotens befindet, da an einer solchen Stelle die Amplitude der Schwingungen in der Platte mit der Amplitude der Schwingungen in der Luft bzw. in dem Gas übereinstimmt. Die Wellenlänge in Luft λ bzw. in Gas λ_G ergibt sich aus dem Abstand x bzw. x_G von der ersten bis zur letzten gut erkennbaren Knotenstelle zu

$$\lambda = \frac{2x}{n} \tag{21}$$

bzw.

$$\lambda_G = \frac{2x_G}{m}. \tag{22}$$

Dabei ist n bzw. m die Zahl der zwischen den benachbarten Knoten liegenden Bäuche.

Die Frequenz v der stehenden Wellen ist in den verschiedenen Medien gleich. Daher gilt

$$c_M = \lambda_M v, \quad c_G = \lambda_G v, \quad c = \lambda v$$

oder

$$\boxed{c_M = \frac{\lambda_M}{\lambda} c, \tag{23}}$$

$$\boxed{c_G = \frac{\lambda_G}{\lambda} c. \tag{24}}$$

Die Bestimmung der Schallgeschwindigkeit mit Hilfe eines Kundtschen Rohres ist ein vergleichendes Meßverfahren. c_M und c_G können nur angegeben werden, wenn die Schallgeschwindigkeit c in einem Medium (hier in Luft) bekannt ist.

Die stehende Welle in dem Gas, mit dem das Kundtsche Rohr gefüllt ist, kann auch durch einen Lautsprecher erzeugt werden, der einen Ton geeigneter Frequenz ausstrahlt. In diesem Falle ist die zweite Aufgabe zu streichen.

Versuchsausführung

Wir messen die Zimmertemperatur und streuen Korkpulver in das Kundtsche Rohr. Pulver und Rohr müssen trocken sein, damit die feinen Korkstücke nicht am Glas anbacken. Das Pulver wird durch Klopfen am Rohr in einer Linie längs des unteren Innenmantels angeordnet und dann durch vorsichtiges Drehen des Rohres um seine Achse ein wenig gehoben. Nun erzeugen wir in dem Metallstab eine stehende Welle. Der dazu benötigte Lappen wird zur Erhöhung der Haftfähigkeit mit etwas Kolophonium bestreut. Wir verändern den Abstand a in sehr kleinen Schritten so lange, bis das Korkpulver im Glasrohr beim Reiben des Metallstabes deutlich erkennbare Kundtsche Staubfiguren bildet. Zur Bestimmung des Abstandes x dient ein Maßstab, der im allgemeinen mit einer verschiebbaren Visiereinrichtung versehen ist. Wir berechnen die Wellenlänge λ nach Gl. (21). Bei jeder Wiederholungsmessung (mindestens fünf) sind die Staubfiguren neu zu erzeugen. Aus den verschiedenen Werten λ_t wird der arithmetische Mittelwert $\bar{\lambda}$ gebildet. Nun lassen wir einige Minuten lang ein Gas (z. B. CO_2) durch das Kundtsche Rohr strömen. Anschließend wird der Versuch in der oben beschriebenen Weise ausgeführt. Aus den nach Gl. (22) berechneten Werten der Wellenlänge λ_G bilden wir den arithmetischen Mittelwert $\bar{\lambda}_G$.

Wir messen die Stablänge l, berechnen die Wellenlänge λ_M nach Gl. (20) und bestimmen zum Schluß noch einmal die Zimmertemperatur. Die Schallgeschwindigkeit in Luft c wird nach Gl. (19b), die in dem Metallstab c_M nach Gl. (23) und die in dem Gas c_G nach Gl. (24) berechnet. Dabei sind die Mittelwerte $\bar{\lambda}$ und $\bar{\lambda}_G$ zu verwenden. E ergibt sich aus Gl. (14) mit $c = c_M$

und $\varkappa$ aus Gl. (19a) mit $c = c_\mathrm{G}$. Die Dichten der verschiedenen Medien sind den Tab. 1 und 3 zu entnehmen.

8.2. Beugung des Lichts an Ultraschallwellen (Debye-Sears-Effekt)

Aufgaben: 1. Es sind die Schallwellenlänge und die Schallausbreitungsgeschwindigkeit in einer Flüssigkeit nach der Methode von *Debye* und *Sears* zu bestimmen.
2. Unter Zugrundelegung der in *Aufgabe 1* gemessenen Schallgeschwindigkeit sind durch Vergleichsmessungen die Schallgeschwindigkeiten in anderen Versuchsflüssigkeiten zu bestimmen.
3. Von allen Versuchsflüssigkeiten ist der Kompressionsmodul zu berechnen.

Eine durch eine Flüssigkeit laufende Schallwelle besteht aus periodischen Verdichtungen und Verdünnungen, die sich mit Schallgeschwindigkeit durch das Medium bewegen (elastische Welle). Diese periodische Dichteänderung führt zu einer in gleicher Weise periodischen Änderung des optischen Brechungsindex (vgl. O.3). Eine ebene Schallwelle wirkt daher auf eine Lichtwelle wie ein Beugungsgitter, dessen Gitterkonstante gleich der Schallwellenlänge λ im Medium ist.

Ein solches Gitter nennt man *Phasengitter*, da die Lichtwellen, die an unterschiedlichen Stellen das Gitter durchlaufen, wegen der periodischen Änderung des Brechungsindex unterschiedliche optische Weglängen zurücklegen und beim Austritt gegeneinander phasenverschoben sind.

Beim Phasengitter treten im wesentlichen die gleichen Beugungserscheinungen auf, die man an einem üblicherweise verwendeten optischen Strichgitter beobachtet (vgl. O.2). Das letztere bezeichnet man als *Amplitudengitter*, weil es aus aufeinanderfolgenden durchsichtigen Spalten besteht, die durch undurchsichtige Partien voneinander getrennt sind. Das Licht wird also je nachdem, wo es auf das Gitter fällt, durchgelassen oder nicht, d. h. in der Amplitude verändert.

Die Erscheinung der Lichtbeugung an Schallwellen bezeichnet man als *Debye-Sears-Effekt*.

Man verwendet hierzu Schallwellen im Ultraschallbereich, meist im Megahertzgebiet.

Zum Nachweis des Beugungseffekts beleuchtet man die mit der Meßflüssigkeit gefüllte Glasküvette, in der sich der piezoelektrische Schallgeber befindet, senkrecht zur Schallausbreitungsrichtung mit parallelem monochromatischem Licht (vgl. Abb. M.8.2.1). Der durch die Linse *1* von der Lichtquelle beleuchtete Spalt wirkt als sekundäre Lichtquelle und wird durch die Linsen *2* und *3*, zwischen denen die ungebeugten Strahlen parallel verlaufen, scharf auf den Schirm abgebildet. Anstelle des Schirms wird man oftmals eine Meßlupe verwenden.

Durch die Wirkung des Ultraschalls treten auf beiden Seiten vom zentralen Spaltbild eine Reihe von Beugungsbildern auf. Die Beugungserscheinungen sind sehr ähnlich denen, die an einem Strichgitter entstehen. Die Lage der Beugungsmaxima wird ebenfalls durch die Formel

$$b \sin \alpha_k = k\lambda_\mathrm{L}, \quad k = 0, 1, 2, 3, \ldots$$

beschrieben (vgl. O.2); die Gitterkonstante b ist gleich der Schallwellenlänge λ. Zur Unterscheidung wird die Lichtwellenlänge hier mit λ_L bezeichnet. Beugungsmaxima k-ter Ordnung treten also bei Beugungswinkeln α_k auf, für die gilt:

$$\lambda \sin \alpha_k = k\lambda_\mathrm{L}, \quad k = 0, 1, 2, 3, \ldots \qquad (25)$$

Ist x_k der Abstand des k-ten Maximums vom Maximum nullter Ordnung (Zentralbild), so ergibt sich wegen der für kleine Winkel α_k gültigen Beziehung $x_k/f = \tan \alpha_k \approx \sin \alpha_k \approx \alpha_k$

$$\lambda \frac{x_k}{f} = k\lambda_\mathrm{L}. \qquad (26)$$

f ist die Brennweite der Linse *3*.
Für die Wellenlänge der Ultraschallwelle erhält man

$$\lambda = \frac{k\lambda_\mathrm{L}f}{x_k}. \qquad (27)$$

Die Abstände Δx benachbarter Maxima sind gleich. Es gilt

$$\Delta x = |x_{k+1} - x_k| = \frac{\lambda_\mathrm{L}f}{\lambda}. \qquad (28)$$

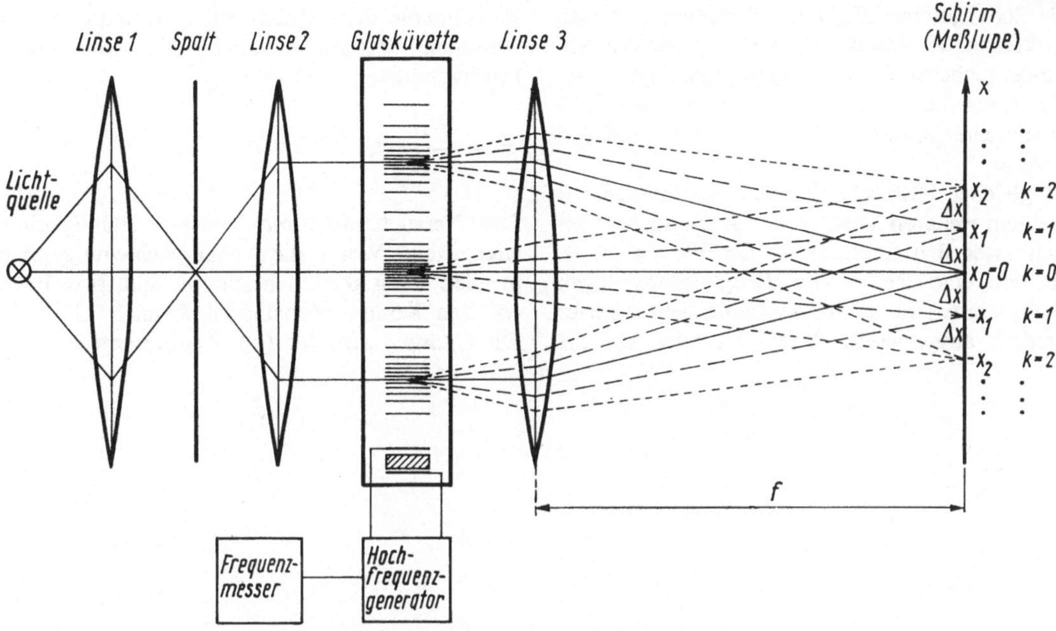

Abb. M.8.2.1. Zum Debye-Sears-Effekt (Beugung stark schematisiert)

Ist die Frequenz v der Schallwelle bekannt, so läßt sich die Schallgeschwindigkeit c berechnen:

$$c = \lambda v = \frac{k \lambda_\mathrm{L} f v}{x_k} \tag{29}$$

oder mit Gl. (28)

$$c = \lambda v = \frac{\lambda_\mathrm{L} f v}{\Delta x} . \tag{30}$$

Da es für die Lage der Beugungsbilder bei der Fraunhoferschen Beugung gleichgültig ist, ob die beugende Struktur senkrecht zur optischen Achse verschoben wird bzw. sich bewegt, tritt der Debye-Sears-Effekt bei fortlaufenden und stehenden Wellen in gleicher Weise auf. Die Wellenlänge und damit die Gitterkonstante ist in beiden Fällen die gleiche. Die auftretende Dopplerverschiebung des gebeugten Lichts ist sehr klein und kann vernachlässigt werden.

Versuchsausführung

Zur Absolutmessung der Schallwellenlänge nach *Aufgabe 1* verwenden wir Gl. (27) oder (28). Ist die Brennweite der Sammellinse *3* nicht bekannt, messen wir sie vorher nach einem der in O.1.1 beschriebenen Verfahren. x_k bzw. Δx wird am besten mit einer Meßlupe bestimmt. Wir messen mehrmals und bilden den Mittelwert.

Wir beachten, daß der piezoelektrische Schallgeber nur in Betrieb gesetzt werden darf, wenn sich Flüssigkeit in der Küvette befindet. Bei allen Messungen wählen wir die Breite des Beleuchtungsspaltes so klein wie möglich.

Um die Schallgeschwindigkeit $c = \lambda v$ zu bestimmen, wird zusätzlich die Frequenz v des Hochfrequenzgenerators, der den Schallgeber anregt, mit Hilfe eines Frequenzzählers oder eines Meßgenerators gemessen.

Um mit der in *Aufgabe 1* bestimmten Schallgeschwindigkeit durch Relativmessung die Schallgeschwindigkeit in weiteren Versuchsflüssigkeiten zu erhalten, bedenken wir, daß bei konstanter Schallfrequenz v für zwei Flüssigkeiten I und II nach Gl. (30) gilt

$$c^\mathrm{I} = \frac{\lambda_\mathrm{L} f v}{\Delta x^\mathrm{I}} ,$$

$$c^\mathrm{II} = \frac{\lambda_\mathrm{L} f v}{\Delta x^\mathrm{II}} .$$

Damit wird

$$\frac{c^\mathrm{I}}{c^\mathrm{II}} = \frac{\Delta x^\mathrm{II}}{\Delta x^\mathrm{I}} .$$

Die Schallgeschwindigkeiten verhalten sich also bei konstanter Frequenz umgekehrt wie die Abstände Δx benachbarter Beugungsmaxima.

Als Bezugsflüssigkeit I wird die in Aufgabe 1 untersuchte gewählt. Für sie sind c^{I} und Δx^{I} bekannt.

Bei gleicher Ultraschallfrequenz bestimmen wir in einem weiteren Versuch den Abstand Δx^{II} benachbarter Beugungsmaxima der Flüssigkeit II. Da wir eine Reihe von Beugungsordnungen sehen, werden sämtliche Abstände benachbarter Maxima ausgemessen. Wir verwenden für die Berechnung den Mittelwert. Mit dem so bestimmten Wert Δx^{II} erhalten wir für die Schallgeschwindigkeit

$$c^{\mathrm{II}} = \frac{\Delta x^{\mathrm{I}}}{\Delta x^{\mathrm{II}}}\, c^{\mathrm{I}}.$$

Der Versuch wird mit anderen Flüssigkeiten wiederholt. Wenn die Schallgeschwindigkeiten in allen Flüssigkeiten bestimmt sind, berechnen wir den Kompressionsmodul K nach Gl. (15). Die Dichte ϱ wird der Tab. 2 entnommen.

Wärmelehre

1. Temperaturmessung

1.0. Allgemeine Grundlagen

1.0.1. Temperatur, Maßeinheiten und Temperaturskalen

Die Temperatur ist eine Zustandsgröße der Thermodynamik, die den *Wärmezustand* eines Körpers im thermodynamischen Gleichgewicht charakterisiert. Nach der kinetischen Wärmetheorie hängt sie von der durchschnittlichen kinetischen Energie der sich bewegenden Teilchen ab.

Die Temperatur übt einen entscheidenden Einfluß auf viele Stoffeigenschaften der Körper aus.

Die Thermodynamik verwendet die Temperatur als vierte Grundgröße neben den aus der Mechanik bekannten Grundgrößen Masse, Länge und Zeit. Die Temperatur kann nur indirekt gemessen werden. Die Messung beruht auf der Temperaturabhängigkeit solcher physikalischen und chemischen Stoffeigenschaften, die einer unmittelbaren Messung zugänglich sind. Man nennt diese Stoffe thermometrisch und die mit ihrer Hilfe festgelegten Temperaturskalen empirisch.

Eine Definition der Temperatureinheit ist nur im Zusammenhang mit der Realisierung einer Temperaturskale möglich. Die thermodynamische Temperaturskale ist zwar eine theoretisch begründete Skale (2. Hauptsatz und Carnotscher Kreisprozeß), sie kann aber weitgehend mit dem Gasthermometer verwirklicht werden. Mit Hilfe der thermodynamischen Temperaturskale wird die Temperatureinheit, das Kelvin, definiert:

> Das Kelvin (K) ist der 273,16te Teil der (thermodynamischen) Temperatur des Tripelpunktes von reinem Wasser.

Je nach der Wahl des Nullpunktes unterscheidet man zwischen der absoluten oder Kelvin-Skale und der Celsius-Skale. Die absolute Temperatur wird mit T bezeichnet und in Kelvin (K) gemessen; sie beginnt beim absoluten Nullpunkt. Die Celsiustemperatur wird mit t bezeichnet und in Grad Celsius (°C) gemessen. Sie hat den Nullpunkt $T_0 = 273,15 \text{ K}$. Die Celsiustemperatur kann also als spezielle Differenz

$$t = T - T_0 \qquad (1)$$

aufgefaßt werden.

Temperaturbereiche (Differenzen, Toleranzen) stimmen demnach in beiden Skalen überein und werden ebenfalls in der Einheit Kelvin angegeben. Man muß daher beachten, daß ohne einen zusätzlichen Wortbegriff eine Unterscheidung, ob es sich um einen Skalenwert oder um eine Differenzgröße handelt, nicht möglich ist.

Bei hohen Genauigkeitsanforderungen sind thermodynamische Temperaturmessungen sehr schwierig und nur mit sehr hohem Aufwand zu verwirklichen. Man legte deshalb international für den praktischen Gebrauch eine empirische Temperaturskale mit mehreren Fixpunkten und den genauen Zuordnungsvorschriften fest. Diese *Internationale Praktische Temperaturskale* (IPT-Skale 1968) ist auf 11 Temperaturwerte, sogenannte Definitionsfixpunkte und auf Vorschriften für die Interpolation zwischen diesen Punkten gegründet.

Die IPT-Skale stimmt mit der thermodynamischen weitgehend, jedoch nicht vollständig überein. Da aber z. B. im Bereich von 0 °C bis 100 °C die Abweichungen zwischen den beiden Skalen nur einige Tausendstel Grad betragen, also bei den meisten praktischen Messungen unbedeutend sind, kann man die in der IPT-Skale gemessenen Temperaturen im allgemeinen in der Einheit der thermodynamischen Skale angeben.

1.0.2. Temperaturmessung mittels mechanischer temperaturabhängiger Stoffeigenschaften

Bei Erwärmung bzw. Abkühlung eines Körpers ändert sich unabhängig vom Aggregatzustand seine Länge bzw. sein Volumen. Bei einer Längenänderung tritt als Proportionalitätsfaktor der

lineare Ausdehnungskoeffizient α auf:

$$\alpha = \frac{1}{l}\frac{dl}{dT} \quad \text{oder} \quad \alpha = \frac{\Delta l}{l\,\Delta T}\,. \tag{2}$$

Für die Temperaturabhängigkeit der Länge l gilt dann

$$l = l_0(1 + \alpha\,\Delta T). \tag{3}$$

Analog dem linearen Ausdehnungskoeffizienten führt man den kubischen Ausdehnungskoeffizienten γ ein:

$$\gamma = \frac{1}{V}\frac{dV}{dT} \quad \text{oder} \quad \gamma = \frac{\Delta V}{V\,\Delta T}\,. \tag{4}$$

Aus der dritten Potenz von Gl. (3) folgt bei Vernachlässigung der Potenzen 2. und 3. Ordnung mit $\gamma \approx 3\alpha$

$$V = V_0(1 + \gamma\,\Delta T.) \tag{5}$$

Das *Flüssigkeitsthermometer* ist die wichtigste Bauform der Thermometer. Es beruht auf der thermischen Ausdehnung einer Füllflüssigkeit in einem Gefäß mit angesetzter Kapillare und benutzt zum Anzeigen der Temperatur den Ausdehnungsunterschied zwischen Füllflüssigkeit und Gefäßmaterial. Als Thermometerfüllung werden benetzende und nicht benetzende Flüssigkeiten verwendet. Folgende Tabelle gibt einen Überblick über die gebräuchlichsten Flüssigkeiten und den Temperaturbereich, in dem sie anwendbar sind:

Thermometerfüllflüssigkeiten

Material	Temperaturbereich/°C
Quecksilber	−38 bis +750
Quecksilber Thallium	−58 bis +30
Pentan	−200 bis +20
Ethanol	−100 bis +50
Toluen	−70 bis +100

Für hohe Temperaturen werden die Thermometer aus Quarz hergestellt. Der Raum in der Kapillare ist mit einem unter Druck stehenden Gas, meist Stickstoff oder Wasserstoff, gefüllt. Die mit Glasthermometern erreichbare Genauigkeit liegt im allgemeinen in der Größenordnung der Skalenteilung, also bei minimal 0,01 K. Die meisten

Flüssigkeitsthermometer sind für den Fall justiert, daß sich der ganze Quecksilberfaden auf der zu messenden Temperatur befindet, also für völliges Eintauchen des Thermometers in ein temperaturkonstantes Bad bis über die Quecksilberkuppe. Müssen die Messungen mit herausragendem Faden durchgeführt werden, ist eine *Fadenkorrektur* vorzunehmen. Die Korrektur läßt sich nach folgender Formel berechnen:

$$\Delta = k\,\Delta t_l(t - t_{\mathrm{m}}). \tag{6}$$

Dabei ist Δt_l die in K angegebene Temperaturdifferenz, die der Länge des herausragenden Fadens entspricht, t die abgelesene Temperatur, t_{m} die mittlere Temperatur des Fadens und k der scheinbare Ausdehnungskoeffizient der Flüssigkeit in dem betreffenden Glas. Für Quecksilber in Jenaer Thermometerglas ist $k = 0{,}000\,157\,\mathrm{K}^{-1}$, für nichtmetallische Flüssigkeiten wird allgemein $k = 0{,}001\,3\,\mathrm{K}^{-1}$ angenommen. Die mittlere Temperatur t_{m} wird entweder geschätzt oder mit einem speziellen «Fadenthermometer» bestimmt. Dies ist ein neben dem Hauptthermometer angebrachtes Hilfsthermometer mit langgestrecktem Gefäß etwa in den Abmessungen der Kapillare des Hauptthermometers. Befinden sich bei der Messung das untere Ende des Gefäßes in der Badflüssigkeit und das obere Ende an der Ablesestelle, so zeigt das Fadenthermometer die mittlere Temperatur des Fadens des Hauptthermometers an.

Das *Beckmann-Thermometer* ist eine spezielle Form des Flüssigkeitsausdehnungsthermometers. Es wird insbesondere zur Bestimmung sehr kleiner Temperaturdifferenzen verwendet. Die Skale eines solchen Thermometers umfaßt im allgemeinen ein Temperaturintervall von nur 5 K mit einer Hundertstelgradteilung. Um das Thermometer für verschiedene Meßbereiche verwenden zu können, läßt sich die wirksame Quecksilbermenge verringern oder vergrößern. Abb. W.1.0.1 zeigt den oberen Teil eines Beckmann-Thermometers, das auf etwa 50 °C erwärmt worden ist. Durch vorsichtiges Klopfen an das Thermometer reißt das Quecksilber in dem erweiterten, mittleren Rohr ab.

Der abgetrennte Anteil wird bei einer Abkühlung nicht wieder in das am unteren Ende befindliche Vorratsgefäß gezogen, so daß das Thermometer in einem Meßbereich von etwa 50 bis 55 °C

verwendet werden kann. Will man den Meßbereich verändern, ist entweder ein weiterer Teil des Quecksilbers abzutrennen oder ein Teil des bereits abgetrennten Quecksilbers zurückzusaugen. Die Hilfsskale H läßt erkennen, daß das Thermometer für Temperaturen zwischen -20 und $+120\,°C$ brauchbar ist.

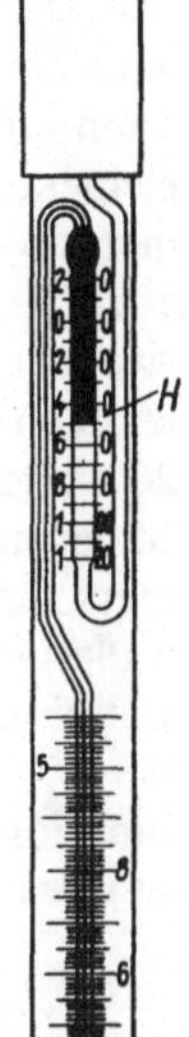

Abb. W.1.0.1. Oberteil eines Beckmann-Thermometers

Die Ablesungen, die man mit einem auf diese Weise eingestellten Thermometer vornimmt, sind untereinander vergleichbar, ergeben aber noch keine absoluten Werte der Temperaturdifferenz. Hierzu ist es noch erforderlich, den *Gradwert* des Thermometers zu bestimmen. Der Gradwert, d.h. der einem Grad der Teilung entsprechende Temperaturwert, ist nur bei einer Temperatur richtig, denn er hängt von der Menge des Quecksilbers in der Kugel ab, und diese ändert sich, wenn Quecksilber in das Vorratsgefäß am oberen Ende der Kapillare überführt oder aus diesem entnommen wird. Dabei spielen vor allem die Ausdehnung des Glases (verschiedene Glassorten) und des Quecksilbers bei verschiedenen Temperaturen eine Rolle.

Der Gradwert läßt sich durch Vergleichsmessungen bestimmen oder berechnen. Besteht das Beckmann-Thermometer aus Jenaer Thermometerglas und ist seine Skale für 0 bis 5 °C richtig (also Gradwert 1), so kann man den Gradwert

nach der Formel

$$G = \frac{1}{1 - 0{,}00016a} \tag{7}$$

berechnen. Dabei bedeutet a den Zahlenwert der in °C angegebenen Temperatur, die der abgetrennten Quecksilbermenge entspricht. Mit diesem Gradwert sind alle Ablesedifferenzen zu multiplizieren, wenn man Absolutwerte erhalten will. Der Gradwert hat dagegen bei allen Vergleichsmessungen nur untergeordnete Bedeutung. Aus dem gleichen Grund ist auch eine Fadenkorrektur nicht erforderlich, wenn Eichung und Messung unter gleichartigen Bedingungen durchgeführt werden.

In den *Gasthermometern* nutzt man zur Temperaturmessung die Zustandsänderung des (idealen) Gases aus. Es werden drei gasthermometrische Methoden unterschieden: Methode des konstanten Volumens, des konstanten Druckes und der konstanten Gefäßtemperatur.

Bei der ersten Methode bleibt das Volumen der eingeschlossenen Gasmasse etwa konstant. Die zu bestimmende Temperatur wird aus dem Druckverhältnis entsprechend (*Gay-Lussac*)

$$p = p_0(1 + \gamma\,\Delta T) \tag{8}$$

berechnet.

Bei der zweiten Methode wird der Druck konstant gehalten, wenn man das Meßgerät von der Bezugstemperatur auf die Meßtemperatur bringt. Die zu messende Temperatur ergibt sich aus dem Volumenverhältnis entsprechend Gl. (5). In beiden Fällen ist das Meßgefäß mit bekanntem Volumen über eine Kapillare mit einem Quecksilbermanometer verbunden.

Bei der Methode der konstanten Gefäßtemperatur wird die Temperatur aus Druck- und Volumenmessungen gewonnen. Dabei wird das Volumen so geändert, daß der Druck auf einen bestimmten Teil des Anfangsdruckes abnimmt.

1.0.3. Temperaturmessung mittels elektrischer temperaturabhängiger Stoffeigenschaften

Eine der wichtigsten Stoffeigenschaften, die zur Temperaturmessung verwendet werden, ist die Temperaturabhängigkeit des elektrischen Widerstandes (vgl. E.1.0.4).

Metallwiderstandsthermometer bestehen meist aus Platin, z. T. auch aus Nickel.

Das Platinwiderstandsthermometer dient zur Interpolation der IPT-Skale 1968 zwischen 13,81 K und 903,89 K.

Für ein *Halbleiterthermometer* werden heute gesinterte Metalloxide und oxidische Mischkristalle sowie reines Germanium verwendet. Sie sind in einem Temperaturbereich von -70 bis 150 °C anwendbar bzw. bei Ausführungen, die in Glas eingeschmolzen sind, auch bis etwa 400 °C. Die Temperaturabhängigkeit des Widerstandes eines Halbleiters kann innerhalb eines nicht zu großen Temperaturintervalls gut durch eine Exponentialfunktion [vgl. Gl. (E.1.–10)] wiedergegeben werden. Wegen ihrer Eigenschaften, bei hohen Temperaturen den Strom besser zu leiten, heißen diese Halbleiter auch Heißleiter oder NTC-Widerstände (NTC: negative temperature coefficient). Halbleiterwiderstandsthermometer haben gegenüber Metallwiderstandsthermometern einige Vorteile: Der größere Temperaturkoeffizient erlaubt die Anwendung von Meßwerken mit geringerer Empfindlichkeit. Da NTC-Widerstände sehr hochohmig hergestellt werden können, beeinflussen auch längere Anschlußleitungen das Meßergebnis nicht. Da weiterhin NTC-Widerstände sehr klein gehalten werden können (Kugeln mit Durchmesser 1 mm und kleiner), ergibt sich eine geringe thermische Trägheit (Einstellzeit einige ms). Nachteilig gegenüber Metallwiderstandsthermometern wirken sich die nichtlineare Widerstandscharakteristik, die notwendige künstliche Alterung bzw. Nacheichung und der durch große Herstellungstoleranzen bedingte Abgleich durch Vor- und Nebenwiderstände aus.

Eine andere wichtige Stoffeigenschaft, die zur Temperaturmessung verwendet wird, ist die Thermoelektrizität. Als Thermoelektrizität bezeichnet man die Gesamtheit von Erscheinungen in Stromkreisen, die aus einer Wechselwirkung von Strom und Wärme herrühren. Für die Temperaturmessung hat vor allem der *Seebeck-Effekt* Bedeutung. Er besagt, daß in einem Stromkreis aus zwei verschiedenen Leitern eine Thermospannung erzeugt wird, wenn die beiden Berührungsstellen unterschiedliche Temperaturen haben. Wird der Kreis geschlossen, fließt ein Strom, der Thermostrom. Die Thermospannung liegt für die meisten Metallkombinationen bei 10^{-4} bis 10^{-5} V/K. Die erzeugte Thermospannung wird in Thermoelementen zur Temperaturmessung benutzt. Dazu werden zwei Drähte aus verschiedenen Metallen durch Löten oder Schweißen miteinander verbunden. Die eine Lötstelle, die Meßlötstelle, wird der zu messenden Temperatur ausgesetzt, die zweite Lötstelle, die Vergleichslötstelle, befindet sich auf einer konstanten Temperatur (Eiswasser oder Thermostat). Die sich aufgrund der Temperaturdifferenz zwischen den beiden Lötstellen ausbildende Thermospannung ist ein Maß für die Temperatur. Thermoelemente sind von -200 bis 3000 °C zur Temperaturmessung geeignet. Es werden die verschiedensten Drahtkombinationen (Thermopaare) verwendet. Zum Beispiel ist die Kombination Kupfer/Konstantan für Temperaturen zwischen -200 und 400 °C geeignet. Es ist eines der am häufigsten verwendeten Thermoelemente und besonders für niedrige Temperaturen geeignet. Mit dem Platin-Rhodium/Platin-Element erfolgt die Interpolation der IPT-Skale 1968 zwischen 900 und 1388 K.

Die Thermospannung einer Materialkombination ist in erster Näherung proportional der Temperaturdifferenz

$$E = a\,\Delta T. \tag{9}$$

Für genauere Messungen ist eine quadratische Interpolation über Eichpunkte notwendig

$$E = a\,\Delta T + b(\Delta T)^2. \tag{10}$$

Die Thermospannung wird im einfachsten Fall mit empfindlichen Galvanometern gemessen. Bei hohen Anforderungen müssen Kompensationsverfahren angewendet werden (vgl. E. 2.2).

Thermoelemente sind einfach herstellbar, besitzen eine geringe räumliche Ausdehnung, geringe thermische Trägheit und sind auch für Fernmessungen bei Verwendung von Ausgleichsleitungen geeignet.

1.0.4. Temperaturmessung mittels optischer temperaturabhängiger Stoffeigenschaften

Mit optischen Methoden können die Temperaturen strahlender Körper gemessen werden, wenn ihre elektromagnetische Ausstrahlung eindeutig durch die Temperatur der Körper bestimmt ist, die Strahlung also eine Wärmestrahlung ist. Es

gelten dann die in O. 5.0 beschriebenen Gesetzmäßigkeiten [Gl. (2a) und Gl. (3)], d. h., exakt gelten sie nur für einen schwarzen Körper. Ein schwarzer Körper ist ein Körper, der alle einfallende elektromagnetische Strahlung unabhängig von Wellenlänge und Temperatur absorbiert, sein Absorptionsgrad ist $\alpha = 1$ (ebenso sein Emissionsgrad $\varepsilon = 1$), und sein Reflexionsgrad ist $\varrho = 0$. In der Natur existieren keine völlig schwarzen Strahler, gute Näherungen sind innen geschwärzte Hohlräume mit nicht zu großen Öffnungen. Reale Strahler, z. B. erwärmte Metalle (Glühlampen), strahlen bei gleichen Temperaturen weniger als schwarze Körper. Der Emissionskoeffizient ist stets kleiner als 1 (vgl. O. 5.0).

Aus den Strahlungsgesetzen ergibt sich, daß die Farbe, mit der ein Körper strahlt, von dessen Temperatur abhängt. Diesen Effekt kann man gut für grobe Temperaturabschätzungen benutzen. Ein Körper mit einer Temperatur von etwa 550 °C erscheint in dunkler Rotglut, gelbglühend hat er eine Temperatur von etwa 1 100 °C, weißglühend etwa 1 500 °C.

Meßgeräte, mit denen man durch Vergleich der Helligkeit bzw. Farbe eines Meßkörpers mit der einer Vergleichsfläche berührungsfrei Temperaturen (größer als 600 °C) bestimmen kann, heißen *Strahlungspyrometer*. Man unterscheidet, je nachdem ob der Vergleich im gesamten oder nur in einem schmalen Spektralbereich vorgenommen wird, Gesamtstrahlungs- und Spektralpyrometer. Letztere sind noch in Teilstrahlungs- und Farbpyrometer unterteilbar. Gesamtstrahlungspyrometer konzentrieren mittels Linsen oder Hohlspiegel die von einem Körper emittierte Strahlung insgesamt oder eines sehr großen Spektralbereiches auf einen Strahlungsempfänger. Als Empfänger werden Photoelemente oder Thermoelemente benutzt. Die gewonnene Energie ist ein Maß für die Temperatur.

Das *Glühfadenpyrometer*, ein Teilstrahlungspyrometer, vergleicht die Helligkeit bzw. Farbe des Meßobjektes mit der des Glühfadens einer speziellen Glühlampe. Durch Änderung des Lampenstromes wird der Glühfaden auf die Helligkeit des Meßobjektes eingestellt. Der Lampenstrom ist ein Maß für die Temperatur.

Das *Intensitätspyrometer*, ein weiteres Teilstrahlungspyrometer, gleicht im wesentlichen dem Gesamtstrahlungspyrometer, nur daß durch Vorschalten eines Farbfilters ein kleiner Spektralbereich für die Messung verwendet wird. Die starke Lichtschwächung durch das Farbfilter macht die Verwendung von Verstärkern erforderlich.

Farbpyrometer filtern aus der zu untersuchenden Strahlung zwei komplementäre Spektralbereiche heraus und mischen diese. Die Mischfarbe wird dann mit der entsprechenden einer Glühlampe bekannter Farbtemperatur verglichen. Durch Farbfilter veränderlicher Dichte wird Farbgleichheit mit der Lampe hergestellt. Die Filterstellung ist ein Maß für die Temperatur.

1.0.5. Thermostat und Kontaktthermometer

Voraussetzungen für eine hinreichende Temperaturgleichheit zwischen Meßobjekt und Meßgerät und damit für eine richtige Temperaturanzeige sind räumliche und zeitliche Temperaturkonstanz des Meßobjektes. Dies läßt sich am besten mit einem Thermostaten mit Kontaktthermometer realisieren. Für Untersuchungen im Praktikum wird meist ein Flüssigkeitsthermostat verwendet, für hohe und tiefe Temperaturen gibt es auch Metallthermostaten. Ein *Flüssigkeitsthermostat* besteht aus einem nach außen wärmeisolierten Kessel, der zur Aufnahme der Flüssigkeit dient. Für den Temperaturbereich von 0 bis 100 °C wird normalerweise destilliertes Wasser verwendet, für höhere Temperaturen nimmt man in der Regel Silicon- oder Dampfturbinenöl. Im Inneren des Kessels befindet sich ein Rührwerk, das von einem Elektromotor angetrieben wird. Der Motor betätigt außerdem eine einstellbare Pumpe, mit der die Thermostatenflüssigkeit in einen äußeren Wärmebehälter gedrückt werden kann. Soll die Flüssigkeit im Wärmebehälter eine freie Oberfläche haben, muß der Thermostat mit einer kombinierten Druck-Saug-Pumpe ausgerüstet sein. Der Kessel enthält einen oder mehrere elektrische Heizkörper und eine Kühlschlange, durch die man zur Abkühlung der Thermostatenflüssigkeit Leitungswasser fließen lassen kann.

Als Meßfühler dient ein Kontaktthermometer, dessen Prinzip in Abb. W.1.0.2 dargestellt ist. In dem evakuierten Raum oberhalb des Quecksilberfadens Q ist eine Spindel S untergebracht. Wenn

man die Spindel mit Hilfe des aufsetzbaren Hufeisenmagneten H dreht, bewegt sich die auf der Spindel sitzende Mutter M nach oben oder nach unten. An der Mutter ist ein Draht D befestigt.

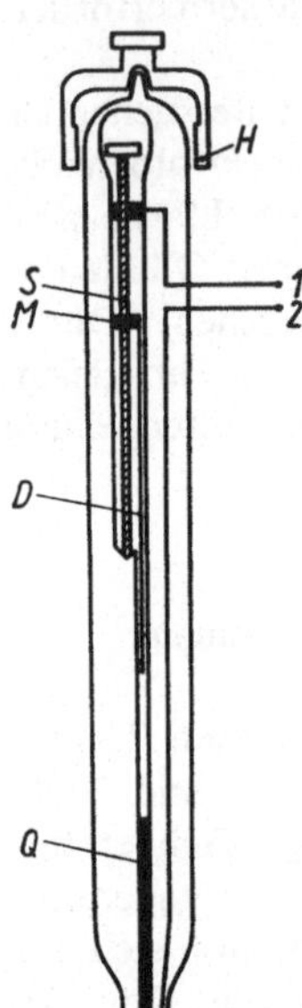

Abb. W.1.0.2. Prinzip eines Quecksilber-Kontaktthermometers

Bei einer bestimmten Temperatur t berührt die Oberfläche des Quecksilberfadens das Drahtende und schließt damit den elektrischen Kreis zwischen den Polen *1* und *2*. Die Lage der Mutter kann an einer Skale abgelesen werden, die in Grad Celsius geeicht ist. Die abgelesene Temperatur stimmt näherungsweise mit der Kontakttemperatur überein.

Das Regelungsprinzip des Thermostaten entspricht dem in Abb. W.1.0.3 dargestellten Schaltplan. Wenn man den Netzschalter S_1 schließt, wird der Motor M in Betrieb gesetzt. Außerdem fließt ein Strom durch das Relais *Rel* und den Widerstand R. Das Relais zieht an und schließt den Schalter S_2. Der Heizer H wird vom Strom durchflossen, und die Glimmlampe G leuchtet auf. Parallel zum Relais liegt der Stromkreis des Kontaktthermometers KT. Wird dieser Kreis geschlossen, bricht die Spannung am Relais weitgehend zusammen. Der Schalter S_2 wird geöffnet, die Heizung setzt aus, und die Glimmlampe erlischt. Nun kühlt sich die Flüssigkeit langsam ab, bis der Stromkreis des Kontaktthermometers

unterbrochen wird. In diesem Augenblick schließt das Relais erneut den Heizstromkreis usw.

Größere Thermostate haben vier Heizleistungsstufen. Die Anpassung der Heizleistung an die jeweiligen Arbeitsbedingungen ist Voraussetzung für eine hohe Regelgenauigkeit. Die richtige Einstellung ist im allgemeinen erst nach Erreichen der Arbeitstemperatur, d. h. mit Einsetzen der Regelung des Thermostaten, möglich. Die günstigsten Bedingungen im Regelkreis bestehen, wenn die meist von einer Kontrollampe angezeigten Heiz- und Ausschaltzeiten möglichst kurz sind und ihr Verhältnis 1:1 beträgt.

Moderne Thermostate arbeiten mit elektronisch geregelten Heizungen und Temperatursensoren. Die in der Regel digitale Einstellung des Sollwertes und die digitale Ablesung des Istwertes ermöglichen eine Auflösung von 0,1 K.

Ein großer Vorteil besteht außerdem darin, daß externe Verbraucher genauer und schneller temperiert werden können. Dazu wird der Temperatursensor direkt im externen Verbraucher angeordnet, um Temperaturschwankungen durch

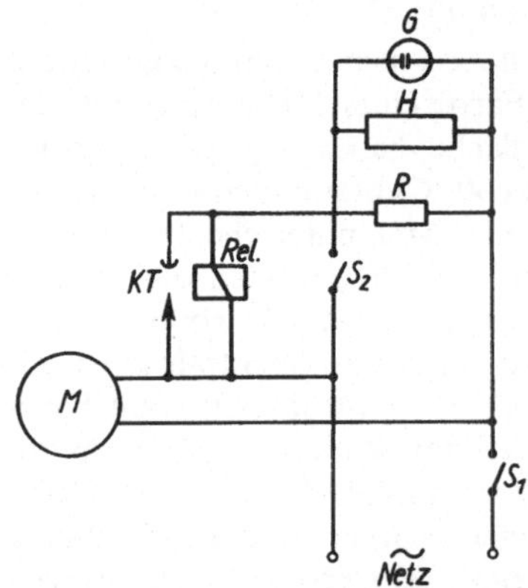

Abb. W.1.0.3. Schaltprinzip eines Thermostaten

den veränderten Wärmebedarf des Verbrauchers ohne Verzögerung an die Regel- und Steuerelektronik des Thermostaten zu melden. Die erreichbare Temperaturkonstanz beträgt im allgemeinen $\pm 0{,}01$ K.

Steht zusätzlich ein externer Programmgeber oder eine entsprechende Schnittstelle mit Computer zur Verfügung, kann mit Hilfe spezieller zeitabhängiger Temperaturprogramme die Thermostatierung optimiert werden.

1.1. Ausdehnungskoeffizient einer Flüssigkeit

Aufgaben: 1. Das scheinbare Volumen einer Flüssigkeit ist in Abhängigkeit von der Temperatur zu messen und in einem Diagramm darzustellen. 2. Mit Hilfe des Diagramms sind die Ausdehnungskoeffizienten für bestimmte Temperaturen bzw. in bestimmten Temperaturintervallen zu berechnen.

Als Ausdehnungsgefäß für die zu untersuchende Flüssigkeit soll ein Glaskolben dienen, an den das Rohr einer Meßpipette angeblasen worden ist. Das Gefäß befindet sich in einem Wasserbad, dessen Temperatur mit Hilfe eines Thermostaten schrittweise verändert werden kann.

Das innere Volumen des Gefäßes bei der Bezugstemperatur $t_0 = 20\ °C$, bei der die Volumenskale des Pipettenrohres gültig ist, sei bekannt. Bei einer Temperatur $t_1 > t_0$ soll das Gefäß bis zu einer Marke M_1 am Pipettenrohr gefüllt sein. Der Zusammenhang zwischen dem abgelesenen (scheinbaren, nur bei t_0 richtigen) Volumen V_{01} und dem tatsächlichen Volumen der Flüssigkeit V_{F1} ist dann

$$V_{F1} = V_{01}\{1 + 3\alpha_{Gl}(t_1 - t_0)\}, \tag{11}$$

wobei α_{Gl} der lineare Ausdehnungskoeffizient von Glas ist. Bei der Temperatur $t_2 > t_1$ hat sich die Flüssigkeit bis zu einer Marke M_2 (scheinbares Volumen V_{02}) ausgedehnt. Für das tatsächliche Volumen der Flüssigkeit bei dieser Temperatur gilt einerseits

$$V_{F2} = V_{02}\{1 + 3\alpha_{Gl}(t_2 - t_0)\} \tag{12}$$

und andererseits

$$V_{F2} = V_{F1}\{1 + \gamma_{12}(t_2 - t_1)\}, \tag{13}$$

wobei der Ausdehnungskoeffizient der Flüssigkeit im Temperaturintervall von t_1 bis t_2 mit γ_{12} bezeichnet worden ist. Aus den Gln. (11) bis (13) folgt

$$V_{02}\frac{1 + 3\alpha_{Gl}(t_2 - t_0)}{1 + 3\alpha_{Gl}(t_1 - t_0)} = V_{01}\{1 + \gamma_{12}(t_2 - t_1)\}$$

oder bei Berücksichtigung der Tatsache, daß

$$3\alpha_{Gl}(t_i - t_0) \ll 1$$

für alle in Betracht kommenden Temperaturen t_i ist,

$$V_{02}\{1 + 3\alpha_{Gl}(t_2 - t_1)\} = V_{01}\{1 + \gamma_{12}(t_2 - t_1)\}.$$

Damit wird

$$\gamma_{12} = \frac{V_{02} - V_{01}}{V_{01}(t_2 - t_1)} + 3\alpha_{Gl}\frac{V_{02}}{V_{01}}. \tag{14}$$

Führt man in Gl. (14) einen Grenzübergang $t_1 \to t_2 = t$ durch, so erhält man den differentiellen Ausdehnungskoeffizienten

$$\gamma(t) = \frac{1}{V_0(t)}\frac{\mathrm{d}V_0}{\mathrm{d}t} + 3\alpha_{Gl}. \tag{15}$$

Versuchsausführung

Wenn das innere Volumen des Ausdehnungsgefäßes bei der Bezugstemperatur t_0 nicht bekannt ist, bestimmen wir es durch Wägung des leeren und des mit einer Flüssigkeit bekannter Dichte gefüllten Gefäßes. Soll dafür eine Analysenwaage verwendet werden, so sind die Ausführungen in M.1.0.2 bzw. M.1.0.3 zu beachten.

Die Erwärmung zwischen den Grenzen des geforderten Temperaturintervalls soll in Schritten von etwa 5 K erfolgen. Die abgelesenen Volumina V_{0i} werden über t_i graphisch dargestellt. Die Ausdehnungskoeffizienten berechnen wir nach Gl.(14) bzw. Gl. (15). Zur Bestimmung von $\gamma(t)$ ist eine Tangente an die Kurve zu legen, deren Anstieg $\mathrm{d}V_0/\mathrm{d}t$ liefert.

1.2. Gasthermometer

Aufgabe: Der Spannungskoeffizient γ von Luft soll mit dem Gasthermometer von *Jolly* bestimmt werden. Außerdem ist die Zimmertemperatur mit diesem Thermometer zu messen.

Das Gasthermometer nach *Jolly* (vgl. Abb. W.1.2.1) besteht aus einem Glaskolben K, der durch eine Kapillare k mit einem senkrecht stehenden Glasrohr R_1 verbunden ist. Der Kolben K soll im vorliegenden Falle mit Luft gefüllt sein.

Parallel zu R_1 befindet sich ein Glasrohr R_2, das vertikal verschoben werden kann. Als Verbindung zwischen den Rohren dient ein dickwandiger Gummischlauch. Die Rohre und der Schlauch sind mit Quecksilber gefüllt. Die Höhe des Rohres R_2 wird stets so eingestellt, daß der

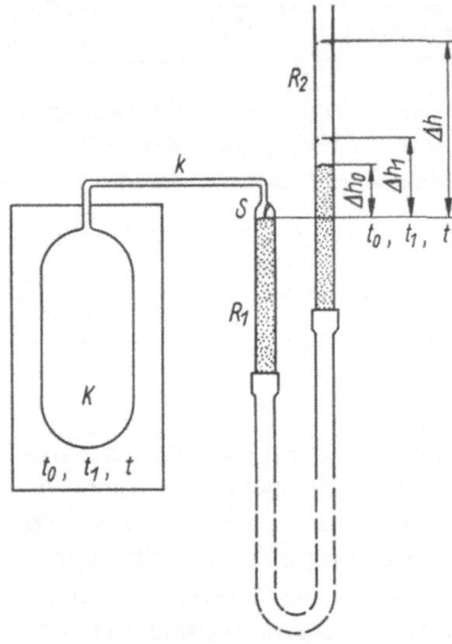

Abb. W.1.2.1. Gasthermometer (schematisch)

Quecksilberspiegel im Rohr R_1 die kleine Spitze S gerade berührt. Hinter den Rohren ist eine Skale angebracht, auf der man die Lage der Quecksilberspiegel ablesen kann.

Zunächst soll die Luft in K die Temperatur $t_0 = 0\ °C$ haben und unter dem Druck

$$p_0 = \varrho g(h_0 + \Delta h_0) \qquad (16)$$

stehen; h_0 ist die Höhe der Quecksilbersäule im Barometer während der Bestimmung von Δh_0; ϱ ist die Dichte von Quecksilber. Bezeichnet man das innere Volumen des Kolbens bei $0\ °C$ mit V_0, so lautet die Zustandsgleichung (W.2.–5)

$$p_0 V_0 = (n - \Delta n_0)\,RT_0, \qquad (17)$$

wobei n die Luftmenge im Gasthermometer und Δn_0 die Luftmenge im sogenannten schädlichen Raum, d. h. in der Kapillare k bzw. im oberen Ende des Rohres R_1 sind. Diese Luft nimmt das Volumen ΔV ein und besitzt näherungsweise die

Zimmertemperatur t_1, d. h., es gilt

$$p_0\,\Delta V = \Delta\,n_0 R T_1. \qquad (18)$$

Eliminiert man aus den Gln. (17) und (18) Δn_0, erhält man

$$p_0 V_0 \left\{ 1 + \frac{\Delta V}{V_0}\,\frac{T_0}{T_1} \right\} = nRT_0. \qquad (19)$$

Nun wird die Luft in K bis zur Siedetemperatur t von Wasser erwärmt. Der Druck steigt dabei auf

$$p = \varrho g(h + \Delta h); \qquad (20)$$

h ist der Barometerstand in dem Augenblick, in dem man Δh bestimmt.[1] Das innere Volumen des Kolbens vergrößert sich gemäß Gl. (5) [α_{Gl} ist der lineare Ausdehnungskoeffizient von Glas], und es gilt

$$p V_0(1 + 3\alpha_{Gl}t) = (n - \Delta n)\,RT. \qquad (21)$$

Im Volumen ΔV, in dem die Zimmertemperatur t_1 näherungsweise erhalten bleibt, befindet sich jetzt die Luftmenge Δn, d. h., es gilt

$$p\,\Delta V = \Delta n R T_1. \qquad (22)$$

Aus den Gln. (21) und (22) folgt

$$p V_0 \left\{ 1 + 3\alpha_{Gl}t + \frac{\Delta V}{V_0}\,\frac{T}{T_1} \right\} = nRT. \qquad (23)$$

Die Division von Gl. (23) durch Gl. (19) liefert

$$\frac{p\left(1 + 3\alpha_{Gl}t + \dfrac{\Delta V}{V_0}\,\dfrac{T}{T_1}\right)}{p_0\left(1 + \dfrac{\Delta V}{V_0}\,\dfrac{T_0}{T_1}\right)} = \frac{T}{T_0}. \qquad (24a)$$

Nun sind sowohl $3\alpha_{Gl}t$ als auch $\Delta V/V_0$ sehr klein gegen 1. Man kann daher Gl. (24a) in guter Näherung

$$\frac{p}{p_0}\left\{ 1 + 3\alpha_{Gl}t + \frac{\Delta V}{V_0}\,\frac{T - T_0}{T_1} \right\} = \frac{T}{T_0} \qquad (24)$$

schreiben. $T - T_0$ ist aber gerade t, und es gilt

$$\frac{T}{T_0} = 1 + \gamma t.$$

---

[1] Strenggenommen sind in den Gln. (16) und (20) unter ϱ die Dichte von Quecksilber bei $0\ °C$ und unter h_0, Δh_0, h und Δh die auf $0\ °C$ umgerechneten Höhen zu verstehen. Diese Umrechnung ist aber überflüssig, da zur Berechnung von γ nur das Verhältnis $(h + \Delta h)/(h_0 + \Delta h_0)$ benötigt wird.

Wenn man Gl. (24) nach γ auflöst, ergibt sich bei Berücksichtigung der Gln. (20) und (16)

$$\gamma = \frac{1}{t}\left\{\frac{h + \Delta h}{h_0 + \Delta h_0}\left[1 + \left(3\alpha_{Gl} + \frac{\Delta V}{V_0}\frac{1}{T_1}\right)t\right] - 1\right\}. \qquad (25)$$

In einer groben Näherung kann man das Volumen des schädlichen Raumes und die Ausdehnung des Glaskolbens K vernachlässigen. Dann vereinfacht sich (Gl. (25) zu

$$\gamma_0 = \frac{1}{t}\left\{\frac{h + \Delta h}{h_0 + \Delta h_0} - 1\right\}. \qquad (25a)$$

Mit diesem Wert γ_0 berechnet man die Zimmertemperatur t_1 näherungsweise zu

$$t_1 = \frac{1}{\gamma_0}\left\{\frac{h_1 + \Delta h_1}{h_0 + \Delta h_0} - 1\right\},$$

wobei h_1 der Barometerstand während der Bestimmung von Δh_1 ist. Die in Gl. (25) benötigte absolute Temperatur T_1 ist in dieser Näherung

$$T_1 = \frac{1}{\gamma_0}\frac{h_1 + \Delta h_1}{h_0 + \Delta h_0}. \qquad (26)$$

Wenn γ bekannt ist, kann das Thermometer zur Temperaturmessung verwendet werden.

Versuchsausführung

Wir lesen am Barometer h_1 ab und messen unmittelbar danach etwa fünfmal Δh_1. Dabei bemühen wir uns, den Quecksilberspiegel bei jeder Messung so genau wie möglich mit der Spitze S in Berührung zu bringen. Dann wird das Rohr R_2 gesenkt und der Kolben K in ein Gefäß mit schmelzendem Eis getaucht. Das Senken des Rohres darf unter keinen Umständen vergessen werden, da sonst die Gefahr besteht, daß die sich abkühlende Luft Quecksilber in den Kolben K saugt. Nach einer Wartezeit von mindestens 20 Minuten bestimmen wir mehrmals Δh_0 und den Luftdruck (die Höhe h_0). Anschließend bringen wir den Kolben K in ein Gefäß mit siedendem Wasser, warten abermals 20 Minuten und lesen mehrfach Δh und den Luftdruck (die Höhe h) ab. Vor dem Entfernen des Gefäßes mit siedendem Wasser muß das Rohr R_2 wieder gesenkt werden.

Wir berechnen γ_0 nach Gl. (25a), T_1 nach Gl. (26) und γ nach Gl. (25). Die dem Luftdruck (Höhe h) entsprechende Siedetemperatur des Wassers t ist der Tab. 8 zu entnehmen. Das Verhältnis $\Delta V/V_0$ soll gegeben sein. Der Fehlerrechnung legen wir Gl. (25a) zugrunde, d. h., wir berechnen den Fehler von γ_0, der in sehr guter Näherung mit dem von γ übereinstimmt. Zur genauen Ermittlung der Zimmertemperatur t_1 wird Gl. (25) nach t aufgelöst. Wir erhalten $t = t_1$, indem wir $h + \Delta h$ durch $h_1 + \Delta h_1$ ersetzen.

1.3. Widerstandsthermometer

Aufgaben: 1. Der elektrische Widerstand eines Platinwiderstandsthermometers ist bei Zimmertemperatur mit einem Präzisionsmeßgerät zu ermitteln.
2. Aus dem Widerstand bei der Temperatur von Eiswasser und von siedendem Wasser ist der mittlere Temperaturkoeffizient zu berechnen.
3. Die Erstarrungstemperatur einer Flüssigkeit ist als Haltepunkt der Abkühlungskurve zu bestimmen.

Da in dem angegebenen Temperaturintervall eine fast lineare Beziehung zwischen dem Widerstand des Platinmeßdrahtes und der Temperatur besteht, genügt zur Berechnung des Temperaturkoeffizienten Gl. (E.1.–9a).
Um den Widerstand mit hinreichender Genauigkeit bestimmen zu können, ist z. B. eine *Präzisionsmeßbrücke in Wheatstone-Schaltung* erforderlich (vgl. E.1.2). Dies ist eine Meßbrücke mit veränderlichem, durch Kurbeln einstellbarem Vergleichswiderstand R_N und mit festen, durch Stöpsel wählbaren Verzweigungswiderständen R_1 und R_2. Der Vergleichswiderstand besteht aus Dekaden mit Einzelwiderständen von 0,1; 1; 10; 100 und 1000 Ω, die nach dem Baukastensystem zusammengesetzt und mit Laschen verbunden sind. Die Verzweigungswiderstände bestehen aus 2 Widerstandsreihen von 10, 100, 1000 und 10000 Ω, so daß das Verhältnis $R_1 : R_2$ eine Potenz von 10 ergibt. Die Kippschalter im Batterie- und Galvanometerkreis haben Vorkontakte, an die der jeweilige Stromkreis über einen Vorwiderstand angeschlossen ist. Das Galvanometer ist dadurch bei nicht abgeglichener Brücke vor Überlastung geschützt.

Versuchsausführung

Die Schaltung der Brücke ist auf dem Gehäuse angegeben. Der Widerstand des Platinwiderstandsthermometers bei Zimmertemperatur soll grob bekannt sein; zur *Aufgabe 1* ist daher zunächst die Brücke auf diesen Wert einzustellen.

Bei der *Aufgabe 2* ist unbedingt Temperaturgleichgewicht abzuwarten (etwa 15 min). Bei der Siedetemperatur ist die Abhängigkeit vom Luftdruck zu beachten (vgl. Tab. 8).

Zur *Aufgabe 3* füllen wir das Reagenzglas mit der zu untersuchenden Flüssigkeit und bringen es in das mit gestoßenem Eis gefüllte Dewargefäß. Das Widerstandsthermometer wird so eingetaucht, daß es etwa in der Achse des Reagenzglases steht und den Boden gerade noch nicht berührt. Der Widerstand wird aller 30 s abgelesen, die Flüssigkeit wird ständig leicht gerührt. Der Haltepunkt soll etwa 5 min lang beobachtet werden. Die Abkühlungskurve ist zu zeichnen.

Bei der Fehlerabschätzung sind neben der Ablesegenauigkeit unbedingt auch die Meßunsicherheiten der verwendeten Meßgeräte zu beachten.

1.4. Pyrometer

Aufgaben: 1. Es sind die wahren Temperaturen eines Widerstandsdrahtes bei verschiedenen Stromstärken mit Hilfe des Pyrometers zu bestimmen und graphisch darzustellen $[T = f(I)]$.
2. Die wahren Temperaturen sind bei unter 1. gemessenen Strömen mit Hilfe des Stefan-Boltzmannschen Gesetzes zu berechnen und ebenfalls darzustellen (gleiches Blatt).
3. Die erhaltenen Kurven sind zu diskutieren, die Unterschiede zu begründen.

Im allgemeinen verwendet man zur Bestimmung hoher Temperaturen kommerzielle Pyrometer. Im Bereich von 700 bis 2 000 °C bei Entfernungen ab 0,50 m werden häufig optische Pyrometer eingesetzt. In diesen vergleicht man die Leuchtdichte des zu messenden Temperaturstrahlers mit der Leuchtdichte eines Glühfadens, die sich verändern läßt. Gleiche Leuchtdichte ist hergestellt, wenn sich der Fadenbogen nicht mehr vom Bild des Strahlers abhebt. Dann ist der Widerstand des Lampenfadens, der sich im Einklang mit seiner Temperatur ändert, ein Maß für die

schwarze Temperatur des strahlenden Körpers. Durch ein Rotfilter wird das nötige einfarbige Licht erzeugt.

Zur Bestimmung der wahren Temperaturen T aus den gemessenen schwarzen Temperaturen T_s ist die Kenntnis des Emissionsgrades ε erforderlich. Um diesen zu messen, muß man den realen Strahler ins thermische Gleichgewicht mit einem schwarzen Strahler oder mit einem realen Strahler bekannten Emissionsgrades bringen. Für die meisten Metalle kann der Emissionsgrad Tabellen entnommen werden.

Die wahre Temperatur kann gemäß

$$\frac{1}{T} = \frac{1}{T_s} + \frac{1}{v}\frac{k}{h}\ln \varepsilon \tag{27}$$

berechnet werden, wobei v die Frequenz, k die Boltzmann-Konstante und h die Planck-Konstante sind. In den Beschreibungen der kommerziellen Geräte sind meist Korrekturtafeln bzw. -kurven enthalten, die nach Gl. (27) berechnet worden sind.

Für die Berechnung der wahren Temperaturen nach dem *Stefan-Boltzmannschen Gesetz* wird angenommen, daß alle zugeführte Energie bzw. Leistung in Strahlung umgesetzt wird. Mit Beachtung des Emissionsgrades ε ergibt sich dann aus Gl. (O.5.–3, 4) mit P (zugeführte elektrische Leistung), A (strahlende Fläche) und $\sigma = 5{,}67 \cdot 10^{-8}\ \mathrm{W \cdot m^{-2} \cdot K^{-4}}$

$$P = \varepsilon\sigma T^4 A. \tag{28}$$

Versuchsausführung

Die Länge des eingespannten Widerstandsdrahtes (möglichst Flachdraht) ist so zu wählen, daß bei niedrigen Spannungen (10 bis 15 V) hohe Stromstärken (6 bis 12 A) entstehen. Die elektrischen Meßgeräte sind spannungsrichtig anzuschließen. Die Stromstärke erhöhen wir jeweils um 0,5 A, bei jedem Meßpunkt ermitteln wir eine Durchschnittstemperatur aus etwa 10 Messungen.

Für die tiefste und höchste gemessene Temperatur berechnen wir den zufälligen Fehler aus der entsprechenden Meßreihe, der systematische Fehler des Pyrometers wird abgeschätzt. Für die berechnete tiefste und höchste Temperatur berechnen wir die Größtfehler aus den abgeschätzten Fehlern der verwendeten Meßgeräte.

2. Zustandsänderungen und Phasenumwandlungen

2.0. Allgemeine Grundlagen

2.0.1. Zustandsgleichungen

Der Druck p, das Volumen V und die Temperatur T bzw. t sind physikalische Größen, die den Zustand eines Körpers beschreiben. Sie werden deshalb *Zustandsgrößen* genannt.

Zustandsänderungen sind besonders dann leicht zu überschauen, wenn eine Zustandsgröße konstant gehalten wird. Man unterscheidet

a) *isobare* Zustandsänderungen (p = const),
b) *isochore* Zustandsänderungen (V = const) und
c) *isotherme* Zustandsänderungen (t = const).

Die Zustandsgrößen p, V und t können nicht beliebig geändert werden. Zwischen den drei Größen besteht ein funktionaler Zusammenhang, den man als *Zustandsgleichung* bezeichnet.

Für isotherme Zustandsänderungen in Gasen gilt nach *Boyle*

$$pV = \text{const}, \tag{1}$$

und isochore Zustandsänderung durch

$$V = V_0(1 + \gamma t) = V_0\gamma \left(\frac{1}{\gamma} + t \right) \tag{2}$$

und isochore Zutsandsänderung durch

$$p = p_0(1 + \gamma' t) \tag{3}$$

beschrieben werden (Gesetze von *Gay-Lussac*). γ ist der kubische Ausdehnungskoeffizient, γ' der Spannungskoeffizient des Gases. Gegeben sei ein Gas, das bei der Temperatur 0 °C unter dem Druck p_0 stehen und das Volumen V_0 einnehmen soll. Erwärmt man nun das Gas bei dem konstanten Druck p_0 bis zur Temperatur t so gilt

$$p_0 V = p_0 V_0(1 + \gamma t). \tag{2a}$$

Führt man die gleiche Erwärmung bei dem konstanten Volumen V_0 durch, ergibt sich

$$p V_0 = p_0 V_0(1 + \gamma' t). \tag{3a}$$

Die Produkte $p_0 V$ und $p V_0$ müssen nach Gl. (1) übereinstimmen, da sie zwei Kombinationen von p und V darstellen, die zur gleichen Temperatur t gehören. Daraus folgt aber, daß γ' und γ gleich sind. Das Experiment zeigt darüber hinaus, daß alle Gase nahezu den gleichen thermischen Ausdehnungskoeffizienten haben. Für das ideale Gas gilt

$$\gamma = \gamma' = \frac{1}{273,15} \, \text{K}^{-1}.$$

Gl. (2a) kann nach den bisherigen Überlegungen

$$pV = p_0 V_0 \gamma \left(\frac{1}{\gamma} + t \right) = C'T$$

geschrieben werden. Die Konstante C' muß der Masse m des Gases proportional sein, da die doppelte Gasmasse bei gleichem Druck und gleicher Temperatur das doppelte Volumen einnimmt.

$$pV = mCT. \tag{4}$$

Wird Gl. (4) auf ein Mol des Gases bezogen, erhält man

$$pV_M = MCT. \tag{4a}$$

Die Erfahrung zeigt nun, daß das molare Volumen V_M für alle Gase bei gleichem Druck und gleicher Temperatur gleich ist. Während C eine Materialkonstante darstellt, ist das Produkt MC eine Konstante R, die von der Natur des speziellen Gases nicht abhängt; R wird *molare Gaskonstante* genannt. Damit können die Gln. (4) und (4a)

$$pV = \frac{m}{M} RT = nRT, \tag{5}$$

$$pV_M = RT \tag{5a}$$

geschrieben werden. Das Verhältnis der Masse m des Gases zur molaren Masse M ist die Stoffmenge n. Unter Normalbedingungen ($p_N = 101\,325$ Pa $= 760$ Torr, $T_N = 273,15$ K) gilt

$$V_{M,N} = 22,41 \cdot 10^{-3}\,\text{m}^3 \cdot \text{mol}^{-1}.$$

Aus Gl. (5a) folgt damit für die molare Gaskonstante

$$R = 8{,}314 \, \text{J} \cdot \text{K}^{-1} \cdot \text{mol}^{-1}.$$

Ein Gas, das der Zustandsgleichung (5) genügt, bezeichnet man als *ideales Gas*. Gl. (5) kann mit Hilfe der kinetischen Gastheorie begründet werden, wenn man die Gasmoleküle als völlig elastische Punkte[1]) ansieht, die nur bei Zusammenstößen in Wechselwirkung miteinander stehen. In allen realen Gasen existieren aber auch Kräfte zwischen denjenigen Molekülen, die sich nicht berühren. Sowohl die auf ein beliebig herausgegriffenes Molekül wirkende Kraft als auch die Zahl aller wechselwirkenden Teilchen sind der Dichte proportional. Der gesamten Wechselwirkungskraft entspricht der sogenannte Kohäsionsdruck, der dem Quadrat der Dichte proportional bzw. dem Quadrat des Volumens umgekehrt proportional ist. Dieser Druck muß dem in der Zustandsgleichung idealer Gase auftretenden Druck p additiv hinzugefügt werden. Außerdem kann das Volumen des Gases niemals verschwinden, da die Moleküle selbst ein endliches Volumen einnehmen. Diese beiden Überlegungen führen zu der *van-der-Waalsschen Zustandsgleichung*. Diese lautet, bezogen auf ein Mol,

$$\left(p + \frac{a}{V_M^2}\right)(V_M - b) = RT. \tag{6}$$

Die Größen a und b werden als van-der-Waalssche Konstanten bezeichnet. Das van-der-Waalssche *Kovolumen* b entspricht näherungsweise dem vierfachen Eigenvolumen der Moleküle. Gl. (6) kann

$$pV_M^3 - (pb + RT)\,V_M^2 + aV_M - ab = 0 \tag{6a}$$

geschrieben werden. Wenn T und p gegeben sind, erhält man aus Gl. (6a) entweder drei reelle Werte V_M oder nur einen. In Abb. W.2.0.1 sind drei verschiedene Isothermen von Kohlendioxid dargestellt; CO_2 ist ein Stoff, der der van-der-Waalsschen Zustandsgleichung in guter Näherung genügt.

Die nach Gl. (6) berechnete Isotherme für 0 °C besitzt ein Maximum und ein Minimum. Diese Extremwerte werden im Experiment nicht realisiert. Sie entsprechen labilen Zuständen. Der

---

[1]) Kugeln mit dem Durchmesser Null.

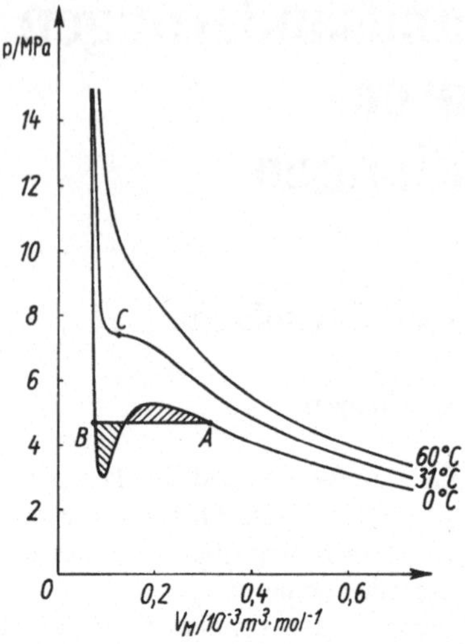

Abb. W.2.0.1. Isothermen von Kohlendioxid

Übergang vom Maximum zum Minimum ist völlig ausgeschlossen, da bei konstanter Temperatur der Druck mit abnehmendem Volumen nicht sinken kann. Wenn man das gasförmige CO_2 isotherm komprimiert, beginnt am Punkt A die Verflüssigung, die am Punkt B abgeschlossen ist. Während dieses Prozesses wird die molare Umwandlungswärme freigesetzt. In dem Bereich, in dem der Stoff teilweise in gasförmiger und teilweise in flüssiger Phase vorliegt, bleibt der Druck konstant. Die Gerade AB ist so zu wählen, daß die beiden in Abb. W.2.0.1 schraffierten Flächen gleich sind. Diese Forderung ergibt sich aus dem 1. und 2. Hauptsatz der Thermodynamik.

In den Isothermen, die sich nach Gl. (6) für Temperaturen zwischen 0 und 31 °C ergeben, rücken die beiden Extremwerte um so näher aneinander, je höher die Temperatur ist. Die Isotherme für 31 °C ist dadurch ausgezeichnet, daß die Extremwerte in einem Punkt C zusammenfallen. An dieser Stelle hat die Isotherme einen Wendepunkt mit horizontaler Tangente. Die zugehörigen Werte von p und V_M bezeichnet man als kritischen Druck p_k und als kritisches molares Volumen V_{Mk}. Die Temperatur, die dieser Isothermen entspricht, ist die kritische Temperatur T_k. Wenn man die kritische Temperatur und den kritischen Druck eines Stoffes kennt, lassen sich V_{Mk} und die van-der-Waalsschen Konstanten a und b berechnen. Oberhalb der kritischen Tempe-

ratur hat man keine Möglichkeit, die gasförmige Phase von der flüssigen Phase zu unterscheiden (vgl. die in Abb. W.2.0.1 gezeichnete Isotherme für 60 °C).

2.0.2. Energiesatz und Adiabatengleichung

Der Energiesatz (1. Hauptsatz der Thermodynamik) resultiert aus der Erfahrung, daß sich keine Maschine konstruieren läßt, deren Arbeitsabgabe größer als die zugeführte Energie ist. Diese negative Aussage kann auch positiv formuliert werden: Die Summe der einem System zugeführten Wärmemenge ΔQ und der zugeführten Arbeit ΔW ist gleich der Zunahme der inneren Energie des Systems ΔU:

$$\Delta U = \Delta Q + \Delta W. \tag{7}$$

Die Wärmemenge ist eine spezielle Energieform. Sie ist der Masse m und der Temperaturänderung $\Delta t = \Delta T$ des Systems proportional:

$$\Delta Q = cm\,\Delta t = cm\,\Delta T. \tag{8}$$

Das Produkt $c \cdot m$ bezeichnet man als Wärmekapazität, den Proportionalitätsfaktor c als spezifische Wärmekapazität. Die Einheiten für die Wärmemenge und die spezifische Wärmekapazität sind in W.3 angegeben.

Die dem System zugeführte Arbeit kann

$$\Delta W = -p\,\Delta V \tag{9}$$

geschrieben werden, wobei ΔV die Volumenänderung bei dem Druck p ist. Durch das Minuszeichen in Gl. (9) wird berücksichtigt, daß bei einer Arbeitszufuhr das Volumen abnimmt, ΔV also negativ ist.

Nach Versuchen von *Gay-Lussac*, *Joule* und *Thomson* ändert sich die Temperatur eines Gases, das der Zustandsgleichung (5) genügt, bei Ausdehnung ohne Arbeitsaufwand (d. h. ins Vakuum) nicht. Aus der Voraussetzung $\Delta W = 0$ und der experimentellen Feststellung $\Delta T = 0$ (also $\Delta Q = 0$) folgt

$$\Delta U = 0.$$

Die innere Energie eines idealen Gases ist nicht vom Volumen abhängig. Sie ist eine reine Temperaturfunktion. Dann muß aber jeder beliebige Übergang eines idealen Gases von der Temperatur T zur Temperatur $T + \Delta T$ energe-

tisch einer isochoren Erwärmung ($\Delta V = \Delta W = 0$ von T auf $T + \Delta T$ gleichwertig sein, d. h., es gilt

$$\Delta U = c_V m\,\Delta T. \tag{10}$$

Für eine isobare Erwärmung eines idealen Gases von T auf $T + \Delta T$ nimmt der Energiesatz die Form

$$c_V m\,\Delta T = c_p m\,\Delta T - p\,\Delta V \tag{11}$$

an. c_V ist die spezifische Wärmekapazität bei konstantem Volumen, c_p die bei konstantem Druck. Nach Gl. (5) gilt für eine isobare Zustandsänderung

$$p\,\Delta V = \frac{m}{M} R\,\Delta T. \tag{12}$$

Setzt man Gl. (12) in Gl. (11) ein, ergibt sich

$$\boxed{R = M(c_p - c_V) = C_p - C_V. \tag{13}}$$

Die molare Gaskonstante R ist also die molare Wärmekapazität eines idealen Gases bei konstantem Druck C_p, vermindert um diejenige bei konstantem Volumen C_V.

Für eine *adiabatische* Zustandsänderung, bei der dem System Wärme weder zugeführt noch entzogen wird, lautet der Energiesatz Gl. (7) in differentieller Schreibweise

$$dU = dW = -p\,dV. \tag{14}$$

Wendet man Gl. (14) auf ein ideales Gas an, so ergibt sich mit den Gln. (10) und (5)

$$\frac{dT}{T} = -\frac{R}{Mc_V}\frac{dV}{V}. \tag{15}$$

Unter der Voraussetzung, daß c_V konstant ist, liefert die Integration von Gl. (15) mit

$$\boxed{\varkappa = \frac{C_p}{C_V} = \frac{c_p}{c_V} \tag{16}}$$

$$\boxed{TV^{\varkappa-1} = \text{const.} \tag{17}}$$

Durch Einsetzen der Zustandsgleichung (5) in Gl. (17) erhält man zwei andere Formen der *Adiabatengleichung*.

$$\boxed{pV^{\varkappa} = \text{const,} \tag{18}}$$

$$\boxed{\frac{T^{\varkappa}}{p^{\varkappa-1}} = \text{const.} \tag{19}}$$

2.0.3. Dampfdruck

Bringt man eine Flüssigkeit in ein evakuiertes Gefäß geeigneter Größe, das sich in einem Wärmebehälter konstanter Temperatur T befindet, so verdampft ein Teil der Flüssigkeit. Es stellt sich ein bestimmter Dampfdruck p ein, der nur von der Temperatur, nicht aber von dem zur Verfügung stehenden Volumen abhängt. Eine Vergrößerung des Volumens bei konstanter Temperatur hat zur Folge, daß ein weiterer Anteil Flüssigkeit verdampft. Eine Verkleinerung des Volumens bewirkt, daß der Dampf teilweise kondensiert.

Der Begriff des Dampfdruckes hat nur für solche Temperaturen einen Sinn, bei denen der betrachtete Stoff sowohl in flüssiger als auch in gasförmiger Phase vorliegen kann. Daher endet die Dampfdruckkurve jedes Stoffes im kritischen Punkt C (vgl. Abb. W.2.0.1). Wenn man nur Temperaturintervalle zuläßt, deren obere Grenze klein gegen die kritische Temperatur T_k ist, kann der Dampfdruck vieler Stoffe in guter Näherung durch

$$\lg \frac{p}{p_0} = -a_1 \left(\frac{1}{T} - \frac{1}{T_0} \right) - a_2 \lg \frac{T}{T_0} \qquad (20)$$

beschrieben werden. In Gl. (20) ist p der Dampfdruck bei der Temperatur T und p_0 derjenige bei T_0. Den Zusammenhang zwischen der molaren Verdampfungswärme Q_{23} und dem Differentialquotienten des Dampfdruckes nach der absoluten Temperatur liefert die Gleichung von *Clausius* und *Clapeyron*

$$Q_{23} = T \frac{\mathrm{d}p}{\mathrm{d}T} (V_3 - V_2). \qquad (21)$$

Wenn man nur Zustände betrachtet, die hinreichend weit unterhalb des kritischen Punktes liegen, kann das molare Volumen der Flüssigkeit V_2 gegen das des Dampfes V_3 vernachlässigt werden. Verwendet man darüber hinaus für den Dampf die Zustandsgleichung (5a), so vereinfacht sich Gl. (21) zu

$$Q_{23} = T^2 \frac{\mathrm{d}p}{\mathrm{d}T} \frac{R}{p}. \qquad (22)$$

Durch Einführung der Variablen $y = \ln p/p_0$ und $x = 1/T$ geht Gl. (22) in

$$\frac{\mathrm{d}(\ln p/p_0)}{\mathrm{d}(1/T)} = -\frac{Q_{23}}{R} \qquad (23)$$

über. In der gleichen Näherung besteht zwischen dem Dampfdruck über dem festen Stoff p_{fest}, der Temperatur T und der molaren Sublimationswärme Q_{13} der Zusammenhang

$$\frac{\mathrm{d}(\ln (p/p_0)_{\text{fest}})}{\mathrm{d}(1/T)} = -\frac{Q_{13}}{R}. \qquad (24)$$

Die Indizes in den Gln. (21) bis (24) sind so gewählt, daß 1 den festen, 2 den flüssigen und 3 den gasförmigen Zustand repräsentiert.

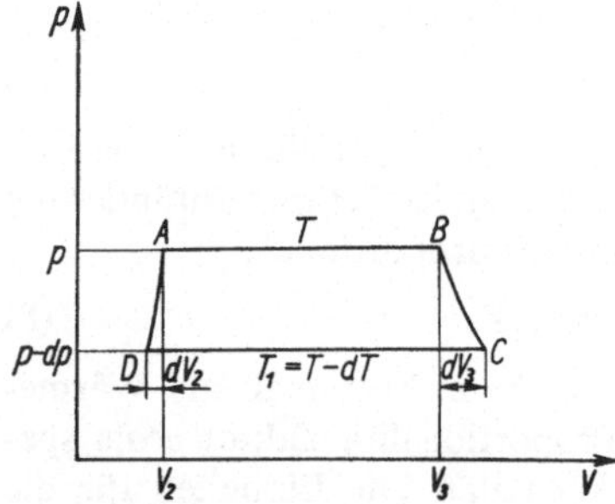

Abb. W.2.0.2. Zur Gleichung von *Clausius* und *Clapeyron*

Gl. (21) kann begründet werden, wenn man den reversiblen *Carnotschen Kreisprozeß* betrachtet, der in Abb. W.2.0.2 dargestellt ist. Während des Überganges vom Punkt A zum Punkt B wird ein Mol Flüssigkeit durch Zufuhr der Umwandlungwärme Q_{23} bei der Temperatur T und dem Druck p vollständig verdampft. Die abgegebene Arbeit beträgt[1]

$$W_{AB} = -p (V_3 - V_2).$$

Durch eine adiabatische Entspannung des Dampfes vom Druck p auf den Druck $p - \mathrm{d}p$ gelangt man zum Punkt C. Dabei ist die Arbeit näherungsweise

$$\mathrm{d}W_{BC} = -p \, \mathrm{d}V_3.$$

Eine isotherme Kompression bei der Temperatur T_1 führt zum Punkt D. In diesem Punkt soll der Dampf vollständig kondensiert sein. Die dem System zugeführte Arbeit ist

$$W_{CD} = (p - \mathrm{d}p)(V_3 + \mathrm{d}V_3 - V_2 + \mathrm{d}V_2).$$

---

[1] Auch hier werden zugeführte Arbeiten positiv, abgegebene Arbeiten negativ gerechnet. Die Symbole W bzw. V bedeuten in der oben stehenden Betrachtung stets Arbeit je Mol bzw. Volumen je Mol.

Durch Zufuhr der Wärmemenge dQ, die im Vergleich zu Q_{23} vernachlässigbar klein ist, kehrt man zum Punkt A zurück. Die bei diesem Übergang verrichtete Arbeit kann näherungsweise

$$dW_{DA} = -p\, dV_2$$

geschrieben werden. Vernachlässigt man alle Produkte von differentiell kleinen Größen, erhält man für den Betrag der insgesamt verrichteten Arbeit

$$|W| = |W_{AB} + dW_{BC} + W_{CD} + dW_{DA}|$$
$$= dp\,(V_3 - V_2).$$

Als Wirkungsgrad oder Nutzeffekt η des Kreisprozesses bezeichnet man den Betrag der verrichteten Arbeit, geteilt durch die zugeführte Wärmemenge, d. h., es ist

$$\eta = \frac{|W|}{Q_{23}} = \frac{V_3 - V_2}{Q_{23}}\, dp. \tag{25a}$$

Andererseits ist der Wirkungsgrad eines reversiblen Carnot-Prozesses

$$\eta = \frac{T - T_1}{T} = \frac{dT}{T}. \tag{25}$$

Aus den Gln. (25a) und (25) läßt sich Gl. (21) sofort ablesen. Für den Prozeß der Phasenumwandlung (vgl. Abb. W.2.0.2) lautet der Energiesatz, bezogen auf ein Mol:

$$U_3 - U_2 = Q_{23} - p\,(V_3 - V_2). \tag{26}$$

Dieser Prozeß ist sowohl isotherm als auch isobar. Wenn man annimmt, daß die molaren Wärmekapazitäten konstant sind, gilt für einen isobaren Prozeß

$$dU = d(C_p T) - d(pV),$$

oder wenn man längs der Isobaren integriert

$$U = C_p T - pV + f. \tag{27}$$

f ist strenggenommen eine Funktion des Druckes, soll aber in der folgenden Betrachtung als Konstante behandelt werden. Gl. (27) ist sowohl für den Dampf (Index 3) als auch für die Flüssigkeit (Index 2) gültig. Daher kann Gl. (26)

$$f_3 - f_2 - p(V_3 - V_2) - (C_{p2} - C_{p3})\,T$$
$$= Q_{23} - p(V_3 - V_2)$$

geschrieben werden. Mit der Abkürzung

$$f_3 - f_2 = Q_0$$

erhält man

$$Q_{23} = Q_0 - (C_{p2} - C_{p3})\,T. \tag{28}$$

Setzt man Gl. (28) in Gl. (22) ein und trennt nach den Variablen p und T, ergibt sich

$$\frac{dp}{p} = \frac{Q_0}{R}\,\frac{dT}{T^2} - \frac{C_{p2} - C_{p3}}{R}\,\frac{dT}{T},$$

$$\ln \frac{p}{p_0} = -\frac{Q_0}{R}\left(\frac{1}{T} - \frac{1}{T_0}\right)$$

$$\qquad - \frac{C_{p2} - C_{p3}}{R}\ln \frac{T}{T_0}. \tag{29}$$

Wegen

$$\lg \frac{p}{p_0} = \ln \frac{p}{p_0}\,\lg e$$

liefert der Vergleich der Gln. (29) und (20).

$$a_1 = \frac{Q_0}{R}\,\lg e, \tag{30}$$

$$a_2 = \frac{C_{p2} - C_{p3}}{R}. \tag{31}$$

2.1. Isothermen eines Stoffes

Aufgaben: Es sind die Isothermen eines Stoffes für zwei verschiedene Temperaturen aufzunehmen. Mit der van-der-Waalsschen Zustandsgleichung ist für eine Temperatur die Isotherme unterhalb des Sättigungsdruckes zu berechnen und graphisch darzustellen. Zum Vergleich ist die mit der Zustandsgleichung für ideale Gase berechnete Isotherme einzuzeichnen.

Die Versuchsanordnung besteht aus zwei mit Quecksilber gefüllten U-Rohren aus Glas (vgl. Abb. W.2.1.1) mit dem Querschnitt A, bei denen die Schenkel 1 und 2 zugeschmolzen sind. Der Schenkel 1 ist mit einem Gas gefüllt, das unter den Versuchsbedingungen in sehr guter Näherung als ideales Gas betrachtet werden kann. Der Schenkel 2 enthält den zu untersuchenden Stoff, dessen Siedetemperatur bei Luftdruck nahe der Zimmertemperatur liegt. Die Schenkel der Rohre 3 und 4 sind über Rohr 5 verbunden, an das über Schläuche ein Druckventil angeschlossen ist. Beide

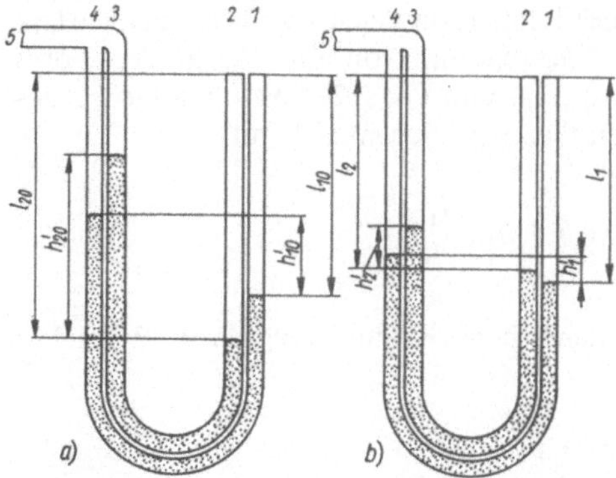

Abb. W.2.1.1. Anordnung zur Bestimmung von Isothermen

U-Rohre befinden sich vollständig in einem Wasserbad, dessen Temperatur mit Hilfe eines Thermostaten eingeregelt und konstant gehalten werden kann. Die Lage der Quecksilberspiegel kann an einer Glasskale abgelesen werden.
Zu Beginn ist das Druckventil in der Zuleitung zum Rohr 5 geöffnet, und in den Rohren 3 und 4 herrscht der äußere Luftdruck p_L

$$p_\mathrm{L} = p_3 = p_4 = \varrho g h.$$

Den Barometerstand h ermittelt man durch das Anbringen der erforderlichen Korrektion (vgl. Anhang Tab. 5) an den abgelesenen Wert h'. Dementsprechend ist die Dichte des Quecksilbers für 0 °C einzusetzen. Der Druck bei offenen Rohren (betreffende Größen haben als zweiten Index 0) ist für das ideale Gas im Schenkel 1

$$p_{10} = \varrho g(h + h_{10}), \tag{32}$$

während der zu untersuchende Stoff im Schenkel 2 dem Druck

$$\boxed{p_{20} = \varrho g(h + h_{20}) \tag{33}}$$

ausgesetzt ist. Für alle Höhen der Quecksilbermenisken in den Manometerrohren sind die auf 0 °C reduzierten Werte einzusetzen. Nachdem das Druckventil geschlossen wurde, ist der Druck in den Rohren 3 und 4 zu erhöhen und die Einstellung des Temperaturgleichgewichtes abzuwarten. Unter Verwendung von Gl. (1) in der Form $p_1 l_1 = p_{10} l_{10}$ und Gl. (32) kann der Druck des idealen Gases im Schenkel 1 mit

$$p_1 = \varrho g(h + h_{10}) \frac{l_{10}}{l_1},$$

der in den Schenkeln 3 und 4 (vgl. Abb. W.2.1.1 b) mit

$$p_3 = p_4 = p_1 - \varrho g h_1$$
$$= \varrho g \left[\left(h + h_{10}\right) \frac{l_{10}}{l_1} - h_1\right]$$

116

berechnet werden. Damit erhält man für den Druck p_2 in dem zu untersuchenden Stoff

$$\boxed{\begin{aligned} p_2 &= p_3 + \varrho g h_2 \\ &= \varrho g \left[(h + h_{10}) \frac{l_{10}}{l_1} + h_2 - h_1\right]. \end{aligned} \tag{34}}$$

Die Vorzeichen von h_1 und h_2 ändern sich, wenn ihre entsprechenden Quecksilbermenisken in den Schenkeln 1 bzw. 2 höher liegen als in den Schenkeln 3 bzw. 4.

Versuchsausführung

Am Thermostaten wird die am Versuchsplatz angegebene Temperatur für die erste Isotherme eingestellt und das Temperaturgleichgewicht abgewartet. Zunächst sind bei offenem Druckventil die Werte h_{10}, h_{20}, l_{10} und l_{20} zu ermitteln sowie an einem Barometer der äußere Luftdruck p_L bzw. h' abzulesen. Anschließend erhöht man bei geschlossenem Ventil schrittweise mittels einer Pumpe den Luftdruck in den Schenkeln 3 und 4 (isotherme Kompression) und bestimmt die Werte für h_1, h_2, l_1 und l_2 nach einer ausreichenden Wartezeit nach jeder Druckänderung. Ab einem bestimmten Druck beginnt die Verflüssigung des Gases (vgl. Abb. W.2.0.1, Punkt A). Der Druck im Bereich der Geraden AB (Maxwell-Gerade) von Abb. W.2.0.1, in dem sich bei konstanter Temperatur ein Gleichgewicht zwischen Flüssigkeit und Dampf einstellt, entspricht gerade dem Sättigungsdampfdruck p_s des zu untersuchenden Stoffes. Für die Aufnahme einer Isothermen sind mindestens 10 Messungen durchzuführen. Dabei sind die Drücke so zu wählen, daß der charakteristische Verlauf der Isothermen im p_2-V_2-Diagramm ($V_2 = A l_2$) optimal dargestellt wird. Es ist eine zweite Isotherme bei einer höheren Temperatur aufzunehmen.
Zur Berechnung der van-der-Waals-Isotherme für eine der beiden Temperaturen im Druckbereich $p_2 < p_\mathrm{s}$ sind die Molzahl v und die Konstanten a und b gegeben. In Gl. (6) ist das molare Volumen V_m durch V/v zu ersetzen. Das p-V-Diagramm wird mittels bereitgestellter Software sowie Rechner und Drucker erstellt. In das Diagramm sind die gemessenen Werte einzutragen.

2.2. Adiabatenexponent

In einem idealen Gas vollzieht sich der Energieaustausch infolge ständiger Zusammenstöße zwischen den als starr angenommenen Molekülen. Im thermischen Gleichgewicht besitzt jeder am Energieaustausch beteiligte Freiheitsgrad f der kinetischen Energie W_{kin} im zeitlichen Mittel den Wert $kT/2$ pro Molekül bzw. $RT/2$ pro Mol (Gleichverteilungssatz der kinetischen Energie), wobei k und R die bekannten Grundkonstanten (vgl. Tab. 11 im Anhang) sind. Damit ergibt sich für ein Mol eines idealen Gases die innere Energie U zu

$$U = W_{\mathrm{kin}} = f \cdot \frac{1}{2} RT.$$

Unter Berücksichtigung von Gl. (10) erhält man für die molare Wärmekapazität C_{v} bei einer isochoren Zustandsänderung

$$C_{\mathrm{v}} = \frac{\mathrm{d}U}{\mathrm{d}T} = f \cdot \frac{R}{2} \tag{35}$$

und für die molare Wärmekapazität C_{p} bei einer isobaren Zustandsänderung mit Gl. (13)

$$C_{\mathrm{p}} = C_{\mathrm{v}} + R = (f + 2) \cdot \frac{R}{2}. \tag{36}$$

Damit läßt sich der *Adiabatenexponent* $\varkappa$ bei bekannter Zahl der Freiheitsgrade f berechnen:

$$\varkappa = \frac{C_{\mathrm{p}}}{C_{\mathrm{v}}} = \frac{c_{\mathrm{p}}}{c_{\mathrm{v}}} = \frac{f + 2}{f}. \tag{37}$$

2.2.1. Versuch von Clément und Desormes

Aufgabe: Das Verhältnis der spezifischen Wärmekapazitäten soll nach der Methode von Clément und Desormes für Luft und Kohlendioxid bestimmt und mit dem theoretischen Wert nach Gl. (37) verglichen werden.

Es wird vorausgesetzt, daß während des Versuches sowohl der äußere Luftdruck p_{L} als auch die Zimmertemperatur T_{z} konstant bleiben. Eine Glasflasche mit dem Innenvolumen V ist mit einem Einweghahn H verschlossen, der zum Entspannen des Gases in der Flasche dient (vgl. Abb. W.2.2.1). Der Dreiwegeverteiler im unteren Teil der Glasflasche ermöglicht über Schlauch-

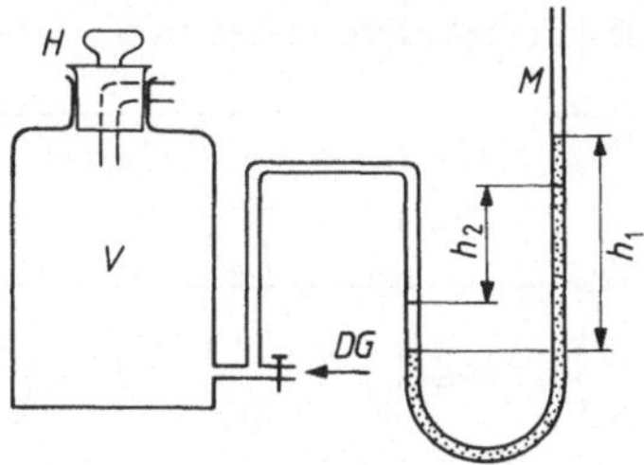

Abb. W.2.2.1. Zum Versuch von *Clément* und *Desormes*

verbindungen den Anschluß eines U-Rohr-Manometers M und einer Druckgasflasche DG.
Vor dem Entspannen des Gases herrscht der Druck $p_{\mathrm{L}} + p_1$ in der Flasche. Durch kurzzeitiges Öffnen des Hahnes H wird ein schneller Druckausgleich auf den äußeren Luftdruck erreicht, der als adiabatische Expansion betrachtet werden kann und eine Abkühlung des Gases auf die Temperatur T_0 bewirkt. Dann gilt nach Gl. (19)

$$\left(\frac{T_{\mathrm{z}}}{T_0}\right)^{\varkappa} = \left(\frac{p_{\mathrm{L}} + p_1}{p_{\mathrm{L}}}\right)^{\varkappa - 1}. \tag{38}$$

Die Zustandsgleichung nach Gl. (5) für das Gas mit der Molzahl v unmittelbar nach dem Entspannen lautet

$$p_{\mathrm{L}} V_1 = vRT_0. \tag{39}$$

Das Volumen V_1 setzt sich aus dem Innenvolumen V der Glasflasche, dem Schlauchvolumen V_{s} und dem Volumen des linken Manometerrohres bei gleicher Höhe der beiden Flüssigkeitsmenisken in Abb. W.2.2.1 zusammen. Hat sich das Gas nach einer ausreichenden Wartezeit wieder auf die Zimmertemperatur erwärmt, genügt es der Zustandsgleichung

$$(p_{\mathrm{L}} + p_2) \cdot (V_1 + v_2) = vRT_{\mathrm{z}}, \tag{40}$$

wobei das Volumen v_2 bei bekanntem Querschnitt A des Manometerrohres mit $v_2 = h_2 \cdot A/2$ ermittelt werden kann. Dividiert man Gl. (40) durch die Gl. (39) und setzt das Verhältnis (T_{z}/T_0) in Gl. (38) ein, erhält man

$$\left(\frac{T_{\mathrm{z}}}{T_0}\right)^{\varkappa} = \left(\frac{p_{\mathrm{L}} + p_2}{p_{\mathrm{L}}} \cdot \frac{V_1 + v_2}{V_1}\right)^{\varkappa} = \left(\frac{p_{\mathrm{L}} + p_1}{p_{\mathrm{L}}}\right)^{\varkappa - 1}. \tag{41}$$

117

Daraus folgt für den Adiabatenexponenten

$$\varkappa = \frac{\log\left(1 + \dfrac{p_1}{p_\mathrm{L}}\right)}{\log\left(1 + \dfrac{p_1}{p_\mathrm{L}}\right) - \log\left(1 + \dfrac{p_2}{p_\mathrm{L}}\right) - \log\left(1 + \dfrac{v_2}{V_1}\right)}. \tag{42}$$

Durch geeignete Wahl der Versuchsbedingungen, (p_1/p_L), (p_2/p_L) und (v_2/V_1) sehr klein gegen 1, gilt in guter Näherung

$$\varkappa = \left[1 - \frac{p_2}{p_1} - \frac{p_\mathrm{L}}{p_1}\frac{v_2}{V_1}\right]^{-1}. \tag{43}$$

Nach weiteren Umstellungen folgt

$$\varkappa = \frac{p_1}{p_1 - p_2}\left[1 + \frac{p_\mathrm{L}}{p_1 - p_2}\frac{v_2}{V_1}\right]. \tag{44}$$

Bestimmt man die Drücke p_1 und p_2 in Gl. (44) über die entsprechenden Manometerstände h_1 und h_2 (vgl. Abb. W.2.2.1) sowie den Luftdruck p_L über den auf $0\,°\mathrm{C}$ umgerechneten Barometerstand h, kann anstelle von Gl. (44)

$$\varkappa = \frac{h_1}{h_1 - h_2}\left[1 + \frac{\varrho_{\mathrm{Hg}}h}{\varrho_\mathrm{M}(h_1 - h_2)}\frac{h_2 A}{2V_1}\right] \tag{45}$$

geschrieben werden. Hierin sind ϱ_M die Dichte der Manometerflüssigkeit bei Zimmertemperatur und ϱ_{Hg} die Dichte des Quecksilbers bei $0\,°\mathrm{C}$.

Versuchsausführung

Es werden die Zimmertemperatur und der Luftdruck gemessen.
Bei geöffnetem Hahn H sind die Glasflasche und die Schläuche mit Luft gut zu spülen. Danach erzeugt man einen Überdruck und liest nach dem Temperaturausgleich die Höhe h_1 (vgl. Abb. W.2.2.1) an der Manometerskale ab. Durch schnelles Öffnen und Schließen des Hahnes H wird das Gas anschließend adiabatisch entspannt und die Höhe h_2 nach Einstellung des

Temperaturgleichgewichtes ermittelt. Die Messungen sind für verschiedene Drücke p_1 durchzuführen. Nach dem Gasaustausch ist die Messung mit CO_2 zu wiederholen. Die Volumina V, V_s und der Querschnit A des Manometerrohres sowie die Dichte ϱ_M werden gegeben. Bei Verwendung eines Drucksensors anstelle eines U-Rohr-Manometers ist in Gl. (44) das Volumen v_2 Null zu setzen.

2.2.2. Bestimmung des Adiabatenexponenten aus Schallmessungen

Aufgabe: Es ist der Adiabatenexponent von Luft und einem zweiten Gas aus der Schallgeschwindigkeit zu bestimmen.

Der Sinusgenerator (1) mit Frequenzanzeige (vgl. Abb. W.2.2.2) ist mit einem Lautsprecher (2) als Schallquelle und dem X-Eingang des Oszilloskops (3) verbunden. Der Schallempfänger (4) wandelt das Schallsignal in eine elektrische Spannung um. Nach Verstärkung (5) und Filterung (6) wird die Spannung an den Y-Eingang des Oszilloskops

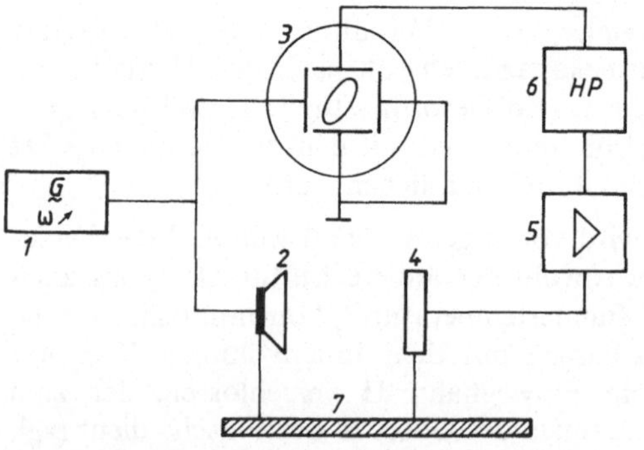

Abb. W.2.2.2. Anordnung zur $\varkappa$-Bestimmung aus der Schallgeschwindigkeit von Gasen

angelegt. Der Abstand zwischen Schallquelle und Schallempfänger kann definiert verändert und an einem Längenmaßstab (7) abgelesen werden.

Die Auswertung der Phasenbeziehungen zwischen den Spannungen am X- und Y-Eingang des Oszilloskops ermöglicht die Bestimmung der Schallwellenlänge λ, indem man die auf dem Bildschirm entstehenden Lissajousfiguren (vgl. Abb. E.5.3.3) in Abhängigkeit vom Abstand zwischen Lautsprecher und Schallempfänger variiert. Bei bekannter Frequenz f des Generators läßt sich damit die Schallgeschwindigkeit c berechnen.

Die Schallschwingungen erfolgen so schnell, daß praktisch ein Temperaturausgleich zwischen den durch eine halbe Wellenlänge getrennten Stellen der Erwärmung (infolge Verdichtung) und Abkühlung (infolge Verdünnung) des Gases mit der Umgebung nicht wirksam werden kann. Für diesen adiabatischen Vorgang kann unter Verwendung von Gl. (M.8.0-17) der Adiabatenexponent bestimmt werden. Man erhält für ideale Gase mit der Temperatur T

$$\varkappa = c^2 \, \frac{\varrho_0}{p_0} \, \frac{T_0}{T} . \tag{46}$$

Der Index 0 bezeichnet die betreffenden Werte unter Normalbedingungen.

Versuchsausführung

Der Lautsprecher und der Schallempfänger sind in einem luftdicht verschließbaren Versuchsraum mit eingebautem Thermometer untergebracht. Man füllt das zu untersuchende Gas in den Versuchsraum und bestimmt die Temperatur des Gases. Anschließend werden Lautsprecher und Schallempfänger so positioniert, daß auf dem Oszilloskopschirm als Lissajous-Figur eine Gerade entsteht. Vergrößert bzw. verkleinert man nun den Abstand zwischen Schallempfänger und Lautsprecher genau um eine Wegdifferenz von λ der Schallwellenlänge, beobachtet man wieder eine Gerade in denselben Quadranten. Zur Erhöhung der Genauigkeit sind etwa zehn unterschiedliche Wegdifferenzen Δl_k und die zugehörigen ganzzahligen Vielfachen k der Wellenlänge zu messen. Über die Auswertung der Größen Δl_k als

Funktion von k erhält man einen mittleren Wert für die gesuchte Wellenlänge. Die Messung ist bei zwei verschiedenen Frequenzen oberhalb 15 kHz durchzuführen.

Danach ist der Versuch in gleicher Weise mit dem zweiten Gas zu wiederholen.

2.2.3. Ermittlung des Adiabatenexponenten mit einer Resonanzmethode

Aufgaben: Der Adiabatenexponent eines einatomigen Gases ist zu bestimmen. Der experimentelle Wert ist mit dem theoretischen Wert nach Gl. (37) zu vergleichen.

In einem Glasrohr (1) mit dem Querschnitt A, dessen Enden mit Hähnen verschließbar sind, befindet sich ein zylindrischer Schwingkörper (2) aus magnetischem Material (vgl. Abb. W.2.2.3). Um das senkrecht stehende Glasrohr ist eine längs des Rohres verschiebbare Erregerspule (3) angebracht, an die ein Sinusgenerator (4) mit regelbarer Frequenz angeschlossen ist. Befindet sich der Schwingkörper im Bereich des Wechselfeldes der Erregerspule und liegt die Frequenz des Spulenfeldes nahe der Resonanzfrequenz der mechanischen Schwingung des Körpers in der Luftsäule des Rohres, beginnt dieser um eine Gleichgewichtslage mit kleiner Auslenkung zu schwingen. Im Resonanzfall ist die Schwingungsamplitude maximal.

Mit dem Ansatz eines linearen Kraftgesetzes unter Vernachlässigung von Reibungskräften

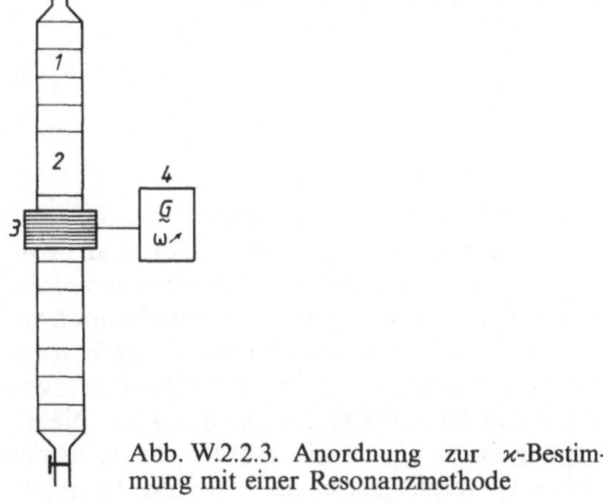

Abb. W.2.2.3. Anordnung zur $\varkappa$-Bestimmung mit einer Resonanzmethode

lautet die Schwingungsgleichung

$$F_x = m \frac{\mathrm{d}^2 x}{\mathrm{d}t^2} = -cx. \qquad (47)$$

Hierin sind m die Masse des schwingenden Körpers und c die Federkonstante. Die Kraft F_x in Gl. (47) entspricht einer zur Auslenkung x proportionalen und nach der Ruhelage zeigenden quasielastischen Kraft. Die durch die Schwingungen des Körpers im Gas verursachten Druckschwankungen genügen praktisch einer adiabatischen Zustandsänderung. Ausgehend von $F_x = A\,\mathrm{d}p$ und der Ableitung der Adiabatengleichung $\mathrm{d}p/\mathrm{d}V = -\varkappa p/V$ erhält man unter Berücksichtigung der Substitutionen $\mathrm{d}V = Ax$ sowie $V = Al$ (l: Länge der Luftsäule)

$$F_x = A\,\mathrm{d}p = -\frac{\varkappa p A}{l}\, x. \qquad (48)$$

In Analogie zu Federschwingungen (vgl. M.5.3) ist die Federkonstante c der Gassäule $c = \varkappa p A / l$. Für die Eigenfrequenz des schwingenden Körpers ergibt sich nach Gl. (M. 5-39)

$$\boxed{\; f = \frac{1}{2\pi} \sqrt{\frac{c}{m}} = \frac{1}{2\pi} \sqrt{\frac{\varkappa \pi A}{lm}}. \;} \qquad (49)$$

Im Experiment selbst bestimmt man die unbekannte „Gasfederkonstante" c als Gerätekonstante bei konstanter Temperatur und konstantem Druck mit einem Vergleichsgas, dessen Adiabatenexponent $\varkappa_r$ bekannt ist. Unter gleichen Versuchsbedingungen erhält man schließlich den Adiabatenexponenten des unbekannten Gases $\varkappa_x$ mit

$$\varkappa_x = f_x^2 \, \frac{\varkappa_r}{f_r^2}. \qquad (50)$$

Versuchsausführung

In das an beiden Enden geöffnete Glasrohr, das eine Längenskalierung besitzt, läßt man von unten Gas mit bekanntem Adiabatenexponenten einströmen. Der Schwingkörper wird dadurch an das obere Rohrende verschoben. Danach wird Gas vom oberen Ende in das Rohr hineingedrückt und der Körper nach unten bewegt. Dieser Vorgang ist so oft zu wiederholen, bis sich nur noch das Vergleichsgas im Glasrohr befindet.

120

Dann drückt man den Schwingkörper von unten über die Mitte des Rohres nach oben und entfernt den Druckgasschlauch. Anschließend sind die Hähne zu schließen. Der Gasdruck im Rohr entspricht nun dem äußeren Luftdruck. Nachdem die Erregerspule kurz unterhalb des Schwingkörpers befestigt wurde, variiert man langsam die Frequenz des Generators oberhalb 20 Hz, bis der Körper mit maximaler Amplitude schwingt. Um eine konstante Länge l der Gassäule während der Messungen zu gewährleisten, muß der langsam nach unten gleitende Schwingkörper vor jeder Messung der Resonanzfrequenz wieder in die Ausgangsstellung gebracht werden. Das Aufsuchen der Resonanzfrequenz ist mehrfach zu wiederholen. Unter gleichen Versuchsbedingungen ist die Messung mit dem unbekannten Gas durchzuführen.

2.3. Dampfdruckkurve und Verdampfungswärme

Aufgaben: Die Dampfdruckkurve einer Flüssigkeit ist in einem vorgegebenen Temperaturintervall aufzunehmen. Es ist die molare Verdampfungswärme der Flüssigkeit zu bestimmen.

Die in Abb. W.2.3.1 dargestellte Versuchsanordnung enthält einen Kältethermostaten (1), in dem sich das Vorratsgefäß (2) mit der zu untersuchenden Flüssigkeit und der Fühler eines Digitalthermometers (3) befinden. Über Schläuche sind die Druckmeßzelle (4), die einen piezoresistiven Drucksensor enthält, sowie eine Vakuumpumpe (6) miteinander verbunden. Mit den Hähnen H1 bis H5 kann man verschiedene Teile der Anlage voneinander trennen.

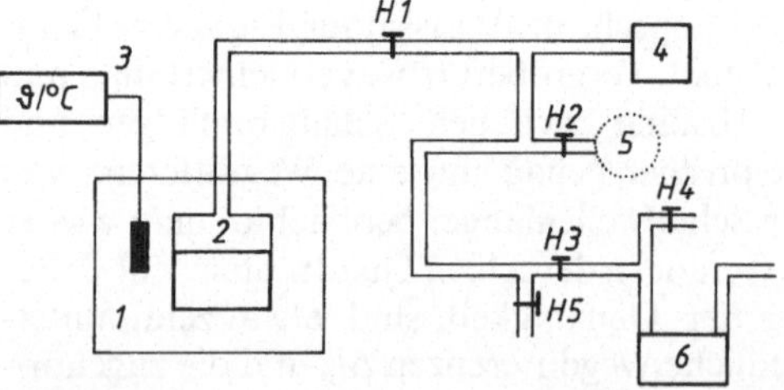

Abb. W.2.3.1. Anordnung zur Dampfdruckmessung mit Drucksensor

Versuchsausführung

Es ist der Kältethermostat einzuschalten und am Temperaturregler eine vorgegebene Temperatur einzuregeln. Anschließend überzeugt man sich davon, ob das Vorratsgefäß noch genügend Flüssigkeit enthält. Zunächst sind bei entsprechenden Hahnstellungen die Druckmeßzelle (4) und die Verbindungsschläuche zu evakuieren. Falls die Linearität der Kennlinie des piezoresistiven Drucksensors (vgl. M.2.6) überprüft werden soll, ist es möglich, über Hahn 2 ein Manometer (5) anzuschließen und über Hahn 5 Luft mittels eines Dosierventils in die evakuierte Anlage einzulassen. Bei laufender Vakuumpumpe öffnet man nun mehrere Male kurzzeitig Hahn 1, um Dampf der Versuchsflüssigkeit in das evakuierte Volumen strömen zu lassen. Danach ist Hahn 3 zu schließen und das Vorratsgefäß in das Flüssigkeitsbad des Thermostaten einzubringen. Die Vakuumpumpe wird ausgeschaltet und über Hahn 4 belüftet. Anschließend ist der Dampfdruck in Abhängigkeit von der Temperatur in einem am Versuchsplatz angegebenen Temperaturintervall zu messen. Nach jeder Änderung der Badtemperatur des Thermostaten ist der Temperaturausgleich mit der Versuchsflüssigkeit abzuwarten, ehe der Dampfdruck gemessen wird.

Die Bestimmung der molaren Verdampfungswärme Q_{23} erfolgt unter Anwendung von Gl. (23) mittels graphischer Auswertung.

3. Bestimmung von Wärmemengen (Kalorimetrie)

3.0. Allgemeine Grundlagen

Einheiten der Energie sind nach internationaler Übereinkunft

1 Joule (J) = 1 Wattsekunde (W · s)
= 1 Newtonmeter (N · m).

Daneben wurde früher im Bereich der Wärmelehre die systemfremde Einheit »Kalorie« benutzt, die ursprünglich auf eine bestimmte Erwärmung der Masseneinheit des Wassers bezogen wurde. Sie ist jetzt durch die Umrechnungsbeziehung

$$1 \text{ cal} = 4{,}1868 \text{ J} = 4{,}1868 \text{ N} \cdot \text{m} = 4{,}1868 \text{ W} \cdot \text{s} \quad (1)$$

sekundär festgelegt.

Wärmemengen werden im *Kalorimeter* bestimmt. Für die folgenden Versuche werden ausschließlich Flüssigkeitskalorimeter verwendet. Das sind besonders gestaltete und mit einer gewissen Menge einer Flüssigkeit (meist Wasser) bekannter spezifischer Wärmekapazität c gefüllte Gefäße. Die zu bestimmenden Wärmemengen beliebigen Ursprunges ergeben sich in allen Fällen aus einer Energiebilanz der im Inneren des Kalorimeters ausgetauschten Anteile. Beim Aufstellen der Wärmeenergiebilanz wird die grundlegende Beziehung benutzt, daß die ausgetauschte Wärmemenge ΔQ eine Änderung der Temperatur um Δt des betreffenden Stoffes (Masse m, spezifische Wärmekapazität c) bewirkt:

$$\Delta Q = cm \, \Delta t. \quad (2)$$

Aus Gl. (2) folgt, daß die spezifische Wärmekapazität die Dimension

$$\text{Wärmemenge} \cdot \text{Masse}^{-1} \cdot \text{Temperatur}^{-1}$$

besitzt. Die Einheit der spezifischen Wärmekapazität ist daher

$$1 \text{ W} \cdot \text{s} \cdot \text{kg}^{-1} \cdot \text{K}^{-1}.$$

Um das Kalorimeter näherungsweise als abgeschlossenes System behandeln zu können, wird durch geschickte Konstruktion ein Energieaustausch mit der Umgebung weitgehend vermieden. Das Mehrfachkalorimeter (vgl. Abb. W.3.0.1a) besteht aus mehreren ineinandergesetzten Metallgefäßen, die innen zur Vermeidung von Strahlungsverlusten verspiegelt sind. Verluste infolge Wärmeleitung und Konvektion werden durch die Unterteilung des Mantels und durch die isolierten Distanzstücke sehr klein gehalten.

Dewar-Gefäße (vgl. Abb. W.3.0.1b) sind gläserne Vakuummantelgefäße, deren Innenwandungen ebenfalls verspiegelt sind. Sie verhalten sich hinsichtlich der Verluste günstiger als die zuvor genannten Mehrfachkalorimeter. Wegen der

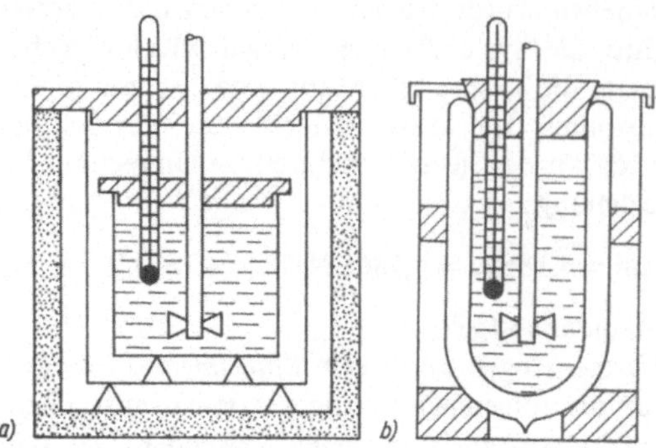

Abb. W.3.0.1. Kalorimeter

Implosionsgefahr sollen Dewar-Gefäße stets von einer Schutzhülle umgeben sein.

In die jeweilige Energiebilanz geht selbstverständlich auch die mit dem Kalorimetergefäß und dem apparativen Zubehör (z. B. Thermometer) ausgetauschte Wärmemenge ein (vgl. W.3.1). Außerdem kann, wie im folgenden mehrfach geübt wird, der Energieaustausch des Kalorimetersystems mit der weiteren Umgebung berücksichtigt werden.

Eine in der Kalorimetrie häufig benutzte Sonderform eines Quecksilberthermometers ist das *Beckmann-Thermometer*. Eine Beschreibung dieses Thermometers findet man in W.1.0.2.

3.1. Wärmekapazität eines Kalorimeters

Aufgabe: Die Wärmekapazität eines Kalorimeters ist zu bestimmen.

Die Wärmekapazität K einer Kalorimeteranordnung ist die im Temperaturintervall Δt ausgetauschte Wärmemenge ΔQ geteilt durch Δt. Nach Gl. (2) ist daher

$$K = mc = \frac{\Delta Q}{\Delta t}. \tag{3}$$

Die Einheit der Wärmekapazität ist $J \cdot K^{-1}$. Da die Anordnung aus verschiedenen Teilen (Kalorimetergefäß, Rührer, Thermometer) besteht, ist

eine Berechnung der Wärmekapazität schwierig und die experimentelle Bestimmung vorzuziehen. Hierzu wird die Mischungsmethode benutzt. Das Kalorimeter wird mit einer bestimmten Menge warmen Wassers (Masse m_w, Temperatur t_w) gefüllt und hierzu eine abgemessene Menge kalten Wassers (Masse m_k, Temperatur t_k) gegossen. Nach erfolgtem Wärmeaustausch stellt sich eine Mischungstemperatur t_m ein. Sieht man zunächst von einer Beteiligung der Umgebung an dem Vorgang ab, so ergibt sich folgende Energiebilanz: Das kalte Wasser nimmt die Wärmemenge $cm_k(t_m - t_k)$ auf, während das warme Wasser die Wärmemenge $cm_w(t_w - t_m)$ und die Kalorimeteranordnung die Wärmemenge $K(t_w - t_m)$ abgeben; c ist die spezifische Wärmekapazität des Wassers, deren geringfügige Temperaturabhängigkeit hier vernachlässigt wurde. Es gilt also

$$(cm_w + K)(t_w - t_m) = cm_k(t_m - t_k),$$

und die Wärmekapazität wird

$$K = c \left[m_k \, \frac{t_m - t_k}{t_w - t_m} - m_w \right]. \tag{4}$$

Bei den Messungen ist der Wärmeaustausch mit der Umgebung des Kalorimeters trotz aller Vorkehrungen unvermeidlich.

Da der Mischvorgang eine endliche Zeit beansprucht, entspricht die gemessene Mischungstemperatur nicht dem Wert, der sich für den Fall unendlich schnellen Temperaturausgleiches einstellen würde. Er läßt sich jedoch aus einem *Temperatur-Zeit-Diagramm* (vgl. Abb. W.3.1.1) durch Extrapolation gewinnen: Die Temperatur der Kalorimeterflüssigkeit – in diesem Fall die des warmen Wassers – wird während einer Vorperiode von etwa 5 min alle 30 s abgelesen und notiert. Die Hauptperiode wird durch das Eingießen des in diesem Falle kalten Wassers eingeleitet und umfaßt den Mischvorgang, dessen Temperaturverlauf nach Möglichkeit auch verfolgt werden sollte.

Es schließt sich eine Nachperiode von etwa 5 min an. Wegen der Kürze der Vor- und Nachperiode ist der an sich exponentielle Temperaturverlauf durch die Geraden AB und FG hinreichend genau wiedergegeben. Aus diesem Tem-

peraturverlauf läßt sich auf den Temperaturverlauf bei unendlich schnellem Ausgleich schließen, indem eine Senkrechte *CE* so gezeichnet

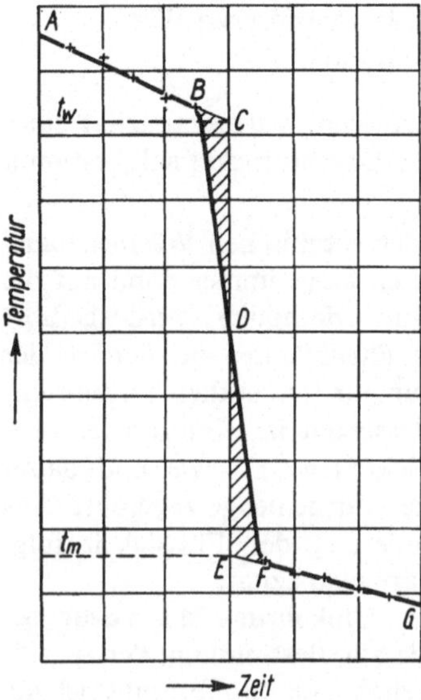

Abb. W.3.1.1. Korrektur der Temperatur beim Mischvorgang

wird, daß die Flächen *BCD* und *DEF* gleich groß sind. Als Temperaturen t_w und t_m werden diejenigen gewählt, die den Punkten *C* und *E* entsprechen.

Versuchsausführung

In die Messungen sind der Rührer und das Thermometer stets in gleicher Weise einzubeziehen. Um Kondensationsverluste zu vermeiden, füllen wir das Kalorimeter zu Beginn des Versuches nur mit leicht erwärmtem Wasser etwa bis zur Hälfte. Außerdem überzeugen wir uns durch eine Überschlagsrechnung, daß wir mit allen Temperaturen innerhalb des Meßbereiches des Thermometers bleiben.

Die Massen m_k und m_w des Wassers ergeben sich aus der Differenz der Wägungen des leeren, des mit warmem Wasser und des gleichzeitig mit kaltem und warmem Wasser gefüllten Kalorimeters. Bei der Berechnung von *K* ist mit den aus einem Temperatur-Zeit-Diagramm gewonnenen Temperaturen zu arbeiten.

3.2. Spezifische Wärmekapazität von Festkörpern und Flüssigkeiten

Im allgemeinen muß man zwischen der spezifischen Wärmekapazität bei konstantem Druck (c_p) und bei konstantem Volumen (c_V) unterscheiden. Für Festkörper und auch für manche Flüssigkeiten (z. B. Wasser) kann wegen geringfügiger thermischer Ausdehnung meist mit hinreichender Genauigkeit

$$c_p = c_V = c \tag{5}$$

gesetzt werden. Nach Gl. (2), die hier in der Form

$$c = \frac{\Delta Q}{m \Delta t} \tag{6}$$

geschrieben wird, entspricht der Wert der spezifischen Wärmekapazität dem Wert der Wärmemenge, die der Masseneinheit zugeführt werden muß, damit sich ihre Temperatur um 1 K erhöht. Die spezifischen Wärmekapazitäten sind in allen Aggregatzuständen eine Funktion der Temperatur.

3.2.1. Bestimmung der spezifischen Wärmekapazität fester Stoffe

Aufgabe: Die mittleren spezifischen Wärmekapazitäten von Metallproben sind für ein Temperaturintervall von etwa 20 bis 100 °C zu ermitteln.

Nach Gl. (6) gewinnt man die spezifische Wärmekapazität *c* einer Probe, indem ihre Temperatur ermittelt wird, nachdem die Probe eine Wärmemenge ΔQ abgegeben hat. Der Wärmeverlust kann in einem Flüssigkeitskalorimeter gemessen werden. Er folgt aus der Temperaturänderung der Flüssigkeit.

Der auf die Temperatur t_f erhitzte Metallkörper (Masse m_f, spezifische Wärmekapazität c_f) tauscht die Wärmemenge

$$\Delta Q = c_f m_f (t_f - t_m) \tag{7}$$

aus, wobei t_m die Temperatur nach dem Energieaustausch, die Mischungstemperatur, ist. Vom Kalorimeter (Wärmekapazität K) und der Flüssigkeit (Masse m_{fl}, Temperatur t_{fl}, spezifische Wärmekapazität c_{fl}) wird diese Wärmemenge

ΔQ aufgenommen, so daß andererseits

$$\Delta Q = (c_{fl}m_{fl} + K)(t_m - t_{fl}) \qquad (8)$$

ist.

Der Vergleich der Gln. (7) und (8) liefert als Bestimmungsgleichung für die *spezifische Wärmekapazität der Festkörperprobe*

$$c_f = \frac{(m_{fl}c_{fl} + K)(t_m - t_{fl})}{m_f(t_f - t_m)}. \qquad (9)$$

Die Methode liefert einen Mittelwert von c_f für den Temperaturbereich zwischen t_m und t_f.

Versuchsausführung

Der Probekörper wird gewogen (m_f) und in einem elektrisch beheizten Röhrenofen (vgl. Abb. W.3.2.1) oder im Dampfstrom siedenden

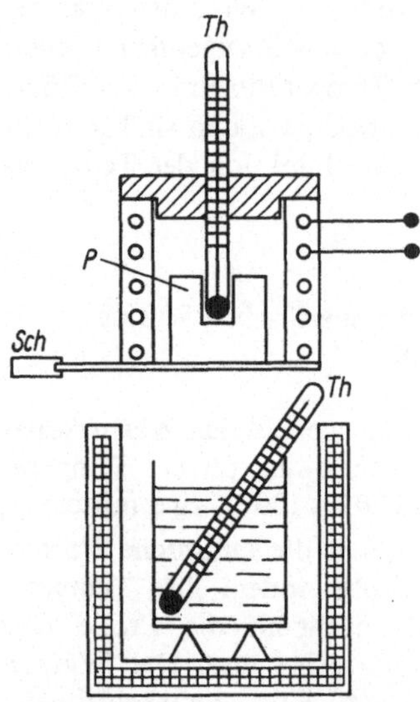

Abb. W.3.2.1. Zur Bestimmung der spezifischen Wärmekapazität fester Stoffe

Wassers erhitzt (Temperatur t_f). Aus den Wägungen des leeren und des mit Wasser gefüllten Kalorimeters folgt die Masse m_{fl}. Die Temperatur des Wassers (t_{fl}) wird über eine Vorperiode hin periodisch gemessen und ein Temperatur-Zeit-Diagramm (vgl. W.3.1) auch über eine Haupt- (»Mischvorgang«) und Nachperiode hin vervollständigt. Dem Diagramm entnehmen wir die korrigierten Werte t_{fl} und t_m. Soweit die

Wärmekapazität K unbekannt ist, soll ihre Bestimmung (vgl. W.3.1) den eigentlichen Messungen vorangestellt werden.

3.2.2. Bestimmung der spezifischen Wärmekapazität von Flüssigkeiten

Aufgabe: Die spezifische Wärmekapazität einer Flüssigkeit mäßigen Dampfdruckes soll bestimmt werden.

Die Bestimmung der spezifischen Wärmekapazität von Flüssigkeiten kann immer dann auf die bisher behandelten Methoden zurückgeführt werden, wenn die Flüssigkeiten im Bereich der Versuchstemperatur nur unmerklich verdunsten:
a) Der Versuchsflüssigkeit im Kalorimeter wird eine bestimmte elektrische Energie und damit auch eine bekannte Wärmemenge zugeführt. Aus der Temperaturänderung der Flüssigkeit folgt ihre spezifische Wärmekapazität.
b) In sinngemäßer Umkehrung der zuvor behandelten Methode zur Bestimmung der spezifischen Wärmekapazität fester Stoffe ergibt sich die spezifische Wärmekapzität einer Flüssigkeit, wenn sie mit einem temperierten Probekörper bekannter spezifischer Wärmekapazität in Wärmeaustausch tritt. Für diese Bestimmung ist Gl. (9) in gleicher Form gültig. Häufig bedient man sich dabei einer speziellen Form des Wärmeüberträgers, des Thermophors.
c) Der *Thermophor* (vgl. Abb. W.3.2.2) hat die Form eines speziellen Flüssigkeitsthermometers mit großem Flüssigkeitsvorrat (häufig Quecksilber) und entsprechend großer Wärmekapazität. Am Schaft sind zwei Meßmarken M_1 und M_2 angebracht. Der vor Versuchsbeginn im Wasserbad erhitzte Thermophor wird in dem Augenblick in die Meßflüssigkeit getaucht, da der Quecksilbermeniskus von oben her die Meßmarke M_2 passiert. Ist der Quecksilberspiegel bis M_1 gesunken, hat der Thermophor eine bestimmte, in einem Vorversuch mit Wasser bestimmbare Wärmemenge abgegeben. Bedeuten K die Wärmekapazität des Kalorimeters, m_1 die Masse und c_1 die spezifische Wärmekapazität des Wassers sowie t_1 und t_2 seine Temperatur vor und nach dem Wärmeaustausch, hat der Thermophor die Wärmemenge

$$\Delta Q = c_1 m_1 (t_2 - t_1) + K(t_2 - t_1) \qquad (10)$$

an ein mit Wasser gefülltes Kalorimeter abgegeben. Die gleiche Wärmemenge ΔQ wird auch von dem mit der Versuchsflüssigkeit gefüllten Kalorimeter aufgenommen. Dafür gilt

$$\Delta Q = cm(t - t') + K(t - t'); \qquad (11)$$

hierin sind m die Masse, c die spezifische Wärmekapazität, t' und t die Temperatur des Versuchsstoffes vor und nach der Wärmeübertragung. Aus der Gleichheit der beiden Wärmemengen in den Gln. (10) und (11) ergibt sich eine Beziehung, nach der man die *spezifische Wärmekapazität c der Versuchsflüssigkeit* berechnen kann:

$$c = \frac{(c_1 m_1 + K)(t_2 - t_1)}{m(t - t')} - \frac{K}{m}. \qquad (12)$$

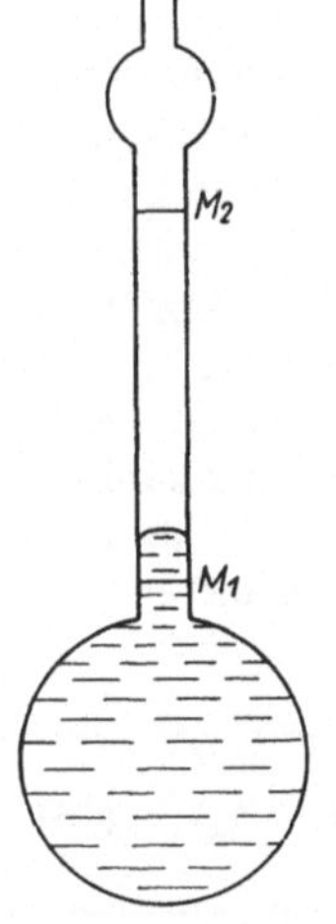

Abb. W.3.2.2. Thermophor

Versuchsausführung

Sofern der Thermophor im Wasserbad erhitzt wird, muß er vor dem Eintauchen in das Kalorimeter gut abgetrocknet werden. Den Wärmeenergieausgleich im Kalorimeter fördern wir durch gutes Umrühren mit dem Thermometer. Die Temperaturen t_1 und t_2 sowie t und t' korrigieren wir durch das in W.3.1 erläuterte Prinzip. Ein genaueres Temperatur-Zeit-Diagramm erhalten wir, wenn wir die Temperatur mit einem Thermoelement oder einem Widerstandsthermometer messen und das Diagramm mit einem Motorkompensator aufzeichnen. Die Massen ergeben sich jeweils aus der Differenz der Wägung des leeren und gefüllten Kalorimeters.

3.3. Umwandlungswärmen

Die Ermittlung von Umwandlungswärmen wird am Beispiel der spezifischen Schmelzwärme des Eises und der spezifischen Kondensationswärme des Wasserdampfes geübt.

Allgemein entsprechen die *spezifischen Umwandlungswärmen* den je nach der Richtung des Prozesses positiv oder negativ zu rechnenden Wärmemengen, die bei der Umwandlung der Masseneinheit des Stoffes bei konstanter Umwandlungstemperatur umgesetzt werden. Die Einheit der spezifischen Umwandlungswärme q_{ij} ist $1\,\text{J} \cdot \text{kg}^{-1}$. Insbesondere wird daher beim Schmelzen von 1 kg Eis eine Wärmemenge vom Betrage der spezifischen Schmelzwärme verbraucht, wenn dabei die Temperatur konstant 0 °C bleibt. Die spezifische Kondensationswärme des Wasserdampfes bei Siedetemperatur wird frei, wenn 1 kg Wasserdampf in Wasser gleicher Temperatur übergeht.

3.3.1. Spezifische Schmelzwärme des Eises

Aufgabe: Die spezifische Schmelzwärme des Eises ist zu bestimmen.

Die spezifische Schmelzwärme q_{12} eines Stoffes läßt sich immer dann nach der Mischmethode bestimmen, wenn als Kalorimeterflüssigkeit entweder die Schmelze des Versuchsstoffes oder eine Flüssigkeit verwendet wird, in der sich der Versuchsstoff weder löst noch mit ihr chemisch reagiert. Stets muß die Temperatur der Flüssigkeit höher als die Schmelztemperatur des festen Stoffes sein.

Wird eine Masse m_f festen Stoffes der Temperatur t_f in das Kalorimeter gegeben, so erwärmt sie sich auf die Schmelztemperatur t_s. Sie verharrt hier so lange, bis der Stoff vollständig geschmolzen ist, und erwärmt sich dann auf die Mischungstemperatur t_m. In diesen drei Etappen werden von dem ursprünglich festen Stoff gemäß (Gl. (2) die Wärmemengen

$$Q_1 = m_f c_f (t_s - t_f) \qquad (c_f \text{ spezifische Wärmekapazität des festen Stoffes)},$$

$$Q_2 = m_f q_{12},$$

$$Q_3 = m_f c_s (t_m - t_s) \qquad (c_s \text{ spezifische Wärmekapazität des geschmolzenen Stoffes)}$$

125

aufgenommen. Die Wärmeenergieanteile werden von der Kalorimeterflüssigkeit (Masse m_{fl}, spezifische Wärmekapazität c_{fl}) und dem Kalorimeter (Wärmekapazität K) geliefert, indem sich die Temperatur t_{fl} der Kalorimeteranordnung auf die Mischungstemperatur t_{m} erniedrigt:

$$Q_4 = (c_{\mathrm{fl}}m_{\mathrm{fl}} + K)(t_{\mathrm{fl}} - t_{\mathrm{m}}).$$

Aus der Energiebilanz

$$Q_1 + Q_2 + Q_3 = Q_4 \qquad (13)$$

folgt die allgemeine Beziehung für die Bestimmung der spezifischen Schmelzwärme nach dieser Methode:

$$q_{12} = \frac{c_{\mathrm{fl}}m_{\mathrm{fl}} + K}{m_{\mathrm{f}}}(t_{\mathrm{fl}} - t_{\mathrm{m}}) - c_{\mathrm{s}}(t_{\mathrm{m}} - t_{\mathrm{s}}) - c_{\mathrm{f}}(t_{\mathrm{s}} - t_{\mathrm{f}}).$$

$$(14)$$

Gl. (14) vereinfacht sich bei der Bestimmung der spezifischen Schmelzwärme des Eises, da wegen $t_{\mathrm{f}} = t_{\mathrm{s}} = 0\ ^\circ\mathrm{C}$ auch $Q_1 = 0$ ist.
Man erhält

$$\boxed{q_{12} = \frac{c_{\mathrm{fl}}m_{\mathrm{fl}} + K}{m_{\mathrm{f}}}(t_{\mathrm{fl}} - t_{\mathrm{m}}) - c_{\mathrm{s}}t_{\mathrm{m}}.} \qquad (15)$$

Versuchsausführung

Das Eis wird vor dem Beginn des Versuches gut zerkleinert und abgetrocknet. Seine Masse und die Masse des als Kalorimeterflüssigkeit dienenden Wassers folgt aus der Differenz dreier Wägungen: der des leeren (einschließlich des Thermometers), der des mit Wasser gefüllten Kalorimeters und einer Wägung, bei der das Kalorimeter zusätzlich das Wasser des geschmolzenen Eises enthält. Die Temperaturen t_{fl} und t_{m} gewinnen wir aus einem Temperatur-Zeit-Diagramm (vgl. W.3.1).[1]

3.3.2. Spezifische Kondensationswärme des Wasserdampfes

Aufgabe: Die spezifische Kondensationswärme des Wasserdampfes bei Siedetemperatur soll ermittelt werden.

---

[1] Vgl. auch die Versuchsausführung in W. 3.2.2.

Zur Bestimmung der spezifischen Kondensations- (oder Verdampfungs-) Wärme q_{23} des Wassers bei der Siedetemperatur t_{s} leitet man eine be-

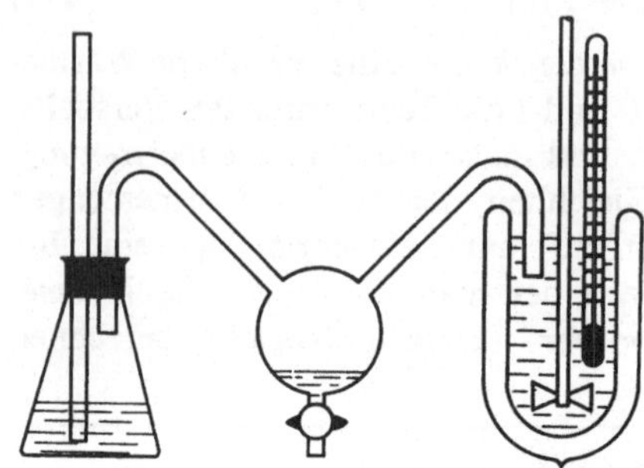

Abb. W.3.3.1. Zur Bestimmung der Kondensationswärme des Wasserdampfes

stimmte Menge des Dampfes (Masse m_{D}) in die Flüssigkeit (Wasser, spezifische Wärmekapazität c) des Kalorimeters und läßt ihn dort kondensieren (vgl. Abb. W.3.3.1). Dabei werden die Wärmemenge $q_{23}m_{\mathrm{D}}$ und bei der Abkühlung auf die Mischungstemperatur t_{m} die Energie $cm_{\mathrm{D}}(t_{\mathrm{s}} - t_{\mathrm{m}})$ frei. Diese beiden Anteile werden von der Kalorimeteranordnung aufgenommen (Wärmekapazität K; m_{W} und t_{W} sind Masse und Temperatur des Wassers im Kalorimeter). Aus der Energiebilanz folgt

$$\boxed{q_{23} = \frac{cm_{\mathrm{W}} + K}{m_{\mathrm{D}}}(t_{\mathrm{m}} - t_{\mathrm{W}}) - c(t_{\mathrm{s}} - t_{\mathrm{m}}).} \qquad (16)$$

Versuchsausführung

Wir bringen das Wasser zum Sieden und warten in der Dampfleitung ein Temperaturgleichgewicht ab, bevor wir den Dampf in das Kalorimeter einleiten. Der Kondensatfänger in der Zuleitung soll verhindern, daß im Rohr kondensierter Dampf in das Kalorimeter läuft. Die Masse der Kalorimeterflüssigkeit und die des kondensierten Dampfes ermitteln wir in bekannter Weise durch je zwei Wägungen. Der Versuch wird mit Vor-, Haupt- und Nachperiode zur Aufnahme eines Temperatur-Zeit-Diagrammes durchgeführt. Diesem sind die korrigierten Temperaturen zu entnehmen (vgl. W.3.1).[1]

4. Systeme mit verschiedenen Komponenten

4.0. Allgemeine Grundlagen

4.0.1. Gibbssche Phasenregel

Als Komponenten bezeichnet man die verschiedenen Bestandteile (z. B. chemische Verbindungen), die in einem System vorhanden sind. Im allgemeinen existieren in einem bestimmten System mehrere homogene Bereiche, die durch Grenzflächen voneinander getrennt sind. Diese Bereiche werden Phasen genannt. Der Begriff der Phase stellt eine Verallgemeinerung des Begriffes Aggregatzustand dar. Ein System kann verschiedene feste oder flüssige Phasen haben. So ist z. B. fester Schwefel in einer monoklinen und einer rhombischen Modifikation – d. h. in zwei Phasen – bekannt. Dagegen besitzt jedes System wegen der Mischbarkeit der Gase nur eine gasförmige Phase. Die frei wählbaren Zustandsgrößen bezeichnet man als Freiheitsgrade des Systems. Den Zusammenhang zwischen der Zahl der Freiheitsgrade f, der Zahl der Komponenten k und der Zahl der Phasen n_{ph} liefert die *Gibbssche Phasenregel*

$$f = k + 2 - n_{\mathrm{ph}}. \tag{1}$$

Zur Erläuterung der Begriffe soll das in Abb. W.4.0.1 dargestellte Zustandsdiagramm von Wasser betrachtet werden. Für dieses System gilt $k = 1$. Wenn nur eine der drei Phasen vorliegt ($n_{\mathrm{ph}} = 1$), folgt aus Gl. (1) $f = 2$, d. h., sowohl der Druck p als auch die Temperatur T sind innerhalb gewisser Grenzen frei vorgebbar. Sollen sich zwei Phasen im Gleichgewicht befinden ($n_{\mathrm{ph}} = 2$), wird $f = 1$. Zu jeder sinnvoll gewählten Temperatur T ist dann der Druck p festgelegt. Man erhält für die Kombination fest-gasförmig die Sublimationskurve I, für die Kombination fest-flüssig die Schmelzkurve II und für die Kombination flüssig-gasförmig die Dampf-

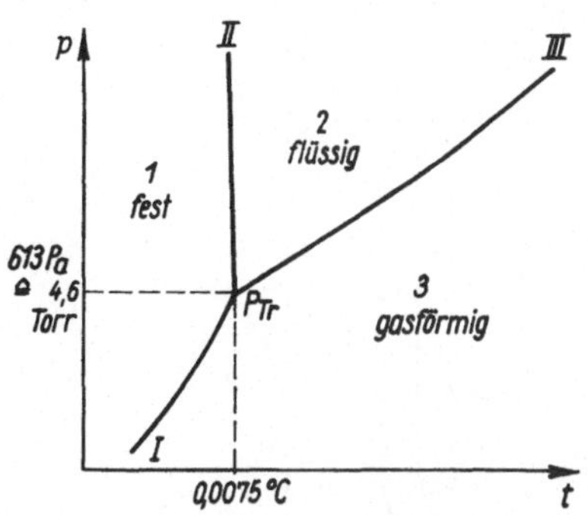

Abb. W.4.0.1. Zustandsdiagramm von Wasser

druckkurve *III*. Eine Koexistenz aller drei Phasen ($n_{\mathrm{ph}} = 3$) ist wegen $f = 0$ nur in einem Punkt mit definierten Werten von T und p – dem Tripelpunkt P_{Tr} – möglich.

4.0.2. Lösungen

Manche festen Stoffe lösen sich beim Eindringen in eine Flüssigkeit (Lösungsmittel). Wenn die Menge des gelösten Stoffes n_1 sehr klein gegen die Menge des Lösungsmittels n_0 ist, liegt – wie in den folgenden Betrachtungen vorausgesetzt wird – eine stark verdünnte Lösung vor, in der die Mischung der verschiedenen Bestandteile nach kräftigem Rühren vollständig ist. Außerdem wird für den Dampf des Lösungsmittels die Zustandsgleichung idealer Gase [vgl. Gl. (W.2.–5)] verwendet.

Wenn man den rechten Schenkel eines U-Rohres mit einer Lösung, den linken Schenkel mit dem reinen Lösungsmittel füllt, diffundieren im Laufe der Zeit die Moleküle des gelösten Stoffes in das Lösungsmittel hinein. Für dieses Bestreben nach Verdünnung macht man einen bestimmten Druck in der Lösung – den osmotischen Druck Π – verantwortlich. Π kann gemessen werden, wenn Lösung und Lösungsmittel durch eine semipermeable (nur für die Moleküle des Lösungsmittels durchlässige) Wand W getrennt sind (vgl. Abb. W.4.0.2).

Das U-Rohr soll sich in einem Gefäß befinden, das unter dem der Temperatur T entsprechenden Dampfdruck des Lösungsmittels steht. Die Verdünnung geht nun so vor sich, daß Moleküle des Lösungsmittels durch W hindurch in die Lösung

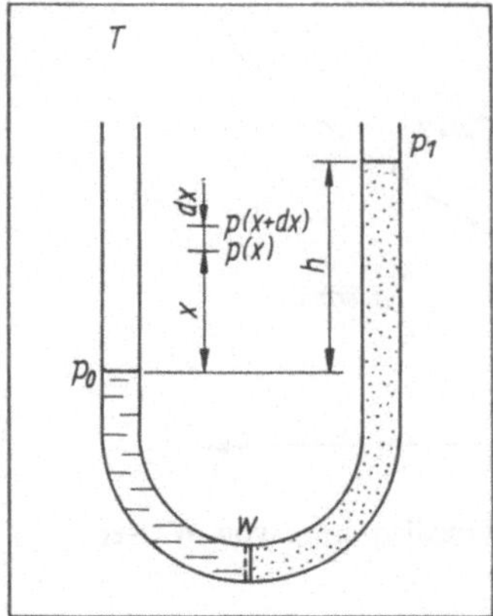

Abb. W.4.0.2. Zur Dampfdruckerniedrigung in Lösungen

wandern. Im Gleichgewichtsfall unterscheiden sich die Lagen der Flüssigkeitsspiegel in den Schenkeln des U-Rohres um die Höhe h. Bezeichnet man die Dichte der Lösung mit ϱ, den Dampfdruck des Lösungsmittels mit p_0, den der Lösung mit p_1, so ergibt sich der osmotische Druck zu

$$\Pi = \varrho g h - (p_0 - p_1)$$

oder näherungsweise zu[1])

$$\Pi = \varrho g h. \tag{2}$$

Nun muß sich aber auch der Dampf im Gleichgewicht befinden. Nach Abb. W.4.0.2 gilt

$$p(x + \mathrm{d}x) - p(x) = -\varrho_D g\, \mathrm{d}x,$$

wobei ϱ_D die Dichte des Dampfes an der Stelle x sein soll. Entwickelt man $p(x + \mathrm{d}x)$ in eine Taylorreihe, gilt bei Vernachlässigung von $(\mathrm{d}x)^2$

$$\frac{\mathrm{d}p}{\mathrm{d}x} = -\varrho_D g = -\frac{p M_0}{RT}\, g$$

oder

$$\int_{p_0}^{p_1} \frac{\mathrm{d}p}{p} = -\frac{M_0 g}{RT} \int_0^h \mathrm{d}x,$$

$$\ln \frac{p_1}{p_n} - \ln \frac{p_0}{p_n} = -\frac{M_0 g h}{RT}; \tag{3a}$$

---

[1]) Wenn $\overline{\varrho_D}$ die mittlere Dampfdichte im Intervall $0 \leqq x \leqq h$ ist, wird $p_0 - p_1 = \overline{\varrho_D} g h$.

M_0 ist die molare Masse des Lösungsmittels und p_n ein beliebiger konstanter Druck. Führt man in Gl. (3a) den osmotischen Druck gemäß Gl. (2) ein, erhält man

$$\ln \frac{p_1}{p_n} = \ln \frac{p_0}{p_n} - \frac{M_0 \Pi}{\varrho RT}. \tag{3b}$$

Der osmotische Druck in stark verdünnten Lösungen genügt dem *van't-Hoffschen Gesetz*

$$\boxed{\Pi V = n_1 RT.} \tag{4}$$

Die Menge n_1 des gelösten Stoffes verhält sich also in der Lösung wie ein ideales Gas, das bei der Temperatur T das Volumen V einnimmt. Mit Gl. (4) lautet Gl. (3b)

$$\ln \frac{p_1}{p_n} = \ln \frac{p_0}{p_n} - \frac{M_0 n_1}{\varrho V}; \tag{3c}$$

ϱV ist die Masse der Lösung, die nach der eingangs gemachten Voraussetzung näherungsweise durch die Masse m_0 des Lösungsmittels ersetzt werden darf. Für den Dampfdruck der Lösung gilt daher

$$\boxed{\ln \frac{p_1}{p_n} = \ln \frac{p_0}{p_n} - \frac{n_1}{n_0}.} \tag{3}$$

Die durch Gl. (3) beschriebene Dampfdruckerniedrigung in stark verdünnten Lösungen hat sowohl eine Siedepunktserhöhung als auch eine Gefrierpunktserniedrigung zur Folge.

Der Dampfdruck des Lösungsmittels genügt der *Gleichung von Clausius und Clapeyron* [vgl. Gl. (W.2.–23)]

$$\frac{\mathrm{d} \ln p_0/p_n}{\mathrm{d}\,(1/T)} = -\frac{Q_{23}}{R}. \tag{5}$$

Die molare Verdampfungswärme Q_{23} kann innerhalb eines kleinen Temperaturintervalles als konstant angesehen werden. Die Integration der Gl. (5) führt zu der ausgezogenen Geraden in Abb. W.4.0.3.

Nach Gl. (3) liegt die Dampfdruckkurve der Lösung in der in Abb. W.4.0.3 gewählten Darstellung um den konstanten Wert n_1/n_0 tiefer (gestrichelte Gerade). Das Lösungsmittel bzw. die Lösung sieden bei den Temperaturen T_{S0} bzw. T_{S1}, bei denen der Dampfdruck mit dem Luft-

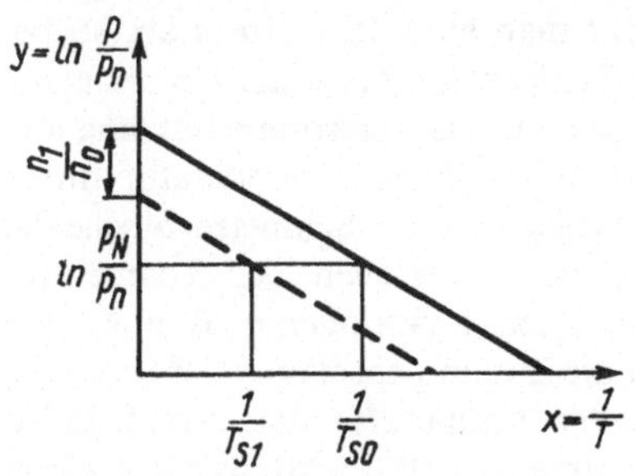

Abb. W.4.0.3. Zur Siedepunktserhöhung

druck p_N übereinstimmt. Aus Abb. W.4.0.3 folgt

$$\left[\frac{1}{T_{S0}} - \frac{1}{T_{S1}}\right]\frac{\Delta y}{\Delta x} = -\frac{n_1}{n_0}. \tag{6}$$

Da n_1 nach Voraussetzung sehr klein gegen n_0 ist, gilt für die Siedepunktserhöhung ΔT_S näherungsweise

$$\frac{1}{T_{S0}} - \frac{1}{T_{S1}} = \frac{T_{S1} - T_{S0}}{T_{S0}^2} = \frac{\Delta T_S}{T_{S0}^2}.$$

Außerdem folgt aus Gl. (5)

$$-\frac{\Delta y}{\Delta x} = \frac{Q_{23}}{R},$$

so daß man Gl. (6)

$$\Delta T_S = \frac{RT_{S0}^2}{Q_{23}}\frac{n_1}{n_0} \tag{7}$$

schreiben kann.

Der Sublimationsdruck des Lösungsmittels $p_{0\,\mathrm{fest}}$ genügt der *Gleichung von Clausius und Clapeyron* [vgl. Gl. (W.2.–24)]

$$\frac{d\,(\ln\,(p_0/p_n)_{\mathrm{fest}})}{d\,(1/T)} = -\frac{Q_{13}}{R} = -\frac{Q_{12}+Q_{23}}{R}. \tag{8}$$

Die molare Sublimationswärme Q_{13} setzt sich additiv aus der molaren Schmelzwärme Q_{12} und der molaren Verdampfungswärme Q_{23} zusammen. Innerhalb eines kleinen Temperaturintervalles ist Q_{13} konstant. In Abb. W.4.0.4 wird daher die Sublimationskurve durch die steile Gerade *I* dargestellt, die Dampfdruckkurve des Lösungsmittels durch die Gerade *II*. Der Schnittpunkt der beiden Geraden liefert den Tripelpunkt P_{Tr} des Lösungsmittels. Die Dampfdruckkurve der Lösung (ge-

strichelte Gerade) liegt nach Gl. (3) um n_1/n_0 unterhalb der Geraden *II*. Am Schnittpunkt der gestrichelten Geraden und der Geraden *I* haben Lösung und festes Lösungsmittel den gleichen Dampfdruck, d. h., das Lösungsmittel beginnt in der Lösung zu erstarren. Es ist immer die Phase mit dem kleineren Dampfdruck stabil.

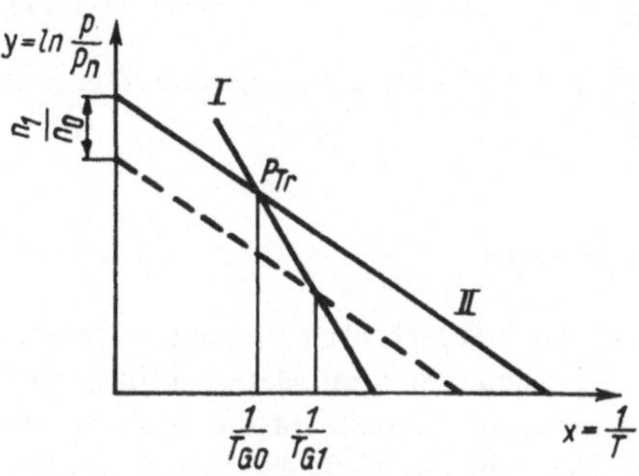

Abb. W.4.0.4. Zur Gefrierpunktserniedrigung

Aus Abb. W.4.0.4 ergibt sich der Zusammenhang

$$\left[\frac{1}{T_{G1}} - \frac{1}{T_{G0}}\right]\left[\left(\frac{\Delta y}{\Delta x}\right)_{II} - \left(\frac{\Delta y}{\Delta x}\right)_{I}\right] = \frac{n_1}{n_0}. \tag{9}$$

Nun ist

$$\left(\frac{\Delta y}{\Delta x}\right)_{II} - \left(\frac{\Delta y}{\Delta x}\right)_{I} = \frac{Q_{13}}{R} - \frac{Q_{23}}{R} = \frac{Q_{12}}{R}.$$

Außerdem gilt in guter Näherung

$$\frac{1}{T_{G1}} - \frac{1}{T_{G0}} = \frac{T_{G0} - T_{G1}}{T_{G0}^2} = \frac{\Delta T_G}{T_{G0}^2}.$$

Die Erniedrigung des Tripelpunktes läßt sich also durch

$$\Delta T_G = \frac{RT_{G0}^2}{Q_{12}}\frac{n_1}{n_0} \tag{10}$$

beschreiben. Da die Erstarrungstemperatur nur sehr wenig vom Druck abhängt, kann man annehmen, daß auch die Gefrierpunktserniedrigung in guter Näherung vom Druck unabhängig ist. Aus diesem Grunde darf Gl. (10) für die Gefrierpunktserniedrigung bei Luftdruck verwendet werden. Häufig dissoziieren die Moleküle des gelösten Stoffes im Lösungsmittel. Die Stoffmenge n_1 ist der Zahl der Moleküle N_1 proportional, die in der Masse m_1 des gelösten Stoffes enthalten sind. Zerfällt der Bruchteil δ der N_1

Moleküle in je z kleinere Teile, dann befinden sich

$$N_1' = N_1[1 + (z - 1)\,\delta]$$

fremde Partikeln im Lösungsmittel. In diesem Falle muß man in den Gln. (3), (7) und (10) n_1 durch

$$n_1' = n_1[1 + (z - 1)\,\delta] \qquad (11)$$

ersetzen. Die Zahl δ bezeichnet man als *Dissoziationsgrad*.

4.0.3. Legierungen

Jeder Stoff, der aus mehreren Elementen besteht und die Eigenschaften von Metallen hat, wird *Legierung* genannt. Manche Stoffe besitzen die Fähigkeit, sich vollständig in der Schmelze eines Metalles zu lösen. Derartige Lösungen und erstarrte Schmelzen, die aus *Mischkristallen* aufgebaut sind, bezeichnet man als *homogene Legierungen*. Bei teilweiser oder vollständiger Unlöslichkeit der Komponenten ineinander entstehen *heterogene Legierungen*, die sich im festen Zustand aus einem Gemisch verschiedenartiger Kristallite zusammensetzen. Durch Legieren ändern sich die physikalischen Eigenschaften des Grundmetalls. So wird z. B. die mechanische Festigkeit erhöht, während die elektrische Leitfähigkeit und die Wärmeleitfähigkeit abnehmen. Die folgenden Ausführungen dienen der Erläuterung einiger einfacher Beispiele. Blei und Antimon sind in der Schmelze vollständig mischbar, während ihre Kristallite ein mechanisches Gemenge bilden. Das Schmelzpunktdiagramm von Pb-Sb-Legierungen entspricht dem in Abb. W.4.0.5 dargestellten Typ. Kühlt man eine Schmelze a ab, so beginnt bei der Temperatur $T_K(a)$ die Komponente A zu kristallisieren. Die Zusammensetzung der Schmelze wird mit fallender Temperatur durch Kurve *1* beschrieben. Eine Schmelze b scheidet dagegen nach dem Erreichen der Temperatur $T_K(b)$ Kristalle der Komponente B aus, und Kurve *2* stellt die Zusammensetzung der Schmelze als Funktion der Temperatur dar. Der Schnittpunkt E der Kurven *1* und *2* wird als *eutektischer Punkt* bezeichnet. Die Restschmelze einer beliebigen Legierung dieses Typs erstarrt bei der Temperatur T_E wie ein einheitliches Metall.

Silber und Gold sind in der Schmelze ebenfalls vollständig mischbar. Während der Erstarrung entstehen aber Mischkristalle. Abb. W.4.0.6 zeigt

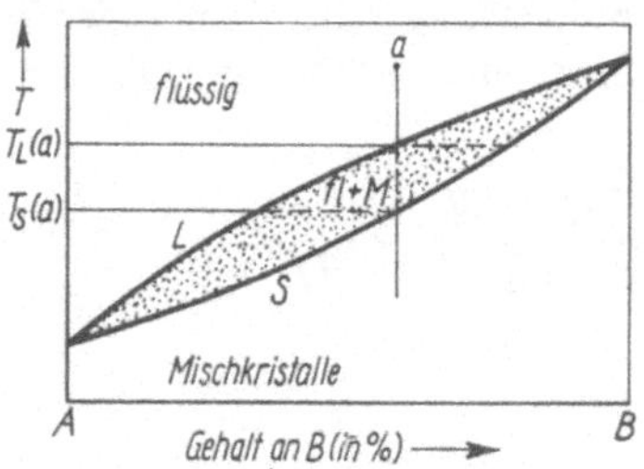

Abb. W.4.0.6. Schmelzpunktdiagramm einer lückenlosen Reihe von Mischkristallen

das Schema des Schmelzpunktdiagrammes für Ag-Au-Legierungen. Wenn eine Schmelze a beliebiger Zusammensetzung bei der Abkühlung die auf der Liquiduskurve L liegende Temperatur $T_L(a)$ erreicht, setzt die Mischkristallbildung ein. Die Zusammensetzung der Kristalle wird durch den Punkt der Soliduskurve S festgelegt, der zur Temperatur $T_L(a)$ gehört. Mit sinkender Temperatur kann die momentane Zusammensetzung der Schmelze auf der Kurve L, die der gerade entstehenden Mischkristalle auf der Kurve S abgelesen werden. Durch Diffusion tritt aber ein ständiger Konzentrationsausgleich zwischen Schmelze und Mischkristallen ein. Die Erstarrung ist bei der Temperatur $T_S(a)$ beendet, und die Zusammensetzung der Mischkristalle ist mit der der ursprünglichen Schmelze a identisch.

Blei und Zinn bilden Legierungen, die einer Kombination der beiden bisher erläuterten Typen entsprechen. Abb. W.4.0.7 zeigt das Schmelzpunktdiagramm. Enthält die Schmelze einen Bleigehalt,

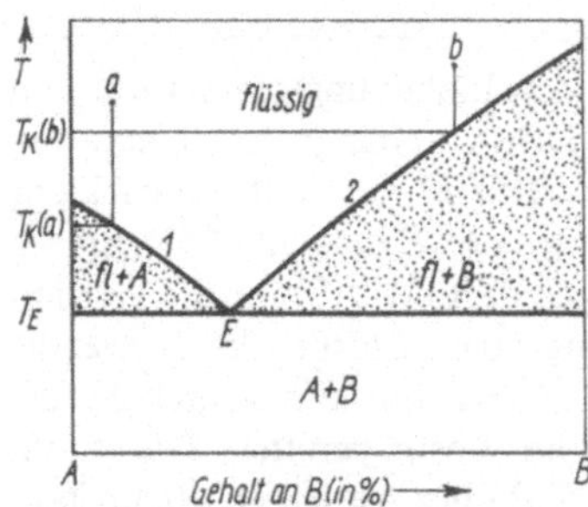

Abb. W.4.0.5. Schmelzpunktdiagramm eines in der Schmelze mischbaren mechanischen Gemenges

der kleiner als $x_1 = 5\%$ oder größer als $x_2 = 80,5\%$[1]) ist, entstehen bei der Erstarrung der Schmelze Mischkristalle α oder β in der am Beispiel Ag-Au beschriebenen Weise. Während der Abkühlung einer Schmelze a beginnt bei der Temperatur $T_L(a)$ die Ausscheidung von Mischkristallen β. Die Zusammensetzung der Mischkristalle ändert sich gemäß der Soliduskurve S, die der Schmelze gemäß der Liquiduskurve L. Bei der Temperatur T_E erstarrt die Restschmelze wie ein einheitliches Metall. Das Eutektikum setzt sich aber nicht aus den Kristallen der reinen Komponenten zusammen, sondern besteht aus Mischkristallen α der Zusammensetzung x_1 und Mischkristallen β der Zusammensetzung x_2. Die Mischkristalle β, die vor der Erstarrung des Eutektikums schon vorhanden waren, scheiden bei Temperaturen unterhalb T_E gemäß Kurve K Zinn aus.

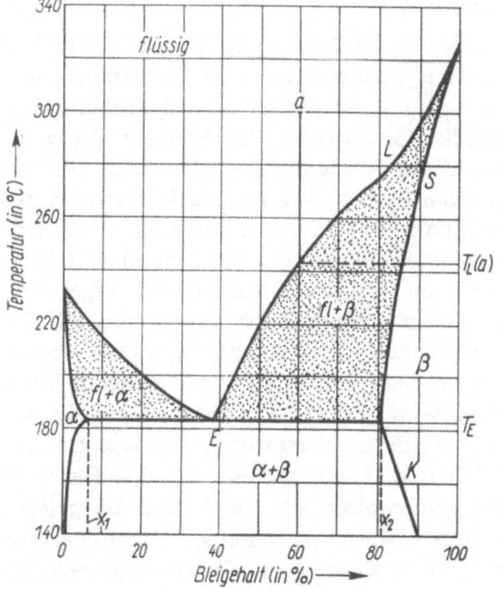

Abb. W.4.0.7. Schmelzpunktdiagramm von Pb-Sn-Legierungen

Die Diskussion der Verhältnisse bei der Abkühlung einer Schmelze, deren Pb-Gehalt kleiner als 38 % ist, soll dem Leser überlassen bleiben. Außerdem wird empfohlen, die Aussagen der Gibbsschen Phasenregel Gl. (1) für die verschiedenen Schmelzpunktdiagramme zusammenzustellen.

---

[1]) % bedeutet hier Massenprozent.

4.1. Siedepunktserhöhung

Aufgabe: Die relative Molekülmasse eines in Wasser löslichen festen Stoffes soll aus der Siedepunktserhöhung der Lösung bestimmt werden.

Abb. W.4.1.1 zeigt die von *Landsberger* angegebene Anordnung zur Bestimmung der Siedepunktserhöhung. Das Lösungsmittel bzw. die Lösung befindet sich in dem Glasgefäß G, das in einem Behälter B untergebracht ist. Der Stopfen S enthält zwei Bohrungen, in die das Beckmann-Thermometer Th und das Rohr R_1 eingesetzt sind. Wenn man durch das Rohr R_1 Wasserdampf in das Gefäß G leitet, beginnt die Flüssigkeit (Wasser oder Lösung) nach einiger Zeit zu sieden. Der Wasserdampf kann durch die Öffnung O und das Rohr R_2 entweichen. Die beschriebene Art der Erwärmung hat den großen Vorteil, daß kein Siedeverzug auftritt.

Versuchsausführung

Wir bestimmen den Barometerstand und entnehmen die zugehörige Siedetemperatur von Wasser t_{so} der Tab. 8. Wir wägen das gut getrocknete Gefäß G, dessen Masse m_2 sein soll. Dann wird das Gefäß G in den Behälter B gesetzt, etwa zur Hälfte mit Wasser gefüllt und mit dem Stopfen S verschlossen. Das Beckmann-Thermometer Th und das Rohr R_1 müssen hinreichend tief in das Wasser eintauchen. Wir bringen Wasser in der Flasche F zum Sieden und leiten den Dampf durch das Rohr R_1 in das Gefäß G. Sobald der Quecksilberfaden des Thermometers vor der Skale

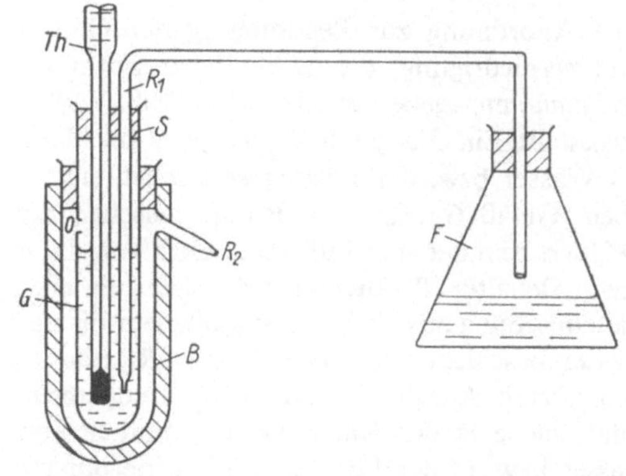

Abb. W.4.1.1. Anordnung zur Bestimmung der Siedepunktserhöhung

sichtbar wird, lesen wir die Lage des Meniskus in regelmäßigen Zeitabständen ab. Das Beckmann-Thermometer muß so eingestellt sein, daß das Fadenende bei der Siedetemperatur von Wasser im unteren Teil der Skale liegt. Nun geben wir den festen Körper, dessen Masse m_1 mit einer Analysenwaage bestimmt worden ist, in das Wasser und ermitteln die Siedetemperatur der Lösung in der oben beschriebenen Weise. Die Temperaturdifferenz $\Delta t'$ ist auf den Meßbereich zwischen 0 und 5 °C umzurechnen. So erhalten wir $\Delta t = \Delta T_s$. Nach der Abkühlung auf Zimmertemperatur wird die Masse m_3 des außen getrockneten Gefäßes G bestimmt. Die Masse des Wassers ergibt sich zu

$$m_0 = m_3 - (m_1 + m_2).$$

Nach Gl. (7) gilt für die molare Masse des gelösten Stoffes

$$M_1 = \frac{RT_{s0}^2}{Q_{23}\Delta t}\,\frac{m_1}{m_0}\,M_0 = \frac{RT_{s0}^2}{q_{23}\Delta t}\,\frac{m_1}{m_0}.$$

Die spezifische Verdampfungswärme von Wasser q_{23} ist der Tab. 2 zu entnehmen. Wenn der gelöste Stoff in Wasser dissoziiert, ist Gl. (11) zu beachten.

4.2. Gefrierpunktserniedrigung

Aufgabe: Die relative Molekülmasse eines in Wasser löslichen festen Stoffes ist aus der Gefrierpunktserniedrigung der Lösung zu bestimmen.

Eine Anordnung zur Bestimmung der Gefrierpunktserniedrigung, die in ähnlicher Form von *Beckmann* angegeben wurde, ist in Abb. W.4.2.1 dargestellt. Ein Glasgefäß G_1, das etwa zur Hälfte mit Wasser bzw. der Lösung gefüllt ist, sitzt in einem Gefäß G_2. In dem Raum zwischen den Gefäßen befindet sich Luft. Das Gefäß G_2 ist in einem Behälter B untergebracht, der mit einer Kältemischung aus Viehsalz, gestoßenem Eis und Wasser beschickt wird. Die Rührer R_1 und R_2 dienen zum Ausgleich räumlicher Temperaturunterschiede in der Kältemischung und in dem Wasser bzw. in der Lösung. Die Gefrierpunktserniedrigung wird mit dem Beckmann-Thermometer Th gemessen.

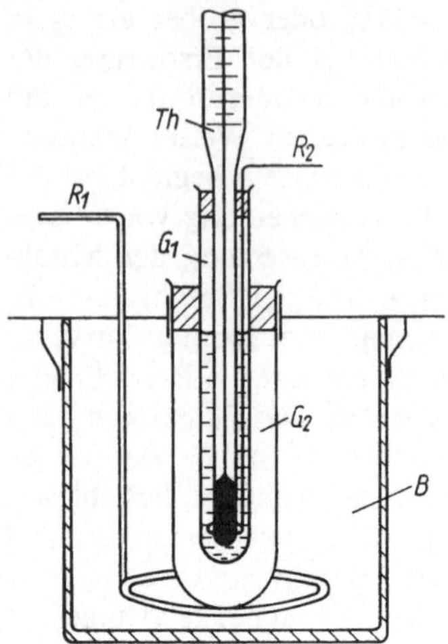

Abb. W.4.2.1. Anordnung zur Bestimmung der Gefrierpunktserniedrigung

Versuchsausführung

Wir stellen im Behälter B die Kältemischung her, deren Temperatur etwa $-10\,°C$ betragen soll. Dann wird das mit Wasser der bekannten Masse m_0 gefüllte Gefäß G_1 in den Behälter B gesetzt. Bei ständiger Bewegung der Rührer R_1 und R_2 beobachten wir die Lage des Quecksilbermeniskus im Beckmann-Thermometer. Im allgemeinen tritt eine Unterkühlung des Wassers unter den Gefrierpunkt ein, die aber durch Rühren bald aufgehoben werden kann. Während der Erstarrung soll der Quecksilberfaden des Thermometers im oberen Bereich der Skale enden. Die entsprechende Temperatur t wird notiert. Wir heben das Gefäß G_1 vor dem Ende der Erstarrung des Wassers aus dem Behälter B und warten, bis das Eis vollständig geschmolzen ist. Dann wird der gelöste Stoff, dessen Masse m_1 mit einer Analysenwaage bestimmt worden ist, in das Gefäß G_1 geschüttet. Wir lassen die Lösung unter ständigem Rühren abkühlen und notieren sowohl die tiefste Temperatur t', die bei der Unterkühlung erreicht wird, als auch die Temperatur t'', die das Thermometer unmittelbar nach Aufhebung der Unterkühlung anzeigt. Im Laufe der Erstarrung des Wassers nimmt die Konzentration der Lösung zu, d. h., die Erstarrungstemperatur sinkt. Nach Gl. (10) gilt

$$M_1 = \frac{RT_{G0}^2}{Q_{12}\Delta t}\,\frac{m_1}{m_0}\,M_0 = \frac{RT_{G0}^2}{q_{12}\Delta t}\,\frac{m_1}{m_0}$$

mit

$$\Delta t = t - t'' = \Delta T_G.$$

Die spezifische Schmelzwärme von Eis q_{12} ist der Tab. 2 zu entnehmen. Wenn der gelöste Stoff in Wasser dissoziiert, muß Gl. (11) beachtet werden.

Strenggenommen muß die Masse m_0 um die Masse m_E, die nach Aufhebung der Unterkühlung bereits in Form von Eis vorliegt, verringert werden. Für m_E gilt näherungsweise

$$c(m_0 + m_1)(t'' - t') = q_{12}m_E,$$

wobei c die spezfiische Wärmekapazität der Lösung ist. Diese Korrektur hat aber nur dann einen Sinn, wenn m_E wesentlich größer als m_1 ist.

4.3. Thermische Analyse

Aufgabe: Die Abkühlungskurven einiger Blei-Zinn-Legierungen sollen aufgenommen werden. Die Zusammensetzung der verschiedenen Legierungen ist zu bestimmen.

Die Temperatur T einer Pb-Sn-Legierung, die nach dem Schmelzen sich selbst überlassen bleibt, genügt zunächst dem *Newtonschen Abkühlungsgesetz*

$$\frac{\mathrm{d}T}{\mathrm{d}\tau} = -\lambda(T - T_0). \tag{12}$$

Die Abkühlungsgeschwindigkeit $\mathrm{d}T/\mathrm{d}\tau$ ist also der Temperaturdifferenz $T - T_0$ proportional, wobei im vorliegenden Fall T_0 die konstante Zimmertemperatur sein soll. Den Proportionalitätsfaktor λ bezeichnet man als Abkühlungskonstante. Die Integration der Gl. (12) im Zeitintervall von 0 bis τ liefert

$$\lambda\tau = -\int_{T(0)}^{T(\tau)} \frac{\mathrm{d}T}{T - T_0} = \ln\frac{T(0) - T_0}{T(\tau) - T_0} \tag{13}$$

oder

$$T(\tau) - T_0 = [T(0) - T_0]\,\mathrm{e}^{-\lambda\tau}. \tag{14}$$

Wenn die Legierung nicht gerade die eutektische Zusammensetzung hat, beginnt bei einer bestimmten Temperatur T_L die Ausscheidung fester Pb-Sn-Mischkristalle. Durch die entstehende Er-

starrungswärme wird die Abkühlgeschwindigkeit verkleinert, d. h., die Abkühlungskurve weist bei T_L einen Knick auf (vgl. Abb. W.4.3.1). Die Schmelze besitzt bei der Temperatur T_E die eutektische Zusammensetzung und erstarrt wie ein reines Metall. Während der Zeit τ_E bleibt die Temperatur der Legierung konstant. Die Abkühlung der völlig erstarrten Legierung genügt Gl. (14). Die λ-Werte der Schmelze und der festen Legierung stimmen nahezu überein.

Wenn T_L größer als die Schmelztemperatur von Zinn ist, kann die Zusammensetzung der Legierung aus Abb. W.4.0.7 eindeutig bestimmt werden. Ist dagegen T_L kleiner als 232 °C, ergeben sich aus dem Schmelzpunktdiagramm zwei mög-

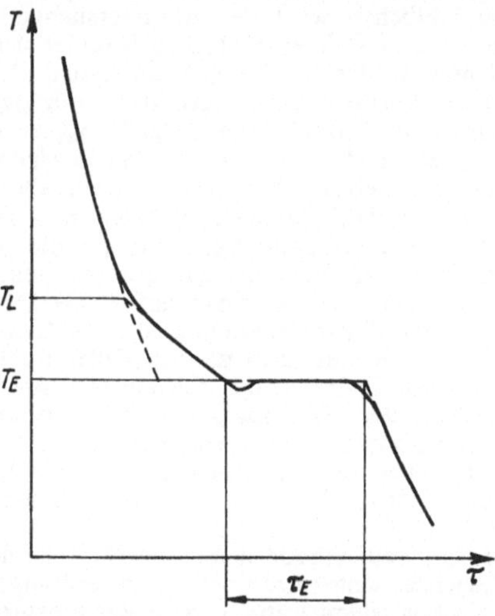

Abb. W.4.3.1. Temperatur-Zeit-Diagramm einer Pb-Sn-Legierung

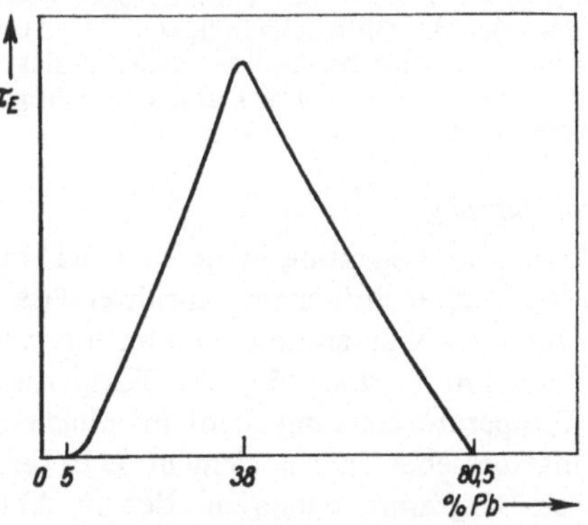

Abb. W.4.3.2. τ_E in Abhängigkeit vom Pb-Gehalt

133

liche Konzentrationen. Die Zeit τ_E stellt ebenfalls ein Maß für die Zusammensetzung dar, sofern die verschiedenen Legierungen gleiche Masse haben und unter den gleichen Bedingungen gekühlt werden.

Aus Abb. W.4.3.2 erhält man für jede Zeit τ_E zwei Konzentrationen. Die zu untersuchende Legierung besitzt die Zusammensetzung, die sowohl mit Abb. W.4.0.7 als auch mit Abb. W.4.3.2 vereinbar ist.

Die Thermoanalyse wird neuerdings meist in Form der *Differentialthermoanalyse* (DTA) eingesetzt. Diese beruht auf folgendem Prinzip: Die beiden Temperaturfühler eines Differentialthermoelementes, wie es beispielsweise in Abb. E.2.2.3 dargestellt ist, tauchen in je ein meist aus Platin bestehendes Probekölbchen. In das eine Kölbchen wird der zu untersuchende Stoff gefüllt. In dem anderen Kölbchen befindet sich ein Vergleichsstoff, der im Temperaturbereich der Messung keine Wärmetönung zeigen darf. Für das Temperaturintervall $100\,°C \leq t \leq 1600\,°C$ ist z. B. $\alpha\text{-}Al_2O_3$ geeignet. Beide Kölbchen werden in einem gemeinsamen Wärmebad (Ofen) erhitzt bzw. abgekühlt. Das Differentialthermoelement liefert nur bei den Temperaturen eine Spannung, bei denen die zu untersuchende Probe im Vergleich zum Inertstoff eine Wärmetönung zeigt. In kommerziellen Geräten werden sowohl die Thermospannung, die zur Temperaturmessung dient, als auch die des Differentialthermoelements als Funktion der Zeit aufgezeichnet. Das Vorzeichen der Spannung des Differentialthermoelements gestattet, zwischen exo- und endothermen Vorgängen zu unterscheiden. Die Fläche unter der Kurve ist ein Maß für die Umwandlungswärme.

Als dynamische Meßmethode liefert die DTA keine exakten Gleichgewichtswerte der Umwandlungs- oder auch Reaktionstemperaturen bzw. der entsprechenden Wärmemengen. Wesentliche Einflußgrößen sind Wärmeleitfähigkeit und spezifische Wärmekapazität von Probe- und Vergleichsstoff, ihre Massenverhältnisse, gegebenenfalls die Teilchengrößen sowie die Aufheiz- oder Abkühlgeschwindigkeit. Die Aufheizgeschwindigkeit wird bei kommerziellen Anlagen im Interesse guter Reproduzierbarkeit der Messungen programmgesteuert.

Versuchsausführung

Wir erwärmen die Legierung in einem Tiegel auf etwa 330 °C. Nach mehrfachem Umrühren lassen wir die Schmelze abkühlen und lesen im Intervall $320\,°C \leq t \leq 140\,°C$ alle 15 s die Temperatur ab. Zur Temperaturmessung dient im allgemeinen ein eingemessenes Thermoelement. Das Temperatur-Zeit-Diagramm entspricht der in Abb. W.4.3.1 ausgezogenen Kurve. Wir berechnen λ

nach Gl. (13), wobei die Zeit τ so zu wählen ist, daß der obere Teil der Abkühlungskurve möglichst gut durch Gl. (14) beschrieben wird. Der Knick bei T_L ist oft nicht sehr ausgeprägt. Da die Temperatur an der freien Oberfläche stets unter der im Inneren der Legierung liegt, beginnt die Ausscheidung von Mischkristallen an verschiedenen Stellen zu verschiedenen Zeiten. Vor dem Erstarren der eutektischen Schmelze stellen wir eine Unterkühlung fest. Die schon erwähnten Temperaturunterschiede in der Legierung haben zur Folge, daß die Erstarrung der eutektischen Schmelze in einem gewissen Zeitintervall und nicht in einem definierten Zeitpunkt abgeschlossen wird. Wir stilisieren die Abkühlungskurve durch Extrapolation sicherer Kurventeile (gestrichelte Linien in Abb. W.4.3.1) und entnehmen der Darstellung die Temperaturen T_L und T_E sowie die Zeit τ_E. Die Zusammensetzung der Legierung wird der Abb. W.4.0.7 und dem τ_E-Diagramm, das für die vorliegende Versuchsanordnung gegeben sein soll, entnommen. Wir wiederholen den Versuch mit Legierungen anderer Zusammensetzung.

Eine genauere Darstellung der Abkühlungskurve erhalten wir, wenn wir anstelle der punktweisen Aufnahme der Temperatur die Thermospannung einem Motorkompensator zuführen, der diese als Funktion der Zeit schreibt.

5. Wärmeleitung in Festkörpern

5.0. Allgemeine Grundlagen

Die Wärmeleitung in Festkörpern hängt von verschiedenen Transportmechanismen ab. Im wesentlichen erfolgt die Ausbreitung von Wärmeenergie in Form von Schwingungsenergie über gekoppelte Gitterschwingungen zwischen benachbarten Atomen und in Form von kinetischer Energie über Stoßprozesse zwischen den Leitungselektronen. In reinen Metallen überwiegt der Beitrag der Elektronen zur Wärme-

leitung, und nach dem Wiedemann-Franzschen Gesetz $\lambda/(T\sigma) = \mathrm{const}$ existiert ein proportionaler Zusammenhang zwischen der elektrischen (σ) und der thermischen (λ) Leitfähigkeit bei nicht zu tiefen Temperaturen.

Die Ursache für den Transport von Wärmeenergie ist das Auftreten eines i. allg. zeitlich und räumlich veränderlichen Temperaturfeldes $T(\boldsymbol{r}, t) = T(x, y, z, t)$, in dem die Wärme stets längs eines Temperaturgefälles in Richtung von höheren nach tieferen Temperaturen strömt. Die in der Zeit $\mathrm{d}t$ durch eine Fläche A fließende Wärmemenge $\mathrm{d}Q$ bestimmt den *Wärmestrom* $I_q = \mathrm{d}Q/\mathrm{d}t$. Das Verhältnis aus dem Wärmestrom und der von ihm durchströmten Fläche definiert man als *Wärmestromdichte* $\boldsymbol{j}_q$, die proportional zum Temperaturgefälle ist und senkrecht auf dieser Fläche steht. Daraus resultiert ein vektorieller Charakter für die Wärmestromdichte. Mit der *Wärmeleitfähigkeit* λ als Proportionalitätsfaktor erhält man die aus der Erfahrung entnommene Wärmeleitungsgleichung

$$j_q = -\lambda \frac{\mathrm{d}T(\boldsymbol{r})}{\mathrm{d}\boldsymbol{r}}. \tag{1}$$

Das negative Vorzeichen in Gl. (1) berücksichtigt die Richtung des Wärmestromes von höheren nach tieferen Temperaturen, d. h., der Temperaturgradient $\mathrm{d}T(\boldsymbol{r})/\mathrm{d}\boldsymbol{r}$ ist negativ. Die Wärmeleitfähigkeit, die eine materialabhängige Größe ist, hängt für kleine Temperaturintervalle bei nicht zu tiefen Temperaturen nur in geringem Maße von der Temperatur ab.

In Abb. W.5.0.1 ist das vereinfachte Beispiel eindimensionaler Wärmeleitung gezeigt, bei der ein Wärmestrom I_q in x-Richtung durch die Fläche ΔA eines Volumenelements ΔV der Dicke Δx eines Festkörpers fließt. Im Inneren des Volumenelements sollen keine zusätzlichen Wärmequellen bzw. -senken die Wärmebilanz beeinflussen.

Das Temperaturgefälle auf der einen Seite des Volumenelements beträgt $\mathrm{d}T/\mathrm{d}x$ und auf der Gegenseite $\mathrm{d}T(x + \Delta x)/\mathrm{d}x = \mathrm{d}T/\mathrm{d}x + (\mathrm{d}^2T/\mathrm{d}x^2)\,\Delta x$. Die Differenz zwischen der in das Volumenelement hinein- bzw. herausströmenden

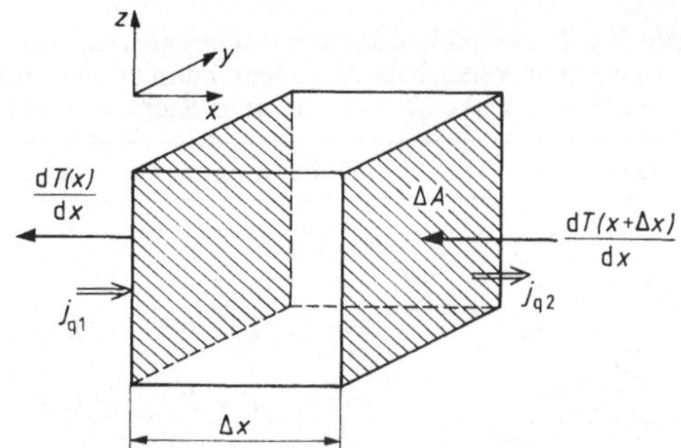

Abb. W.5.0.1. Zur Differentialgleichung der Wärmeleitung

Wärme ermittelt man über die Differenz der Wärmestromdichten zu

$$j_{q1} - j_{q2} = \lambda \frac{\mathrm{d}^2T}{\mathrm{d}x^2}\,\Delta x. \tag{2}$$

Mit der Definition für den Wärmestrom erhält man

$$I_q = (j_{q1} - j_{q2})\,\Delta A = \lambda\,\Delta V \frac{\mathrm{d}^2T}{\mathrm{d}x^2}. \tag{3}$$

Andererseits ergibt sich aus der in der Zeiteinheit $\mathrm{d}t$ aus dem Volumenelement ΔV abfließenden Wärme $\mathrm{d}Q$ ein Wärmestrom

$$I_q = \frac{\mathrm{d}Q}{\mathrm{d}t} = mc \frac{\mathrm{d}T}{\mathrm{d}t} = \varrho\,\Delta Vc \frac{\mathrm{d}T}{\mathrm{d}t}. \tag{4}$$

Aus der Kombination der Gln. (3) und (4) folgt die Differentialgleichung der Wärmeleitung (eindimensional):

$$\frac{\mathrm{d}T}{\mathrm{d}t} = \frac{\lambda}{\varrho c} \frac{\mathrm{d}^2T}{\mathrm{d}x^2} = a_T \frac{\mathrm{d}^2T}{\mathrm{d}x^2}. \tag{5}$$

Hierin sind c die spezifische Wärmekapazität und ϱ die Dichte des homogenen isotropen Materials, wobei die Größe $a_T = \lambda/(\rho c)$ als *Temperaturleitfähigkeit* bezeichnet wird. Sie ist eine Kenngröße für die Beschreibung der zeitlichen Änderung der Temperatur infolge des Temperaturausgleiches zwischen Orten unterschiedlicher Temperatur. Für dreidimensionale Betrachtun-

Tabelle W.5.1. Beispiele stationärer Wärmeleitung (eindimensional)
Durch geeignete Versuchsbedingungen kann erreicht werden, daß sich ein Wärmestrom I_q zwischen Wärmequelle (T_2) und Wärmesenke (T_1) nur in einer Richtung ausbildet.

Geometrie	Randbedingungen	Wärmestrom	Temperaturverteilung
(a) ebene Platte	$x = 0, \quad T = T_2$ $x = d, \quad T = T_1$	$I_q = -\lambda A\,(\mathrm{d}T/\mathrm{d}x)$ $I_q = \lambda A\,\dfrac{(T_2 - T_1)}{d}$	$T(x) = T_2 - (T_2 - T_1)\dfrac{x}{d}$ (linear)
(b) zylindrischer Stab	$z = 0,\ T = T_2$ $z = l,\ T = T_1$	$I_q = -\lambda \pi r^2\,(\mathrm{d}T/\mathrm{d}z)$ $I_q = \lambda \pi r^2\,\dfrac{(T_2 - T_1)}{l}$	$T(z) = T_2 - (T_2 - T_1)\dfrac{z}{l}$ (linear)
(c) Rohr	$r = r_i,\ T = T_2$ $r = r_a,\ T = T_1$	$I_q = -2\pi l r \lambda\,(\mathrm{d}T/\mathrm{d}r)$ $I_q = \dfrac{2\pi l \lambda (T_2 - T_1)}{\ln(r_a/r_i)}$	$T(r) = T_2 - \dfrac{T_2 - T_1}{\ln(r_a/r_i)}\ln(r/r_i)$ (radial, logarithmisch)

gen ergibt sich die allgemeine Wärmeleitungsgleichung als partielle Differentialgleichung der vier Variablen x, y, z, t. Ihre Lösung hängt entscheidend von den durch die Aufgabenstellung vorgegebenen Anfangs- und Randbedingungen ab. Bei vielen praktischen Anwendungen realisiert man ein zeitlich konstantes Temperaturfeld $T(r)$, in dem eine stationäre Wärmeübertragung vorliegt, und nur noch die Randbedingungen von Bedeutung sind.
In Tabelle W.5.1 sind einige einfache Beispiele für die eindimensionale stationäre Wärmeleitung in isotropen homogenen Festkörpern unterschiedlicher geometrischer Form angeführt.

5.1. Wärmeleitfähigkeit

Aufgaben: 1. Die Wärmeleitfähigkeit von Metallen ist mit einem relativen Meßverfahren zu bestimmen.

2. Es ist die Wärmeleitfähigkeit eines nichtmetallischen Stoffes mit einer absoluten Meßmethode zu ermitteln.

Zur Bestimmung der Wärmeleitfähigkeit von Metallen werden zwei zylindrische Metallstäbe gleichen Querschnitts A aus unterschiedlichem Material mit den Wärmeleitfähigkeiten λ_1 und λ_2 aufeinander geschraubt (vgl. Abb. W.5.1.1).
Damit sich der Temperaturgradient nur längs der Stabachsen ausbildet, sind die Mantelflächen der Stäbe wärmeisoliert. Beide Zylinder werden im stationären Zustand vom gleichen Wärmestrom I_q durchflossen, so daß in guter Näherung (vgl. Tab. W.5.1-b)

$$I_q = -\lambda_1 A \left(\frac{dT}{dz}\right)_1 = -\lambda_2 A \left(\frac{dT}{dz}\right)_2 \qquad (6)$$

gilt. Als Wärmequelle dient ein elektrischer Heizwiderstand R_H, der am Ende des oberen Stabes befestigt ist, während das mit Hilfe eines Kältethermostaten gekühlte Ende des unteren Stabes die Wärmesenke bildet. Aus dem zu messenden Verhältnis der konstanten Temperaturgradienten längs der Stabachsen $(dT/dz)_2$ und $(dT/dz)_1$ sowie der Kenntnis der Wärmeleitfähigkeit von einem der beiden Stäbe ist die Bestimmung der unbekannten Wärmeleitfähigkeit nach Gl. (6) möglich.

Für die Ermittlung der Wärmeleitfähigkeit eines nichtmetallischen Stoffes steht ein Hohlzylinder zur Verfügung, in dem sich ein elektrischer Heizdraht befindet. Der Hohlzylinder ist an seinen Enden gut thermisch isoliert, so daß sich eine radiale Temperaturverteilung zwischen Innen- und Außenwand ausbildet. Für den Wärmestrom I_q gilt nach Tab. W.5.1-c:

$$I_q = \frac{2\pi l\lambda(T_2 - T_1)}{\ln\left(\dfrac{r_a}{r_i}\right)}. \qquad (7)$$

Hierin sind l die Länge, r_i und r_a der Innen- bzw. der Außenradius des Hohlzylinders und λ die Wärmeleitfähigkeit des Materials.

Versuchsausführung

Es ist die für beide Versuchsanordnungen angegebene elektrische Heizleistung P_{el} einzuregeln. Nach einer hinreichend langen Wartezeit bildet sich ein stationäres Temperaturgefälle längs der Stabachsen der thermisch in Reihe geschalteten Metallstäbe bzw. in radialer Richtung im Hohlzylinder aus. Die Bestimmung der Temperaturgradienten $(dT/dz)_1$ und $(dT/dz)_2$ in den beiden Metallstäben kann computergestützt durch mehrere in festen Abständen angebrachte Temperaturmeßfühler erfolgen (vgl. Abb. W.5.1.1). In diesem Fall geschieht die Meßdatenerfassung mehrkanalig mit einem Meßmodul zur Signalaufbereitung. Die Signalspannungen werden anschließend über eine geeignete Interface-Karte in digitalisierter Form in einem Personalcomputer gespeichert und ausgewertet.
Zur Ermittlung der Wärmeleitfähigkeit des nichtmetallischen Stoffes sind die Temperaturen an der Innen- und Außenwand des Hohlzylinders mit Thermoelementen zu messen. Mit den bekannten Größen für die Länge, den Innen- und den Außendurchmesser kann die Wärmeleitfähigkeit berechnet werden.
Die Messungen sind bei höheren Heizleistungen zu wiederholen. Es ist der Einfluß möglicher Wärmeverluste und Wärmeübergänge auf die Ergebnisse zu diskutieren.

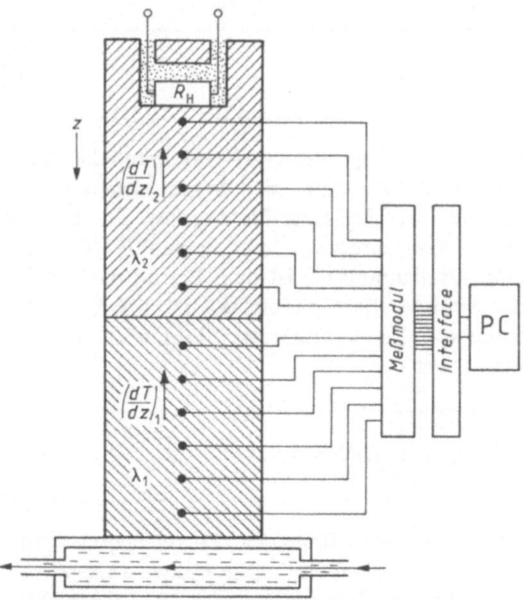

Abb. W.5.1.1. Zur Bestimmung der Wärmeleitung von Metallen

Elektrizitätslehre

1. Widerstände

1.0. Allgemeine Grundlagen

1.0.1. Elektrischer Widerstand und Ohmsches Gesetz

Das Verhältnis der in einem Stromkreis wirksamen Spannung U zur Stromstärke I definiert man als den *elektrischen Widerstand R* des Stromkreises:

$$R = \frac{U}{I} \tag{1}$$

Einheit: Ohm (Ω) = Volt (V)/Ampere (A).

Gl. (1) kann auch auf einzelne Teile eines Stromkreises angewendet werden, wobei die Spannung zwischen den Enden des betrachteten Teilstückes einzusetzen ist. Physikalisch gesehen erscheint es sinnvoll, die Stromstärke als Folge der sie verursachenden Spannung aufzufassen: $I = U/R$; oftmals ist es aber auch zweckmäßig, umgekehrt die Spannung zwischen den Enden eines Leiterstückes als Folge des Stromes anzusehen, der dieses Leiterstück durchfließt: $U = IR$. Man nennt diese Spannung auch »Widerstandsspannung«, die an R auftritt, oder »Spannungsabfall«.

Anstelle des elektrischen Widerstandes kann auch dessen Kehrwert G eingeführt werden, der *elektrischer Leitwert* genannt wird: $G = 1/R$. Seine Einheit ist das Siemens (S). Mit dem Leitwert ergibt sich die Beziehung

$$G = \frac{I}{U}. \tag{1a}$$

Im allgemeinen Fall besteht keine Proportionalität zwischen I und U, so daß R eine Funktion von U oder von I wird (Glimmlampe, Lichtbogen, Elektronenröhre, Gleichrichter usw.). In dem technisch besonders wichtigen Sonderfall der metallischen Leitung ist jedoch Proportionalität zwischen Stromstärke und Spannung gegeben, so daß dann R = const ist (*Ohmsches Gesetz*). Hierfür ist allerdings Konstanz der Temperatur Voraussetzung. Da sich diese jedoch durch die Wärmeentwicklung des den Leiter durchfließenden Stromes in Abhängigkeit von dessen Stärke u. U. merklich ändern kann (Glühlampe), wird in solchen Fällen R durch diesen sekundären Einfluß stromstärkeabhängig.

1.0.2. Kirchhoffsche Regeln

Die *1. Kirchhoffsche Regel* geht davon aus, daß in keinem Punkt eines elektrischen Netzwerkes freie Ladungsträger zusätzlich entstehen oder verschwinden. Sie lautet: Die Summe der zu einem Verzweigungspunkt eines Netzwerkes (Knoten) hinfließenden ist gleich der Summe der abfließenden Ströme. Werden die zu- und abfließenden Ströme durch unterschiedliche Vorzeichen gekennzeichnet, ist die Summe aller n Teilströme I_i Null (*Knotenregel*):

$$\sum_{i=1}^{n} I_i = 0. \tag{2}$$

Die *2. Kirchhoffsche Regel* betrachtet die Spannungsverhältnisse in einer geschlossenen Leiterschleife (Masche) eines Netzwerkes: Die Summe der m »eingeprägten« Spannungen E_k (Quellen- oder Urspannungen) ist dem Betrag nach gleich der Summe aller Spannungen $U_i = I_i R_i$ an den Widerständen (*Maschenregel*). Dafür schreibt man meist

$$\sum_{k=1}^{m} E_k + \sum_{i=1}^{n} I_i R_i = 0. \tag{3}$$

Dabei wird von folgender *Vorzeichenregel* ausgegangen: Jeder Spannungsquelle wird ein »Zähl-« oder »Bezugspfeil« von der Richtung des elektrischen Feldes innerhalb der Spannungsquelle und daher vom positiven zum negativen Pol zu-

E

geordnet.[1]) Als positive, ebenfalls durch Pfeile symbolisierte Stromrichtung gilt die Bewegung positiver Ladungsträger. Die Stromrichtung ist in den Zweigen ausgedehnter Netzwerke oft unbekannt. In diesem Falle wird sie zunächst durch einen Bezugspfeil willkürlich festgelegt. Durchläuft man die Masche in einem beliebigen Sinne, so sind alle E_k und I_i positiv bzw. negativ zu rechnen, deren Bezugspfeile die gleiche bzw. die entgegengesetzte Richtung wie der Durchlaufsinn haben. Ergibt sich für einen Strom I_i ein negativer Wert, so bedeutet dies, daß der Strom in diesem Zweig eine dem Zählpfeil entgegengesetzte Richtung besitzt.

1.0.3. Schaltung von Widerständen

Durch *Kombination von Einzelwiderständen* (vgl. Abb. E.1.0.1) können beliebig vorgegebene Widerstandswerte realisiert werden: Die *Reihen- oder Serienschaltung* der Einzelwiderstände R_1, R_2, ..., R_n führt zu dem Gesamtwiderstand

$$R = R_1 + R_2 + ... + R_n \qquad (4)$$
(Addition der Widerstände).

Bei der *Parallelschaltung* ist der Gesamtwiderstand kleiner als der kleinste Teilwiderstand; denn es ist

$$\frac{1}{R} = \frac{1}{R_1} + \frac{1}{R_2} + ... + \frac{1}{R_n} \qquad (5)$$
(Addition der Leitwerte).

Insbesondere gilt für zwei Widerstände

$$R = \frac{R_1 R_2}{R_1 + R_2}. \qquad (6)$$

---

[1]) Oft wird die Spannung einer Quelle – unter mißbräuchlicher Benutzung des Kraftbegriffes – als *»elektromotorische Kraft«* bezeichnet. Diese ist als Linienintegral der elektrischen Feldstärke zwischen den Elektroden der elektrischen Spannungsquelle definiert und gleich dem negativen Wert der Ur- oder Quellenspannung. Benutzt man für die elektromotorische Kraft einer Quelle das gleiche Symbol E_k, so muß der erste Summand der Gl. (3) ein negatives Vorzeichen erhalten.

Die Gln. (4) und (5) folgen aus der Definition des Widerstandes [vgl. Gl. (1)] und den Kirchhoffschen Regeln [vgl. Gln. (2) und (3)].

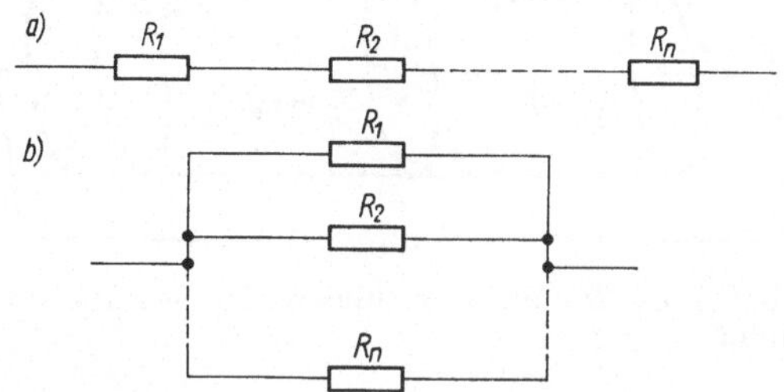

Abb. E.1.0.1. a) Reihen- und b) Parallelschaltung von Widerständen

1.0.4. Spezifischer Widerstand, Temperaturabhängigkeit des Widerstandes

Bei einem homogenen zylindrischen Leiter (Länge l, Querschnitt A) ergibt sich sein Widerstand zu

$$R = \varrho \, \frac{l}{A}. \qquad (7)$$

Dabei ist ϱ eine Materialgröße, die *spezifischer Widerstand* genannt und in $\Omega \cdot m$, $\Omega \cdot cm$ oder in $\Omega \cdot mm^2/m$ angegeben wird.

Der Kehrwert von ϱ wird als *elektrische Leitfähigkeit* σ bezeichnet, d. h., es gilt

$$G = \sigma \, \frac{A}{l}. \qquad (7a)$$

Der elektrische Widerstand eines Stoffes läßt sich durch den Elementarvorgang eines elektrischen Stromes, die gerichtete Bewegung freier Ladungsträger, begründen: Nach der klassischen Theorie der elektrischen Leitung [*H. A. Lorentz* (1892), *P. Drude* (1902)] bilden die Leitungselektronen in einem Metall ein »Elektronengas«, in dem sie – ähnlich wie die Partikeln eines idealen Gases – eine ungeordnete thermische Bewegung ausführen. Wenn an die Enden des Metallstabes (vgl. Abb. E.1.0.2) eine elektrische Spannung U gelegt wird, werden die freien Elektronen in der Richtung beschleunigt, die dem Vektor der elektrischen Feldstärke E entgegengesetzt ist. In diesem Strom werden die Leitungselektronen durch Stöße mit den Metallionen immer wieder abgebremst, so

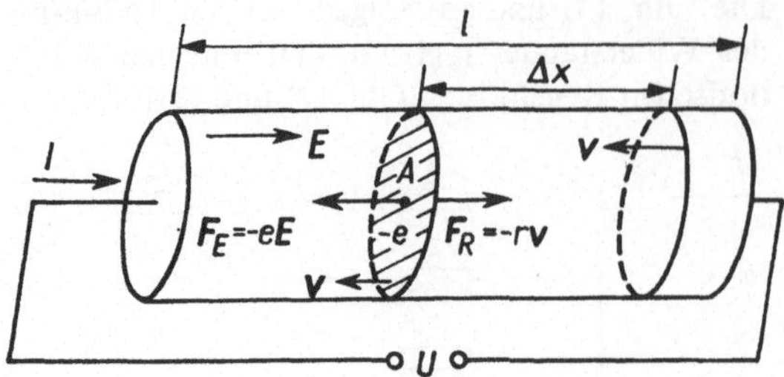

Abb. E.1.0.2. Zur Elektronentheorie der elektrischen Leitung

daß ihnen in Stromrichtung eine mittlere Geschwindigkeit v zugeordnet werden kann. Sie wird auf ein Gleichgewicht der elektrischen Feldkraft $F_E = -eE$, die auf ein Elektron der Ladung $-e$ wirkt, mit einer dieser entgegengerichteten Reibungskraft zurückgeführt. Letztere setzt man – analog zur laminaren Flüssigkeitsströmung – als eine der Geschwindigkeit proportionale Größe $F_R = -rv$ an. Dabei ist r ein Reibungsfaktor. Aus dem Kräftegleichgewicht $|F_R| = |F_E|$ erhält man für den Betrag der mittleren Geschwindigkeit eines freien Elektrons im Metall

$$v = \frac{e}{r} E = \mu E. \tag{8}$$

Darin stellt

$$\mu = \frac{v}{E}$$

die *Beweglichkeit der Ladungsträger* dar. Ihre Einheit ist $m^2/(V \cdot s)$, meistens wird sie in $cm^2/(V \cdot s)$ angegeben.

Wenn durch das Leiterstück der Abb. E.1.0.2 ein Strom $I = \Delta Q/\Delta t$ fließt, bedeutet dies, daß durch die Querschnittsfläche A in der Zeit Δt so viel freie Elektronen treten, wie sich im Volumenelement $\Delta V = A \Delta x = Av \Delta t$ befinden. Bei einer Elektronendichte $n = N/V$ (N Anzahl freier Elektronen im Volumen V) sind dies $nAv \Delta t$, die eine Ladung vom Betrag $\Delta Q = neAv \Delta t$ transportieren. Somit beträgt die Stromstärke

$$I = \frac{\Delta Q}{\Delta t} = envA.$$

Wenn man darin die Geschwindigkeit v durch Gl. (8) ausdrückt und wie bei einem Plattenkondensator für die Feldstärke $E = U/l$ setzt,

erhält man

$$I = en\mu \frac{A}{l} U.$$

Dies ist eine aus dem Elementarvorgang hergeleitete Form des Ohmschen Gesetzes, aus der man durch Vergleich mit Gl. (1) für den elektrischen Widerstand

$$R = \frac{1}{en\mu} \frac{l}{A} \tag{7b}$$

und über die Gln. (7) und (7a) einen Zusammenhang für den spezifischen elektrischen Widerstand bzw. für die elektrische Leitfähigkeit gewinnt:

$$\varrho = \frac{1}{\sigma} = \frac{1}{en\mu}. \tag{7c}$$

Für eine Reihe von Stoffen liefert die Theorie zufriedenstellende Ergebnisse. Die Abweichungen vom experimentellen Befund zeigen andererseits auch die Unzulänglichkeiten der Theorie, die beseitigt werden, wenn man von einem quantenmechanischen Modell, dem sogenannten entarteten Elektronengas ausgeht.

Die klassische Elektronentheorie hat zu einem prinzipiellen Verständnis der elektrischen Leitung jeder Art geführt und gezeigt: Die elektrische Leitfähigkeit hängt gemäß Gl. (7c) von der Ladung der den Strom bildenden Partikeln, ihrer Konzentration und Beweglichkeit ab.

In festen Stoffen wird die Beweglichkeit stark vom Reinheitsgrad und vom Kristallgefüge beeinflußt. Geringe Verunreinigungen setzen beispielsweise den spezifischen Widerstand von Leitungskupfer und -aluminium stark herauf. Außerdem wird die Beweglichkeit durch die Temperatur beeinträchtigt. Mit steigender Temperatur vergrößern sich die Schwingungsamplituden der Gitterbausteine und behindern dadurch die Ladungsträgerbewegung.

Die Abhängigkeit des elektrischen Widerstandes von der Temperatur kann für viele, vor allem metallische Stoffe durch die Beziehung

$$R_t = R_0(1 + \beta t + \gamma t^2) \tag{9}$$

beschrieben werden, wobei R_t und R_0 die Widerstände bei der Temperatur t und am Eispunkt (0 °C) bedeuten; β und γ sind *Temperaturkoeffizienten des elektrischen Widerstandes*. Sie werden

in K^{-1} bzw. K^{-2} angegeben. Ist R_0 beispielsweise durch eine Messung am Eispunkt bekannt, können β und γ durch zwei weitere, über das interessierende Temperaturintervall verteilte Widerstandsbestimmungen R_{t_1} und R_{t_2} (die zugehörenden Temperaturen sind t_1 und t_2) berechnet werden. Mit den experimentellen Daten läßt sich zweimal Gl. (9) aufstellen. Man erhält so Bestimmungsgleichungen für β und γ:

$$\beta = \frac{1}{t_2 - t_1}\left\{\frac{R_{t_1} - R_0}{R_0}\frac{t_2}{t_1} - \frac{R_{t_2} - R_0}{R_0}\frac{t_1}{t_2}\right\}, \tag{9a}$$

$$\gamma = \frac{1}{t_2 - t_1}\left\{\frac{R_{t_2} - R_0}{R_0}\frac{1}{t_2} - \frac{R_{t_1} - R_0}{R_0}\frac{1}{t_1}\right\}. \tag{9b}$$

Für kleine Temperaturintervalle kann mit meist hinreichender Genauigkeit die Temperaturabhängigkeit eines Widerstandes durch den linearen Zusammenhang

$$R_t = R_0(1 + \beta t) \tag{9c}$$

approximiert werden, der für $\gamma = 0$ aus Gl. (9) folgt. Handelt es sich darum, Widerstandswerte bei zwei beliebigen Temperaturen t_1 und t_2 in Beziehung zu bringen, setzt man

$$\frac{R_{t_1}}{R_{t_2}} = \frac{1 + \beta t_1}{1 + \beta t_2}$$

und findet hieraus

$$\beta = \frac{R_{t_1} - R_{t_2}}{t_1 R_{t_2} - t_2 R_{t_1}}. \tag{9d}$$

Der Temperaturkoeffizient β läßt sich in diesem Fall aus zwei Widerstandsmessungen bei den Temperaturen t_1 und t_2 des interessierenden Intervalls gewinnen.

Im Vorzeichen des Temperaturkoeffizienten β kommt der Leitungsmechanismus der betreffenden Stoffklasse zum Ausdruck. Für Metalle und für viele Metallegierungen ist der Temperaturkoeffizient positiv; der Widerstand steigt also mit zunehmender Temperatur. Dies ist auf die Temperaturabhängigkeit der Beweglichkeit zurückzuführen, die Ladungsträgerdichte bleibt konstant. Es gelingt aber auch, Legierungen herzustellen (z. B. aus Kupfer, Nickel, Mangan, vgl. Tab. 9), die innerhalb eines weiten Temperaturbereiches nahezu konstanten Widerstand haben ($\beta \approx 0$). Diese Legierungen eignen sich besonders für Normal- und Meßwiderstände. Elektrolyte sowie halbleitende Stoffe (das sind beispielsweise Elemente der 4. Gruppe des Periodensystems wie C, Si, Ge, aber auch binäre Verbindungen von Elementen der 2. mit der 6., sogenannte II-VI-Halbleiter, bzw. der 3. mit der 5. Gruppe des Periodensystems, die III-V-Halbleiter) weisen einen negativen Temperaturkoeffizienten auf. Spezielle Widerstände aus halbleitendem Material heißen deshalb auch NTC-Widerstände (NTC = *n*egative *t*emperature *c*oefficient).

Beim Halbleiter wird der im gleichen Sinne wie bei den Metallen wirkende Temperatureinfluß auf die Beweglichkeit überkompensiert durch eine mit der Temperatur steigende Ladungsträgerkonzentration. Diese kann sich sowohl auf Elektronen (n_n) als auch auf die wie positive Ladungen wirkenden Elektronenlücken (Defektelektronen oder Löcher einer Konzentration n_p) beziehen (vgl. Tab. 10).

Die Abhängigkeit des elektrischen Widerstandes von der Temperatur kann bei Halbleitern oft durch eine Exponentialfunktion der Form

$$R_T = R^* \, e^{E_A/kT} \tag{10}$$

recht gut beschrieben werden. Hierin ist k die Boltzmann-Konstante und T die absolute Temperatur. Der Faktor R^* hat die Dimension eines Widerstandes und hängt sowohl von der Geometrie des Halbleiters als auch über die Ladungsträgerbeweglichkeit und die Ladungsträgerdichte (vgl. E.4.5) schwach von T ab. Die Größe E_A wird als *Aktivierungsenergie* bezeichnet. Sie bestimmt maßgeblich die Temperaturabhängigkeit der Ladungsträgerdichte und damit des elektrischen Widerstandes. E_A ist ein Maß für die Energie, die einem Elektron zugeführt werden muß, damit es in einem n-Halbleiter am Leitungsvorgang teilnehmen oder in einem p-Halbleiter ein Loch (Defektelektron) erzeugen kann (vgl. E.3.0.2). Die Aktivierungsenergie E_A und der Widerstandsfaktor R^* können nur innerhalb gewisser Temperaturintervalle als konstante Materialgrößen angesehen werden.

Die Gln. (9) bis (10) gelten auch, wenn man die Widerstände R durch entsprechend indizierte spezifische Widerstände ϱ ersetzt. Dies ist durch Gl. (7) begründet.

1.0.5. Ausführungsformen elektrischer Widerstände, Möglichkeiten der Bestimmung

Widerstände dienen zur Umwandlung elektrischer Energie in Wärme (Heizung) oder Strahlung (Licht), zur Stromeinstellung oder -begrenzung und zur Erzeugung von Spannungsabfällen (*Meß-* und *Einstellwiderstände*). Sonderformen sind Sensoren wie Widerstandsmanometer, -thermometer oder Photowiderstand.

Drahtwiderstände bestehen aus Sonderlegierungen mit hohem spezifischem Widerstand und extrem kleinem Temperaturkoeffizienten (Manganin, Konstantan). *Schichtwiderstände* werden von Metall- oder Halbleiterschichten gebildet, die auf nichtleitendem Substrat niedergeschlagen werden.
Normalwiderstände sind Präzisionswiderstände für Meßzwecke, die im Bereich von 10^{-4} bis $10^5\ \Omega$ in Zehnerpotenzen von $1\ \Omega$ abgestuft sind. *Stöpselwiderstände* sind ebenfalls Präzisionswiderstände, deren Einzelwerte in Reihe geschaltet und innerhalb einer Zehnerpotenz $1:2:2:5$ abgestuft sind und wahlweise mit einem Stöpsel überbrückt werden.
Als Einstellwiderstand werden *Schiebe-, Dreh-* und *Kurbelwiderstände* verwendet. Kurbelwiderstände besonderer Art sind Dekadenwiderstände aus zehn gleichen, in Reihe geschalteten Einzelwiderständen.

Elektrische Widerstände werden vorwiegend mit Gleichstrom gemessen, obwohl sie im Gleich- und Wechselstromkreis praktisch gleiche Werte ergeben, wenn man sie gemäß Gl. (1) aus Wertepaaren der Stromstärke und Spannung berechnet. Man nennt sie im Unterschied zu den frequenzabhängigen induktiven und kapazitiven Wechselstromwiderständen insbesondere auch Gleichstrom- oder Wirkwiderstände. Für ihre Kombination (Reihen- und Parallelschaltung) mit induktiven und kapazitiven Widerständen gelten die Gln. (4) bis (6) nur, wenn letztere als komplexe Widerstände aufgefaßt werden (vgl. E.5.0.1 und E.5.0.2).
Eine Widerstandsbestimmung kann allein auf die Messung eines Spannungsabfalles an den zu

bestimmenden Widerständen zurückgeführt werden, wenn mit konstantem Strom gearbeitet wird. Umgekehrt reicht bei konstanter Spannung eine Strommessung aus. Widerstände lassen sich weiterhin mit Meßbrücken ermitteln (vgl. E.1.2 und E.1.3).

1.1. Bestimmung von Widerständen durch Strom- und Spannungsmessung

Aufgaben: 1. Aus der Messung von Strom und Spannung ist unter Berücksichtigung schaltungsbedingter Fehler ein elektrischer Widerstand zu ermitteln.
2. Die Strom-Spannungs-Kennlinien sind für einen metallischen Widerstand, einen Thermistor, einen Varistor und eine Zener-Diode aufzunehmen und mit Hilfe des differentiellen Widerstandes zu diskutieren.

Widerstände mit nicht-linearer Strom-Spannungs-Kennlinie ergeben unter verschiedenen Betriebsbedingungen auch unterschiedliche Werte des nach Gl. (1) aus Wertepaaren von Strom und Spannung ermittelten Widerstandes. Dann ist es oft zweckmäßiger, mit dem Verlauf des *differentiellen Widerstandes*

$$R_\mathrm{d} = \frac{\mathrm{d}U}{\mathrm{d}I} \tag{1b}$$

zu arbeiten, der aus Wertepaaren von Spannungs- ($\mathrm{d}U$ bzw. ΔU) und Stromdifferenzen ($\mathrm{d}I$ bzw. ΔI) berechnet wird.
Zur gleichzeitigen Erfassung von Stromstärke und Spannung dienen die Schaltungsvarianten a und b der Abb. E.1.1.1. Ein einstellbares Stromversorgungsgerät liefert eine variable Spannung U. R soll der Widerstand sein, dessen Wert zu ermitteln ist, R_St und R_Sp stellen die Widerstände der Strom- (Amperemeter A) und Spannungsmesser (Voltmeter V) dar.
Beide Schaltungsvarianten sind mit einem systematischen Fehler behaftet.
Bei der Schaltung a (*spannungsrichtige Schaltung*) wird der Teilstrom I_Sp über den Spannungsmesser

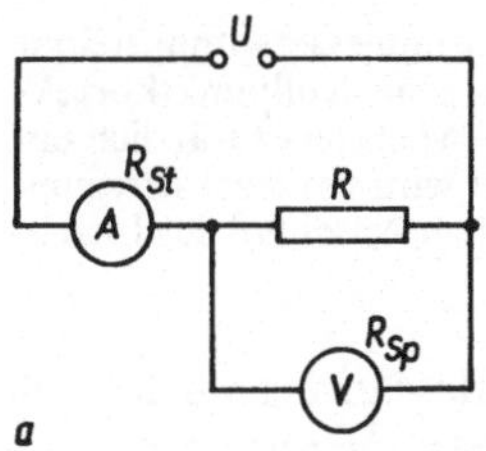
a

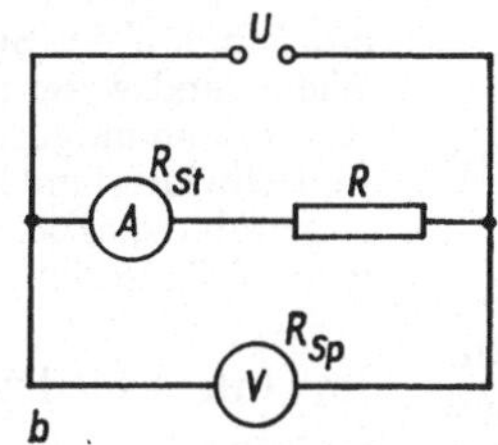
b

Abb. E.1.1.1. Widerstandsbestimmung durch Strom- und Spannungsmessung

(Widerstand R_{Sp}) mit gemessen. Gl. (1) liefert daher für den Widerstand R einen zu kleinen Wert und muß durch

$$R = \frac{U_R}{I - I_{Sp}} = \frac{U_R}{I - U_R/R_{Sp}} \qquad (11\,a)$$

ersetzt werden. In der Schaltung b (*stromrichtige Schaltung*) verfälscht der Spannungsabfall U_{St} am Widerstand R_{St} des Strommessers das Ergebnis. Der Widerstand R ist in diesem Falle aus

$$R = \frac{U - U_{St}}{I} = \frac{U - IR_{St}}{I} \qquad (11\,b)$$

zu berechnen, da Gl. (1) zu große Werte ergibt. Ein Vergleich der Formeln zeigt, daß Gl. (11 a) für $R_{Sp} \gg R$ und Gl. (11 b) für $R_{St} \ll R$ in Gl. (1) übergehen.

Die schaltungsbedingten Fehler können meist vernachlässigt werden, wenn bei vergleichsweise kleinen Widerständen R die Schaltung a, bei großen Widerständen R die Schaltung b verwendet wird.

Soll dagegen bei *Feinmessungen* der schaltungsbedingte Fehler berücksichtigt werden, wird die spannungsrichtige Schaltung a bevorzugt, weil der Innenwiderstand der Voltmeter meist bekannt und gegenüber dem der Amperemeter weitaus unveränderlicher ist. Eine Korrektur der Meßwerte erübrigt sich auch, wenn die Spannung »leistungslos« gemessen wird. Das kann mit elektronischen Voltmetern (vgl. E.2.1), Oszillographen (vgl. E.4.4), Elektrometern (vgl. E.1.4) oder mit der Spannungsbestimmung durch Kompensation (vgl. E.2.2) erreicht werden.

Die elektrischen Größen Strom, Spannung und Widerstand werden vorteilhaft mit *Vielfachmeßinstrumenten* gemessen, die für jede Größe über mehrere Wertebereiche verfügen und entweder mit analoger Anzeige (Analog-Vielfachmesser) oder mit digitaler Anzeige (Digitalmultimeter) ausgestattet sind. *Analoge Vielfachmesser* beruhen auf der Messung geringer Gleichströme mit einem empfindlichen Drehspulinstrument. Dessen Spule erfährt in einem axialsymmetrischen Magnetfeld einen dem zu messenden Strom proportionalen Ausschlag (vgl. E.4.1).

Soll der Strommeßbereich eines solchen Instrumentes n-fach erweitert werden, schaltet man parallel zum Instrument (Innenwiderstand R_i) einen Widerstand R_{Sh} (Shunt), über den bei Vollausschlag des Instrumentes der $(n - 1)$-fache Strom fließen muß. Dies wird durch einen Shunt

$$R_{Sh} = \frac{R_i}{n - 1} \qquad (12\,a)$$

erreicht.

Der aus der Parallelschaltung von R_i und R_{Sh} nach Gl. (6) gebildete Gesamtwiderstand R_{St} des Strommessers ist klein, der Spannungsabfall an ihm aber oft nicht zu vernachlässigen [vgl. Gl. (11 b)].

Schaltet man dem Innenwiderstand des Instrumentes R_i einen vergleichsweise großen Widerstand R_R in Reihe, entsteht gemäß Gl. (4) der Gesamtwiderstand R_{Sp} des Instrumentes, und der hindurchfließende Strom ist ein Maß für die anliegende Spannung. Der Meßbereich des als Spannungsmesser wirkenden Instrumentes wird n-fach erweitert, wenn zu dem Innenwiderstand

143

R_i ein Widerstand

$$R_R = (n - 1)\,R_i \qquad (12\,\mathrm{b})$$

in Reihe geschaltet wird. An diesem Vorwiderstand R_R tritt bei Vollausschlag des Instrumentes im Vergleich zu seinem Innenwiderstand R_i ein $(n - 1)$-facher Spannungsabfall auf.

Bei geeigneter Wahl von Vor- und Parallelwiderständen kann das Drehspulinstrument sowohl für Spannungs- als auch für Strommessungen benutzt werden. Die Widerstände sind in das Gehäuse des Instrumentes eingebaut und werden über einen Stufenschalter in Verbindung mit der Wahl des Meßbereiches geschaltet. Durch einen zusätzlich im Gehäuse untergebrachten Meßgleichrichter können auch Wechselströme und Wechselspannungen erfaßt werden. Die zugehörige Skale ist wegen der gekrümmten Gleichrichterkennlinie nicht linear. Sie ist in Effektivwerten des Stromes und der Spannung geteilt und setzt sinusförmigen Verlauf voraus. Oberschwingungen verfälschen daher das Meßergebnis.

Ein Vielfachinstrument dieser Art umfaßt beispielsweise für beide Stromarten entsprechend unterteilte Bereiche von 50 µA bis 2,5 A und 100 mV bis 1 000 V. Die Angabe des Meßbereiches bezieht sich jeweils auf den Vollausschlag des Instrumentes.
Der Innenwiderstand R_i eines Vielfachmeßinstrumentes läßt sich für den jeweils gewählten Meßbereich als Produkt aus dem Meßbereichendwert und einem bezogenen Widerstand (Ω/V) berechnen. Für die Wechselspannungsmeßbereiche beträgt der gerätetypische Wert beispielsweise 4000 Ω/V, für entsprechende Gleichspannungsbereiche 20000 Ω/V. Die Stromaufnahme des Spannungsmessers bei Vollausschlag ist dann gleich dem Kehrwert des bezogenen Widerstandes, so daß der Strombedarf gleichzeitig mit der zu messenden Spannung auf der entsprechenden Skale abgelesen werden kann. Analog wird für die Strommeßbereiche der Spannungsbedarf für Vollausschlag angegeben. Das Produkt aus Strom- bzw. Spannungsbedarf bei Vollausschlag und dem Meßbereichendwert ergibt den jeweiligen Innenwiderstand.
Der absolute Fehler analoger Vielfachmeßinstrumente beträgt meistens bis zu 1,5% des Meßbereichendwertes.
Als direkt anzeigendes *Ohmmeter* wirkt der Analog-Vielfachmesser, wenn man sein Instrument mit einer im Gehäuse untergebrachten Batterie und dem von außen angeschlossenen unbekannten Widerstand in Reihe schaltet.
Da mit festgelegter Spannung gearbeitet wird, ist es

möglich, auf der Skale des Strommessers unmittelbar Widerstandswerte anzugeben. Eine Nullpunktkorrektur ist dann möglich, wenn im Meßkreis zusätzlich ein Einstellwiderstand liegt. Dieser wird vor jeder Messung so gewählt, daß bei überbrücktem Anschluß das Instrument Vollausschlag zeigt.

Im Unterschied zu den analog anzeigenden Vielfachmessern, die letztlich Ströme anzeigen, sind *Digitalmultimeter* im Prinzip um eine Eingangsstufe erweiterte elektronische Voltmeter (vgl. E.2.1). Die an den Eingangsbuchsen liegenden Meßgrößen Spannung, Strom oder Widerstand erscheinen als eine der Meßgröße proportionale Gleichspannung, die eine Spannungsteilerschaltung liefert. Wechselströme werden demnach gleichgerichtet, bei Widerstandsmessungen wird eine interne Stromquelle zugeschaltet. Unabhängig von der Betriebsart und dem jeweiligen Meßbereich liegt die dem Meßwert entsprechende Spannung immer im gleichen Bereich des nachgeschalteten Verstärkers. Dessen Ausgangsspannung wird über einen Analog-Digital-Wandler in eine mehrstellige dekadische Ziffernanzeige des Meßwertes umgesetzt.

Die Anzeigegenauigkeit ist wesentlich höher als bei einem analogen Zeigerinstrument, im günstigsten Falle beträgt sie eine Einheit (digit) der letzten Stelle. Durch nichtideale Eigenschaften der elektronischen Funktionsgruppen tritt ein zusätzlicher Fehler auf, so daß bei einfacheren Geräten mit 0,5 bis 1,5% + 2…3 digit des Meßbereichendwertes zu rechnen ist, der bei Präzisionsgeräten auf $10^{-4}\dots10^{-5}$ des Meßbereichendwertes herabgedrückt sein kann.
Digitalmultimeter haben für jede Größe mehrere abgestufte Meßbereiche, die über Dreh- oder Drucktastenschalter angewählt werden. Der maximale Fehler des jeweiligen Meßbereiches ist der Gerätebeschreibung zu entnehmen.

Das Verhalten elektrischer Bauelemente in Schaltungen läßt sich gut übersehen, wenn man *Strom-Spannungs-Kennlinien*, *Widerstands-Strom-*, *Widerstands-Spannungs-* oder *Widerstands-Leistungs-Kennlinien* aufnimmt.
Metallische Widerstände erfüllen in guter Näherung das Ohmsche Gesetz (lineare Strom-Spannungs-Kennlinie, vgl. E.1.0 und Abb. E.1.2.2).
Thermistoren (engl. *therm*ally sensitive res*istor*) sind entweder Heißleiter mit stark negativem Temperaturkoeffizienten, die auch als NTC-Widerstände (engl. *n*egative *t*emperature *c*oefficient

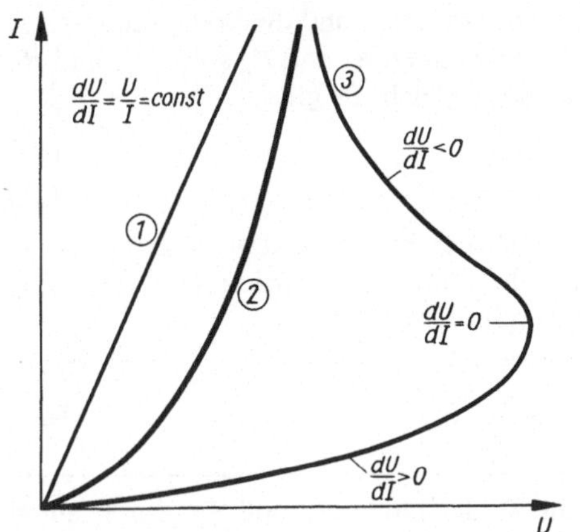

Abb. E.1.1.2. Kennlinien (schematisch) von metallischem Widerstand (1) und Heißleitern (2), (3)

resistor) bekannt sind, oder Kaltleiter mit positivem Temperaturkoeffizienten (PTC-Widerstand, engl. *positive temperature coefficient resistor*).

Heißleiter bestehen aus halbleitenden, polykristallinen Metalloxiden, deren Strom-Spannungs-Kennlinie in weiten Grenzen variiert werden kann (vgl. Abb. E.1.1.2). Sofern sie Gl. (10) erfüllen, sind sie als Temperaturfühler geeignet (vgl. Aufgabe 2 in E.1.2). Für Heißleiter der Art (3) ist der Verlauf des differentiellen Widerstandes durch die Stromwärme bestimmt. Diese Heißleiter werden für die Begrenzung von Einschaltströmen oder zur Spannungsstabilisierung verwendet.

Varistoren sind spannungsabhängige Widerstände (*variable resistor*) aus gesintertem Siliciumcarbid. Der Zusammenhang zwischen Strom und Spannung wird in einem großen Bereich durch

$$U = CI^{\beta^*}$$

wiedergegeben. Darin sind β^* eine Materialkonstante $(0,18 \leq \beta^* \leq 0,26)$ und C ein Proportionalitätsfaktor, in den die geometrischen Abmessungen des Varistors eingehen. Der Gleichstromwiderstand und der differentielle Widerstand

$$R = \frac{U}{I} = CI^{\beta^*-1}, \quad R_d = \frac{dU}{dI} = \beta^* CI^{\beta^*-1} = \beta^* R$$

nehmen mit steigender Stromstärke ab. Varistoren dienen zur Spannungsstabilisierung und zur Unterdrückung von Spannungsspitzen. *Zener-Diode:* Vgl. E.3.0.2.

Versuchsdurchführung

Die Messungen werden jeweils mit niedrigen Werten der Spannung begonnen. Zum Schutz der Instrumente tasten wir uns grundsätzlich vom unempfindlichsten zu dem für die jeweilige Messung günstigsten Meßbereich vor. Bei Vielfachinstrumenten muß bei der Wahl der Meßbereiche unbedingt die Stromart beachtet werden.

Aufgabe 1: Es wird nach Schaltung a der Abb. E.1.1.1 und mit analog anzeigenden Vielfachmeßgeräten gearbeitet. Für mindestens 5 Wertepaare von Strom und Spannung ist der unbekannte Widerstand nach Gl. (11 a) zu berechnen.
Die schaltungsbedingten Fehler sind mit den instrumentellen Fehlern zu vergleichen. Es ist zu prüfen, ob erstere bei den gewählten Versuchsbedingungen ins Gewicht fallen.

Aufgabe 2: Es werden Schaltung a der Abb. E.1.1.1 und Digitalmultimeter empfohlen.
In den für die einzelnen Bauelemente vorgegebenen Bereichen werden für hinreichend viele Spannungen die Stromstärken ermittelt und über der Spannung aufgetragen. Der Verlauf des Widerstandes und des differentiellen Widerstandes sind zu diskutieren. Zusätzlich wird eine Darstellung der Strom-Spannungs-Kennlinie auf doppeltlogarithmischem Koordinatenpapier empfohlen. Konstante Widerstände ($R = $ const) ergeben auch hier Geraden, ebenso alle Potenzabhängigkeiten.
Für den Varistor erhalten wir beispielsweise

$$\log \frac{U}{U_0} = \log \frac{C}{C_0} + \beta^* \log \frac{I}{I_0},$$

worin U_0, I_0 und C_0 die aus Dimensionsgründen eingefügten Einheiten von U, I und C sind. Aus der Steigung der Kennlinie ergibt sich die Konstante β^*.

E

1.2. Wheatstonesche Brücke

Aufgaben: 1. Für einen Thermistor[1]), einen Kohleschicht- und einen Drahtwiderstand ist die Temperaturabhängigkeit des elektrischen Widerstandes in einem vorgegebenen Temperaturbereich zu ermitteln. Es ist zu prüfen, durch welche der Gln. (8) bis (10) der Temperaturgang des elektrischen Widerstandes im jeweiligen Falle am besten beschrieben wird. Die Temperaturkoeffizienten und gegebenenfalls die Aktivierungsenergie der Widerstände sind zu bestimmen.

2. Es sollen der Innenwiderstand eines Drehspulgalvanometers ermittelt und die für eine 10- und 100fache Meßbereicherweiterung notwendigen Zusatzwiderstände berechnet werden, wenn das Instrument als Strom- und Spannungsmesser eingesetzt wird.

In der Grundschaltung besteht eine *Wheatstonesche Brücke* aus 4 Widerständen R_1, R_2, R_N und R_X, die in der skizzierten Weise (vgl. Abb. E.1.2.1) leitend verbunden sind. An den Punkten A und B der Schaltung liegt eine Spannungsquelle U, zwischen C und D ein Galvanometer G.

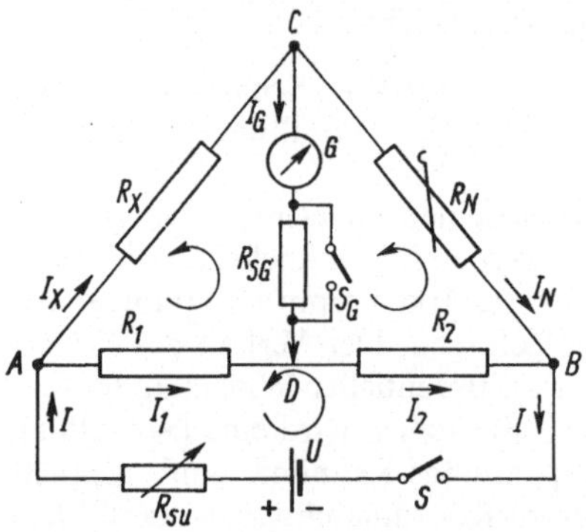

Abb. E.1.2.1. Wheatstonesche Brückenschaltung

Durch geschickte Wahl der Widerstandswerte R_1, R_2, R_N und R_X – die Widerstände der Zuleitungen werden vernachlässigt – kann erreicht werden, daß das Galvanometer stromlos, die Brücke »abgeglichen« ist. In diesem Falle liegen die Punkte C und D der Schaltung auf gleichem

---

[1]) Der Thermistor ist hier ein für Temperaturmessungen hergestellter Widerstand aus halbleitendem Material von großem Temperaturkoeffizienten (vgl. E 1.0.4 und E.1.1).

elektrischem Potential, und die Spannungsabfälle an den Widerständen R_1 und R_X sowie R_2 und R_N sind paarweise gleich. Es gilt

$$R_1 I_1 = R_X I_X, \tag{14}$$

$$R_2 I_2 = R_N I_N. \tag{15}$$

Bei abgeglichener Brücke sind außerdem $I_1 = I_2$ und $I_X = I_N$. Aus der Division der Gln. (14) und (15) ergibt sich daher

$$R_X = R_N \frac{R_1}{R_2}. \tag{16}$$

Wenn die Widerstände R_1 und R_2 durch einen gemeinsamen, gut kalibrierten, homogenen Widerstandsdraht ersetzt werden, den bei D ein Schleifkontakt in die Längen l_1 und l_2 teilt (*Wheatstone-Kirchhoffsche Schleifdrahtbrücke*), kann wegen Gl. (7) für die Abgleichbedingung auch

$$R_X = R_N \frac{l_1}{l_2} \tag{17}$$

gesetzt werden.

Die Gln. (16) und (17) besagen, daß sich ein unbekannter Widerstand R_X aus dem Vergleichswiderstand R_N und dem Widerstands- bzw. Längenverhältnis (R_1/R_2 oder l_1/l_2) ermitteln läßt.

Bei jeder Wheatstone-Brücke lassen sich Galvanometer G und Spannungsquelle U vertauschen. Die Teilströme in den Zweigen einer abgeglichenen Brücke ändern sich nicht, wenn das Instrument kurzgeschlossen oder die Zuleitung zum Galvanometer unterbrochen wird.

Um das Galvanometer vor Überlastung zu schützen, sind ihm Schutzwiderstände R_{SG} vorgeschaltet. Der größte dieser Schutzwiderstände muß so bemessen sein, daß auch bei völliger Verstimmung der Brücke die Gesamtspannung U am Diagonalzweig liegen kann, ohne das Galvanometer zu zerstören. Dem gleichen Zweck können mit der Spannungsquelle in Reihe geschaltete Einstellwiderstände R_{SU} dienen.

Beim Feinabgleich der Brücke werden die Schutzwiderstände überbrückt. Das Galvanometer soll möglichst im aperiodischen Grenzfall (vgl. E.4.1) arbeiten. Das ist der Fall, wenn der Gesamtwiderstand R_a der Brücke bezogen auf die Punkte

C und D im abgeglichenen Zustand gleich dem äußeren Grenzwiderstand des Galvanometers ist. Um eine hohe Anzeigeempfindlichkeit zu erreichen, werden in Brücken Galvanometer mit niedrigem Innenwiderstand R_G bevorzugt. Dann gilt

$$R_G \ll R_a = \frac{R_1 R_2}{R_1 + R_2} + \frac{R_N R_x}{R_N + R_x}.$$

Bei verstimmter Brücke zeigt das Galvanometer einen Strom I_G an, der sich mit Hilfe der Kirchhoffschen Regeln [vgl. Gl. (2) und (3)] berechnen läßt. Dabei sollen in die Widerstände R_{SG} und R_{SU} die Innenwiderstände von Galvanometer und Spannungsquelle einbezogen sein.
Für die Knotenpunkte C und D gilt

$$I_x = I_N + I_G, \tag{18a}$$

$$I_2 = I_1 + I_G, \tag{18b}$$

für die Maschen ACD, CBD und ADB

$$I_1 R_1 = I_x R_x + I_G R_{SG}, \tag{18c}$$

$$I_2 R_2 = I_N R_N - I_G R_{SG}, \tag{18d}$$

$$U = I_1 R_1 + I_2 R_2 + I R_{SU}. \tag{18e}$$

Läßt man den Spannungsabfall $I R_{SU}$ am Innenwiderstand der Spannungsquelle unberücksichtigt, ergibt sich aus der Lösung des Systems der Gln. (18a bis e) für die Stromstärke im Brückenzweig

$$I_G = U \frac{R_1 R_N - R_2 R_x}{R_x[R_{SG}(R_1 + R_2) + R_1 R_2] + R_N[R_x + R_{SG}) (R_1 + R_2) + R_1 R_2]}. \tag{19}$$

Diese Gleichung enthält für $I_G = 0$ (Stromlosigkeit des Zweigs CD) die Abgleichbedingung [vgl. Gl. (16)]. Sie zeigt andererseits, daß der Galvanometerstrom und damit auch die Brückenempfindlichkeit mit der Spannung U steigt. Diese Möglichkeit einer Empfindlichkeitssteigerung wird durch die Eigenerwärmung der Widerstände begrenzt, so daß die Empfindlichkeit von Wheatstone-Brücken vor allem durch die Stromempfindlichkeit des Galvanometers bestimmt ist. Gestützt auf Gl. (19), wird die Änderung eines Widerstandes R_x (beispielsweise unter Temperatureinfluß) gelegentlich auch aus dem Galvanometerstrom einer nur anfänglich abgeglichenen Brücke ermittelt. Dieses Verfahren setzt ein kalibriertes Galvanometer voraus. Werden hohe Meßgenauigkeiten gefordert, müssen die in den Gln. (16) und (19) verknüpften Widerstände genau abgeglichen sein und zeitlich konstante Werte besitzen.

Kommerzielle Wheatstone-Brücken unterscheiden sich untereinander in ihrem Aufbau und hinsichtlich ihrer Meßgenauigkeiten. In *Kleinmeßbrücken* werden die Widerstände R_1 und R_2 meist von einem Drehpotentiometer gebildet. Eine Kreisskale ist direkt in Werten des Widerstandsverhältnisses $R_1/R_2 = X$ beschriftet. Da der Vergleichswiderstand R_N in dezimalen Bruchteilen und Vielfachen von $1\,\Omega$ abgestuft ist, läßt sich das Meßergebnis sehr einfach als Zehnerpotenz des Skalenwertes X ablesen.
Widerstände, Galvanometer, Bedienungselemente und eine Spannungsquelle (Trockenbatterie) sind gemeinsam in einem Gehäuse untergebracht, an das der zu bestimmende Widerstand von außen angeschlossen wird. Der Meßwertumfang von Schleifdrahtbrücken reicht etwa von $0,5\,\Omega$ bis $50\,\text{k}\Omega$, die Genauigkeit beträgt günstigenfalls $1\,\%$.
Bei *Präzisionsmeßbrücken* in Wheatstone-Schaltung wird das Brückenverhältnis R_1/R_2 meist mit zwei dekadisch abgestuften Stöpselwiderständen (Wertebereich $1\,\Omega$, $10\,\Omega$, $10^2\,\Omega$, $10^3\,\Omega$, $10^4\,\Omega$) eingestellt. Sie dienen zum Grobabgleich der Brücke, während der Feinabgleich mit dem Widerstand R_N erfolgt. Dieser wird von mehreren in Reihe geschalteten und dekadisch abgestuften Präzisionskurbelwiderständen (Abgleichgenauigkeit besser $\pm 0,03\,\%$ bei $R_x > 1\,\Omega$) gebildet. Die kleinste Dekade umfaßt $10 \cdot 0,1\,\Omega$, so daß sich bei insgesamt 6 Dekaden beliebige Widerstände zwischen 0 und $100\,000,0\,\Omega$ in Stufen von $0,1\,\Omega$ einstellen lassen. Präzisionsbrücken erfordern externe Spannungsquellen und Galvanometer. Mit Präzisionsmeßbrücken werden Genauigkeiten bis zu $0,05\,\%$ erreicht. Gute Wheatstone-Brücken (geringe Übergangs- und hohe Isolationswiderstände) überstreichen einen Meßbereich von 10^{-3} bis $10^9\,\Omega$.

Fehlerbetrachtung
Eine über den gesamten Bereich konstante Ablesegenauigkeit der Längen l_1 und l_2 (bzw. der Widerstände R_1 und R_2) wirkt sich je nach Stellung des Schleifkontaktes auf den relativen Größtfehler des Widerstandes R_x unterschiedlich aus:
Mit $l_1 + l_2 = l$ und $l_1 = x$; $l_2 = l - x$ geht Gl. (17) in

$$R_x = R_N \frac{x}{l - x} = R_N \left(\frac{l}{x} - 1 \right)^{-1}$$

über. Daraus folgt, daß der relative Fehler

$$\frac{\Delta R_x}{R_x} = \frac{\Delta \left(\frac{l}{x} - 1 \right)^{-1}}{\left(\frac{l}{x} - 1 \right)^{-1}} = \frac{l \Delta x}{x(l - x)}$$

bei gegebenem Δx ein Minimum annimmt, wenn $x(l - x)$ ein Maximum ist. Das Minimum des Fehlers liegt daher bei

$$x = \frac{l}{2} \quad \text{oder} \quad l_1 = l_2,$$

wie sich aus Differentiation und Nullsetzen des Differentialquotienten

$$\frac{\mathrm{d}}{\mathrm{d}x}[x(l - x)] = l - 2x = 0$$

ergibt. In diesem Falle stimmen nach Gl. (17) der zu messende Widerstand R_X und der Vergleichswiderstand R_N überein.

Versuchsausführung

Bei *Aufgabe 1* befinden sich die zu bestimmenden Widerstände im Bad eines Thermostaten und werden stufenweise erwärmt. Nachdem sich jeweils ein Temperaturgleichgewicht zwischen Bad und Widerstand eingestellt hat, werden die Widerstände über einen Meßstellenumschalter wahlweise mit der Meßbrücke verbunden. In jedem Falle ist der Abgleich der Brücke (Einstellung auf Stromlosigkeit des Galvanometers) zunächst bei unempfindlichem Galvanometer herbeizuführen. Der Feinabgleich erfolgt bei überbrücktem Galvanometerschutzwiderstand R_{SG}. Im Interesse eines kleinen relativen Fehlers wird jeweils in einem Vorversuch die günstigste Größe des Vergleichswiderstandes R_N ermittelt.

Die Temperaturabhängigkeit der Widerstände soll graphisch dargestellt werden. Ist Gl. (9c) erfüllt, muß die Ausgleichkurve eine Gerade sein, wenn R_X über t aufgetragen wird. Dann dienen zwei Wertepaare von R_X und t der Geraden zur Ermittlung des Temperaturkoeffizienten nach Gl. (9d). Zeigt die Kurve eine geringe Krümmung, so kann i. allg. Gl. (9) zur Beschreibung dienen, und die Koeffizienten β und γ berechnen sich aus den Gln. (9a) und (9b). Läßt die Darstellung R_X über t einen exponentiellen Zusammenhang vermuten, wird Koordinatenpapier verwendet, dessen Abszisse in der reziproken absoluten Temperatur $1/T$ und dessen Ordinate logarithmisch geteilt ist (vgl. Einführung 1.5.3.3). Wenn Gl. (10) erfüllt ist, ergibt sich eine Gerade

$$\ln \frac{R_{T_1}}{R_{T_2}} = \frac{E_A}{k}\left(\frac{1}{T_1} - \frac{1}{T_2}\right) = \frac{E_A}{k}\frac{T_2 - T_1}{T_1 T_2} \quad (20)$$

mit dem Anstieg E_A/k, der die Aktivierungsenergie E_A liefert. Der Widerstandsfaktor R^* kann

über

$$R^* = R_{T_1}\left(\frac{R_{T_2}}{R_{T_1}}\right)^{\frac{T_2}{T_2 - T_1}} \quad (21a)$$

berechnet werden. T_1, R_{T_1} und T_2, R_{T_2} sind Wertepaare der Ausgleichskurve. Für den Temperaturkoeffizienten des Halbleiters der Temperatur T erhält man

$$\beta_T = \frac{1}{R_T}\frac{\mathrm{d}R_T}{\mathrm{d}T} = -\frac{E_A}{kT^2}. \quad (21b)$$

Wenn in der Darstellung eine Abweichung von der Linearität zu erkennen ist, approximieren wir die Kurve stückweise durch Geraden, für die wir E_A und R^* einzeln bestimmen.

Für *Aufgabe 2* wird das Instrument, dessen Innenwiderstand zu ermitteln ist, anstelle von R_X in die Brücke gelegt und das Nullinstrument der üblichen Anordnung durch einen Schalter ersetzt. Ein variabler Ballastwiderstand R_{SU} vor der Spannungsquelle muß zu Beginn der Messungen voll wirksam sein. Er wird laufend so nachgestellt, daß der Teilstrom durch das Instrument zu einem gut beobachtbaren Ausschlag führt. Der Abgleich der Brücke ist erfolgt, wenn das Öffnen und Schließen des Schalters ohne Einfluß auf den Instrumentenausschlag bleibt.

1.3. Thomson-Brücke

Aufgaben: 1. Es sind die Temperaturkoeffizienten des elektrischen Widerstandes für Nickeldraht im Bereich von 0 °C bis etwa 100 °C zu ermitteln.
2. Der spezifische Widerstand einer Zweistofflegierung soll in Abhängigkeit von ihrer Zusammensetzung am Beispiel des Systems Kupfer-Nickel oder α-Messing bestimmt werden.

Die *Thomson-Brücke* ist eine Doppelbrücke, bei der – wie die folgende Betrachtung zeigen wird – bei Einhaltung gewisser Bedingungen der Widerstand der Leitungsdrähte zwischen zu bestimmendem Widerstand R_X und Brücke vernachlässigt werden kann. Die Thomson-Brücke wird daher immer dann statt der einfacher aufgebauten Wheatstone-Brücke verwendet, wenn R_X sehr klein und der Abstand zwischen ihm und der Brücke aus apparativen Gründen groß ist.

E

Das Schaltbild einer Thomson-Brücke ist in Abb. E.1.3.1 dargestellt. Darin sind R_1 und R_3 Stöpselwiderstände, R_2 und R_4 Kurbelwiderstände, und G ist ein Nullinstrument (Lichtmarkengalvanometer), das durch den Widerstand R_S geschützt werden kann. Die Drähte von den Klemmen *3* und *4* der Brücke zu dem Normalwiderstand R_N sollen die Widerstände r_1 und r_3

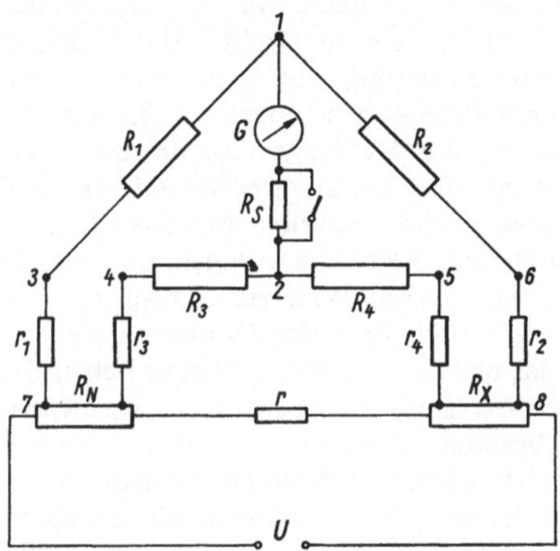

Abb. E.1.3.1. Thomsonsche Brückenschaltung

haben. R_N und der zu bestimmende Widerstand R_X sind durch einen Draht (Widerstand r) verbunden. Die Widerstände der Zuleitung von R_X zu den Klemmen *5* und *6* der Brücke sind mit r_4 und r_2 bezeichnet. Die Spannung U einer Gleichstromquelle liegt einerseits an R_N und andererseits an R_X. Für die folgenden Betrachtungen sollen die Abkürzungen

$$R_1' = R_1 + r_1, \quad R_2' = R_2 + r_2,$$

$$R_3' = R_3 + r_3, \quad R_4' = R_4 + r_4 \qquad (22)$$

verwendet werden.

Wenn die Brücke abgeglichen ist, gilt

$$U_{71} = U_{72}, \quad U_{18} = U_{28}. \qquad (23)$$

Dann genügen die Stromstärken I_R durch die entsprechenden Widerstände R den Beziehungen

$$I_{R_N} = I_{R_X}, \quad I_{R_1'} = I_{R_2'}, \quad I_{R_3'} = I_{R_4'}. \qquad (24)$$

Außerdem ist

$$I_{R_3'}(R_3' + R_4') = I_r r = (I_{R_N} - I_{R_3'})\, r,$$

$$I_{R_3'} = I_{R_N} \frac{r}{R_3' + R_4' - r}. \qquad (25)$$

Die Gln. (23) lassen sich mit Hilfe des Ohmschen Gesetzes unter Berücksichtigung der Gln. (24) und (25) als

$$I_{R_1'} R_1' = I_{R_N} \left\{ R_N + \frac{R_3' r}{R_3' + R_4' + r} \right\}, \qquad (23\,\mathrm{a})$$

$$I_{R_1'} R_2' = I_{R_N} \left\{ R_X + \frac{R_4' r}{R_3' + R_4' + r} \right\} \qquad (23\,\mathrm{b})$$

schreiben. Teilt man Gl. (23 b) durch Gl. (23 a) und löst nach R_X auf, erhält man

$$R_X = \frac{R_2'}{R_1'} R_N + \frac{R_3' r}{R_3' + R_4' + r} \left\{ \frac{R_2'}{R_1'} - \frac{R_4'}{R_3'} \right\}. \qquad (26)$$

In Thomson-Brücken wird der Abgleich so vorgenommen, daß die Bedingung

$$\frac{R_2}{R_1} = \frac{R_4}{R_3} \qquad (27)$$

erfüllt ist. Man kann nun stets

$$r_1 \ll R_1, \quad r_3 \ll R_3$$

wählen, indem man den Normalwiderstand R_N mit sehr kurzen, dicken Drähten an die Klemmen *3* und *4* der Brücke anschließt. Häufig läßt es sich auch erreichen, daß r_2 gegen R_2 und r_4 gegen R_4 vernachlässigt werden können. In diesem Falle vereinfacht sich Gl. (26) zu

$$R_X = \frac{R_2}{R_1} R_N. \qquad (28)$$

Für eine Widerstandsbestimmung ist immer dann eine Thomson-Brücke der Wheatstone-Brücke vorzuziehen, wenn r_2 und r_4 gegen R_X nicht vernachlässigt werden können. Das ist etwa unterhalb $R_X \approx 1\ \Omega$ der Fall. Der Anwendungsbereich von Thomson-Brücken reicht in günstigen Fällen bis herunter zu $10^{-7}\ \Omega$.

Legierungen sind homogene oder heterogene, mehrere Elemente enthaltende Stoffe mit metallischen Eigenschaften. Die Bestandteile homogener Legierungen sind im flüssigen und festen Zustand ineinander vollständig löslich. Sie bilden daher ungeordnete oder geordnete Mischkristalle und intermetallische Verbindungen. Sind die Elemente ineinander nur beschränkt löslich oder vollkommen unlöslich, bilden sich heterogene, aus mehreren Phasen bestehende Legierungen (vgl. W.4.0.3).

Im Vergleich zu ihren Bestandteilen besitzt eine Legierung meist erheblich andere Eigenschaften. So

149

wird bei Mischkristallen der elektrische Widerstand im Vergleich zu den Komponenten heraufgesetzt, während sich gleichzeitig der Temperaturkoeffizient des elektrischen Widerstandes [vgl. Gl. (9d)] erniedrigt. Daher gelingt es, aus gut leitenden metallischen Elementen Widerstandsdrähte zu fertigen, die einen vernachlässigbaren Temperaturkoeffizienten besitzen (Beispiel: Konstantan, eine Legierung mit etwa 60 % Cu- und 40 % Ni-Anteil). Bei Zweistoffsystemen unbegrenzter Mischbarkeit (Beispiel: System Cu–Ni) durchläuft der spezifische Widerstand in Abhängigkeit vom Mischungsverhältnis bei etwa 50 %igem Anteil einer jeden Komponente ein Maximum. Treten bei bestimmten Konzentrationen geordnete Mischkristalle (Überstrukturen; intermetallische Verbindungen, wie beispielsweise im System Cu–Au) auf, fällt dort der spezifische Widerstand gegenüber benachbarten Konzentrationen erheblich ab. Der im Vergleich zu den Komponenten hohe elektrische Widerstand homogener Legierungen wird durch zusätzliche elastische Streuung der Leitungselektronen an den in den Stoff höherer Konzentration eingelagerten Atomen erklärt, die als Gitterstörung aufzufassen sind. Die elektrische Leitfähigkeit der heterogenen Legierungen ändert sich annähernd proportional zum Volumenanteil der Phasen am Kristallgemenge.

Die Legierungen der Aufgabe 2 bilden ungeordnete Mischkristalle. Beim System Cu–Ni können sich die Elemente in allen Konzentrationsverhältnissen ineinander lösen. Das Zustandsdiagramm entspricht Abb. W.4.0.6. Messing ist eine Cu-Zn-Legierung mit einem Kupfergehalt von mindestens 55 %. Es bildet ein kompliziertes Zustandsdiagramm und nur unterhalb von etwa 35 % Zn eine homogene Legierung, das α-Messing.

Versuchsausführung

Zunächst berechnen oder schätzen wir die Größe der Widerstände r_2, r_4 und r und überlegen uns, welche Größenordnung R_N, R_1 und R_2 haben müssen, damit R_X mit hinreichender Genauigkeit nach Gl. (28) ermittelt werden kann. Bei allen Widerstandsmessungen wird der Grobabgleich an dem durch den Widerstand R_S geschützten Galvanometer beobachtet. Für den Feinabgleich überbrücken wir R_S.

Die Messungen für *Aufgabe 1* erfordern besonders große Sorgfalt, wenn sich die beiden Temperaturkoeffizienten β und γ der Gl. (9) ergeben sollen. Der Widerstandswert des Nickeldrahtes wird zunächst in Eiswasser (R_0) oder einem entsprechenden Kältebad, dann im Bad eines Thermostaten bei verschiedenen Temperaturen bis herauf zu etwa 100 °C ermittelt. Zusätzliche Meßpunkte können bei der Abkühlung des Bades erhalten werden. Die Meßpunkte sollen etwa 5 bis 10 K

auseinanderliegen. In jedem Falle muß das Temperaturgleichgewicht abgewartet werden. Die Meßwerte werden über der Temperatur graphisch dargestellt und durch eine ausgleichende Kurve verbunden. Der Darstellung werden R_0 und zwei weitere, über die Kurve verteilte Wertepaare von R und t entnommen und mit Hilfe der Gln. (9a) und (9b) die Temperaturkoeffizienten berechnet.

Bei *Aufgabe 2* ermitteln wir die elektrischen Widerstände für jede in Draht- oder Stabform vorliegende Legierung durch mehrere voneinander unabhängige Messungen. Außerdem bestimmen wir die Meßlänge l sowie den Querschnitt A mittels Meßstab oder Meßschieber und Bügelmeßschraube (jeweils Mittelwertbildung über mindestens 5 Einzelmessungen) und berechnen den spezifischen Widerstand nach Gl. (7). Diesen stellen wir über der Konzentration graphisch dar und zeichnen die mittleren Fehler der einzelnen Werte ein. Außerdem sollen die experimentell bestimmten Werte von ϱ mit den Werten verglichen werden, die sich aus einer linearen Kombination der spezifischen Widerstände der Komponenten ergeben.

1.4. Elektrolytischer Trog

Aufgaben: 1. Mit dem elektrolytischen Trog sind Äquipotentiallinien im Querschnitt eines Zylinderkondensators zu ermitteln. Der radiale Verlauf des elektrischen Potentials $\varphi = \varphi(r)$ ist mit der Theorie zu vergleichen.
2. Der radiale Verlauf der elektrischen Feldstärke $E = E(r)$ soll durch graphische Differentiation aus dem Potentialverlauf $\varphi = \varphi(r)$ abgeleitet und im Vergleich zum theoretischen Verlauf dargestellt werden.
Die in E 1.0.4 für den Elektronenstrom in einem Leiter hergeleitete *Form des Ohmschen Gesetzes* lautet in verallgemeinerter differentieller Schreibweise

$$j = \sigma E. \qquad (29)$$

σ steht für die elektrische Leitfähigkeit (*Einheit:* $\Omega^{-1}\,m^{-1}$). Der Vektor j ist die *Stromdichte*, dessen Betrag $j = dI/dA$ durch den Stromstärkeanteil dI bestimmt ist, der das Flächenelement dA senkrecht durchsetzt (*Einheit:* A m^{-2}). Seine Richtung stimmt mit der Richtung der elektrischen Feldstärke E (*Einheit:* V m^{-1}) überein.

Stationäre *elektrische Felder* lassen sich durch die Ortsabhängigkeit der elektrischen Feldstärke E beschreiben und durch *Feldlinien* veranschaulichen. Der örtliche Feldstärkevektor E folgt aus der Kraft $F = QE$, die das Feld am jeweiligen Ort auf eine positive Ladung Q ausübt. Elektrische Felder bilden demnach *Vektorfelder*. Nach Gl. (29) entspricht dem stationären elektrischen Feld ein stationäres *Stromdichtefeld,* dessen Stromstärke durch $I = \int j \, dA$ gegeben ist. In dem Skalarprodukt ist dA der Normalenvektor des Flächenelementes dA. Ein elektrisches Feld läßt sich andererseits auch durch den örtlichen Verlauf des *elektrischen Potentials* φ (*Einheit:* W A^{-1} = V) beschreiben. Dieses ist somit eine skalare Funktion des Ortes, das Potentialfeld ein *Skalarfeld,* das durch *Äquipotentialflächen* oder durch ihre zweidimensionalen Schnittbilder, die *Äquipotentiallinien,* veranschaulicht wird. Elektrische Feldlinien stehen auf Äquipotentialflächen und auf Leiteroberflächen senkrecht, die auch Äquipotentialflächen sind.

Die Potentialdifferenz $\Delta\varphi$ zwischen den Punkten P_1 und P_2 eines elektrischen Feldes ist als elektrische Spannung U (*Einheit:* V) festgelegt und mit der Feldstärke über

$$U = \Delta\varphi = \varphi_{P_1} - \varphi_{P_2} = \int_{P_1}^{P_2} E \, ds \tag{30}$$

verknüpft. Für infinitesimale Wege ds in Feldrichtung gilt wegen cos $(E, ds) = 1$

$$|E| = \left|\frac{d\varphi}{ds}\right|. \tag{31}$$

Mit dem Vektoroperator *Gradient* läßt sich dafür allgemein

$$E = - \operatorname{grad} \varphi \tag{32a}$$

oder in räumlichen kartesischen Koordinaten

$$E = - \left(\frac{\partial\varphi}{\partial x} \, i + \frac{\partial\varphi}{\partial y} \, j + \frac{\partial\varphi}{\partial z} \, k \right) \tag{32b}$$

schreiben. Der Feldvektor E weist demnach in Richtung abnehmenden Potentials φ, und die Komponenten E_x, E_y, E_z eines elektrischen Feldes kann man über die Potentialänderungen in den Koordinatenrichtungen erfassen. Das Vektorfeld der elektrischen Feldstärke E ist somit auf das Skalarfeld des experimentell leichter zugänglichen elektrischen Potentials φ zurückgeführt.

Analoge Beziehungen gelten für jedes andere stationäre Feld. Die Potentialtheorie verfügt über allgemeine Methoden, entsprechende Potentialgleichungen unter den jeweiligen Randbedingungen zu lösen. Der elektrolytische Trog dient der experimentellen Lösung sowie der elektrischen Modellierung entsprechender auch nichtelektrischer Felder. Dabei wird vorausgesetzt, daß beliebige Maßstabsänderungen der Anordnung den Feldverlauf nicht verfälschen (*Ähnlichkeitstheorem*).

Im Versuch wird die Analogie von Stromdichtefeld und elektrostatischem Feld ausgenutzt und der theoretisch leicht überprüfbare Feldverlauf im Querschnitt eines Zylinderkondensators (Länge l) untersucht. Das Potential zwischen den koaxialen Zylindern mit den Radien r_i und r_a beträgt im radialen Abstand r von der Achse gemäß d$\varphi = E$ dr [Gl. (31)]

$$\varphi(r) = - \frac{Q}{2\pi\varepsilon_0\varepsilon l} \ln r \tag{33}$$

(ε_0 elektrische Feldkonstante, ε Dielektrizitätszahl). Wählt man als Bezug des Potentials $\varphi(r_a) = 0$, gilt für den über Gl. (30) errechneten theoretischen Verlauf des Potentials

$$\varphi(r) = \frac{\ln (r/r_a)}{\ln (r_i/r_a)} \, \varphi(r_i). \tag{34}$$

Im *elektrolytischen Trog* − einer mit einem schwachen Elektrolyten gleichmäßig gefüllten Schale − werden die Randbedingungen durch Metallelektroden vorgegeben. Hier sind es zwei koaxiale Kreisringe (Abb. E.1.4.1), die das Modell eines Zylinderkondensators bilden. Die Potentialmessung erfolgt mit Hilfe einer Brückenschaltung (vgl. Abb. E.1.2.1), die wegen möglicher Polarisationseffekte mit Wechselstrom betrieben wird. Mit einer beweglichen Meßsonde

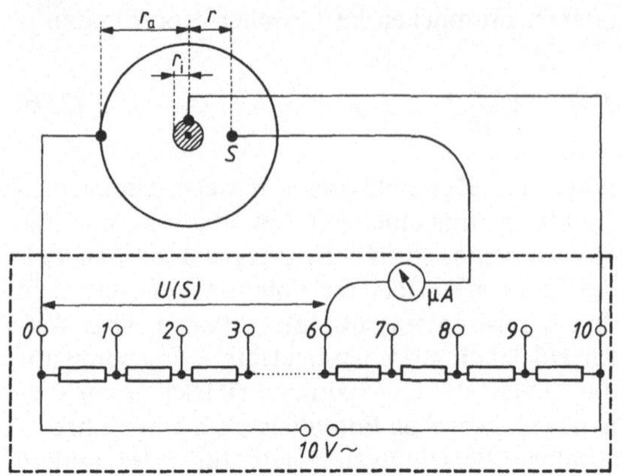

Abb. E.1.4.1. Schaltung des Zylinderkondensators

S (Metallspitze), die über ein Nullinstrument (Mikroamperemeter) mit dem Abgriff eines Spannungsteilers leitend verbunden ist, werden die Punkte des Feldes aufgesucht, für die das Instrument keinen Ausschlag zeigt. Dann teilt die Meßsonde den Spannungsabfall am Widerstand des Elektrolyten im Verhältnis der Spannungsabfälle am Spannungsteiler, und die Potentialdifferenz $\varphi(r)$ der Sonde zur Bezugselektrode ist gleich der Spannung $U(S)$ am Potentiometerabgriff. Die Meßsonde wird mit einem Kreuzschlitten über den Trog geführt. Sie ist starr mit einem Stift verbunden, der auf einem angekoppelten Zeichentisch die Äquipotentiallinien im Verhältnis 1:1 abbildet (mechanischer xy-Schreiber).

Die moderne Meßtechnik verwendet an Stelle des elektrolytischen Troges Widerstandspapier, auf dem mit Leitsilber die Leiteranordnung aufgetragen wird. Ein computergestützter Äquipotentiallinienschreiber nimmt die Äquipotentiallinien automatisch mit den zugehörigen elektrischen Feldlinien auf.

Versuchsausführung

Aufgabe 1: Als Elektrolyt wird Leitungswasser verwendet. Nachdem die Schaltung nach Abb. E.1.4.1 hergestellt wurde, tastet man mit der Potentialsonde S bei jeder Spannungsstufe unter Einhaltung der Abgleichbedingung (Ausschlag „Null") das Feld ab und markiert die jeweilige Äquipotentiallinie punktweise auf dem Zeichentisch. Die Elektroden werden eben-

falls eingezeichnet, ihre Radien r_i und r_a gemessen.

Aus dem experimentell ermittelten Potentialfeld ist die Abhängigkeit des Potentials vom Radius zu entnehmen, $\varphi = \varphi(r)$ in kartesischen Koordinaten und linearisiert darzustellen. In die linearisierte Graphik ist zum Vergleich der nach Gl. (34) berechnete Verlauf einzutragen.

Aufgabe 2: Über eine graphische Differentiation von $\varphi = \varphi(r)$ werden die elektrische Feldstärke $E = E(r)$ ermittelt und der Verlauf auf doppeltlogarithmischem Papier dargestellt. Der erwartete theoretische Verlauf ist einzuzeichnen.

2. Gleichstromquellen

2.0. Allgemeine Grundlagen

Jede Stromquelle besitzt als charakteristische Kenngröße eine *Quellen-* oder *Urspannung E*, die gleich dem negativen Wert der *elektromotorischen Kraft* ist (vgl. Fußnote auf S. 139). Sie bewirkt die Bewegung der Ladungsträger im geschlossenen Leiterkreis. Die Spannung, die an den Klemmen der belasteten Stromquelle gemessen wird, die *Klemmenspannung U*, ist im allgemeinen kleiner als die Urspannung. Die Unterschiede zwischen der Urspannung E und der Klemmenspannung U werden durch den Spannungsabfall U_i an dem inneren Widerstand R_i verursacht (vgl. Abb. E.2.1.1). Es gilt (2. Kirchhoffsches Gesetz), wenn I die Stärke des Stromes ist, der das Innere der Stromquelle und den Widerstand R_a im äußeren Kreis gleichermaßen durchfließt,

$$E = U + U_i = U + IR_i = I(R_a + R_i). \quad (1)$$

Klemmenspannung U und Urspannung E stimmen also nur bei unbelasteter Stromquelle ($I = 0$, $R_a \to \infty$) überein. Im Falle des Kurzschlusses ($R_a \to 0$) fließt der größte Strom, der

der Stromquelle überhaupt entnommen werden kann. Dabei bricht die Klemmenspannung zusammen ($U \to 0$), so daß aus Gl. (1) für den

Kurzschlußstrom

$$I_K = \frac{E}{R_i} \qquad (2)$$

folgt. Er wird also ausschließlich durch die Stromquelle bestimmt.

Die vom Widerstand R_a aufgenommene Leistung ist, wenn Gl. (1) berücksichtigt wird,

$$P_a = UI = I^2 R_a = \left(\frac{E}{R_a + R_i}\right)^2 R_a. \qquad (3)$$

Da die Urspannung E und der Innenwiderstand R_i der Stromquelle vorgegeben und nahezu konstant sind, ist die an den Verbraucher abgegebene Leistung eine Funktion des Widerstandes R_a. Die Leistung ist maximal, wenn die Bedingung

$$\frac{dP_a}{dR_a} = \left(\frac{E}{R_a + R_i}\right)^2 - 2\,\frac{R_a E^2}{(R_a + R_i)^3} = 0$$

erfüllt ist. Das ist bei

$$R_a = R_i \qquad (4)$$

der Fall und wird *Leistungsanpassung* genannt. An dieser Stelle ist die zweite Ableitung $d^2 P_a/dR_a^2$ als hinreichendes Kriterium für ein Maximum negativ. Mit der Gl. (4) erhält man für die vom Widerstand R_a maximal aufgenommene Leistung aus Gl. (3)

$$P_{a\,max} = \frac{E^2}{4 R_a}. \qquad (5)$$

Sie ist gleich der Leistungsaufnahme des Innenwiderstandes R_i der Stromquelle.

Der *Wirkungsgrad* η einer Gleichstromanordnung ist als Verhältnis der Nutzleistung P_a zu der von der Stromquelle insgesamt aufgebrachten Leistung P_g definiert. Mit den Gln. (1) und (3) folgt daher

$$\eta = \frac{P_a}{P_g} = \frac{UI}{EI} = \frac{R_a I^2}{(R_a + R_i)\,I^2}$$
$$= \frac{(R_a + R_i)\,U^2}{R_a E^2}. \qquad (6)$$

Der Wirkungsgrad beträgt demzufolge beim angepaßten ($R_i = R_a$) Verbraucher 0,5 bzw. 50%. Er strebt gegen 1, wenn der Innenwiderstand R_i gegenüber R_a verschwindend klein wird, und gegen Null, wenn $R_a \to 0$ geht.

Für die Leistungsanpassung von Wechselstromquellen an elektrische Netzwerke gelten entsprechende Überlegungen. Sie berücksichtigen die Eigenart der verschiedenen Wechselstromwiderstände und führen nur bei rein »ohmscher« Belastung zu den für Gleichstrom abgeleiteten Beziehungen, in denen dann I und U die Effektivwerte von Strom und Spannung sind.

Die Leistungsanpassung ist vor allem in der Schwachstromtechnik bedeutungsvoll. In der Starkstromtechnik wird mit Überanpassung ($R_a > R_i$) gearbeitet.

Als *Gleichstromquellen* werden vornehmlich elektrodynamische Generatoren, mit Gleichrichterschaltungen versehene Netzanschlußgeräte sowie galvanische Primär- und Sekundärelemente eingesetzt. Von den Primärelementen sind das zur *Trockenbatterie* weiterentwickelte Leclanché-Element ($E = 1,5 \dots 1,6$ V) sowie das aus einer mehrschichtigen Elektroden-Elektrolyt-Kombination aufgebaute *Weston-Normalelement* von Bedeutung. Letzteres dient als Labornormal, da seine Spannung und deren Temperaturgang exakt reproduzierbar und genau bekannt sind ($E_{20^\circ} = 1,018$ V). Damit eine Polarisation der Elektroden und eine dadurch bedingte Spannungsänderung vermieden werden, darf man es nur gering belasten ($I \leq 10^{-4}$ A). *Sekundärelemente* (Sammler oder Akkumulatoren) können im Unterschied zu den Primärelementen wiederholt regeneriert (»geladen«) werden. Von praktischer Bedeutung sind vor allem die Blei- ($E = 2,1$ V), die Nickel-Cadmium- ($E = 1,35$ V) und die Nickel-Eisen-Sammler ($E = 1,6$ V).

Der *Innenwiderstand der galvanischen Elemente* hängt vom Typ, konstruktiven Merkmalen sowie von der Elektrolytzusammensetzung und -temperatur ab. Letztere beeinflussen auch die Urspannung E. Bei einem belasteten galvanischen Element können sich daher die Urspannung und der Innenwiderstand mehr oder weniger ändern. Der Innenwiderstand von Bleiakkumulatoren ist sehr niedrig (Größenordnung: $10^{-2}\,\Omega$), so daß nach Gl. (2) relativ große Ströme entnommen werden können, ohne daß die Klemmenspannung stark sinkt. Dabei ist eine Eigenerwärmung unvermeidlich.

Der Innenwiderstand der alkalischen Sammler (Ni-Fe, Ni-Cd) ist etwa fünfmal so groß wie der eines entsprechenden Bleisammlers. Der Innenwiderstand eines Trockenelementes (Größenordnung: $10^{-1}\,\Omega$) steigt im Laufe der Entladung auf das 10- bis 15fache seines ursprünglichen Wertes.

Gesamtinnenwiderstände einer *Reihen- oder Parallelschaltung von galvanischen Elementen* werden nach den bekannten Widerstandsgesetzen [vgl. Gln. (E.1.–4 u. 5)] berechnet und sind daher größer oder kleiner als die Innenwiderstände der einzelnen Elemente. Für die Ströme und Spannungen von Elementkombinationen[1] gelten die Kirchhoffschen Regeln [vgl. Gln. (E.1.–2 u. 3)].

Ein weiteres Merkmal eines galvanischen Elementes ist seine *Kapazität*. Sie wird in Amperestunden (Ah) angegeben und ist ein Maß dafür, wie lange (angegeben in h) ein Element bis zur Entladung über einen vereinbarten Widerstand einen in A ausgedrückten Strom liefern kann. Übliche Werte liegen etwa zwischen 1 Ah (Taschenlampenbatterie) und 200 Ah (Batterie eines Lastkraftwagens). Diese elektrochemische Kapazität darf mit der elektrostatischen eines Kondensators keinesfalls verwechselt werden.

2.1. Strom-Spannungs-Charakteristik einer Stromquelle

Aufgaben: 1. Die Strom-Spannungs-Charakteristiken von galvanischen Primär- und Sekundärelementen sind aufzunehmen, die Innenwiderstände der Stromquellen als Funktion der Belastung zu ermitteln und graphisch darzustellen.

2. Der Kurzschlußstrom der Stromquellen ist zu berechnen.

3. Für ein Trockenelement ist die Leistungsanpassung experimentell zu ermitteln und mit der Theorie zu vergleichen. Der Wirkungsgrad ist bei mehreren Belastungen anzugeben.

Strom-Spannungs-Charakteristiken oder *-Kennlinien* sind graphische Darstellungen der Stromstärke über der jeweiligen Klemmenspannung. Sie informieren über das Verhalten des elektrischen Kreises bei unterschiedlichen Belastungen. Aus ihnen können Wertepaare der Klemmenspannung U und der Stromstärke I entnommen werden, mit denen sich bei bekannter Urspannung E der Innenwiderstand R_i der Stromquelle

---

[1] Kombinationen einzelner galvanischer Elemente (Zellen) werden Batterie genannt.

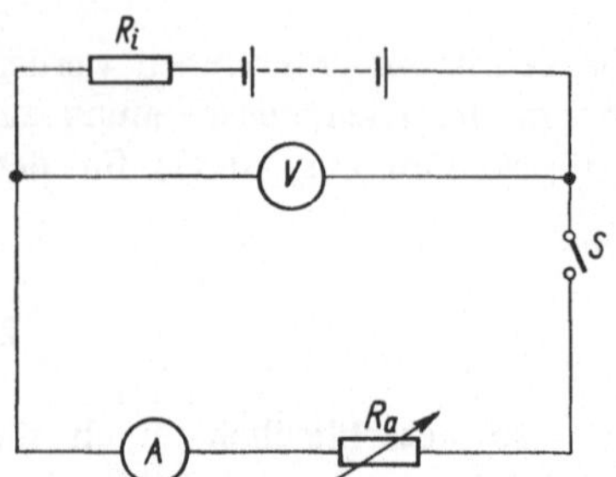

Abb. E.2.1.1. Schaltung zur Aufnahme der Strom-Spannungs-Charakteristik einer Stromquelle

berechnen läßt; denn aus Gl. (1) folgt

$$R_\text{i} = \frac{E - U}{I}. \tag{7}$$

Die I-U-Kennlinien werden mit Hilfe der Schaltung in Abb. E.2.1.1 aufgenommen. Da der Widerstand R_a variabel ist, ergeben sich für I und U verschiedene Werte. Bei offenem Schalter S ist die Klemmenspannung mit der Urspannung identisch, wie aus Gl. (1) für $I = 0$ folgt. Allerdings muß dann zur Spannungsmessung auch ein Instrument mit extrem hohem Innenwiderstand verwendet werden. Besonders geeignet sind elektrostatische Instrumente (vgl. E.1.4) oder das in E.2.2 beschriebene Kompensationsverfahren. Für den Versuch dieses Abschnittes wird ein *elektronischer Spannungsmesser* empfohlen. Er arbeitet nach folgendem Prinzip: Die zu messende Spannung oder ein an einem hochohmigen Spannungsteiler (vgl. E.2.2) abgezweigter Teil wird verstärkt und von einem Drehspulinstrument angezeigt. Wenn Wechselspannungen vorliegen, werden sie im Meßgerät zunächst gleichgerichtet. Mit Elektronenröhren bestückte Geräte (*Röhrenvoltmeter*) werden zunehmend durch transistorisierte (*Transistorvoltmeter*) verdrängt.

Am Beispiel des in *Universal-Röhrenvoltmetern* (Meßbereiche 0,3 V; 1 V; …; 1000 V) benutzten Gleichspannungsdifferenzverstärkers (vgl. Abb. E.2.1.2) wird das Prinzip besonders deutlich. In den zwei einander entsprechenden Zweigen einer Brückenschaltung (vgl. Abb. E.1.2.1) befinden sich gleichartige Elektronenröhren E_1 und E_2. Da auch die Anodenwiderstände R gleich sind, sollte das Mikroamperemeter A des Diagonalzweiges (Meßbereich je nach Gerätetyp 10 μA … 100 μA, Innenwiderstand R_A einige kΩ) im nichtangesteuerten Zustand keinen Ausschlag zeigen. Mit dem Potentiometer R_P kann der Nullpunkt korrigiert werden. Wird am Gitterwiderstand R_g der einen Röhre die zu messende Spannung U angelegt, tritt am Instrument eine Spannung

$$U_A = U \frac{SR_i R_A R}{RR_A + R_A R_i + 2RR_i}$$

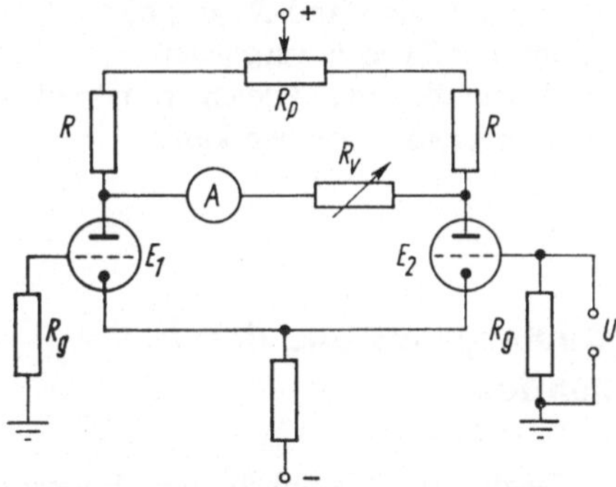

Abb. E.2.1.2. Differenzverstärker eines Röhrenvoltmeters

auf (S und R_i sind Steilheit und Innenwiderstand der Röhren, vgl. E.3). Sie ist also der zu messenden Spannung U proportional. Die Eingangswiderstände röhrenbestückter Universalvoltmeter liegen für Gleichspannung im Bereich von 10 bis 1 000 MΩ, für Wechselspannung bei 1 bis 10 MΩ bei einem Frequenzumfang von etwa 30 Hz bis 800 MHz. Die Genauigkeit liegt bei ±3 % des Meßbereichendwertes.

Die Empfindlichkeit der Anzeige (Meßbereichwahl) wird mit dem Vorwiderstand R_v verändert.

Im Gegensatz zur Elektronenröhre kann der Transistor nicht leistungslos gesteuert werden (vgl. E.3), so daß der Innenwiderstand von Transistorvoltmetern mit beispielsweise 800 kΩ/V deutlich unter dem des Röhrenvoltmeters liegt. Seitdem jedoch Feldeffekttransistoren bekannt sind, lassen sich auch Eingangswiderstände von 10 MΩ erreichen.

Im *Transistorvoltmeter* kann ebenfalls ein dem Prinzip in Abb. E.2.1.2 entsprechender Differenzverstärker angewendet werden (vgl. Abb. E.2.1.3). Die Transistoren T_1 und T_2 arbeiten hier in Emitterschaltung, die eine lineare Stromver-

stärkung bewirkt. Die Eingangsspannung U wird an die Basisanschlüsse der beiden Transistoren gelegt, das verstärkte Meßsignal vom Mikroamperemeter A des Diagonalzweiges der Brückenschaltung angezeigt. Der bei Transistoren beträchtliche Temperatureinfluß, Alterungseffekte und Unsymmetrien der Schaltung erfordern häufigere Nullpunktkorrekturen. Diese und die Meßbereichumschaltung erfolgen mit den Widerständen R_1 und R_v. Der Vorteil des Transistorvoltmeters liegt in niedrigen Steuerspannungen und in der geringen Größe der Bauelemente, die in Verbindung mit gedruckten Schaltungen und Batteriebetrieb handliche, trans-

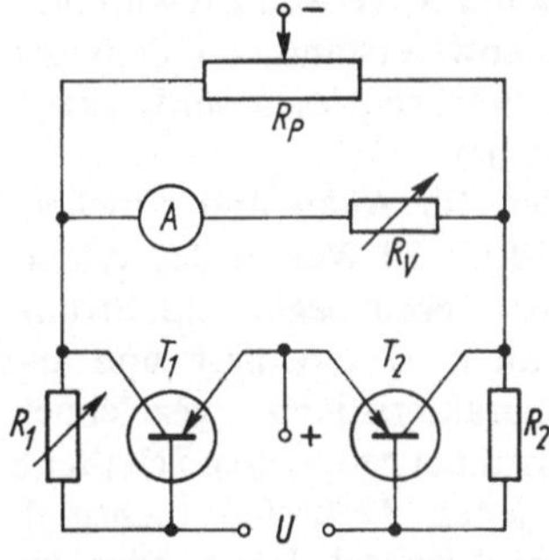

Abb. E.2.1.3. Differenzverstärker eines Transistorvoltmeters

portable Geräte ermöglichen (Genauigkeit: etwa ±3 %; Frequenzbereich: einige 10 Hz bis einige MHz).

Infolge ihrer hohen Innenwiderstände belasten elektronische Voltmeter die Meßstellen praktisch nicht. Mit ihnen kann man daher auch Spannungen von Spannungsquellen mit hohem Innenwiderstand messen (Beispiel: pH-Meßelektroden), wo beispielsweise herkömmliche Vielfachmeßinstrumente versagen. Elektronische Voltmeter werden weiterhin als Nullindikatoren in Brückenschaltungen eingesetzt und sind unentbehrliche Meßgeräte der Schwachstromtechnik.

In zunehmendem Maße werden *transistorisierte Vielfachmeßgeräte* entwickelt. Sie arbeiten auf der Basis eines Transistorvoltmeters und sind den herkömmlichen, verstärkerlosen Vielfachmessern (vgl. E.1.1) ebenbürtig. Bei diesen Geräten erfolgt die Spannungsmessung nach dem zuvor beschriebenen Prinzip. Die Strommessung wird auf eine Ermittlung des Spannungsabfalles an den im Gerät eingebauten

Meßwiderständen zurückgeführt. Diese werden je nach dem gewünschten Meßbereich wahlweise in den Meßkreis eingeschaltet. Die Widerstandsbestimmung erfolgt nach dem Ohmmeterprinzip (vgl. E.1.1) Eine interne Stromquelle des Vielfachmessers wird mit dem zu bestimmenden Widerstand verbunden und aus dem Spannungsabfall an einem mit der Stromquelle und dem unbekannten Widerstand in Reihe geschalteten Meßwiderstand auf den Wert des Widerstandes geschlossen. Dazu dient eine entsprechend geteilte Skale (Genauigkeit $\approx 10\%$).

Versuchsausführung

Für die Messungen wird eine Schaltung nach Abb. E.2.1.1 hergestellt und dabei vor allem auch auf die richtige Polung der Meßinstrumente geachtet. Als Widerstand R_a verwenden wir einen Stöpsel- oder Dekadenwiderstand, an dem der jeweils eingeschaltete Wert abgelesen werden kann (Belastbarkeit beachten!).

Bei *Aufgabe 1* werden für Akku und Trockenelement bei jeweils 10 bis 20 Werten des Widerstandes R_a, bei großen Werten beginnend, Stromstärke I und Spannung U tabelliert und die Strom-Spannungs-Charakteristiken gezeichnet. Die Urspannung E wird bei geöffnetem Schalter S im Verlaufe einer jeden Meßreihe mehrmals gemessen, da sie bei frischgeladenen oder bereits stark entladenen Sammlern und bei relativ stark belasteten Elementen mit der Zeit abnehmen wird. Als Anfangswert der Urspannung kann außerdem der nach $I = 0$ extrapolierte Spannungswert der Kennlinien gelten. Innenwiderstände R_i der Elemente werden mit Wertepaaren der Strom-Spannungs-Kennlinien und der jeweiligen Urspannung E nach Gl. (7) berechnet und gegebenenfalls in Abhängigkeit von der Stromstärke gezeichnet. Die Werte und Kurvenverläufe beider Darstellungen dieser Aufgabe werden diskutiert.

Bei annähernd linearem Verlauf der Strom-Spannungs-Charakteristik kann der Innenwiderstand R_i aus der Neigung der Kurve ermittelt werden:

$$- R_i = \frac{\Delta U}{\Delta I}. \qquad (8)$$

In *Aufgabe 2* sind Kurzschlußströme für Akku und Trockenelement nach Gl. (2) zu berechnen.

In Vorbereitung der *Aufgabe 3* wird empfohlen, zunächst über Gl. (7) den Innenwiderstand des

Trockenelementes abzuschätzen und die Widerstände R_a gleichmäßig um den Wert des abgeschätzten Innenwiderstandes zu verteilen. Da der Innenwiderstand des Trockenelementes im Bereich von etwa 0,1 bis 1 Ω liegt, fließen im angepaßten Zustand Ströme, die nahezu Kurzschluß bedeuten. Damit das Trockenelement nicht während der Meßreihe unbrauchbar wird, darf der Stromkreis nur kurzzeitig geschlossen werden. Für jeden Wert des Widerstandes R_a werden die Leistung und der Wirkungsgrad errechnet, in Abhängigkeit vom Widerstand R_a graphisch dargestellt und mit der Theorie verglichen.

Der Versuch belegt, daß man Gleichstromquellen nicht leistungsangepaßt betreiben kann.

2.2. Spannungsmessung durch Kompensation

Aufgaben: Bestimmen Sie nach der Poggendorffschen Kompensationsmethode und (oder) mit einem Gleichstromkompensator
1. die Urspannung eines galvanischen Elementes als Beispiel für ein beliebiges elektrochemisches Potential;
2. den Spannungsverlauf eines Thermoelementes in Abhängigkeit von der Temperatur. Aus dem Verlauf der Kurve sind die thermoelektrischen Konstanten des Thermoelementes zu ermitteln.

Die Urspannung einer Spannungsquelle kann nur mit einem Voltmeter extrem hohen Innenwiderstandes (vgl. E.2.1) oder nach einer Kompensationsmethode exakt ermittelt werden.

Der *Kompensationsmethode nach Poggendorff* liegt folgendes Prinzip zugrunde (vgl. Abb. E.2.2.1): Eine Hilfsspannung U_H bewirkt in einem Widerstand die Stromstärke I. Teilt ein variabler Abgriff diesen Widerstand in die Teilwiderstände R_1 und R_2, so tritt am Widerstand R_1 nach dem Ohmschen Gesetz der Spannungsabfall $U = IR_1$ auf (*Spannungsteiler- oder Potentiometerschaltung*). Mit dieser Spannung kann die Urspannung E_x einer beliebigen Spannungsquelle kompensiert werden, wenn $E_x < U_H$ ist. Der Abgleich ist erreicht, wenn das Galvanometer G stromlos ist. Dann gilt, da $U = E_x$

$= IR_1$ und $U_H = I(R_1 + R_2)$, die Beziehung

$$E_x = U_H \frac{R_1}{R_1 + R_2}. \qquad (9)$$

Die zunächst nur ungenau bekannte Hilfsspannung U_H läßt sich mit der gleichen Methode über einen Vergleich mit der Spannung E_N eines Nor-

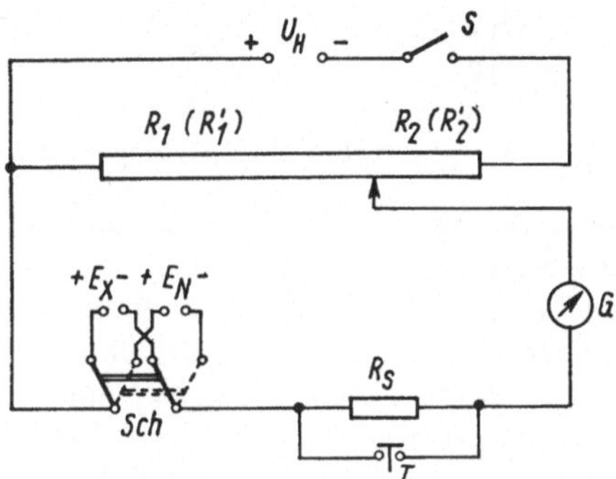

Abb. E.2.2.1. Kompensationsmethode nach *Poggendorff*

malelementes ($E_N < U_H$) aus der Gleichung

$$U_H = E_N \frac{R_1 + R_2}{R_1'} \qquad (10)$$

ermitteln. Dabei ist R_1' der Widerstand, an dem in diesem Falle die zur Kompensation führende Spannung abgegriffen wird. Die Kombination der Gln. (9) und (10) liefert

$$E_x = E_N \frac{R_1}{R_1'} \qquad (11)$$

und zeigt, daß die Hilfsspannung U_H nicht bekannt zu sein braucht. Sie darf sich aber während der Meßdauer nicht ändern. Ein Umschalter *Sch* (vgl. Abb. E.2.2.1) erleichtert die Verbindung der variablen Spannung mit dem Normalelement oder der Spannungsquelle, deren Spannung zu bestimmen ist.

Die *Spannung des Normalelementes* ist geringfügig temperaturabhängig (vgl. Eichtabelle). Man prüfe durch Fehlerabschätzung, ob dies berücksichtigt werden muß. Eine Polarisation der Elektroden des Normalelementes kann nur vermieden werden, wenn die im Sinne einer

Ladung oder Entladung durch das Element fließenden Ströme $< 10^{-4}$ A sind. Der Einsatz einer Wheatstone-Kirchhoffschen Schleifdrahtbrücke (vgl. E.1.2) als Potentiometer ist deshalb ungünstig. Eine Verschiebung des Schleifkontaktes um 1 mm bewirkt bei den üblichen Spannungen U_H von einigen Volt bereits einen zusätzlichen Spannungsabfall in der Größenordnung von 10^{-3} V.

Stöpselrheostaten sind als Spannungsteiler gut geeignet, doch ist die Auswertung nach Gl. (11) nur erlaubt, wenn $R_1 + R_2 = R_1' + R_2'$ oder zumindest $R_2 \gg R_1$ bzw. R_1' ist.[1]

Normalelement und Galvanometer G werden durch den meist stufenweise einstellbaren Widerstand R_s geschützt. Er muß so bemessen sein, daß bei voller Spannung U_H weder die für das Normalelement (10^{-4} A) noch die für den Vollausschlag des Galvanometers maximal zulässige Stromstärke erreicht wird.

In einem *Kompensator* (vgl. Abb. E.2.2.2) wird die Hilfsstromstärke im Potentiometerwiderstand konstant gehalten. Der Widerstand, an dem die Kompensationsspannung abfällt, kann daher in Einheiten der elektrischen Spannung geteilt werden. Dies wird erreicht, indem das Potentiometer aus mehreren dekadisch abgestuften Kurbelwiderständen besteht. Eine konstante Hilfsstromstärke (z. B. 1 mA) läßt sich durch den veränderlichen Widerstand R einstellen. Der Hilfsstrom durchfließt nur die Einzelwiderstände nicht, die über die Schleifkontakte S_2 und S_3 bzw. S_2' und S_3' überbrückt sind. Wird durch die Doppelkurbeln auf der einen Seite der Widerstand verkleinert, wird auf der anderen Seite automatisch der gleiche Betrag hinzugefügt. Die Kompensationsspannung wird an dem Widerstand zwischen den Kontakten $S_1 - S_2$ und $S_3 - S_4$ abgegriffen. Der Abgleichvorgang ist am Galvanometer G zu verfolgen. Der richtige Hilfsstrom fließt, wenn der Spannungsabfall an einem zusätzlich eingebauten Präzisionswiderstand R_1 durch die Spannung eines Normalelementes kompensiert ist.

---

[1] Werden zwei gleiche, in Reihe geschaltete Sätze von Stöpselwiderständen verwendet, läßt sich diese Bedingung immer erfüllen; so ist im Prinzip der nachfolgend beschriebene Kompensator aufgebaut. $R_1 + R_2$ kann z. B. so gewählt werden, daß an einem Widerstand von 1 Ω die Spannung 1 mV auftritt.

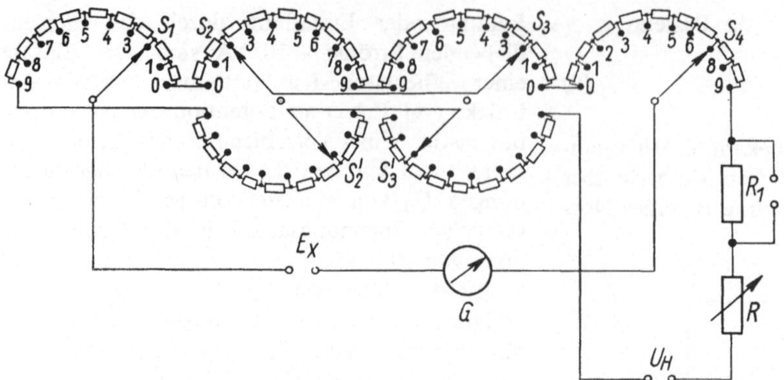

Abb. E.2.2.2. Kompensator

Befinden sich in einem offenen Leiterkreis zweier Metalle oder Halbleiter die Kontaktstellen 1 und 2 (vgl. Abb. E.2.2.3) auf verschiedener Temperatur, stellt man zwischen den offenen Enden des Kreises eine Spannung fest, die *Thermospannung* (Seebeck-Effekt). Sie bewirkt einen *Thermostrom*, wenn die Enden miteinander leitend verbunden werden. Bei einem solchen *Thermoelement* wird thermische Energie direkt in elektrische Energie

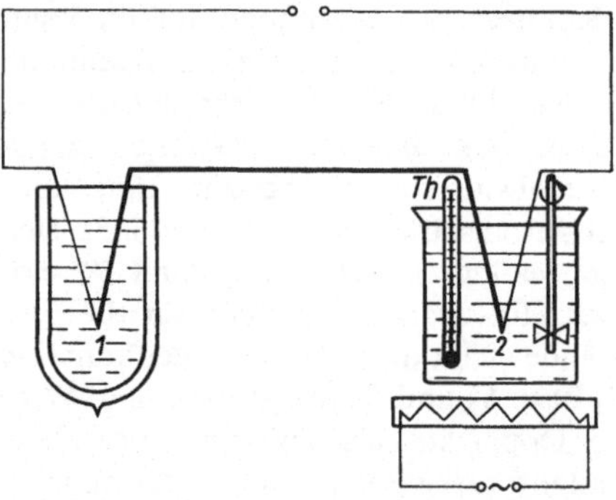

Abb. E.2.2.3. Anordnung des Thermoelementes

umgewandelt. Die Urspannung eines Thermoelementes entsteht in den beiden Kontaktstellen der Stoffe, indem sich dort von der Stoffpaarung und der Temperatur abhängende Potentialsprünge ausbilden. Sie lassen sich quantenstatistisch deuten. Bei gleicher Temperatur der Kontaktstellen sind die Potentialdifferenzen entgegengesetzt gleich, so daß sie sich kompensieren.

Thermoelemente dienen zur Temperaturmessung. Bewährte Materialkombinationen sind Kupfer–Konstantan, Eisen–Konstantan, Nickel–Chromnickel, Platin–Platinrhodium. Ihre auf die Temperatur bezogene Thermospannung liegt in der Größenordnung von 10^{-2} mV/K, die von Halbleitern bei einigen mV/K.

Die thermoelektrische Spannung E einer Materialkombination [vgl. Gl. (W.1.–10)] läßt sich im allgemeinen durch die quadratische Funktion

$$E = a\,\Delta T + b(\Delta T)^2 \tag{12a}$$

beschreiben. Hierbei sind a und b thermoelektrische Materialkonstanten und ΔT die Differenz der Temperatur des Meßfühlers zur Bezugstemperatur. Für einen begrenzten Temperaturbereich gilt mit meist hinreichender Genauigkeit die lineare Gleichung

$$E = a\,\Delta T, \tag{12b}$$

die für $b = 0$ aus Gl. (12a) hervorgeht.

Unter der *differentiellen Empfindlichkeit eines Thermoelements* versteht man die erste Ableitung der Gl. (12a) nach der Temperatur:

$$\frac{\mathrm{d}E}{\mathrm{d}T} = a + 2b\,\Delta T. \tag{13a}$$

Daraus folgt mit $b = 0$ und $a = S$ (*Seebeck-Koeffizient*)

$$\frac{\mathrm{d}E}{\mathrm{d}T} = S. \tag{13b}$$

Für eine Reihe von Thermopaaren ist die differentielle Empfindlichkeit eine lineare Funktion der Temperaturdifferenz, so daß mit zwei Wertepaaren[1] ΔE und ΔT ein System zweier Gleichungen (13a) gebildet werden kann, aus dem sich die thermoelektrischen Konstanten a und b der jeweiligen Materialkombination ergeben.

---

[1] Hier werden dE und ΔE bzw. dT und ΔT gleichgesetzt, weil sich aus dem Experiment nur endlich große Spannungs- und Temperaturdifferenzen ergeben.

In Temperaturintervallen bis zu etwa 100 K lassen sich Kupfer-Konstantan- und Eisen-Konstantan-Thermoelemente mit meist hinreichender Genauigkeit durch eine konstante differentielle Empfindlichkeit charakterisieren. Dann folgt die thermoelektrische Konstante $a = S$ gemäß Gl. (13b) aus einem Wertepaar von ΔE und ΔT.

Technische Temperaturbestimmungen mit einem Thermoelement erfolgen im allgemeinen über eine Strommessung (Ausschlagmethode). Die Skalen der Instrumente sind dabei meist auf die Thermoelemente abgestimmt und in Einheiten der Temperatur geteilt. Da die Überlegungen in E.2.0 auch für Thermospannungsquellen zutreffen, empfiehlt sich, thermoelektrische Konstanten über eine Spannungsmessung durch Kompensation zu ermitteln.

Versuchsausführung

Für *Aufgabe 1* wird eine Schaltung nach Abb. E.2.2.1 aufgebaut (Polungen der Spannungsquellen beachten!). Wenn dabei als Potentiometer Stöpselrheostaten verwendet werden, ziehen wir im Interesse der Meßgenauigkeit sowohl Stöpsel kleinster Widerstände als auch solche bis in den 10^4-Ω-Bereich hinein. Bei unempfindlichem Galvanometer G bzw. größtem Schutzwiderstand R_S suchen wir für die zu ermittelnde Spannung E_X den Widerstand R_1, bei dem das Galvanometer stromlos wird. Der Feinabgleich erfolgt bei höchster Galvanometerempfindlichkeit. Der Abgleichvorgang wird wiederholt (Bestimmung von R_1'), nachdem mit dem Umschalter *Sch* das Normalelement eingeschaltet worden ist. Gl. (11) liefert die zu ermittelnde Spannung E_X. Die Spannung des Normalelementes E_N entnehmen wir der Arbeitsplatzanleitung.

Bei *Aufgabe 2* wird ein kommerzieller Gleichstromkompensator benutzt. Zunächst ist der Hilfsstrom mit dem Widerstand R auf den vorgeschriebenen Wert einzustellen. Beim Sollwert des Hilfsstromes muß an R_1 eine bestimmte, in der Arbeitsplatzanleitung angegebene Spannung abfallen. Das Thermoelement liegt an den mit E_X bezeichneten Klemmen.

In das Dewargefäß (Lötstelle *1*, Abb. E.2.2.3) füllen wir Eiswasser (Bezugstemperatur 0 °C). Auf diese Temperatur wird zunächst auch der Meßfühler *2* gebracht, und anschließend wird die Badflüssigkeit bei der Lötstelle *2* unter ständigem Rühren langsam erwärmt.[1] Dazu kann auch ein kommerzieller Thermostat verwendet werden.

Über ein Temperaturintervall von etwa 80 K hinweg ermitteln wir in Abständen von etwa 5 K zusammengehörende Werte von Temperatur und Thermospannung. Die Kompensation wird bei unempfindlichem Galvanometer begonnen. Es wird empfohlen, die jeweilige Thermospannung geringfügig überzukompensieren und die Badtemperatur in dem Augenblick abzulesen, da der Zeiger des Galvanometers G die Nullmarke passiert. Der Hilfsstrom soll im Verlauf der Meßreihe mehrmals überprüft werden.

Sofern zwischen der Thermospannung und der Temperatur ein linearer Zusammenhang besteht (graphische Darstellung!), wird die thermoelektrische Konstante a aus der Steigung der Kurve gemäß Gl. (13b) berechnet. Bei nichtlinearem Kurvenverlauf kann zur Bestimmung der thermoelektrischen Konstanten a und b mit einem Gleichungspaar von der Form der Gl. (13a) gearbeitet werden, für das zusammengehörende Werte von ΔE und ΔT der graphischen Darstellung entnommen werden. Falls $\Delta E/\Delta T$ über ΔT aufgetragen wird, muß sich eine Gerade ergeben [vgl. Gl. (13a)], der a und b über Ordinatenabschnitt und Steigungsmaß folgen.

3. Elektronische Bauelemente

3.0. Allgemeine Grundlagen

3.0.1. Elektronenröhren

Funktionsgrundlage der Elektronenröhren ist die Bewegung freier Elektronen im Vakuum.[2]

---

[1] Bei technischen Messungen höherer Temperaturen mit einem Thermoelement wird – unter Verzicht auf eine entsprechende Genauigkeit – auf eine definierte Vergleichsstelle *1* meist verzichtet.

[2] Wegen des guten Vakuums ($p < 10^{-7}$ hPa) ist die mittlere freie Weglänge der Elektronen groß gegenüber den Abmessungen der Röhre. Eine Behinderung der Bewegung durch Restgasmoleküle ist nicht zu befürchten.

Diese verlassen als Folge einer direkten oder indirekten elektrischen Heizung die Kathode mit thermischer Geschwindigkeit, bilden vor der Kathode eine negative Raumladungswolke, und nur die Elektronen großer kinetischer Energie (Maxwellsche Geschwindigkeitsverteilung) erreichen bei fehlender Saugspannung die Anode. Je nach der Zahl der Elektroden unterscheidet man Diode, Triode, Tetrode, Pentode usw.

Der Anodenstrom I_a durch eine *Diode* nimmt in der *Durchlaßrichtung*, d. h. bei positiver Anodenspannung U_a, mit U_a zu und erreicht einen Sättigungswert

$$I_s = CT_k^2\, e^{-\frac{e\Phi_k}{kT_k}}, \tag{1}$$

wenn alle emittierten Elektronen zur Anode gelangen. In der Richardson-Dushman-Gleichung (1) sind C eine Proportionalitätskonstante, T_k die Kathodentemperatur, e die Elementarladung, $e\Phi_k$ die *Austrittsarbeit* der Elektronen aus der Kathode und k die Boltzmann-Konstante. In der *Sperrichtung*, d. h. $U_a < 0$, nimmt der Strom mit der Spannung rasch ab; seine Größe wird durch das Anlaufstromgesetz

$$I_a = I_s\, e^{\frac{eU_a - e(\Phi_a - \Phi_k)}{kT_k}} \tag{2}$$

gegeben, wobei $e\Phi_a$ die Austrittsarbeit der Elektronen aus der Anode ist. Es ist zu beachten, daß sich bei der Röhrendiode auch bei negativer Anodenspannung die Stromrichtung nicht umkehrt! In einer Darstellung von $\ln I_a/I_0$ über U_a (I_0 ist die Einheit der Stromstärke) erhält man in diesem Gebiet eine Gerade der Steigung e/kT_k, aus der man die Kathodentemperatur T_k bestimmen kann, der Schnittpunkt der Anlaufstromgeraden mit dem Sättigungsstrom I_s liefert das *Kontaktpotential* $\Phi_a - \Phi_k$ (vgl. Abb. E.3.0.1). Bei modernen Röhren liegt der Sättigungsstrom wegen der großen Emissionsfähigkeit der Kathode über den maximal zulässigen Betriebsbedingungen. Man bestimmt das Kontaktpotential daher entweder im Impulsbetrieb oder mit unterheizter Kathode und der dabei vorliegenden geringeren Emission.

Bei Einhalten des vom Hersteller vorgeschriebenen Heizstromes I_H liegt zwischen Anlaufstrom-

und Sättigungsstrombereich das *Raumladungsgebiet*, in dem die große Zahl emittierter Elektronen um die Kathode eine Raumladungswolke bildet und die positive Anodenspannung zum

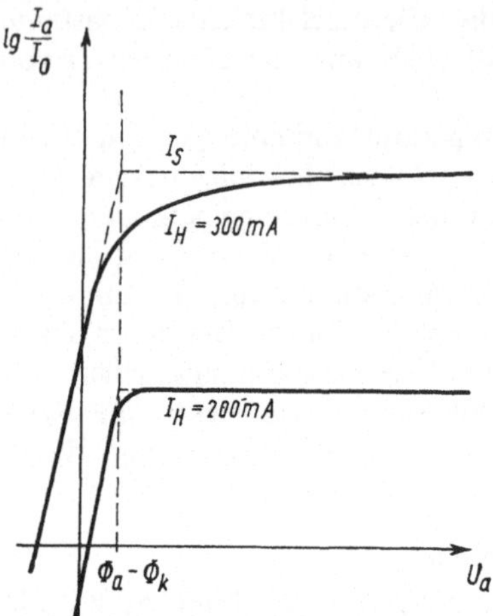

Abb. E.3.0.1. I_a-U_a-Kennlinien einer Hochvakuumdiode bei zwei verschiedenen Heizströmen (normal 300 mA)

Teil abschirmt, so daß der Sättigungsstrom nicht erreicht wird. In diesem für den normalen Betrieb hauptsächlich interessierenden Bereich gilt das Schottky-Langmuirsche *Raumladungsgesetz*

$$I_a = KU_a^{3/2}. \tag{3}$$

Eine Darstellung von I_a über $U_a^{3/2}$ liefert als Steigung die vom Aufbau der Diode abhängige *Raumladungskonstante K*.

Dioden werden zur Gleichrichtung, Modulation und Demodulation von Wechselspannungen unterschiedlichster Frequenz benutzt. Bei der *Triode* ist zwischen Kathode und Anode ein *Steuergitter g* eingefügt. Mit der Gitterspannung U_g kann der Anodenstrom I_a gesteuert werden. U_g wird dabei negativ gewählt, damit kein Gitterstrom fließt und die Steuerung leistungslos erfolgt. Der Zusammenhang von Gitterspannung U_g und Anodenstrom I_a ist in Abb. E.3.0.2 schematisch dargestellt. Die Anodenspannung dient als Parameter, der Heizstrom ist konstant. Dem Kennlinienfeld können die charakteristischen Röhrendaten entnommen werden. Die *Steilheit S* kennzeichnet die Steuerwirkung der Gitterspannung

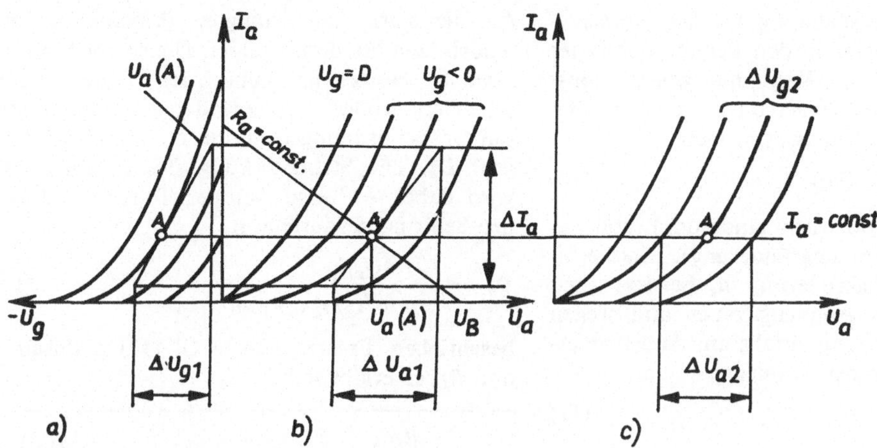

Abb. E.3.0.2. Kennlinienfelder einer Triode.
a) I_a-U_g-Kennlinien: Das Steigungsdreieck, dessen Hypothenuse A tangiert, liefert S.
b) und c) I_a-U_a-Kennlinien.
b) Das Steigungsdreieck, dessen Hypothenuse A tangiert, liefert R_i.
c) Der Quotient aus $|\Delta U_{g2}|$ und ΔU_{a2} ergibt D.[1])

auf den Anodenstrom

$$S = \left(\frac{\partial I_a}{\partial U_g}\right)_{U_a = const} . \tag{4}$$

Der *Durchgriff D* gibt an, in welchem Maße die Anoden- und die Gitterspannung in entgegengesetzter Richtung geändert werden müssen, damit der Anodenstrom beibehalten wird. Es gilt

$$D = \left(-\frac{\partial U_g}{\partial U_a}\right)_{I_a = const} . \tag{5}$$

Er deutet an, wie stark die von der Anode ausgehenden Feldlinien durch das Gitter hindurch in das Raumladungsgebiet greifen.
Den Kehrwert des Durchgriffs bezeichnet man als *Verstärkungsfaktor μ*.
Der *innere Widerstand R_i*[2]) beschreibt die zu einer Anodenstromänderung notwendige Änderung der Anodenspannung, wenn die Gitterspannung konstant bleibt. Es ergibt sich

$$R_i = \left(\frac{\partial U_a}{\partial I_a}\right)_{U_g = const} . \tag{6}$$

---

[1]) Bei b) und c) handelt es sich natürlich um das gleiche Kennlinienfeld. Außerdem ist zu beachten, daß für die U_g- und die U_a-Achse unterschiedliche Teilungen gewählt worden sind.
[2]) Der innere Widerstand R_i ist ein differentieller Widerstand (vgl. E.1) und vom Gleichstromwiderstand $R = U_a/I_a$ der Röhre zu unterscheiden.

Die *Barkhausensche Röhrenformel* besagt, daß das Produkt dieser Röhrenkenndaten den Wert 1 hat:

$$\boxed{SDR_i = 1. \tag{7}}$$

In Analogie zum Schottky-Langmuirschen Raumladungsgesetz gilt für den Anodenstrom einer Triode

$$I_a = CU_{St}^{3/2}, \tag{8}$$

wobei die Steuerspannung U_{St} dem Ausdruck

$$U_{St} = U_g + DU_a \tag{9}$$

entspricht.
Beim praktischen Einsatz der Röhre liegt meist im Anodenstromkreis ein *Außenwiderstand R_a*, an dem durch den fließenden Anodenstrom ein Spannungsabfall hervorgerufen wird. Dadurch werden kleine Änderungen der Gitterspannung $\Delta U_g = u_g$ (Aussteuerung) in große Änderungen des Spannungsabfalls am Außenwiderstand $\Delta U_a = u_a$ umgewandelt (Spannungsverstärkung). Die den Außenwiderstand R_a charakterisierende Widerstandsgerade (Arbeitsgerade, vgl. Abb. E.3.0.2 b) schneidet die Achsen bei $I_a = 0$, $U_a = U_B$ (Betriebsspannung) und bei $I_a = U_B/R_a$, $U_a = 0$. Der *Arbeitspunkt A*, d. h. der Gleichstromwert, um den Gitterspannung, Anoden-

strom und Anodenspannung bei der Aussteuerung schwanken, wird in den Bereich geringster Krümmung der I_a-U_g-Kennlinie gelegt, sonst treten unerwünschte Verzerrungen auf. Zur Berechnung der Verstärkung setzt man

$$i_a = Su_{St} = S(u_g + Du_a) \qquad (10)$$

mit $i_a = \Delta I_a$ (Anodenstromänderung) und $u_{St} = \Delta U_{St}$ (Steuerspannungsänderung). Eine positive Gitterspannungsänderung u_g bewirkt auch ein Ansteigen des Anodenstromes und wegen des größeren Spannungsabfalls am Außenwiderstand ein Absinken der Anodenspannung

$$u_a = -i_a R_a. \qquad (11)$$

Aus den Gln. (10) und (11) erhält man unter Berücksichtigung der Barkhausen-Beziehung $SDR_i = 1$ die *Verstärkung V* zu

$$V = \left| \frac{u_a}{u_g} \right| = \frac{R_a S}{1 + R_a SD} = \frac{R_a}{R_i + R_a} \frac{1}{D}$$
$$= \frac{R_a}{R_i + R_a} \mu. \qquad (12)$$

$R_a \gg R_i$ ergibt die Maximalverstärkung

$$V_{max} = \frac{1}{D} = \mu. \qquad (12a)$$

Diese Bedingung ist bei Trioden meist in guter Näherung erfüllt.
Der Durchgriff, der bei Trioden im wesentlichen die Verstärkung begrenzt, läßt sich durch ein *Schirmgitter* g_2 zwischen Steuergitter g_1 und Anode a (vgl. Abb. E.3.2.2), das konstantes Potential erhält, herabsetzen (Tetrode). Dadurch wird der Anodenstrom fast unabhängig von der Anodenspannung. Bei der *Tetrode* kann infolge des Spannungsabfalls an einem Außenwiderstand im Anodenkreis bei größerem Anodenstrom unter Umständen die an der Röhre wirksame Anodenspannung unter die Spannung des Schirmgitters sinken. Aus der Anode austretende Sekundärelektronen werden zum Schirmgitter hin beschleunigt und vermindern den durch den Abfall der Anodenspannung schon geschwächten Anodenstrom zusätzlich. Deshalb wird ein auf Kathodenpotential liegendes *Bremsgitter* g_3 unmittelbar vor der Anode angeordnet, welches die Sekundärelektronen zur Anode zurücktreibt,

für die stark beschleunigten Primärelektronen jedoch kein Hindernis bildet. Die so entstandene *Pentode* besitzt gegenüber der Triode einen erheblich größeren Innenwiderstand und einen um Größenordnungen geringeren Anodendurchgriff D_a. Die Steuerwirkung des Schirmgitters wird dabei – ebenso bei der Tetrode – durch den Schirmgitterdurchgriff

$$D_{g_2} = \left(-\frac{\partial U_{g_1}}{\partial U_{g_2}} \right)_{I_a,\, U_a = const} \qquad (13)$$

beschrieben. Ersetzt man in Gl. (12) D durch S und R_i, so ergibt sich

$$V = \frac{R_i R_a}{R_i + R_a} S. \qquad (12b)$$

Gl. (12b) ist für die Betrachtung von Pentoden günstiger und geht für $R_i \gg R_a$ (bei Pentoden meist erfüllt) in die häufig verwendete Näherungsformel

$$V = R_a S \qquad (12c)$$
über.

3.0.2. Der pn-Übergang, Halbleiterdiode und Transistor

In E.1.0.4 wurden Vorstellungen über elektrische Leitungsvorgänge im Festkörper aus der Sicht der Theorie des Ladungstransportes entwickelt. Diese werden im folgenden durch das Bändermodell anschaulich ergänzt.
Die Bindung von gleichartigen Atomen im Kristall entspricht der Kopplung gleicher schwingungsfähiger Systeme, die eine Vielzahl eng benachbarter Eigenfrequenzen zur Folge hat. Daher spaltet das einzelne atomare Energieniveau der Elektronen in eine Vielzahl so eng beieinander liegender Niveaus auf, daß man sie nicht unterscheiden kann. Sie bilden ein Energieintervall erlaubter Elektronenzustände, das man Energieband nennt. Die Außenelektronen (Valenzelektronen) benachbarter Atome wechselwirken so stark, daß sich ein breites, alle Atome überspannendes Energieband ausbildet, welches *Valenzband* genannt wird. Das über diesem liegende Band ist das *Leitungsband*. Die energetische Lücke zwischen den Bändern nennt man ver-

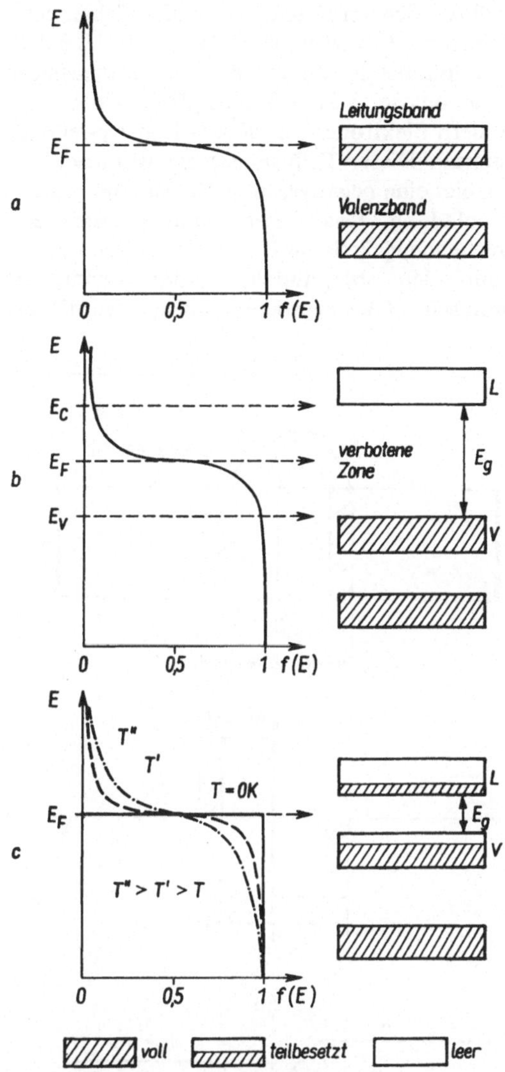

Abb. E.3.0.3. Besetzungswahrscheinlichkeit und Bändermodell.

L Leitungsband, V Valenzband,
E_C untere Kante des Leitungsbandes,
E_V obere Kante des Valenzbandes,
E_F Fermienergie,
a) Leiter, b) Isolator, c) Eigenhalbleiter

botene Zone oder Gap E_g (vgl. Abb. E.3.0.3). Die Wahrscheinlichkeit, mit der sich Elektronen in den durch Bänder vorgegebenen Energiezuständen befinden, liefert die Fermi-Dirac-Statistik. Für die tiefsten Energien ist die Besetzungswahrscheinlichkeit 1 (vollständige Be-

setzung der Niveaus), für die höchsten 0 (die Niveaus sind leer). Für das *Fermi-Niveau* E_F ist die Wahrscheinlichkeit für die Besetzung höherer Niveaus genau so groß wie die Wahrscheinlichkeit, daß darunter liegende Niveaus unbesetzt sind. Fällt die Fermi-Energie E_F in ein erlaubtes Band, so ist dieses teilweise mit Elektronen besetzt, die im elektrischen Feld Energie aufnehmen, in unbesetzte Niveaus wechseln und so einen Strom bilden können. Dies ist beim *Leiter* der Fall (vgl. Abb. E.3.0.3a). Fällt die Fermi-Energie in eine breite verbotene Zone, so liegt ein *Isolator* vor (vgl. Abb. E.3.0.3b); denn das Leitungsband ist unbesetzt. Dies ist auch beim *Halbleiter* bei tiefen Temperaturen (vgl. Abb. 3.0.3c) der Fall, obwohl die verbotene Zone schmaler als beim Isolator ist.[1] Bei höheren Temperaturen sind die unteren Zustände des Leitungsbandes mit soviel Elektronen besetzt, wie im oberen Energiebereich des Valenzbandes fehlen (*Eigenhalbleiter*). Dort treten (Elektronen-)Löcher (Defektelektronen) auf, die als freie Teilchen der Ladung $+e$ aufzufassen sind. Ein äußeres elektrisches Feld bewirkt einen elektrischen Strom durch die gegenläufige Bewegung der Elektronen und Löcher, die beide unterschiedliche Beweglichkeiten besitzen (vgl. Tab. 10). Die Temperaturabhängigkeit der Elektronen- (n_n) und Löcherdichte (n_p) ist beim Eigenhalbleiter durch

$$n_n = n_p = n_0\, e^{-\frac{E_g}{2kT}}$$

gegeben. Dabei sind $E_C - E_F = E_F - E_V = E_g/2$, k die Boltzmannkonstante und T die absolute Temperatur. Beim Eigenhalbleiter treten demnach besetzte Zustände im Leitungsband und unbesetzte Zustände im Valenzband stets paarweise auf.[2]

---

[1] Bei den technisch interessanten Halbleitern liegt E_g etwa bei 1 eV.

[2] Bei Ge ist bei Raumtemperatur $n_n = n_p = 2,5 \times 10^{13}$ cm^{-3}. Da es $0,4 \cdot 10^{23}$ Atome je cm^3 enthält, entfällt lediglich auf jedes $2 \cdot 10^9$-te Ge-Atom ein Elektron-Loch-Paar. Dies erklärt die geringe elektrische Leitfähigkeit im Vergleich zu Metallen, bei denen jedes Atom etwa ein Leitungselektron liefert.
In der Literatur wird häufig die Elektronendichte mit n und die Löcherdichte mit p bezeichnet. Die Indizes n und p bei beiden Größen dienen der Kennzeichnung des Gebietes, in dem sie betrachtet werden. n_p bedeutet dann die Elektronendichte im p-Gebiet und nicht wie hier die Dichte der Löcher allgemein.

Werden den vierwertigen Halbleiterelementen (Silicium, Germanium) geringe Mengen[1]) eines fünfwertigen Elementes (Phosphor, Arsen, Antimon, Bismut) zugesetzt (*Dotierung*), überwiegt die Elektronen- oder n-Leitung, da die für die Bindung im Grundgitter überzähligen fünften Valenzelektronen der fünfwertigen Atome als Leitungselektronen abgegeben werden. Die Fremdatome werden daher Donatoren genannt.

Dotiert man vierwertige Elemente mit dreiwertigen (Indium, Gallium, Aluminium, Bor), kann in die Lücke des jeweils fehlenden vierten Valenzelektrons (Defektelektron) ein Elektron aus der Nachbarschaft nachrücken. Die Fremdatome wirken als *Akzeptoren*. So entsteht p-Leitung.

Diese *Störstellenhalbleiter* sind demnach durch eine dominierende Ladungsträgerart gekennzeichnet. Im Bändermodell erscheint bei der p-Leitung dicht oberhalb der Valenzbandkante E_V ein Akzeptorniveau E_a. Das Donatorniveau E_d der n-Leitung liegt dicht unter der Kante des Leitungsbandes E_C (vgl. Abb. E.3.0.4). Die Störstellenniveaus hängen von der Art der Störstelle

Berühren sich ein p- und n-leitendes Gebiet eines Halbleiters (*pn-Übergang*), (vgl. Abb. E.3.0.5), so diffundieren durch die Berührungsfläche Löcher aus der p-Zone in die n-Zone. Umgekehrt wandern Elektronen aus dem n- in das p-leitende Material. Dieser Diffusionsstrom verursacht im p-Gebiet eine negative, im n-Gebiet eine positive Raumladung. Das diesen Raumladungen entsprechende elektrische Feld bewirkt einen Rückstrom, den sogenannten Felddriftstrom. Im thermischen Gleichgewicht kompensieren sich der

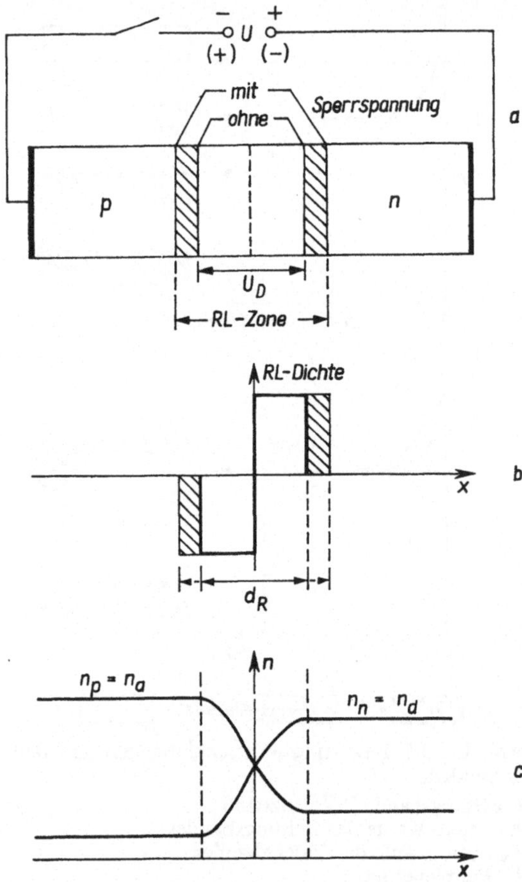

Abb. E.3.0.5. Abrupter pn-Übergang mit und ohne Sperrspannung.

a) Modell der Raumladungszone (*RL*-Zone)
−, + : Polung in Sperrrichtung,
(−), (+): Polung in Flußrichtung.
b) Raumladungsdichte (*RL*-Dichte) des idealisierten pn-Überganges in Abhängigkeit vom Ort.
c) Ladungsträgerdichteverteilung im thermischen Gleichgewicht (*n*-Achse mit logarithmischer Teilung)

Abb. E.3.0.4. Störstellenhalbleiter im Bändermodell

und der Störstellendichte n_a bzw. n_d ab. Sie liegen im meV-Bereich. Deshalb sind bereits bei Raumtemperatur – nicht zu hohe Störstellendichte vorausgesetzt – fast alle Störstellen elektrisch wirksam.[2])

---

[1]) Die Störstellenatome werden den Halbleitern etwa im Verhältnis $1 : 10^7$ zugefügt.

[2]) Baut man beispielsweise in Ge auf $2 \cdot 10^7$ Atome ein einziges Donatoratom ein, so erhöht man die Elektronendichte und Leitfähigkeit bereits um den Faktor 100. Dadurch sind die extremen Reinheitsanforderungen an Halbleiterwerkstoffe begründet.

Diffusions- und der Driftstrom und dies äußert sich in einer konstanten Diffusionsspannung U_D zwischen den Raumladungswolken beiderlei Vorzeichens. Die Ausdehnung der *Raumladungszone* wird durch die Raumladungsbreite d_R gekennzeichnet. In der Raumladungszone ist die Gesamtladung Null, eine ihr zugeordnete *Raumladungskapazität* läßt sich als Kapazität C_R eines Plattenkondensators mit einer Plattenfläche A und einem Plattenabstand von der Raumladungsbreite d_R (Größenordnung 10^{-5} cm) auffassen:

$$C_R = \frac{\varepsilon_0 \varepsilon_r A}{d_R}. \tag{14}$$

Darin sind ε_0 die elektrische Feldkonstante und ε_r die relative Dielektrizitätskonstante der Raumladungszone. Damit trägt man gleichzeitig der Tatsache Rechnung, daß das Raumladungsgebiet eine an Ladungsträgern verarmte Zone und deshalb – ähnlich dem verlustbehafteten Dielektrikum eines Kondensators – eine hochohmige Schicht, die *Sperrschicht*, bildet.

Der pn-Übergang stellt eine durch eine äußere Spannung steuerbare Raumladungszone dar, die das Grundelement der wichtigsten Halbleiterbauelemente bildet (Dioden, Transistoren). Weiterhin zeigen Metall-Halbleiterübergänge (Schottky-Dioden) und Metall-Isolator-Halbleiterübergänge (MIS- und MOS-Bauelemente) in gewisser Hinsicht ein analoges Verhalten.

Schließt man an eine *Halbleiterdiode* eine äußere Spannung U an, wird das thermodynamische Gleichgewicht von Diffusions- und Felddriftstrom gestört. Wenn das p-Gebiet mit dem positiven Pol der Spannungsquelle verbunden wird ($U > 0$, Polung in Fluß- oder Durchlaßrichtung), so wirkt am pn-Übergang die Spannung $U_D - U$ und die Sperrschicht wird im Sinne der zuvor erörterten Diffusion von Ladungsträgern überschwemmt. Dadurch sinkt der elektrische Widerstand und die Halbleiterdiode wird von einem mit der äußeren Spannung steigenden Strom durchflossen (Flußfall).

Liegt der positive Pol der Spannungsquelle am n-Gebiet ($U < 0$, Polung in Sperrichtung, vgl. Abb. E.3.0.5a u. b), so bewirkt die Spannung $U_D + |U|$, daß die Raumladungszone verbreitert und daher hochohmiger wird. Bei dieser Po-

lung der Diode fließt im Vergleich zum Flußfall nur ein verschwindend geringer Strom (Sperrfall).

Für die *Strom-Spannungs-Kennlinie einer Halbleiterdiode* erhält man unter vereinfachenden Annahmen (Shockleysche Diodentheorie) den Ausdruck

$$I = I_s \left(e^{\frac{eU}{kT}} - 1 \right). \tag{15}$$

Demnach ist der Diodenstrom I für Spannungen $U < 0$ und $|U| \gg kT/e$ (e Elementarladung) gesättigt ($I = -I_s$). Für $U = 0$ ist auch $I = 0$ und bei Spannungen $U > 0$ steigt der Strom exponentiell an. Diese Gleichung beschreibt das wirkliche Verhalten einer Diode (vgl. Abb. E.3.0.6a) nur näherungsweise.

Die Poisson-Gleichung, die die Raumladung, die elektrische Feldstärke und das elektrische Potential miteinander verknüpft, liefert für die *Sperrschicht-* oder *Raumladungskapazität eines abrupten pn-Überganges* in Abhängigkeit von der äußeren Spannung U die Beziehung

$$C_R = A \sqrt{\frac{\varepsilon_0 \varepsilon_r e}{2} \cdot \frac{n_a n_d}{n_a + n_d}} \cdot \frac{1}{\sqrt{U_D - U}}. \tag{14a}$$

Diese Beziehung ermöglicht es, die Diffusionsspannung U_D zu ermitteln.

Wegen des polaritätsabhängigen Stromes eignet sich eine Halbleiterdiode als (Volumen-)Gleichrichter. Sie hat gegenüber früher eingeführten Randschichtgleichrichtern (Kupferoxydul-, Selengleichrichter) den Vorteil eines größeren Verhältnisses von Durchlaß- und Sperrstrom und kann noch bei höheren Sperrspannungen arbeiten. Halbleiterdioden werden wie Röhrendioden eingesetzt.

Durch eine geeignete, relativ hohe Dotierung lassen sich sehr dünne Sperrschichten erreichen, bei denen oberhalb einer bestimmten Sperrspannung (*Durchbruch-* oder *Zener-Spannung*) der Strom steil ansteigt (vgl. Abb. E.3.0.6). Die notwendigen Ladungsträger entstehen infolge der hohen Feldstärke der dünnen Sperrschicht über innere Feldemission (feldstärkebedingtes Ablösen der Valenzelektronen, Zener-Effekt)

bzw. bei einer Stoßionisation durch die stark beschleunigten Ladungsträger (Lawineneffekt oder Ladungsträgermultiplikation). Diese Z-Dioden werden zur Spannungsstabilisierung, zum Überlastungsschutz von empfindlichen Bauelementen, als sekundäre Spannungsnormale u. a. verwendet.

Wird die Dotierung weiter erhöht, so verringert sich die Sperrschichtdicke so sehr, daß sie, besonders in Sperrichtung, von den Ladungsträgern

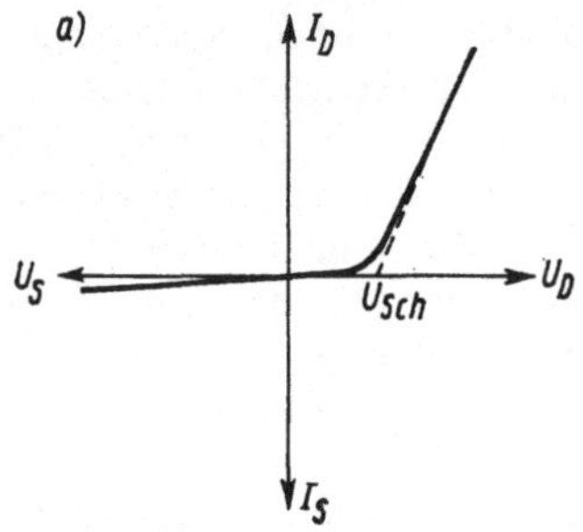

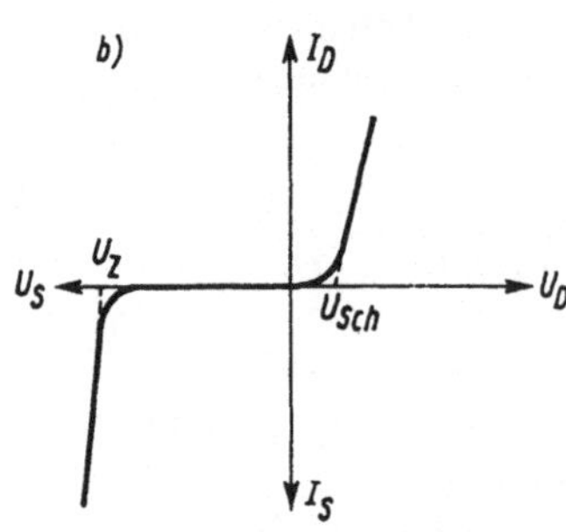

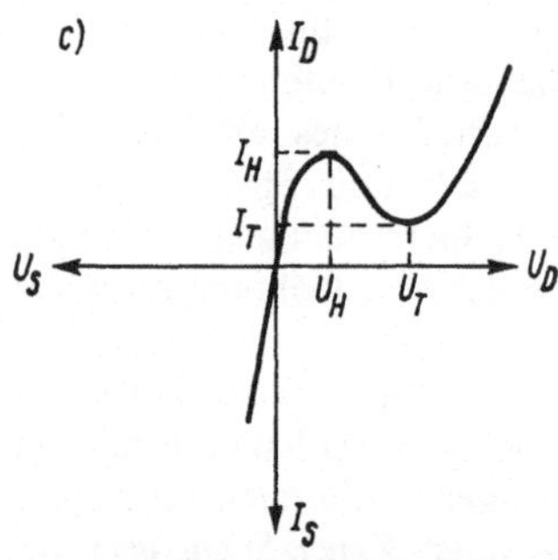

Abb. E.3.0.6. Kennlinien von Halbleiterdioden.
a) normale Diode; b) Z-Diode; c) Tunneldiode
I_D, I_S, I_H bzw. I_T sind Durchlaß-, Sperr-, Höcker- bzw. Talstrom; U_D, U_S, U_Z, U_{Sch}, U_H bzw. U_T sind Durchlaß-, Sperr-, Zener-, Schwell-, Höcker- bzw. Talspannung

sehr leicht »durchtunnelt« werden kann (quantenmechanischer Tunneleffekt). In Durchlaßrichtung nimmt der Tunnelstrom mit steigender Spannung schneller wieder ab, als der normale Diodenstrom steigt, so daß nach einem Maximum (Höckerstrom mit zugehöriger Höckerspannung) der Strom zunächst abfällt, um nach einem Minimum (Talstrom) wieder anzusteigen (vgl. Abb. E.3.0.6). Der Bereich fallender Kennlinie (differentieller Widerstand $dU/dI < 0$) wird bei der Tunneldiode zur Verstärkung und Schwingungserzeugung benutzt.

Eine Zonenfolge pnp oder npn mit den zugehörigen Anschlüssen *Emitter E*, *Basis B* und *Kollektor C* führt zum *Transistor* (vgl. Abb. E.3.0.7), den man sich als Reihenschaltung zweier entgegengesetzt gepolter Dioden vorstellen kann.

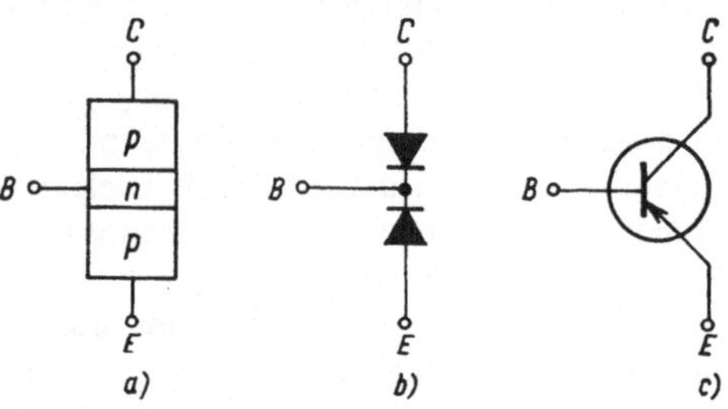

Abb. E.3.0.7. pnp-Transistor.
a) Zonenfolge; b) Ersatzschaltung; c) Schaltbild

Die Basis-Emitter-Diode wird in Durchlaßrichtung gepolt, dadurch fließt in ihr bei kleiner Spannung U_{BE} ein großer Strom, der in die sehr dünne Basisschicht (wenige μm) gelangt und von der Kollektorspannung U_{CE} zum größten Teil in die in Sperrichtung betriebene Kollektor-Basis-Diode gezogen wird. Der Strom durch die Basiselektrode I_B wird deshalb sehr klein, während am Kollektor der um den Faktor $\beta = I_C/I_B$ verstärkte Kollektorstrom I_C abgenommen werden kann.

Der über die Basis fließende Steuerstrom I_B bewirkt, daß der Transistor nicht leistungslos gesteuert werden kann, sowohl im Eingangs- als auch im Ausgangskreis sind Ströme und Spannungen und die entsprechenden gegenseitigen Beeinflussungen zu berücksichtigen. Für den Betrieb des Transistors als Verstärker interessieren hauptsächlich die Wechselgrößen (dynamische Größen, Aussteuerung) $\Delta I = i$ bzw. $\Delta U = u$.

E

Der Index 1 bei u und i bezeichnet die Eingangsgrößen, der Index 2 die Ausgangsgrößen. Die Verknüpfungen zwischen ihnen wird meist in *Hybriddarstellung* angegeben:

$$u_1 = h_{11}i_1 + h_{12}u_2,$$
$$i_2 = h_{21}i_1 + h_{22}u_2, \tag{16}$$

bzw. in Matrixschreibweise:

$$\begin{pmatrix} u_1 \\ i_2 \end{pmatrix} = \begin{pmatrix} h_{11}h_{12} \\ h_{21}h_{22} \end{pmatrix} \begin{pmatrix} i_1 \\ u_2 \end{pmatrix}. \tag{16a}$$

Der Ausdruck »hybrid« (von zweierlei Herkunft) weist darauf hin, daß die Parameter h_{ik} unterschiedliche Dimensionen besitzen. Man bevorzugt diese Darstellung, da alle Parameter anschaulich und leicht meßbar sind. Es gelten für die *h-Parameter* die Definitionsgleichungen:

$$h_{11} = \left(\frac{u_1}{i_1} \right)_{u_2=0}$$

Eingangswiderstand (in Ω) bei dynamisch kurzgeschlossenem Ausgang,

$$h_{12} = \left(\frac{u_1}{u_2} \right)_{i_1=0}$$

Spannungsrückwirkung (dimensionslos) bei dynamisch offenem (nicht angesteuertem) Eingang,

$$h_{21} = \left(\frac{i_2}{i_1} \right)_{u_2=0}$$

Stromverstärkung (dimensionslos) bei dynamisch kurzgeschlossenem Ausgang,

$$h_{22} = \left(\frac{i_2}{u_2} \right)_{i_1=0}$$

Ausgangsleitwert (in S) bei dynamisch offenem Eingang.

Dynamisch kurzgeschlossener Ausgang bedeutet, daß die zur Einstellung des Arbeitspunktes A notwendige Kollektor-Emitter-Spannung U_{CE} konstant gehalten wird, d. h., daß keine Ausgangsspannungsänderung u_2 bzw. Ausgangswechselspannung entstehen kann, wenn der Eingang ausgesteuert wird. Analog wird bei dynamisch offenem Eingang das Entstehen einer Änderung des Eingangsstromes i_1 verhindert, wenn sich u_2 ändert. Die Bedeutung der h-Parameter und eine Möglichkeit ihrer Ermittlung ergibt sich anschaulich aus dem Kennlinienfeld des Transistors (vgl. Abb. E.3.0.8).

Für den Einsatz des Transistors sind drei *Grundschaltungen* möglich, die ihre Bezeichnung nach der Elektrode, die Eingang und Ausgang gemeinsam ist, erhalten haben (vgl. Abb. E.3.0.9).

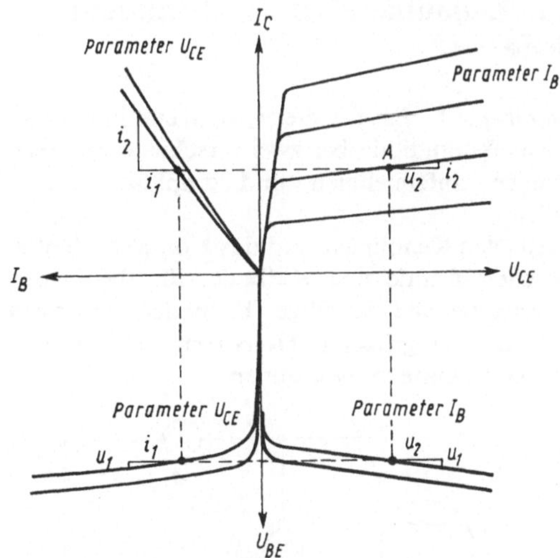

Abb. E.3.0.8. Kennlinienfeld eines Transistors

Diese Grundschaltungen zeichnen sich durch eine Reihe unterschiedlicher Eigenschaften aus:

	Emitterschaltung	Basisschaltung	Kollektorschaltung
Eingangswiderstand	klein	sehr klein	groß
Ausgangswiderstand	groß	groß	klein
Spannungsverstärkung	groß	groß	≈ 1
Stromverstärkung	groß	≈ 1	groß

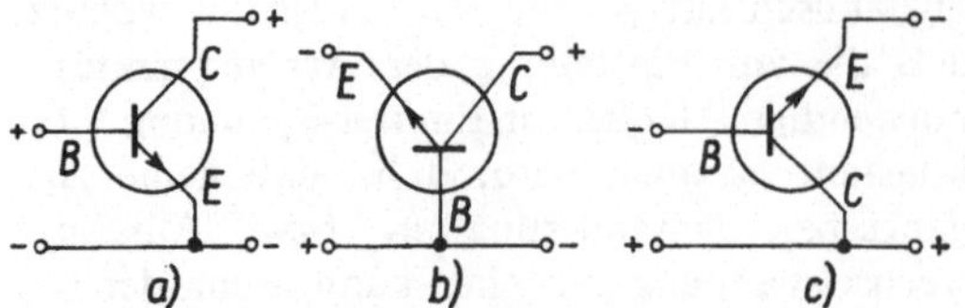

Abb. E.3.0.9. Grundschaltungen eines npn-Transistors.
a) Emitterschaltung; b) Basisschaltung; c) Kollektor-schaltung

Für die meisten Anwendungsfälle wird die Emitterschaltung bevorzugt, die weitgehend der normalen Röhrenschaltung entspricht. Die anderen Grundschaltungen sind Spezialanwendungen vorbehalten.

3.1. Kennlinie einer Hochvakuumdiode

Aufgaben: 1. Es ist die I_a-U_a-Kennlinie einer Hochvakuumdiode bei zwei verschiedenen Heizströmen aufzunehmen und graphisch darzustellen.
2. Aus den Kennlinien sind das Kontaktpotential zwischen Anode und Kathode, für die beiden Heizströme die jeweilige Kathodentemperatur und für den größeren Heizstrom die Raumladungskonstante zu bestimmen.

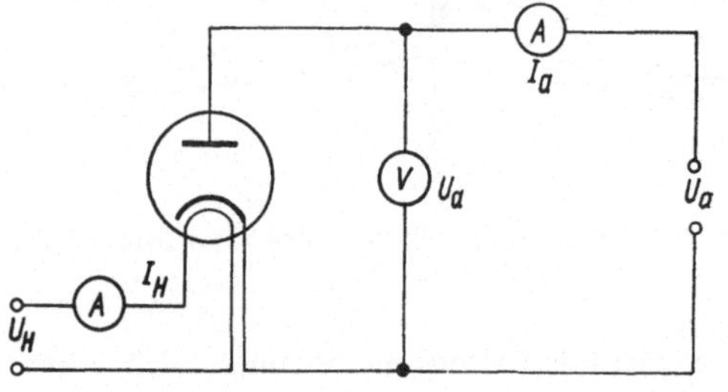

Abb. E.3.1.1. Meßschaltung einer Hochvakuumdiode

Versuchsausführung

Die Messungen werden mit einer Schaltung nach Abb. E.3.1.1 durchgeführt. Zur Darstellung der Kennlinien verwenden wir einfach-logarithmisches Papier mit 3 bis 4 Dekaden für die I_a-Achse. Vom Einsetzen des Stromes ($I_a \approx 1\ \mu A$) bis $U_a \approx +1$ V ist in Schritten von etwa 0,1 bis

0,15 V zu messen, bis 4 V etwa aller 0,5 V, darüber sind bis zu den Maximalwerten der Diode noch 4 bis 5 Meßpunkte erforderlich.

3.2. Kennlinien von Triode, Tetrode und Pentode

Aufgaben: 1. a) Für eine Triode oder eine als Triode geschaltete Pentode ($g_2 = g_3 = a$, vgl. Abb. E.3.2.1) sind I_a-U_g-Kennlinien für verschiedene Werte der Anodenspannung als Parameter aufzunehmen.
b) Es sind I_a-U_a-Kennlinien für verschiedene Werte der Gitterspannung U_{g1} als Parameter aufzunehmen.
c) Aus beiden Kennlinienscharen sind für einen vorgegebenen Arbeitspunkt D, S und R_i zu bestimmen und die Barkhausen-Formel sowie das modifizierte Schottky-Langmuirsche Raumladungsgesetz Gl. (8) zu überprüfen.
d) Für einen vorgebenen Außenwiderstand ist die Arbeitsgerade in das I_a-U_a-Diagramm einzutragen und daraus die Spannungsverstärkung zu bestimmen. Diese ist mit der aus den Röhrenkennwerten nach Gl. (12) berechneten zu vergleichen.
2. Für eine als Tetrode geschaltete Pentode (g_3 an g_2, vgl. Abb. E.3.2.2) ist für feste Gitter- und Schirmgitterspannung U_{g1} bzw. U_{g2} eine I_a-U_a-Kennlinie aufzunehmen.
3. a) Für eine Pentode sind I_a-U_g-Kennlinien für verschiedene Werte der Schirmgitterspannung U_{g2} als Parameter bei fester Anodenspannung aufzunehmen.
b) Es sind I_a-U_a-Kennlinien für verschiedene Werte der Gitterspannung U_{g1} als Parameter bei fester Schirmgitterspannung U_{g2} (gleicher Wert wie in Aufgabe 2) aufzunehmen.
c) Für einen vorgegebenen Arbeitspunkt sind S und R_i aus den Kennlinien zu bestimmen und der Anodendurchgriff über die Barkhausen-Formel zu berechnen. Außerdem ist der Schirmgitterdurchgriff zu bestimmen.
4. Die erhaltenen Kennlinien sind zu diskutieren.
5. In die Kennlinienfelder für I_a–U_a ist der zulässige Arbeitsbereich, gegeben durch die vom Hersteller veröffentlichten Grenzwerte für Anodenstrom I_a, Anodenspannung U_a und Anodenverlustleistung $P_a = I_a U_a$, einzuzeichnen.

Versuchsausführung

Die Triode und (oder) Pentode werden nach den Schaltbildern der Abbn. E.3.2.1 und E.3.2.2 geschaltet. Bei der Berechnung der Röhrenkennwerte werden als Näherung für die Differentialquotienten in den Gln. (4) bis (6) die Differenzenquotienten bei den wenig gekrümmten Kurventeilen, sonst der Anstieg der Tangenten verwendet. Es ist besonders zu beachten, daß bei der Wahl der Wertepaare die jeweiligen Nebenbedingungen (I_a, U_a, U_{g1}, U_{g2} = const) eingehalten werden. Für die Überprüfung der modifizierten Schottky-Langmuirschen Gleichung wird die Erläuterung in E.3.0.1 sinngemäß übertragen.

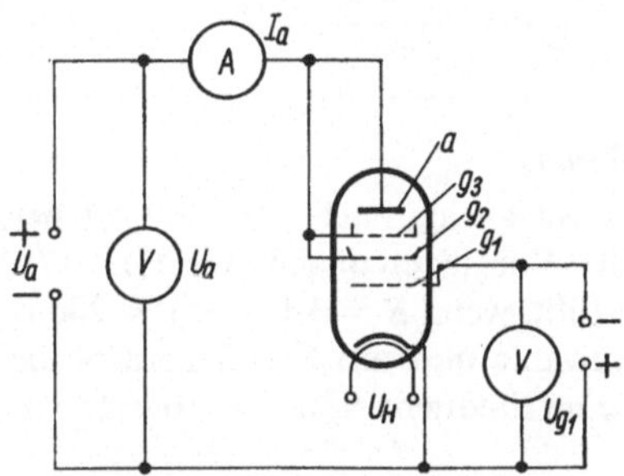

Abb. E.3.2.1. Schaltung einer Pentode als Triode

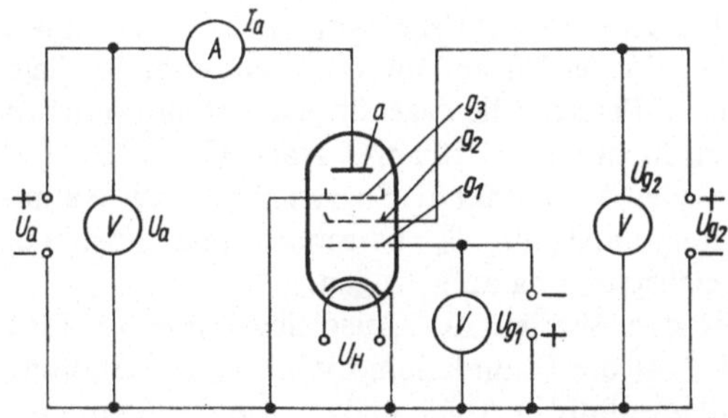

Abb. E.3.2.2. Schaltung einer Pentode (für die Schaltung einer Pentode als Tetrode ist g_3 an g_2 zu legen)

3.3. Kennlinien von Halbleiterdioden

Aufgaben: 1. Es sind die I-U-Kennlinien für Germanium-, Silicium-, Z- und Tunneldiode in Durchlaß- und Sperrichtung aufzunehmen.

2. Für die Germanium- und die Siliciumdiode sind für vorgegebene Durchlaß- und Sperrspannungen Gleichstrom- und differentieller Widerstand sowie die Schwellspannung zu bestimmen. Die unterschiedlichen Werte der Dioden sind zu diskutieren.

3. Für die Z-Diode ist die Zener-Spannung zu bestimmen und der differentielle Widerstand im Sperrbereich für vorgegebene Sperrströme bei gleichzeitiger Angabe der zugehörigen Spannung zu berechnen.

4. Für die Tunneldiode sind Höcker- und Talstrom mit den zugehörigen Spannungen anzugeben und die differentiellen Widerstände für vorgegebene Spannungen sowie an der steilsten Stelle der fallenden Kennlinie zu bestimmen.

Versuchsausführung

Zur Messung wird eine Schaltung nach Abb. E.3.3.1 benutzt. Der Umpolschalter gestattet die Untersuchung von Durchlaß- und Sperrichtung. Da sich Spannungen und Ströme um Größenordnungen ändern können, werden vorteilhaft

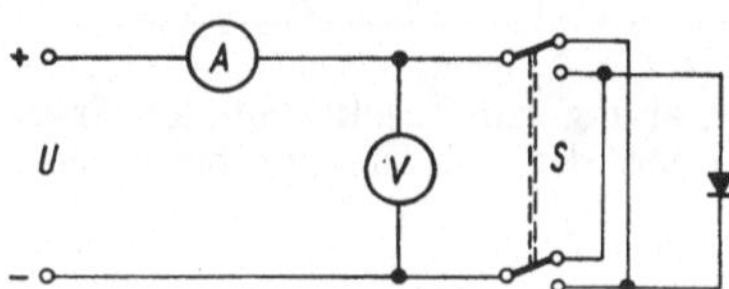

Abb. E.3.3.1. Meßschaltung für Halbleiterdioden, Umpolschalter S in Sperrichtung gezeichnet

Vielfachmesser eingesetzt. Die in Sperrichtung und bei kleinen Durchlaßspannungen auftretenden Verfälschungen der Stromanzeige lassen sich leicht korrigieren, wenn wir auf der Vielfachskale des als Spannungsmesser verwendeten Gerätes außer der Spannung gleichzeitig den notwendigen Strombedarf für den jeweiligen Ausschlag ablesen (vgl. E.1). Es ist unbedingt darauf zu achten, daß die Höchstwerte für Strom und Spannung eingehalten werden. Zur Ermittlung der Zener- und der Schwell- (oder Schleusen-) Spannung legen wir eine Tangente an den steilen, praktisch geradlinigen Teil der Kennlinie und bestimmen den Schnittpunkt mit der U-Achse.

3.4. Sperrschichtkapazität eines pn-Überganges

Aufgaben: 1. Die Sperrschichtkapazität eines pn-Überganges ist am Beispiel einer Si-Leistungsdiode in Abhängigkeit von der Spannung zu ermitteln.

2. Daraus soll die Raumladungsbreite als Funktion der Spannung abgeleitet sowie die Diffusionsspannung bestimmt werden.

Die Raumladungs- oder Sperrschichtkapazität kann im Prinzip mit jedem, dem Problem angepaßten Kapazitätsmeßverfahren bzw. -gerät bestimmt werden (vgl. E.5). Hier wird eine Anordnung nach Abb. E.3.4.1 benutzt.

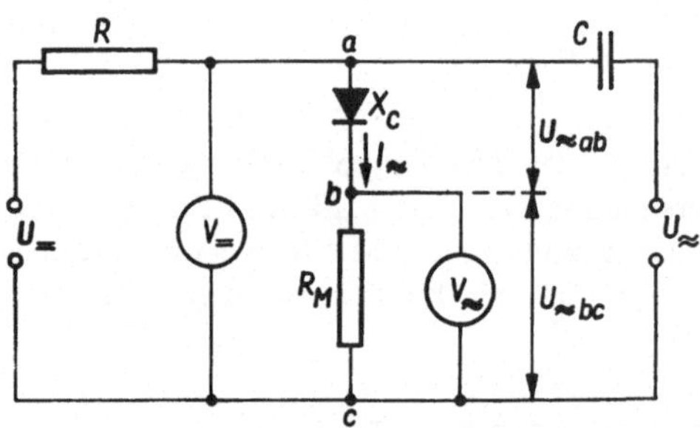

Abb. E.3.4.1. Schaltung zur Ermittlung der Sperrschichtkapazität und der Raumladungsbreite eines pn-Überganges

Die zu bestimmende Raumladungskapazität folgt aus dem kapazitiven Widerstand $X_C = 1/(\omega C_R)$ [vgl. Gl. (E.5.–2a)], der sich in guter Näherung aus der an der Diode liegenden Wechselspannung $U_{\approx ab}$ und dem Wechselstrom $I_\approx$ über $X_C \approx U_{\approx ab}/I_\approx$ [vgl. Gl. (E.1.–1)] ergibt. Demnach ist

$$C_R = \frac{1}{\omega X_C} = \frac{I_\approx}{\omega U_{\approx ab}}. \tag{17}$$

Die Wechselspannung $U_\approx$ liefert ein RC-Generator, der bei einer Frequenz f bzw. bei einer Kreisfrequenz $\omega = 2\pi f$ betrieben wird. Die Wechselstromstärke $I_\approx$ kann durch den Spannungsabfall $U_{\approx bc}$ an einem Meßwiderstand R_M ausgedrückt werden, so daß mit $I_\approx = U_{\approx bc}/R_M$ Gl. (17) in

$$C_R = \frac{U_{\approx bc}}{2\pi f U_{\approx ab} R_M} \tag{17a}$$

übergeht. Die Spannung $U_=$ ist im Arbeitsbereich der Diode variabel. Der Kondensator C verhindert, daß der Gleichstrom über den Wechselstromgenerator fließt. Andererseits hält der Widerstand R den Wechselstrom durch die Gleichspannungsquelle verschwindend klein. Wenn $R_M \ll X_C$ gewählt wird, so ist $U_{\approx ab} \approx U_{\approx ac}$. Letztere ist dann praktisch gleich der gesamten am RC-Generator eingestellten Spannung $U_\approx$, wenn der kapazitive Widerstand von C gegenüber dem der Diode vernachlässigbar klein ist. Unter diesen Voraussetzungen folgt für die Raumladungskapazität des pn-Überganges aus Gl. (17a) die Beziehung

$$C_R = \frac{U_{\approx bc}}{2\pi f U_{\approx ac} R_M} = \frac{U_{\approx bc}}{2\pi f U_\approx R_M}. \tag{17b}$$

Versuchsausführung

Wir stellen die Schaltung nach Abb. E.3.4.1 her. Dabei sind die Voraussetzungen der Gl. (17b) hinreichend erfüllt, wenn $R = 1\ \text{k}\Omega$, $R_M = 200\ \Omega$, $C = 0{,}5\ \mu\text{F}$ gewählt und am RC-Generator bei $U_\approx = 50\ \text{mV}$ eine Frequenz von $f = 10\ \text{kHz}$ eingestellt wird.

Für *Aufgabe 1* polen wir die Gleichspannungsquelle so, daß die Diode sperrt ($U_= < 0$). Der Betrag der Spannung wird schrittweise – bei einer Diode SY 180 beispielsweise im Bereich von 0 bis 10 V in Schritten von 0,5 V – verändert und bei jeder Einstellung $U_{\approx bc}$ gemessen. Sie liegt im mV-Bereich (die zugehörigen Ströme erreichen noch nicht einmal 100 nA). Nach Gl. (17b) wird für jeden Meßpunkt die Sperrschicht- bzw. Raumladungskapazität C_R berechnet und über der Gleichspannung aufgetragen.

Mit den Werten der Ausgleichskurve ist über Gl. (14) die Raumladungsbreite d_R zu ermitteln und ebenfalls in Abhängigkeit von der Spannung graphisch darzustellen (*Aufgabe 2*). Dabei ist mit einer relativen Dielektrizitätskonstanten des Siliciums von $\varepsilon_r = 11{,}8$ und bei der Diode des Versuches mit $A = 25\ \text{mm}^2$ zu arbeiten. Andernfalls sind die in der Arbeitsplatzanleitung vermerkten Daten zu benutzen.

Tragen wir das reziproke Quadrat der Raumladungskapazität C_R – also $1/C_R^2$ – über der Sperrspannung U auf, so ergibt dies in Übereinstimmung mit Gl. (14a) eine Gerade. Ihr extrapolierter Abszissenabschnitt liefert die Diffusionsspannung U_D.

3.5. Kennlinienfeld des Transistors

Aufgaben: 1. Es ist das Kennlinienfeld eines Transistors in Emitterschaltung aufzunehmen. Dazu sind I_C und U_{BE} als Funktion von U_{CE} mit mehreren Werten von I_B als Parameter zu messen.
2. Aus den Meßwerten sind für alle I_B-Werte die I_C-U_{CE}-Kennlinien, für mindestens zwei I_B-Werte U_{BE}-U_{CE}-Kennlinien und für zwei U_{CE}-Werte I_C-I_B- und U_{BE}-I_B-Kennlinien darzustellen.
3. Ein vorgegebener Arbeitspunkt im ersten Quadranten ist auf die anderen drei Quadranten zu übertragen. Für diesen Arbeitspunkt sind die vier h-Parameter zu berechnen.

Versuchsausführung

Die Messungen erfolgen mit einer Schaltung nach Abb. E.3.5.1 für npn-Transistoren, bei pnp-Transistoren sind die Spannungen und alle Instrumente umzupolen. Zur Bestimmung von U_{BE} ver-

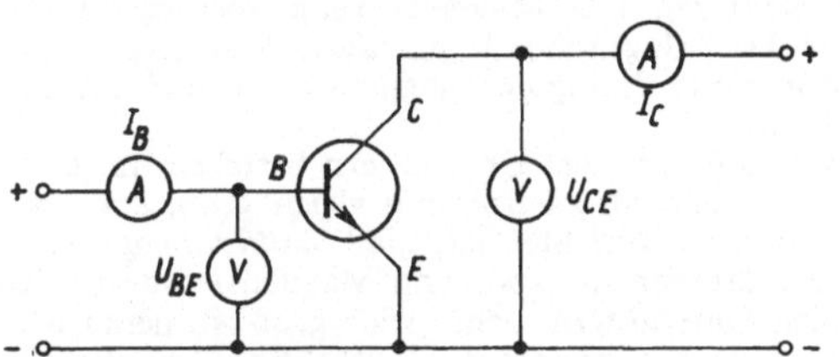

Abb. E.3.5.1. Meßschaltung zur Aufnahme der Kennlinien eines npn-Transistors

wenden wir vorteilhaft ein Röhren- oder Transistorvoltmeter (Innenwiderstand ≥ 1 MΩ), um Stromverfälschungen durch die Spannungsmessung zu vermeiden (vgl. E.2.1). An allen anderen Stellen sind Vielfachmesser einzusetzen. Bei kleinen Kollektorspannungen ($U_{CE} < 1$ V) besteht eine sehr starke gegenseitige Beeinflussung aller Größen, so daß sämtliche Werte ständig zu kontrollieren sind. Für die Berechnung der h-Parameter wird bei den linearen Teilen der Kennlinien der Differenzenquotient, sonst der Anstieg der Tangente benutzt. Es ist unbedingt darauf zu

achten, daß alle Grenzwerte des im Versuch benutzten Transistortyps (Spannung, Strom, Leistung) nicht überschritten werden.

4. Elektrische Ströme und Magnetismus

4.0. Allgemeine Grundlagen

4.0.1. Magnetisierung

Wird ein Stoff einem magnetischen Feld der Stärke H (Einheit: 1 A · m^{-1}) ausgesetzt, so wird er magnetisiert. Die *Magnetisierung M* ist als Quotient aus dem magnetischen Moment der magnetisierten Probe und ihrem Volumen festgelegt. Sie hat demzufolge die gleiche Einheit wie die magnetische Feldstärke und wird als Beitrag eines Stoffes zum magnetischen Feld aufgefaßt. Bei vielen Stoffen ist sie der magnetisierenden Feldstärke proportional: $M = \chi_m H$. Der Proportionalitätsfaktor χ_m heißt *magnetische Suszeptibilität*. Für die *magnetische Induktion* oder *Flußdichte B* folgt somit

$$B = \mu_0(H + M) = \mu_0 H + \mu_0 \chi_m H$$
$$= \mu_0(1 + \chi_m)\, H; \tag{1a}$$

$\mu_0 = 4\pi \cdot 10^{-7}$ V · s · A^{-1} · m^{-1} (Definition) wird *magnetische Feldkonstante* genannt, $\mu_r = 1 + \chi_m$ ist die *relative Permeabilität* oder *Permeabilitätszahl* des magnetisierten Stoffes. Sie wird wegen

$$B = \mu_0 \mu_r H \tag{1b}$$

als Quotient der magnetischen Induktion im Stoff und der im Vakuum definiert. Die *Einheit der magnetischen Induktion* ist 1 Tesla (T) = 1 Wb·m^{-2}, und 1 Wb (Weber) = 1 Vs steht für die *Einheit des magnetischen Flusses*. Der magnetische Fluß Φ durch eine Fläche A ist als

$$\Phi = \int B \, dA \tag{2a}$$

(dA steht senkrecht auf dem Flächenelement dA) definiert. Im homogenen Feld vereinfacht sich diese Gleichung bei ebener Fläche zu

$$\Phi = BA \cos (B, \mathrm{d}A). \tag{2b}$$

Durch die dimensionslosen Kennwerte χ_m und μ_r werden die Stoffe hinsichtlich ihrer magnetischen Eigenschaften klassifiziert und charakterisiert. Für *para-* und *diamagnetische Stoffe* ist $\mu_\mathrm{r} \approx 1$, für *ferromagnetische*[1]) gilt dagegen $\mu_\mathrm{r} \gg 1$ (bis 10^5). Ferro- und Paramagnetika nehmen in einem magnetischen Feld eine diesem gleichgerichtete Magnetisierung an ($\mu_\mathrm{r} > 1$, $\chi_\mathrm{m} > 0$). Diamagnetika ($\mu_\mathrm{r} < 1$, $\chi_\mathrm{m} < 0$) sind entgegen dem äußeren Feld magnetisiert.

Die graphische Darstellung der Magnetisierung M oder der magnetischen Induktion B in Abhängigkeit von der magnetisierenden Feldstärke H liefert für ferromagnetische Stoffe Kurven nach Art der Abb. E.4.0.1:

Die Magnetisierung wächst zunächst mit der Feldstärke, erreicht aber dann einen Sättigungswert. Der entsprechende Kurvenzug O–P_1 heißt *Neukurve*. Auf sie läßt sich Gl. (1 b) nur anwenden, wenn die Permeabilität μ_r als variabler, feldstärkeabhängiger Wert aufgefaßt wird. Er hängt außerdem vom Stoff und seiner Vorbehandlung ab. Deshalb kennzeichnet man Ferromagnetika durch ihre Anfangspermeabilität μ_ra (das ist die Permeabilität für $H \to 0$) und durch die maximale Permeabilität μ_rmax. Sie kommt der Stelle der Neukurve zu, an der der Fahrstrahl den größtmöglichen Anstieg besitzt. Wenn man die magneti-

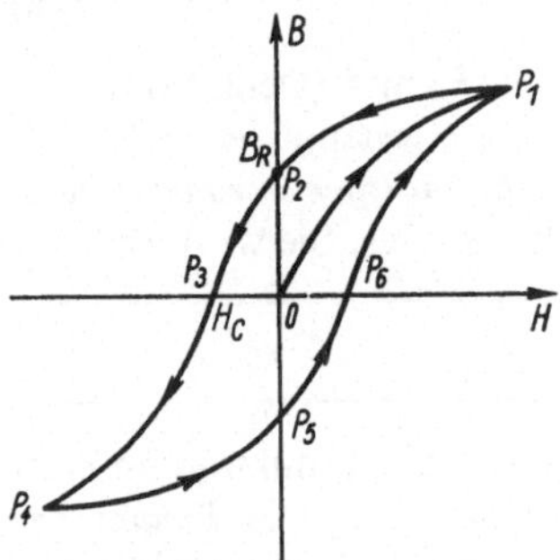

Abb. E.4.0.1. Hysteresekurve

[1]) Ferromagnetische Stoffe sind die Elemente Eisen, Kobalt, Nickel sowie Legierungen dieser Elemente untereinander und mit fremden Elementen; weiterhin sind einige Legierungen nicht ferromagnetischer Elemente ferromagnetisch.

sierende Feldstärke von P_1 aus verringert, wird ein dem Kurvenzug $P_1 - P_2$ entsprechender Zusammenhang M bzw. $B = f(H)$ beobachtet. Selbst bei $H = 0$ bleibt der Stoff magnetisch und kann durch die *Remanenzinduktion* B_R oder durch die *remanente Magnetisierung* M_R charakterisiert werden (P_2 in Abb. E.4.0.1). Durch eine *Koerzitivfeldstärke* $-H = H_\mathrm{C}$ (P_3 in Abb. E.4.0.1) wird die Remanenz beseitigt. Bei einer zyklischen Veränderung der magnetisierenden Feldstärke wird der Kurvenzug $P_1, P_2, ..., P_6, P_1$ wiederholt durchlaufen (*magnetische Hysterese*). Da $[B] \cdot [H] = \mathrm{W} \cdot \mathrm{s} \cdot \mathrm{m}^{-3}$, entspricht die von der Hysteresekurve eingeschlossene Fläche betragsmäßig der Energie, die bei einem Zyklus der Ummagnetisierung für die Volumeneinheit aufzuwenden ist.

Der Verlauf der Hysteresekurve wird durch mehrere, im folgenden vereinfacht dargestellte magnetische Elementarvorgänge bestimmt: Kleine Bereiche (*Weißsche Bezirke*) sind magnetisiert, weil ihre atomarmagnetischen Momente sich spontan parallel zueinander und zu typischen kristallographischen Richtungen stellen. Die Magnetisierungsrichtungen der Weißschen Bezirke eines polykristallinen Stoffes sind im Körper statistisch verteilt und deshalb makroskopisch nicht zu bemerken ($M = 0$). In einem äußeren Magnetfeld wachsen zunächst die Gebiete günstiger spontaner Magnetisierung auf Kosten benachbarter Bezirke durch reversible *Wandverschiebungen* oder indem die Magnetisierungsrichtung ganzer Volumenbereiche in eine energiemäßig günstigere kristallographische Richtung umklappt (*Barkhausen-Sprung*). Im Sättigungsbereich der Neukurve werden die Vektoren der Magnetisierung vorwiegend aus ihrer kristallographisch günstigen Richtung heraus und in die Richtung des magnetisierenden Feldes eingedreht.

Stoffe, die aus zwei Untergittern bestehen, in denen die spontane Magnetisierung gleich groß, aber entgegengesetzt gerichtet ist, sind *antiferromagnetisch*. Wenn dagegen die spontane Magnetisierung in den beiden Untergittern nicht gleich groß ist, nennt man das Material *ferrimagnetisch*. Wichtige Vertreter dieser Stoffgruppe sind die *Ferrite*. Sie haben ähnliche magnetische Eigenschaften wie Ferromagnetika.

Ferri- und *ferromagnetische Stoffe* werden oberhalb einer für das betreffende Material charakteristischen Temperatur (Curie-Temperatur T_C) paramagnetisch. Für Temperaturen $T > T_\mathrm{C}$ gilt das *Curie-Weißsche Gesetz*

$$\chi_\mathrm{m} = \frac{C}{T - T_\mathrm{C}} \tag{3}$$

(C = Curiesche Konstante).

Für die Änderung der magnetischen Induktion B einer entmagnetisierten, ferro- bzw. ferrimagnetischen Probe gilt nach *Rayleigh* in magnetischen

Feldern der Magnetfeldstärke H, die klein gegen die Koerzitivfeldstärke H_C ist,

$$B - B_1 = \mu_0 \left\{ \mu_{ra}(H - H_1) \pm \frac{\beta}{2}(H - H_1)^2 \right\}.$$

(4a)

In Gl. (4a) sind μ_{ra} die Anfangspermeabilität – d. h. die auf die Feldstärke $H = 0$ extrapolierte relative Permeabilität – und β die Rayleigh-Konstante der magnetischen Induktion. Das positive Vorzeichen in Gl. (4a) ist für $H > H_1$, das negative für $H < H_1$ zu nehmen.
Wählt man $H_1 = -H_0$, $B_1 = -B_0$, so erhält man für die Kurve a (vgl. Abb. E.4.0.2)

$$B + B_0 = \mu_0 \left\{ \mu_{ra}(H + H_0) + \frac{\beta}{2}(H + H_0)^2 \right\}.$$

(4b)

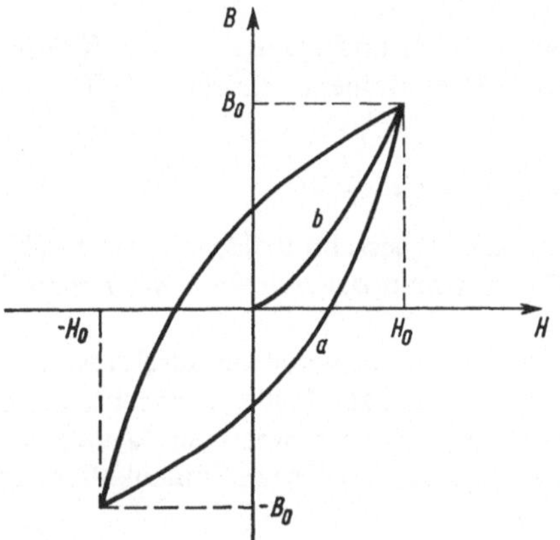

Abb. E.4.0.2. Rayleigh-Schleife

Für $H = H_0$, $B = B_0$ ergibt sich aus Gl. (4b) die Kurve b, auf der die positiven Spitzen verschieden weit ausgesteuerter Rayleigh-Schleifen liegen. Aus

$$B_0 = \mu_0 \{ \mu_{ra} + \beta H_0 \} H_0$$

(4c)

folgt, daß die relative Permeabilität längs der sogenannten Kommutierungskurve b linear mit der Amplitude der Wechselfeldstärke ansteigt, d. h.

$$\mu_r = \mu_{ra} + \beta H_0.$$

(5)

Form und Fläche der Magnetisierungskurven sowie die daraus ableitbaren Kennwerte bestimmen die *Einsatzgebiete der magnetischen Werkstoffe*: Magnetische Schalter und Speicher verlangen beispielsweise möglichst rechteckige Hysteresekurven. Transformatoren- und Dynamobleche erfordern möglichst kleine Koerzitivfeldstärken ($H_C < 1\,\mathrm{A} \cdot \mathrm{cm}^{-1}$), große Anfangs- ($\mu_{ra} \approx 1000$) und Maximalpermeabilitäten ($\mu_{r\,max} \approx 10000$) und schmale Hysteresen. Für Dauermagnete werden Stoffe mit großer Remanenz ($B_R \approx 10^{-4}$ $\mathrm{V} \cdot \mathrm{s} \cdot \mathrm{cm}^{-2}$) und großer Koerzitivfeldstärke ($H_C \approx 500\,\mathrm{A} \cdot \mathrm{cm}^{-1}$) eingesetzt. Kerne für Spulen und Übertrager der Schwachstromtechnik zeichnen sich durch möglichst hohe und über weite Bereiche der Feldstärke konstante Permeabilitäten aus.

4.0.2. Kraftwirkung magnetischer Felder auf elektrische Ströme

Elektrische Ströme erzeugen magnetische Felder. Wird beispielsweise eine zylindrische Spule von der Länge l und vom Durchmesser d von einem Strom I durchflossen, so beträgt die *magnetische Feldstärke längs der Spulenachse*

$$H = \frac{NI}{\sqrt{d^2 + l_2}}.$$

(6a)

Hierin bedeutet N die Windungszahl der Spule. Aus Gl. (6a) ergibt sich mit $d \ll l$ der für eine lange Spule gültige Grenzfall

$$H = \frac{NI}{l}.$$

(6b)

Die magnetischen Felder elektrischer Ströme wechselwirken ihrerseits mit magnetischen Feldern und verursachen Kräfte, die vielfältig ausgenutzt werden. Beispiele hierfür sind der Elektromotor, die große Gruppe der elektromechanischen Wandler, gewisse elektronenoptische Geräte und elektrische Meßinstrumente. Die Bestimmung magnetischer Feldstärken und die Festlegung der Einheit der Stromstärke beruhen ebenfalls auf der gegenseitigen Kraftwirkung zweier elektrischer Ströme und ihrer Magnetfelder.
Auf eine im Magnetfeld mit der Geschwindigkeit v bewegte elektrische Ladung Q bzw. auf einen vom Strom I durchflossenen Leiter der

Länge l wirkt eine Kraft, die *Lorentz-Kraft*

$$F = Q(v \times B) \quad \text{bzw.} \quad F = I(l \times B) \qquad (7a)$$

vom Betrage

$$F = QvB \sin(v, B) \quad \text{bzw.}$$
$$F = lIB \sin(l, B). \qquad (7b)$$

Ihre Wirkungslinie steht also senkrecht zur Geschwindigkeit v bzw. zu $l = le_I$ und zur magnetischen Induktion B. Die Vektoren v bzw. l, B und F bilden bei einer positiven Ladung oder der positiven Stromrichtung ein Rechtssystem, bei einer negativen Ladung oder der Stromrichtung der Elektronen ein Linkssystem.

4.1. Drehspulgalvanometer

Aufgaben: 1. Der Innenwiderstand sowie die Strom- und Spannungsempfindlichkeit eines Drehspulgalvanometers sollen bestimmt werden.
2. Es sind die Bewegungsarten (Schwingfall, aperiodischer Grenzfall, Kriechfall) einer Galvanometerspule zu verwirklichen und graphisch darzustellen. Der dem aperiodischen Grenzfall entsprechende Außenwiderstand ist anzugeben und das logarithmische Dekrement in Abhängigkeit von der Dämpfung zu ermitteln.

Drehspulinstrumente beruhen auf folgendem Prinzip (vgl. Abb. E.4.1.1): Die Pole eines Permanentmagneten und ein Weicheisenkern K bilden einen

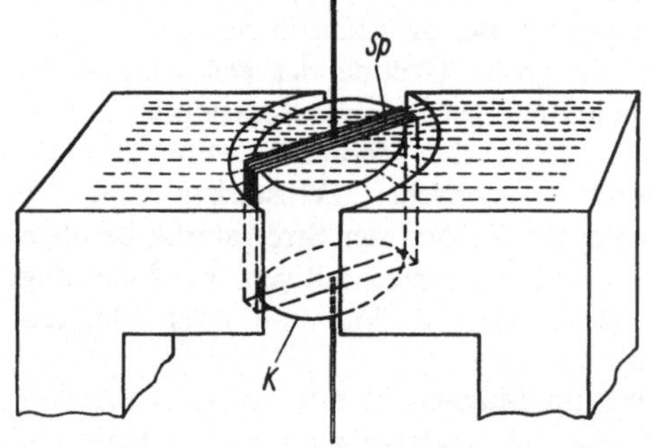

Abb. E.4.1.1. Prinzip des Drehspulgalvanometers

zylindrischen Luftspalt. In ihm herrscht ein radialsymmetrisches magnetisches Feld. Um den Kern kann sich eine rechteckige Spule Sp bewegen. Sie besteht aus Kupferdraht und bildet den Innenwiderstand R_1 des Instrumentes. Die Spule wird bei dem empfindlichsten Instrument dieser Art, dem *Drehspulgalvanometer*, durch Torsionsfäden oder -bänder gehalten. Bei weniger empfindlichen Drehspulmeßwerken ist sie spitzengelagert und wird durch ein Spiralfederpaar an eine Gleichgewichtslage gebunden. Torsionsfäden und Spiralfedern dienen gleichzeitig als elektrische Anschlüsse der Spule.

Fließt durch die Spule (Höhe h, Breite b, N Windungen) ein Gleichstrom (Stromstärke I), übt das magnetische Feld (magnetische Induktion oder Flußdichte B) auf jede der im Feld befindlichen Spulenseiten gemäß Gl. (7b) eine Kraft

$$F = NIhB \qquad (7c)$$

aus (l bzw. $h \perp B$) und erzeugt so ein Kräftepaar. Dessen Drehmoment ist, da $l \perp B$, vom Betrage

$$M = NbhIB = NAIB = GI; \qquad (8a)$$

$A = bh$ ist die Querschnittsfläche der Spule, $G = NAB$ nennt man *dynamische Galvanometerkonstante.*
Eine Gleichgewichtslage der stromdurchflossenen Spule ist im Vergleich zur Nullage erreicht, wenn das elektrisch bedingte Drehmoment M und das Moment der elastisch tordierten Spulenhalterung

$$M' = D\alpha \qquad (8b)$$

(D Direktionsmoment, α Drehwinkel der Spule) sich kompensieren. Aus den Gln. (8a) und (8b) folgt für den *Drehwinkel α eines Drehspulmeßwerkes*

$$\alpha = \frac{G}{D} I = E_{I(\alpha)} I. \qquad (9)$$

Er ist demnach der zu messenden Stromstärke proportional. Der Proportionalitätsfaktor $E_{I(\alpha)} = G/D$ ist die auf den Drehwinkel bezogene *Stromempfindlichkeit* des Meßwerkes. Da Stromstärke und Spannung in einem Leiterkreis einander proportional sind, dienen Drehspulmeßwerke auch als Spannungsmesser.

Galvanometerablesung: Bei empfindlichen Drehspulgalvanometern[1]) wird die jeweilige Stellung der Spule durch einen am Spulenrahmen befestigten kleinen Spiegel angezeigt. Das geschieht wie folgt:

a) Das Spiegelbild (vgl. Abb. E.4.1.2; *Sp*: Spiegel) einer ebenen Skale *Sk* wird mit einem Fernrohr *F* betrachtet, in dessen Bildebene sich ein Fadenkreuz befindet.

b) Anstelle des Fernrohres wird eine mit einem Spalt, Faden oder einer Marke versehene Lichtquelle benutzt, die den Spiegel beleuchtet. Vor diesem befindet sich eine Linse, die auf der Skale ein Bild der Lichtmarke entwirft.

Dreht sich der Spiegel um den Winkel α aus der in Abb. E.4.1.3 angenommenen Nullstellung heraus, überstreicht der »Lichtzeiger« einen Winkel 2α (Reflexionsgesetz), für den mit den Bezeichnungen der Abb. E.4.1.2 und der Vereinbarung $2\alpha = \varphi$ gilt

$$\tan \varphi = \frac{a^2)}{r} \; ; \qquad (10a)$$

bei kleinen Winkeln ist die Näherung

$$\varphi = \frac{a}{r} \qquad (10b)$$

erlaubt, für die bei $\varphi < 6°$ der relative Fehler unter 1% bleibt. Ein von einem systematischen

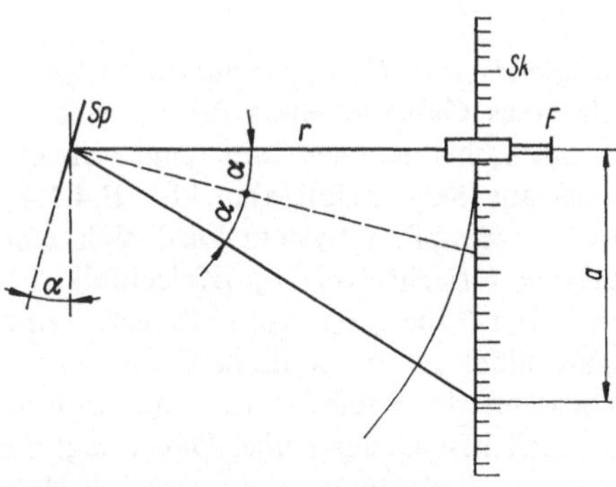

Abb. E.4.1.2. Lichtzeigerablesung

---

[1]) Mit Instrumenten höchster Empfindlichkeit können Ströme bis herab zu 10^{-11} A nachgewiesen werden.

[2]) Die Beziehung setzt voraus, daß der Lichtzeiger des stromlosen Instrumentes unter einem rechten Winkel auf die Skale trifft.

Fehler freier Winkel wird aus

$$\varphi = \frac{a'}{r} \qquad (10c)$$

im Bogenmaß erhalten, wenn a' der auf eine Kreisskale vom Radius r umgerechnete Ausschlag a der ebenen Skale ist (*Reduktion auf den Bogen*). Dafür gilt

$$a' = a - \Delta \qquad (10d)$$

mit

$$\Delta = a - r\varphi = a - r \arctan \frac{a}{r}. \qquad (10e)$$

Strom- und Spannungsempfindlichkeit: Strom-und Spannungsempfindlichkeit eines Galvanometers sind durch die Gleichungen

$$E_I = \frac{\varphi}{I} = \frac{a'/r}{I} \qquad (11a)$$

und

$$E_U = \frac{\varphi}{U} = \frac{a'/r}{U} \qquad (11b)$$

definiert. Vereinbarungsgemäß werden der Ausschlag a' in der Maßeinheit mm und der Skalenabstand r in m angegeben. Demzufolge sind die Einheiten der Strom- und Spannungsempfindlichkeit

$$[E_I] = \frac{\text{mm/m}}{\text{A}} \; ; \quad [E_U] = \frac{\text{mm/m}}{\text{V}}.$$

Aus dem Vergleich der Gln. (9) und (11a) folgt

$$E_I = 2E_{I(\alpha)}. \qquad (12)$$

Die Kehrwerte der Empfindlichkeiten

$$C_I = \frac{1}{E_I} \quad \text{und} \quad C_U = \frac{1}{E_U} \qquad (13a, b)$$

werden Reduktionsfaktoren oder *Strom-* und *Spannungskonstante* des Instrumentes genannt. Strom- und Spannungsempfindlichkeit sind über den Innenwiderstand R_i des Instrumentes mit-

175

einander verbunden (Ohmsches Gesetz):

$$E_I = E_U R_1. \tag{14}$$

Die Kennwerte eines Galvanometers sind meist auf dem Typenschild angegeben, so daß auch mit nichtkalibrierten Instrumenten über die Gln. (11) und (13) Absolutmessungen von Strom und Spannung möglich sind.

Experimentell lassen sich die Stromempfindlichkeit E_I eines Galvanometers und sein Innenwiderstand R_1 (vgl. Aufgabe 2 in E. 1.2) wie folgt ermitteln:

Wählen wir in der Schaltung nach Abb. E.4.1.3 den Widerstand $R_2 \ll R_1$, läßt sich der aus den Parallelwiderständen R_2 und $R_1 + R_3$ gebildete Widerstand gegenüber R_1 vernachlässigen, und die Stromstärke im Kreis beträgt annähernd

$$I_1 = \frac{U}{R_1}. \tag{15}$$

Über das Galvanometer fließt nach den Gesetzen der Stromverzweigung nur der Teilstrom

$$I = I_1 - I_2 \tag{16}$$

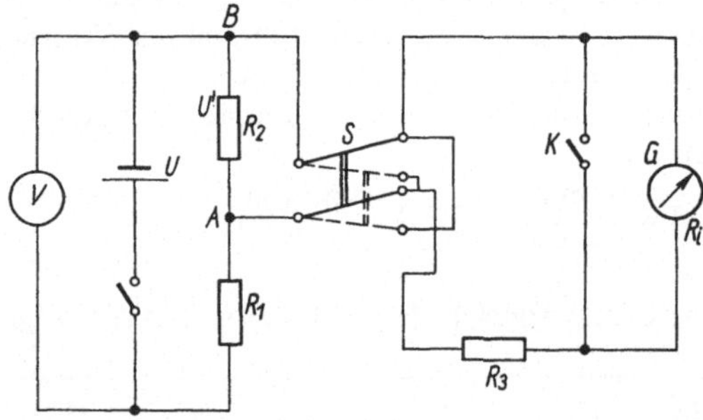

Abb. E.4.1.3. Schaltung des Galvanometers

(I_2 Teilstrom im Widerstand R_2), für den andererseits

$$I = I_2 \frac{R_2}{R_1 + R_3} \tag{17}$$

gilt. Aus diesen Beziehungen folgt

$$I = \frac{UR_2}{R_1} \frac{1}{R_1 + R_2 + R_3}. \tag{18}$$

176

Damit sind die Stromkonstante [vgl. Gl. (13a)] durch

$$C_I = \frac{1}{E_I} = \frac{UR_2}{(a'/r)\,R_1} \frac{1}{R_1 + R_2 + R_3} \tag{19a}$$

und der Ausschlag durch

$$\varphi = \frac{a'}{r} = \frac{E_I U R_2}{R_1} \frac{1}{R_1 + R_2 + R_3} \tag{19b}$$

gegeben.

Mit 2 Werten des Widerstandes R_3 und entsprechenden Ausschlägen ergeben sich bei Konstanz der übrigen Größen zwei Gleichungen, in denen R_1 und E_I unbekannt sind und daraus errechnet werden können. Vorausgesetzt wird dabei, daß E_I – wie bei guten Galvanometern gesichert – nicht von der Größe des Ausschlages abhängt. Soll dies nicht vorausgesetzt werden, benutzt man zwei Wertepaare R_1 und R_3, die zu annähernd gleichen Ausschlägen führen.

Wenn man in Abb. E.4.1.3 den Widerstand R_3 ausschaltet ($R_3 = 0$), wird der Ausschlag des Galvanometers nach Gl. (19b) durch den Innenwiderstand R_1 bestimmt, sofern im Vergleich zu diesem R_2 verschwindend klein ist ($R_2 \ll R_1$). Der Ausschlag geht mit wachsendem R_3 zurück und beträgt annähernd die Hälfte des anfänglichen Wertes, wenn

$$R_3 = R_1 \tag{20}$$

beträgt.

Bewegungsgleichung und Bewegungsarten der Spule: Die Spule eines Galvanometers führt meist gedämpfte Drehschwingungen um eine Gleichgewichtslage aus [Schwingfall (a) in Abb. E.4.1.4]. Beim stark gedämpften System wird sich eine asymptotische Kriechbewegung [Kriechfall (b)] einstellen. Den Übergang vom Kriech- zum Schwingfall bildet der aperiodische Grenzfall (c). Bei ihm kommt die Spule in kürzester Zeit in der Gleichgewichtslage zur Ruhe. Darin liegt die meßtechnische Bedeutung des aperiodischen Grenzfalles.

Alle Bewegungsformen der Drehspule gehorchen einer Differentialgleichung (Schwingungsgleichung), die sich durch Gleichsetzen aller am System wirkenden Drehmomente ergibt. Zunächst wird ein stromloses Instrument angenommen, so daß die Dämpfung (r_R Reibungsfaktor)

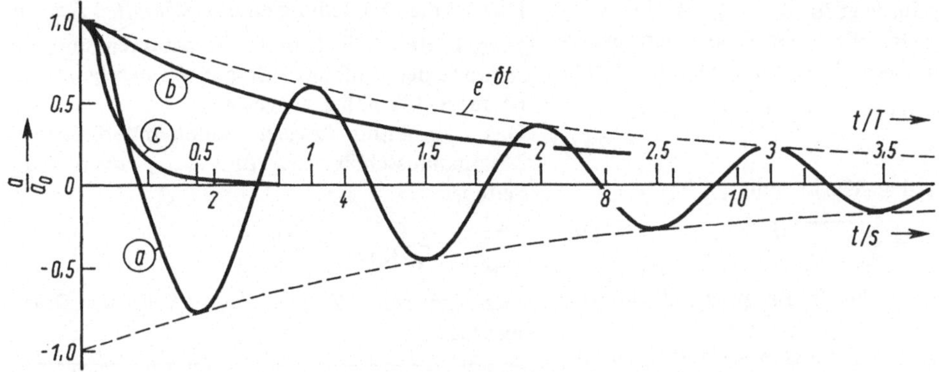

Abb. E.4.1.4. Bewegungsarten einer Galvanometerspule.
a) Schwingfall $(T = 3{,}5\,\text{s}; \delta = 0{,}15\,\text{s}^{-1})$; b) Kriechfall; c) aperiodischer Grenzfall $(T_0 = 3{,}49\,\text{s}; \omega_0 = \delta = 1{,}8\,\text{s}^{-1})$

nur mechanische Ursachen hat. Dann gilt

$$J\frac{d^2\alpha}{dt^2} + r_R\frac{d\alpha}{dt} + D\alpha = 0. \tag{21}$$

$\alpha = \alpha(t)$ ist der momentane Drehwinkel, $J(d^2\alpha/dt^2)$ verkörpert die durch das Trägheitsmoment J bedingte Trägheit des Systems, $r_R(d\alpha/dt)$ ist das durch Reibung verursachte Drehmoment und $D\alpha$ das rücktreibende Moment, welches durch die Winkelrichtgröße D der elastischen Spulenbefestigung erzeugt wird. Entsprechend ihrer physikalischen Bedeutung werden die Abkling- oder Dämpfungskonstante

$$\delta = \frac{r_R}{2J} \tag{22}$$

und die Kreisfrequenz ω_0 des ungedämpften Systems in der Form

$$\omega_0^2 = \frac{D}{J} \tag{23}$$

eingeführt, so daß anstelle der Gl. (21) auch

$$\frac{d^2\alpha}{dt^2} + 2\delta\frac{d\alpha}{dt} + \omega_0^2\alpha = 0 \tag{24}$$

geschrieben werden kann. Mit dem Ansatz

$$\alpha = a\,e^{\lambda t} \tag{25}$$

und seinen Ableitungen

$$\frac{d\alpha}{dt} = \lambda\alpha \quad \text{und} \quad \frac{d^2\alpha}{dt^2} = \lambda^2\alpha$$

folgt aus Gl. (24) die charakteristische Gleichung

$$\lambda^2 + 2\delta\lambda + \omega_0^2 = 0, \tag{26}$$

aus der sich für λ die beiden Lösungen

$$\lambda_{1,2} = -\delta \pm \sqrt{\delta^2 - \omega_0^2} \tag{27}$$

ergeben.
Jeder der beiden λ-Werte liefert eine partikuläre Lösung der Gl. (24), wenn man sie in den Ansatz (25) einsetzt.
Die vollständige Lösung ist für $\delta \neq \omega_0$

$$\alpha = e^{-\delta t}\left\{a\,e^{\sqrt{\delta^2-\omega_0^2}\,t} + b\,e^{-\sqrt{\delta^2-\omega_0^2}\,t}\right\} \tag{28}$$

und für $\delta = \omega_0$

$$\alpha = e^{-\delta t}(a + bt). \tag{29}$$

Die Konstanten a und b sind aus den Anfangsbedingungen zu bestimmen.
Beim Abschaltvorgang lauten diese: $\alpha = \alpha_0$, $d\alpha/dt = 0$ für $t = 0$. Man hat drei Fälle zu unterscheiden:
a) Für $\delta > \omega_0$ ist die Wurzel reell, $\lambda_{1,2}$ sind negativ, und α fällt monoton. Es liegt der *aperiodische* oder *Kriechfall* vor.
b) Wenn $\delta = \omega_0$ ist, gibt es nur eine Lösung der Gl. (26). Der Ausschlag α [vgl. Gl. (29)] nimmt ebenfalls, jetzt optimal schnell, monoton ab (*aperiodischer Grenzfall*).

c) Der *Schwingfall* liegt für $\delta < \omega_0$ vor, die Wurzel wird imaginär. Nach der Eulerschen Beziehung[1]) kann in diesem Falle Gl. (28) in der Form

$$\alpha = e^{-\delta t}\{(a + b)\cos\omega t + j(a - b)\sin\omega t\} \tag{28a}$$

geschrieben werden. Darin stellt

$$\omega = 2\pi\nu = \frac{2\pi}{T} = \sqrt{\omega_0^2 - \delta^2} \tag{30}$$

die Kreisfrequenz dar (ν Frequenz, T Schwingungsdauer).

Da Gl. (24) reell ist, müssen sowohl Real- als auch Imaginärteil von Gl. (28a) für sich allein schon Lösungen sein. Die vollständige Lösung ist daher

$$\alpha = e^{-\delta t}\{\bar{A}\cos\omega t + \bar{B}\sin\omega t\} \tag{31}$$

oder

$$\alpha = \bar{C}\,e^{-\delta t}\cos(\omega t - \beta). \tag{32}$$

---

[1]) Die komplexe Schreibweise einer Schwingung stützt sich auf folgende Zusammenhänge: Die Kreisbewegung kann als ein in der komplexen Zahlenebene mit der Kreisfrequenz ω (Winkelgeschwindigkeit) um den Ursprung umlaufender Punkt aufgefaßt werden. Der Radiusvektor A' der Kreisbewegung stellt physikalisch die Amplitude der Schwingung dar. Er bildet mit der positiven reellen (x-)Achse die Winkel

$$\psi = \omega t \quad \text{oder} \quad \psi = \omega t + \varphi',$$

je nachdem, ob der Winkel ψ zum Zeitpunkt $t = 0$ ebenfalls Null oder φ' ist. Die Beträge der Koordinaten des Punktes auf der reellen und der imaginären, der y-Achse, sind unter der Voraussetzung $\varphi = 0$ für $t = 0$

$$x = A'\cos\psi = A'\cos\omega t,$$
$$y = A'\sin\psi = A'\sin\omega t.$$

Die Beträge x und y stellen jeder für sich eine lineare Schwingung dar. Sie verdeutlichen, daß die lineare und zirkulare Oszillation für die mathematische Behandlung einander analog sind. Mit der imaginären Einheit $j = \sqrt{-1}$ (definiert durch $j^2 = -1$) kann der momentane Schwingungszustand des auf dem Kreis umlaufenden Punktes auch durch die komplexe Zahl

$$x + jy = A'(\cos\omega t + j\sin\omega t) = A'\,e^{j\omega t}$$

dargestellt werden. Der Zusammenhang der sin- und cos-Funktion mit der Exponentialfunktion ist durch die Eulersche Formel

$$e^{j\omega t} = \cos\omega t + j\sin\omega t$$

gegeben.

178

Dies ist die Darstellung einer *gedämpften Schwingung*, in der $\bar{A}$, $\bar{B}$, $\bar{C}$ und β Konstanten sind, die sich aus den Anfangsbedingungen ergeben. Dies ist auf S. 181 näher ausgeführt.

Das Verhältnis zweier aufeinanderfolgender Maximalausschläge α_m und α_{m+1} nach einer Seite ist

$$\frac{\alpha_m}{\alpha_{m+1}} = \frac{e^{-\delta t}}{e^{-\delta(t+T)}} = e^{\delta T}. \tag{33}$$

Der Exponent δT heißt *logarithmisches Dekrement Λ*:

$$\ln\frac{\alpha_m}{\alpha_{m+1}} = \delta T = \frac{\delta}{\nu} = \frac{2\pi\delta}{\omega} = \Lambda. \tag{34}$$

Beim Einschalten eines Stromes bewegt sich die Spule eines Galvanometers unter dem Einfluß des Drehmomentes GI_g [G = Galvanometerkonstante, vgl. Gl. (8a)] auf eine neue Gleichgewichtslage zu. Der Einschwingvorgang gehorcht der inhomogenen Differentialgleichung

$$J\frac{d^2\alpha}{dt^2} + r_R\frac{d\alpha}{dt} + D\alpha = GI_g. \tag{35}$$

Der Gesamtstrom I_g wird aus dem Strom I einer Spannungsquelle und dem durch die Spulenbewegung induzierten Strom I_i gebildet. Er kann durch Induktionsspannung U_i und Widerstand ausgedrückt werden:

$$I_g = I + I_i = I + \frac{U_i}{R_i + R_a}. \tag{36}$$

R_i ist der Innenwiderstand des Galvanometers, R_a der Widerstand des äußeren Kreises. Für die Induktionsspannung ergibt sich aufgrund des Induktionsgesetzes bei kleinen Auslenkungen der Spule [$\alpha(t) \ll 1$]

$$U_i = -\frac{d\Phi}{dt} = -NBA\frac{d\alpha}{dt} = -G\frac{d\alpha}{dt} \tag{37}$$

(N, A Windungszahl und Fläche der Spule; Φ, B magnetischer Fluß und magnetische Flußdichte). Damit kann für den Gesamtstrom [vgl. Gl. (36)]

$$I_g = I - \frac{G}{R_i + R_a}\frac{d\alpha}{dt} \tag{38}$$

gesetzt werden.

Wird dies in Gl. (35) berücksichtigt, ergibt sich nach entsprechender Umformung für die Schwingungsgleichung

$$J\frac{d^2\alpha}{dt^2} + \left(r_R + \frac{G^2}{R_1 + R_a}\right)\frac{d\alpha}{dt} + D\alpha = GI. \quad (39)$$

Hierin ist I der Strom durch die ruhende Spule. Der Klammerausdruck $r^* = r_R + G^2/(R_1 + R_a)$ muß als Reibungsfaktor des belasteten Galvanometers aufgefaßt werden.

Mit der Substitution $\alpha = \alpha^* + (G/D)\,I$ geht Gl. (39) in

$$J\frac{d^2\alpha^*}{dt^2} + \left(r_R + \frac{G^2}{R_1 + R_a}\right)\frac{d\alpha^*}{dt}$$
$$+ D\alpha^* = 0 \quad (40)$$

über. Sie nimmt somit die Struktur der Gl. (21) an.

Der Einschwingvorgang des Galvanometersystems in die Nullage und in eine beliebige andere Gleichgewichtslage sind also gleichwertig, so daß die bereits früher diskutierten Lösungen der Schwingungsgleichung im Prinzip auch für den Fall des belasteten Galvanometers zutreffen. Insbesondere folgt aus der entsprechend modifizierten Dämpfungskonstanten [vgl. Gl. (22)]

$$\delta^* = \frac{r^*}{2J} = \frac{1}{2J}\left(r_R + \frac{G^2}{R_1 + R_a}\right), \quad (41)$$

daß sich die Dämpfung aus einem mechanisch und einem elektrisch bedingten Anteil zusammensetzt. Sie ist durch die Wahl des Außenwiderstandes R_a in weiten Grenzen veränderlich. Wenn der Widerstand im aperiodischen Grenzfall R_{gr} genannt wird, gilt insbesondere:

a) $R_a < R_{gr}$: *Kriechfall.* Die Dämpfung ist bei kleinem R_a, besonders bei $R_a = 0$ (Kurzschluß der Galvanometerklemmen), groß.

b) $R_a = R_{gr}$: *Aperiodischer Grenzfall.* In diesem Falle ist $\delta^* = \omega_0$. Mit Gl. (23) folgt daher aus Gl. (41) für den Grenzwiderstand

$$R_{gr} = \frac{G^2}{2\sqrt{JD} - r_R} - R_1. \quad (42)$$

c) $R_a > R_{gr}$: *Schwingfall.* Bei extrem großem R_u ($R_a \to \infty$, offene Galvanometerklemmen) wird die Dämpfung durch die meist nur kleine Luftreibung bestimmt.

Wenn die Gln. (30) und (34) miteinander verknüpft werden, läßt sich die Schwingungsdauer T eines gedämpften Galvanometers durch die des ungedämpften Systems T_0 und durch das logarithmische Dekrement Λ ausdrücken:

$$T = T_0 \sqrt{1 + \frac{\Lambda^2}{4\pi^2}}. \quad (43)$$

Danach wächst die Schwingungsdauer eines Galvanometers mit seiner Dämpfung.

Somit stehen Gleichungen zur Verfügung, die auch die in diesem Versuch nicht geforderten Galvanometerkonstanten (Winkelrichtgröße D der Drehspule, ihr Trägheitsmoment J, die Galvanometerkonstante G) zu ermitteln gestatten.

Versuchsausführung

Wir stellen die Schaltung nach Abb. E.4.1.3 her und sichern, daß $R_1 \gg R_2$ und $R_2 \ll R_1$ (Größenordnung von R_1:10 bis $10^3\,\Omega$) ist. Die Widerstände R_1 (Größenordnung: 10^3 bis $10^4\,\Omega$) und R_2 (Größenordnung: 0,1 bis $10\,\Omega$) werden bei jeder Meßreihe so aufeinander abgestimmt, daß der Ausschlag auf einer mehr als 1 m vom Instrument entfernten ebenen Skale 200 bis 300 mm nicht überschreitet. Dann erübrigt sich die Reduktion des Ausschlages auf den Bogen ($a' \approx a$). Bei offenem Galvanometerkreis ($R_3 = \infty$) kann der Zeiger schnell in die Nullage gebracht werden, indem der Kurzschlußkontakt K mehrmals betätigt wird.

Bei *Aufgabe 1* beginnen wir mit $R_3 = 0$ und notieren den Ausschlag (a_{01}). Um Unsymmetrien der Anzeige auszuschließen, polen wir mit dem Schalter S die am Galvanometer liegende Spannung U' um, lesen den Ausschlag (a_{02}) nach der anderen Seite vom Nullpunkt ab und bilden den Mittelwert $a_0 = (a_{01} + a_{02})/2$. Auf gleiche Weise werden die Ausschläge a_n ($n = 1, \ldots, 5$) für weitere Widerstände R_3 ermittelt. Der größte Widerstand soll etwa zu einem Ausschlag $a_0/4$ führen. Jede Messung wird in Nullpunktbestimmungen eingeschlossen (Nullpunktdrift!). Aus einer graphischen Darstellung $a_n = f(R_3)$ wird der Widerstand R_3 ennommen, für den $a = a_0/2$ ist. Er stimmt praktisch mit dem Innenwiderstand überein ($R_{3(a_0/2)} = R_1$).

Mit zwei Wertepaaren R_3 und $a \approx a'$ der graphischen Darstellung stellen wir außerdem 2 Gleichungen nach Formel (19a, b) auf und

berechnen daraus die Stromempfindlichkeit E_I und den Innenwiderstand R_i des Galvanometers, nachdem wir die Spannung U am Voltmeter abgelesen und den Skalenabstand r sowie die übrigen Widerstände (R_1, R_2) ermittelt haben. Die Spannungsempfindlichkeit des Instrumentes folgt aus Gl. (14).

In *Aufgabe 2* erzeugen wir jeweils durch eine am Potentiometer abgegriffene Spannung U' einen angemessenen Ausschlag a_0 und beobachten für verschiedene Außenwiderstände $R_a = R_2 + R_3$ das Zurückschwingen der Galvanometerspule in die Nullage, nachdem die Spannung U im Hauptstromkreis abgeschaltet wurde. Zunächst verschaffen wir uns einen Überblick über die Bewegungsarten der Spule (Schwing-, Kriech- und aperiodischer Grenzfall), indem R_3 – mit dem Wert 0 beginnend – zunächst in groben Stufen geändert wird. Sodann engen wir den aperiodischen Grenzfall ein, indem wir den Widerstand $R_a = R_{gr}$ suchen, für den ein bestimmter Ausschlag a_0 in kürzester Zeit zu Null wird (Nullpunktkontrollen!).

Für einen Kriechfall $(R_a < R_{gr})$, den aperiodischen Grenzfall $(R_a = R_{gr})$ und mindestens 5 Schwingfälle $(R_a > R_{gr})$ werden die Ausschlag-Zeit-Kurven gezeichnet. Im Interesse einer guten Vergleichbarkeit der Kurven werden sie normiert, indem für jeden Meßpunkt die Quotienten a/a_0 gebildet und über der Zeit aufgetragen werden. Im Schwingfall können sicher nur die Umkehrpunkte des Ausschlages und die zugehörenden Zeiten erfaßt werden. Für die Schwingfälle wird das logarithmische Dekrement Λ nach Gl. (34) berechnet oder besser aus einer einfach-logarithmischen Darstellung entnommen. Wenn in ihr der Ausschlag über der Zeit aufgetragen wird, ergeben sich Geraden, aus deren Steigung das logarithmische Dekrement folgt. Λ wird in Abhängigkeit vom Dämpfungswiderstand R_a aufgetragen. Aus den Ausschlag-Zeit-Kurven sind weiterhin die Schwingungsdauern T in Abhängigkeit vom Dämpfungswiderstand R_a zu ermitteln und mit dem nach Gl. (43) berechneten Wert zu vergleichen. T_0 ist die zu $R_a = \infty$ (offener Galvanometerkreis) gehörende Zeit.

Im aperiodischen Grenzfall $(R_a = R_{gr})$ wird zusätzlich folgende Messung empfohlen: Man greift verschiedene Spannungen U' an entsprechenden Widerständen R_2 ab und erzeugt so Galvano-

meterströme I, die nach Gl. (18) berechnet werden. (Unsymmetrien der Anzeige durch Umpolen und Mittelwertbildung der Ausschläge nach rechts und links ausschalten. Nullpunktkontrollen!). Trägt man diese über den gegebenenfalls auf den Bogen reduzierten Ausschlägen a auf, liefern gute Galvanometer bei hinreichend genau ermitteltem Innenwiderstand Geraden. Die Stromempfindlichkeit ist also über den erfaßten Bereich konstant und folgt aus dem Anstieg $\Delta a / \Delta I$ der Kurve [vgl. Gl. (11a)]:

$$E_I = \frac{\Delta a}{r \Delta I}.$$

4.2. Ballistisches Galvanometer

Aufgaben: 1. Die Magnetisierungskurve für den Hufeisenkern eines Elektromagneten ist aufzunehmen.

2. Ermitteln Sie die magnetische Feldstärke zwischen den Polen des Elektromagneten im Sättigungsgebiet.

Ballistische Galvanometer oder *Stoßgalvanometer* sind Drehspulinstrumente (vgl. E. 4.1) mit großem Trägheitsmoment J der Spule und kleiner Winkelrichtgröße D ihrer Befestigung, so daß die Schwingungsdauer [vgl. Gln. (23) und (43)] schon im stromlosen Zustand groß ist $(T_0 > 10 \text{ s})$.

Fließt während einer gegenüber der Schwingungsdauer T_0 kurzen Zeit $\Delta t = t_2 - t_1$ ein Strom durch die Galvanometerspule, so hat sie sich erst wenig aus der Ruhelage entfernt, wenn der Strom bereits abgeklungen ist. Sie beginnt eine freie Drehschwingung mit einer Anfangsgeschwindigkeit, die der Elektrizitätsmenge Q des Stromstoßes

$$Q = \int_{t_1}^{t_2} I \, dt$$ proportional ist. Dieser bestimmt den

maximalen Ausschlag des Galvanometers, den sogenannten *ballistischen* oder *Stoßausschlag*, der damit der Ladung Q proportional ist und diese zu messen gestattet. Folgende Ableitungen führen zu den entsprechenden Beziehungen:

Die Bewegung der Galvanometerspule gehorcht der Differentialgleichung (39), wenn für I der beim Stromstoß zeitabhängige Momentanwert $I(t) = dQ/dt$ eingeführt wird. Mit den Gln. (23) und (41) nimmt die Schwingungsgleichung (39) nach Division durch das Trägheitsmoment J die Form

$$\frac{d^2\alpha}{dt^2} + 2\delta^* \frac{d\alpha}{dt} + \omega_0^2\alpha = \frac{G}{J}\frac{dQ}{dt} \qquad (44)$$

an. Eine Integration in den Grenzen t_1 und t_2 des Stromstoßes liefert

$$\frac{d\alpha}{dt}\bigg|_{t_1}^{t_2} + 2\delta^*\alpha\bigg|_{t_1}^{t_2} + \omega_0^2\int_{t_1}^{t_2}\alpha\,dt = \frac{G}{J}\int_{t_1}^{t_2}dQ. \qquad (45)$$

Da die Drehspule aus der Ruhelage heraus angestoßen wird $[(\alpha)_{t_1} = 0; (d\alpha/dt)_{t_1} = 0]$ und α über das Zeitintervall Δt als verschwindend klein angesehen werden kann, vereinfacht sich Gl. (45) zu

$$\left(\frac{d\alpha}{dt}\right)_{t_2} = \frac{G}{J}Q. \qquad (46)$$

Die am Ende des Stromstoßes erreichte Winkelgeschwindigkeit $\dot\alpha = (d\alpha/dt)_{t_2}$ der Drehspule ist demnach der Elektrizitätsmenge Q des Stromstoßes proportional. Beginnt man die durch den Stromstoß verursachte freie Schwingung vom Zeitpunkt $t = t_2$ an zu zählen und führt als neue Zeitskale $t' = t - t_2$ ein, kann die Spulenbewegung gemäß Gl. (24) nunmehr durch die homogene Differentialgleichung

$$\frac{d^2\alpha}{dt'^2} + 2\delta^*\frac{d\alpha}{dt'} + \omega_0^2\alpha = 0 \qquad (47)$$

beschrieben werden. Als vollständige Lösung für den Schwingfall findet man die Gl. (31). Ihre Konstanten $\bar A$ und $\bar B$ ergeben sich aus den Anfangsbedingungen (zur Zeit $t' = 0$ sind $\alpha = 0$ und $\dot\alpha \neq 0$) zu $\bar A = 0$ und $\bar B = \dot\alpha/\omega$. Damit erhalten wir aus Gl. (31) für den zeitlichen Verlauf des Ausschlages

$$\alpha = \frac{\dot\alpha}{\omega}e^{-\delta^* t'}\sin\omega t' \qquad (48)$$

und daraus durch Nullsetzen der ersten Ableitung die Zeitpunkte extremer Ausschläge:

$$t'_m = \frac{1}{\omega}\arctan\frac{\omega}{\delta^*} \qquad (49)$$

$(m = 1, 1'; 2, 2'; 3, 3'; \dots)$. Der maximale Stoßausschlag der Drehspule $(m = 1)$ beträgt daher

$$\alpha_1 = \frac{G}{J\omega}e^{-\frac{\delta^*}{\omega}\arctan\frac{\omega}{\delta^*}}Q. \qquad (50)$$

Er folgt aus den Gln. (46), (48) und (49). Zur Drehung α_1 der Spule gehört ein Ausschlag $\varphi_1 = 2\alpha_1$ des »Lichtzeigers« (Reflexionsgesetz). Für ihn wird nach der Theorie des ballistischen Galvanometers

$$\varphi_1 = \frac{a'}{r} = E_b Q = E_{b0}\lambda^{-1}Q \qquad (51)$$

gesetzt. Er ist demnach ebenfalls der Ladung Q proportional, die ihn verursacht. E_b ist die mit der Dämpfung des Galvanometerkreises sich verändernde *ballistische Empfindlichkeit*; E_{b0} steht für die ballistische Empfindlichkeit des (elektrodynamisch) ungedämpften Instrumentes, und für λ gilt

$$\lambda = e^{\frac{\delta^*}{\omega}\arctan\frac{\omega}{\delta^*}} = e^{\frac{\Lambda}{2\pi}\arctan\frac{2\pi}{\Lambda}}, \qquad (52)$$

wobei $\Lambda = 2\pi\delta^*/\omega$ die jeweilige Dämpfung beschreibt. Entsprechend den Gln. (11a, b) ist die ballistische Empfindlichkeit folgendermaßen definiert:

$$E_b \text{ bzw. } E_{b0} = \frac{a'/r}{Q} = \frac{a/r}{Q} \qquad (53)$$

(a' Ausschlag auf einer Kreisskale, a Ausschlag auf einer ebenen Skale, r Skalenabstand). Sie wird vereinbarungsgemäß in der Einheit

$$[E_b] = [E_{b0}] = \frac{mm/m}{A\cdot s} = \frac{mm/m}{C}$$

angegeben. Die Näherung $a' = a$ in Gl. (53) setzt kleine Ausschläge voraus. Andernfalls muß a nach den Gln. (10) auf den Bogen reduziert werden.

Der gerätetypische Wert E_{b0} ist meist auf dem Typenschild des Instrumentes angegeben. Andernfalls kann er bestimmt werden, indem Kondensatoren der Kapazität C durch eine Spannung U geladen und über das Galvanometer entladen werden. Dabei bewirkt die jeweilige Ladung $Q = CU$ Ausschläge a' bzw. a. Aus der Steigung

einer Kurve $a = a' = f(Q)$ folgt E_{b0} gemäß Gl. (53).

Das logarithmische Dekrement Λ wird nach Gl. (34) für die jeweiligen Versuchsbedingungen aus dem logarithmierten Verhältnis a_m/a_{m+1} bzw. a'_m/a'_{m+1} zweier aufeinanderfolgender Ausschläge auf der gleichen Seite vom Nullpunkt bestimmt:

$$\Lambda = \ln \frac{a_m}{a_{m+1}} = \ln \frac{a'_m}{a'_{m+1}}. \tag{54}$$

Zur Vereinfachung der Auswertung kann λ aus einer graphischen Darstellung (vgl. Abb. E.4.2.1) entnommen werden, in der die Gl. (52) in der Form $\lambda = f(a_m/a_{m+1})$ wiedergegeben ist.

Die *magnetische Feldstärke zwischen den Polschuhen eines Elektromagneten* ergibt sich aus dem

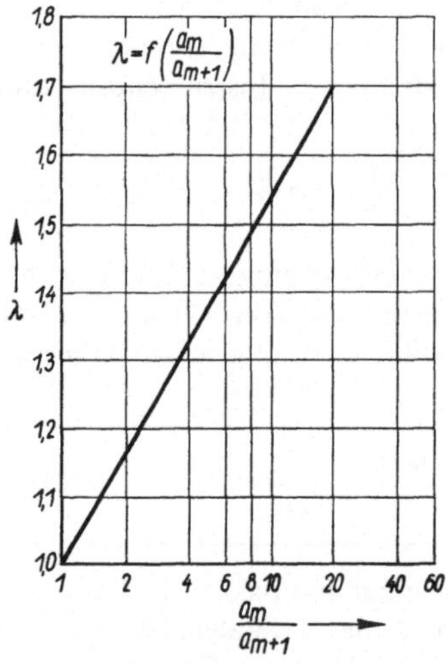

Abb. E.4.2.1. Bestimmung von λ aus aufeinanderfolgenden Ausschlägen eines ballistischen Galvanometers

Stromstoß, den eine aus dem Magnetfeld schnell heraus bewegte flache Induktionsspule erzeugt. Wenn ihre Windungsfläche A mit der magnetischen Induktion B einen rechten Winkel bildet, herrscht in der Spule (N Windungen) nach Gl.(2b) ein magnetischer Fluß $\Phi = NAB$. Die Spulenbewegung im Feld führt zu einer induzierten Spannung (Induktionsgesetz)

$$U = -\frac{d\Phi}{dt} = -NA\frac{dB}{dt} = -\mu_0 NA\frac{dH}{dt}, \tag{55}$$

wobei Gl. (1 b) mit $\mu_r = 1$ (Luft) berücksichtigt wurde. Sie bewirkt bei einem Gesamtwiderstand im Galvanometerkreis (vgl. Abb. E.4.2.2) von

$$R' = R_{Sp} + R_i + R_1$$

(R_{Sp} Widerstand der Induktionsspule; R_i Innenwiderstand des Instrumentes; R_1 Ballastwiderstand) eine momentane Stromstärke

$$I = \frac{U}{R'} = -\mu_0 N \frac{A}{R'} \frac{dH}{dt}. \tag{56}$$

Durch das Instrument fließt während der Zeit t eine Elektrizitätsmenge

$$Q = \int_0^t I\,dt = -\mu_0 N \frac{A}{R'} \int_0^t \frac{dH}{dt}\,dt$$

$$= -\mu_0 N \frac{A}{R'} \int_H^0 dH = \mu_0 N \frac{A}{R'} H, \tag{57}$$

aus der man mit Hilfe der Gl. (51) über den ballistischen Ausschlag φ_1 die magnetische Feldstärke bestimmen kann:

$$H = \varphi_1 \lambda \frac{R'}{\mu_0 NAE_{b0}}. \tag{58}$$

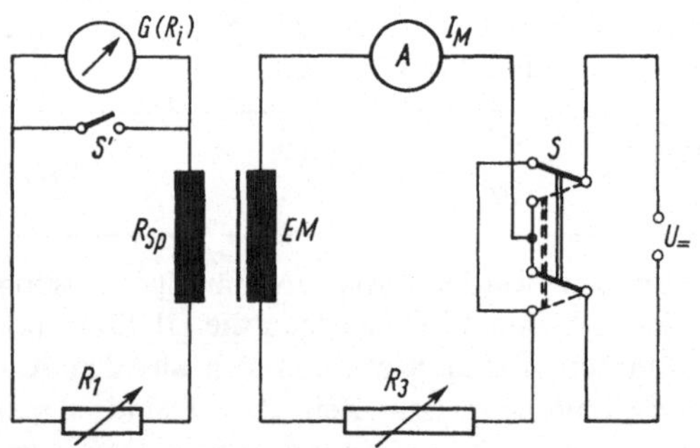

Abb. E.4.2.2. Schaltung des ballistischen Galvanometers und des Elektromagneten

Versuchsausführung

Zunächst entmagnetisieren wir den Eisenkern in einem Wechselfeld abnehmender Amplitude. Wir speisen die Spulen eines Elektromagneten *EM* aus einem Stelltransformator oder einer Potentiometerschaltung und senken die Wechselspannung langsam bis zum Werte Null (ausführliche

Beschreibung der Entmagnetisierung vgl. *Versuchsausführung* zu E. 4.3).

Für die Aufnahme der Magnetisierungskurve (*Aufgabe 1*) werden der Galvanometerkreis und der Magnet nach Abb. E.4.2.2 geschaltet. Der Magnet wird schrittweise bis zur Sättigung mit wachsender Stromstärke I_M (Einstellung über Widerstand R_3) erregt und anschließend der gesamte, in Abb. E.4.0.1 skizzierte Zyklus durchlaufen. Die Umkehr des Feldes erfolgt über den Polwendeschalter S. Da einerseits $a_m \sim H$ [vgl. Gl. (58)], andererseits in der Magnetspule $H \sim I_M$ [vgl. Gl. (6b)] ist, kann der Einfachheit halber durch eine Darstellung des Galvanometerausschlages über der Stromstärke im Magneten ein der Magnetisierungskurve analoges Bild erhalten werden.

Für *Aufgabe 2* setzen wir einen entsprechenden, auf 1 m Skalenabstand reduzierten Ausschlag a_m in Gl. (58) ein. Die ballistische Empfindlichkeit E_{b0} und der Innenwiderstand R_i des Instrumentes sind aus einem Typenschild, die Spulendaten (N, mittlere Windungsfläche A in m², R_{Sp}) aus der Beschriftung der Versuchsanordnung zu ersehen. Den Widerstand R_i stellen wir so ein, daß das Galvanometer im Schwingfall arbeitet, das Amplitudenverhältnis a_m/a_{m+1} gut ermittelt und λ aus der graphischen Darstellung bestimmt werden kann. Die Feldstärke im Luftspalt wird für den Sättigungsbereich der Hysterese nach Gl. (58) berechnet.

4.3. Kriechgalvanometer – Fluxmeter

Aufgaben: Für einen geschlossenen ferromagnetischen Kreis (Transformatorkern) sind

1. der magnetische Fluß und die Flußdichte in Abhängigkeit von der magnetisierenden Feldstärke sowie
2. der Verlauf der Permeabilität über die Neukurve, die Remanenz und die Koerzitivfeldstärke zu ermitteln.

Magnetische Flußmesser (Fluxmeter) sind so stark gedämpfte Drehspulinstrumente (vgl. Abschn. 4.1), daß der Kriechfall eintritt. Das Drehspulsystem dieser *Kriechgalvanometer* besitzt ein geringes Trägheitsmoment J und ein verschwindend kleines rücktreibendes Moment ($D\alpha = 0$). Die

mechanische Dämpfung kann gegenüber der elektromagnetischen vernachlässigt werden, so daß für den Dämpfungsfaktor in Gl. (39) $r^* = G^2/(R_i + R_a) = G^2/R'$ gilt (G Galvanometerkonstante; R_i Innenwiderstand des Instrumentes; R_a Außenwiderstand; Gesamtwiderstand des Galvanometerkreises $R' = R_i + R_a$). Daher vereinfacht sich die *Bewegungsgleichung der Drehspule* [Gl. (39)] zu

$$r^* \frac{d\alpha}{dt} = GI \tag{59}$$

(I momentane Stromstärke; α Drehwinkel der Spule; $d\alpha/dt$ Winkelgeschwindigkeit). Nach Umformung und Integration folgt daraus

$$\Delta\alpha = \alpha_2 - \alpha_1 = \frac{R'}{G} \int_{t_1}^{t_2} I\,dt = \frac{1}{G} \int_{t_1}^{t_2} U\,dt. \tag{60}$$

Aus der Drehung $\Delta\alpha$ der Galvanometerspule lassen sich demnach Strom- ($\int I\,dt$) und Spannungsstöße ($\int U\,dt$) ermitteln. Letztere werden bei einem Fluxmeter durch Spannungen gebildet, die in einer Spule (N' Windungen) induziert werden, wenn sich in ihr der magnetische Fluß Φ ändert [$\Delta\Phi = \Phi_2 - \Phi_1 = N'(B_2 - B_1)\,A = N'\,\Delta BA$; A ist die vom magnetischen Fluß erfaßte Fläche, B die magnetische Flußdichte]. Für den induzierten Spannungsstoß gilt nach Gl. (55)

$$\int_{t_1}^{t_2} U\,dt = \Delta\Phi = N'A\,\Delta B. \tag{61}$$

Der magnetische Fluß Φ und die magnetische Flußdichte B durchsetzen die Spulenfläche in diesem Falle senkrecht. Das Minuszeichen der Gl. (55) ist für Flußmessungen praktisch ohne Bedeutung und deshalb in Gl. (61) nicht berücksichtigt worden. Wird in Gl. (60) die Empfindlichkeit E_Φ des Flußmessers eingeführt, das Zeitintegral der Spannung (Spannungsstoß) durch die rechte Seite von Gl. (61) ersetzt und beachtet, daß bei Lichtzeigerinstrumenten für die Ausschlagänderung $\Delta a' = a_2' - a_1'$ auf einer zylindrischen Skale $\Delta a' = 2r\,\Delta\alpha$ (r »Zeigerlänge«) gilt

E

[vgl. Abschn. 4.1], folgt

$$\Delta a' = E_\Phi \int_{t_1}^{t_2} U \, dt = E_\Phi \, \Delta \Phi$$
$$= E_\Phi N' A \, \Delta B. \qquad (62)$$

Die *Empfindlichkeit* E_Φ kommerzieller Fluxmeter wird in der Maßeinheit Skt. $V^{-1} s^{-1}$ angegeben. Auf dem Typenschild ist oft der reziproke Wert $C_\Phi = 1/E_\Phi$ in Vs pro Skt. als Gerätekonstante eingetragen.

Die *Versuchsanordnung* ist in Abb. E.4.3.1 schematisch dargestellt. Als geschlossener magnetischer Kreis dient ein Transformatorkern. Er ist mit einer Erregerspule (N Windungen) versehen, die aus einer Gleichspannungsquelle U gespeist wird. Der Erregerstrom I wird mit dem Widerstand R stufenweise verändert. Er erzeugt nach dem Durchflutungsgesetz eine *magnetisierende Feldstärke* [vgl. Gl. (6b)]

$$H = NI/l \qquad (63)$$

(l mittlerer Umfang des magnetischen Kreises) und diese einen magnetischen Fluß Φ im Kern. Jede Flußänderung $\Delta\Phi$ bewirkt in der Induktionsspule (N' Windungen) des Meßkreises einen Spannungsstoß, der bei geschlossenem Schalter S' gemäß Gl. (62) die Zeigerstellung des Fluxmeters G um $\Delta a'$ ändert.

Versuchsausführung

Zunächst werden mit dem Meßschieber die Abmessungen des Kernes ermittelt und sein Querschnitt A, sowie der mittlere Umfang l des magnetischen Kreises berechnet. Ein zerlegbarer Kern muß sorgfältig und ohne nennenswerte Luftspalte zusammengesetzt werden. Die Anordnung schalten wir nach Abb. E.4.3.1.

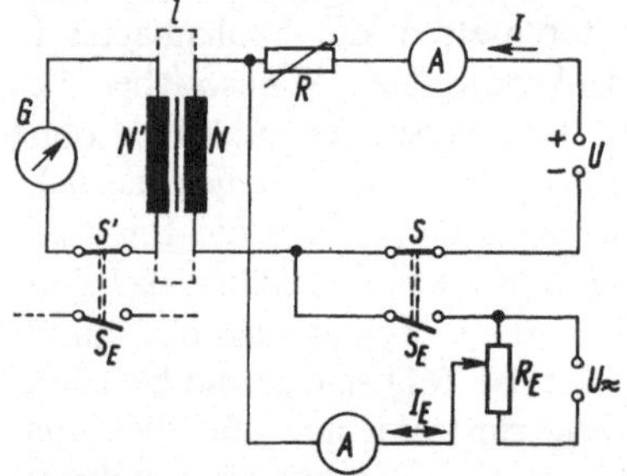

Abb. E.4.3.1. Magnetische Flußmessung und Entmagnetisierung

Vor den elektrischen Messungen entmagnetisieren wir den Transformatorkern, indem wir die Erregerspule mit der Wechselspannungsquelle $U_\approx$ verbinden (der Schalter S_E ist geschlossen, die mit ihm gekoppelten Schalter S und S' sind dann automatisch geöffnet). Die Spannung eines Transformators bzw. die am Potentiometer R_E abgegriffene Spannung muß anfangs so hoch gewählt werden, daß die Wechselstromstärke $I_E = I_{E\,max}$ zu Amplituden des magnetisierenden Wechselfeldes führt, mit denen periodisch Sättigungsmagnetisierungen des Kernes erreicht werden ($I_{E\,max}$ ist der Arbeitsplatzanleitung zu entnehmen). Die Stromstärke I_E wird anschließend über die Spannung allmählich bis zum Werte $I_E = 0$ verringert. Dabei werden immer kleinere Hysteresekurven durchlaufen, bis sie bei $I_E = 0$ zu einem Punkt entarten und der Kern vollständig entmagnetisiert vorliegt.

Für die Fluß- und Flußdichtebestimmungen schalten wir die gekoppelten Schalter um (S_E geöffnet, S und S' geschlossen), nachdem mit dem Stufenschalter bei R der Erregerkreis geöffnet wurde ($R = \infty$, $I = 0$; $\Phi, B = 0$). Das Meßwerk des Flußmessers wird entarretiert, der Nullpunkt gegebenenfalls über eine Rändelschraube mechanisch korrigiert. Bei den Messungen verringern wir den Widerstand R mit dem Stufenschalter schrittweise und protokollieren für jeden der m Schaltschritte ($m = 1,2,3,\ldots$) die entsprechenden Stromstärken $I = I_m$ sowie die zugehörenden Ausschlagsänderungen $\Delta a'_m$. Nur bei sehr stark gedämpften Instrumenten ruht praktisch der Zeiger zwischen den Schaltschritten. Andernfalls sind die $\Delta a'_m$ aus den Zeigerstellungen unmittelbar vor und nach der Flußänderung zu bilden. Mit den Meßwerten von l, A und $\Delta a'_m$ werden aus den Gln. (62) und (63) die Fluß- und Flußdichteänderungen sowie die magnetisierende Feldstärke berechnet. Die Werte für N und N' sowie C_Φ bzw. E_Φ sind in der am Arbeitsplatz ausliegenden Anleitung angegeben. Mit den Werten für Φ bzw. B und H wird die Neukurve der Magnetisierung (Abb. E.4.0.1) gezeichnet. Dabei ist zu beachten, daß sich der Fluß Φ_m bzw. die Flußdichte B_m durch Aufsummieren der m Fluß- bzw. Flußdichteänderungen ergeben. Der Zweig $P_1 - P_2$ der Hysteresekurve wird erhalten, indem der Widerstand R wieder bis zu $R = \infty$ schrittweise erhöht wird. Den Kurvenzug $P_2 - P_3$ und die Verlängerung gegen P_4 bekommen wir nach Umpolen der Gleichstromquelle und schrittweise Erhöhung des Erregerstromes $I = I_m$. Für diesen Kurventeil ist die magnetisierende Feldstärke negativ zu nehmen. Aus der Neukurve wird mittels Gl. (1 b) die graphische Darstellung $\mu_r = f(H)$ abgeleitet. Die remanente magnetische Flußdichte (Remanenz) B_R und die Koerzitivfeldstärke H_C werden der Hysteresekurve entnommen men.

Achtung: Falls sich der Zeiger des Flußmessers im Verlaufe einer Meßreihe dem Endausschlag nähert, ist vor dem nächsten Schaltschritt der Nullpunkt entsprechend zu verlegen. Sollen die Messungen abgebrochen oder unterbrochen werden, muß der Flußmesser erst arretiert und von der Meßspule getrennt werden, bevor wir die Gleichspannung abschalten. Andernfalls kann das Gerät beschädigt werden.

4.4. Elektronenstrahlferroskop

Aufgabe: Die Magnetisierungskurven verschiedener ferromagnetischer Werkstoffe sind mit einem Elektronenstrahloszilloskop aufzunehmen und die Koerzitivfeldstärken sowie die Remanenzinduktionen zu ermitteln.

Mit einem *Elektronen-* oder *Kathodenstrahloszilloskop* (*Kathodenstrahlzillograph*) wird der Verlauf einer elektrischen Spannung in Abhängigkeit von der Zeit oder im Vergleich zu einer anderen Spannung dargestellt. Es können daher auch Frequenzen gemessen und die Phasenlagen von Spannungen in bezug auf eine Vergleichsspannung bestimmt sowie alle Meßaufgaben gelöst werden, die auf die genannten Möglichkeiten zurückführbar sind. So werden beispielsweise Kennlinien aktiver und passiver elektrischer Bauelemente und die magnetische Hysterese ferromagnetischer Stoffe aufgezeichnet. Als Nullindikatoren ermöglichen Elektronenstrahloszilloskope den phasenrichtigen Abgleich von Wechselstrommeßbrücken.

Der Meßvorgang wird auf dem Leuchtschirm einer *Elektronenstrahlröhre* (vgl. Abb. E.4.4.1) aufgezeichnet. Diese arbeitet im Prinzip wie folgt: Eine indirekt geheizte Kathode K emittiert Elektronen, die durch eine zylindrische Anode A

(Anodenspannung etwa 1000 bis 3000 V) beschleunigt werden. Der durch eine Lochblende begrenzte Teil des Elektronenstrahles erregt einen Leuchtschirm L im Spurpunkt. Die Kathode ist von einer Zylinderelektrode, dem Wehnelt-Zylinder W umgeben. Er liegt im Vergleich zur Kathode auf negativem Potential und entspricht in seiner Wirkung dem Steuergitter einer Triode (vgl. E.3.0.1). Die Steuerspannung

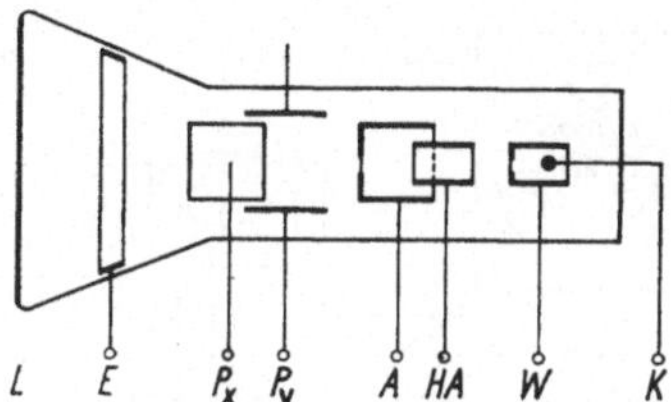

Abb. E.4.4.1. Bildröhre (schematisch) eines Elektronenstrahloszillographen (ESO)

kann bis zu etwa -100 V variiert werden, so daß der Elektronenstrom mehr oder weniger gesperrt und das Leuchtschirmbild in seiner Helligkeit eingestellt wird. Eine weitere Zylinderelektrode (Hilfsanode HA) wirkt gemeinsam mit der Anode A als elektronenoptische Sammellinse, die es ermöglicht, auf dem Leuchtschirm ein verkleinertes Bild der emittierenden Kathodenfläche zu erzeugen. P_x und P_y sind zwei Ablenkplattenpaare (x- und y-Platten), an die Meß- und Vergleichsspannungen ($U_{x,y}$) gelegt werden. Die entsprechenden elektrischen Felder bewirken eine spannungsproportionale horizontale und vertikale Auslenkung $s_{x,y}$ des Elektronenstrahles auf dem Leuchtschirm:

$$s_x = c_x U_x, \tag{64a}$$

$$s_y = c_y U_y, \tag{64b}$$

$c_x = s_x/U_x$ und $c_y = s_y/U_y$ sind die *Ablenkempfindlichkeiten* der Elektronenstrahlröhre. Sie liegen in der Größenordnung 1 bis 10 mm/V. Ihr reziproker Wert wird *Ablenkkoeffizient* genannt. Eine Erhöhung der Anodenspannung, die im Hinblick auf die Bündelung des Elektronenstrahles und die Helligkeit des Schirmbildes durchaus erwünscht wäre, vermindert die Ablenkempfindlichkeit. Diese wird dagegen durch eine Nachbeschleunigung der bereits abgelenkten Elektronen

nicht so stark beeinflußt. Die entsprechende Beschleunigungsspannung liegt an einer auf der Innenwand des Kolbens angebrachten Ring- oder Spiralelektrode E.

Um den zeitlichen Verlauf einer Spannung auf dem Leuchtschirm zweidimensional abzubilden, wird sie an die y-Platten gelegt und der Elektronenstrahl in x-Richtung zeitproportional ausgelenkt. Dafür sorgt eine *Zeitablenkeinheit* (vgl. Abb. E.4.4.2). Sie liefert eine Wechselspan-

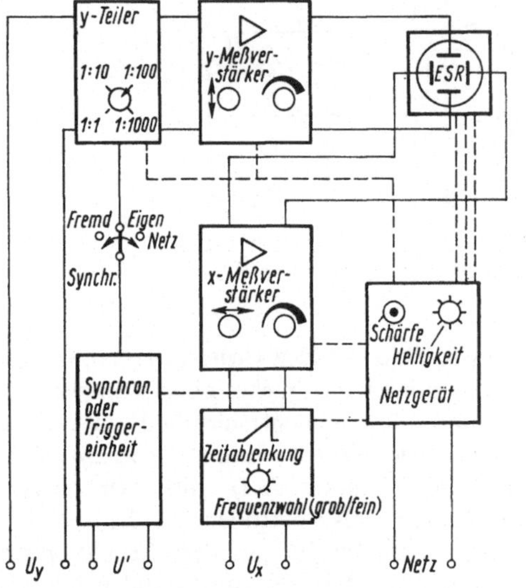

Abb. E.4.4.2. Vereinfachtes Blockschaltbild eines Elektronenstrahloszillographen.
U_y: y-Ablenkspannung; U_x: x-Ablenkspannung; U': äußere Steuerspannung; ESR: Elektronenstrahlbildröhre

nung von sägezahnförmigem Verlauf. Ihre Frequenz ist in Stufen grob und innerhalb der Stufen kontinuierlich einstellbar. Während des linearen Spannungsanstieges auf der vorderen Flanke des Sägezahnes wird der Elektronenstrahl horizontal über den Bildschirm geführt. Er springt während des Abfalles der Spannung auf Null (steile Sägezahnflanke) in die Ausgangslage zurück. Um eine störende Rücklaufspur zu vermeiden, wird der Elektronenstrahl für die Dauer des Rücklaufes »dunkelgetastet«. Auf dem Oszillographenschirm erscheint genau eine Periode des Meßvorganges als stehendes Bild, wenn die Frequenzen von Meßspannung und Zeitablenkspannung übereinstimmen.

Beträgt die Frequenz der Zeitablenkung einen Bruchteil der Meßfrequenz, können entsprechend mehr Perioden des Meßvorganges beobachtet werden.

Da sich von außen nur sehr schwer stabile Frequenzverhältnisse einstellen lassen, werden die y- und die Zeit-Ablenkeinheit durch einen elektronischen Gleichlaufzwang (Einrichtung zum Synchronisieren) gekoppelt. Die meisten Oszillographen ermöglichen einen Gleichlaufzwang auch mit der Netzfrequenz von 50 Hz oder mit einem externen Frequenzgenerator. Die verschiedenen Möglichkeiten (Fremd-, 50-Hz-Eigensynchronisation) werden durch einen Umschalter gewählt.

Der Gleichlauf von Meß- und Zeitablenkspannung wird neuerdings durch ein *Auslöseverfahren* erreicht: Ein »Trigger« (vgl. Abb. E.4.4.2) löst den Sägezahn immer dann aus, wenn die Meßspannung einen am Oszillographen einstellbaren Schwellenwert (Triggerschwelle oder -pegel) durchläuft. Dieses Verfahren erlaubt sogar die Abbildung eines über die gesamte Schirmbreite gespreizten Abschnittes einer Periode. Das Triggern kann wahlweise mit der geräteinternen, aber auch mit einer externen Triggereinheit erfolgen.

Bei vielen Oszillographentypen sind die Ablenkplatten über entsprechende Buchsen direkt zugänglich. Je nach Ablenkempfindlichkeit und Größe des Leuchtschirmes der Röhre werden für die Aussteuerung des Elektronenstrahles Ablenkspannungen zwischen 5 und 20 V Gleich- oder Wechselspannung benötigt. Bei Wechselspannung ist zu beachten, daß der Ausschlag gleich dem Scheitelwert $U_0 = \sqrt{2}U_{\text{eff}}$ (U_{eff} Effektivwert der Spannung) ist. Sind die Ablenkspannungen zu klein, werden sie, wie im Blockschaltbild der Abb. E.4.4.2 dargestellt, zunächst verstärkt (x- und y-Meßverstärker). An die Meßverstärker werden hohe Anforderungen gestellt: Sie sollen eine definiert einstellbare und über einen breiten Frequenzbereich gleichmäßige, verzerrungsfreie Verstärkung bewirken. Für einen Frequenzbereich bis etwa 100 kHz kann dies relativ leicht erreicht werden. Die Verstärkungen sind so bemessen, daß Eingangsspannungen von einigen mV die Oszillographen bereits aussteuern. Der Meßbereich wird zu hohen Spannungen hin erweitert, indem die Verstärker mit definiert wählbarem Spannungsteiler (in Abb. E.4.4.2 als x- und y-Teiler bezeichnet) versehen ist.

Der Eingangswiderstand der Oszillographen liegt bei 1 bis 10 MΩ. Oszillographen erlauben daher Spannungsmessungen an hochohmigen Spannungsquellen und bei extrem niedriger Belastung der Meßstelle. Bei Wechselspannungsmessungen muß die Frequenzabhängigkeit der Impedanz beachtet werden.

Die *Versuchsanordnung* der Abb. E.4.4.3 stellt ein sogenanntes *Elektronenstrahlferroskop* dar.

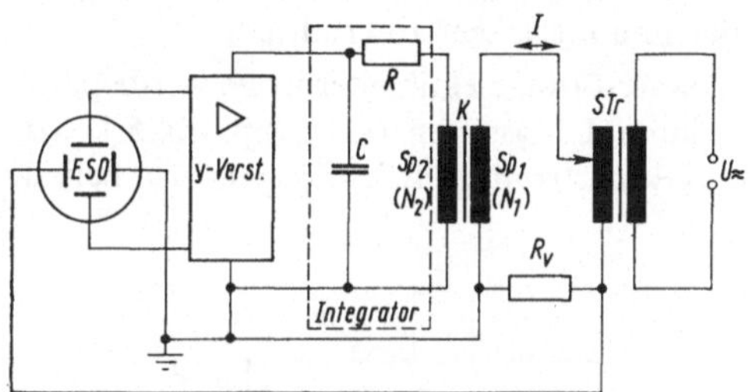

Abb. E.4.4.3. Elektronenstrahlferroskop

Mit ihm kann die magnetische Hysteresekurve als stehendes Bild dargestellt werden, wie folgende Überlegungen zeigen:

Im magnetischen Wechselfeld einer langen Spule Sp_1 wird eine ferromagnetische Probe K (geschlossener Kern) periodisch ummagnetisiert. Dies wird durch einen Wechselstrom I erreicht, den ein Stelltransformator STr liefert und der über den Widerstand R_v durch die Spule fließt. Wenn der Widerstand R_v gegenüber dem der Spule groß gewählt wird, bestimmt er die momentane Stromstärke I des Eerregerkreises. Er erzeugt in der Spule Sp_1 (Länge l, Windungszahl N_1) eine momentane Magnetfeldstärke [vgl. Gl. (6 b)]

$$H = \frac{N_1 I}{l} = \frac{N_1 U}{lR_v}. \tag{65}$$

Demnach ist der Spannungsabfall $U = IR_v$ am Widerstand R_v der magnetisierenden Feldstärke proportional. Er wird als Meßspannung benutzt und an die horizontalen Ablenkplatten eines Oszilloskops gelegt. Ist dessen horizontale Ab-

lenkempfindlichkeit c_x, entspricht einer Ablenkung s_x des Elektronenstrahles die Spannung $U = s_x/c_x$, und Gl. (65) nimmt die Form

$$H = \frac{N_1 s_x}{lR_v c_x} \tag{66}$$

an.

Der jeweilige magnetische Fluß $\Phi = N_2 BA$ (A Querschnittsfläche des Kernes) durchsetzt die zweite Spule Sp_2 (Windungszahl N_2). In ihr wird nach dem Induktionsgesetz eine Spannung

$$U_2 = -\frac{d\Phi}{dt} = -N_2 A \frac{dB}{dt} \tag{67}$$

erzeugt, die demnach der zeitlichen Änderung dB/dt der magnetischen Flußdichte proportional ist. Um die magnetische Flußdichte B als zweite Meßgröße zu erhalten, muß daher über die Spannung U_2 integriert werden. Dies besorgt ein RC-Glied (Integrator), bei dem $R \gg 1/\omega C$ (ω Kreisfrequenz des Wechselstromes, C Kapazität des Kondensators, $1/\omega C$ kapazitiver Widerstand)[1] ist. Die momentane Stromstärke $I_2 = U_2/R$ ist daher sehr gering und Gl. (67) hinreichend gut erfüllt. Am Kondensator entsteht der Spannungsabfall

$$U_C = \frac{1}{C} \int I_2 \, dt = \frac{1}{RC} \int U_2 \, dt \tag{68}$$

oder, wenn der Betrag von U_2 aus Gl. (67) berücksichtigt wird,

$$U_C = \frac{1}{RC} \int N_2 A \frac{dB}{dt} \, dt = \frac{1}{RC} N_2 AB. \tag{69}$$

Demnach ist die magnetische Induktion B der Spannung U_C am Kondensator proportional. Diese wird zur vertikalen Auslenkung des Elektronenstrahles verwendet, nachdem sie verstärkt (y-Verstärker) wurde.[2] Sind c_y die verti-

---

[1] Erprobte Werte für den Integrator sind beispielsweise $R = 50\ \text{k}\Omega$ und $C = 1\ \mu\text{F}$.
[2] Die Verstärker des Oszillographen müssen phasenrein arbeiten, andernfalls sind die Hystereseschleifen im Sättigungsgebiet verschlungen.

kale Ablenkempfindlichkeit und V_y der Verstärkungsfaktor, beträgt die Spannung für eine Auslenkung s_y andererseits $U_C = s_y/(c_y V_y)$. Die magnetische Induktion folgt daher aus Gl. (69) zu

$$B = \frac{RC s_y}{N_2 A c_y V_y}. \tag{70}$$

Versuchsausführung

Die einzelnen Baugruppen werden nach Abb. E.4.4.3 geschaltet, nachdem die Sekundärspannung des Stelltransformators STr auf ihren kleinsten Wert eingestellt und der Elektronenstrahloszillograph eingeschaltet wurde. Mit den entsprechenden Einstellknöpfen der Frontplatte des Oszillographen sind Helligkeit und Schärfe des Schirmbildes günstig einzustellen (Vorsicht! Elektronenstrahl brennt bei übermäßiger Fokussierung und Helligkeit auf dem Leuchtschirm ein). Die Spulen Sp_1 und Sp_2 stecken wir auf einen U-förmigen Kern K des ferromagnetischen Materials und schließen den magnetischen Kreis mit einem entsprechenden Körper (Luftspalte möglichst klein halten!). Dann erhöhen wir die Sekundärspannung des Stelltransformators, bis der Elektronenstrahl durch den Spannungsabfall am Widerstand R_v ausgesteuert wird. Falls dies nicht möglich sein sollte, ist über den x-Verstärker des Oszillographen zu gehen. Die y-Verstärkung wird so gewählt, daß die Hysteresekurve den Leuchtschirm ausfüllt. Die Lage der Koordinatenachsen erhalten wir dadurch, daß der Elektronenstrahl nacheinander allein horizontal und vertikal ausgelenkt wird (U bzw. $U_C = 0$). Der Koordinatenursprung soll möglichst mit dem Mittelpunkt des auf dem Leuchtschirm befindlichen Rasters übereinstimmen. Er kann mit entsprechenden Einstellknöpfen (Höhe, Seite) verlegt werden.

Dem Leuchtschirmbild werden die horizontalen und vertikalen Auslenkungen entnommen. Die zur Errechnung der Koerzitivfeldstärke H_C und Remanenzinduktion B_R nach den Gln. (66) und (70) notwendigen Ablenkempfindlichkeiten c_x und c_y sowie der Verstärkungsfaktor V_y werden mit Hilfe der Gln. (64a u. b) über bekannte Spannungen $U_{x,y}$ ermittelt.

188

4.5. Hall-Effekt

Aufgaben: 1. Ein Magnetometer (Hall-Sonde) ist zu kalibrieren, indem die Hall-Spannung in Abhängigkeit von der magnetischen Feldstärke einer stromdurchflossenen Spule aufgenommen wird.
2. Das Magnetfeld der Hall-Apparatur ist mit einer kalibrierten Hall-Sonde auf Homogenität zu prüfen und die magnetische Flußdichte am Probenort zu bestimmen.
3. Für einige Halbleiterproben sind der Leitungstyp, die Ladungsträgerdichte und die Beweglichkeit der Ladungsträger zu ermitteln.

Eine quaderförmige Halbleiterprobe werde parallel zu ihren Längsseiten (vgl. Abb. E.4.5.1) von einem Gleichstrom I durchflossen. Sie befinde

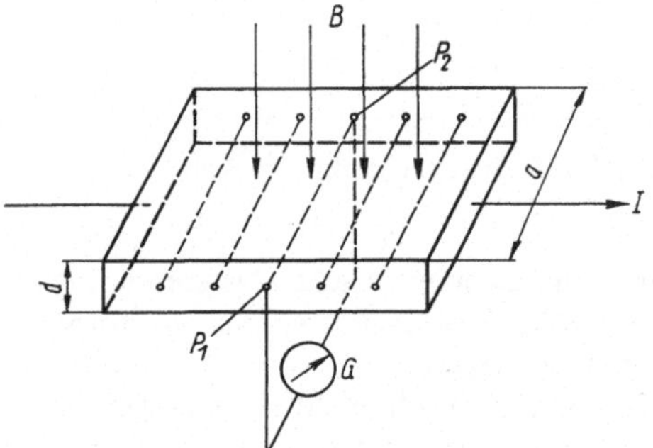

Abb. E.4.5.1. Zum Hall-Effekt

sich in einem homogenen Magnetfeld der magnetischen Flußdichte B, das die Probe senkrecht zur Oberfläche und zur Stromrichtung durchsetzt. Dies hat eine Lorentz-Kraft [vgl. Gl. (7)] auf die den Strom bildenden Ladungsträger zur Folge, die aus ihrer ursprünglichen Strombahn heraus und je nach Vorzeichen zu einer der Längsseiten der Probe hin verdrängt werden. Die Ladungen eines Vorzeichens sind also über den Querschnitt der Probe ungleichmäßig verteilt und bilden ein elektrisches Querfeld (Feldstärke E_H), dessen elektrostatische Kraft der Lorentz-Kraft entgegenwirkt. Im stationären Fall sind die Beträge von elektrostatischer Feldkraft $F_E = Q E_H$ und Lorentz-Kraft $F_L = QvB$ (Q strömende Ladung, v Geschwindigkeit der Ladungsträger in Stromrichtung) gleich, so daß sich zwischen symmetrischen Punkten P_1 und P_2 der Probe eine konstante Spannung U_H einstellt. Für sie folgt aus dem Kräftegleichgewicht

$$QE_H = QvB$$

unter der Voraussetzung eines homogenen Querfeldes wegen $E_H = U_H/a$ (a Breite der Probe)

$$U_H = vBa. \tag{71}$$

Diese Erscheinung ist der *Hall-Effekt*, die Spannung U_H wird daher *Hall-Spannung* genannt.
Für die Stromstärke I bzw. die Stromdichte $j = I/ad$ (d Probendicke) ergeben sich die Beziehungen [vgl. Gln. (E.1.–7c und 8)]

$$j = \sigma E = \mu neE = nev. \tag{72}$$

Darin sind $\sigma = 1/\varrho$ die elektrische Leitfähigkeit (Einheit: $(\Omega \cdot m)^{-1}$), ϱ der spezifische Widerstand, E die in Stromrichtung wirkende elektrische Feldstärke, n die Ladungsträgerkonzentration (Einheit: cm^{-3}), e die Elementarladung und

$$\mu = \frac{v}{E} = \frac{\sigma}{ne} \tag{73}$$

die *Beweglichkeit gleichartiger Ladungsträger* entlang der Stromrichtung. Die Beweglichkeit wird meist in der *Einheit* $1\ cm^2/(V \cdot s)$ angegeben.
Wird in Gl. (71) die Geschwindigkeit durch den aus Gl. (72) ableitbaren Ausdruck ersetzt und $j = I/ad$ beachtet, folgt

$$U_H = \frac{1}{ne} ajB = \frac{1}{ne} \frac{IB}{d} = \frac{\mu}{\sigma} \frac{IB}{d}. \tag{74}$$

Die Größe

$$R_H = \frac{1}{ne} = \frac{\mu}{\sigma} \tag{75}$$

nennt man *Hall-Konstante*. Damit kann für die *Hall-Spannung*

$$U_H = R_H ajB = R_H \frac{IB}{d} \tag{76}$$

geschrieben werden.
Bei der Herleitung der Hall-Spannung wurde vorausgesetzt, daß der Strom von Ladungen eines einzigen Vorzeichens gebildet wird, wie es beispielsweise bei der metallischen Leitung der Fall ist. Geht man dagegen von einer bei Halbleitern möglichen ambipolaren Leitung [Elektronen-(n)- und-Löcher-(p-)Leitung] aus, erhält man für die *Hall-Konstante* den Ausdruck

$$R_H = \frac{1}{e} \left(\frac{\sigma_p^2}{n_p \sigma^2} - \frac{\sigma_n^2}{n_n \sigma^2} \right). \tag{77}$$

Dabei ist berücksichtigt, daß sich die Leitfähigkeit σ einer Probe aus der elektronischen (σ_n) und Löcher- (σ_p) Leitfähigkeit zusammensetzt ($\sigma = \sigma_p + \sigma_n$); $n_{p,n}$ sind die Löcher- und Elektronenkonzentration.[1] Im Falle einer Überschußleitung vereinfacht sich Gl. (77) zur Form der Gl. (75); denn mit $n_p \gg n_n$ wird $\sigma_p \approx \sigma$ und

$$R_H = \frac{1}{n_p e} = \frac{\mu_p}{\sigma} \quad \text{(Löcherleitung)}. \tag{78a}$$

Für $n_n \gg n_p$ gilt $\sigma_n \approx \sigma$ und

$$R_H = -\frac{1}{n_n e} = -\frac{\mu_n}{\sigma} \tag{78b}$$

$$\text{(Elektronenleitung)}.$$

In den Gln. (78a) und (78b) stellen $\mu_{p,n}$ die Löcher- und Elektronenbeweglichkeit dar. Die bei n- und p-Leitung unterschiedlichen Vorzeichen der Hall-Konstanten bestimmen das Vorzeichen der Hall-Spannung.
Aus der Größe und dem Vorzeichen der Hall-Konstanten [vgl. Gln. (78a) und (78b)] lassen sich die Ladungsträgerkonzentration, der Leitungstyp sowie die Beweglichkeit der Ladungsträger ermitteln.
Dazu wird die elektrische Leitfähigkeit σ der Probe benötigt. Um diese in einem Meßvorgang mit der Hall-Spannung zuverlässig ermitteln zu können, wird an einer Längsseite der rechteckigen Hall-Probe (Querschnitt A) im Abstand l ein weiterer, in Abb. E.4.5.2a mit *5* bezeichneter Kontakt angebracht. Somit läßt sich aus dem

---

[1] Auch die Ableitung der Gl. (77) geht von vereinfachten klassischen Vorstellungen aus. Sie vernachlässigt die thermische Bewegung der Ladungsträger, ihre Streuung am Gitter und an Störstellen, den Einfluß der Bandstruktur des Halbleiters und des Magnetfeldes. Deshalb wird die Hall-Konstante im allgemeinen durch einen *Hall-Faktor* korrigiert, der in praktischen Fällen bei Unkenntnis meist Eins gesetzt wird.

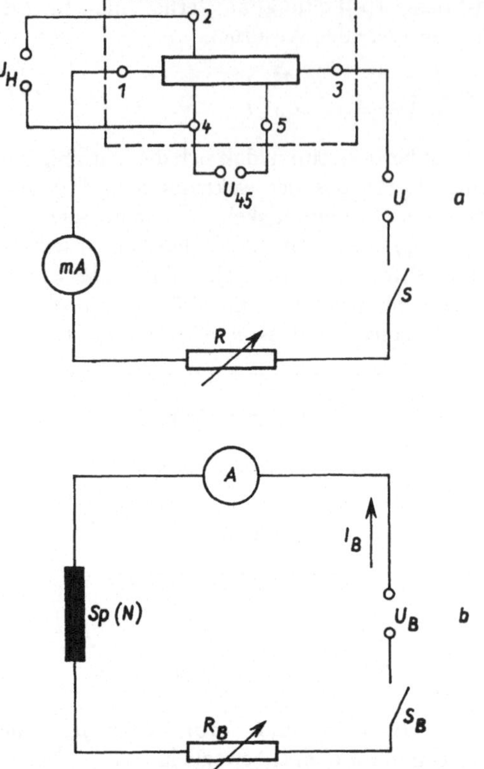

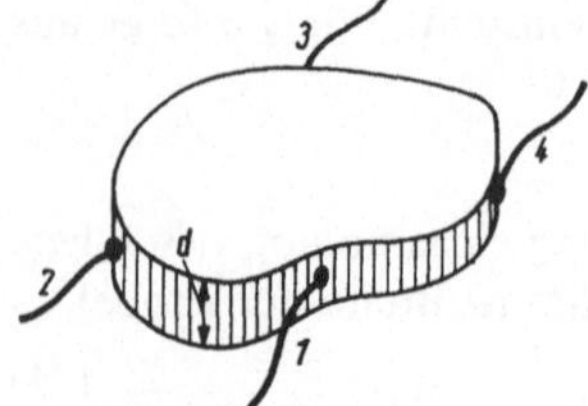

Abb. E.4.5.3. Hall-Probe nach *van der Pauw*

Abb. E.4.5.2. a) Schaltung der Hall-Probe; b) Schaltung der Magnetspule

Spannungsabfall U_{45} zwischen den Kontakten 4 und 5 und dem durch die Probe fließenden Strom I über $R = U_{45}I$ und Gl. (E.1.−7) die Leitfähigkeit ermitteln. Auf diese Weise wird der Einfluß der unter Umständen merklichen Übergangswiderstände an den Kontakten eliminiert. Wegen der elektrischen Anomalien an den Probenenden wird außerdem ein Längen-Breiten-Verhältnis der Proben von 5:1 empfohlen.

Um die Schwierigkeiten bei der Herstellung und Kontaktierung quaderförmiger Halbleiterplättchen zu umgehen, wird heute in der Praxis vorwiegend die von *van der Pauw* angegebene Variante der Hall-Messung benutzt, die im folgenden ohne Ableitungen[1]) angegeben wird: Ein planparalleles Scheibchen (Dicke d) beliebiger Gestalt wird längs seines Umfanges mit vier

---

[1]) Die Ableitungen sind aufwendig. Deshalb wird auf die Originalarbeit verwiesen: *L. J. van der Pauw*, Philips Res. Repts *13*, 1–9 (1958).

Kontakten versehen (*1* bis *4* in Abb. E.4.5.3). Läßt man den Strom durch zwei gegenüberliegende Kontakte *1* und *3* fließen (I_{13}) und mißt die Spannung zwischen den beiden anderen Kontakten *2* und *4* (U_{24}), kann ein Widerstand

$$R_{13/24} = U_{24}/I_{13} \qquad (79)$$

definiert werden. Dieser wird einmal mit, einmal ohne Magnetfeld bestimmt und aus den zugehörenden Widerständen der Differenzwiderstand $\Delta R_{13/24}$ gebildet. Es läßt sich zeigen, daß der Hall-Koeffizient durch

$$R_{\mathrm{H}} = \frac{d}{B}\, \Delta R_{13/24} \qquad (80)$$

gegeben ist.

Für den spezifischen Widerstand ϱ der Halbleiterscheibe liefert die Theorie den Ausdruck

$$\varrho = \frac{1}{\sigma} = \frac{\pi d}{\ln 2}\, \frac{R_{12/34} + R_{23/14}}{2}\, f, \qquad (81)$$

f ist ein lediglich vom Quotienten $R_{12/34}/R_{23/14}$ abhängender Faktor, dessen Verlauf Abb. E.4.5.4

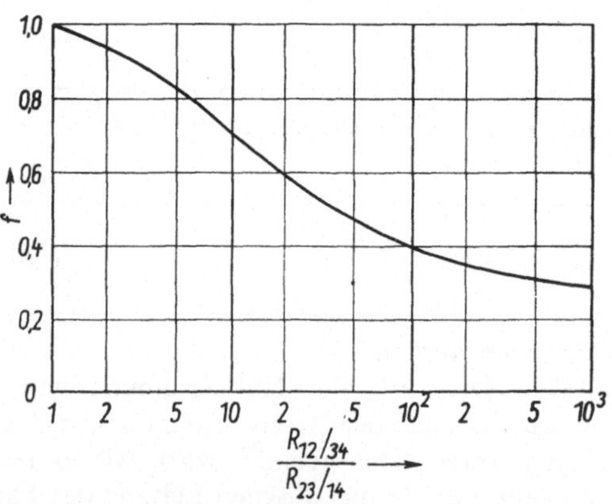

Abb. E.4.5.4. Verlauf des Faktors f in Abhängigkeit vom Widerstandsverhältnis $R_{12/34}/R_{23/14}$

zeigt. $R_{12/34}$ und $R_{23/14}$ sind Widerstände, die entsprechend der Gl. (79) gebildet werden. Die Ströme I_{12} bzw. I_{23} und die Spannungen U_{34} bzw. U_{14} werden dabei zwischen benachbarten Kontaktstellen gemessen.

Es ist vorteilhaft (nicht Voraussetzung), wenn bei der Methode nach *van der Pauw* die Scheibchen annähernd symmetrische Gestalt (rechteckig, quadratisch, kreisförmig) besitzen und die Kontakte auf dem Rand gleichmäßig verteilt sind.

Über die Hall-Spannung [vgl. Gl. (76)] kann auch die magnetische Induktion bzw. magnetische Feldstärke bestimmt werden. Nach diesem Prinzip arbeitende Magnetometer (*Hall-Sonden*) werden kommerziell gefertigt. Damit die durch ein Magnetfeld hervorgerufene Hall-Spannung möglichst groß ist, muß die Hall-Konstante R_H der Sonde groß sein. Dies kann gemäß Gln. (78a) und (78b) durch niedrige Ladungsträgerkonzentrationen erreicht werden. Im Interesse einer angemessenen Leistung der Hall-Sonde wünscht man sich jedoch eine hohe Leitfähigkeit, die sich zur Hall-Konstante reziprok verhält. Die widersprüchlichen Forderungen werden nach Gl. (73) nur von Werkstoffen hoher Beweglichkeit erfüllt, die in ihren elektrischen Parametern außerdem weitgehend temperaturunabhängig sein sollen. Nach Tab. 10 ist dies beispielsweise für n-InSb gegeben.

Weiterhin lassen sich über den Hall-Effekt Gleichströme ermitteln [vgl. Gl. (76)].

Versuchsausführung

Zu den Messungen der *Aufgaben 1* und *3* verwenden wir in Kunststoff gefaßte Hall-Proben, die jeweils nach Abb. E.4.5.4a geschaltet werden (Bezifferung der Anschlüsse beachten!). Die Hall-Proben werden aus einem Stromversorgungsgerät gespeist, dessen Ausgangsspannung U stufenweise einstellbar ist. Damit sich die Hall-Probe nicht unzulässig erwärmt, schließen wir den Schalter S stets in der niedrigsten Spannungsstufe und bei dem höchstmöglichen Wert des variablen Widerstandes R und stellen danach die Stromstärke I auf den für die jeweilige Probe in der Arbeitsplatzanleitung vorgegebenen Wert vorsichtig ein. Die Spannung U_H (Größenordnung 1 bis 100 mV) wird mit einem elektronischen Spannungsmesser (vgl. E.2.1) leistungslos ge-

messen, da dessen Innenwiderstand im MΩ-Bereich liegt. Thermospannungen der Verbindungsstellen sowie eine Unsymmetrie der Kontakte *2* und *4* können auch außerhalb eines Magneten eine Anzeige liefern. Diese Nullspannung ist entweder zu kompensieren oder bei allen Messungen rechnerisch zu berücksichtigen.

Für die Messung der *Aufgabe 1* wird die Hall-Sonde in die Mitte einer kräftigen Spule Sp (Windungszahl N) so eingeführt, daß die Scheibenfläche parallel zum Spulenquerschnitt liegt. Die Spule wird aus einem Stromversorgungsgerät variabler Spannung U_B gespeist (Schaltung nach Abb. E.4.5.4b). Den Spulenstrom I_B können wir außerdem – falls notwendig – mit einem Widerstand R_B verändern. Mit Hilfe des am Strommesser A ablesbaren Spulenstromes berechnen wir nach Gl. (6a) oder (6b) die magnetische Feldstärke H und über Gl. (1b) die magnetische Flußdichte B am Orte der Hall-Sonde. Für etwa 10 Werte von B bzw. des Spulenstromes I_B ermitteln wir die Hallspannung und stellen den Zusammenhang graphisch dar.

In *Aufgabe 2* wird ein kalibriertes Hall-Magnetometer eingesetzt. Mit ihm wird das Magnetfeld ($B > 0{,}1$ V $\cdot$ s $\cdot$ m^{-2}) unter den in der Arbeitsplatzanleitung angegebenen Betriebsbedingungen der Aufgabe 3 ausgemessen. Die Werte sind nach Abschluß der Messungen an einer jeden Probe der Aufgabe 3 zu prüfen.

Bei *Aufgabe 3* wird die jeweils nach Abb. E.4.5.4a geschaltete Hall-Probe in den homogenen Teil des Magneten eingeführt. Die Hall-Konstante R_H berechnen wir nach Gl. (76), die Beweglichkeiten und Ladungsträgerkonzentrationen nach Gl. (78a) oder (78b). Die dafür benötigte elektrische Leitfähigkeit der Proben gewinnen wir mit Hilfe der Spannung U_{45}. Diese messen wir entweder mit dem Spannungsmesser, welcher die Hall-Spannung lieferte oder mit einem zweiten, hinreichend hochohmigen Gerät. Die Dicke d der Hall-Proben ist aus der Arbeitsplatzanleitung zu ersehen.

Ist eine Messung nach *van der Pauw* vorgesehen, so berechnen wir die Hall-Konstante R_H nach Gl. (80). $\Delta R_{13/24}$ ergibt sich aus Gl. (79), indem wir U_{24} einmal mit und einmal ohne eingeschaltetem Magnet messen. In beiden Fällen halten wir mit dem Widerstand R I_{13} konstant (Größenordnung: 10 mA). Die Dicke d der Hall-Probe

ist aus der Arbeitsplatzanleitung zu ersehen. Der Leitungstyp wird am einfachsten durch Vergleich mit bekannten Proben ermittelt. Mit dem Wert von R_H kann aus Gl. (78a) bzw. (78b) die Ladungsträgerdichte errechnet werden. Die Gleichungen liefern gleichzeitig die Ladungsträgerbeweglichkeit $\mu_{n,p}$, wenn die Leitfähigkeit σ bekannt ist. Diese läßt sich über Gl. (81) ermitteln, indem wir die Widerstände $R_{12/34}$ und $R_{23/14}$ aus entsprechenden Messungen (U_{34}, U_{14}) und Stromstärke (I_{12}, I_{23}) gemäß Gl. (79) bilden (Kontakte nicht verwechseln!). Der Faktor f folgt aus der graphischen Darstellung für das entsprechende Widerstandsverhältnis $R_{12/34}/R_{23/14}$.

5. Wechselstromwiderstände und elektrische Schwingungen

5.0. Allgemeine Grundlagen

5.0.1. Komplexe Darstellung von Wechselstromgrößen

Für Gleichstrom stellt eine Spule einen ohmschen Widerstand dar, der durch das Material und die Abmessungen der Drahtwicklung gegeben ist [vgl. Gl. (E.1.-7)]. Ein verlustfreier Kondensator bildet einen unendlich hohen Gleichstromwiderstand. Im Wechselstromkreis bedeuten Spulen der Induktivität L und Kondensatoren der Kapazität C endliche, von der Kreisfrequenz ω der Wechselspannung abhängige, *induktive* oder *kapazitive Widerstände*

$$Z_L = j\omega L, \tag{1}$$

$$Z_C = \frac{1}{j\omega C} = -j\,\frac{1}{\omega C}. \tag{2}$$

j ist die durch $j^2 = -1$ definierte imaginäre Einheit. Die Beträge

$$X_L = \omega L, \tag{1a}$$

$$X_C = \frac{1}{\omega C} \tag{2a}$$

bezeichnet man als *Blindwiderstand* der Induktivität bzw. der Kapazität. Während der induktive Widerstand mit der Frequenz zunimmt, sinkt der kapazitive Widerstand mit ihr. Die *Einheit der Induktivität* ist das Henry (H)

$$1\ \text{H} = 1\ \text{Wb} \cdot \text{A}^{-1} = 1\ \text{V} \cdot \text{s} \cdot \text{A}^{-1}.$$

Die *Einheit der Kapazität*, die sich aus der Definition

$$Q = CU \tag{3}$$

herleitet, ist das Farad (F)

$$1\ \text{F} = 1\ \text{A} \cdot \text{s} \cdot \text{V}^{-1}.$$

Damit erweisen sich induktiver und kapazitiver Widerstand als dimensionsgleich mit dem ohmschen Widerstand und rechtfertigen somit ihre Definition.

Der *Wechselstromwiderstand einer Induktivität* hat folgende Ursache: In der Spule wird bei einer Änderung der Stromstärke (Ein- bzw. Ausschaltvorgang, Wechselstrom) eine der von außen anliegenden Spannung U entgegengerichtete Spannung

$$U_L = -L\,\frac{dI}{dt} \tag{4}$$

induziert. Nach dem Kirchhoffschen Gesetz [vgl. Gl. (E.1–3)] gilt

$$U + U_L = U - L\,\frac{dI}{dt} = 0. \tag{5}$$

Im Wechselstromkreis muß man zulassen, daß Spannung und Stromstärke nicht phasengleich sind, sondern daß die Extremwerte oder die Nulldurchgänge von U und I zu verschiedenen Zeiten erreicht werden. Wird die Phasenverschiebung zwischen Spannung und Strom mit φ bezeichnet, so kann man bei harmonischem Verlauf[1])

$$U = U_0\, e^{j\omega t}, \tag{6}$$

$$I = I_0\, e^{j(\omega t - \varphi)} \tag{7}$$

schreiben. U_0 bzw. I_0 sind die Extremwerte, U und I die Momentanwerte von Spannung und Stromstärke.

---

[1]) Über die komplexe Darstellung harmonischer Funktionen und den Zusammenhang mit der e-Funktion informiert die Fußnote auf Seite 178.

Die Behandlung von Wechselstromgrößen in komplexer Darstellung bringt eine erhebliche rechentechnische Erleichterung mit sich. Der physikalische Sachverhalt wird stets durch den Realteil der komplexen Gleichungen beschrieben. Mit der aus Gl. (7) folgenden zeitlichen Ableitung

$$\frac{dI}{dt} = j\omega I$$

geht Gl. (5) in

$$U = j\omega L I \tag{8}$$

über. Aus dem Vergleich mit dem Ohmschen Gesetz wird $j\omega L$ als induktiver (komplexer) Widerstand interpretiert [vgl. Gl. (1)]. Durch die imaginäre Einheit j kommt zum Ausdruck, daß bei rein induktiver Belastung die Spannung gegenüber dem Strom in der Phase um $\pi/2$ vorauseilt.

Zum *Wechselstromwiderstand eines Kondensators* führen ähnliche Betrachtungen: Unter dem Einfluß einer äußeren Spannung U nimmt ein Kondensator der Kapazität C die Ladung $Q = \int I\,dt$ auf. Es gilt

$$U = U_C = \frac{1}{C} \int I\,dt \tag{9}$$

und, wenn für I der durch Gl. (7) dargestellte harmonische Stromverlauf vorausgesetzt wird,

$$U = U_C = \frac{1}{j\omega C} I = -j \frac{1}{\omega C} I. \tag{10}$$

Der Vergleich mit dem Ohmschen Gesetz liefert den kapazitiven Widerstand [vgl. Gl. (2)], und außerdem sagt Gl. (10) aus, daß der Strom der Spannung um den Phasenwinkel $\pi/2$ vorauseilt. In ohmschen Widerständen haben Spannung und Strom gleiche Phase. An rein induktiven oder kapazitiven Blindwiderständen treten im Gegensatz zu den ohmschen Widerständen keine Verluste an elektrischer Energie auf.

Es ist jedoch zu bedenken, daß Spulen stets einen ohmschen Widerstandsanteil und eine – wenn auch in vielen Fällen vernachlässigbar kleine – Eigenkapazität besitzen. Desgleichen sind bei Kondensatoren eine Eigeninduktivität und ein Wirkwiderstand vorhanden. Schließlich sind ohmsche Widerstände je nach ihrer Art mit einem mehr oder weniger großen Blindanteil behaftet. Widerstände sind daher in der Praxis nicht absolut phasenrein. Die Phasenlage und der Betrag des resultierenden Widerstandes bzw. des Leitwertes können Zeigerdiagrammen in der Gaußschen Ebene entnommen werden, sofern die einzelnen Widerstandsanteile bekannt sind.

Die *Ersatzschaltung einer Spule* ist eine Reihenschaltung von ohmschem Widerstand R und induktivem Widerstand Z_L. Der Gesamtwiderstand in komplexer Darstellung ist

$$Z = R + j\omega L. \tag{11}$$

$|Z|$ bezeichnet man als *Scheinwiderstand*.

Der Darstellung komplexer Zahlen in der Gaußschen Zahlenebene entsprechend, wird R auf der reellen und ωL auf der positiven imaginären Achse aufgetragen (vgl. Abb. E.5.0.1 a).

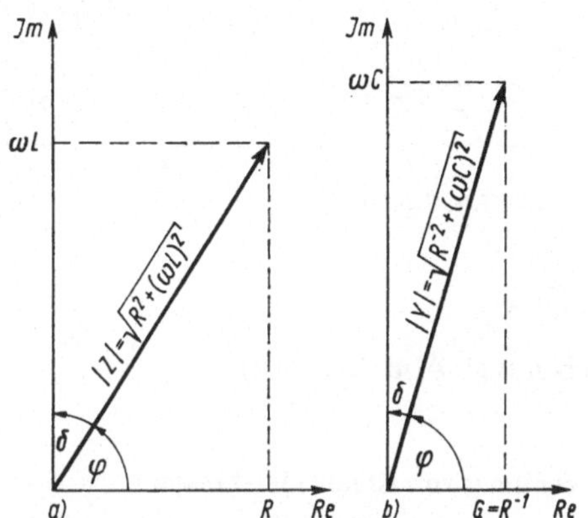

Abb. E.5.0.1. Zeigerdiagramm für den a) Widerstand einer Spule; b) Leitwert eines Kondensators

Die vektorielle Addition liefert den resultierenden Widerstand vom Betrag

$$|Z| = \sqrt{R^2 + (\omega L)^2} \tag{12}$$

und einen *Phasenwinkel* φ gemäß

$$\tan \varphi = \frac{\omega L}{R}. \tag{13}$$

Induktivitäten werden so hergestellt, daß $R \ll \omega L$ für alle Frequenzen im Anwendungsbereich ist. Dann unterscheidet sich der Phasenwinkel nur wenig von $\pi/2$. Der Winkel

$$\delta = \frac{\pi}{2} - \varphi \tag{14}$$

ist ein Maß für die ohmschen Verluste. δ wird als *Verlustwinkel*,

$$\tan \delta = \tan\left(\frac{\pi}{2} - \varphi\right) = \tan^{-1}\varphi = \frac{R}{\omega L} \tag{15}$$

als *Verlustfaktor* bezeichnet.

Als *Ersatzschaltbild für einen Kondensator* wird in den meisten Fällen eine Parallelschaltung von C und R gewählt, da jeder Stoff, der als Dielektrikum zwischen die Kondensatorbelegungen gebracht wird, bis zu einem gewissen Grade elektrisch leitend ist. Der Leitwert eines Kondensators in komplexer Darstellung und sein Betrag (*Scheinleitwert*) werden durch

$$Y = \frac{1}{R} + j\omega C, \tag{16}$$

$$|Y| = \sqrt{R^{-2} + (\omega C)^2}, \tag{17}$$

der *Verlustfaktor* durch

$$\tan \delta = \frac{1}{\omega CR} \tag{18}$$

beschrieben (vgl. Abb. E.5.0.1 b).

5.0.2. Schaltung von Blindwiderständen

Bei einer *Reihenschaltung mehrerer Spulen* 1, 2, ..., *n* addieren sich deren Wirk- und Blindwiderstände einzeln. Daher gilt

$$R = R_1 + R_2 + \ldots + R_n, \tag{19a}$$

$$L = L_1 + L_2 + \ldots + L_n. \tag{19b}$$

In einer *Parallelschaltung* addieren sich Wirk- und Blindleitwerte einzeln. Daraus folgt

$$\frac{1}{R} = \frac{1}{R_1} + \frac{1}{R_2} + \ldots + \frac{1}{R_n}, \tag{20a}$$

$$\frac{1}{L} = \frac{1}{L_1} + \frac{1}{L_2} + \ldots + \frac{1}{L_n}. \tag{20b}$$

Bei einer *Serienschaltung von mehreren Kondensatoren* der Kapazität $C_1, C_2, \ldots, C_n$ addieren sich deren Blindwiderstände $1/\omega C_i$. Daraus folgt für die Gesamtkapazität C

$$\frac{1}{C} = \frac{1}{C_1} + \frac{1}{C_2} + \ldots + \frac{1}{C_n}. \tag{21}$$

In einer *Parallelschaltung* addieren sich die Blindleitwerte ωC_i, also auch die Kapazitäten

$$C = C_1 + C_2 + \ldots + C_n. \tag{22}$$

5.0.3. Die Dielektrizitätskonstante

Die Kapazität C eines mit einem Dielektrikum der relativen Dielektrizitätskonstanten oder Dielektrizitätszahl ε_r gefüllten Kondensators ist gegenüber der Leerkapazität C_0 (Vakuum zwischen den Belegungen) um den Faktor ε_r größer. Die *relative Dielektrizitätskonstante (DK)* ist also als das Verhältnis zweier Kapazitäten definiert

$$\varepsilon_r = \frac{C}{C_0}. \tag{23}$$

Aus Gl. (23) folgt, daß ε_r für Vakuum gleich 1 ist. Befindet sich zwischen den Kondensatorbelegungen Luft, so ist $\varepsilon_r = 1{,}0006$. Aus diesem Grunde kann die Leerkapazität C_0 in den meisten Fällen in Luft gemessen werden.

Für einen *Plattenkondensator* ist

$$C = \varepsilon \frac{A}{d} = \varepsilon_r \varepsilon_0 \frac{A}{d}. \tag{24}$$

In Gl. (24) sind A die Plattenfläche und d der Plattenabstand. ε_0 ist die *elektrische Feldkonstante* oder *Dielektrizitätskonstante des Vakuums*:

$$\varepsilon_0 = 8{,}8542 \cdot 10^{-12} \, \text{A} \cdot \text{s} \cdot \text{V}^{-1} \cdot \text{m}^{-1}.$$

Das Produkt $\varepsilon_r \varepsilon_0 = \varepsilon$ bezeichnet man als *Dielektrizitätskonstante des Stoffes*, ε hat die gleiche Dimension wie ε_0.

Gl. (24) gilt exakt nur für unendlich ausgedehnte Plattenkondensatoren. Alle Randeffekte – die dielektrischen Feldlinien verlaufen am Rand der Platten nicht mehr senkrecht zu ihnen – sind dabei außer acht gelassen worden. Um diese Randeffekte zu unterdrücken, umgibt man kreisförmige Plattenkondensatoren mit von ihnen isolierten Schutzringen, zwischen denen die gleiche elektrische Feldstärke wie im Plattenkondensator herrscht.

5.0.4. Elektrische Schwingungen

Entlädt sich ein Kondensator der Kapazität C über eine mit einem Wirkwiderstand R in Reihe geschaltete Spule der Induktivität L, wird in dieser eine Spannung induziert. Sie bewirkt ihrerseits einen zeitlich veränderlichen Strom, der sich dem

Entladestrom überlagert und den Kondensator erneut auflädt. Auf diese Weise wandeln sich die elektrische Feldenergie des Kondensators und die magnetische Feldenergie der Spule periodisch ineinander um, bis die elektrische Energie durch den Wirkwiderstand verzehrt ist. Dieser Vorgang ist eine *freie gedämpfte elektrische Schwingung,* die bei starker Dämpfung $[(R/2L)^2 \gg 1/LC]$ analog zur mechanischen Schwingung (vgl. E.4.1) in den aperiodischen Fall übergeht. Die *RLC*-Kombination stellt einen *elektrischen Schwingkreis* dar.

Wird ein Schwingkreis an eine Wechselstromquelle angeschlossen, bildet der Wechselstrom im Kreis eine *erzwungene elektrische Schwingung.* Je nach Art der Schaltung liegen Reihen- oder Parallelschwingkreise (Abb. E.5.0.2a u. b) vor.

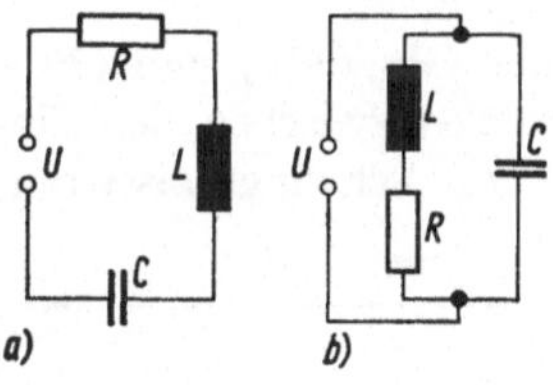

Abb. E.5.0.2. Reihen- (a) und Parallelschwingkreis (b)

Die typischen Erscheinungen einer erzwungenen elektrischen Schwingung werden am Beispiel eines *Reihenschwingkreises* gezeigt:

Die Eingangsspannung U habe einen harmonischen Verlauf, der sich durch

$$U = U_0 \, \mathrm{e}^{\mathrm{j}\omega t} \qquad (25)$$

(U_0 Scheitelwert der Spannung; ω Kreisfrequenz) beschreiben läßt.[1]) Die Spannung erzeugt einen, im allgemeinen ihr gegenüber phasenverschobenen Wechselstrom, dessen momentane Stromstärke durch

$$I = I_0 \, \mathrm{e}^{\mathrm{j}(\omega t - \varphi)} \qquad (26)$$

(I_0 Scheitelwert der Stromstärke oder Stromamplitude; φ Phasenwinkel) gegeben ist. Er führt am Wirkwiderstand R, am Kondensator der Kapazität C und an der Spule von der Induktivität L zu Teilspannungen

$$U_R = IR, \qquad (27\,\mathrm{a})$$

$$U_C = \frac{1}{C} \int I \, \mathrm{d}t \qquad (27\,\mathrm{b})$$

und

$$U_L = -L \frac{\mathrm{d}I}{\mathrm{d}t}. \qquad (27\,\mathrm{c})$$

In jedem Augenblick muß im Schwingkreis das Kirchhoffsche Gesetz [vgl. Gl. (E.1.–3)] erfüllt sein, wobei die in der Spule induzierte Spannung wie eine von einer Spannungsquelle herrührende Spannung – eine »eingeprägte« Spannung – zu behandeln ist. Daher gilt

$$U_R + U_C = U + U_L.$$

Werden für die Größen dieser Gleichung die Ausdrücke (25) und (27 a, b, c) gesetzt, ergibt sich nach einmaliger Differentiation und Umstellung die als *Schwingungsgleichung* bekannte Beziehung

$$\frac{\mathrm{d}^2 I}{\mathrm{d}t^2} + \frac{R}{L} \frac{\mathrm{d}I}{\mathrm{d}t} + \frac{1}{LC} I = \mathrm{j}\omega \frac{U_0}{L} \mathrm{e}^{\mathrm{j}\omega t}. \qquad (28)$$

Ihrer Struktur nach ist es eine inhomogene Differentialgleichung 2. Ordnung mit konstanten Koeffizienten. Sie enthält als Sonderfall die homogene Differentialgleichung der zu Beginn dieses Abschnittes betrachteten freien Schwingung, für die die rechte Seite der Gleichung Null ist. Für $R = 0$ beschreibt Gl. (28) eine ungedämpfte Schwingung. Ein bemerkenswerter Unterschied zum mechanischen Analogon [vgl. (E.4.–35)] besteht insofern, als die rechte Seite der Gl. (28) die Kreisfrequenz ω als Faktor enthält. Die allgemeine Lösung einer inhomogenen Differentialgleichung setzt sich aus der Lösung der entsprechenden homogenen Differentialgleichung, wie sie im Prinzip durch Gl. (E.4.–31 b) gegeben ist, und einer partikulären Lösung der inhomogenen Differentialgleichung zusammen. Erstere beschreibt die mit dem Einschalten angeregte, mit der Zeit abklingende Eigenschwingung des Kreises. Die partikuläre Lösung gilt für den stationären, den sogenannten eingeschwungenen Zustand, auf den im folgenden nur eingegangen werden soll.

---

[1]) Über die komplexe Darstellung harmonischer Funktionen und den Zusammenhang mit der e-Funktion informiert die Fußnote auf Seite 178.

Gl. (26) stellt eine Lösung der Schwingungsgleichung (28) dar, wenn man für die Stromamplitude I_0 einen auf folgende Weise ermittelten Ausdruck setzt:

Führt man die Ableitungen der Gl. (26)

$$\frac{\mathrm{d}I}{\mathrm{d}t} = \mathrm{j}\omega I_0\, \mathrm{e}^{\mathrm{j}(\omega t - \varphi)}$$

und

$$\frac{\mathrm{d}^2 I}{\mathrm{d}t^2} = -\omega^2 I_0\, \mathrm{e}^{\mathrm{j}(\omega t - \varphi)}$$

in Gl. (28) ein, folgt nach entsprechenden Umformungen und mit der Eulerschen Formel (vgl. die Fußnote auf S. 178)

$$-\omega^2 + \mathrm{j}\omega\,\frac{R}{L} + \frac{1}{LC}$$

$$= \mathrm{j}\omega\,\frac{U_0}{I_0 L}\, \mathrm{e}^{\mathrm{j}\varphi} = \mathrm{j}\omega\,\frac{U_0}{I_0 L}\,(\cos\varphi + \mathrm{j}\sin\varphi). \qquad (29)$$

Real- und Imaginärteil dieser Gleichung müssen für sich erfüllt sein, so daß Gl. (29) in

$$\omega^2 - \frac{1}{LC} = \frac{U_0\omega}{I_0 L}\sin\varphi \qquad (30\,\mathrm{a})$$

und

$$\frac{R}{L}\,\omega = \frac{U_0\omega}{I_0 L}\cos\varphi \qquad (30\,\mathrm{b})$$

aufgespaltet werden darf. Durch Quadrieren und Addition beider Gleichungen erhält man für die *Stromamplitude*

$$I_0 = \frac{U_0}{\sqrt{R^2 + \left(\omega L - \dfrac{1}{\omega C}\right)^2}} \qquad (31)$$

Der Nenner dieser Beziehung ist der Betrag des komplexen Widerstandes (Scheinwiderstand, Impedanz) für die Reihenschaltung von R, L und C (vgl. 5.0.1 und 2). Bei konstanter Scheitelspannung U_0 wird die vom Reihenschwingkreis aufgenommene Stromstärke maximal (*Resonanz*), wenn der Klammerausdruck verschwindet, wenn also $\omega L - 1/\omega C = 0$ ist. Dies ist bei der *Resonanzfrequenz*

$$\omega_0 = \frac{1}{\sqrt{LC}} \qquad (32)$$

(*Thomsonsche Schwingungsformel*) der Fall. Der Strom wird lediglich durch den Wirkwiderstand begrenzt. Die Resonanz im Reihenschwingkreis wird *Reihen-* oder *Spannungsresonanz* genannt. Damit soll insbesondere auch zum Ausdruck kommen, daß die Spannungsamplituden U_{L0} und U_{C0} an den Blindwiderständen weit über der der Eingangsspannung liegen können. Für diese *Resonanzüberhöhung* gilt

$$\frac{U_{L0}}{U_0} = \frac{U_{C0}}{U_0} = \frac{1}{R}\sqrt{\frac{L}{C}}$$

$$= \frac{\omega_0 L}{R} = \frac{1}{\omega_0 C R}. \qquad (33)$$

Bei der Ableitung dieses Ausdruckes werden die Gln. (1a), (2a) und (32) benutzt.

Aus dem Quotienten der Gln. (30a) und (30b) ergibt sich der *Phasenwinkel* zwischen der Eingangsspannung und dem Schwingkreisstrom; denn es ist

$$\tan\varphi = \frac{\omega L - \dfrac{1}{\omega C}}{R}. \qquad (34)$$

Wenn man die *Dämpfungskonstante*

$$\delta^* = \frac{R}{2L} \qquad (35)$$

und die Kreisfrequenz ω_0 gemäß Gl. (32) in die Schwingungsgleichung (28) einführt, nimmt diese die Form

$$\frac{\mathrm{d}^2 I}{\mathrm{d}t^2} + 2\delta^*\,\frac{\mathrm{d}I}{\mathrm{d}t} + \omega_0^2 I = \mathrm{j}\omega\,\frac{U_0}{L}\,\mathrm{e}^{\mathrm{j}\omega t} \qquad (28\,\mathrm{a})$$

an. Entsprechend kann man für Gln. (30a und b) auch

$$\omega^2 - \omega_0^2 = \frac{\omega U_0}{I_0 L}\sin\varphi, \qquad (30\,\mathrm{aa})$$

$$2\delta^*\omega = \frac{\omega U_0}{I_0 L}\cos\varphi \qquad (30\,\mathrm{bb})$$

setzen und erhält für die *Stromamplitude*

$$I_0 = \frac{\dfrac{\omega U_0}{L}}{\sqrt{(\omega^2 - \omega_0^2)^2 + 4\delta^{*2}\omega^2}}. \qquad (31\,\mathrm{a})$$

I_0 geht sowohl bei niedrigen Frequenzen ($\omega \to 0$) als auch bei hohen Frequenzen ($\omega \to \infty$) gegen Null. Die Resonanzfrequenz stimmt im Gegensatz zum mechanischen Analogon unabhängig von der Größe der Dämpfung mit der Eigenfrequenz ω_0 exakt überein. Die Resonanzamplitude

$$I_{0r} = \frac{U_0}{2\delta^* L} \qquad (31\,\text{b})$$

nimmt mit wachsender Dämpfung ab. Gleichzeitig wird die Resonanzkurve – das ist die graphische Darstellung der Amplitude über der Erregerfrequenz (vgl. die Abbn. E.5.0.3 und E.5.5.1) – breiter und damit die »Abstimmschärfe« des Kreises kleiner. Ein Maß dafür ist die Halbwerts- oder Bandbreite $\Delta\omega$. Das ist die Frequenzbreite der Resonanzkurve zwischen den beiden Stellen, an denen $I_0 = I_{0r}/\sqrt{2} = 0{,}707\ I_{0r}$ gilt (vgl. Abb. E.5.5.1). Für diese Werte der Amplitude ist

$$\frac{I_0^2}{I_{0r}^2} = \frac{4\delta^{*2}\omega^2}{(\omega^2 - \omega_0^2)^2 + 4\delta^{*2}\omega^2}$$

$$= \frac{1}{\left(\dfrac{\omega^2 - \omega_0^2}{2\delta^*\omega}\right)^2 + 1} = \frac{1}{2}.$$

Dies kann nur für

$$\frac{\omega^2 - \omega_0^2}{2\delta^*\omega} = 1$$

oder

$$2\delta^*\omega = \omega^2 - \omega_0^2 = (\omega + \omega_0)(\omega - \omega_0)$$

erfüllt sein. Im Falle geringer Bandbreite ($\omega \approx \omega_0$) gilt näherungsweise

$$2\delta^*\omega_0 = 2\omega_0 \frac{1}{2}\Delta\omega,$$

d. h., die relative Bandbreite ist

$$\frac{\Delta\omega}{\omega_0} = \frac{2\delta^*}{\omega_0}. \qquad (31\,\text{c})$$

In Abb. 5.0.3 sind schematisch die Resonanzkurve und der Phasenverlauf für den Reihenschwingkreis dargestellt.
Für einen *Parallelschwingkreis* nach Abb. E.5.0.2 ergibt sich ein frequenzabhängiger Scheinwider-

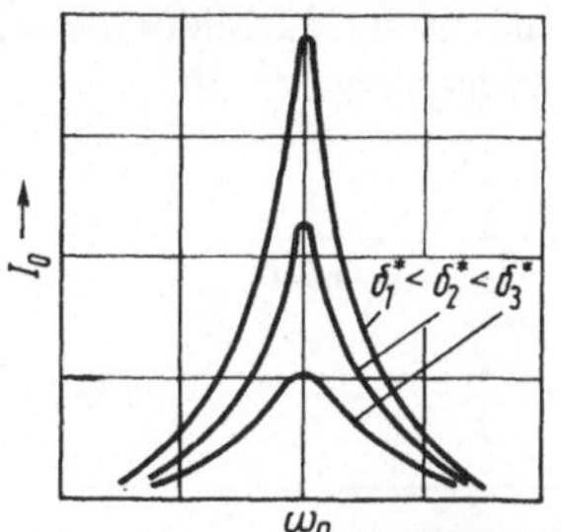

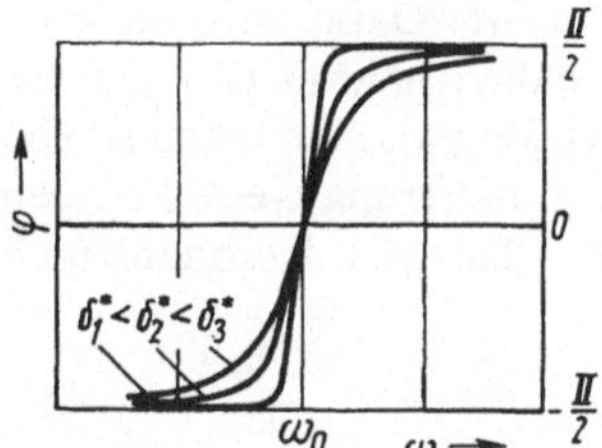

Abb. E.5.0.3. Resonanzkurven und Phasenverlauf für den Reihenschwingkreis bei verschiedener Dämpfung

stand

$$|Z| = \sqrt{\frac{R^2 + \omega^2 L^2}{\omega^2 C^2 \left[R^2 + \left(\omega L - \dfrac{1}{\omega C}\right)^2\right]}}, \qquad (36)$$

der zur Berechnung der Stromamplitude I_0 in Gl. (31) anstelle des Nenners zu setzen ist.
Der Phasenverlauf folgt aus

$$\tan\varphi = \frac{\omega L - \omega C(R^2 + \omega^2 L^2)}{R}. \qquad (34\,\text{a})$$

Im Resonanzfall wird $\tan\varphi = 0$, und es gilt

$$\omega_r = \sqrt{\frac{1}{LC} - \left(\frac{R}{L}\right)^2} = \omega_0 \sqrt{1 - R^2 \frac{C}{L}}. \qquad (32\,\text{a})$$

ω_r ist im Gegensatz zu ω_0 vom Ohmschen Widerstand R abhängig. Der Scheinwiderstand wird bei ω_r

$$|Z| = L/(RC), \qquad (36\,\text{a})$$

die Stromamplitude

$$I_0 = U_0 RC/L. \qquad (31\,\text{d})$$

Die Amplituden der Teilströme sind dann

$$I_{L0} = U_0\sqrt{C/L} \quad \text{und} \quad I_{C0} = I_{L0}\sqrt{1 - R^2 C/L}.$$

Für die *Resonanzüberhöhung* im Parallelschwingkreis (*Parallel-* oder *Stromresonanz*) gilt

$$\frac{I_{L0}}{I_0} = \frac{1}{R}\sqrt{\frac{L}{C}} = \frac{\omega_0 L}{R} = \frac{1}{\omega_0 C R}, \qquad (33a)$$

$$\frac{I_{C0}}{I_0} = \frac{I_{L0}}{I_0}\sqrt{1 - R^2\frac{C}{L}}. \qquad (33b)$$

Man wählt im Parallelschwingkreis i. a. R, L und C so, daß $R^2 C/L \ll 1$ ist. Dann wird $\omega_r \approx \omega_0$, und die Teilströme haben nahezu den gleichen Betrag. Der Phasenwinkel zwischen ihnen ist aber fast π, so daß sie sich näherungsweise kompensieren. Für $R^2 C/L \geq 1$ läßt sich Resonanz nicht realisieren.

5.1. Induktivitätsmessungen

Aufgaben: 1. Die Eigeninduktivität L und die Eigenkapazität C_L einiger Spulen sollen gemessen werden.
2. Die Anfangspermeabilität μ_{ra} des Kernmaterials verschiedener Ringkernspulen ist bei Zimmertemperatur zu bestimmen.
3. Die Temperaturabhängigkeit der Anfangspermeabilität μ_{ra} eines magnetischen Werkstoffes soll im Bereich von Zimmertemperatur bis zu einer vorgeschriebenen Höchsttemperatur ermittelt werden. Aus der graphischen Darstellung der Funktion $\mu_{\mathrm{ra}}(T)$ sind der Temperaturkoeffizient α der Anfangspermeabilität μ_{ra} zu berechnen und die Curie-Temperatur T_C zu extrapolieren.

Die für diese Versuche wichtigen Grundlagen der *Magnetisierung* sind in E.4.0.1 behandelt.
Die *Eigeninduktivität L* einer Spule kann man im Prinzip nach Gl. (12) bestimmen, indem man ihren Gleichstromwiderstand R und ihren Wechselstromwiderstand $|Z|$ bei gegebener Kreisfrequenz ω mißt. Dieses Verfahren wird aber in der Praxis kaum noch angewandt.
Zur Bestimmung von L stehen Induktivitätsmeßgeräte und Wechselstrommeßbrücken zur Verfügung.
Induktivitätsmeßgeräte arbeiten im allgemeinen nach dem Resonanzprinzip (Parallelschwingkreis, vgl. E. 5.0.4). Sie bestehen aus einem Generator, dessen Frequenz in hinreichend weiten Grenzen eingestellt werden kann. An den Generator ist ein Kondensator der Kapazität C_0 lose angekoppelt, zu dem man von außen die Spule der Induktivität L parallelschaltet. Wenn man nun die Generatorfrequenz kontinuierlich variiert, ergibt sich nach der Thomson-Formel [vgl. Gl. (32)] im Resonanzfall

$$L = \frac{1}{\omega^2 C_0} = \frac{1}{(2\pi)^2 C_0}\frac{1}{\nu^2}. \qquad (37)$$

Der Widerstand R der Spule soll der Bedingung $R^2 C_0/L \ll 1$ genügen. Die an C_0 auftretende Spannung wird auf einen einstellbaren Verstärker gegeben, gleichgerichtet und an einem Instrument abgelesen. Bei Resonanz ist diese Spannung am größten, d. h., es ist die Frequenz einzustellen, bei der das Instrument Maximalausschlag zeigt.
Das Ersatzschaltbild einer Spule bei Berücksichtigung der Eigenkapazität C_L ist eine Parallelschaltung von L und C_L. Man bestimmt also

$$\omega^{-2} = (C_0 + C_L)\,L. \qquad (38)$$

Nun schaltet man im Meßgerät auf $4C_0$ und wählt am Generator die Kreisfrequenz $\omega/2$. Mit Hilfe eines Drehkondensators C_D, der parallel zu C_0 und C_L liegt, stellt man Resonanz her. Dann gilt

$$4\omega^{-2} = (4C_0 + C_L + C_\mathrm{D})\,L. \qquad (39)$$

Aus den Gln. (38) und (39) folgt

$$4C_0 + 4C_L = 4C_0 + C_L + C_\mathrm{D},$$

$$C_L = \frac{1}{3}\,C_\mathrm{D}. \qquad (40)$$

Ähnliche Meßgeräte gibt es auch zur *Bestimmung von Kapazitäten*. In diesen Geräten ist eine Induktivität an den Generator angekoppelt, zu der man den zu untersuchenden Kondensator außen parallelschaltet (vgl. auch E. 5.3).
Wechselstrommeßbrücken zur Bestimmung von L sind in vielen Fällen modifizierte Wheatstone-Brücken (vgl. E. 1.2). Sie sind häufig als Labor-RLC-Meßbrücke aufgebaut. Mit ihr kann man bei Gleichspannung ohmsche Widerstände R und bei Wechselspannung bestimmter Frequenz Induktivitäten L oder Kapazitäten C messen. Derartige Geräte enthalten einen Stromversorgungsteil, die Meßbrücke und einen Indikator. Im

allgemeinen kann man an diesen Brücken nach dem Abgleich (Minimalausschlag des Indikators) R, L oder C direkt ablesen.

Versuchsausführung

Aufgabe 1: Wir schalten die zu untersuchende Spule an ein Induktivitätsmeßgerät und bestimmen L nach Gl. (37). Normalerweise ist in solchen Geräten zu jeder Frequenz die zugehörige Eigeninduktivität für den Resonanzfall angegeben, so daß man den Wert für L am Instrument ablesen kann. Zum Grobabgleich wählen wir die Verstärkung so klein wie möglich. Erst wenn näherungsweise abgeglichen ist, können wir die Verstärkung erhöhen und ermitteln L im Rahmen der Genauigkeit des Gerätes. Anschließend wird C_L nach Gl. (40) bestimmt.

Aufgabe 2: Nach dem Induktionsgesetz gilt für die in einer Spule induzierte Spannung

$$U = -\frac{d\Phi}{dt} = -\frac{d}{dt}\int B \cdot dA. \qquad (41)$$

In Gl. (41) ist Φ der magnetische Fluß, und das Integral ist über die gesamte von Feldlinien durchdrungene Fläche A zu erstrecken. B und dA (dA ist der Flächennormalenvektor) sollen parallel zueinander sein. Ersetzt man die magnetische Induktion B durch die Feldstärke H [vgl. Gl. (E.4.–1 b)] und bedenkt, daß sich der Querschnitt A der Spule, die N Windungen haben soll, zeitlich nicht ändert, so erhält man

$$U = -\mu_0\mu_r NA \frac{dH}{dt}. \qquad (42)$$

Nun gilt für die Feldstärke H einer sehr langen Spule (Länge l) oder einer Ringkernspule (mittlerer Umfang l) $H = NI/l$ [vgl. Gl. (E.4.–6 b)]. Damit wird

$$U = -\mu_0\mu_r A \frac{N^2}{l}\frac{dI}{dt} \qquad (43)$$

und mit der Eigeninduktivität $L = \mu_0\mu_r AN^2/l$

$$U = -L\frac{dI}{dt}. \qquad (44)$$

Aus den Gln. (43) und (44) folgt

$$\mu_r = \frac{lL}{\mu_0 N^2 A}. \qquad (45)$$

In *Aufgabe 2* bestimmen wir L für verschiedene Werte der Spitzenspannung U_0, die an der zu untersuchenden Probe liegt und mit einem geeigneten elektronischen Voltmeter (vgl. E. 2) gemessen wird. Für H_0 gilt

$$H_0 = \frac{NI_0}{l} = \frac{N}{\omega l}\frac{U_0}{L}. \qquad (46)$$

Wir stellen die Funktion μ_r über H_0 graphisch dar. Die Extrapolation von μ_r auf $H_0 = 0$ liefert die Anfangspermeabilität μ_{ra}. Ist die gewonnene Kurve $\mu_r(H_0)$ eine Gerade, so ist die Rayleigh-Beziehung [vgl. Gl. (E.4.–5)] bestätigt. Wenn die Kurve schwach gekrümmt ist, können wir nur eine mittlere Rayleigh-Konstante β der Induktion mittels Gl. (E. 4.–5) berechnen.

In *Aufgabe 3* soll L bei hinreichend kleiner Spitzenspannung U_0 bei verschiedenen, vorgeschriebenen Temperaturen gemessen werden. Dazu bringt man die zu untersuchende Ringspule in ein Temperiergefäß, das von einem Thermostat mit Ölfüllung gespeist wird. Die Spitzenspannung U_0 soll so klein sein, daß man

$$\mu_r \approx \mu_{ra}$$

setzen kann. Der Temperaturkoeffizient α ergibt sich bei linearem Kurvenverlauf aus

$$\mu_{ra}(T_2) = \mu_{ra}(T_1)\left\{1 + \alpha(T_2 - T_1)\right\}. \qquad (47)$$

Es ist vereinbart, daß α – auch bei nichtlinearem Kurvenverlauf – aus den Werten von μ_{ra} bei $T_1 = 23\,°C$ und $T_2 = 63\,°C$ zu berechnen ist. Die Curie-Temperatur (vgl. E.4.0.1) ist erreicht, wenn L auf einen Wert abgefallen ist, der um zwei bis drei Größenordnungen unter dem Maximalwert liegt. Bei Temperaturen in der Nähe von T_C ist der Brückenabgleich schwierig, weil L in diesem Bereich sehr stark von der Temperatur abhängt, und die am Thermostaten eingestellte Temperatur nicht völlig konstant ist.

5.2. Kapazitätsmessungen mit einer Wechselstrombrücke

Aufgaben: 1. Die Kapazität C einiger Kondensatoren soll bestimmt werden. Außerdem sind die Gln. (21) und (22) zu überprüfen.

2. Die Kapazität C_1 und der Verlustfaktor $\tan \delta_1$ einer Parallelschaltung eines Kondensators und eines Widerstandes R_1 sind als Funktion der Frequenz zu bestimmen.

3. Die relative Dielektrizitätskonstante ε_r und der Verlustfaktor $\tan \delta$ sollen bei einer vorgegebenen Frequenz für verschiedene feste Dielektrika gemessen werden.

Präzisionsmeßbrücken zur Bestimmung von Kapazitäten sind in vielen Fällen wie Wheatstone-Brücken aufgebaut (vgl. E.1.2). In ihnen sind lediglich die ohmschen Widerstände durch verlustbehaftete Kondensatoren ersetzt [vgl. Gl. (16) bzw. Gl. (17)]. Als Spannungsquelle dient ein Generator variabler Frequenz, als Indikator ein Oszillograph (vgl. E.4.4). Oszillographen sind einseitig geerdet. Aus diesem Grunde muß die Brücke der Abb. E.5.2.1 einen Übertrager ent-

nungsdifferenz vorhanden ist. Die Abgleichbedingung für die Brücke lautet, ausgedrückt in komplexen Leitwerten,

$$Y_1 Y_4 = Y_2 Y_3. \tag{48}$$

Setzt man für die komplexen Leitwerte Gl. (16), und führt man für $\tan \delta_1$ und $\tan \delta_2$ Gl. (18) ein, so erhält man

$$C_1 (\tan \delta_1 + j) \left(\frac{1}{R_4} + j\omega C_4 \right)$$

$$= C_2 (\tan \delta_2 + j) \left(\frac{1}{R_3} + j\omega C_3 \right).$$

In dieser komplexen Gleichung müssen sowohl die Real- als auch die Imaginärteile übereinstimmen. Damit erhält man zwei Gleichungen für die beiden gesuchten Größen C_1 und $\tan \delta_1$. Die Lösung lautet

$$\tan \delta_1 = \frac{\omega(C_4 R_4 - C_3 R_3) + \tan \delta_2(1 + \omega^2 C_3 R_3 C_4 R_4)}{1 + \omega^2 C_3 R_3 C_4 R_4 - \omega \tan \delta_2(C_4 R_4 - C_3 R_3)}, \tag{49}$$

$$C_1 = C_2 \frac{R_4}{R_3} \frac{1 + \omega^2 C_3 R_3 C_4 R_4 - \omega \tan \delta_2(C_4 R_4 - C_3 R_3)}{1 + \omega^2 C_4^2 R_4^2}. \tag{50}$$

Die Gln. (49) und (50) vereinfachen sich, wenn folgende Voraussetzungen erfüllt sind:

1. $\omega(C_4 R_4 - C_3 R_3) < 1$ und $\tan \delta_2 < 10^{-3}$.
Man erhält

$$\tan \delta_1 = \frac{\omega(C_4 R_4 - C_3 R_3)}{1 + \omega^2 C_3 R_3 C_4 R_4} + \tan \delta_2, \tag{49a}$$

$$C_1 = C_2 \frac{R_4}{R_3} \frac{1 + \omega^2 C_3 R_3 C_4 R_4}{1 + \omega^2 C_4^2 R_4^2}. \tag{50a}$$

2. Zusätzlich sei $\omega^2 C_3 R_3 C_4 R_4 < 10^{-3}$. Dann gilt

$$\tan \delta_1 = \omega(C_4 R_4 - C_3 R_3) + \tan \delta_2, \tag{49b}$$

$$C_1 = C_2 \frac{R_4}{R_3} \frac{1}{1 + \omega^2 C_4^2 R_4^2}. \tag{50b}$$

3. Schließlich sei $\omega^2 C_4^2 R_4^2 < 10^{-3}$ und $\tan \delta_2 \ll \tan \delta_1$. Damit werden die Gln. (49) und (50) zu

$$\tan \delta_1 = \omega(C_4 R_4 - C_3 R_3), \tag{49c}$$

$$C_1 = C_2 \frac{R_4}{R_3}. \tag{50c}$$

Versuchsausführung

Wir schalten

a) einen Kondensator,

b) eine Reihenschaltung von n Kondensatoren,

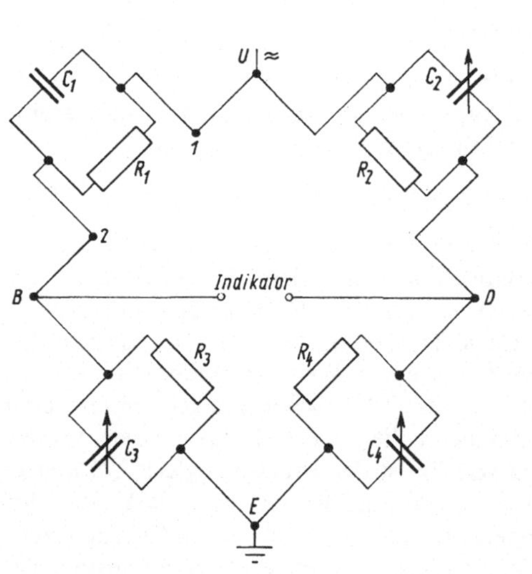

Abb. E.5.2.1. Schaltung einer Kapazitätsmeßbrücke

halten. Die Kondensatoren C_2, C_3 und C_4 der Abb. E.5.2.1 sollen einstellbar sein. Für die Widerstände R_3 und R_4 können verschiedene feste Werte gewählt werden.

Die Brücke ist abgeglichen, wenn zwischen den Punkten B und D (vgl. Abb. E.5.2.1) keine Span-

c) eine Parallelschaltung von n Kondensatoren,
d) eine Parallelschaltung eines Widerstandes und eines Kondensators

an die Klemmen *1* und *2* der in Abb. E.5.2.1 dargestellten Brücke. Am Generator wird die kleinste geforderte Frequenz gewählt. Für $R_3 = R_4$ stellen wir den größten Wert ein.

Der Brückenabgleich wird bei festen Werten für C_3, R_3 und R_4 durch wechselweises Vergrößern von C_2 und C_4 zunächst bei ganz geringer Amplitude des Generators und geringer Verstärkung im Oszillographen gesucht. Haben wir den Abgleich grob gefunden, so dürfen zum Feinabgleich die Generatoramplitude und die Oszillographenverstärkung vergrößert werden.

In *Aufgabe 1* überprüfen wir, ob sich die Einzelkapazitäten bzw. ihre Kehrwerte entsprechend den Gln. (21) und (22) addieren.

In *Aufgabe 2* führen wir die Messung bei verschiedenen Frequenzen aus. Dabei müssen unter Umständen R_3 und R_4 verkleinert werden. Bei der Berechnung von C_1 und $\tan \delta_1$ ist zu prüfen, welche der Voraussetzungen 1., 2., 3. erfüllt sind. Danach wählen wir die geeigneten Näherungsformeln zur Bestimmung von C_1 und $\tan \delta_1$ aus. Die Frequenzabhängigkeit von $\tan \delta_1$ ist auf doppeltlogarithmischem Koordinatenpapier darzustellen. Aus dieser Kurve soll R_1 ermittelt werden.

In *Aufgabe 3* läßt sich die Frequenz so wählen, daß zur Auswertung die Gln. (49c) und (50c) verwendet werden können. Wir bestimmen zunächst die Kapazität C_{10} eines Plattenkondensators einschließlich seiner Zuleitungen zur Brücke. Zwischen den Platten (Abstand h) befinde sich Luft.

Nun schieben wir n Proben (Querschnitt A, Höhe h, $DK = \varepsilon_r$) zwischen die Platten und bestimmen

$$C_{1n} = C_{10} + \varepsilon_0(\varepsilon_r - 1)\,\frac{nA}{h}.$$

Daraus ergibt sich

$$\boxed{\varepsilon_r = \frac{(C_{1n} - C_{10})\,h}{\varepsilon_0 nA} + 1.} \qquad (51)$$

Die Höhen der Scheiben müssen sehr genau gemessen werden. Schieben wir zwei Proben der Höhe h und

$h - \Delta h$ zwischen die Platten, so bestimmen wir

$$C_{12} = C_{10} - 2\varepsilon_0\,\frac{A}{h} + \varepsilon_0\varepsilon_r\,\frac{A}{h} + C_R. \qquad (52)$$

In Gl. (52) ist C_R die Kapazität der Reihenschaltung aus dünnerer Platte und Luftspalt.

$$C_R = \varepsilon_0\varepsilon_r\,\frac{A}{h}\,\frac{1}{1 + (\varepsilon_r - 1)\dfrac{\Delta h}{h}}. \qquad (53)$$

Setzen wir in Gl. (51) $n = 2$, so ergibt sich für die *DK* nur ein angenäherter Wert $\bar{\varepsilon}_r$. Mit $\bar{\varepsilon}_r$ und Gl. (53) können wir Gl. (52) schreiben

$$2\bar{\varepsilon}_r = \varepsilon_r + \frac{\varepsilon_r}{1 + (\varepsilon_r - 1)\dfrac{\Delta h}{h}}.$$

Dies ist eine quadratische Gleichung für ε_r mit der Lösung

$$\varepsilon_r = -\left(\frac{h}{\Delta h} - \bar{\varepsilon}_r - \frac{1}{2}\right)$$
$$+ \sqrt{\left(\frac{h}{\Delta h} - \bar{\varepsilon}_r - \frac{1}{2}\right)^2 + 2\bar{\varepsilon}_r\left(\frac{h}{\Delta h} - 1\right)}. \qquad (54)$$

Wenn die Dicke des Luftspaltes nur 2,5% der des Plattenabstandes im Kondensator beträgt, unterscheiden sich ε_r und ein angenommener Wert $\bar{\varepsilon}_r = 5$ bereits um 5%.

Bei der Bestimmung des Verlustfaktors ist zu beachten, daß der nach Gl. (49c) mit $n = 2$ und $R_3 = R_4 = R$ ermittelte Wert

$$\tan \delta_{12} = \omega R(C_{42} - C_{32}) \qquad (55)$$

auch unter der Annahme, daß der Plattenkondensator und die Zuleitungen zur Brücke verlustfrei sind, noch nicht der Wert für die zu untersuchenden Platten ist. Es gilt [vgl. Gl. (18)]

$$\tan \delta_{12} = \frac{1}{\omega C_{12} R_P} = \frac{1}{\omega C_P R_P}\,\frac{C_P}{C_{12}}$$
$$= \tan \delta_P\,\frac{C_P}{C_{12}}. \qquad (56)$$

Dabei sind C_P, R_P und $\tan \delta_P$ die Kapazität, der Widerstand und der Verlustfaktor der beiden Platten in Parallelschaltung. Aus den Gln. (55) und (56) folgt

$$\boxed{\tan \delta_P = \frac{\omega R h(C_{42} - C_{32})\,C_{12}}{2\varepsilon_0\varepsilon_r A}.} \qquad (57)$$

Die Größen R, C_{12}, C_{32} und C_{42} werden in der Brücke eingestellt, $\nu = \omega/2\pi$ am Generator gewählt. Für ε_r soll Gl. (51) Verwendung finden.

5.3. Ermittlung von Phasenbeziehungen zwischen Strom und Spannung

Aufgabe: Der Phasenverlauf zwischen Strom und Spannung ist an einem RC-, einem RL- und einem RLC-Glied in Abhängigkeit von der Frequenz aufzunehmen und zu diskutieren.

Der *Phasenwinkel* φ zwischen Strom und Spannung wird mit dem Elektronenstrahloszillographen (vgl. E. 4.4) ermittelt, indem die am Wirkwiderstand abgegriffene und dem Strom phasengleiche Spannung U_0 dem Horizontalverstärker des Oszillographen zugeführt wird. Die (phasenverschobene) Spannung U der jeweiligen Kombination aus Wirk- und Blindwiderstand liegt hingegen am Vertikalverstärker (Abb. E.5.3.1).

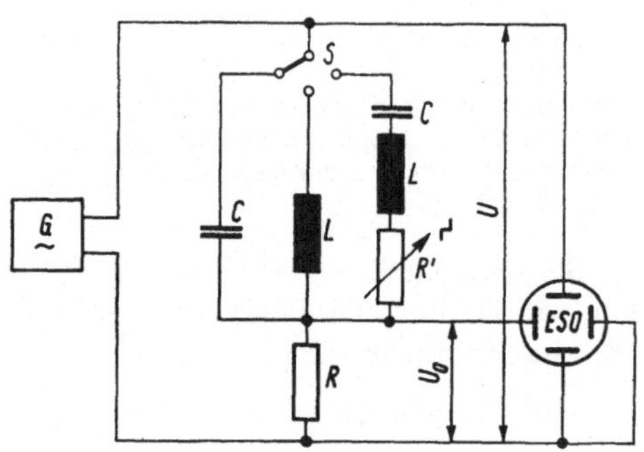

Abb. E.5.3.1. Schaltung zur Bestimmung des Phasenwinkels

Auf dem Schirm des Oszilloskops entsteht gewöhnlich eine Ellipse als *Lissajous-Figur*. Dies wird durch die folgende Rechnung bestätigt, die außerdem zu einer Beziehung für die Phasenverschiebung φ führt. Für die rechtwinkligen Koordinaten der Bahnkurve setzen wir

$$x = a \cos \omega t, \tag{58a}$$

$$y = b \cos (\omega t + \varphi)$$

$$= b(\cos \omega t \cos \varphi - \sin \omega t \sin \varphi). \tag{58b}$$

Die Bahnkurve (Abb. E.5.3.2) muß daher innerhalb eines Rechteckes mit den Seiten $x = \pm a$, $y = \pm b$ verlaufen. Aus Gl. (58a) finden wir $\cos \omega t = x/a$. Damit kann $\sin \omega t = \sqrt{1 - (x/a)^2}$ gesetzt werden. Führen wir beide Ausdrücke in Gl. (58b) ein, wird die Zeit eliminiert, und nach

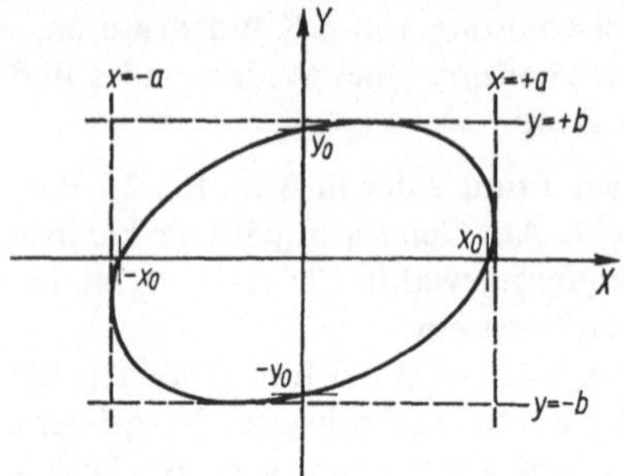

Abb. E.5.3.2. Schirmbild für die Überlagerung zweier orthogonaler Schwingungen gleicher Frequenz

weiteren elementaren Rechnungen folgt als allgemeine *Gleichung der Bahnkurve*

$$\frac{x^2}{a^2} + \frac{y^2}{b^2} - 2\frac{xy}{ab} \cos \varphi - \sin^2 \varphi = 0. \tag{59}$$

Sie beschreibt eine Ellipse (elliptische Schwingung), deren Mittelpunkt mit dem Koordinatenursprung zusammenfällt, deren Hauptachsen sich wegen des Produktes xy aber nicht mit den Koordinatenachsen decken. Folgende, in Abb. E.5.3.3 dargestellte Fälle sind zu unterscheiden:

1. $\varphi = 0$: Die Ellipse entartet zu einer Geraden (lineare Schwingung)

$$\frac{x}{a} - \frac{y}{b} = 0 \quad \text{bzw.} \quad y = \frac{b}{a} x \tag{59a}$$

durch den 1. und 3. Quadranten, die mit $a = b$ die Achsen unter $45°$ schneidet.

2. $0 \leqq \varphi \leqq \pi/2$: Es ergibt sich eine mehr oder weniger schlanke Ellipse, die für $\varphi = \pi/2$ die Gleichung

$$\frac{x^2}{a^2} + \frac{y^2}{b^2} = 1 \tag{59b}$$

erfüllt und deren Achsen mit den Koordinatenachsen zusammenfallen. Bei $a = b$ entartet die Bahnkurve zu einem Kreis (zirkulare Schwingung).

3. $\pi/2 \leqq \varphi \leqq \pi$: Mit dem Übergang zu $\varphi = \pi$ zieht sich die Ellipse zu einer Geraden durch den 2. und 4. Quadranten zusammen, die gemäß Gl. (59) der Formel

$$\frac{x}{a} + \frac{y}{b} = 0 \quad \text{bzw.} \quad y = -\frac{b}{a} x \tag{59c}$$

genügt.

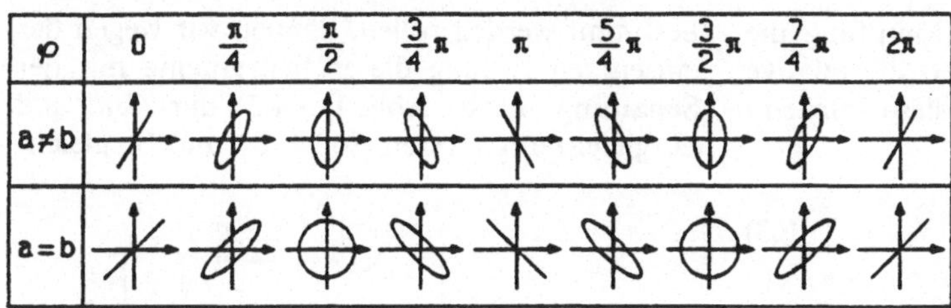

Abb. E.5.3.3. Lissajous-Figuren zweier zueinander senkrechter Schwingungen gleicher Frequenz bei verschiedenen Phasenwinkeln und Amplituden ($a \neq b$, $a = b$)

4. $\pi \leqq \varphi \leqq 2\pi$: Mit wachsendem Phasenwinkel entfaltet sich die Gerade zu einer Ellipse bei gleichzeitiger Drehung ihrer Hauptachsen.
Für $\varphi = 3\pi/2$ decken sich die Hauptachsen gemäß der Gleichung

$$\frac{x^2}{a^2} + \frac{y^2}{b^2} = 1 \tag{59d}$$

mit den Koordinatenachsen. Die Ellipse wird mit $\varphi \to 2\pi$ schmaler und degeneriert für $\varphi = 2\pi$ zu einer mit der bei $\varphi = 0$ deckungsgleichen Geraden.
Weitere Einzelheiten sind der Abb. E.5.3.3 zu entnehmen und können im Versuch beobachtet werden. Meßtechnisch bedeutsam sind Phasenwinkel im Bereich $-\pi/2 \leqq \varphi \leqq +\pi/2$.
Aus Gl. (59) gehen für x bzw. $y = 0$ die Schnittpunkte x_0 und y_0 der Ellipse mit der x- und y-Achse hervor (vgl. Abb. 5.3.2):

$$x_0 = a \, |\sin \varphi|, \tag{60a}$$

$$y_0 = b \, |\sin \varphi|. \tag{60b}$$

Damit sind Bestimmungsgleichungen für die *Phasenverschiebung* gewonnen, aus denen

$$|\sin \varphi| = \frac{x_0}{a} = \frac{y_0}{b} \tag{61}$$

folgt.

Versuchsausführung

Frequenzgenerator G, die RLC-Glieder und der Elektronenstrahloszillograph werden nach Abb. E.5.3.1 geschaltet und letzterer in Betrieb genommen. Die den Teilaufgaben entsprechenden Glieder werden mit dem Schalter S wahlweise eingeschaltet. Horizontal- und Vertikalverstärker sind so einzustellen, daß von der Ellipse ständig alle Seiten des auf dem Schirm eingezeichneten

Rechteckes berührt werden. Gegebenenfalls ist das Bild insgesamt horizontal oder vertikal zu verschieben. Bei jeder Frequenz werden als Achsenabschnitte die Mittelwerte aus $\pm x_0$ bzw. $\pm y_0$ ermittelt und die Phasenwinkel errechnet [vgl. Gl. (61)].
Das Vorzeichen des Phasenwinkels bestimmt man am besten so: Wird $|\varphi|$ mit wachsender Frequenz kleiner, ist es negativ. Bei einem mit der Frequenz wachsenden $|\varphi|$ ist es positiv.
Die Meßergebnisse sind rechnerisch zu überprüfen, indem die Phasenwinkel aus Zeigerdiagrammen berechnet werden, die nach den Ausführungen in E. 5.0.1 angefertigt werden.

5.4. Strom- und Spannungsresonanz

Aufgaben: 1. Für einen Reihenschwingkreis sind der Verlauf der Teilspannungen an Kondensator und Spule sowie die Stromstärke in Abhängigkeit von der Frequenz der Stromquelle bei verschiedenen Wirkwiderständen aufzunehmen und zu diskutieren.
2. Aus den Resonanzkurven des Reihenschwingkreises sind die Dämpfungs- und Gütefaktoren zu bestimmen.
3. Im Parallelkreis sind der Verlauf des Gesamtstromes und der Teilströme durch Kondensator und Spule in Abhängigkeit von der Frequenz der Stromquelle zu verfolgen und in einem Diagramm darzustellen.
4. Für den Resonanzfall sind entweder die Spannungs- oder Stromüberhöhung zu ermitteln.
Fast bei allen technischen Anwendungen werden möglichst wenig gedämpfte Schwingkreise angestrebt. Das sind solche, deren *Dämpfungsfaktor*

$$\delta^* = \frac{1}{2}\frac{R}{L} \tag{62}$$

[vgl. auch Gl. (35)] klein ist.

Nach Gl. (31 b) vermindert die Dämpfung die Resonanzamplitude und vergrößert die relative *Halbwerts-* oder *Bandbreite*. Für diese wurde in E.5.0.4 (vgl. Abb. E.5.0.3, E5.4.1)

$$\frac{\Delta\omega}{\omega_0} = \frac{2\delta^*}{\omega_0} \quad \text{bzw.} \quad \frac{\Delta v}{v_0} = \frac{\delta^*}{\pi v_0} \qquad (63)$$

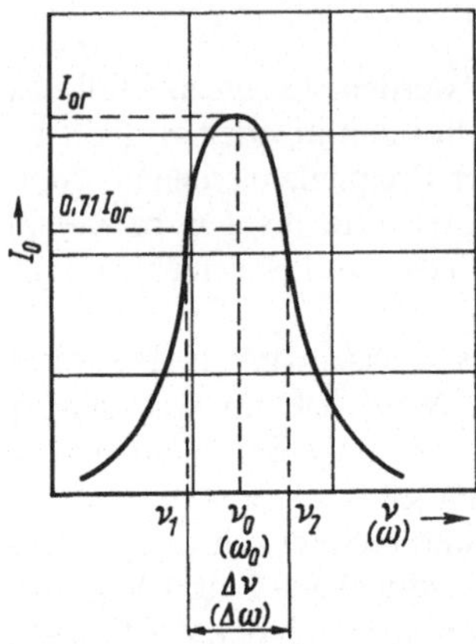

Abb. E.5.4.1. Resonanzkurve und Halbwertsbreite

abgeleitet. Damit kann für das *logarithmische Dekrement* [vgl. Gl. (E. 4.-34)]

$$\Lambda = \frac{\delta^*}{v_0} = \frac{\pi\,\Delta v}{v_0} \qquad (64)$$

geschrieben werden. Der *Gütefaktor* eines Schwingkreises ist durch

$$Q = \frac{\omega_0}{2\delta^*} = \frac{\omega_0}{R/L} = \frac{2\pi v_0}{R/L} \qquad (65)$$

definiert.

Versuchsausführung

Die Kreise werden jeweils über einen Verstärker mit dem Frequenzgenerator verbunden (vgl. Abb. E.5.4.2 und E.5.4.3). Wir achten darauf, daß über die gesamte Meßreihe hinweg die Eingangsspannung U_0 konstant bleibt und stellen gegebenenfalls am Verstärker nach. Den günstigsten Wert der Eingangsspannung und den zu überstreichenden Frequenzbereich entnehmen wir der am Arbeitsplatz ausliegenden Vorschrift. Falls die Spannungen der *Aufgaben 1* und *2* mit elektronischen Spannungsmessern (vgl. E.2.1)

bestimmt werden sollen, können wir wegen der einseitigen Erdung dieser Instrumente mit der Schaltung nach Abb. E.5.4.2 nur U_0 und U_L gleichzeitig messen. Sollen U_0 und U_C gleich-

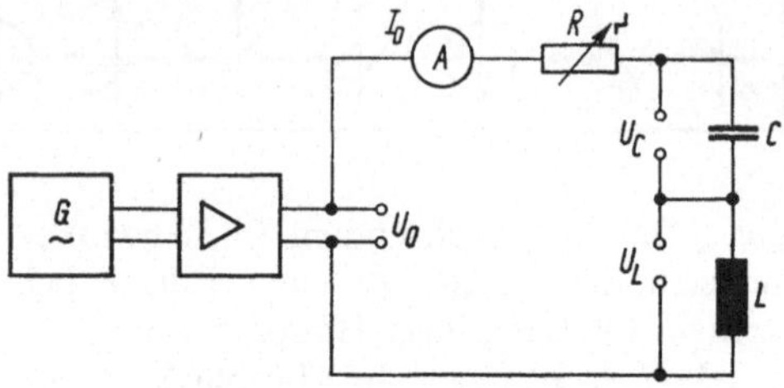

Abb. E.5.4.2. Schaltung zur Spannungsresonanz

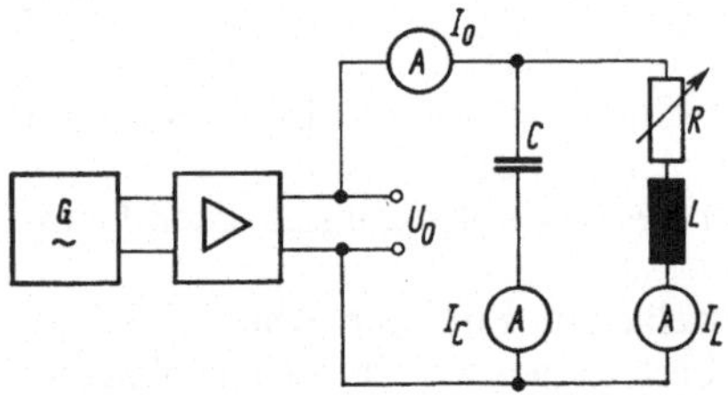

Abb. E.5.4.3. Schaltung zur Stromresonanz

zeitig bestimmt werden, so müssen wir C und L in der Schaltung vertauschen. Die Resonanzkurven $I_0 = f(v)$ werden für drei hinreichend unterschiedliche Wirkwiderstände aufgenommen. Die Dämpfungsfaktoren (*Aufgabe 2*) sollen gemäß Gl. (63) aus den Resonanzkurven ermittelt und mit den nach Gl. (63) berechneten Werten verglichen werden. Der Gütefaktor folgt aus Gl. (65). Entsprechende Messungen werden am Parallelkreis (*Aufgabe 3*) vorgenommen.

Aufgabe 4 wird über die Gln. (33) und (33a) gelöst.

5.5 Schaltvorgänge und Schwingungen

Aufgaben: 1. Es sind zeitabhängige Spannungen zu messen, Frequenz und Scheitelwert zu ermitteln.
2. Die Zeitabhängigkeit von Strömen und Spannungen ist beim Ein- und Ausschalten von RC- und RL-Reihenschaltungen aufzunehmen, die

Zeitkonstanten der Schaltvorgänge sind zu bestimmen.

3. Das Ausschwingverhalten eines RLC-Kreises ist zu verfolgen, Frequenz und Dämpfungskonstante sind zu ermitteln, der aperiodische Grenzfall zu realisieren.

Bei diesem Versuch werden schnelle zeitliche Änderungen von elektrischen Spannungen an einem rechnergestützten Meßplatz (Abb. E.5.5.1 a) mit kommerziellem Programm gemessen, indem die zeitabhängigen Spannungen als digitalisierte Werte (ADU-Interface) dem Rechner zugeführt und gespeichert werden. Abtastfrequenz/Zeitbasis, Verstärkungsgrad und weitere Optionen werden über Menüs ausgewählt. Die Meßschaltungen sind über ein Verteilerbrett (Abb. E.5.5.1 b) angeschlossen.

Die in E.5.0 zusammengestellten *Grundlagen* werden in einer am Arbeitsplatz ausliegenden ausführlichen Abhandlung erweitert. Darin sind für den *Einschaltvorgang der RC-Kombination* (Abb. E.5.5.2 a) angegeben

$$U_C(t) = U_K[1 - \exp(-t/\tau_{RC})], \qquad (66\,a)$$

$$I(t) = -(U_K/R)\exp(-t/\tau_{RC}). \qquad (66\,b)$$

Für den *Ausschaltvorgang* (Abb. E.5.5.2 b) gilt

$$U_C(t) = U_K \exp(-t/\tau_{RC}), \qquad (67\,a)$$

$$I(t) = (U_K/R)\exp(-t/\tau_{RC}), \qquad (67\,b)$$

jeweils mit der Zeitkonstanten $\tau_{RC} = RC$. $\qquad (68)$

Beim *Einschaltvorgang einer RL-Kombination* (Abb. E.5.5.3 a) ist

$$U_{Sp}(t) = U_K\left(1 - \frac{R}{R + R_{Sp}}\cdot[1 - \exp(-t/\tau_{RLE})]\right), \qquad (69\,a)$$

$$I(t) = \frac{U_K}{R + R_{Sp}}[1 - \exp(-t/\tau_{RLE})], \qquad (69\,b)$$

Zeitkonstante: $\tau_{RLE} = L/(R + R_{Sp})$. $\qquad (69\,c)$

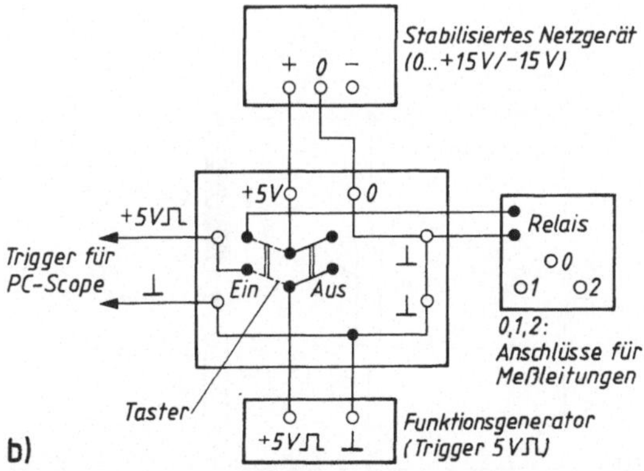

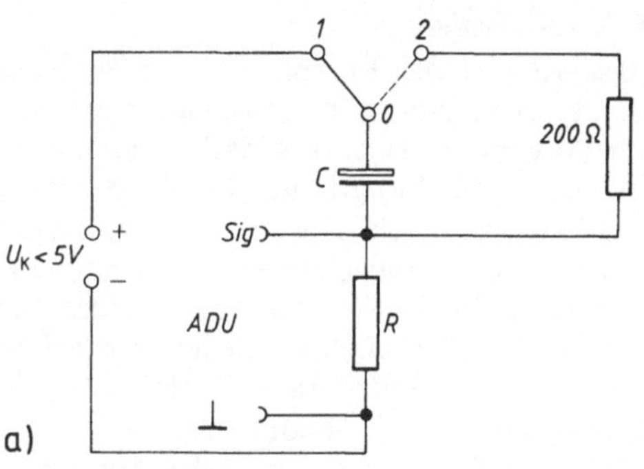

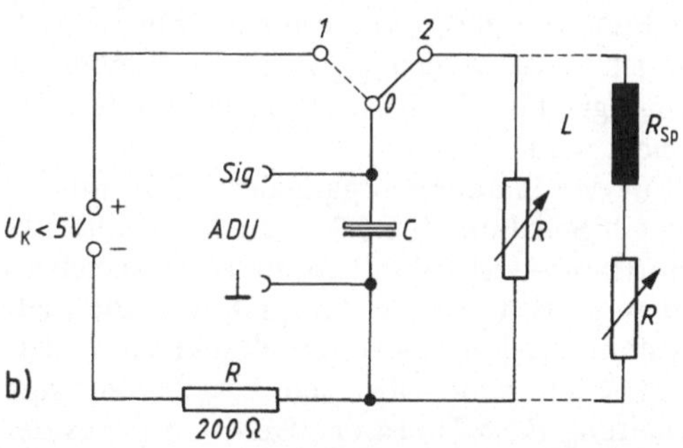

Abb. E.5.5.1. Computer-Meßplatz (a) und Verteilerbrett (b)

Abb. E.5.5.2. Schaltung der RC- oder RLC-Kombination

Der *Ausschaltvorgang* (Abb. E.5.5.3 b) gehorcht

$$U_{\text{Sp}}(t) = -U_{\text{K}} \frac{R + R_{\text{p}}}{R + R_{\text{Sp}}} \exp\left(-t/\tau_{\text{RLA}}\right), \qquad (70\,\text{a})$$

$$I(t) = \frac{U_{\text{K}}}{R + R_{\text{Sp}}} \cdot \exp\left(-t/\tau_{\text{RLA}}\right) \qquad (70\,\text{b})$$

Zeitkonstante: $\tau_{\text{RLA}} = L/(R + R_{\text{p}} + R_{\text{sp}})$. (70 c)

Die Lösung der für die *freie gedämpfte Schwingung* modifizierten Gl. (28) lautet für den Schwingfall $(\omega_0^2 > \delta^{*2})$

$$U_{\text{C}}(t) = (\omega_0/\omega)\, U_{\text{K}} \cdot \exp\left(-\delta^* t\right) \cdot \sin\left(\omega t + \varphi\right),$$
$$(71\,\text{a})$$

wobei in Übereinstimmung mit Gln. (35) und (64) die Dämpfungskonstante

$$\delta^* = R/2L \qquad (71\,\text{b})$$

beträgt. Der *aperiodische Grenzfall* wird bei $\omega_\text{o}^2 = \delta^{*2}$, der *Kriechfall* bei $\omega_\text{o}^2 < \delta^{*2}$ erreicht (vgl. E.4.1, insbesondere Abb. E.4.1.4).

Versuchsausführung

Die Baugruppen des Meßplatzes werden nach Arbeitsplatzanleitung in Betrieb genommen. Das weitere Vorgehen weist eine Bildschirmtextinformation an, das Meßprogramm „PC-Scope" wird automatisch eingelesen. Die für die Messungen und Auswertungen notwendigen Menüs und Optionen, die konkreten Versuchsbedingungen sowie detaillierte Hinweise zur Bedienung gehen aus der Arbeitsplatzanleitung und aus der Bedienungsanleitung von „PC-Scope" hervor.

Aufgaben: 1. Die Messungen sollen für einen sinus- und dreieckförmigen Spannungsverlauf des Funktionsgenerators erfolgen. Die Abtastrate ist so zu wählen, daß eine größtmögliche Genauigkeit bei der Auswertung der Meßkurven erreicht wird.

2. Für den Einschaltvorgang der RC-Kombination gilt Schaltung E.5.5.2a. Die Einschaltfunktion $I(t) = -U_{\text{R}}(t)/R$ [Gl. (66 b)] ist zu speichern und zu plotten. Aus der Graphik wird die Zeitkonstante τ_{RC} [Gl. (68)] ermittelt und der Widerstand R bestimmt. Über den Ausschaltvorgang (Schaltung E.5.5.2b) ist der Wert von C aus der Zeitkonstanten τ_{RC} [Gl. (68)] zu berechnen. Dazu ist die Abnahme der Kondensatorspannung $U_{\text{C}}(t)$

gemäß Gl. (66 a) auf den 1/e-ten Teil des Anfangswertes $U_{\text{C}}(0)$ für etwa 10 verschiedene Widerstände R aufzunehmen und C als Mittelwert anzugeben.

Für den Einschaltvorgang der RL-Kombination (Schaltung E.5.5.3 a) wird die Einschaltfunktion $I(t) = U_{\text{R}}(t)/R$ [Gl. (69 b)] über den Spannungsabfall $U_{\text{R}}(t)$ aufgenommen, gespeichert und geplottet. Die Spannung $U_{\text{R}}(t \to \infty)$ ist anzugeben. Zur Ermittlung der Ausschaltfunktion (Schaltung E.5.5.3 b) wird die $U_{\text{Sp}}(t)$-Abhängigkeit geplottet. Für die Bestimmung der Zeitkonstanten nach Gln. (69 c) und (70 c) sind graphische Darstellungen auf Spezialpapier zu empfehlen.

3. Beim RLC-Schwingkreis (Abb. E.5.5.2 b) werden die Meßbedingungen so gewählt, daß die Frequenz und das zeitliche Abklingen der Amplitude [Gl. (71 a)] so genau wie möglich bestimmt werden können. Die Dämpfungskonstante [Gl. (71b)] gewinnt man am besten aus einer halblogarithmischen Darstellung. Der Kriechfall wird mit dem Widerstand R eingestellt.

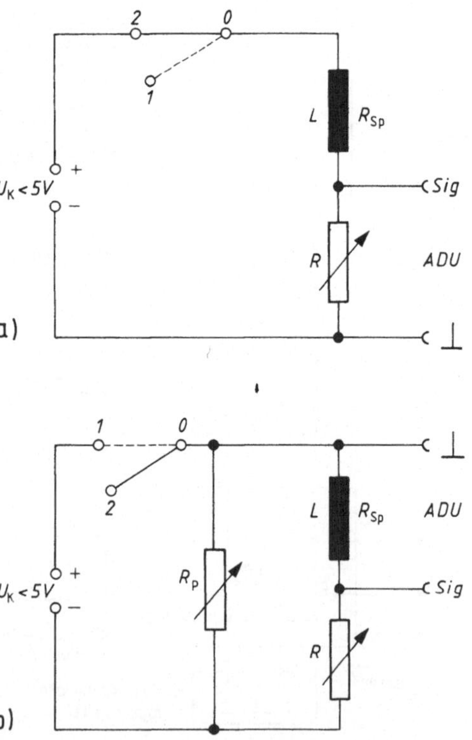

Abb. E.5.5.3. Schaltung der RL-Kombination

Optik und Atomphysik

1. Linsen und Linsensysteme

1.0. Allgemeine Grundlagen

Linsen sind Körper aus einer lichtbrechenden Substanz, die von zwei meist kugelförmigen Flächen begrenzt werden. Die Verbindungslinie der Mittelpunkte dieser Flächen heißt optische Achse.

Ein auf die Linse fallender Lichtstrahl wird entsprechend dem Brechungsgesetz an beiden Grenzflächen gebrochen. Beschränkt man sich auf Strahlen, die nur kleine Winkel mit der optischen Achse bilden, so vereinigt eine Linse alle von einem Gegenstandspunkt G ausgehenden Strahlen in einem Bildpunkt B. Das Bild B heißt *reell*, wenn sich die Strahlen im Bildpunkt wirklich schneiden, es heißt *virtuell*, wenn sich nur die rückwärtigen Verlängerungen der Strahlen schneiden.

Zunächst beschränken wir unsere Betrachtungen auf dünne Linsen. Bei diesen läßt sich die zweimalige Brechung des Lichtes durch eine einzige Brechung an der Mittelebene der Linse ersetzt denken.

Es sind *Sammellinsen* (Konvexlinsen) und *Zerstreuungslinsen* (Konkavlinsen) zu unterscheiden: Sammellinsen sind in der Mitte dicker, Zerstreuungslinsen dünner als am Rand.

Parallel zur optischen Achse einfallendes Licht wird von einer Sammellinse im Brennpunkt F' vereinigt; der Abstand des Brennpunktes F' von der Mittelebene ist die *Brennweite f* der Linse. Der reziproke Wert $D = 1/f$ wird als *Brechkraft* bezeichnet und in Dioptrien (1 Dioptrie = 1 m^{-1}) gemessen.

Bei Zerstreuungslinsen werden parallel zur optischen Achse einfallende Strahlen so gebrochen, als kämen sie von einem Brennpunkt F'; auch hier ist der Abstand des Brennpunktes von der

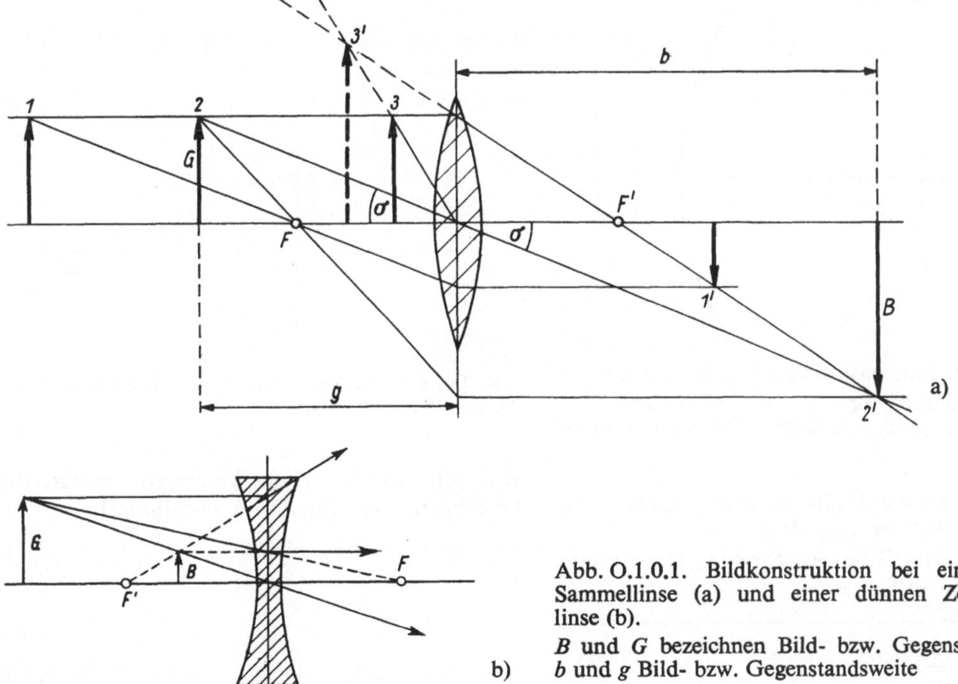

Abb. O.1.0.1. Bildkonstruktion bei einer dünnen Sammellinse (a) und einer dünnen Zerstreuungslinse (b).

B und G bezeichnen Bild- bzw. Gegenstandsgröße, b und g Bild- bzw. Gegenstandsweite

Mittelebene die Brennweite. Sammellinsen haben also reelle, Zerstreuungslinsen virtuelle Brennpunkte (vgl. Abb. O.1.0.1). Befinden sich die beiden brechenden Flächen einer Linse im gleichen umgebenden Medium, so sind objektseitige und bildseitige Brennweite gleich.

Für die geometrische Konstruktion des bei der optischen Abbildung entstehenden Bildes B benutzt man Strahlen, deren Verlauf nach dem Durchgang durch die Linse leicht zu verfolgen ist:

1. den Mittelpunktsstrahl, der seine Richtung nicht ändert,

2. den Parallelstrahl, der zum Brennpunktsstrahl durch F' wird,

3. den Brennpunktsstrahl durch F, der zum Parallelstrahl wird.

In Abb. O.1.0.1a ist die Konstruktion des Bildes bei einer Sammellinse für drei verschiedene Gegenstandsweiten ausgeführt; Abb. O.1.0.1b zeigt die entsprechende Konstruktion für eine Zerstreuungslinse.

Für Hohlspiegel gelten völlig analoge Betrachtungen, die entsprechende Bildkonstruktion zeigt Abb. O.1.0.2.

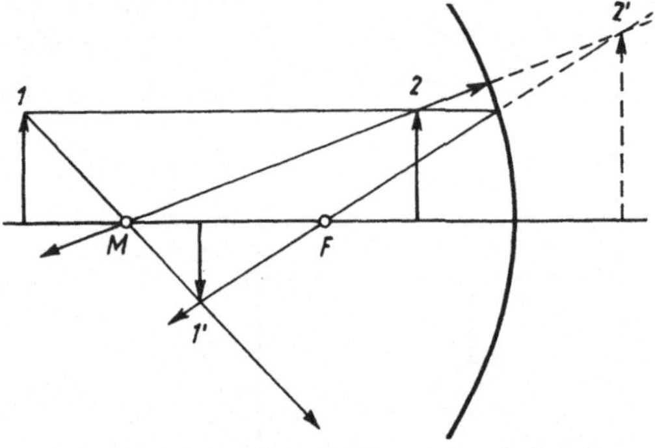

Abb. O.1.0.2. Bildkonstruktion am Hohlspiegel. M Krümmungsmittelpunkt, F Brennpunkt. Die Brennweite ist gleich dem halben Krümmungsradius: $f = R/2$

Das Verhältnis von Bildgröße B zu Gegenstandsgröße G bezeichnet man als *linearen Abbildungsmaßstab* γ. Mit Hilfe des Strahlensatzes ergibt sich aus Abb. O.1.0.1a

$$\gamma = \frac{B}{G} = \frac{b}{g}. \tag{1}$$

Ebenfalls mit Hilfe des Strahlensatzes erhält man

$$\frac{G}{f} = \frac{B}{b - f},$$

woraus die *Linsengleichung*

$$\frac{1}{f} = \frac{1}{g} + \frac{1}{b} \tag{2}$$

folgt. Bei virtuellen Bildern bzw. Brennpunkten sind b bzw. f negativ einzusetzen.

Zwei im Abstand d voneinander angeordnete Sammellinsen mit den Einzelbrennweiten f_1 und f_2 ergeben eine resultierende Gesamtbrennweite f_g, die sich aus

$$\frac{1}{f_g} = \frac{1}{f_1} + \frac{1}{f_2} - \frac{d}{f_1 f_2} \tag{3a}$$

berechnen läßt. Ist der Abstand d klein gegen die Brennweiten, so addieren sich die Brechkräfte, d. h., es gilt

$$\frac{1}{f_g} = \frac{1}{f_1} + \frac{1}{f_2}. \tag{3b}$$

Die Brennweite f einer in Luft befindlichen dünnen Plankonvexlinse läßt sich aus dem Brechungsindex n des Linsenmaterials und dem

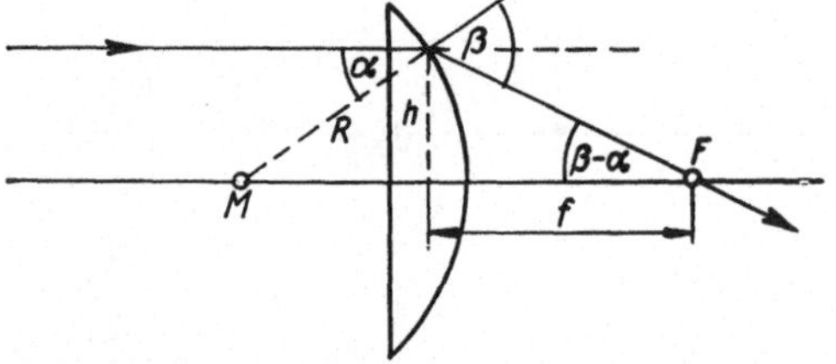

Abb. O.1.0.3. Zur Berechnung der Brennweite einer dünnen Plankonvexlinse

Krümmungsradius R der konvexen Linsenfläche berechnen. Aus Abb. O.1.0.3 ergibt sich

$$h/f = \tan(\beta - \alpha) \tag{4}$$

und

$$h/R = \sin\alpha. \tag{5}$$

(Bei einer Kugelfläche geht das Einfallslot durch den Krümmungsmittelpunkt M.)

Nach dem Brechungsgesetz (vgl. O.3) ist

$$n \sin \alpha = \sin \beta. \tag{6}$$

Beschränkt man sich auf kleine Einfallshöhen h, so sind die Winkel α und β sehr klein, und es wird

$$h/f = \tan (\beta - \alpha) \approx \beta - \alpha$$
$$\approx (n - 1) \alpha \approx (n - 1) \, h/R.$$

Man findet also

$$\boxed{\frac{1}{f} = (n - 1) \frac{1}{R}.} \tag{7a}$$

Für eine dünne Plankonkavlinse gilt die gleiche Formel, man muß jedoch R negativ zählen, so daß sich eine negative Brennweite ergibt. Linsen mit zwei gekrümmten Flächen (Radien R_1 und R_2) kann man sich aus zwei einseitig planen Linsen zusammengesetzt denken. Entsprechend Gl. (3b) wird dann

$$\boxed{\frac{1}{f} = (n - 1) \left(\frac{1}{R_1} + \frac{1}{R_2} \right).} \tag{7b}$$

Dabei ist der Radius für konvexe Flächen positiv, für konkave negativ einzusetzen. Die Gln. (7a) und (7b) gelten für achsennahe Strahlen. Achsenferne Strahlen haben kleinere Brennweiten (*sphärische Aberration*). Da der Brechungsindex von der Wellenlänge des benutzten Lichtes abhängt, ist auch die Brennweite wellenlängenabhängig (Ursache für den Abbildungsfehler der *chromatischen Aberration*).

Bei *dicken Linsen* kann man sich die zweimalige Brechung der Lichtstrahlen an den Linsenflächen nicht mehr durch eine einzige Brechung an der Mittelebene ersetzt denken. Man hilft sich hier durch Einführung der gegenstandsseitigen *Hauptebene H* und der bildseitigen *Hauptebene H'* (vgl. Abb. O.1.0.4), an denen man sich die Strahlen gebrochen denkt. Die Bildkonstruktion ist dabei nach folgender Vorschrift[1]) auszuführen:

1. Zwischen H und H' laufen alle Strahlen parallel zur Achse.
2. Der Parallelstrahl *1* wird an der Hauptebene H' gebrochen und wird zum Brennpunktsstrahl *1'* durch den zu H' gehörigen Brennpunkt F'.
3. Der Brennpunktsstrahl *2* durch den zu H gehörigen Brennpunkt F wird an der Hauptebene H gebrochen und wird zum Parallelstrahl *2'*.
4. Der Mittelpunktsstrahl *3* wird lediglich parallel verschoben.

Rechnet man g, b und f von den zugehörigen Hauptebenen ab, so gelten die Gln. (2) und (1) auch für dicke Linsen. Die Lage der Hauptebenen läßt sich nach dem in O.1.2 beschriebenen Verfahren von *Abbe* bestimmen.

Die Methode der Hauptebenen bewährt sich nicht nur bei dicken Linsen, sondern sie kann auch zur Bildkonstruktion in zentrierten Linsensystemen (mehrere Linsen mit gemeinsamer optischer Achse) benutzt werden.

Die Lage der Hauptebenen des Systems läßt sich dabei aus der Lage der Hauptebenen der Einzellinsen konstruieren. Das Verfahren dazu wird in Abb. O.1.0.5 an zwei dünnen Sammellinsen L_1 und L_2, die den Abstand d haben, demonstriert (die Linsen sind nur durch ihre Mittelebenen angedeutet). Zunächst konstruiert man mittels Parallel- und Brennpunktsstrahlen das Zwischen-

---

[1]) Der nach dieser Vorschrift konstruierte Strahlenverlauf hat nur für die Bildkonstruktion Bedeutung und stimmt nicht mit dem wirklichen Strahlengang überein.

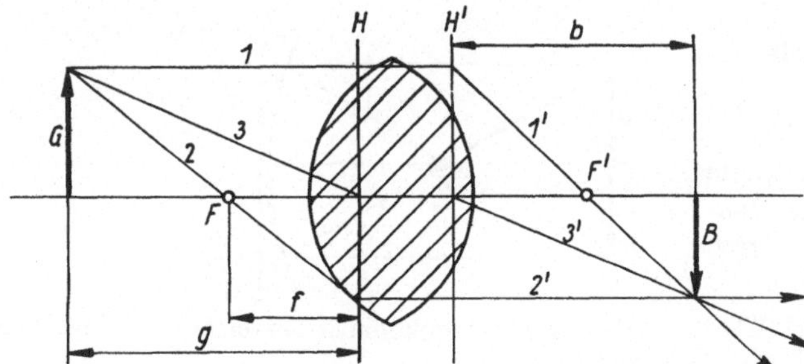

Abb. O.1.0.4. Bildkonstruktion bei einer dicken Sammellinse

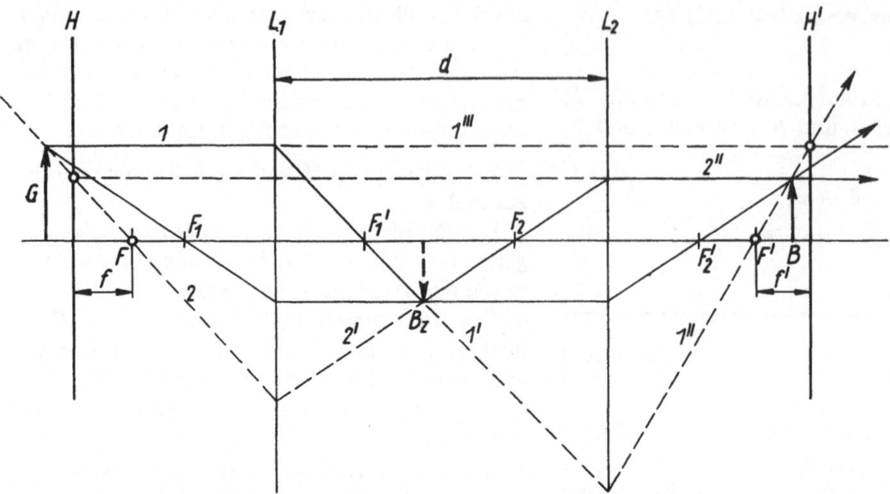

Abb. O.1.0.5. Konstruktion der Hauptebenen eines Linsensystems

bild B_z und das Bild B des Gegenstandes G. Nun verfolgt man den Verlauf des Parallelstrahles *1* durch beide Linsen und erhält die Strahlen *1'* und *1''*, da ja *1'* an L_2 so gebrochen wird, daß *1''* durch den Bildpunkt B geht. Der Schnittpunkt der Verlängerung *1'''* von *1* mit *1''* bestimmt die Lage der Hauptebene H', der Schnittpunkt von *1''* mit der optischen Achse ist der bildseitige Brennpunkt F' des Systems. H und F werden analog konstruiert, indem man den Parallelstrahl *2''* rückwärts verfolgt und den Schnittpunkt seiner Verlängerung mit dem Strahl *2* bestimmt. In dem Beispiel von Abb. O.1.0.5 liegt F rechts von H und F' links von H'. Die Brennweite dieses Zweilinsensystems ist negativ. Im Gegensatz zu einer einzelnen Zerstreuungslinse können jedoch hier reelle Bilder entstehen.

1.1. Krümmungsradius und Brennweite dünner Linsen

Aufgaben: 1. Krümmungsradius und Brennweite einer dünnen Sammellinse sind nach verschiedenen Verfahren zu messen; aus den Meßwerten ist der Brechungsindex n zu berechnen.
2. Die Gültigkeit der Linsengleichung ist zu überprüfen.

a) *Messung des Krümmungsradius*

Der Krümmungsradius kann mittels mechanischer oder optischer Verfahren gemessen werden.
Bei den mechanischen Verfahren mißt man, beispielsweise mit einem Tiefentaster, wie weit eine konvexe Linsenfläche in eine kreiszylindrische Vertiefung einsinkt bzw. wie weit die Mitte einer konkaven Linsenfläche über der Auflageebene liegt.
Bei den berührungslosen optischen Verfahren benutzt man die Linsenfläche als Spiegel. Bei konkaven Flächen ist das *Autokollimationsverfahren* am einfachsten: Befindet sich im Krümmungsmittelpunkt des Spiegels ein Schirm mit einer leuchtenden Marke, so wird diese umgekehrt und gleich groß auf dem Schirm scharf abgebildet (vgl. Abb. O.1.1.1). In der Praxis benutzt man als leuchtende Marke das über eine dünne planparallele Platte P beleuchtete Fadenkreuz K eines

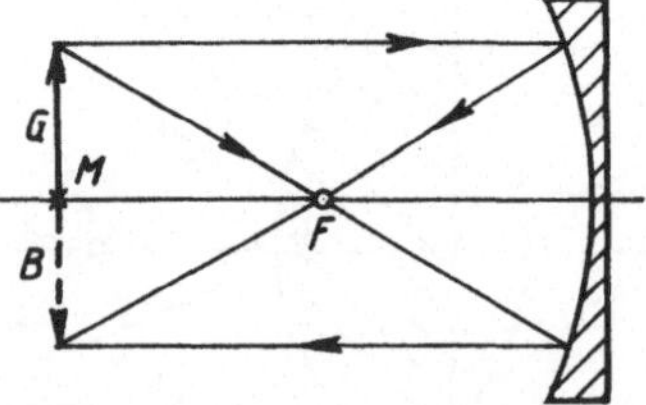

Abb. O.1.1.1. Autokollimationsverfahren beim Hohlspiegel

sogenannten Gaußschen Okulars (vgl. Abb. O.1.1.2) und verändert den Abstand zwischen Fadenkreuz und Spiegel so lange, bis das Fadenkreuz scharf und parallaxefrei in sich abgebildet wird.

Bei konvexen Flächen entstehen virtuelle Bilder, das Autokollimationsverfahren ist daher nicht

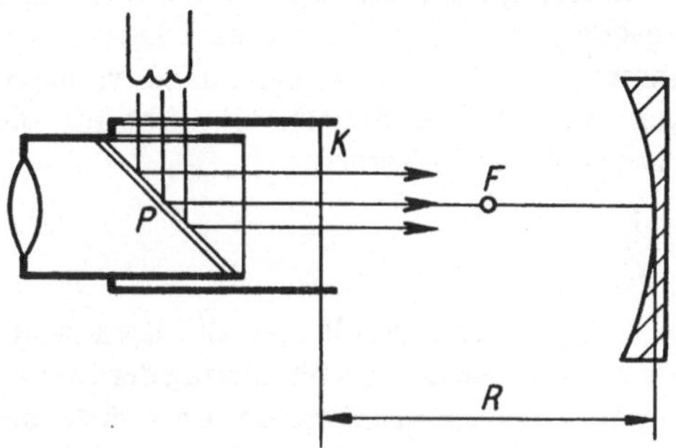

Abb. O.1.1.2. Gaußsches Okular

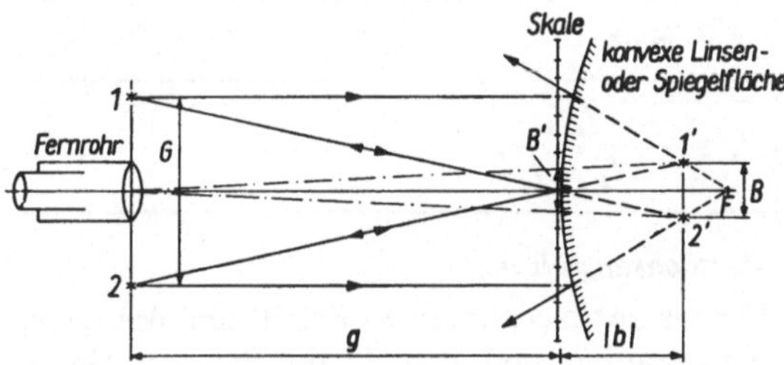

Abb. O.1.1.3. Kohlrauschsche Methode zur Messung des Krümmungsradius

anwendbar. Man benutzt dann die *Methode von Kohlrausch* (vgl. Abb. O.1.1.3). Bei diesem Verfahren befinden sich vor der Linsenfläche zwei leuchtende Marken *1* und *2*, deren Spiegelbilder *1'* und *2'* hinter der Linsenfläche liegen. Den Abstand B der Spiegelbilder bestimmt man, indem man dicht vor der Linse eine durchsichtige Skale befestigt und mit einem Fernrohr, dessen Objektiv sich auf der Verbindungslinie der beiden leuchtenden Marken befindet, die Projektion B' der virtuellen Bilder auf diese Skale mißt. Nach Gl. (2) ist

$$1/g - 1/|b| = -1/|f| = -2/R.$$

Aus Abb. O.1.1.3 entnimmt man unter Benutzung des Strahlensatzes

$$|b|/g = B/G$$

und

$$B/(g + |b|) \approx B'/g.$$

Eliminiert man aus diesen Gleichungen die nicht direkt meßbaren Größen b und B, so ergibt sich

$$R = \frac{2gB'}{G - 2B'}. \tag{8}$$

b) *Brennweitenmessung*

Die Brennweite von Sammellinsen mißt man am einfachsten aus Gegenstands- und Bildweite, indem man das Bild eines leuchtenden Gegenstandes (beleuchteter durchsichtiger Maßstab) auf einem Schirm auffängt und die entsprechenden Abstände zum Linsenmittelpunkt mißt. Aus Gl. (2) berechnet man daraus die Brennweite.

Das Verfahren hat den Nachteil, daß bei gefaßten Linsen die Lage der Mittelebene nicht genau bekannt ist. Man verwendet dann das *Besselsche Verfahren*, bei dem Gegenstands- und Bildweite indirekt durch genauer meßbare Größen ermittelt werden (vgl. Abb. O.1.1.4). Bei

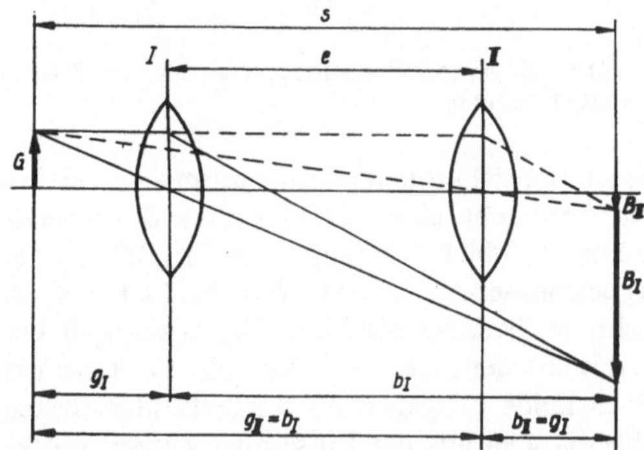

Abb. O.1.1.4. Besselsche Methode der Brennweitenbestimmung

festem Abstand s zwischen Gegenstand und Schirm erhält man bei zwei symmetrischen Linsenstellungen I und II scharfe reelle Bilder auf dem Schirm (in Stellung I ein vergrößertes, in Stellung II ein verkleinertes), wenn der Abstand s größer als die vierfache Brennweite der Linse ist.

Ist die Größe der Verschiebung von Stellung I nach Stellung II gleich e, so gilt wegen der Symmetrie der Linsenstellungen

$$e = b_I - g_I \quad \text{bzw.} \quad e = g_{II} - b_{II} \tag{9a}$$

und

$$s = g_\mathrm{I} + b_\mathrm{I} = g_\mathrm{II} + b_\mathrm{II}. \tag{9b}$$

Löst man nach g und b auf und setzt in die Linsengleichung (2) ein, so ergibt sich[1])

$$f = \frac{1}{4}\left(s - \frac{e^2}{s}\right). \tag{10}$$

Die Brennweitenmessung kann auch nach dem *Autokollimationsverfahren* erfolgen (vgl. Abb. O.1.1.5). Man bringt dazu hinter der Linse einen

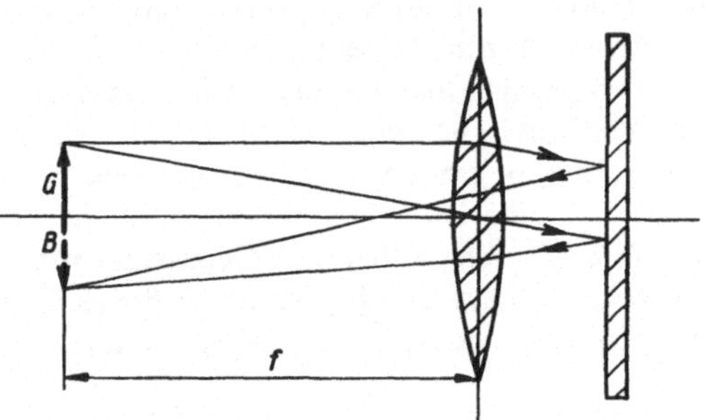

Abb. O.1.1.5. Autokollimationsverfahren zur Brennweitenbestimmung

ebenen Spiegel senkrecht zur optischen Achse an und verschiebt eine als Gegenstand dienende leuchtende Marke so lange, bis ihr Bild in der Gegenstandsebene scharf erscheint. Ist dies erreicht, so befindet sich der Gegenstand in der Brennweite der Linse. Alle von einem Punkt des Gegenstands ausgehenden Lichtstrahlen treten daher parallel aus der Linse aus, werden reflektiert und in der Brennebene wieder zu einem Punkt vereinigt. Für die praktische Ausführung benutzt man ebenso wie bei der Messung des Krümmungsradius das Gaußsche Okular.

Das Verfahren wird hauptsächlich benutzt, um ein Fernrohr auf Unendlich einzustellen (das Fadenkreuz befindet sich dann in der Brennebene des Objektivs) und um seine Sehlinie senkrecht zu einer reflektierenden Fläche zu stellen. Die Linse L ist in diesem

Falle das Fernrohrobjektiv; der Abstand zwischen Fernrohr und Spiegel kann beliebig groß sein.

Da die Abbildung mit Zerstreuungslinsen nur virtuelle Bilder liefert, muß deren Brennweite indirekt gemessen werden. Man setzt zu diesem Zwecke die Zerstreuungslinse, deren Brennweite f_z zu messen ist, mit einer Sammellinse bekannter Brennweite f_s zu einem zentrierten Linsensystem zusammen. Ist der Linsenabstand zu vernachlässigen, so ergibt sich nach Gl. (3b) für die Brennweite f_g des Systems

$$\frac{1}{f_\mathrm{g}} = \frac{1}{f_\mathrm{s}} + \frac{1}{f_\mathrm{z}},$$

wobei f_z negativ ist. Wählt man die Brennweite der Sammellinse kleiner als den Betrag der Brennweite der Zerstreuungslinse, so überwiegt die sammelnde Wirkung, und das System hat eine positive Brennweite, die sich nach den oben beschriebenen Methoden messen läßt. Aus f_s und f_g ergibt sich

$$f_\mathrm{z} = -\frac{f_\mathrm{g} f_\mathrm{s}}{f_\mathrm{g} - f_\mathrm{s}}. \tag{11}$$

Versuchsausführung

Details zur mechanischen Ermittlung des Krümmungsradius sind den entsprechenden Gerätebeschreibungen zu entnehmen.

Bei der Messung des Krümmungsradius nach *Kohlrausch* beobachtet man außer den an der Vorderseite der Linse reflektierten Bildern auch solche, die von Reflexionen an der Rückseite stammen. Sie sind lichtschwächer; bei einer einseitig planen Linse kann man sie vermeiden, indem man die Planfläche schräg zur optischen Achse des Fernrohrs stellt.

Die Brennweitenmessungen sind auf einer optischen Bank auszuführen, die Linsen sind dabei genau senkrecht zur optischen Achse aufzustellen. Um chromatische Abbildungsfehler zu vermeiden, ist gegebenenfalls mit monochromatischem Licht zu arbeiten. Abbildungsfehler infolge zu weit geöffneter Bündel beseitigt man durch genügend enge Blenden vor den Linsen.

Zur Überprüfung der Linsengleichung mißt man bei verschiedenen Gegenstandsweiten g die Bildweite b und trägt $1/b$ über $1/g$ auf. Dabei muß sich eine Gerade mit der Steigung -1 ergeben.

---

[1]) Bei dicken Linsen ist $s = g + b + \overline{HH'}$, wenn $\overline{HH'}$ der Abstand der beiden Hauptebenen ist. Bei Präzisionsmessungen muß daher $\overline{HH'}$ ebenfalls gemessen werden. In Gl. (10) ist anstelle von s die Größe $s - \overline{HH'}$ einzusetzen.

1.2. Brennweite und Hauptebenen eines Linsensystems

Aufgaben: 1. Es sind die Brennweite und die Lage der Hauptebenen eines Systems aus zwei dünnen Sammellinsen zu bestimmen, und es ist eine maßstabgerechte Zeichnung anzufertigen. 2. Die Brennweiten der Einzellinsen sind zu messen. Unter Benutzung der dabei erhaltenen Werte sind die Lagen der Brennpunkte und der Hauptebenen zu konstruieren und mit dem Ergebnis von Aufgabe 1 zu vergleichen.

Die Messung der Brennweite und der Lage der Hauptebenen eines Linsensystems erfolgt nach dem *Verfahren von Abbe*, das auf der Messung des Abbildungsmaßstabes reeller Bilder beruht. Kombiniert man die Gln. (2) und (1) miteinander, so ergibt sich

$$g = f\left(1 + \frac{1}{\gamma}\right) \tag{12a}$$

und

$$g = f(1 + \gamma). \tag{12b}$$

Gegenstandsweite g und Bildweite b sind nicht direkt meßbar, da die Lage der Hauptebenen noch unbekannt ist. Man mißt daher zunächst

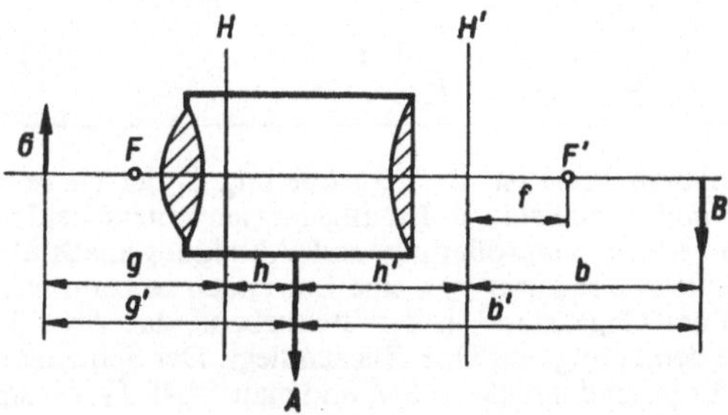

Abb. O.1.2.1. Messung der Hauptebenenlage nach *Abbe*

die Entfernungen g' und b' von einer beliebig am Linsensystem angebrachten Ablesemarke A ab und erhält (vgl. Abb. O.1.2.1)

$$g' = g + h = f\left(1 + \frac{1}{\gamma}\right) + h \tag{13a}$$

und

$$b' = b + h' = f(1 + \gamma) + h'. \tag{13b}$$

Mißt man bei zwei verschiedenen Entfernungen g'_1 und g'_2 die Werte γ_1 und γ_2, so kann man die Unbekannten h und h' durch Differenzbildung eliminieren und erhält

$$f = \frac{g'_2 - g'_1}{\dfrac{1}{\gamma_2} - \dfrac{1}{\gamma_1}} \tag{14a}$$

bzw.

$$f = \frac{b'_2 - b'_1}{\gamma_2 - \gamma_1}. \tag{14b}$$

Die so bestimmte Brennweite f dient zur Berechnung von h bzw. h' gemäß Gl. (13a) bzw. (13b):

$$h = g'_1 - f\left(1 + \frac{1}{\gamma_1}\right)$$
$$= g'_2 - f\left(1 + \frac{1}{\gamma_2}\right) \tag{15a}$$

und

$$h' = b'_1 - f(1 + \gamma_1)$$
$$= b'_2 - f(1 + \gamma_2). \tag{15b}$$

Es kann vorkommen, daß h oder h' negativ sind. Negatives h bedeutet, daß die Hauptebene H rechts von der Ablesemarke A liegt; negatives h' bedeutet, daß H' links von A liegt (vgl. Abb. O.1.2.1). Die Brennweite f kann ebenfalls negativ werden. In diesem Falle liegt der gegenstandsseitige Brennpunkt F rechts von H, der bildseitige Brennpunkt F' links von H'.

Versuchsausführung

Als Gegenstand benutzen wir eine beleuchtete Glasskale, die wir durch Verschieben des Linsensystems auf einen Schirm mit Millimeterteilung oder auf die Okularskale einer Meßlupe scharf abbilden. Es empfiehlt sich, bei mäßiger Vergrößerung oder Verkleinerung zu messen (etwa $0{,}2 < \gamma < 5$) und möglichst enge Blenden vor die Linsen zu setzen, da sich sonst Abbildungsfehler störend bemerkbar machen.

Um die Genauigkeit der Messungen zu vergrößern, messen wir nicht nur bei zwei, sondern bei 4 bis 8 Gegenstandsweiten und tragen g' über $1/\gamma$ und b' über γ auf. Es ergeben sich zwei Geraden, deren Steigung gleich der Brennweite ist. Die

Steigung ermittelt man, indem man entweder nach Augenmaß die beste Gerade durch die Meßpunkte legt oder diese durch Ausgleichsrechnung (vgl. 1.5.4 der Einleitung) berechnet. Mit der so ermittelten Brennweite berechnen wir aus Gl. (15a) für alle gemessenen Gegenstandsweiten die Größe h und bilden den Mittelwert. Analog berechnen wir aus Gl. (15b) h'.

Für die Fehlerrechnung legen wir die Gln. (14) und (15) zugrunde.

Die Brennweite der Einzellinsen bestimmt man mit einem der in O.1.1 beschriebenen Verfahren; die Konstruktion der Lage der Hauptebenen und Brennpunkte erfolgt nach der in O.1.0 angegebenen Methode.

1.3. Lupe und Mikroskop

Aufgaben: 1. Die Vergrößerung einer Lupe und eines Mikroskops ist zu bestimmen.
2. Die Apertur eines Mikroskops ist zu messen.
3. Der Zusammenhang zwischen Apertur und Auflösungsvermögen eines Mikroskops ist mit Hilfe von Testobjekten zu überprüfen.

Der Winkel, unter dem ein Gegenstand vom optischen Mittelpunkt des Auges aus gesehen wird, heißt Sehwinkel σ oder scheinbare Größe (vgl. Abb. O.1.3.1). Er hängt von der Objekt-

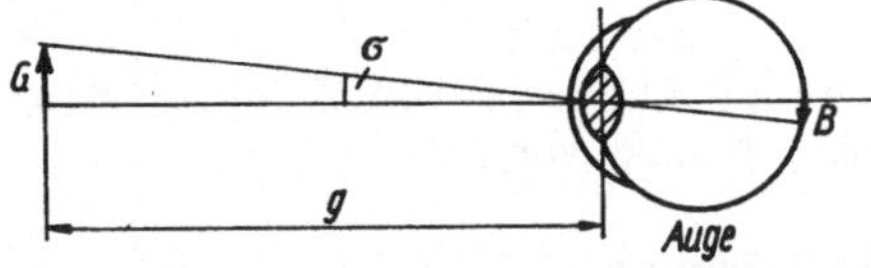

Abb. O.1.3.1. Scheinbare Größe eines Objekts

größe G und vom Abstand des Gegenstandes vom Auge ab. Objekte gleicher scheinbarer Größe erzeugen auf der Netzhaut gleich große Bilder. Der Sehwinkel kleiner Gegenstände läßt sich durch Annäherung an das Auge nicht beliebig vergrößern, da unterhalb der deutlichen Sehweite $s = 25$ cm die Sehschärfe abnimmt.

Lupe und Mikroskop dienen zur Vergrößerung des Sehwinkels kleiner Gegenstände. Als *Vergrößerung* bezeichnet man das Verhältnis

$$\Gamma = \frac{\tan \sigma'}{\tan \sigma}, \qquad (16)$$

wobei σ der Sehwinkel mit »unbewaffnetem« Auge (ohne optisches Instrument) und σ' der Sehwinkel bei Benutzung eines optischen Instruments sind und beide Sehwinkel auf die gleiche Entfernung zu beziehen sind. Eine Lupe ist eine Sammellinse, bei der sich der Gegenstand innerhalb der Brennweite befindet, so daß ein vergrößertes, aufrechtes, virtuelles Bild entsteht (vgl. Abb. O.1.3.2). Zweckmäßigerweise arbeitet man

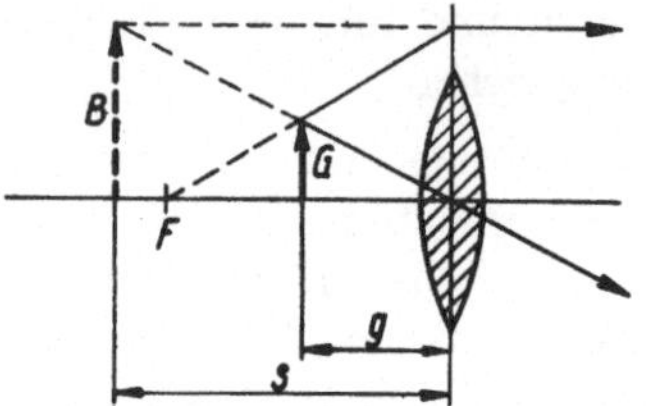

Abb. O.1.3.2. Zur Vergrößerung der Lupe

so, daß sich das Bild in der deutlichen Sehweite s befindet. Bringt man die Lupe unmittelbar vor das Auge, so ist $\tan \sigma' = B/s$, während ohne Lupe $\tan \sigma = G/s$ ist. Aus der Linsengleichung $1/g - 1/s = 1/f$ (das negative Vorzeichen entspricht dem virtuellen Bild) folgt $s/g = s/f + 1$, und man erhält

$$\Gamma_{\mathrm{L}} = \frac{B}{G} = \frac{s}{g} = \frac{s}{f} + 1. \qquad (17)$$

In diesem Falle ist die Vergrößerung Γ_{L} gleich dem Abbildungsmaßstab γ. Im allgemeinen unterscheiden sich jedoch Vergrößerung und Abbildungsmaßstab. Beispielsweise kann man eine Lupe auch so benutzen, daß der Gegenstand in der Brennebene, das virtuelle Bild demzufolge im Unendlichen liegt. Der Sehwinkel mit Lupe ist dann gleich G/f, und man erhält $\Gamma_{\mathrm{L}\infty} = s/f$ während der Abbildungsmaßstab $\gamma_{\infty} = \infty$ ist.

Genügt die mit einer Lupe erreichbare Vergrößerung nicht, so benutzt man ein *Mikroskop*. Bei diesem wird zunächst mittels einer Sammellinse (*Objektiv*) ein vergrößertes, reelles Zwischenbild entworfen und dieses mittels einer Lupe (*Okular*) betrachtet (vgl. Abb. O.1.3.3). Die damit erzielten Vergrößerungen sind gleich dem Produkt aus dem Abbildungsmaßstab $\gamma_{\mathrm{ob}} = B_{\mathrm{z}}/G$ des Objektivs und der Lupenvergrößerung Γ_{L} des Okulars.

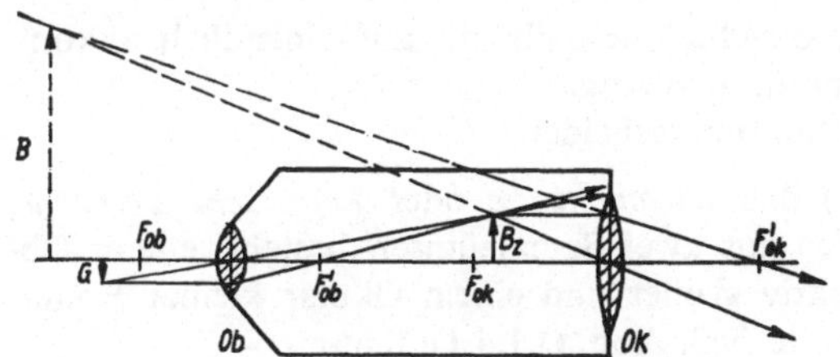

Abb. O.1.3.3. Strahlengang im Mikroskop

Maßgebend für die Leistungsfähigkeit eines Mikroskops ist jedoch nicht die erreichbare Vergrößerung, sondern sein *Auflösungsvermögen*, das angibt, bei welchem minimalen Abstand d_{min} zwei Objektpunkte noch getrennt wahrnehmbar sind.

Das Auflösungsvermögen wird durch die Beugung des Lichtes an der Objektivöffnung begrenzt (vgl. O.2).

Nach *Abbe* ist

$$d_{min} = \frac{0{,}61\lambda}{n \sin u} = \frac{0{,}61\lambda}{A}. \tag{18}$$

Dabei ist λ die Wellenlänge des benutzten Lichtes (bei weißem Licht rechnet man mit $\lambda = 550\,\text{nm}$, da für Licht dieser Wellenlänge das Auge am empfindlichsten ist), n der Brechungsindex des Mediums zwischen Gegenstand und Objektiv und u der halbe Öffnungswinkel des von einem axial gelegenen Gegenstandspunkt in das Objektiv eintretenden Lichtbündels (vgl. Abb. O.1.3.5). Die Größe $n \sin u = A$ heißt *numerische Apertur* des Objektivs, sie ist ein Maß für sein Auflösungsvermögen.

Versuchsausführung

Zur Messung der Vergrößerung der Lupe betrachtet man mit einem Auge durch einen Tubus T die in der deutlichen Sehweite befindliche Skale I und mit dem anderen Auge durch die Lupe L die vertikal verschiebbare gleichartige Skale II (vgl. Abb. O.1.3.4).

Skale II wird so lange verschoben, bis ihr von der Lupe erzeugtes Bild in der gleichen Entfernung wie Skale I scharf erscheint, so daß man beide Skalen übereinander sieht. Bei richtiger Einstellung zeigen die Skalen keine Parallaxe gegeneinander. Erscheinen dann n_1 Skalenteile von Skale I gleich n_2 Skalenteilen von Skale II, so ist die

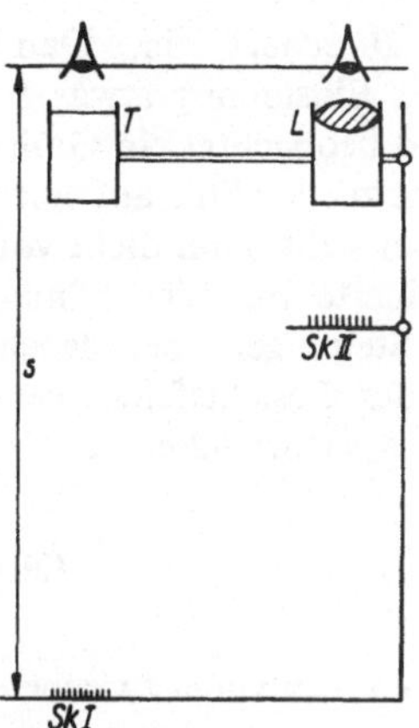

Abb. O.1.3.4. Messung der Lupenvergrößerung

Lupenvergrößerung

$$\Gamma_L = \frac{n_1}{n_2}. \tag{19}$$

Um evtl. Unterschiede der beiden Augen des Beobachters auszugleichen, vertauscht man Lupe und Tubus und bildet das Mittel aus den beiden Messungen.

Die Vergrößerung des Mikroskops läßt sich auf die gleiche Weise bestimmen. Wegen der starken Vergrößerung verwendet man allerdings in diesem Falle als Skale II ein Objektmikrometer mit einer $^1/_{100}$-mm-Teilung, als Skale I dagegen eine 1-mm-Teilung. Dann ist

$$\Gamma_M = 100 \frac{n_1}{n_2}. \tag{19a}$$

Zur Messung des Aperturwinkels u benutzt man das in Abb. O.1.3.5 schematisch dargestellte Verfahren. Zunächst stellt man das Mikroskop auf eine in der Mitte des Gesichtsfeldes befind-

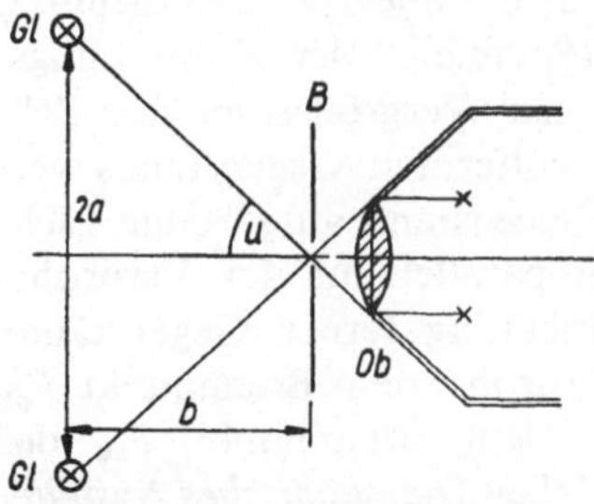

Abb. O.1.3.5. Messung des Aperturwinkels beim Mikroskop

liche feine Lochblende B scharf ein. Dann entfernt man, ohne an der Einstellung etwas zu verändern, das Okular und beobachtet ein Glühlämpchen Gl, das senkrecht zur Sehlinie auf einer Skale verschiebbar ist. Man sieht dann dicht vor dem Objektiv das verkleinerte Bild des Lämpchens. Aus den beiden Stellungen, bei denen dieses gerade am Rande des Gesichtsfeldes verschwindet, ergibt sich der Aperturwinkel zu

$$\tan u = \frac{a}{b}. \tag{20}$$

Zur Überprüfung des Zusammenhangs zwischen Apertur und Auflösungsvermögen betrachten wir als Testobjekte Strichgitter bekannter Gitterkonstante und stellen fest, welcher Abstand gerade noch aufgelöst wird. Es ist zweckmäßig, diese Messung bei monochromatischer Beleuchtung auszuführen. Dabei läßt sich auch die Abhängigkeit des Auflösungsvermögens von der Wellenlänge überprüfen.

1.4. Fernrohr

Aufgaben: 1. Es ist die Vergrößerung eines Fernrohres zu messen.
2. Das Gesichtsfeld des Fernrohres ist zu bestimmen.
3. Es sind die Brennweiten von Objektiv und Okular eines astronomischen Fernrohrs zu ermitteln.
4. Der Durchmesser und die Lage der Austrittspupille des auf Unendlich eingestellten astronomischen Fernrohrs ist zu bestimmen.

Linsenfernrohre bestehen im einfachsten Falle aus zwei Linsen, dem Objektiv (Sammellinse) und dem Okular (Sammel- oder Zerstreuungslinse). Sie werden zur Vergrößerung des Sehwinkels eines weit entfernten Gegenstands verwendet. Das vom Gegenstand ausgehende Licht trifft daher nahezu parallel auf das Fernrohrobjektiv. Zur Betrachtung ferner Gegenstände läßt man beim Fernrohr den Brennpunkt F'_{ob} des Objektivs mit dem Brennpunkt F_{ok} des Okulars zusammenfallen (*teleskopisches System*), so daß parallel ins Objektiv fallende Lichtbündel das Fernrohr auch wieder parallel verlassen. Man

beobachtet deshalb mit auf Unendlich akkommodiertem Auge.
Man unterscheidet

a) das *astronomische* oder *Keplersche Fernrohr*, das aus zwei Sammellinsen besteht, einem Objektiv großer und einem Okular kleiner Brennweite (vgl. Abb. O.1.4.1), und

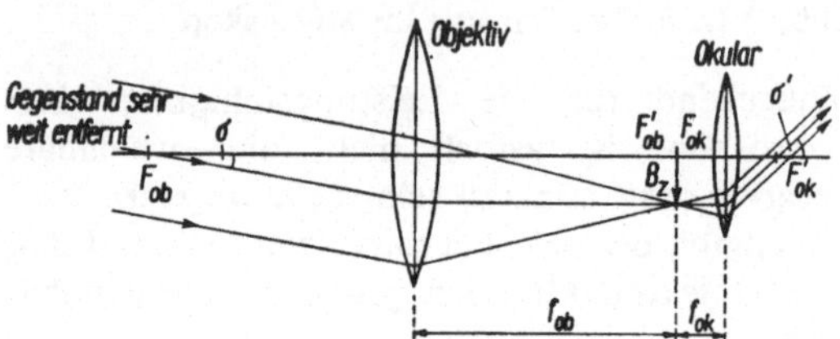

Abb. O.1.4.1. Strahlengang im astronomischen Fernrohr

b) das *holländische* oder *Galileische Fernrohr*. Es besteht aus einer langbrennweitigen sammelnden Objektivlinse und einer kurzbrennweitigen Zerstreuungslinse als Okular (vgl. Abb. O.1.4.2).

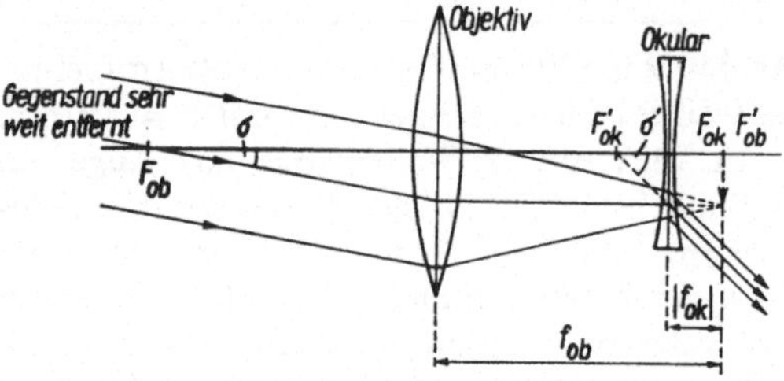

Abb. O.1.4.2. Strahlengang im holländischen Fernrohr

Zur Berechnung der Vergrößerung des astronomischen Fernrohrs werde angenommen, daß ein vom fernen Gegenstand ausgehendes paralleles Lichtbündel unter einem Sehwinkel σ in das »unbewaffnete« Auge des Beobachters fällt (vgl. Abb. O.1.3.1). Da bei einem weit entfernten Gegenstand die Länge des Fernrohrs vernachlässigt werden kann, tritt das Lichtbündel unter dem gleichen Winkel σ in das Objektiv des Fernrohres ein. In der gemeinsamen Brennebene von Objektiv und Okular entsteht ein umgekehrtes reelles Zwischenbild der Größe

$$B_z = f_{ob} \tan \sigma. \tag{21}$$

Durch das als Lupe wirkende unmittelbar vor dem Auge befindliche Okular erscheint das Bild

unter dem Sehwinkel σ' mit

$$\tan \sigma' = \frac{B_z}{f_{ok}}, \qquad (22)$$

und für die Vergrößerung des astronomischen Fernrohrs ergibt sich aus den Gln. (16), (21) und (22)

$$\Gamma_{ast} = \frac{\tan \sigma'}{\tan \sigma} = \frac{f_{ob}}{f_{ok}}. \qquad (23)$$

Das astronomische Fernrohr liefert umgekehrte Bilder.
Die Objektivfassung eines astronomischen Fernrohrs, das keine weiteren Blenden enthält, wirkt als *Eintrittspupille*. Das vom Okular davon hinter dem Fernrohr erzeugte reelle, umgekehrte und verkleinerte Bild wird *Austrittspupille* genannt. Ist d_{EP} der Durchmesser der Eintrittspupille und d_{AP} der Durchmesser der Austrittspupille, so ergibt sich für das auf Unendlich eingestellte astronomische Fernrohr

$$\frac{d_{EP}}{d_{AP}} = \frac{f_{ob}}{f_{ok}} = \Gamma_{ast}. \qquad (24)$$

Dies bestätigt man sofort, wenn man das vom Okular erzeugte Bild der Objektivfassung geometrisch konstruiert und die Strahlensätze anwendet.
Beim holländischen Fernrohr entsteht kein reelles Zwischenbild. Als Vergrößerung erhält man durch im wesentlichen analoge Betrachtungen (vgl. Abb. O.1.4.2)

$$\Gamma_{holl} = \frac{\tan \sigma'}{\tan \sigma} = \frac{f_{ob}}{|f_{ok}|}. \qquad (25)$$

Das holländische Fernrohr liefert aufrechte Bilder (Opernglas).

Versuchsausführung

Zur Messung der Vergrößerung visiert man mit einem Auge durch das Fernrohr einen entfernten Maßstab an, mit dem anderen betrachtet man ihn direkt, indem man seitlich am Fernrohr vorbeisieht. Es gelingt ohne große Mühe, beide Bilder gleichzeitig wahrzunehmen.
Man zählt aus, wie viele Teilstriche n_1 des unvergrößerten Maßstabes auf n_2 Teilstriche des durch

das Fernrohr betrachteten Maßstabes kommen. Die Fernrohrvergrößerung Γ beträgt dann

$$\Gamma = \frac{n_1}{n_2}.$$

Man wiederholt den Versuch, indem man mit jeweils dem anderen Auge durch das Fernrohr sieht bzw. den Maßstab direkt beobachtet.
Eine andere Möglichkeit zur Bestimmung der Vergrößerung des astronomischen Fernrohrs besteht darin, den Durchmesser der Eintrittspupille (Objektivdurchmesser) direkt zu messen und mit Hilfe einer auf das Okular des auf Unendlich eingestellten Fernrohrs aufgesetzten Meßlupe den Durchmesser der Austrittspupille zu ermitteln. Aus Gl. (24) ergibt sich dann die Vergrößerung.
Zur Berechnung des als Winkel definierten Gesichtsfeldes (Objektfeldgröße) α (Abb. O.1.4.3)

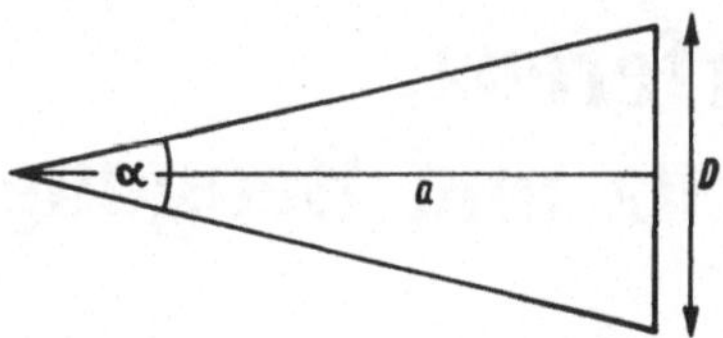

Abb. O.1.4.3. Zur Definition des Gesichtsfeldes

bestimmt man den Durchmesser D des kreisförmigen Gesichtsfeldes, indem man wieder den Maßstab durch das Fernrohr betrachtet. Ist a der Abstand des Fernrohrobjektivs vom Maßstab, so ergibt sich aus $\tan \alpha/2 \approx \alpha/2 = D/2a$ das Gesichtsfeld zu

$$\alpha = \frac{D}{a}.$$

α ist vom Bogenmaß in Gradmaß umzurechnen.
Lassen sich Objektiv und Okular aus dem Fernrohr herausnehmen, bestimmen wir ihre Brennweiten nach einem der in O.1.1 beschriebenen Verfahren (günstig ist die Bessel-Methode). Wir berechnen die Vergrößerung und vergleichen sie mit dem gemessenen Wert.
Sind Objektiv und Okular einzeln keiner Brennweitenmessung zugänglich, bestimmen wir etwa mit Hilfe eines Okularmikrometers (Meßschraubenokular) in der Zwischenbildebene die Zwischenbildgröße B_z eines hinreichend weit entfernten Gegenstands (z. B. eines Maßstabs in

217

einer Entfernung $a \gg f_{ob} + f_{ok} =$ Abstand Objektiv – Okular) und berechnen $\tan \sigma$ direkt aus Gegenstandsgröße und Gegenstandsentfernung vom Objektiv. Aus Gl. (21) ergibt sich dann f_{ob}. Günstiger ist es, für einige Gegenstandsgrößen $\tan \sigma$ als Funktion der Zwischenbildgröße B_z graphisch darzustellen und f_{ob} aus dem Anstieg der sich ergebenden Geraden zu entnehmen. Die Brennweite des Okulars berechnen wir, wenn Γ_{ast} und f_{ob} bekannt sind, aus Gl. (23).

Den Durchmesser der Austrittspupille messen wir, wie bereits beschrieben, mit Hilfe einer Meßlupe oder berechnen ihn nach Gl. (24). Die Lage der Austrittspupille ermitteln wir aus der Linsengleichung (2) für das Okular, indem wir als Gegenstandsweite $f_{ob} + f_{ok}$ einsetzen.

2. Interferenz, Kohärenz und Beugung

2.0. Allgemeine Grundlagen

Licht ist eine elektromagnetische Wellenerscheinung. Zu dieser Feststellung zwingen u. a. die in den folgenden Versuchen beschriebenen Interferenz- und Beugungsphänomene.

Wir beschränken uns auf ebene harmonische Wellen, die sich in $+x$-Richtung ausbreiten. Für diese läßt sich die elektrische Feldstärke $E(x, t)$ in der Form

$$E(x, t) = E_0 \, e^{j\omega(t - x/c)} \tag{1}$$

schreiben[1]) (vgl. Abb. O.2.0.1).
E_0 ist die Amplitude der Welle, $\omega = 2\pi\nu$ die Kreisfrequenz und c die Ausbreitungsgeschwindigkeit. Frequenz ν und Wellenlänge λ sind durch die Gleichung

$$c = \lambda\nu \tag{2}$$

miteinander verknüpft.

---

[1]) Die Benutzung der komplexen Schreibweise hat rechentechnische Gründe; physikalische Bedeutung hat nur der Realteil der Gleichungen.

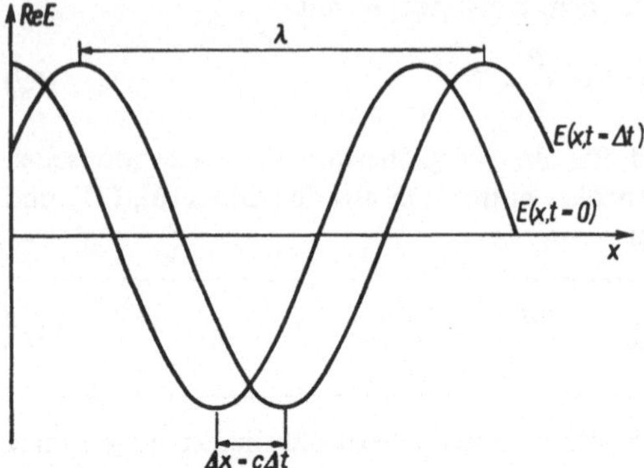

Abb. O.2.0.1. Örtliche Verteilung der elektrischen Feldstärke einer harmonischen Welle für zwei verschiedene Zeiten

Da es sich beim Licht um sehr hochfrequente elektromagnetische Schwingungen handelt, ist nicht die Feldstärke E, sondern die Intensität I direkt beobachtbar; sie ist dem Zeitmittel des Betragsquadrats der Feldstärke proportional:

$$I \sim \overline{|E(x, t)|^2} = \overline{E(x, t)\, E^*(x, t)}. \tag{3}$$

Überlagern sich zwei oder mehrere Wellen gleicher Frequenz, so tritt *Interferenz* ein: je nach ihrer Phasenlage verstärken oder schwächen die Wellen einander (vgl. die analogen Erscheinungen bei Schallwellen, Abschn. M.8).
Es sei

$$E_1(x, t) = E_{10} \, e^{j\omega(t - x/c)}$$

und

$$E_2(x, t) = E_{20} \, e^{j[\omega(t - x/c) + \delta]},$$

wobei $\delta = 2\pi \, \Delta x/\lambda$ die Phasenverschiebung der Welle 2 gegenüber der Welle 1 ist (Δx ist die Wegdifferenz der beiden Wellen).
Da sich elektrische Feldstärken ungestört überlagern, erhält man am Ort x zur Zeit t die Feldstärke

$$E(x, t) = (E_{10} + E_{20} \, e^{j\delta}) \, e^{j\omega(t - x/c)},$$

die einer Intensität

$$I \sim (E_{10} + E_{20} \, e^{j\delta})\,(E_{10} + E_{20} \, e^{-j\delta})$$

$$= E_{10}^2 + E_{20}^2 + 2E_{10}E_{20} \cos \delta \tag{5a}$$

entspricht. Drückt man die reellen Amplituden E_{10} und E_{20} durch die Intensitäten I_1 und I_2 der

einzelnen Lichtwellen aus, so folgt

$$I = I_1 + I_2 + 2\sqrt{I_1 I_2} \cdot \cos \delta. \qquad (5\,\text{b})$$

Die resultierende Intensität I ist also nicht gleich der Summe der Intensitäten der Einzelwellen, sondern ist infolge des sog. Interferenzgliedes $2\sqrt{I_1 I_2}\cos\delta$ entsprechend der Phasenverschiebung δ größer oder kleiner.

$\delta = 2k\pi$ entspricht einer Wegdifferenz von $k\lambda$, $\delta = (2k + 1)\,\pi$ einer Wegdifferenz von $k\lambda + \lambda/2$, wobei k eine beliebige ganze Zahl ist (Ordnung der Interferenz).

Alle diese Überlegungen gelten für räumlich und zeitlich unbegrenzte Wellen. Dagegen lassen sich erfahrungsgemäß Interferenzexperimente mit Licht aus getrennten Lichtquellen (auch mit Licht von verschiedenen Stellen der gleichen Lichtquelle) nicht ausführen. Das hat seine Ursache darin, daß Licht aus räumlich und zeitlich begrenzten Wellengruppen besteht, deren Länge man als Kohärenzlänge l und deren Dauer man als Kohärenzzeit τ bezeichnet. Interferenz tritt daher nur auf, wenn die sich überlagernden Wellen im gleichen Elementarvorgang, d. h. im gleichen Atom, entstanden sind. Nur solche Lichtwellen sind kohärent, d. h. stimmen dauernd in Wellenlänge und Schwingungsebene überein und haben eine zeitlich konstante Phasendifferenz.

Für punktförmige Lichtquellen lassen sich die *Bedingungen für Kohärenz* wie folgt formulieren:

1. Es muß hinreichende Überlappung der Wellengruppen im Beobachtungsgebiet vorliegen, d. h., die Wegdifferenz der interferierenden Wellen muß kleiner als die Kohärenzlänge sein.

2. Die Phasendifferenz darf sich zeitlich nicht (oder nur sehr langsam) ändern, damit die Lage der Interferenzfigur während der Beobachtungszeit konstant bleibt.

Beide Bedingungen lassen sich durch Aufspalten einer Wellengruppe in zwei (oder mehrere) realisieren.

Bei Verwendung räumlich ausgedehnter Lichtquellen kommt noch eine weitere Bedingung hinzu:

3. Nur innerhalb eines Öffnungswinkels $2u$, der der Kohärenzbedingung

$$\sin u \ll \frac{\lambda}{2y} \qquad (6)$$

genügt, kann eine Lichtquelle der linearen Ausdehnung y als punktförmiges Wellenzentrum betrachtet werden (vgl. Abb. O.2.0.2).

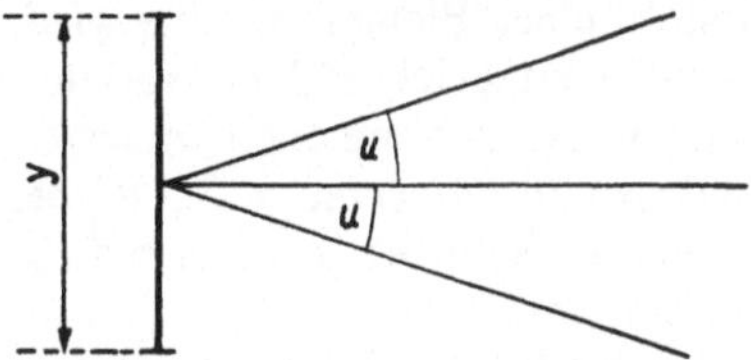

Abb. O.2.0.2. Zur Kohärenzbedingung

Während in gewöhnlichen Lichtquellen die spontane Emission von Photonen vorherrscht, d. h. alle Atome unabhängig voneinander Licht aussenden, dominiert bei *Lasern* (*L*ight *A*mplification by *S*timulated *E*mission of *R*adiation) die induzierte Emission.

Die Wirkungsweise eines Lasers als Quelle für kohärente elektromagnetische Strahlung beruht darauf, daß in einem geeigneten Stoff, dem *aktiven Medium*, z. B. einem Helium-Neon-Gasgemisch, einem Rubinstab oder einem Halbleiter, durch äußere Anregung — den *Pumpprozeß* — eine *Besetzungsinversion* erzeugt werden kann. Im Gegensatz zum thermischen Gleichgewicht sind dann mehr Atome im angeregten, energetisch höheren Zustand als im Grundzustand.

Befindet sich das aktive Medium in einem, im einfachsten Falle aus zwei planparallelenSpiegeln bestehenden *optischen Resonator*, so führt ein durch einen spontanen Übergang vom angeregten Zustand in den Grundzustand emittiertes Photon zur induzierten (erzwungenen) Emission weiterer Photonen. Durch das Spiegelsystem des Resonators erfolgt eine Rückkopplung in das aktive Medium, was eine lawinenartige weitere Zunahme der induzierten Photonen hervorruft. Auf diese Weise entsteht eine Selbsterregung. Sie tritt allerdings nur auf, wenn der Energiegewinn infolge der induzierten Emission die Energieverluste im System übersteigt.

Bei einem Laser sind alle Atome durch das Strahlungsfeld gekoppelt, die atomaren Dipole senden synchron Licht aus. Laser stellen daher räumlich einheitlich schwingende Lichtquellen sehr großer Kohärenzlänge dar. Daher ist auch Licht, das von unterschiedlichen Stellen des Lasers stammt, interferenzfähig.

Die von einem Laser erzeugte Strahlung wird charakterisiert durch eine hohe räumliche und zeitliche

Kohärenz, eine hohe spektrale Energiedichte, eine hohe Monochromasie, eine große Amplitudenstabilität und eine geringe Divergenz des Strahls.

Beim Umgang mit Lasern sind strenge Arbeitsschutzbestimmungen einzuhalten. Insbesondere darf man nicht in den Laserstrahl schauen.

Trifft eine Lichtquelle auf ein Hindernis, so tritt *Beugung* auf: die Welle wird von der geradlinigen Ausbreitungsrichtung abgelenkt. Die Erklärung für diese Erscheinung liefert das *Huygenssche Prinzip*, nach dem jeder Punkt in einem Wellenfeld Ausgangspunkt einer Elementarwelle wird, die sich nach allen Seiten gleichmäßig ausbreitet. Werden von einer Welle mehrere Elementarwellen an verschiedenen Orten erzeugt (z. B. bei mehreren Öffnungen im Schirm), so können diese miteinander interferieren.

Wir betrachten zunächst die Verhältnisse an einem *Doppelspalt mit sehr schmalen gleichbreiten Einzelspalten* und berechnen die Intensitätsverteilung auf einem weit entfernten Schirm. Dann sind die beiden in Abb. O.2.0.3 gezeichneten »Strahlen« (Ausschnitte aus den in den beiden Spalten entstehenden Kugelwellen) praktisch parallel.[1] Wir haben es in diesem Fall mit der Interferenz paralleler Bündel zu tun, was man

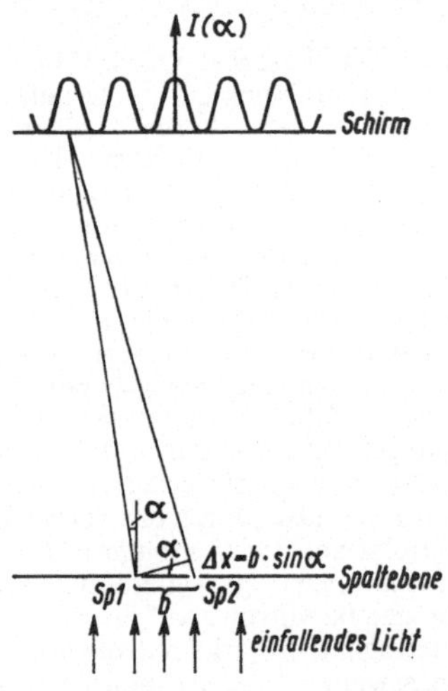

Abb. O.2.0.3. Beugung am Doppelspalt und Intensitätsverteilung bei schmalen Einzelspalten

---

[1] In der Praxis beobachtete man die Interferenz in der Brennebene einer Linse, in der parallele Bündel vereinigt werden. Die Linse erzeugt keine zusätzlichen Phasenverschiebungen, die Rechnung gilt daher auch für diese Beobachtungsart.

als Fraunhofersche Beobachtungsart bezeichnet (im Gegensatz zur Fresnelschen Beobachtungsart, bei der beliebig geneigte Bündel interferieren). Aus Abb. O.2.0.3 ergibt sich, daß die unter dem Winkel α gebeugten Strahlen eine Phasenverschiebung von

$$\delta = 2\pi \frac{\Delta x}{\lambda} = 2\pi \frac{b \sin \alpha}{\lambda} \qquad (7)$$

gegeneinander haben. Bezeichnen wir die von jedem Einzelspalt durchgelassene Intensität mit I_0, so wird nach Gl. (5 b)

$$I(\alpha) = 2I_0(1 + \cos \delta) = 4I_0 \cos^2 \frac{\delta}{2}. \qquad (8)$$

Die Intensitätsverteilung $I(\alpha)$ ist in Abb. O.2.0.3 eingetragen.

Beugungsminima liegen an den Stellen

$$\frac{\delta_k}{2} = \frac{\pi}{2} + k\pi \quad \text{oder} \quad \sin \alpha_k = \frac{\lambda}{2b}(2k + 1), \qquad (9a)$$

Beugungsmaxima an den Stellen

$$\frac{\delta_k'}{2} = k\pi \quad \text{oder} \quad \sin \alpha_k' = \frac{\lambda}{b} k. \qquad (9b)$$

Experimentell ist jedoch die Voraussetzung sehr schmaler Spalte ($\ll \lambda$) am Doppelspalt nicht realisierbar, da die Beugungserscheinungen zu lichtschwach werden.

Bevor wir den Doppelspalt mit endlicher Spaltbreite betrachten, berechnen wir zunächst die Intensitätsverteilung bei der Beugung an einem *Einzelspalt* der Breite a für Fraunhofersche Beobachtungsart. Wir haben es jetzt mit der Interferenz vieler Parallelstrahlbündel der Breite dy zu tun (vgl. Abb. O.2.0.4), die jeweils einen Feldstärkebeitrag d$E = E$ dy/a liefern und deren Phasenverschiebung

$$\delta(y) = 2\pi \frac{y \sin \alpha}{\lambda} = \delta_{max} \frac{y}{a} \qquad (10)$$

beträgt, wobei

$$\delta_{max} = 2\pi \frac{a \sin \alpha}{\lambda} \qquad (11)$$

ist.

Analog zu Gl. (4) ist über alle Teilbündel zu summieren (integrieren), man erhält dann für die

Feldstärke beim Beugungswinkel

$$E(\alpha) = \frac{E_0}{a} e^{j\omega\left(t-\frac{x}{c}\right)} \int_0^a e^{j\delta_{max}y/a}\, dy$$

$$= \frac{E_0}{j\delta_{max}} (e^{j\delta_{max}} - 1)\, e^{j\omega\left(t-\frac{x}{c}\right)}. \tag{12}$$

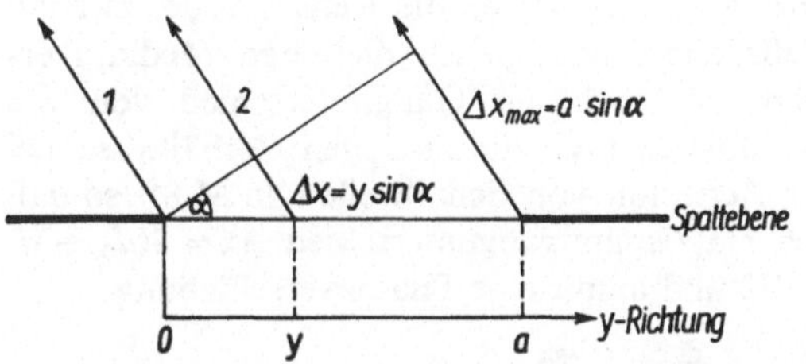

Abb. O.2.0.4. Zur Beugung am Einzelspalt der Breite a Die Wegdifferenz zwischen den Strahlen 1 und 2 beträgt $\Delta x = y \sin\alpha$, die Phasendifferenz also

$$\delta(y) = 2\pi \frac{y \sin\alpha}{\lambda}$$

Geht man entsprechend Gl. (3) zur Intensität über, so ergibt sich (vgl. Abb. O.2.0.5)

$$I(\alpha) = I_0 \frac{2 - 2\cos\delta_{max}}{\delta_{max}^2}$$

$$= I_0 \frac{\sin^2 \delta_{max}/2}{(\delta_{max}/2)^2}. \tag{13}$$

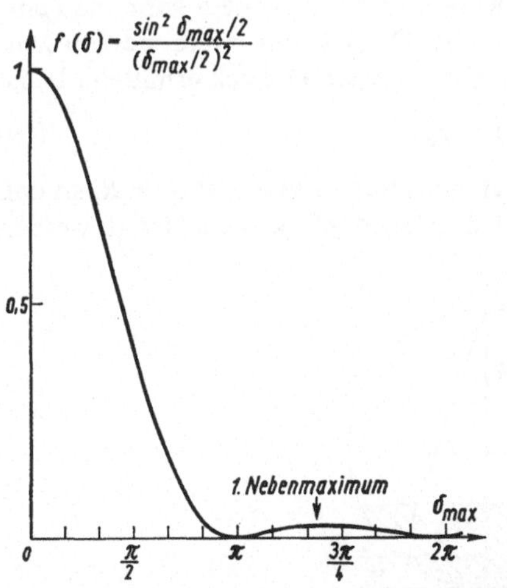

Abb. O.2.0.5. Spaltfunktion $f(\delta_{max}) = \dfrac{\sin^2\delta_{max}/2}{(\delta_{max}/2)^2}$

Im Falle des Einzelspalts liegen entsprechend Gl. (13) Beugungsminima bei

$$\frac{\delta_{max,k}}{2} = k\pi \quad \text{bzw.} \quad a \sin\alpha_k = k\lambda \quad (k \neq 0), \tag{14a}$$

die Beugungsmaxima bei $\alpha = 0$ und in der Nähe. von (aber nicht genau bei)

$$\frac{\delta'_{max,k}}{2} = \frac{\pi}{2}(2k + 1)$$

bzw. $\tag{14b}$

$$a \sin\alpha_k = (2k + 1)\frac{\lambda}{2}.$$

Ist $a < \lambda$, so gibt es keinen Winkel, der Gl. (14a) erfüllt, also auch keine Intensitätsminima. So schmale Spalte werden zum Ausgangspunkt von Kugelwellen, leuchten also den Halbraum hinter dem Spalt ohne Beugungsstreifen relativ gleichmäßig aus.

Die Berechnung der Intensitätsverteilung bei der Beugung am *Doppelspalt mit endlich breiten Einzelspalten* verläuft analog zur Berechnung beim Einzelspalt, es ist lediglich über beide Spalte zu integrieren. Als Ergebnis erhält man die Intensitätsverteilung

$$I(\alpha) = 4I_0 \frac{\sin^2 \delta_{max}/2}{(\delta_{max}/2)^2} \cos^2 \delta/2, \tag{15}$$

die sich als Produkt der Intensitätsverteilungen (8) und (13) darstellt.

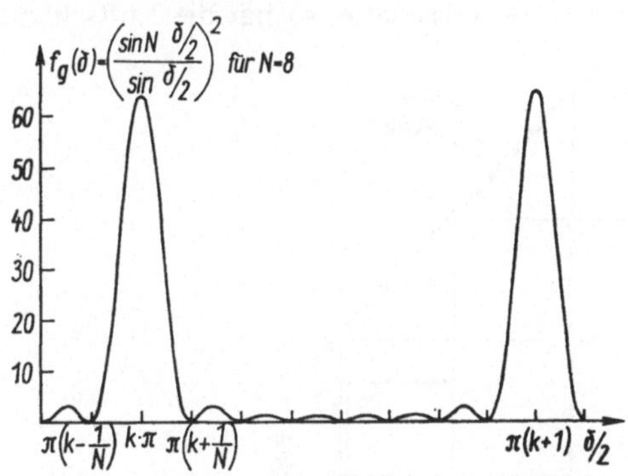

Abb. O.2.0.6. Gitterfunktion $f_g(\delta) = \left(\dfrac{\sin N\delta/2}{\sin \delta/2}\right)^2$ für $N = 8$. Hauptmaxima liegen bei $\delta = 2k\pi$, Minima (Nullstellen) bei $\delta = 2\pi (k + p/N)$, wobei $p = 1, 2, \ldots, N - 1$ ist

Bei einem *Beugungsgitter* ist statt über 2 über N Spalte zu integrieren, man erhält dann

$$I(\alpha) = I_0 \frac{\sin^2 \delta_{max}/2}{(\delta_{max}/2)^2} \frac{\sin^2 N\delta/2}{\sin^2 \delta/2}, \qquad (16)$$

wobei der erste winkelabhängige Faktor auch hier die Intensitätsverteilung des Einzelspalts ist (vgl. Abb. O.2.0.6).

2.1. Newtonsche Ringe

Aufgaben: 1. Die Wellenlänge von monochromatischem Licht ist zu ermitteln.
2. Der Krümmungsradius einer Sammellinse ist zu bestimmen.

Newtonsche Ringe entstehen durch die Interferenz von Licht an der dünnen Zwischenschicht zwischen einer schwach gewölbten Linse und einer Planglasplatte. Man beobachtet im allgemeinen das von dieser Anordnung reflektierte Licht (vgl. Abb. O.2.1.1). In diesem Falle interferieren der an der Unterseite der Linse reflektierte Strahl *1* und der an der Oberseite der Glasplatte reflektierte Strahl *2*. Beide Strahlen sind der Deutlichkeit halber versetzt gezeichnet. Ihre Richtungsänderungen bei der Brechung bzw. Reflexion an der Linsenfläche sind für die weiteren Betrachtungen unwesentlich und werden vernachlässigt.
Ist r der Abstand vom Berührungspunkt der Linse mit der Glasplatte, so hat die Luftschicht

zwischen Linse und Glasplatte dort die Dicke $d_0 + d$. Der Anteil d_0 berücksichtigt, daß keine ideale Berührung vorliegt: Durch Staub kann der Abstand vergrößert, durch Deformation verkleinert werden.
Sieht man von der geringfügigen Brechung der Lichtstrahlen in der Linse ab, so beträgt der Wegunterschied der beiden interferierenden Wellenzüge $2(d_0 + d)$; da die Reflexion des zweiten Wellenzuges am optisch dichteren Medium erfolgt, ist noch ein Gangunterschied von $\lambda/2$ zu addieren (vgl. die analogen Verhältnisse bei der Reflexion von Schallwellen in M.8), so daß sich ein Gesamtgangunterschied $\Delta x = 2(d_0 + d) + \lambda/2$ und damit eine Phasenverschiebung

$$\delta = 2\pi \frac{\Delta x}{\lambda} = \frac{4\pi}{\lambda}(d_0 + d) + \pi \qquad (17)$$

ergibt. Ist

$$\delta = 2\pi k \quad (k = 1, 2, \ldots), \qquad (18a)$$

so verstärken sich die interferierenden Wellenzüge, und es entsteht ein heller Ring, da längs der Peripherie eines Kreises um den Berührungspunkt von Glasplatte und Linse die Phasenverschiebung δ konstant ist. Ist dagegen

$$\delta = \pi(2k + 1) \quad (k = 0, 1, \ldots), \qquad (18b)$$

so löschen sich die interferierenden Wellenzüge aus, und es entsteht ein dunkler Ring.
Den Zusammenhang zwischen dem Radius r_k des k-ten Ringes und der Dicke d kann man entsprechend Abb. O.2.1.2 mit Hilfe des Höhensatzes im rechtwinkligen Dreieck ermitteln. Es ist

$$d(2R - d) = r_k^2. \qquad (19)$$

Bei schwach gewölbten Linsen ist $d \ll R$, so daß in Gl. (19) das Glied d^2 vernachlässigt werden darf.

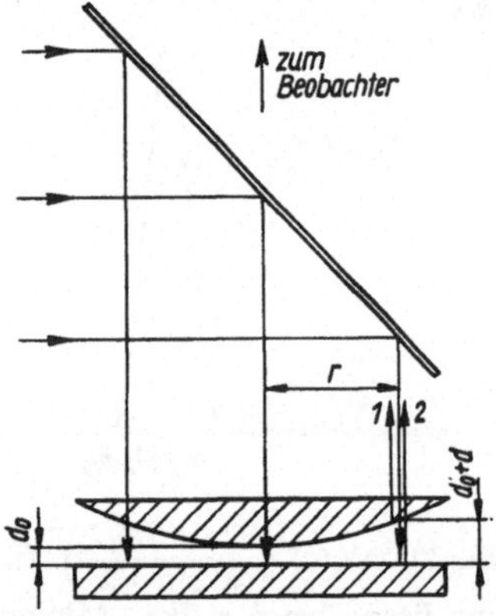

Abb. O.2.1.1. Zur Entstehung der Newtonschen Ringe

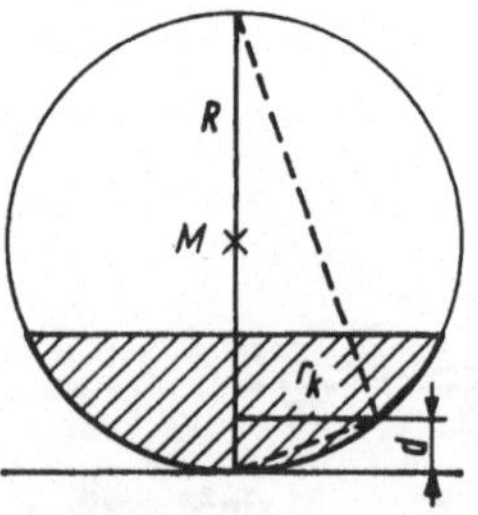

Abb. O.2.1.2. Zur Ermittlung der Dicke d

Aus den Gln. (17), (18) und (19) folgt dann für die dunklen Ringe

$$r_k^2 = kR\lambda - 2d_0R \quad (k = 0, 1, \ldots) \qquad (20\text{a})$$

und für die hellen Ringe

$$r_k^2 = \left(k - \frac{1}{2}\right) R\lambda - 2d_0R$$
$$(k = 1, 2, \ldots). \qquad (20\text{b})$$

Versuchsausführung

Zur Lösung von *Aufgabe 1* ist eine Linse mit bekanntem Krümmungsradius R zu benutzen (R kann nach den in Versuch O.1.1 beschriebenen Methoden bestimmt werden). Linse und Glasplatte werden auf einen mittels Meßschraube verschiebbaren Tisch gelegt und mit parallelem Licht der zu messenden Wellenlänge λ bestrahlt. Zur Vermeidung störender Reflexionen legt man unter die Glasplatte schwarzes Papier.
Die Beobachtung der Newtonschen Ringe erfolgt mit einem Fernrohr mit Fadenkreuz. Durch die Verschiebung des Tisches lassen sich die Durchmesser der hellen und der dunklen Ringe bestimmen. Systematische Fehler können sich ergeben, wenn die Linse nicht in allen Richtungen den gleichen Krümmungsradius hat. Dies läßt sich überprüfen, indem man den Durchmesser der Ringe in verschiedenen Richtungen mißt.
Aufgabe 2 ist in gleicher Weise zu lösen. Die Beleuchtung muß dabei mit monochromatischem Licht bekannter Wellenlänge erfolgen. Bei Linsen mit sehr großen Krümmungsradien liefert diese Methode genauere Werte als andere Meßmethoden.
Zur Auswertung trägt man r_k^2 über k auf und erhält eine Gerade mit der Steigung $S = R\lambda$. Je nachdem, ob R oder λ bekannt ist, läßt sich aus der Steigung λ oder R berechnen.
Für die Fehlerrechnung legt man die Gleichung

$$R\lambda = \frac{r_{k_2}^2 - r_{k_1}^2}{k_2 - k_1} \qquad (21)$$

zugrunde, die durch Differenzbildung aus Gl. (20) folgt.
Erstrebt man hohe Genauigkeit, so kann man nach dem in 1.5.4 der Einleitung beschriebenen

Verfahren die beste Ausgleichsgerade durch die Meßpunkte legen und den mittleren Fehler in der dort angegebenen Weise berechnen.

2.2. Beugung an Spalt und Doppelspalt

Aufgaben: 1. Die Wellenlänge der Na-D-Linie ist zu bestimmen.
2. Die Intensitätsverteilung bei der Beugung an einem Einzelspalt ist mittels eines Photowiderstandes auszumessen.
3. Die Gültigkeit der Kohärenzbedingung ist zu überprüfen.

Zur Untersuchung der Beugung an Spalten benutzt man spaltförmige Lichtquellen (z. B. einen parallel zum beugenden Spalt $Sp2$ angeordneten Beleuchtungsspalt $Sp1$) und beobachtet das Beugungsbild in der Brennebene einer Sammellinse L mit einer Meßlupe bzw. registriert es auf einer Photoplatte oder mittels eines lichtelektrischen Empfängers (vgl. Abb. O.2.2.1).

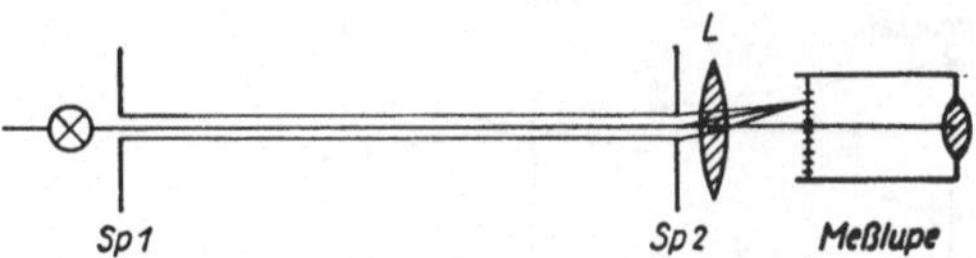

Abb. O.2.2.1. Wellenlängenmessung durch Beugung am Spalt bzw. Doppelspalt

Ist der Beleuchtungsspalt hinreichend schmal (s. unten), so erhält man in der Beobachtungsebene Minima und Maxima der Intensität, woraus man beim beugenden Doppelspalt entsprechend Gl. (9) bei bekanntem Spaltabstand b durch Messung der Winkel α_k bzw. α_k' die Wellenlänge berechnen kann. Analog ist beim Einzelspalt die Gl. (14) zu benutzen.
Die Winkel α_k bzw. α_k', unter denen die dunklen bzw. hellen Beugungsstreifen beobachtet werden, erhält man entsprechend Abb. O.2.2.2 aus

$$\tan \alpha_k = x_k/f, \qquad (22)$$

wobei $2x_k$ der Abstand der beiden Streifen gleicher Ordnung in der Brennebene der Sammellinse und f deren Brennweite ist.
Für breite Beleuchtungsspalte sind zusätzliche Überlegungen erforderlich. Wir betrachten die

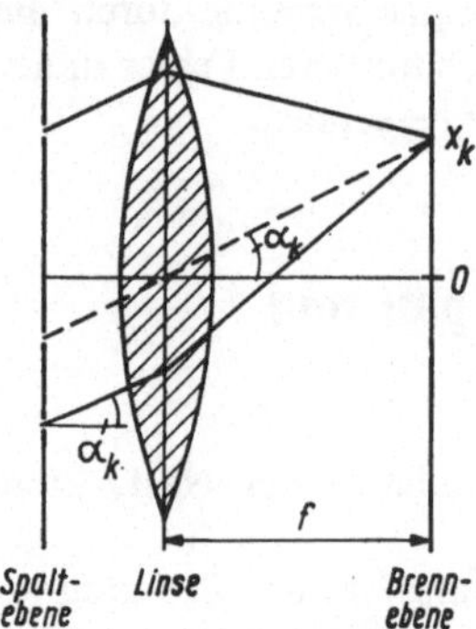

Abb. O.2.2.2. Sammlung von Parallelstrahlen in der Brennebene einer Sammellinse

Verhältnisse für 3 linienförmige Lichtquellen, die sich im Abstand g vom beugenden Doppelspalt befinden und voneinander den Abstand $y/2$ haben (vgl. Abb. O.2.2.3). Da ihr Licht inkohärent ist, erzeugen sie unabhängig voneinander 3 Beugungsbilder, wobei die von den beiden äußeren Lichtquellen stammenden um den Winkel φ gegen das mittlere verdreht sind. Die

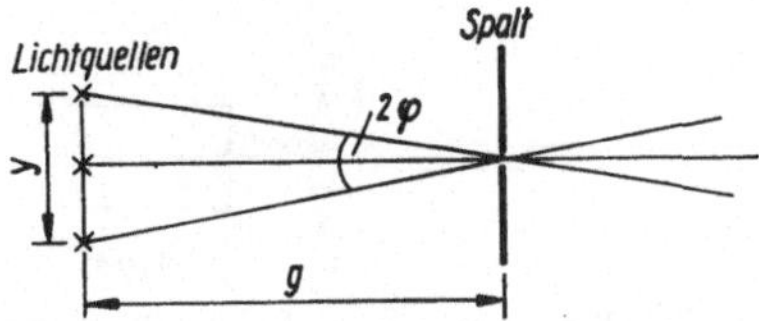

Abb. O.2.2.3. Zur Kohärenzbedingung

Lichtquellen seien weit vom beugenden Doppelspalt entfernt, daher ist φ klein, und es gilt

$$\varphi \approx \tan \varphi = \frac{y}{2g}. \tag{23}$$

Ist φ gerade so groß, daß die hellen Streifen des Beugungsbildes der mittleren Lichtquelle mit den dunklen Streifen der Beugungsbilder der äußeren Lichtquellen zusammenfallen, so wird die Beugungserscheinung unbeobachtbar. Dieser Fall tritt beim Doppelspalt ein, wenn

$$\varphi = \alpha_1 = \frac{\lambda}{2b}$$

ist, da entsprechend Gl. (9) Maxima und Minima um den Winkel $\alpha_1 = \lambda/2b$ gegeneinander verdreht sind. Scharfe Beugungsstreifen sind daher

nur zu erhalten, wenn die Bedingung

$$\tan \varphi = \frac{y}{2g} \ll \frac{\lambda}{2b} \tag{24}$$

erfüllt ist, die der Kohärenzbedingung (6) entspricht.

Für die Beugung am Einzelspalt ist in Gl. (24) $2b$ durch die Spaltbreite a zu ersetzen.

Ausgedehnte Lichtquellen kann man sich aus einer Reihe punktförmiger Lichtquellen zusammengesetzt denken; die Bedingung (24) muß dann für die Ränder der Lichtquelle erfüllt sein.

Die Benutzung ausgedehnter Lichtquellen setzt also große Entfernungen oder schmale Beugungsspalte voraus, andernfalls muß die Ausdehnung der Lichtquelle durch Vorsetzen eines Beleuchtungsspaltes verringert werden.

Versuchsausführung

Als Lichtquelle verwendet man eine Natriumdampflampe, die praktisch monochromatisches Licht (die gelbe Na-D-Linie) aussendet. Zur Erfüllung der Kohärenzbedingung (24) dient Spalt *1*, der sich in großem Abstand vom beugenden Doppelspalt (*Sp 2* in Abb. O.2.2.1) befindet, so daß dieser praktisch mit parallelem Licht beleuchtet wird. Die Beugungserscheinung beobachten wir mit einer Meßlupe, deren Okularskale sich in der Brennebene der Linse L befindet. Wir erreichen dies, indem wir zunächst Spalt *2* entfernen und Spalt *1* scharf auf die Okularskale abbilden. Nachdem wir dann Spalt *2* in den Strahlengang gebracht haben, messen wir den Abstand $2x_k$ der hellen Streifen gleicher Ordnung. Aus den Gln. (9) und (22) ergibt sich, da die Beugungswinkel α_k' sehr klein sind,

$$x_k/f = \lambda k/b. \tag{25}$$

Trägt man daher x_k' über k auf und legt durch die Meßpunkte eine Gerade, so ist deren Steigung

$$S = f\lambda/b. \tag{26}$$

Zur Bestimmung der Wellenlänge sind noch der Spaltabstand b des Doppelspaltes und die Brennweite f der Linse zu ermitteln. Wir bestimmen b, indem wir den Beugungsspalt an die Stelle des Beleuchtungsspaltes bringen und mittels L vergrößert auf die Okularskale abbilden. Wir erhalten ein Spaltbild $b' = \gamma b$, wobei γ der Ab-

bildungsmaßstab der Linse bei der betreffenden Gegenstandsweite ist.

γ und f bestimmen wir mittels der in Versuch O.1.1. beschriebenen Besselschen Methode, wobei Spalt *2* als Gegenstand dient und das Bild in der Okularskale der Meßlupe entsteht. Aus den Gln. (O.1.1.–9a, 9b und 10) folgt

$$\gamma = \frac{s + e}{s - e} \tag{27}$$

und

$$f = \frac{1}{4}\left(s - \frac{e^2}{s}\right). \tag{28}$$

Erfolgt der Nachweis des Beugungsbildes photographisch, so ist analog zu verfahren: das Beugungsbild ist mit auf Unendlich eingestelltem Apparat aufzunehmen, f ist jetzt die Brennweite des Objektivs. b kann, wie oben erläutert, mit einer beliebigen Sammellinse ermittelt werden.

Bei photoelektrischer Registrierung tastet man die Beugungsfigur mit einem lichtelektrischen Empfänger ab, vor dem sich ein feiner Meßspalt befindet, der zusammen mit dem Empfänger mittels eines Meßschlittens verschoben werden kann. Der registrierte Strom ist ein Maß für die Lichtintensität am Ort des Meßspalts.

Zur Überprüfung der Kohärenzbedingung benutzen wir einen Beleuchtungsspalt variabler Breite und verändern diesen, von kleinen Spaltbreiten beginnend, so weit, bis die Beugungserscheinung des Spaltes *2* verschwindet. Wir messen die Spaltbreite y, bei der dies eintritt, und vergleichen mit der Beziehung (24). Es ist dabei mit ruhendem Auge zu beobachten, da bei schräger Blickrichtung eine Bündelbegrenzung durch die Pupille erfolgt, was einer Verkleinerung des Beleuchtungsspaltes entspricht, so daß noch Beugungsstreifen zu beobachten sind, wenn Gl. (24) nicht mehr erfüllt ist.

2.3. Beugung am Gitter

Aufgaben: 1. Die Gitterkonstante eines Reflexionsgitters ist zu bestimmen.
2. Die Wellenlängen der intensivsten Linien des Quecksilberspektrums sind zu messen.

3. Die Formel für das Auflösungsvermögen des Beugungsgitters ist zu überprüfen.

Ein Beugungsgitter besteht aus einer Glas- oder Metallplatte, in die mit einem Diamanten viele eng benachbarte äquidistante Furchen geritzt wurden. Die Flächen zwischen den Furchen wirken als enge reflektierende Spalte. Beleuchtet man das Gitter mit parallelem Licht, so wird jeder dieser Spalte zum Ausgangspunkt einer Elementarwelle. Vereinigt man alle unter einem bestimmten Winkel abgebeugten Strahlen in der Brennebene einer Sammellinse (vgl. Abb. O.2.3.1), so tritt dort Interferenz ein.

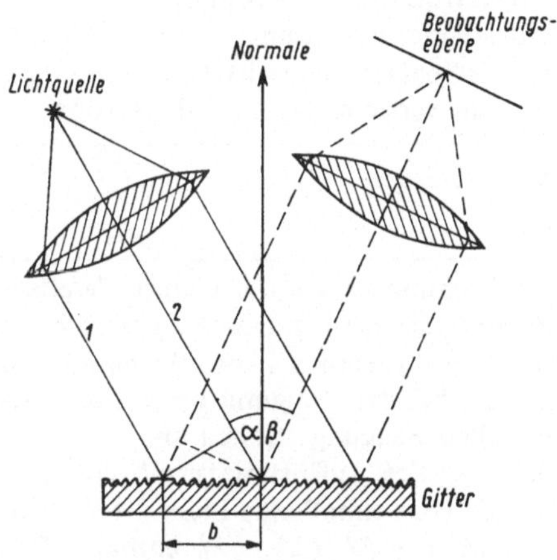

Abb. O.2.3.1. Beugung am Reflexionsgitter

Ist α der Einfallswinkel des parallelen Lichtes und beobachtet man unter dem Winkel β zur Normale des Gitters, so beträgt die Phasenverschiebung δ benachbarter Strahlen (z. B. 1 und 2 in Abb. O.2.3.1)

$$\delta = 2\pi\,\frac{b(\sin \alpha - \sin \beta)}{\lambda}, \tag{29}$$

wobei b die Gitterkonstante ist, die den Abstand äquivalenter Punkte des Gitters angibt. Beobachtet man auf der Seite, auf der das Licht einfällt – was im allgemeinen schwierig ist –, so ist β negativ zu rechnen, d. h., in Gl. (29) ist das Minuszeichen durch ein Pluszeichen zu ersetzen. Die entstehende Intensitätsverteilung wird durch Gl. (16) beschrieben. Die bei einem Gitter mit vielen Spalten allein beobachtbaren Hauptmaxima der Intensitätsverteilung liegen bei den

225

Nullstellen des Nenners, d. h. bei $\delta/2 = k\pi$ bzw.

$$\sin \beta_k = \sin \alpha - k\lambda/b \qquad (30)$$
$$(k = 0, \pm 1, \pm 2, \ldots).$$

Man beobachtet also in der durch β_k gegebenen Richtung nur Licht, dessen Wellenlänge die Gl. (30) erfüllt. Da verschiedenen Wellenlängen verschiedene Ablenkwinkel β_k entsprechen, kann man das Gitter zur Zerlegung des Lichtes in sein Spektrum benutzen (Gitterspektrometer).

Je nach der Größe von k spricht man von einem Spektrum 1., 2., 3. Ordnung usw.; das nicht abgebeugte Licht bei $\beta_0 = \alpha$ $(k = 0)$ bezeichnet man als »Spektrum nullter Ordnung«.

Von entscheidender Bedeutung für die Leistungsfähigkeit eines Spektrometers ist sein *Auflösungsvermögen*. Man versteht darunter die Größe

$$A = \frac{\lambda}{\Delta\lambda}. \qquad (31)$$

In dieser Gleichung ist $\Delta\lambda$ die kleinste Wellenlängendifferenz, die man mit dem Spektrometer noch getrennt wahrnehmen kann. $\Delta\lambda$ hängt von der Breite der bei der Beugung am Gitter entstehenden hellen Beugungsstreifen ab.

Zur Berechnung des Auflösungsvermögens nehmen wir an, daß das einfallende Licht die Wellenlängen λ und $\lambda + \Delta\lambda$ $(\Delta\lambda \ll \lambda)$ enthält. Das Hauptmaximum k-ter Ordnung für die Wellenlänge λ liegt bei β_k, für die Wellenlänge $\lambda + \Delta\lambda$ liegt es bei β_k', wobei β_k' durch

$$\sin \beta_k' = \sin \alpha - k\,\frac{\lambda + \Delta\lambda}{b} \qquad (30\,\text{a})$$

gegeben ist.

Eine getrennte Wahrnehmung beider ist gerade noch möglich, wenn β_k' mit der ersten Nullstelle der Intensitätsverteilung neben dem Hauptmaximum β_k der Wellenlänge λ zusammenfällt. Aus Gl. (16) und Abb. O.2.6 ergibt sich, daß diese Nullstelle bei einer Phasenverschiebung liegt, die durch

$$N\frac{\delta'}{2} = N\frac{\delta}{2} + \pi \qquad (32\,\text{a})$$

gegen ist, während das Hauptmaximum k-ter Ordnung bei $\delta/2 = k\pi$ liegt. Daraus folgt

$$\delta' = \frac{2\pi b\,(\sin \alpha - \sin \beta_k')}{\lambda} = 2\pi k + \frac{2\pi}{N}$$

bzw.

$$\sin \beta_k' = \sin \alpha - \frac{\lambda}{b}\left(k + \frac{1}{N}\right). \qquad (32\,\text{b})$$

Gleichsetzen von Gl. (30 a) und (32 b) liefert

$$\lambda\left(k + \frac{1}{N}\right) = k(\lambda + \Delta\lambda)$$

bzw.

$$\frac{\Delta\lambda}{\lambda} = \frac{1}{Nk}.$$

Das Auflösungsvermögen des Gitters ist also unabhängig von der Einfallsrichtung lediglich durch Strichzahl N und Beugungsordnung k bestimmt:

$$A = \frac{\lambda}{\Delta\lambda} = kN. \qquad (33)$$

Zur genauen Messung der Beugungswinkel dient uns ein *Spektrometer*, dessen Hauptteile Spaltrohr (Kollimator) mit Eintrittsspalt, Spektrometertisch mit Justierschrauben *1*, *2* und *3*, Beobachtungsfernrohr mit Fadenkreuz zusammen mit dem Strahlengang in Abb. O.2.3.2 schematisch dargestellt sind.

Spalt und Spaltrohr dienen zur Erzeugung parallelen Lichtes, der Spektrometertisch trägt das

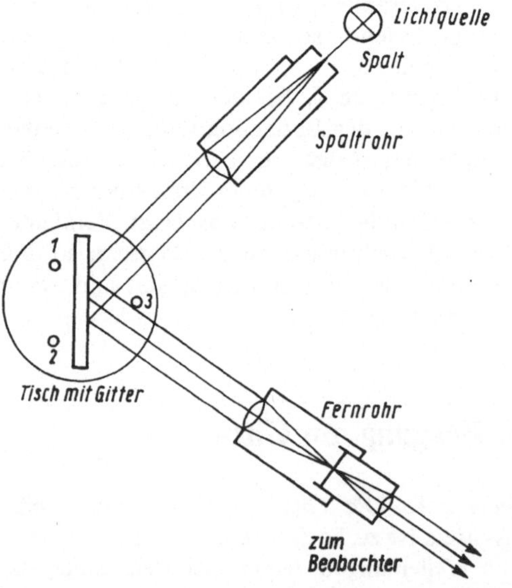

Abb. O.2.3.2. Strahlengang im Gitterspektrometer

dispergierende System, in unserem Falle das Beugungsgitter. Das Objektiv des Beobachtungsfernrohres erzeugt ein Bild des Spaltes in der Farbe des gebeugten Lichtes, das mit dem Okular beobachtet werden kann. Mit Hilfe der Winkelteilung eines Teilkreises kann die Verdrehung des Fernrohres gegenüber dem Spektrometertisch gemessen werden.

Für spektroskopische Untersuchungen werden heute in der Praxis ausschließlich *Spektrographen* oder *Monochromatoren* benutzt. Bei den Spektrographen ist das drehbare Fernrohr durch eine feststehende Kamera ersetzt, die Registrierung des Spektrums erfolgt auf der Photoplatte. Monochromatoren haben einen feststehenden Austrittsspalt, die verschiedenen Wellenlängen werden durch Drehung des Gitters (bzw. des Prismas bei Prismenmonochromatoren) nacheinander auf den Austrittsspalt abgebildet. Für spektroskopische Untersuchungen mit Monochromatoren wird das austretende Licht mittels lichtelektrischer Empfänger (vgl. O.5) nachgewiesen. Diese Geräte unterscheiden sich in ihrem Aufbau beträchtlich von dem oben beschriebenen Spektrometer.

Versuchsausführung

Vor der Messung muß das Spektrometer justiert werden.[1]) Die Justierung umfaßt

1. die Einstellung des Fernrohres auf Unendlich,
2. die Senkrechtstellung der Sehlinie des Fernrohres zur Drehachse des Spektrometers,
3. die Einstellung des Spaltrohres,
4. die Justierung des Beugungsgitters.

Zu 1. und 2.: Läßt sich das Fernrohr aus dem Spektrometer herausnehmen, so kann die Einstellung auf Unendlich dadurch erfolgen, daß man einen genügend weit entfernten Gegenstand parallaxefrei[2]) in die Ebene des Fadenkreuzes abbildet (Beobachtung durch das geöffnete Fenster).

Bei fest eingebautem Fernrohr erfolgt die Einstellung auf Unendlich zusammen mit der Senkrechtstellung der Sehlinie durch Autokollimation mittels des Gaußschen Okulars (vgl. O.1.1). Das aus dem Fernrohr austretende Licht wird an einer Glasplatte reflektiert, die parallel zu der

---

[1]) Bei modernen Spektrographen und Monochromatoren erfolgt die Justierung bei der Herstellung und braucht nicht vom Benutzer vorgenommen zu werden.
[2]) Das ist besser als die Einstellung auf größte Bildschärfe, da diese oft täuscht.

Verbindungslinie der beiden Justierschrauben *1* und *2* (vgl. Abb. O.2.3.2) auf dem Spektrometertisch steht. Das Fernrohr ist auf Unendlich eingestellt, wenn man das Fadenkreuz und sein Spiegelbild gleichzeitig scharf und parallaxefrei sieht. Die Einstellung geschieht durch Verschieben des gesamten Okulars, nachdem man vorher mit der äußeren Okularlinse auf das Fadenkreuz scharf eingestellt hat.

Nun neigt man mittels der Justierschraube *3* die Glasplatte, bis sich Fadenkreuz und Spiegelbild decken. Dadurch ist erreicht, daß die Sehlinie senkrecht zur Oberfläche der Glasplatte steht, sie wird dann jedoch im allgemeinen noch nicht senkrecht zur Drehachse stehen.

Um auch dies zu erreichen, dreht man den Spektrometertisch (oder das Fernrohr) um 180°. Fadenkreuz und Spiegelbild decken sich nach dieser Drehung im allgemeinen nicht. Die auftretende Abweichung kompensiert man zur Hälfte durch Neigung des Fernrohres.

Das Verfahren ist so oft zu wiederholen, bis nach einer Drehung um 180° keine Abweichung mehr auftritt. Ist die Glasplatte nicht genau planparallel so treten zwei Spiegelbilder auf. Davon ist stets das von der gleichen Seite reflektierte auszuwählen, nach der Drehung um 180° also das durch Reflexion an der Rückseite entstandene lichtschwächere Spiegelbild, wenn man vor der Drehung das durch Reflexion an der Vorderseite entstandene lichtstärkere gewählt hatte.

Zu 3.: Zur Justierung des Spaltrohres beleuchtet man den Spalt und dreht das Fernrohr, bis das Licht aus dem Spaltrohr in dieses hineinfällt. Da das Fernrohr auf Unendlich eingestellt ist, entsteht ein scharfes Bild des Spaltes nur dann, wenn er sich in der Brennebene der Spaltrohrlinse befindet, was durch Verschieben des Auszuges, an dem der Spalt befestigt ist, erreicht wird. Nun neigt man das Spaltrohr, bis das Spaltbild vom horizontalen Faden des Fadenkreuzes halbiert wird. Ist dies erreicht, so stimmt die Achse des Spaltrohres mit der Sehlinie des Fernrohres überein.

Zu 4.: Zur Justierung des Gitters stellt man dieses, wie vorher die Glasplatte, so auf den Spektrometertisch, daß die Gitterebene parallel zur Verbindungslinie der Justierschrauben *1* und *2* verläuft, und stellt durch Autokollimation die Gitterebene senkrecht zur Sehlinie des Fernrohres, die

aufgrund der vorangegangenen Justierung des Spaltrohres mit der Achse desselben übereinstimmt.

Beleuchtet man jetzt den Spalt und dreht das Fernrohr, so läuft das Spektrum im allgemeinen schräg durch das Gesichtsfeld, da die Gitterstriche nicht genau parallel zum Spalt stehen. Man korrigiert dies mit den Justierschrauben 1 und 2, bis alle Spektrallinien vom horizontalen Faden des Fadenkreuzes halbiert werden.

Nach der Justierung des Gitters arretiert man den Tisch und stellt die Sehlinie des Fernrohrs senkrecht zur Gitterebene. Der am Teilkreis dabei abgelesene Winkel gibt die Richtung der Gitternormale an. Den Einfallswinkel α bestimmt man durch Beobachtung des Spektrums 0-ter Ordnung, die Beugungswinkel β_k in 1. und 2. Ordnung, indem man bei möglichst engem Eintrittsspalt das Fadenkreuz mit dem entsprechenden Spaltbild zur Deckung bringt und die zugehörigen Drehwinkel am Teilkreis abliest. Die Ablesung des Drehwinkels erfolgt mit zwei Nonien, die um 180° gegeneinander versetzt sind, um Teilungsfehler zu eliminieren. Die direkte Messung der Gitterkonstanten b, z. B. unter einem Mikroskop, ist zu ungenau. Man ermittelt daher b mit Licht bekannter Wellenlänge, z. B. einer Natriumdampflampe, indem man die entsprechenden Beugungswinkel mißt und aus der aus Gl. (30) folgenden Formel

$$b = \frac{k\lambda}{\sin \alpha - \sin \beta_k} \qquad (30\,\mathrm{b})$$

berechnet.

Ist b bekannt, so ergibt sich aus den Beugungswinkeln β_k die Wellenlänge zu

$$\lambda = \frac{b(\sin \alpha - \sin \beta_k)}{k}. \qquad (30\,\mathrm{c})$$

Zur Überprüfung des Auflösungsvermögens wählt man geeignete Linienpaare des Quecksilber- oder Natriumspektrums aus (vgl. Tab. 13) und verändert mittels einer Spaltblende den Querschnitt des aus dem Spaltrohr austretenden Lichtbündels und damit die Zahl N der an der Beugung beteiligten Gitterspalte. Ist a die Breite der Spaltblende, so ist die Zahl N der ausgeleuchteten Gitterspalte durch $N = a/b$ gegeben.

3. Brechungsindex, Dispersion und Absorption

3.0. Allgemeine Grundlagen

3.0.1. Brechungsindex und Dispersion

Die Ausbreitungsgeschwindigkeit des Lichtes ist in verschiedenen Stoffen verschieden groß. Ursache dafür ist, daß alle Stoffe aus geladenen Teilchen (Atomkernen und Elektronen) aufgebaut sind, die durch die einfallende elektromagnetische Lichtwelle in Schwingungen versetzt werden und dadurch zum Ausgangspunkt neuer Lichtwellen werden.

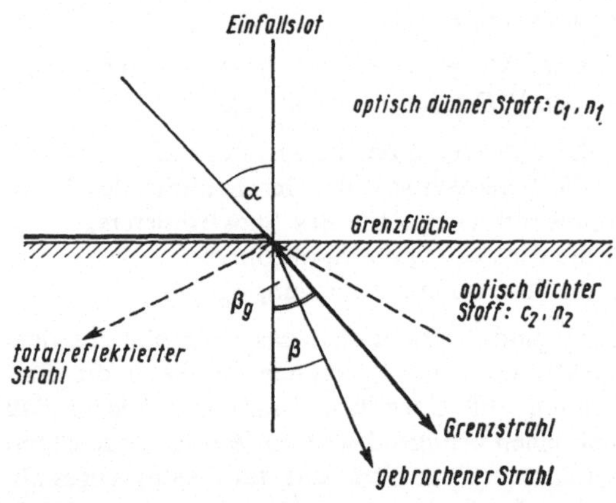

Abb. O.3.0.1. Zum Snelliusschen Brechungsgesetz. Der Strahlengang ist umkehrbar

Von zwei Stoffen bezeichnet man den mit der größeren Lichtgeschwindigkeit als den optisch dünneren, den mit der kleineren Lichtgeschwindigkeit als den optisch dichteren Stoff. Trifft eine Lichtwelle auf die Grenzfläche zwischen zwei verschiedenen Stoffen, so ändert sich ihre Ausbreitungsrichtung, sie wird gebrochen (und teilweise reflektiert). Für die Brechung einer ebenen Welle (in Abb. O.3.0.1 durch Lichtstrahlen, d. h. durch ihre Flächennormalen, charakterisiert) an einer ebenen Grenzfläche gilt das *Brechungsgesetz*

von Snellius

$$\frac{\sin \alpha}{\sin \beta} = \frac{c_1}{c_2} = \frac{n_2}{n_1} = n_{21}. \tag{1}$$

Das Verhältnis $n_1 = c_0/c_1$ (c_0 Lichtgeschwindigkeit im Vakuum, c_1 Lichtgeschwindigkeit im Stoff 1) heißt (absoluter) Brechungsindex des Stoffes 1; n_{21} ist der relative Brechungsindex des Stoffes 2 gegenüber dem Medium 1.

Aus Gl. (1) ergibt sich: Geht der (auf der Wellenfront senkrecht stehende) Lichtstrahl vom optisch dünneren zum optisch dichteren Stoff über (z. B. von Luft in Glas), so wird er zum Einfallslot hin, im umgekehrten Fall vom Lot weg gebrochen; der gebrochene Strahl liegt dabei in beiden Fällen in der durch das Einfallslot und den einfallenden Strahl gebildeten Einfallsebene.

Beim Übergang vom optisch dichteren zum optisch dünneren Stoff ist der Brechungswinkel stets größer als der Einfallswinkel, er erreicht daher bereits bei einem Einfallswinkel $\beta_g < 90°$ den Wert $90°$. Wird der Einfallswinkel größer als β_g, so wird das gesamte Licht in den dichten Stoff zurückgeworfen, es tritt *Totalreflexion* ein; β_g heißt daher *Grenzwinkel der Toralreflexion*.

Die Lichtgeschwindigkeit hängt außer von dem Stoff, in dem sich das Licht ausbreitet, auch von der Wellenlänge ab (außer im Vakuum). Diese Erscheinung bezeichnet man als *Dispersion*. Sie wird dadurch verursacht, daß die Moleküle des Stoffes, die durch die Lichtwelle in erzwungene Schwingungen versetzt werden, über eine (oder mehrere) optische Eigenfrequenzen ω_0 verfügen. Demzufolge hängt die Größe des elektrischen Dipolmoments p, das durch das elektrische Feld E der Lichtwelle in einem Molekül induziert wird, von der Frequenz ω der Lichtwelle ab.

Das Verhältnis $\alpha_p = p/E$ eines Atoms oder Moleküls ist ein Maß für die Deformierbarkeit der Elektronenhülle und wird Polarisierbarkeit genannt. Aus der Theorie der erzwungenen Schwingungen (vgl. E. 5.0.4) ergibt sich

$$\alpha_p = \frac{e^2}{m} \frac{1}{\omega_0^2 - \omega^2}, \tag{2}$$

wobei e die elektrische Ladung und m die Masse des für die optische Resonanz verantwortlichen Teilchens ist.

Berücksichtigt man den Beitrag benachbarter Moleküle zu dem elektrischen Feld der Lichtwelle, so erhält man für die Abhängigkeit der Brechzahl n von der Frequenz

$$\frac{n^2 - 1}{n^2 + 2} = \frac{1}{3\varepsilon_0} N\alpha_p = \frac{e^2 N}{3\varepsilon_0 m} \frac{1}{\omega_0^2 - \omega^2} \tag{3}$$

(*Lorentz-Lorenzsche Formel*). N ist dabei die Zahl der Teilchen pro Volumen, ε_0 die Dielektrizitätskonstante des Vakuums.

Schematisch ergibt sich daraus, wenn man noch den Einfluß der Dämpfung berücksichtigt, die Kurve 1 in Abb. O.3.0.2. Bei genügend langen

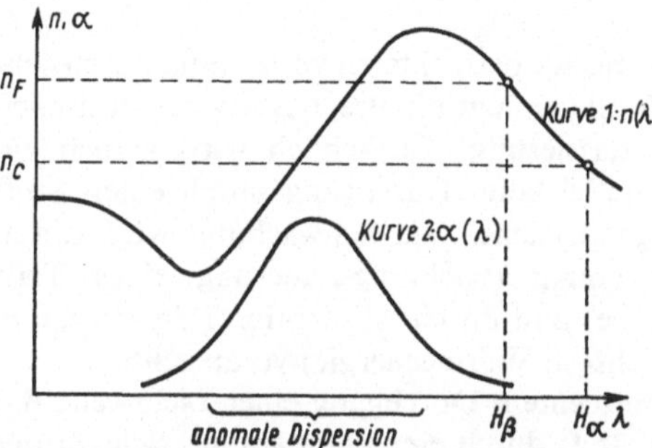

Abb. O.3.0.2. Dispersion $n(\lambda)$ und Absorption $\alpha(\lambda)$ in der Umgebung einer optischen Resonanzstelle

Wellenlängen (bei üblichen Gläsern im sichtbaren Bereich) nimmt der Brechungsindex mit zunehmender Wellenlänge ab (*normale Dispersion*). Als Maß für die Größe der Dispersion dient in diesem Bereich die Differenz der Brechungsindizes für die Wasserstofflinien H_α und H_β, die als mittlere Dispersion $n_F - n_C$ bezeichnet wird (F und C sind die Fraunhoferschen Bezeichnungen für H_α und H_β).

In dem in Abb. O.3.0.2 eingezeichneten Gebiet sog. *anomaler Dispersion*, in dem der Brechungsindex mit wachsender Wellenlänge zunimmt, tritt gleichzeitig starke Absorption auf (Kurve 2), so daß dort n nicht mehr mit den sonst üblichen Methoden gemessen werden kann.

Die aus dem Brechungsindex n berechenbare Größe

$$R_M = \frac{n^2 - 1}{n^2 + 2} \frac{M}{\varrho} \tag{4}$$

229

(M molare Masse, ϱ Dichte) heißt Molrefraktion. Sie ist eine Stoffkonstante, die von Druck, Temperatur und Aggregatzustand weitgehend unabhängig ist. R_M kann genähert als Summe der Refraktionsanteile der Bindungen betrachtet werden:

$$R_M = ax + by + cz + \ldots, \tag{5}$$

wobei $x, y, z, \ldots$ die Bindungsrefraktionen, $a, b, c, \ldots$ die Anzahl der jeweiligen Bindungen im Molekül sind. Infolge der näherungsweisen Additivität der Bindungsrefraktionen ist R_M eine wichtige Größe in der organischen Chemie.

3.0.2. Extinktion und Absorption

Für die bisher betrachteten vollständig durchsichtigen Stoffe genügt die Brechzahl n zur optischen Charakterisierung. Tatsächlich wird jedoch ein Lichtbündel beim Durchgang durch einen Stoff auch geschwächt. Die Schwächung wird durch Lichtstreuung (Richtungsänderung eines Teils der Welle) und durch Absorption (Umwandlung von Licht- in Wärmeenergie) verursacht.
Bei senkrechtem Durchgang einer Lichtwelle der Intensität I_0 durch eine planparallele Schicht der Dicke d erhält man für die Intensität I hinter der Schicht in guter Näherung

$$I = I_0(1 - R)^2\, \mathrm{e}^{-Kd}. \tag{6}$$

K heißt Extinktionskoeffizient; sein Reziprokwert $1/K$ entspricht der mittleren Reichweite des Lichtes in dem betreffenden Stoff und kann auch als mittlere freie Weglänge der Photonen interpretiert werden. R ist der Reflexionskoeffizient der Grenzfläche (vgl. O. 4), durch den Faktor $(1 - R)^2$ wird die Reflexion an Vorder- und Rückseite der Schicht berücksichtigt [Mehrfachreflexionen und Interferenzen sind in Gl. (6) vernachlässigt].
Bei verdünnten Lösungen, in denen die Wechselwirkung der gelösten Moleküle untereinander vernachlässigt werden kann, ist K proportional zur Konzentration c der gelösten Moleküle:

$$K = \varepsilon c \tag{7}$$

(*Beersches Gesetz*). Die Proportionalitätskonstante ε heißt spezifischer Extinktionskoeffizient und ist für den gelösten Stoff charakteristisch.

Gl. (6) geht damit über in

$$I = I_0(1 - R)^2\, \mathrm{e}^{-\varepsilon c d} \tag{8}$$

(*Lambert-Beersches Gesetz*).
Die in einer dünnen Schicht der Dicke $\mathrm{d}x$ dem einfallenden Lichtbündel entzogene relative Intensität ergibt sich aus Gl. (6) zu

$$\frac{\mathrm{d}I}{I} = -K\,\mathrm{d}x. \tag{9}$$

Diese Größe stimmt überein mit der Wahrscheinlichkeit für das Verschwinden eines Photons aus dem Strahl auf der Strecke $\mathrm{d}x$.
Andererseits enthält die Schicht im durchstrahlten Querschnitt A

$$\mathrm{d}N = NA\,\mathrm{d}x$$

Moleküle (vgl. Abb. O.3.0.3), wobei N die Teilchenzahldichte (Zahl der gelösten Moleküle je Volumen) ist. Ordnet man jedem Molekül einen extingierenden Querschnitt q zu, so ist der Bruchteil

$$q\,\mathrm{d}N/A = Nq\,\mathrm{d}x$$

der durchstrahlten Fläche von gelösten Molekülen bedeckt. Diese Größe ist daher ebenfalls gleich der Wahrscheinlichkeit für das Verschwinden eines Photons aus dem Lichtbündel. Setzt man die beiden Wahrscheinlichkeiten gleich, so ergibt sich

$$q = K/N. \tag{10}$$

Der Teilchenzahldichte N entspricht eine Konzentration

$$c = Nm, \tag{11}$$

wobei m die Molekülmasse ist. Mit $m = M/N_A$ (M molare Masse, N_A Avogadro-Konstante) wird

$$q = \varepsilon\,\frac{M}{N_A}, \tag{12}$$

so daß man aus der (makroskopischen) spezifischen Extinktion den (mikroskopischen) Extinktionsquerschnitt eines Moleküls berechnen kann. Ist die Extinktion ausschließlich durch Absorption bedingt (keine Streuung), so spricht man statt vom Extinktionskoeffizienten vom Absorptionskoeffizienten α. Der Absorptionskoeffizient ist stark von der Wellenlänge der einfallenden Strahlung abhängig, so daß sich für jeden Stoff

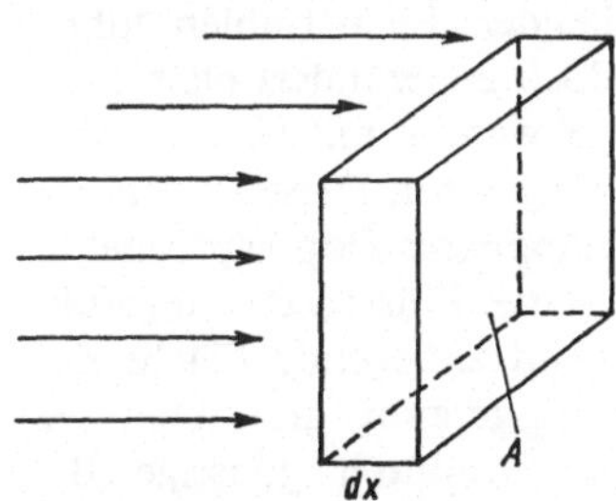

Abb. O.3.0.3. Zur Berechnung des extingierenden Querschnitts

ein charakteristisches Absorptionsspektrum $\alpha(\lambda)$ ergibt, das z. B. zur Identifizierung des betreffenden Stoffes herangezogen werden kann. Starke Absorption tritt insbesondere im Bereich der anomalen Dispersion (vgl. Abb. O.3.0.2) auf.

3.1. Refraktometer

Aufgaben: 1. An einem Refraktometermodell sind der Brechungsindex des Prismas und eines Glasplättchens mit Na-Licht zu messen.
2. Der Brechungsindex von Wasser ist in Abhängigkeit von der Temperatur zu messen und graphisch darzustellen.
3. Die Brechzahlen und die mittleren Dispersionen von mindestens 4 geeigneten organischen Verbindungen sind zu messen; aus den Brechzahlen sind die Refraktionsanteile der einzelnen Bindungen zu berechnen.

Geräte zur Bestimmung der Brechzahl durch Messung des Grenzwinkels der Totalreflexion heißen *Refraktometer*. Bei ihnen genügt die Messung eines Winkels, während sonst nach Gl. (1) die Messung zweier Winkel erforderlich ist.
Die Messung des Grenzwinkels erfolgt bei streifendem Lichteinfall an einem Prisma (Brechungsindex n_1, brechender Winkel ε), an dessen Grundfläche sich die Meßprobe der Brechzahl n_2 be-

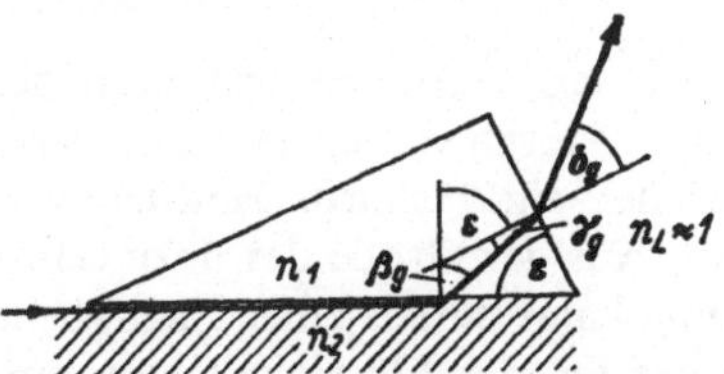

Abb. O.3.1.1. Brechung am Prisma bei streifendem Lichteinfall

findet. Der streifend einfallende Strahl ($\alpha = 90°$) wird unter dem Winkel β_g in das Prisma hin gebrochen, trifft unter dem Winkel γ_g auf die zweite Prismenfläche und verläßt das Prisma unter dem Winkel δ_g (vgl. Abb. O.3.1.1). Nach dem Brechungsgesetz gilt beim Eintritt des Strahls

$$\sin \beta_g = \frac{n_2}{n_1} \tag{13}$$

und beim Austritt in Luft ($n_L \approx 1$)

$$\sin \delta_g = \frac{n_1}{n_L} \sin \gamma_g \approx n_1 \sin \gamma_g. \tag{14}$$

Aus Abb. O.3.1.1 ist ersichtlich, daß

$$\beta_g + \gamma_g = \varepsilon \tag{15}$$

gilt, da ε Außenwinkel in dem vom Lichtstrah und den beiden Loten gebildeten Dreieck ist.
Zur Bestimmung des Brechungsindex n_1 des Meßprismas mißt man neben dem brechenden Winkel ε zunächst δ_g ohne Meßprobe (die Prismengrundfläche befindet sich in Luft: $n_2 = n_L \approx 1$). Setzt man γ_g nach Gl. (15) in Gl. (14) ein, so ergibt sich

$$\cot \beta_g = \frac{\sin \delta_g + \cos \varepsilon}{\sin \varepsilon}. \tag{16}$$

Aus Gl. (16) läßt sich β_g und damit aus Gl. (13) n_1 berechnen.
Ist n_1 bekannt, so erhält man den Brechungsindex n_2 der Meßprobe (Glasplättchen), indem man mit Probe den Winkel δ_g mißt, aus Gl. (14) γ_g und aus Gl. (15) β_g bestimmt. Aus Gl. (13) folgt schließlich n_2.
Strahlen, die unter kleinerem Einfallswinkel als 90° einfallen, verlassen das Prisma unter einem größeren Winkel als δ_g, so daß nur Strahlen austreten, die mit dem Lot einen Winkel größer als δ_g bilden. Beobachtet man das austretende Licht mit einem auf Unendlich eingestellten Fernrohr, so entspricht jeder Strahlrichtung ein Punkt in der Brennebene (vgl. Abb. O.3.1.2). Da in dem aus dem Prisma austretenden Lichtbündel nicht alle Richtungen enthalten sind, bleibt ein Teil des Gesichtsfeldes dunkel. Der Richtung des Grenzstrahls entspricht daher bei Verwendung monochromatischen Lichtes eine scharfe Grenze zwischen hellem und dunklem Teil des Gesichtsfeldes. Bei Verwendung von weißem Licht entsteht anstelle der scharfen Grenzlinie ein farbiger

231

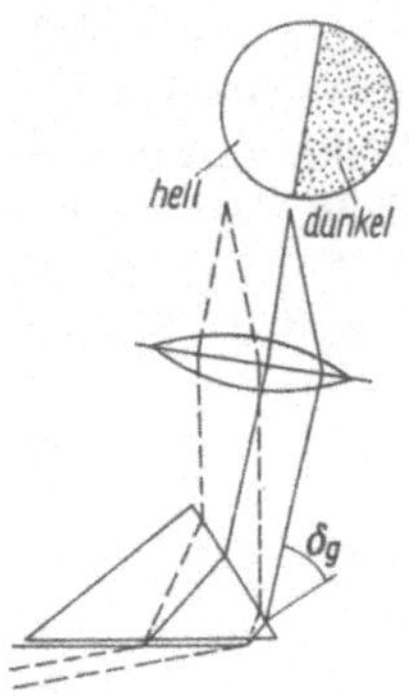

Abb. O.3.1.2. Strahlengang im Refraktometer

Saum, da der Brechungsindex und damit auch die Lage der Grenzlinie von der Wellenlänge abhängen.

Versuchsausführung

Aufgabe 1 wird mit einem Refraktometermodell ausgeführt, das aus einem drehbaren Prisma, einem Teilkreis und einem auf Unendlich eingestellten Fernrohr besteht.

Den brechenden Winkel ε bestimmt man, indem man das Fernrohr senkrecht zu einer an ε anliegenden Prismenfläche einstellt (Ablesung φ_1 am Teilkreis) und dann das Prisma dreht, bis die zweite an ε anliegende Prismenfläche senkrecht zum Fernrohr steht (Ablesung φ_2). Der Drehwinkel ist dann $\varphi_2 - \varphi_1 = 180° - \varepsilon$. Die Senkrechtstellung des Fernrohrs erfolgt nach dem in O. 1.1 beschriebenen Autokollimationsverfahren mittels des am Fernrohr befindlichen *Gaußschen Okulars*.

Der Winkel δ_g wird gemessen, indem man das Prisma streifend beleuchtet, das Fadenkreuz auf die Hell-Dunkel-Grenze des Gesichtsfeldes einstellt und die Winkeldifferenz zwischen austretendem Strahl und Lot bestimmt.

Um den Brechungsindex n_2 des Glasplättchens zu messen, klebt man es mit einer Flüssigkeit höherer Brechzahl (meist Monobromnaphthalen) an die Eintrittsfläche des Refraktometerprismas und bestimmt den Austrittswinkel δ_g bei streifendem Lichteinfall. Die zwischen Glasplättchen und Prisma befindliche Flüssigkeit hat auf die Messung keinen Einfluß, solange ihr Brechungsindex größer als der des Glasplättchens ist. Sie bildet nämlich eine sehr dünne planparallele Schicht, die nur zu einer geringen Parallelver-

schiebung der einfallenden Lichtstrahlen führt, die Strahlrichtung jedoch unverändert bleibt.

Die *Aufgaben 2* und *3* werden mit einem *Abbeschen Refraktometer* ausgeführt. Dieses Refraktometer besitzt ein aufklappbares Doppelprisma, in dessen Zwischenraum die Flüssigkeit eingefüllt wird. Die der Flüssigkeit anliegende Fläche des unteren Prismas ist aufgerauht und dient als sekundäre Lichtquelle, wodurch günstige Beleuchtungsverhältnisse geschaffen werden (vgl. Abb. O.3.1.3).

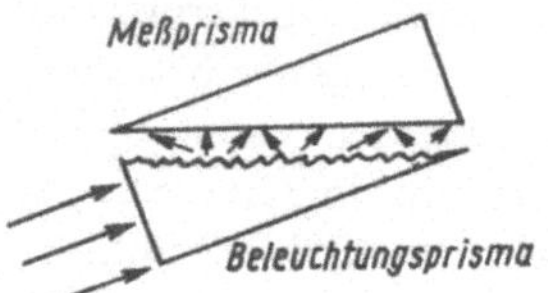

Abb. O.3.1.3. Beleuchtung beim Abbe-Refraktometer

Das Prisma kann mittels durchströmender Flüssigkeit, die von einem Thermostaten geliefert wird, gekühlt oder erwärmt werden. Statt eines Teilkreises ist eine Skale vorhanden, an der der Brechungsindex n_D für Natriumlicht ($\lambda = 589\,\mathrm{nm}$) direkt abgelesen werden kann.

Die Messung erfolgt mit weißem Licht. Dabei erscheint zunächst ein farbiger Saum. Im Fernrohr des Refraktometers befinden sich jedoch 2 sog. Amici-Prismen, die für Licht der Na-D-Linie geradsichtig sind, für andere Wellenlängen jedoch eine schwache Brechung bewirken (vgl. Abb. O.3.1.4). Durch Verdrehen der beiden

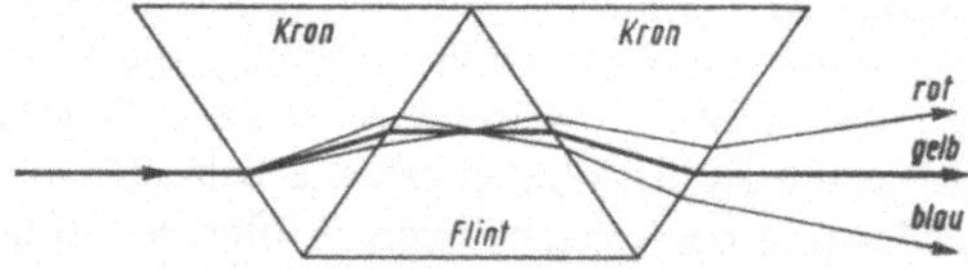

Abb. O.3.1.4. Amici-Prisma: Kronglas hat kleinen Brechungsindex und geringe Dispersion; Flintglas hat großen Brechungsindex und große Dispersion

Prismenkombinationen gegeneinander kann der farbige Saum zum Verschwinden gebracht werden, so daß wieder eine scharfe Hell-Dunkel-Grenze erscheint. Aus der Größe der dazu erforderlichen Drehung kann mittels einer Eichtabelle die mittlere Dispersion der Flüssigkeit bestimmt werden.

Anstelle des Abbe-Refraktometers kann auch ein *Pulfrich-Refraktometer* verwendet werden (vgl. Abb. O.3.1.5). Hier wird statt eines Prismas ein Glaswürfel benutzt, um dessen Oberseite eine

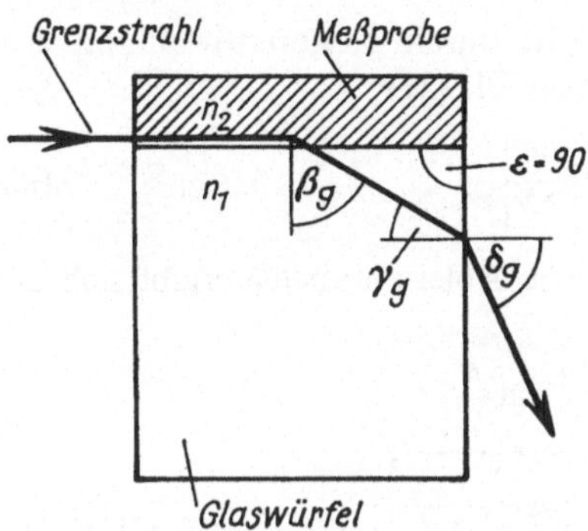

Abb. O.3.1.5. Zum Pulfrich-Refraktometer

(zumindest teilweise aus Glas bestehende) Berandung zur Aufnahme der Meßflüssigkeit angebracht ist. Der brechende Winkel ε in Abb. O.3.1.1 beträgt jetzt 90°.
Aus Gl. (14) ergibt sich unter Berücksichtigung von $\gamma_g = 90° - \beta_g$ die Beziehung

$$\sin \delta_g = n_1 \cos \beta_g = n_1 \sqrt{1 - \sin^2 \beta_g}; \qquad (17)$$

verwenden wir (13), so folgt für die zu bestimmende Brechzahl n_2 der Flüssigkeit

$$n_2 = \sqrt{n_1^2 - \sin^2 \delta_g}. \qquad (18)$$

Beim Pulfrich-Refraktometer muß mit streifend einfallendem monochromatischem Licht gemessen werden. Haben wir δ_g aus der Lage der Hell-Dunkel-Grenze bestimmt, können wir, falls die Brechzahl n_1 des Glaskörpers für die entsprechende Wellenlänge bekannt ist, aus Gl. (18) die Brechzahl der Flüssigkeit berechnen. Ist der Brechungsindex des Glaswürfels unbekannt, messen wir mit einer Flüssigkeit bekannter Brechzahl n_2 den Winkel δ_g und berechnen n_1 aus

$$n_1 = \sqrt{n_2^2 + \sin^2 \delta_g}. \qquad (19)$$

Die Berechnung der Molrefraktionen erfolgt nach Gl. (4). Auflösung eines Gleichungssystems, das sich aus den Gln. (5) für die untersuchten Substanzen zusammensetzt, liefert die Bindungsrefraktionen, wenn wir so viele Substanzen untersuchen, wie verschiedene Bindungen in ihnen vorkommen.

3.2. Prismenspektrometer

Aufgaben: 1. Die Dispersionskurve eines Prismas ist zu messen.
2. Die Wellenlängen der Wasserstofflinien H_α, H_β und H_γ sind zu ermitteln.
3. Das Auflösungsvermögen des Prismas ist zu berechnen und der gefundene Wert experimentell zu überprüfen.

Beim Durchgang durch ein Prisma wird ein Lichtstrahl zweimal an den Grenzflächen gebrochen. Für den Fall, daß der Strahl in einem Hauptschnitt (senkrecht zur brechenden Kante) verläuft und das Prisma symmetrisch durchsetzt (vgl. Abb. O.3.2.1), tritt die kleinste Ablenkung δ auf. Ist α der Einfallswinkel und ε der brechende Winkel, so gilt

$$\sin \alpha = n \sin \beta, \qquad (1a)$$

$\beta = \varepsilon/2$ und $\delta = 2\alpha - \varepsilon$. Daraus ergibt sich

$$n = \frac{\sin \frac{1}{2}(\varepsilon + \delta)}{\sin \frac{\varepsilon}{2}}. \qquad (20)$$

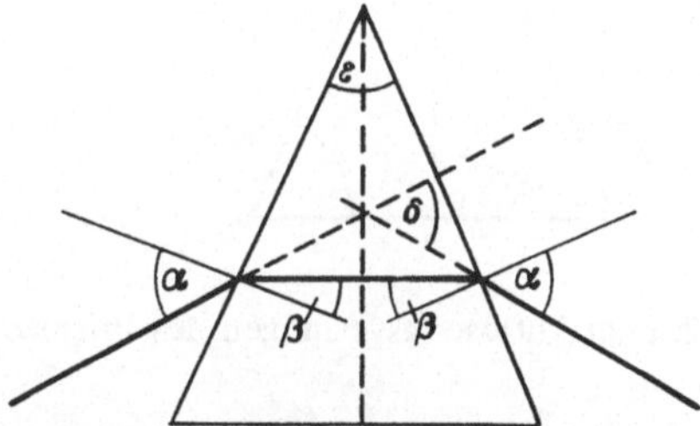

Abb. O.3.2.1. Brechung am Prisma bei symmetrischem Strahlengang

Da der Brechungsindex von der Wellenlänge abhängt, wird Licht verschiedener Wellenlänge verschieden stark abgelenkt, das benutzte Licht wird in sein Spektrum zerlegt (Prismenspektrometer). Verwendet man eine Lichtquelle, die ein Linienspektrum aussendet (z. B. eine Quecksilberdampflampe), so kann man durch Messung der Ablenkwinkel die Dispersionskurve (Abhängigkeit des Brechungsindex von der Wellenlänge) ermitteln.

233

Ist die Dispersionskurve bekannt, so kann man umgekehrt das Prisma zur Wellenlängenmessung benutzen, indem man den Brechungsindex für die betreffende Wellenlänge mißt und damit aus der Dispersionskurve λ bestimmt. Man kann sich dabei die Umrechnung von δ in n ersparen, indem man sofort $\delta = \delta(\lambda)$ als Eichkurve zeichnet und daraus nach Messung des Ablenkwinkels die gesuchte Wellenlänge direkt abliest.

Die Leistungsfähigkeit eines Spektrometers wird durch sein *Auflösungsvermögen* charakterisiert. Das Auflösungsvermögen gibt an, in welchem Maße verschiedene Wellenlängen als getrennte Spektrallinien wiedergegeben werden. Es ist durch die apparativ bedingte Breite der Linien begrenzt.

Ist der Eintrittsspalt breit, so sind es auch die im Fernrohr beobachteten Spaltbilder. Durch Verringerung der Spaltbreite lassen sich diese aber nicht beliebig schmal machen. Die untere Grenze ist durch die Beugung bestimmt: Da das Prisma höchstens von einem Lichtbündel der Breite a durchsetzt werden kann (vgl. Abb. O.3.2.2), wirkt es wie ein Spalt gleicher Breite. Man erhält daher

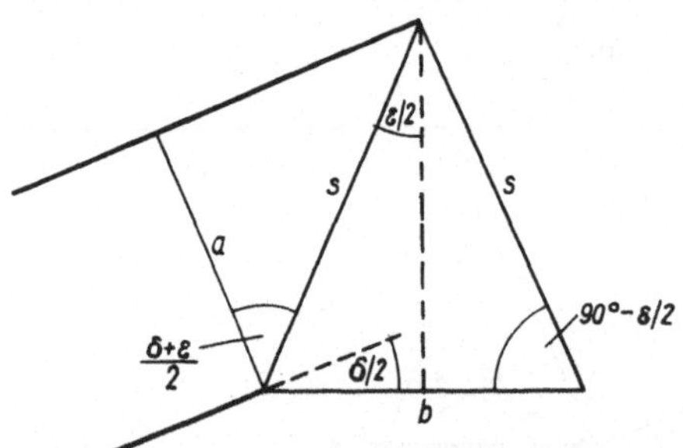

Abb. O.3.2.2. Zum Auflösungsvermögen des Prismas

bei Verwendung monochromatischen Lichtes in der Brennebene des Fernrohres die in Abb. O.2.0.5 dargestellte Intensitätsverteilung. Der Winkelabstand der ersten Minima vom Hauptmaximum ergibt sich nach Gl. (O. 2.–14a) zu $\sin\alpha = \lambda/a \approx \alpha$. Zwei Wellenlängen λ und $\lambda + \Delta\lambda\,(\Delta\lambda \ll \lambda)$ werden dann noch als getrennte Spektrallinien wahrgenommen, wenn das Hauptmaximum der Linie $\lambda + \Delta\lambda$ mit dem 1. Minimum der Linie λ zusammenfällt, d. h., wenn

$$\delta(\lambda + \Delta\lambda) = \delta(\lambda) \pm \alpha = \delta(\lambda) \pm \frac{\lambda}{a} \qquad (21)$$

ist. Als Größe des Auflösungsvermögens definiert man

$$A = \frac{\lambda}{\Delta\lambda},$$

und man erhält durch Taylorentwicklung der linken Seite von Gl. (21)

$$A = \frac{\lambda}{\Delta\lambda} = a\left|\frac{\partial\delta}{\partial\lambda}\right|. \qquad (22)$$

Für die partielle Ableitung $\partial\delta/\partial\lambda$ ergibt sich aus Gl. (20)

$$\frac{\partial\delta}{\partial\lambda} = 2\,\frac{\partial n}{\partial\lambda}\,\frac{\sin\dfrac{\varepsilon}{2}}{\cos\dfrac{\delta+\varepsilon}{2}},$$

woraus

$$A = \frac{\partial n}{\partial\lambda}\,2a\,\frac{\sin\dfrac{\varepsilon}{2}}{\cos\dfrac{\varepsilon+\delta}{2}} \qquad (23)$$

folgt.

Ist das Prisma voll ausgeleuchtet, so ergeben sich aus der Abb. O.3.2.2 die Beziehungen $a = s\cos\dfrac{\varepsilon+\delta}{2}$ und $b/2 = s\sin\varepsilon/2$ (b Basislänge des Prismas), und Gl. (23) vereinfacht sich zu

$$A = b\left|\frac{dn}{d\lambda}\right|. \qquad (24)$$

Das Auflösungsvermögen läßt sich also aus der Steigung der Dispersionskurve berechnen und ist wie diese von der Wellenlänge abhängig.

Versuchsausführung

Die Bestimmung von n nach Gl. (20) erfordert die Messung des brechenden Winkels ε und des Winkels der minimalen Ablenkung δ. Die Winkelmessung erfolgt mit einem Spektrometer, das zunächst sorgfältig zu justieren ist (vgl. O. 2.3). Daraufhin ist die brechende Kante des Prismas senkrecht zur Sehlinie des Fernrohres zu stellen, damit das Prisma im Hauptschnitt durchstrahlt wird. Dies geschieht, indem man nach dem in O. 2.3 beschriebenen Autokollimationsverfahren beide brechende Flächen senkrecht zur Sehlinie stellt. Das Prisma stellt man dazu zweckmäßigerweise so auf den Spektrometertisch, daß eine der brechenden Flächen senkrecht zur Verbindungslinie zweier Justierschrauben verläuft, und verstellt diese Fläche unter alleiniger Benutzung dieser beiden Schrauben. Für die Justierung der zweiten Fläche benutzt man dann ausschließlich die dritte Justierschraube.

Die Messung des brechenden Winkels kann in der in O. 3.1 beschriebenen Weise erfolgen. Ein weiteres Verfahren besteht darin, das Prisma so aufzustellen, daß beide brechenden Flächen gleichzeitig vom Spaltrohr beleuchtet werden. Man erhält dann zwei Strahlenbündel, die einen Winkel von 2ε einschließen.

Zur Messung der Dispersionskurve beleuchtet man den Spalt mit dem Licht einer Quecksilberdampflampe. Nach dem Durchgang des Lichtes durch das Prisma beobachtet man im Fernrohr voneinander getrennte farbige Bilder des Spaltes die bei hinreichend kleiner Spaltbreite als Spektrallinien bezeichnet werden und den verschiedenen Wellenlängen des vom Quecksilberdampf ausgestrahlten Lichtes entsprechen.

Zur Bestimmung des Minimums der Ablenkung dreht man den Spektrometertisch mit dem Prisma und verfolgt die zu messende Linie im Fernrohr. Bei einer bestimmten Stellung kehrt sich bei gleichbleibender Drehrichtung des Prismas die Bewegung der Linie um. In dieser Minimumstellung bringt man das Fadenkreuz mit der Spektrallinie zur Deckung und liest den Einstellwinkel ab. In dieser Weise ist für jede Linie zu verfahren. Anschließend dreht man das Prisma so, daß das einfallende Licht nach der anderen Seite abgelenkt wird, und wiederholt das Verfahren; die Differenz der beiden Einstellwinkel ist dann gleich dem doppelten Ablenkwinkel für die betreffende Wellenlänge. Die zu den einzelnen Spektrallinien gehörigen Wellenlängen sind aus Tab. 13 zu entnehmen.

Zur Ermittlung der Wellenlänge der Wasserstofflinien ersetzt man die Quecksilberdampflampe durch eine wasserstoffgefüllte Geißlerröhre und mißt ebenso wie bei den Quecksilberlinien die Ablenkwinkel. Die Wellenlängen entnimmt man der mit Hilfe der Quecksilberlinien gezeichneten Einmeßkurve $\delta = \delta(\lambda)$.

Der *Fehler der Wellenlängenmessung* ergibt sich aus folgenden Überlegungen: $\Delta\delta$ sei der Fehler der Winkelmessung. Sieht man zunächst die Einmeßkurve $\delta(\lambda)$ als fehlerfrei an, so ergibt sich ein Wellenlängenfehler $\Delta\lambda = |\partial\delta/\partial\lambda|^{-1}\Delta\delta$. In Wirklichkeit sind die Meßpunkte der Einmeßkurve jedoch mit dem gleichen Fehler behaftet, so daß der obige Wert zu verdoppeln ist.

Eine weitere Fehlerquelle liegt vor, wenn zur Kalibrierung nur wenige Wellenlängen benutzt wurden, so daß der Verlauf der Einmeßkurve nicht genügend genau interpoliert werden kann. Sind A, B, C und D Meßpunkte (vgl. Abb. O.3.2.3), so verläuft die Einmeßkurve mit Sicherheit innerhalb des Dreiecks CBX, der Interpolationsfehler $\Delta\delta'$ beträgt daher etwa $XX'/2$, und man erhält als maximalen Fehler der Wellenlänge $\Delta\lambda \leqq |\partial\delta/\partial\lambda|^{-1}(2\Delta\delta + \Delta\delta')$.

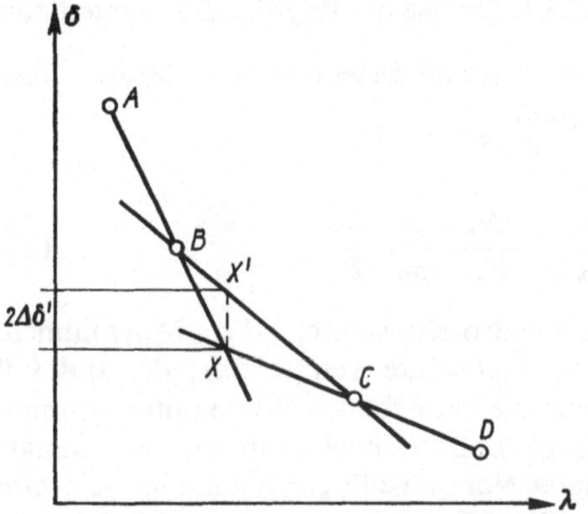

Abb. O.3.2.3. Interpolationsfehler bei der Wellenlängenmessung

Eine experimentelle Überprüfung des Zusammenhanges von Auflösungsvermögen und Bündelbreite a läßt sich mit Hilfe eng benachbarter Spektrallinien ausführen. Man bringt dazu vor dem Objektiv des Fernrohrs oder des Spaltrohrs eine Spaltblende an, deren Breite a veränderlich ist, bestimmt die Breite, bei der die gewählten Linien gerade noch getrennt erscheinen, und vergleicht mit Gl. (23). Geeignete Linienpaare sind in Tab. 13 zu finden.

3.3. Interferometer

Aufgabe: Die Brechzahl von Luft ist als Funktion des Druckes zu messen.

Theoretische Überlegungen zeigen, daß bei Gasen die Differenz $(n - 1)$ proportional zur Zahl der in der Volumeneinheit enthaltenen Teilchen N ist.

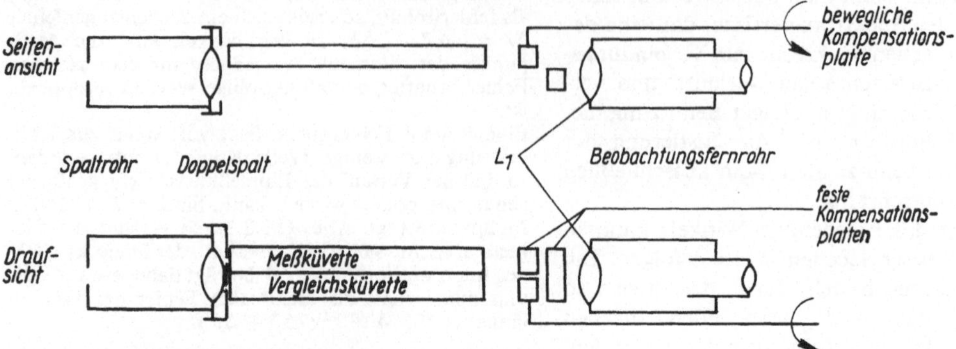

Abb. O.3.3.1. Schema des Rayleigh-Löwe-Interferometers

Aus der Zustandsgleichung für ideale Gase $\dfrac{pV}{T} = \dfrac{p_0 V_0}{T_0}$ ergibt sich

$$N = \frac{N_A}{V_M} = \frac{N_A}{V_{M0}} \frac{p}{p_0} \frac{T_0}{T} \qquad (25)$$

(N_A Avogadro-Konstante, V_M Molvolumen, p Druck, T absolute Temperatur; der Index 0 bezeichnet die betreffenden Werte unter Normalbedingungen). Bezeichnet man den Brechungsindex unter Normalbedingungen mit n_0, so ergibt sich aus Gl. (25)

$$n - 1 = (n_0 - 1) \frac{p}{p_0} \frac{1}{1 + \gamma t}, \qquad (26)$$

wobei γ der Ausdehnungskoeffizient für ein ideales Gas und t die Temperatur in Grad Celsius ist.

Da der Brechungsindex von Gasen nur sehr wenig von 1 verschieden ist, erfolgt die Messung mit einem *Interferometer*, mit dem die Differenz der optischen Weglängen nl von zwei kohärenten Strahlenbündeln, die zwei Küvetten durchlaufen, gemessen wird. Verschiedene Interferometer unterscheiden sich im wesentlichen durch die Art und Weise, wie die beiden kohärenten Strahlenbündel erzeugt werden. Für die Erklärung legen wir ein *Rayleigh-Löwe-Interferometer* zugrunde (vgl. Abb. O.3.3.1), eine Übertragung der Überlegungen auf andere Interferometertypen ist leicht möglich. Beim genannten Interferometer werden die beiden Strahlenbündel durch zwei Spalte erzeugt. Bei ihrer Vereinigung durch die Linse L_1 entsteht daher in der Brennebene des Fernrohres das Beugungsbild eines Doppelspalts (Spaltabstand b), das bei Benutzung monochromatischen Lichtes aus äquidistanten hellen und dunklen Streifen besteht. Nach Gl. (O. 2.–9b) erhält man helle Streifen für alle Winkel α_k, die der Beziehung

$$b \sin \alpha_k = k\lambda \quad (k = 0, 1, 2, \ldots) \qquad (27)$$

genügen.

Der helle Streifen k-ter Ordnung kommt durch Überlagerung zweier Wellen zustande, zwischen denen bei leeren Küvetten eine Wegdifferenz von $k\lambda$ besteht (vgl. Abb. O.3.3.2). Befindet sich in der Meßküvette ein Gas mit dem Brechungsindex n und in der Vergleichsküvette ein Gas mit dem Brechungsindex n_v, so erhalten die

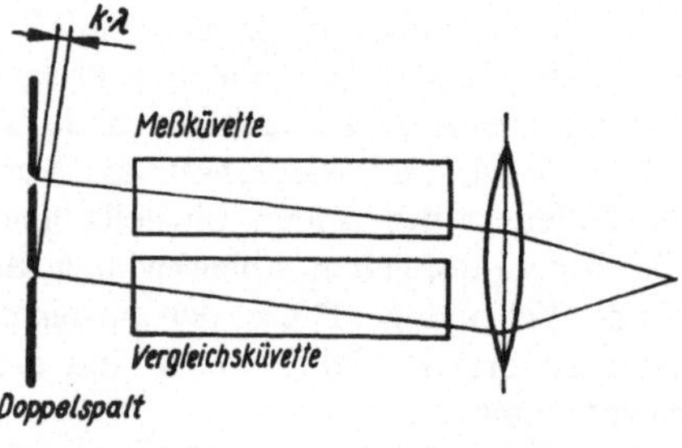

Abb. O.3.3.2. Zur Ableitung der Interferometergleichung (29)

beiden Wellen zusätzlich eine Differenz der optischen Weglängen, die gleich $(n - n_v)\, l$ ist, wenn l die Länge der Küvetten ist und die geringe Neigung der Strahlen vernachlässigt wird.

Der helle Streifen k-ter Ordnung wandert dadurch an eine Stelle, die durch den Winkel α_k'

bestimmt ist; es ist

$$b \sin \alpha'_k = k\lambda + (n - n_v) l$$

$$= \left[k + \frac{(n - n_v)}{\lambda} l \right] \lambda = (k + h)\,\lambda. \tag{28}$$

Da eine Differenz der optischen Weglänge von λ gerade einer Streifenbreite im Beugungsbild entspricht, bedeutet dies eine Verschiebung des ganzen Beugungsbildes um

$$h = (n - n_v)\, l/\lambda \tag{29}$$

Streifenbreiten.

Um diese Verschiebung messen zu können, läßt man einen Teil der beiden Strahlenbündel unterhalb der Küvetten verlaufen, so daß sie von Unterschieden im Brechungsindex unbeeinflußt bleiben und infolgedessen ein feststehendes Streifensystem erzeugen. Die Messung der Verschiebung des beweglichen gegenüber dem feststehenden Streifensystem erfolgt durch Kompensation: Im Strahlengang der Vergleichsküvette befindet sich eine durch eine Meßtrommel drehbare Glasplatte (Kompensationsplatte), die eine kontinuierliche Veränderung der Plattendicke und damit der optischen Weglänge des Vergleichsstrahls ermöglicht, wodurch die Verschiebung meßbar kompensiert werden kann.

Versuchsausführung

1. *Einmessung des Interferometers:* Zunächst ist festzustellen, bei welcher Stellung der Kompensationsplatte die Wegdifferenz der beiden Strahlenbündel gleich Null ist. Dabei bleiben die beiden Küvetten offen (gleicher Druck), und die Beleuchtung der Spalte erfolgt mit weißem Licht. Das Streifensystem besteht dann aus einer Überlagerung der Beugungsstreifen aller Farben. Da der Abstand der Streifen von der Wellenlänge abhängt, treten jetzt nur der helle Streifen nullter Ordnung und die beiden dunklen Streifen 1. Ordnung deutlich hervor. Der helle Streifen nullter Ordnung hat zwei rote Säume, die dunklen Streifen 1. Ordnung haben innen (d. h. dem hellen Streifen nullter Ordnung zugewandt) blaue Säume. Dadurch ist eine eindeutige Festlegung des Nullpunktes möglich, indem man entsprechende Streifen vom feststehenden und vom beweglichen Streifensystem genau übereinanderstellt und an

der Meßtrommel die zugehörige Lage der Kompensationsplatte abliest.

Nun beleuchtet man mit monochromatischem Licht und erhält ein System von hellen und dunklen Streifen. Die Streifen von Meß- und Vergleichssystemen stehen bei richtiger Nullpunktsfestlegung genau übereinander. Verschiebt man durch Drehen der Meßtrommel die beiden Systeme um genau eine Streifenbreite, so erzeugt die Kompensationsplatte eine Wegdifferenz von λ für die Wellenlänge des zur Kalibrierung benutzten Lichtes. Bei Verschiebung um zwei Streifenbreiten beträgt die Wegdifferenz zwei Wellenlängen usw. Trägt man daher die an der Meßtrommel abgelesenen Werte x über der Anzahl der Streifenverschiebungen h auf, so erhält man die Einmeßkurve des Interferometers für die betreffende Wellenlänge.

2. *Messung der Brechzahl:* Um die Brechzahl zu messen, ist es am günstigsten, die Vergleichsküvette zu evakuieren. Ist das nicht möglich, benutzt man eine luftgefüllte verschlossene Küvette, so daß die darin enthaltene Teilchenzahl konstant bleibt. Temperaturänderungen haben dann keinen Einfluß auf n_v, da N konstant ist.

Die Meßküvette füllt man mit Luft, aus der CO_2 und Wasserdampf entfernt wurden. Überdruck erzeugt man mit einem kleinen Gummiball, Unterdruck mit einer Wasserstrahlpumpe. Der Druck in der Meßküvette wird mit einem U-Rohr-Manometer gemessen, der äußere Luftdruck mit einem Barometer bestimmt.

Zur Brechzahlbestimmung benutzt man weißes Licht und kompensiert die bei einem bestimmten Druck auftretende Verschiebung der Interferenzstreifen mit der Kompensationsplatte. Aus der Einmeßkurve entnimmt man die zugehörige Streifenverschiebung h, der nach Gl. (29) eine Brechzahldifferenz

$$\Delta n = n - n_v = \frac{h\lambda}{l} \tag{29a}$$

entspricht. Entsprechend dem Meßverfahren ist hierbei für λ die zur Eichung benutzte Wellenlänge einzusetzen.

Zur Bestimmung von n_0 trägt man Δn als Funktion von p auf (n_v braucht dazu nicht bekannt zu sein) und ermittelt durch Ausgleichrechnung (vgl. 1.5.4 der Einführung) die beste Gerade durch diese Meßpunkte.

Aus Gl. (26) folgt für die Steigung S dieser Geraden

$$S' = \frac{dn}{dp} = \frac{(n_0 - 1)}{p_0} \frac{1}{1 + \gamma t},$$

und man erhält

$$n_0 = 1 + S p_0 (1 + \gamma t). \tag{30}$$

Ist n_v bekannt (z. B. ist $n_v = 1$, wenn man die Vergleichsküvette evakuiert), so läßt sich n_0 auch direkt bestimmen, indem man Gl. (26) nach n_0 auflöst. Man erhält mit $n = n_v + \Delta n$

$$n_0 = 1 + (n - 1) \frac{p_0}{p} (1 + \gamma t). \tag{31}$$

3.4. Spektralphotometer

Aufgaben: 1. Überprüfen Sie die Gültigkeit des Lambert-Beerschen Gesetzes
a) durch Messung des Reintransmissionsgrades von wäßrigen Kupfersulfatlösungen verschiedener Konzentration bei konstanter Schichtdicke (Prüfen Sie, ob ein linearer Zusammenhang zwischen der Extinktionskonstanten und der Konzentration besteht. Bestimmen Sie die spezifische Extinktionskonstante.),
b) durch Messung des Reintransmissionsgrades einer wäßrigen Kupfersulfatlösung bestimmter Konzentration bei verschiedenen Schichtdicken.
Die Wellenlänge ist bei den Aufgaben a und b konstant zu halten.
2. Bestimmen Sie den extingierenden Querschnitt für Kupfersulfat.
3. Messen Sie die Extinktion einer Farbstofflösung in Abhängigkeit von der Wellenlänge. Diskutieren Sie die gemessene Kurve.

Der prinzipielle Aufbau eines Spektralphotometers ist in Abb. O.3.4.1 gezeigt. Aus dem von der Lichtquelle ausgehenden Licht wird durch Filter bzw. einen Gitter- oder Prismenmonochromator Licht einer bestimmten Wellenlänge ausgesondert und als Parallelbündel durch die mit der Meßprobe gefüllte, von parallelen Wänden begrenzte Glasküvette hindurchgeleitet. Der Strahlungsnachweis erfolgt durch eine Photozelle, ein Photoelement oder einen Photowiderstand mit nachgeschaltetem Anzeigeinstrument.

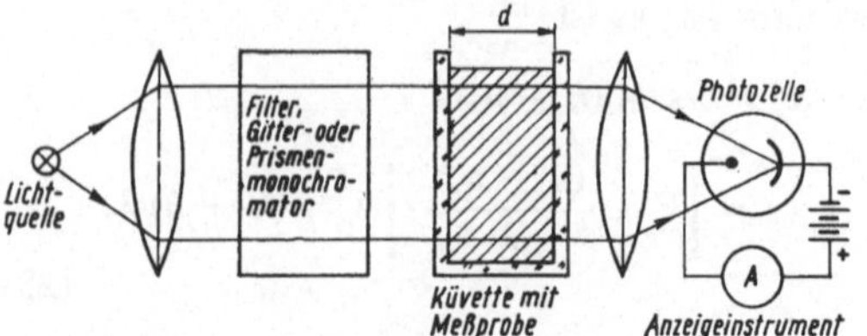

Abb. O.3.4.1. Schematischer Aufbau eines Spektralphotometers

Von den drei Prozessen, die zur Intensitätsabnahme des Lichtes beim Durchgang durch eine Materieschicht führen – Reflexion an den Grenzflächen, Absorption und Streuung –, ist der Anteil der Lichtstreuung bei Lösungen absorbierender Teilchen in einem nichtabsorbierenden Lösungsmittel, die im folgenden ausschließlich betrachtet werden, vernachlässigbar.

Da man durch spektralphotometrische Messungen Aussagen über die durch die gelösten Moleküle hervorgerufene Extinktion und nicht über Reflexionsverluste an den Grenzflächen oder die Extinktion durch das Lösungsmittel selbst erzielen will, beseitigt man diese Einflüsse durch Vergleichsmessungen: Um die Extinktion der gelösten Moleküle zu bestimmen, mißt man zunächst die Extinktion des Systems Küvette + Lösungsmittel + gelöster Stoff und zieht davon die Extinktion des Bezugssystems Küvette + Lösungsmittel ab.

Da durch die gewählte Meßmethode der Einfluß der Reflexionen nicht mehr wirksam wird, kann für das Weitere Gl. (6) in der Form

$$I = I_0 \, e^{-Kd} \tag{32}$$

und Gl. (8) in der Form

$$I = I_0 \, e^{-\varepsilon c d} \tag{33}$$

Verwendung finden.

Die dimensionslose Größe $E = Kd = \varepsilon c d$ (beim letzten Gleichheitszeichen ist die Gültigkeit des Beerschen Gesetzes vorausgesetzt!) bezeichnet man auch als *Extinktion* im engeren Sinne, so daß stets gilt:

$$I = I_0 \, e^{-E}. \tag{34}$$

Ebenso schreibt man für den *Reintransmissionsgrad*

$$\vartheta = I/I_0 = e^{-E}. \tag{35}$$

Oftmals verwendet man zur Definition der Extinktionsgrößen aus praktischen Gründen anstelle der Exponentialfunktion Zehnerpotenzen. So schreibt man für Gl. (32)

$$I = I_0 \cdot 10^{-K'd} \quad \text{bzw.} \quad \vartheta = 10^{-K'd} \qquad (36)$$

für Gl. (33)

$$I = I_0 \cdot 10^{-\varepsilon'cd} \quad \text{bzw.} \quad \vartheta = 10^{-\varepsilon'cd} \qquad (37)$$

und anstelle der Gln. (34) und (35)

$$I = I_0 \cdot 10^{-E'} \quad \text{bzw.} \quad \vartheta = 10^{-E'}. \qquad (38)$$

Die Umrechnung zwischen den unterschiedlich definierten Größen ist leicht möglich:

$$\left. \begin{aligned} K &= 2{,}303 K', \\ \varepsilon &= 2{,}303 \varepsilon', \\ E &= 2{,}303 E'. \end{aligned} \right\} \qquad (39)$$

Versuchsausführung

Es ist darauf zu achten, daß alle Messungen als Vergleichsmessungen durchgeführt werden. Als Normal für die Vergleichsmessung dient eine Küvette gleicher Schichtdicke, die mit dem Lösungsmittel, in unserem Falle also mit destilliertem Wasser, gefüllt ist. Mißt man eine absorbierende Probe (bestehend aus: Küvette + Lösungsmittel + gelöste absorbierende Substanz) und liest am Photometer einen bestimmten Extinktionswert E ab, so ist dieser zu korrigieren, indem man den bei der Vergleichsmessung (Küvette + Lösungsmittel) gewonnenen Extinktionswert davon abzieht. Liest man den Reintransmissionswert der Meßprobe direkt ab, so ist dieser Wert entsprechend Gl. (35) durch den Reintransmissionsgrad des Vergleichsnormals zu teilen. Durch dieses Vorgehen erreicht man, daß Lichtverluste im Lösungsmittel oder durch Reflexion an den Grenzflächen in das Meßresultat nicht mehr eingehen.

Die Meß- und die Vergleichsküvette müssen genau gleich sein. Sie sind vor den Messungen innen und außen sorgfältig zu reinigen.

Man mißt den Reintransmissionsgrad ϑ bei konstanter Wellenlänge in Abhängigkeit von der Konzentration c der Kupfersulfatlösungen und der Schichtdicke d. Aus ϑ berechnet man nach Gl. (35) jeweils die Extinktion E. Bei industriell gefertigten Spektralphotometern wird oft E' nach Gl. (38) angezeigt. Zur Umrechnung benutzt man Gl. (39).

Das Lambert-Beersche Gesetz überprüft man, indem man den Reintransmissionsgrad ϑ in einfach-logarithmischer Darstellung als Funktion der Konzentration c bzw. der Schichtdicke d aufträgt. In beiden Fällen muß sich bei Gültigkeit des Lambert-Beerschen Gesetzes eine Gerade ergeben. Aus dem Anstieg läßt sich die spezifische Extinktionskonstante ε berechnen.

Ist das Beersche Gesetz erfüllt, so ist die Extinktionskonstante eine lineare Funktion der Konzentration c. Man prüft dies, indem man die für die verschiedenen Konzentrationen berechneten Werte $K = E/d$ über der Konzentration c aufträgt. Der Anstieg der Geraden gibt direkt die spezifische Extinktionskonstante ε.

Zur Bestimmung des extingierenden Querschnitts q verwendet man die Gln. (10) oder (12).

Bei der Messung der Wellenlängenabhängigkeit der Extinktion E einer Farbstofflösung ist bei jeder Wellenlänge die Extinktion der Vergleichsprobe mitzumessen und die Korrektur in der oben beschriebenen Weise vorzunehmen. Die Meßwerte sind graphisch darzustellen. Bei der Diskussion beachte man, daß ein Stoff, der eine bestimmte Farbe absorbiert, in der entsprechenden Komplementärfarbe erscheint.

4. Polarisation

4.0. Allgemeine Grundlagen

Licht ist eine *transversale elektromagnetische Wellenbewegung*, bei der die Schwingungen des elektrischen und des magnetischen Feldvektors senkrecht zur Fortpflanzungsrichtung erfolgen. Den Beweis dafür liefert die Möglichkeit, Licht zu polarisieren. Wir beschäftigen uns im folgenden mit linear polarisiertem Licht, bei dem die Schwingungen nur in einer bestimmten Ebene, der Schwingungsebene[1], erfolgen.

---

[1] Bei einer Lichtwelle stehen elektrische und magnetische Feldstärke senkrecht aufeinander; unter Schwingungsebene versteht man die Ebene, in der der Vektor der elektrischen Feldstärke schwingt. Die Ebene, in der der Vektor der magnetischen Feldstärke schwingt, wird auch als Polarisationsebene bezeichnet.

Natürliches Licht ist unpolarisiert, es ändert seine Schwingungsebene innerhalb sehr kurzer Zeiten völlig unregelmäßig. Um daraus linear polarisiertes Licht herzustellen, kann man die Reflexion an durchsichtigen Spiegeln oder die Doppelbrechung benutzen.

1. Polarisation durch Reflexion

Die Intensität $I^{(r)}$ eines an einem durchsichtigen Medium reflektierten parallelen Strahlenbündels ergibt sich bei Polarisation parallel zur Einfallsebene zu

$$I_\parallel^{(r)} = \left(\frac{n \cos \alpha - \cos \beta}{n \cos \alpha + \cos \beta} \right)^2 I_\parallel^{(e)} \qquad (1\,a)$$

und bei Polarisation senkrecht zur Einfallsebene zu

$$I_\perp^{(r)} = \left(\frac{\cos \alpha - n \cos \beta}{\cos \alpha + n \cos \beta} \right)^2 I_\perp^{(e)}, \qquad (1\,b)$$

wobei α der Einfallswinkel, β der Brechungswinkel, n der Brechungsindex des reflektierenden Mediums und $I^{(e)}$ die Intensität des einfallenden Strahlenbündels ist (*Fresnelsche Formeln*).
Ist $n > 1$, so ergibt sich die in Abb. O.4.0.1 gezeigte Abhängigkeit des Reflexionskoeffizienten

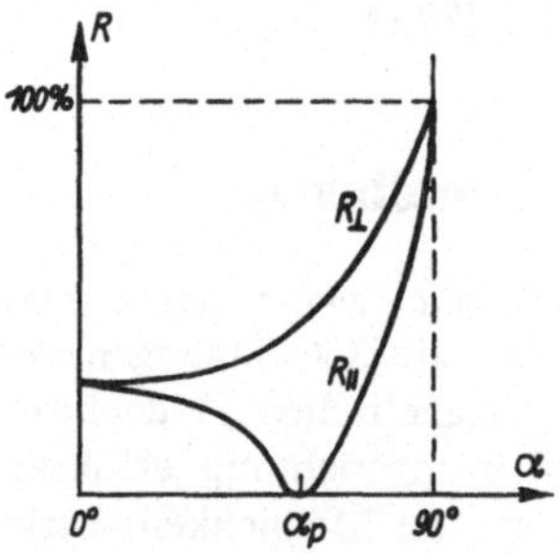

Abb. O.4.0.1. Reflexionskoeffizient R als Funktion des Einfallswinkels α

$R = I^{(r)}/I^{(e)}$ vom Einfallswinkel α. Man sieht, daß bei einem bestimmten Einfallswinkel α_p die Intensität des reflektierten Strahls verschwindet, wenn dieser parallel zur Einfallsebene polarisiert ist. Läßt man daher unpolarisiertes Licht unter dem Winkel α_p einfallen, so werden nur die senkrecht zur Einfallsebene polarisierten Anteile

reflektiert, das reflektierte Licht ist daher linear polarisiert. Der Winkel α_p wird Polarisationswinkel genannt.
Aus Gl. (1a) folgt, indem man $I^{(r)} = 0$ setzt und das Brechungsgesetz berücksichtigt,

$$\alpha_p + \beta_p = 90°. \qquad (2)$$

Reflektierter und gebrochener Strahl stehen also in diesem Falle senkrecht aufeinander (*Brewstersches Gesetz*, vgl. Abb. O.4.0.2). Setzt man (2) in das Brechungsgesetz ein, so ergibt sich

$$\tan \alpha_p = n. \qquad (3)$$

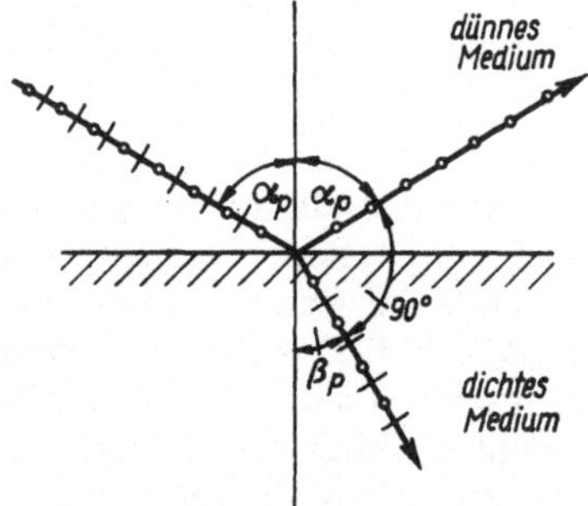

Abb. O.4.0.2. Zum Brewsterschen Gesetz

2. Polarisation durch Doppelbrechung

Trifft ein Lichtstrahl auf einen optisch einachsigen Kristall, z. B. Kalkspat, so wird er im allgemeinen (wenn er nicht in Richtung der optischen Achse oder senkrecht dazu verläuft) in zwei Strahlen verschiedener Richtung aufgespalten. Der eine der Strahlen gehorcht dem Snelliusschen Brechungsgesetz und wird als *ordentlicher Strahl* bezeichnet; der andere gehorcht diesem Gesetz nicht[1]) und heißt *außerordentlicher Strahl*. Beide Strahlen sind senkrecht zueinander linear polarisiert; da in dem einfallenden natürlichen Licht beide Polarisationsrichtungen mit gleicher Intensität enthalten sind, haben beide Strahlen die gleiche Intensität.
Will man mittels Doppelbrechung linear polarisiertes Licht erzeugen, so muß man einen der beiden Strahlen beseitigen. Dies geschieht beim

---

[1]) Für den außerordentlichen Strahl hängt der Brechungsindex von der Ausbreitungsrichtung ab.

sog. *Glan-Thompson-Prisma* in folgender Weise: Aus einem doppelbrechenden Kalkspatkristall werden 2 Prismen mit ihren brechenden Kanten parallel zur optischen Achse herausgeschnitten und mit Kanadabalsam gekittet (vgl. Abb. O.4.0.3). Für den ordentlichen Strahl (*o*) ist die Brechzahl des Kalkspats ($n = 1{,}66$) größer als die

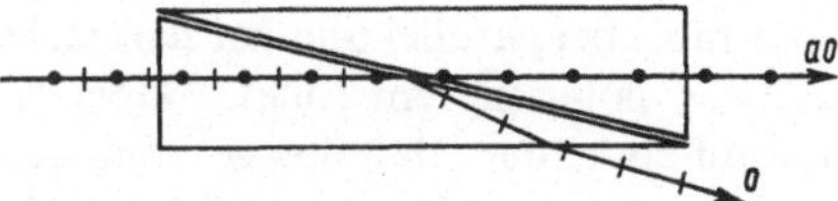

Abb. O.4.0.3. Glan-Thompson-Prisma

des Kanadabalsams ($n = 1{,}54$), er wird daher an der Kittfläche totalreflektiert und an der geschwärzten Fassung des Prismas absorbiert. Für den außerordentlichen (*ao*) Strahl ist dagegen der Brechungsindex des Kalkspats in der betreffenden Richtung ($n = 1{,}49$) kleiner als der des Kanadabalsams, er tritt daher als linear polarisierter Strahl aus dem Prisma aus. Auf dem gleichen Prinzip beruht die polarisierende Wirkung des früher vorwiegend benutzten *Nicolschen Prismas*, bei dem jedoch die Eintrittsfläche schräg zur Längsrichtung steht und das nur einen kleineren Gesichtsfeldwinkel (beim Glan-Thompson-Prisma 42°) auszunutzen gestattet.

Anstelle von Polarisationsprismen lassen sich auch sog. dichroitische Kristalle zur Herstellung polarisierten Lichtes benutzen, z. B. Turmalin. Bei diesen Kristallen wird der eine der beiden Strahlen stark absorbiert. Bei den häufig benutzten Polarisationsfiltern sind derartige Kristalle geordnet in geeignete Folien eingelagert.

3.Drehung der Polarisationsebene

Beim Durchgang von linear polarisiertem Licht durch sogenannte *optisch aktive Substanzen* wird

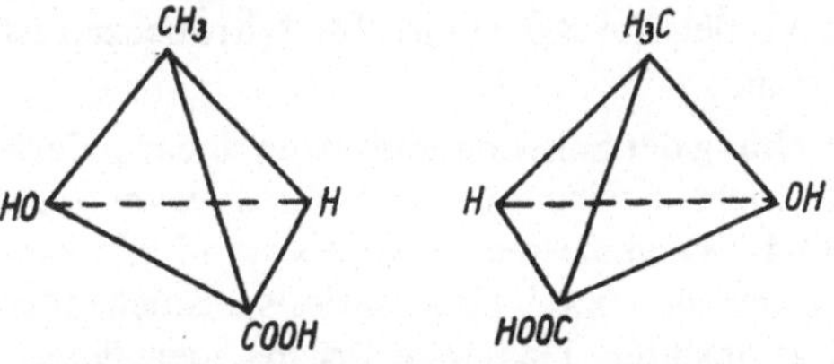

Abb. O.4.0.4. Stereoisomere der Milchsäure $CH_3 \cdot CHOH \cdot COOH$. (Das asymmetrische C-Atom hat man sich in der Mitte des gezeichneten Tetraeders zu denken)

die Schwingungsebene gedreht. Optisch aktive Substanzen treten stets in zwei Formen auf, die gleich stark, aber in entgegengesetzten Richtungen drehen. Liegen diese Substanzen als Kristalle vor, so unterscheiden sich die rechts- und linksdrehenden auch in ihrer äußeren Form, sie verhalten sich wie Bild und Spiegelbild (*Enantiomorphie*).

Die Drehung ist durch den Aufbau der Substanz bedingt und geht bei Stoffen, die auch in Lösung optisch aktiv sind, auf eine asymmetrische Molekülstruktur zurück, die meist durch ein asymmetrisches Kohlenstoffatom (Kohlenstoffatom mit vier verschiedenen Substituenten) bedingt ist. Abb. O.4.0.4 zeigt für die einfachste optisch aktive Substanz, die Milchsäure, schematisch die beiden möglichen Molekülformen.

Die optische Aktivität von Kristallen ist nicht notwendig durch asymmetrische Moleküle bedingt, sie kann auch durch eine schraubenförmige Anordnung der Gitterbausteine hervorgerufen werden, z. B. beim Quarz.

Blickt man der Ausbreitungsrichtung des Lichtes entgegen, so heißt eine Substanz rechtsdrehend, wenn sie die Schwingungsebene im Uhrzeigersinn dreht, andernfalls linksdrehend. Bei festen Stoffen muß man zur Messung des Drehwinkels eine planparallele Platte der Dicke d aus dem zu untersuchenden Material herausschneiden. Der Drehwinkel φ ist dann proportional zu d:

$$\varphi = [\varphi]^* \, d. \qquad (4)$$

Die Materialkonstante $[\varphi]^*$ (meist in Grad/mm angegeben) heißt spezifische Drehung, sie hängt von der Schnittlage und von der Wellenlänge des Lichtes ab (*Rotationsdispersion*), im allgemeinen nimmt $[\varphi]^*$ mit abnehmender Wellenlänge zu.

Bei Lösungen hängt der Drehwinkel außer von der durchstrahlten Schichtdicke auch noch von der Konzentration c ab, so daß sich

$$\varphi = [\varphi] \, cd \qquad (5)$$

ergibt.

Manche optisch inaktiven Stoffe werden optisch aktiv, wenn man sie in ein Magnetfeld bringt, dessen Richtung parallel oder antiparallel zur Ausbreitungsrichtung des Lichtes ist. Diese Erscheinung bezeichnet man als *Faraday-Effekt*. Die Drehung der Polarisationsebene ist auch hier proportional zur Schichtdicke und hängt linear von

der magnetischen Flußdichte B ab. Es ist daher

$$\varphi = \omega dB. \tag{6}$$

Der Proportionalitätsfaktor ω wird als *Verdet-Konstante* des betreffenden Stoffes bezeichnet.

4.1. Polarisationswinkel und Reflexionsvermögen

Aufgaben: 1. Der Polarisationswinkel einer Glasplatte ist zu bestimmen.
2. Das Reflexionsvermögen als Funktion des Einfallswinkels ist zu messen.

Unter Benutzung eines Spektrometers läßt sich die in Abb. O.4.0.1 gezeichnete Abhängigkeit des Reflexionskoeffizienten R vom Einfallswinkel α überprüfen. Man benötigt dazu ein Meßgerät für die Intensität des Lichtes, z. B. eine Photozelle, einen Photowiderstand oder ein Photoelement. Während der durch die Photozelle fließende Strom proportional zur Lichtintensität ist, muß bei Verwendung eines Photoelements oder eines Photowiderstands die Abhängigkeit des Photostroms von der Lichtintensität vor der Messung durch Aufnahme einer Einmeßkurve bestimmt werden (vgl. O. 5).

Versuchsausführung

Für die Messung benutzt man eine Platte aus geschwärztem Glas, um störende Reflexionen von der Rückseite zu vermeiden. Diese Platte wird so auf den Spektrometertisch gestellt, daß die reflektierende Fläche parallel zur Drehachse steht (Justierung vgl. O. 2.3).
Zur Messung des Polarisationswinkels bringt man vor dem Spaltrohr ein Polarisationsfilter an. Ist dessen Durchlaßrichtung nicht bekannt, so ermittelt man sie zusammen mit dem Polarisationswinkel in folgender Weise: Zunächst wird bei beliebigem Einfallswinkel das Bild des Spaltes nach Reflexion des Lichtes an der Glasplatte im Fernrohr beobachtet und der Polarisator so lange gedreht, bis die minimale Helligkeit des Spaltbildes erreicht ist. Nun wird der Einfallswinkel verändert, ohne daß das Spaltbild aus dem Gesichtsfeld verschwindet. Hat man auf diese Weise den Polarisationswinkel erreicht, so tritt völlige Verdunkelung des Spaltbildes ein (evtl. ist dazu der Polarisator noch geringfügig nach-

zudrehen), und die Durchlaßrichtung des Polarisationsfilters stimmt mit der Einfallsebene überein, liegt also senkrecht zur Drehachse des Spektrometers.
Zur Messung des Reflexionsvermögens ersetzt man das Okular des Fernrohrs durch den geeichten Strahlungsempfänger und mißt bei verschiedenen Einfallswinkeln die Intensität des reflektierten Strahls bei parallel und bei senkrecht zur Einfallsebene polarisiertem Licht. Dabei ist sorgfältig darauf zu achten, daß das gesamte aus dem Spaltrohr austretende Licht an der Glasplatte reflektiert wird und ins Fernrohr fällt. Nötigenfalls muß der Durchmesser des Lichtbündels durch geeignete Blenden begrenzt werden. Ferner ist zu beachten, daß die Messung nicht durch Streulicht, z. B. von den Zimmerwänden, verfälscht wird. Schließlich entfernt man die Glasplatte und mißt die Intensität des einfallenden Lichtes, indem man das Fernrohr in die Richtung des Spaltrohres dreht.
Die gefundene Abhängigkeit des Reflexionsvermögens vom Einfallswinkel ist graphisch darzustellen und mit den nach Gln. (1a), (1b) berechneten Werten zu vergleichen. Für die Berechnung ist der aus dem Polarisationswinkel nach Gl. (3) ermittelte Brechungsindex zugrunde zu legen.

4.2. Drehung der Schwingungsebene linear polarisierten Lichtes

Aufgaben: 1. Die Konzentrationsabhängigkeit des Drehvermögens einer Zuckerlösung ist zu untersuchen und das spezifische Drehvermögen zu berechnen. Die Konzentration von weiteren Zuckerlösungen ist zu bestimmen.
2. Die Wellenlängenabhängigkeit der spezifischen Drehung eines Quarzplättchens ist zu ermitteln.
3. Die Verdetsche Konstante für Nitrobenzen ist zu messen.

Die Drehung der Schwingungsebene linear polarisierten Lichtes wird mit dem *Polarimeter* (vgl. Abb. O.4.2.1) gemessen. Hauptbestandteile dieses Gerätes sind zwei Polarisationsprismen oder Polarisationsfilter. Das erste Prisma, der *Polarisator P*, erzeugt linear polarisiertes Licht; mit Hilfe des zweiten Prismas, des *Analysators A*, läßt sich die Lage der Schwingungsebene fest-

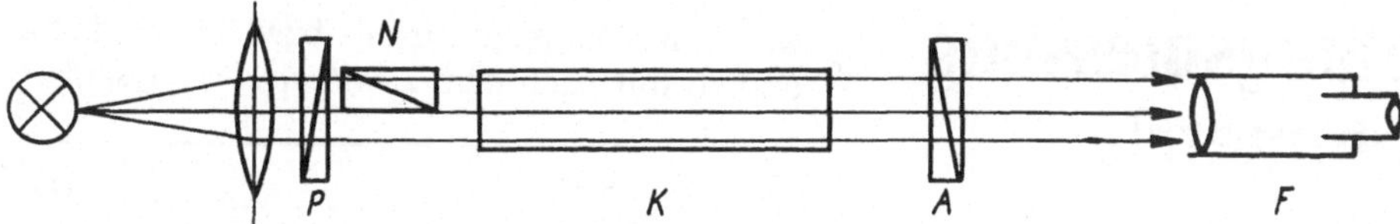

Abb. O.4.2.1. Schema eines Polarimeters

stellen. Stehen die Schwingungsebenen von Polarisator und Analysator parallel, so ist das Gesichtsfeld des Fernrohres F hell; stehen sie senkrecht aufeinander (gekreuzt), so ist das Gesichtsfeld dunkel.

Bringt man zwischen die gekreuzten Polarisationsfilter eine Küvette K mit einer optisch aktiven Substanz, so wird das Gesichtsfeld aufgehellt, da die Schwingungsebene des Lichtes gedreht wurde. Der Drehwinkel φ läßt sich messen, indem der Analysator so lange gedreht wird, bis wieder Dunkelheit herrscht. Dies ist dann der Fall, wenn der Analysator um φ oder um $180° - \varphi$ gedreht wird. Um zwischen diesen beiden Fällen zu unterscheiden, muß der Drehsinn der betreffenden Substanz ermittelt werden.

Verwendet man weißes Licht, so werden infolge der Rotationsdispersion bei rechtsdrehenden Stoffen die Farbanteile in der Reihenfolge rot – gelb – grün – blau nach rechts gedreht, rot also am schwächsten und blau am stärksten. Beim Rechtsdrehen des Analysators werden die Farben in dieser Reihenfolge ausgelöscht, man beobachtet die Komplementärfarben. Findet man daher beim Rechtsdrehen die Farbfolge ... grün – blau – rot – gelb ..., so ist der Stoff rechtsdrehend. Entsteht diese Farbfolge beim Linksdrehen, so ist der Stoff linksdrehend.

Da die Einstellung auf völlige Dunkelheit schwierig ist, benutzt man für genauere Messungen einen Halbschattenapparat. Bei diesem teilt man durch ein Hilfsfilter N das Gesichtsfeld in zwei Hälften. Bei parallelen Filtern bewirkt das Hilfsfilter eine Verdunklung der einen Hälfte des Gesichtsfeldes, wenn seine Durchlaßrichtung schräg zu der des Polarisators steht. Dreht man nun den Analysator, so daß der helle Teil des Gesichtsfeldes dunkler wird, so wird die vorher verdunkelte Hälfte aufgehellt, und man erreicht schließlich eine Stellung, in der beide Teile gleich hell erscheinen. Bei einer Drehung um 360° erscheinen die beiden Gesichtsfeldhälften in zwei Stellungen gleich hell und in zwei anderen gleich dunkel. Die dunkle »Halbschattenstellung« ist die empfindlichere, sie wird als Ausgangsstellung für die Messung des Drehwinkels benutzt.

Versuchsausführung

Zu Aufgabe 1: An Zuckerlösungen verschiedener Konzentration wird mit monochromatischem Licht die Größe der Drehung gemessen. Da der Drehwinkel mit wachsender Konzentration zunimmt, ergibt sich auch leicht der Drehsinn der Lösung. (Falls nur eine Lösung bekannter Konzentration gegeben ist, bestimmen wir den Drehsinn mit weißem Licht.) Das spezifische Drehvermögen berechnen wir nach Gl. (5). Ist $[\varphi]$ bekannt, so können wir durch Messung des Drehwinkels Konzentrationsmessungen ausführen.

Zu Aufgabe 2: Um die Abhängigkeit der spezifischen Drehung von der Wellenlänge zu messen, stellen wir mit Hilfe von Filtern (z. B. Metallinterferenzfiltern) monochromatisches Licht unterschiedlicher Wellenlänge her und messen für jede Wellenlänge den zugehörigen Drehwinkel. Die Dicke des Quarzplättchens wird mit einem Meßschieber oder einer Bügelmeßschraube bestimmt. Um den Drehsinn festzustellen, bringen wir gleichzeitig zwei Plättchen des *gleichen* Quarzes zwischen Polarisator und Analysator – der Drehwinkel muß dann größer werden –, oder wir verwenden weißes Licht.

Zu Aufgabe 3: Zur Messung der Verdetschen Konstanten wird die zur Messung benutzte Küvette mit einer Spule umgeben, in der ein starkes Magnetfeld erzeugt werden kann. Wir messen den Drehwinkel in Abhängigkeit von der magnetischen Flußdichte B, wobei zur Vergrößerung der Meßgenauigkeit durch Umpolen des Spulenstromes abwechselnd bei positiver und negativer Feldstärke gemessen wird, wodurch sich der Drehwinkel verdoppelt.

5. Strahlungsmessung und Photometrie

5.0. Allgemeine Grundlagen

Die von einer Lichtquelle emittierte Strahlung kann in verschiedener Weise bewertet werden. Interessiert man sich für rein physikalische Probleme, so bezieht man sich auf die Energie der Strahlung; interessiert man sich dagegen für den Lichteindruck auf das menschliche Auge, so bezieht man sich auf die Lichtstärke und die davon abgeleiteten Größen.

In der folgenden Übersicht sind die physikalischen Strahlungsgrößen (Index e) und die photometrischen Größen einander gegenübergestellt (vgl. auch 1.2 der Einführung):

Auf die Quelle bezogene Größen:

Strahlstärke I_e (W/sr) $\triangleq$ Lichtstärke I (cd)

Strahldichte L_e (W/(m² · sr)) $\triangleq$ Leuchtdichte L (cd/m²)

Strahlungsfluß (Energiestrom) Φ_e (W) $\triangleq$ Lichtstrom Φ (lm); 1 lm = 1 cd · sr

spezifische Ausstrahlung M_e (W/m²) $\triangleq$ spezifische Lichtausstrahlung M (lm/m²)

Auf den Empfänger bezogene Größe:

Bestrahlungsstärke E_e (W/m²) $\triangleq$ Beleuchtungsstärke E (lx); 1 lx = 1 lm/m²

Der Begriff »Intensität« wird in verschiedener Bedeutung, meist synonym für Strahlstärke gebraucht.

Außer der Gesamtstrahlung ist häufig die räumliche und die spektrale Verteilung der Strahlung von Bedeutung. Die Abhängigkeit der Strahl- bzw. Lichtstärke von der Ausstrahlungsrichtung gibt man in Form des Richtstrahldiagramms (Indikatrix) $I_e = I_e(\vartheta, \varphi)$ an, wobei ϑ und φ als Polarwinkel die Beobachtungsrichtung festlegen. Meist kann man sich dabei auf die Verteilung in einer Ebene senkrecht zur strahlenden Fläche beschränken, so daß zur Festlegung der Ausstrahlungsrichtung die Angabe eines Winkels genügt.

Für den wichtigen Spezialfall einer gleichmäßig erhitzten ebenen Fläche eines schwarzen Körpers hat eine derartige Fläche eine konstante winkelunabhängige Strahl- bzw. Leuchtdichte und strahlt nach dem *Lambertschen Gesetz*

$$I_e = I_0 \cos \vartheta; \tag{1}$$

dabei ist ϑ der Winkel zwischen Ausstrahlungsrichtung und Flächennormale und I_0 die Strahl- bzw. Lichtstärke in Richtung der Flächennormalen.

Zur Charakterisierung der *spektralen Verteilung* der Strahlung trägt man die in einem engen Wellenlängenintervall $\Delta\lambda$ gemessene spektrale Strahldichte $L_{e\lambda}$ als Funktion der Wellenlänge λ auf. Man erhält bei glühenden Festkörpern oder Flüssigkeiten den in Abb. O.5.0.1a schematisch

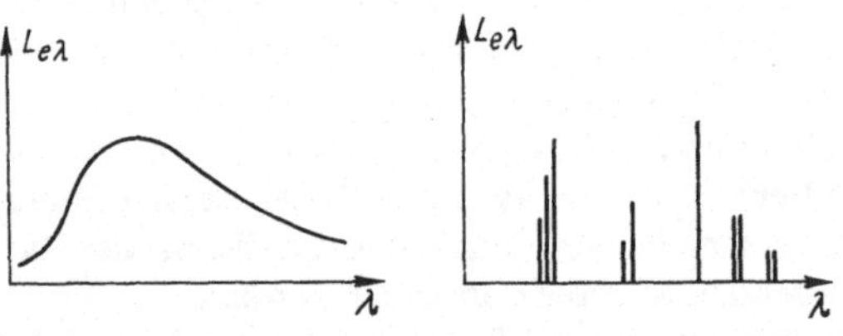

Abb. O.5.0.1. Spektrale Strahldichte $L_{e\lambda}$ als Funktion der Wellenlänge.
a) Kontinuumsstrahler; b) Linienstrahler

dargestellten Verlauf (Kontinuumsstrahler), während sich bei angeregten Gasen der in Abb. O.5.0.1b gezeigte Verlauf ergibt (Linienstrahler).

Ein wichtiger Spezialfall ist die *spektrale Strahlungsverteilung des schwarzen Körpers* (d. h. eines Körpers, der alle auftreffende Strahlung absorbiert). Sie gehorcht dem *Planckschen Strahlungsgesetz*: Die spektrale Strahldichte $L_{e\lambda}$ unpolarisierter Strahlung im Intervall $\Delta\lambda$, bezogen auf die Einheit des Raumwinkels, ist gegeben durch

$$L_{e\lambda}\,\Delta\lambda = \frac{2hc^2}{\lambda^5} \frac{1}{e^{\frac{hc}{\lambda kT}} - 1} \Delta\lambda. \tag{2a}$$

Benutzt man statt der Wellenlänge die Frequenz ν, so erhält man

$$L_{e\nu}\,\Delta\nu = \frac{2h\nu^3}{c^2} \frac{1}{e^{\frac{h\nu}{kT}} - 1} \Delta\nu \tag{2b}$$

(h Plancksches Wirkungsquantum, c Lichtgeschwindigkeit). Die spektrale Strahldichte hängt also bei einem derartigen Strahler außer von der Größe der strahlenden Fläche nur von der Wellenlänge und von der absoluten Temperatur T ab, jedoch nicht von der Beschaffenheit des Strahlers selbst.

Durch Integration über alle Wellenlängen und über einen Halbraum ergibt sich die spezifische Ausstrahlung

$$M_e = \int\limits_0^{2\pi} \int\limits_0^{\pi/2} \int\limits_0^{\infty} L_{e\lambda} \, d\lambda \, \cos\vartheta \, \sin\vartheta \, d\vartheta \, d\varphi$$

$$= \frac{2\pi^5}{15} \frac{k^4 T^4}{c^2 h^3} = \sigma T^4 \qquad (3)$$

(*Stefan-Boltzmannsches Gesetz*).

Reale Strahler, z. B. Glühlampen, strahlen bei gleicher Temperatur stets weniger als der schwarze Körper. Das Verhältnis der Strahldichte des betreffenden Körpers zu der eines schwarzen Körpers gleicher Temperatur bezeichnet man als den spektralen Emissionskoeffizienten $\varepsilon(\lambda, T)$, so daß man für die spektrale Strahldichte $L_{e\lambda}$ eines Temperaturstrahlers schreiben kann

$$L_{e\lambda} \, \Delta\lambda = \varepsilon(\lambda, T) \frac{2hc^2}{\lambda^5} \frac{1}{e^{\frac{hc}{\lambda k T}} - 1} \Delta\lambda. \qquad (4)$$

Der Emissionskoeffizient $\varepsilon(\lambda, T)$ ist gleich dem Absorptionsvermögen $A(\lambda, T)$, das sich durch Reflexionsmessungen bestimmen läßt (*Kirchhoffsches Gesetz*). Es ist nämlich

$$A(\lambda, T) = 1 - R(\lambda, T), \qquad (5)$$

wobei $R = I^{(r)}/I^{(e)}$ das Verhältnis von reflektierter zu eingestrahlter Lichtintensität bei senkrechtem Lichteinfall ist (vgl. O.4).

Einen Körper, bei dem der Emissionskoeffizient unabhängig von der Wellenlänge ist, bezeichnet man als *grauen Strahler*. Seine spektrale Strahldichte stimmt bis auf einen konstanten Faktor $\varepsilon < 1$ mit der des schwarzen Körpers überein. Beispielsweise ist für das technisch wichtige Wolfram im sichtbaren Spektralbereich in guter Näherung $\varepsilon = 0{,}47$, unabhängig von Temperatur und Wellenlänge.

Der Nachweis der Strahlungsenergie kann mit thermischen oder photoelektrischen Strahlungs-

empfängern erfolgen. Mit beiden mißt man die Bestrahlungsstärke E_e. Zwischen ihr und der Strahlstärke I_e besteht bei genügend kleiner und hinreichend weit vom Empfänger entfernter Lichtquelle der Zusammenhang (vgl. Abb. O.5.0.2)

$$E_e = \frac{I_e}{r^2} \cos\alpha \qquad (6)$$

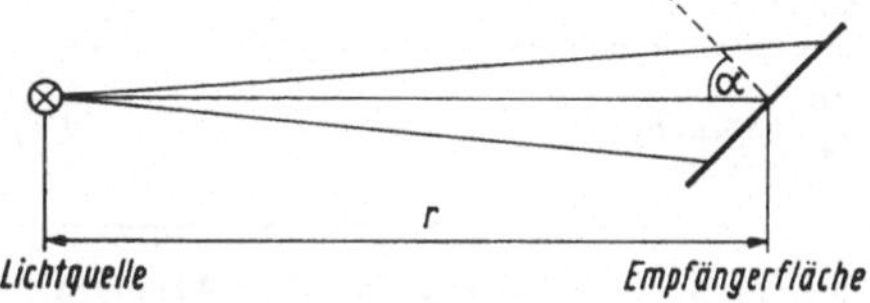

Abb. O.5.0.2. Zum photometrischen Grundgesetz

(*photometrisches Grundgesetz*). α ist der Einfallswinkel der Strahlung, r der Abstand der Lichtquelle von der Empfängerfläche. Da es sich hier ebenso wie beim Lambertschen Gesetz Gl. (1) um rein geometrische Beziehungen handelt, besteht der gleiche Zusammenhang auch zwischen Beleuchtungsstärke E und Lichtstärke I.

In thermischen Empfängern (z. B. im Vakuumthermoelement, vgl. O.5.2) wird die gesamte auffallende Strahlung unabhängig von der Wellenlänge in Wärme umgewandelt; die entstehende Temperaturerhöhung wird gemessen und dient als Maß für die Bestrahlungsstärke.

Photoelektrische Strahlungsempfänger beruhen auf dem lichtelektrischen Effekt. Dabei wird die in dem lichtempfindlichen Stoff absorbierte Lichtenergie auf die in dem Stoff gebundenen Elektronen übertragen, so daß diese im Inneren frei beweglich werden (innerer lichtelektrischer Effekt) oder aus dem Stoff austreten können (äußerer lichtelektrischer Effekt).

Beim *äußeren lichtelektrischen Effekt* zeigt es sich, daß die kinetische Energie $mv^2/2$ der ausgelösten Elektronen unabhängig von der Lichtintensität ist, dagegen linear mit der Frequenz des Lichtes anwächst. Diese Tatsache ist auf der Grundlage der klassischen Physik völlig unverständlich und kann nur durch die Quantentheorie erklärt werden. Nach dieser Theorie besteht das Licht aus Quanten der Energie $W = h\nu$ (h Plancksche Konstante), die nur als Ganzes absorbiert werden können. Demzufolge

wird bei der Absorption auf ein Elektron genau die Energie $h\nu$ übertragen.

Um aus dem bestrahlten Körper austreten zu können, müssen die Elektronen die *Austrittsarbeit* W_A gegen die bindenden Kräfte der Atome des betreffenden Stoffes leisten, nach dem Austritt haben sie daher höchstens die Energie $W' = W - W_A$. Für den Zusammenhang zwischen maximaler äußerer kinetischer Energie W' und Frequenz ν ergibt sich daher die *Einsteinsche Gleichung*

$$W' = \frac{m}{2}\,v^2 = h\nu - W_A. \tag{7}$$

Ist $h\nu < W_A$, so genügt die bei der Absorption des Lichtes von den Elektronen aufgenommene Energie nicht zur Überwindung der Austrittsarbeit, es treten keine Elektronen aus. Der äußere lichtelektrische Effekt tritt daher nur oberhalb der Grenzfrequenz $\nu_g = W_A/h$ auf, der die Grenzwellenlänge

$$\lambda_g = hc/W_A \tag{8}$$

entspricht.

Die auf diesem Effekt beruhenden Photozellen und Sekundärelektronenvervielfacher sind infolgedessen nur zum Nachweis von Strahlung mit $\lambda < \lambda_g$ einsetzbar.

Das Verhältnis

$$q(\lambda) = \frac{\text{Zahl der ausgelösten Photoelektronen}}{\text{Zahl der einfallenden Lichtquanten}}$$

bei monochromatischem Licht der Wellenlänge λ bezeichnet man als *Quantenausbeute* des betreffenden Stoffes. Im allgemeinen steigt die Quantenausbeute mit abnehmender Wellenlänge stark an (normale Empfindlichkeitskurve), bei Alkali- und Erdalkalimetallen tritt jedoch in bestimmten Spektralbereichen ein ausgeprägtes Maximum auf (selektive Empfindlichkeitskurve). Für die als Strahlungsempfänger häufig benutzten Photozellen werden hauptsächlich Kathoden mit selektiver Empfindlichkeitskurve benutzt.

Der *innere lichtelektrische Effekt* äußert sich in einer Änderung der elektrischen Leitfähigkeit des bestrahlten Stoffes, die sich in der in Abb. O.5.0.3 angegebenen Schaltung als Stromänderung bemerkbar macht (Photowiderstand). Diese Änderung ist nur bei Isolatoren und Halbleitern

merklich, bei Metallen wird sie durch die ohnehin vorhandene hohe Leitfähigkeit vollständig überdeckt. Der Effekt ist besonders ausgeprägt bei Selen, Cadmium-, Zink-, Thallium- und Bleisulfid.

Um die Leitfähigkeitsänderung in einem homogenen Stoff nachzuweisen, ist entsprechend der Abb. O.5.0.3 eine Hilfsspannung erforderlich.

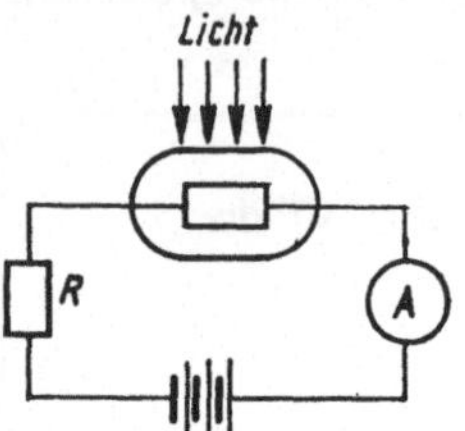

Abb. O.5.0.3. Schaltung eines Photowiderstands

Bestrahlt man dagegen die Grenzfläche zwischen einem Metall und einem Halbleiter oder einen p-n-Übergang in einem Halbleiter, so tritt der sog. Sperrschicht-Photoeffekt auf, der eine spezielle Form des inneren lichtelektrischen Effektes darstellt. Die elektrische Sperrschicht (vgl. E.3) bewirkt, daß die im Halbleiter gebildeten Elektronen nur in einer Richtung abfließen können; es tritt daher bereits ohne Hilfsspannung ein Photostrom auf. Eine derartige Anordnung wird als Photoelement bzw. Photodiode bezeichnet.

Bei lichtelektrischen Bauelementen, die auf dem inneren lichtelektrischen Effekt beruhen, ist die Anzahl der erzeugten Photoelektronen und damit die Quantenausbeute $q(\lambda)$ meist nicht unmittelbar meßbar. Man gibt daher statt $q(\lambda)$ meist die spektrale Empfindlichkeit $S(\lambda)$ an, die als Quotient aus Empfängeranzeige und der absorbierten Strahlungsleistung $P_e(\lambda)$ definiert ist. Als Anzeigegröße wählt man oft den Photostrom i_{photo} und erhält dann

$$S(\lambda) = \frac{i_{photo}(\lambda)}{P_e(\lambda)}. \tag{9}$$

Dieses Verhältnis hängt allerdings bei den aus homogenen photoleitenden Stoffen bestehenden Photowiderständen auch von der Größe der Hilfsspannung ab. Ferner ist zu berücksichtigen, daß der Photostrom oft nicht linear mit der Bestrahlungsstärke ansteigt, d. h., die spektrale Empfindlichkeit hängt außer von der Wellenlänge auch von der Bestrahlungsstärke ab.

246

Für photometrische Messungen, d. h. für die Bewertung der Strahlung entsprechend ihrem Lichteindruck auf das Auge, können subjektive und objektive Verfahren eingesetzt werden.

Bei den *subjektiven Verfahren* ist man auf den Vergleich von Beleuchtungsstärken angewiesen, da das Auge nur Beleuchtungsunterschiede wahrnehmen, dagegen Lichtstärken nicht unmittelbar vergleichen kann.

Der Vergleich von Lichtstärken erfolgt daher unter Zugrundelegung des photometrischen Grundgesetzes [Gl. (6)]: Will man die Lichtstärke I_2 einer Lampe messen, so vergleicht man sie mit einer Lichtquelle bekannter Lichtstärke I_1, indem man den Abstand beider Lampen von einer Fläche so regelt, daß beide auf dieser die gleiche Beleuchtungsstärke erzeugen. Es ist dann $E_2 = E_1$, und unter der Voraussetzung, daß das Licht beider Lichtquellen unter dem gleichen Winkel auf die Fläche auftrifft, folgt aus Gl. (6) $I_1/r_1^2 = I_2/r_2^2$. Daraus ergibt sich

$$\frac{I_2}{I_1} = \frac{r_1^2}{r_2^2}. \tag{6a}$$

Dadurch ist die Messung der Lichtstärke auf den Vergleich von Beleuchtungsstärken zurückgeführt, der mit Photometern ausgeführt wird.

Voraussetzung für das Meßverfahren ist, daß beide Lichtquellen gleichfarbiges Licht ausstrahlen. Ist das nicht der Fall, so müssen Vereinbarungen getroffen werden, was man unter gleicher Beleuchtungsstärke verschiedenfarbiger Lichtquellen verstehen will (heterochrome Photometrie). Es ist jedoch in einem solchen Falle zweckmäßiger, objektive Meßverfahren zu benutzen.

Bei den Verfahren der *objektiven Photometrie* wird das Auge durch einen lichtelektrischen Empfänger ersetzt, der die gleiche spektrale Empfindlichkeit wie das Auge hat. Unter der spektralen Empfindlichkeit V_λ des Auges versteht man das Verhältnis von photometrisch gemessener Lichtstärke zur Strahlungsstärke der Lichtquelle bei der Wellenlänge λ. Dieses Verhältnis ist an einer Vielzahl von Versuchspersonen gemessen worden, der international vereinbarte Mittelwert ist in Abb. O.5.0.4 dargestellt.

Durch Vorschalten geeigneter Filter kann man photoelektrische Empfänger herstellen, deren

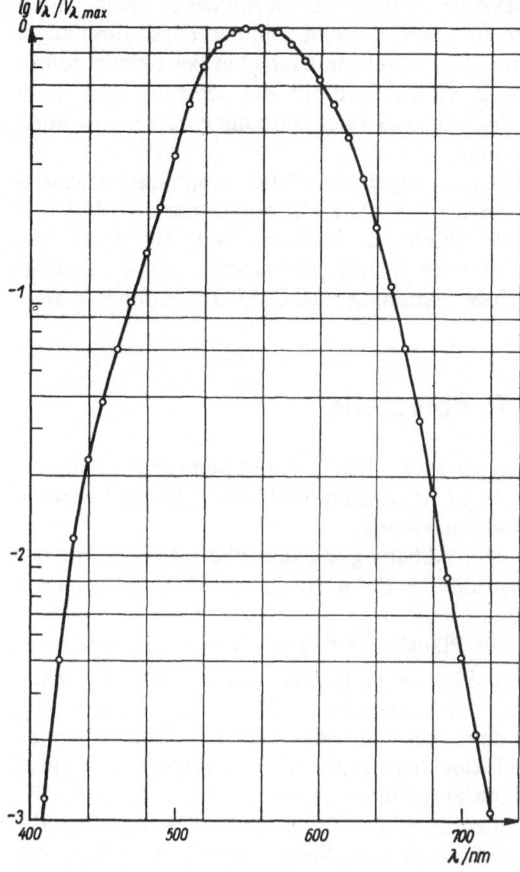

Abb. O.5.0.4. Spektrale Empfindlichkeit V_λ des normalen helladaptierten Auges im logarithmischen Maßstab

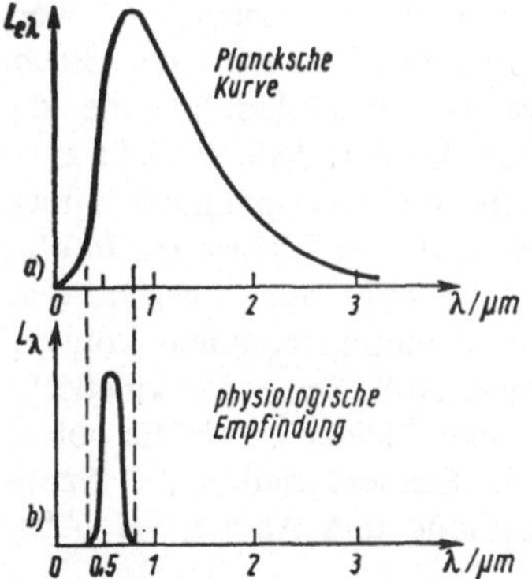

Abb. O.5.0.5. Spektrale Strahldichte eines schwarzen Strahlers bei 3000 K (a) und entsprechende Leuchtdichteempfindung (b)

spektrale Empfindlichkeit mit der des Auges weitgehend übereinstimmt. Ein derartiger Empfänger kann dann direkt in Einheiten der Beleuchtungsstärke geeicht und für die Messung von Licht beliebiger spektraler Zusammensetzung benutzt werden.

Mißt man mit einem solchen Empfänger beispielsweise die spektrale Verteilung der Leuchtdichte eines schwarzen Strahlers (vgl. Abb. O.5.0.5a), so ist seine Anzeige der physiologischen Leuchtdichteempfindung (vgl. O.5.0.5b) proportional.

5.1. Photozelle

Aufgaben: 1. Die Strom-Spannungs-Charakteristik einer Vakuum- und einer Edelgasphotozelle ist aufzunehmen.
2. Die Abhängigkeit des Photostroms von der Bestrahlungsstärke (Lichtintensität) ist zu messen.
3. Die Plancksche Konstante h ist zu bestimmen.

Eine Photozelle besteht aus einem evakuierten oder edelgasgefüllten Glas- oder Quarzgefäß, in dem sich eine ring- oder netzförmige Anode und eine lichtempfindliche Kathode aus einem Material geringer Austrittsarbeit (Kalium, Cäsiumantimonid, Cäsiumoxid) befinden. An die Anode wird eine Saugspannung U gelegt, die die durch das einfallende Licht ausgelösten Elektronen zur Anode zieht.

Bei *Vakuumzellen* gelangen bei genügend großer positiver Anodenspannung alle Elektronen zur Anode, es fließt ein Sättigungsstrom i_s. Verringert man die Spannung, so wird der Strom schließlich infolge der Raumladung, die die Elektronen erzeugen, kleiner. Jedoch fließt auch bei geringen neagativen Anodenspannungen noch ein schwacher Strom, da die Elektronen infolge ihrer kinetischen Energie auch gegen eine schwache negative Spannung anlaufen können. Der Strom wird erst Null, wenn die kinetische Energie der Elektronen kleiner ist als die potentielle Energie eU (e Elementarladung, U Spannung zwischen Kathode und Anode, vgl. Abb. O.5.1.1).

Gasgefüllte Zellen verhalten sich bei kleinen Spannungen wie Vakuumzellen; bei großen Anodenspannungen tritt jedoch keine Sättigung

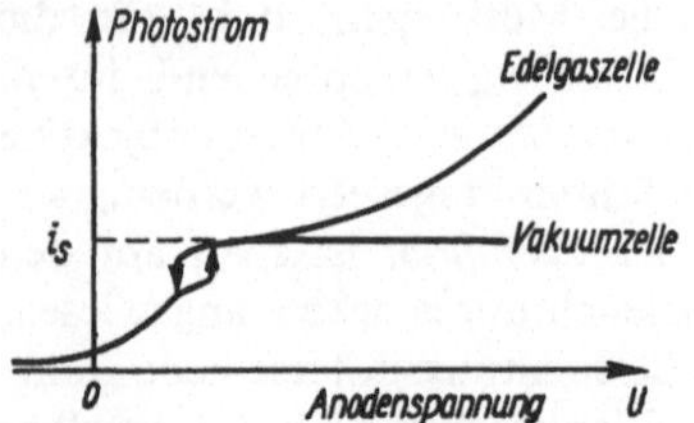

Abb. O.5.1.1. Strom-Spannungs-Kennlinie von Photozellen mit Hystereseerscheinungen

auf, sondern der Strom steigt mit wachsender Spannung exponentiell an. Übertrifft nämlich die Anodenspannung die Ionisierungsspannung des Füllgases, so treten unelastische Stöße zwischen den Photoelektronen und den Atomen des Füllgases auf, die zur Bildung von Sekundärelektronen und positiven Ionen führen. Die Sekundärelektronen wandern zusammen mit den Photoelektronen zur Anode, die Ionen zur Kathode, so daß eine beträchtliche Stromverstärkung zustande kommt. Bei sehr großen Anodenspannungen (> 100 V) tritt schließlich eine Glimmentladung auf, die zur Zerstörung der Zelle führen kann.

Versuchsausführung

1. Die Messung der Strom-Spannungs-Charakteristik erfolgt in der der Abb. O.5.1.2 entsprechenden Schaltung. Als Strommesser ist ein

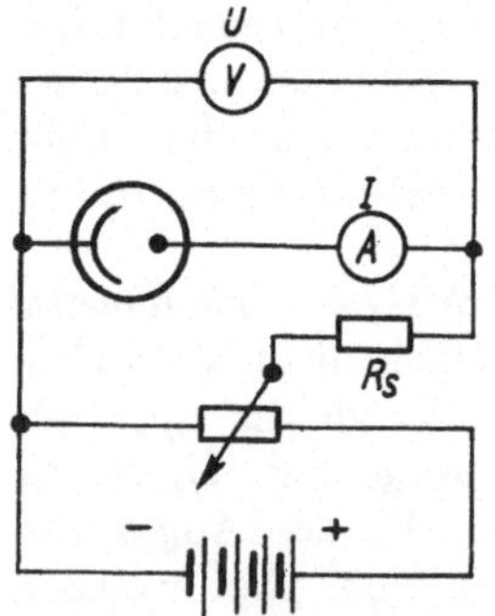

Abb. O.5.1.2. Schaltung zur Messung von Strom-Spannungs-Kennlinien

empfindliches Galvanometer oder ein Röhrenverstärker mit geringem Spannungsbedarf zu verwenden (gegebenenfalls muß bei kleinen Saug-

248

spannungen der Spannungsabfall am Strommesser in Rechnung gestellt werden). Es ist sorgfältig darauf zu achten, daß insbesondere bei Edelgaszellen die maximal zulässige Spannung nicht überschritten wird.

Die Beleuchtung kann bei dieser Messung mit weißem Licht erfolgen, die Lichtintensität muß jedoch unbedingt während der Zeit der Messung konstant bleiben. Es ist daher zweckmäßig, als Spannungsquelle für die Lampe einen Akkumulator zu verwenden. Die Spannung ist von kleinen nach großen Werten und umgekehrt zu verändern; man beobachtet dabei oft charakteristische Hystereseerscheinungen (vgl. Abb. O.5.1.1), die ihre Ursache in Aufladungen der Glaswand der Zelle haben.

2. Um die Abhängigkeit des Photostroms von der Lichtintentsität zu messen, ist es erforderlich, die Lichtintensität meßbar zu verändern. Am einfachsten und zuverlässigsten geschieht dies durch Änderung des Abstandes zwischen Lichtquelle und Photozelle (wobei sich selbstverständlich keine Linsen zwischen den beiden befinden dürfen). Ist I_0 die Lichtstärke der Lampe und r der Abstand zwischen Lichtquelle und Photozelle, so ist die Bestrahlungsstärke am Ort der Photozelle durch Gl. (6) gegeben. Durch Abstandsänderung erhält man Relativwerte für die Empfindlichkeit i_s/I_0, auch wenn die Lichtstärke I_0 nicht bekannt ist.

Die Messung ist bei Vakuumzellen im Sättigungsbereich, bei Edelgaszellen bei der höchsten zulässigen Spannung auszuführen. Sehr kleine Abstände sind zu vermeiden, da dann die Abstandsbestimmung ungenau wird.

Ist die Lichtstärke I_0 bekannt, so ist durch diese Messung die Photozelle gleichzeitig als Luxmeter geeicht. Allerdings ist die Eichung im allgemeinen nur für Lichtquellen gleicher Farbtemperatur, d. h. mit gleicher spektraler Zusammensetzung des Lichtes richtig, da sich im allgemeinen die spektrale Empfindlichkeit der Photozelle von der des Auges unterscheidet. Um Photozellen als Luxmeter für beliebige Lichtquellen verwenden zu können, muß ihre spektrale Empfindlichkeit durch geeignete Farbfilter mit der des Auges in Übereinstimmung gebracht werden (V_λ-getreue spektrale Empfindlichkeit).

3. Der Verlauf der Strom-Spannungs-Charakteristik hängt im Gebiet negativer Anodenspannungen von der kinetischen Energie der Photoelektronen und infolgedessen von der Frequenz des eingeschalteten Lichtes ab.

Für die maximale negative Anodenspannung U_0, gegen die die Photoelektronen noch anlaufen können, findet man aufgrund des Energiesatzes

$$e U_0 = \frac{m}{2} v^2 = h\nu - W_A. \tag{7a}$$

Mißt man daher U_0 in Abhängigkeit von der Frequenz ν des Lichtes, so erhält man eine Gerade

$$U_0 = -\frac{W_A}{e} + h\frac{\nu}{e}. \tag{7b}$$

Die Steigung dieser Geraden ist gleich h/e und wird aus den Meßwerten graphisch oder durch Ausgleichsrechnung ermittelt. Mit dem als bekannt vorausgesetzten Wert $e = 1{,}60 \cdot 10^{-19}$ As ergibt sich daraus h.

Zur Messung benutzt man die Spektrallinien von Quecksilber, die mit geeigneten Filtern oder einem Monochromator aus dem Spektrum ausgeblendet werden. Kurzwelliges Streulicht ist dabei sorgfältig zu vermeiden.

Infolge der begrenzten Empfindlichkeit des Strommessers läßt sich nur feststellen, bei welcher Spannung der Strom unter die Nachweisgrenze des Meßinstrumentes gesunken ist. Es ist deshalb zweckmäßig, durch Einschalten von Graufiltern dafür zu sorgen, daß bei verschiedenen Wellenlängen die gleiche Anzahl von Elektronen/ Sekunde emittiert wird, also bei verschiedenen Wellenlängen auf etwa gleichen Sättigungsstrom einzustellen. Dadurch wirkt sich der durch die Empfindlichkeitsgrenze des Meßinstruments hervorgerufene Fehler bei der Bestimmung von U_0 bei allen Messungen in gleicher Weise aus und verursacht keine Verfälschung des Wertes h/e.

Fehlmessungen können durch schlechte Isolation der Zelle und durch Photoemission der Anode hervorgerufen werden. Beides äußert sich darin, daß bei einer bestimmten negativen Spannung der Strom sein Vorzeichen wechselt. Isolationsströme lassen sich durch sorgfältigen elektrischen Aufbau vermeiden; Photoemission der Anode ist herstellungsbedingt (Verunreinigung der Anode durch Kathodenmaterial), in diesem Falle ist eine andere Zelle zu benutzen.

5.2. Spektrale Empfindlichkeit lichtelektrischer Strahlungsempfänger

Aufgaben: 1. Die relative spektrale Empfindlichkeit eines Photowiderstandes und einer Photodiode sind zu bestimmen.
2. Die Intensitätsabhängigkeit der Empfindlichkeit eines Photoelements ist bei konstanter Wellenlänge zu ermitteln.
3. Die Quantenausbeute einer Vakuumphotozelle ist als Funktion der Wellenlänge zu messen.

Die spektrale Empfindlichkeit $S(\lambda)$ ist durch Gl. (9) definiert:

$$S(\lambda) = \frac{i_{\text{photo}}(\lambda)}{P_{\text{e}}(\lambda)}, \tag{9}$$

wobei i_{photo} der Photostrom, P_{e} die ihn verursachende Strahlungsleistung ist.

Die Messung erfolgt durch Vergleich mit einem Strahlungsempfänger bekannter Empfindlichkeit, indem man nacheinander beide Empfänder an die gleiche Stelle im optischen Strahlengang bringt. Als Strahlungsempfänger bekannter spektraler Empfindlichkeit dient ein *Vakuumthermoelement*, bei dem die gesamte auffallende Strahlung unabhängig von der Wellenlänge in Wärme umgewandelt wird. Beim Thermoelement nach *Hase* (vgl. Abb. O.5.2.1) fällt die Strahlung auf ein sorgfältig geschwärztes Auffängerscheibchen und

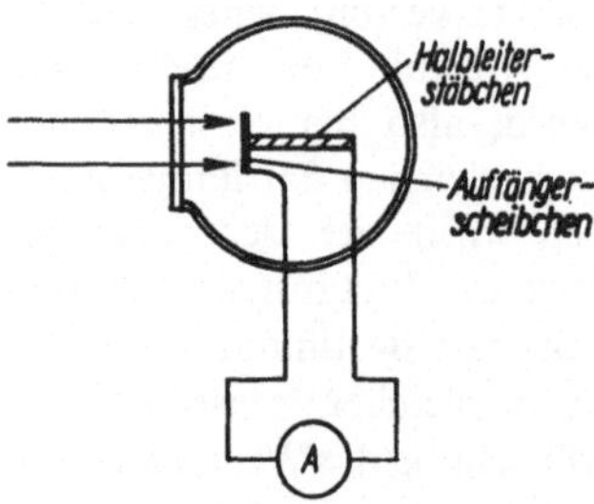

Abb. O.5.2.1. Thermoelement nach *Hase*

erwärmt dieses. Dadurch entsteht an dem damit einseitig verbundenen Halbleiterstäbchen eine Temperaturdifferenz, die zu einer Thermospannung zwischen den beiden Enden des Halbleiterstäbchens und damit zu einem Stromfluß durch das angeschlossene empfindliche Galvanometer führt.

Die Temperaturerhöhung ΔT ergibt sich aus dem Gleichgewicht zwischen zugestrahlter und abgeführter Leistung. Die zugestrahlte Leistung P_{e} ist der Bestrahlungsstärke E_{e} proportional, die abgeführte Leistung setzt sich aus Wärmeleitung, Konvektion und Strahlung zusammen. Wärmeleitung und Konvektion sind proportional zur Temperaturdifferenz, die Wärmestrahlung ist nach dem Stefan-Boltzmannschen Gesetz proportional zu $T_{\text{e}}^4 - T_{\text{u}}^4$, da der Empfänger (Temperatur T_{e}) nicht nur abstrahlt, sondern auch Energie aus der Umgebung (Temperatur T_{u}) zugestrahlt bekommt. Da T_{e} nur geringfügig höher als T_{u} ist, gilt

$$T_{\text{e}}^4 - T_{\text{u}}^4 = (T_{\text{u}} + \Delta T)^4 - T_{\text{u}}^4 \approx 4 T_{\text{u}}^3 \Delta T \sim \Delta T. \tag{10}$$

Damit wird die gesamte abgeführte Leistung proportional zu ΔT, und aus der Gleichgewichtsbedingung folgt $\Delta T \sim P_{\text{e}}$.

Da der Thermostrom i_{th} proportional zu ΔT ist, gilt schließlich

$$i_{\text{th}}(\lambda) = S_{\text{th}} P_{\text{e}}(\lambda). \tag{11a}$$

Der Photostrom des lichtelektrischen Empfängers im gleichen Strahlungsfeld ist

$$i_{\text{photo}}(\lambda) = S(\lambda)\, P_{\text{e}}(\lambda). \tag{11b}$$

Durch Division der Gln. (11a) und (11b) erhält man

$$S(\lambda) = S_{\text{th}} \frac{i_{\text{photo}}(\lambda)}{i_{\text{th}}(\lambda)}, \tag{12}$$

wobei die Empfindlichkeit S_{th} des thermischen Empfängers nicht von der Wellenlänge abhängt.
In vielen Fällen begnügt man sich mit der Kenntnis der relativen spektralen Empfindlichkeit

$$\frac{S(\lambda)}{S(\lambda_0)} = \frac{i_{\text{photo}}(\lambda)}{i_{\text{photo}}(\lambda_0)} \bigg/ \frac{i_{\text{th}}(\lambda)}{i_{\text{th}}(\lambda_0)}, \tag{12a}$$

in die die Empfindlichkeit S_{th} nicht eingeht. Dabei ist λ_0 an sich beliebig, jedoch wählt man meist die Wellenlänge, bei der die Empfindlichkeit ein Maximum hat, d. h., man setzt die relative Empfindlichkeit im Maximum gleich 1.
Die Quantenausbeute $q(\lambda)$ ist definiert als das Verhältnis der Anzahl der je Zeiteinheit erzeugten Photoelektronen $n(\lambda)$ zur Anzahl der je Zeiteinheit absorbierten Lichtquanten $n_0(q)$, d. h., $q(\lambda)$ ist die Wahrscheinlichkeit dafür, daß ein absorbiertes Lichtquant ein Photoelektron erzeugt. $q(\lambda)$ läßt sich aus der Empfindlichkeit $S(q)$ berechnen,

wenn der Zusammenhang zwischen Photostrom und $n(q)$ bekannt ist.

Im Falle des äußeren lichtelektrischen Effekts in einer Vakuumphotozelle (in der keine Stromverstärkung auftritt), ist

$$i_{\text{photo}} = n(\lambda)\, e, \tag{13}$$

wobei e die Elementarladung ist.

Andererseits hat jedes Lichtquant die Energie $h\nu$, daher besteht zwischen P_e und n_0 der Zusammenhang

$$P_e(\lambda) = n_0(\lambda)\, h\nu. \tag{14}$$

Aus den Gln. (13) und (14) folgt

$$q(\lambda) = \frac{n(\lambda)}{n_0(\lambda)} = S(\lambda)\,\frac{h\nu}{e} = \frac{hc}{e\lambda}\, S(\lambda). \tag{15}$$

Auch hier begnügt man sich meist mit der Messung der relativen Quantenausbeute

$$\frac{q(\lambda)}{q(\lambda_0)} = \frac{S(q)}{S(\lambda_0)}\,\frac{\lambda_0}{\lambda}, \tag{15a}$$

die sich nur durch den Faktor λ_0/λ von der relativen spektralen Empfindlichkeit unterscheidet.

Will man Absolutwerte von q bestimmen, so benötigt man $P_e(\lambda)$; eine derartige Messung erfordert also ein absolut geeichtes Thermoelement.

Versuchsausführung

Als Lichtquelle benutzt man einen Strahler mit kontinuierlichem Spektrum. Mittels eines Monochromators oder geeigneter Filter erzeugt man monochromatisches Licht, bringt nacheinander die beiden Empfänger, die zu vergleichen sind, in den Strahlengang und mißt die Ströme i_{ph} und i_{th}. Dabei ist sorfältig darauf zu achten, daß das gesamte aus dem Monochromator austretende Licht auf die empfindliche Fläche der Empfänger fällt.

Erforderlichenfalls ist der Bündeldurchmesser durch geeignete Blenden zu begrenzen. Ferner ist sicherzustellen, daß kein Streulicht auf den Empfänger gelangt, das die Anzeige inbesondere dann stark verfälschen kann, wenn man in großem Abstand vom Empfindlichkeitsmaximum arbeitet. Alle Meßergebnisse sind graphisch darzustellen.

5.3. Plancksches Strahlungsgesetz

Aufgabe: Die Temperaturabhängigkeit der spektralen Strahlungsdichte einer Glühlampe ist für verschiedene Wellenlängen zu messen und daraus das Verhältnis der Planckschen zur Boltzmannschen Konstante (h/k) zu ermitteln.

Eine Glühlampe mit Wolframfaden kann man im sichtbaren Spektralbereich in guter Näherung als einen grauen Strahler betrachten. Die spektrale Verteilung der Strahldichte ist dann durch Gl. (4) gegeben, wobei $\varepsilon = 47$ ist.

Für die technisch möglichen Temperaturen unterhalb des Schmelzpunktes ist $h\nu/kT \gg 1$, so daß man näherungsweise

$$L_{e\nu}\,\Delta\nu = \frac{2\varepsilon h\nu^3}{c^2}\, e^{-h k/Th}\,\Delta\nu \tag{4a}$$

setzen kann.

Benutzt man für den Nachweis der Strahlung einen Empfänger, dessen Anzeige A (z. B. der Photostrom) proportional zur Bestrahlungsstärke ist, so gilt

$$A(T) \sim e^{-h\nu/kT}; \tag{16}$$

daraus folgt

$$\ln\frac{A(T)}{A(T_0)} = \frac{h\nu}{kT_0} - \frac{h\nu}{hT}, \tag{16a}$$

wobei T_0 eine beliebig gewählte Temperatur des Glühfadens ist. Trägt man also $\ln\,[A(T)/A(T_0)]$ über $1/T$ auf, so ergibt sich eine Gerade mit der Steigung $-h\nu/k$, aus der man h/k entnehmen kann.

Versuchsausführung

Als Lichtquelle benutzt man entweder eine Wolframbandlampe oder eine Glühlampe mit einem möglichst langen Glühfaden.

Bei einer Glühlampe bestimmt man die Temperatur des Glühfadens aus dem elektrischen Widerstand (vgl. E.1). Lampen mit langem Glühfaden sind günstig, da sich bei ihnen Ungleichmäßigkeiten der Temperatur des Fadens, z. B. an den Befestigungsstellen, weniger stark bemerkbar machen.

Bei der Wolframbandlampe muß die Temperatur der strahlenden Fläche auf optischem Wege mit einem *Pyrometer* gemessen werden (vgl. Abb. O.5.3.1). Die strahlende Fläche wird dazu in

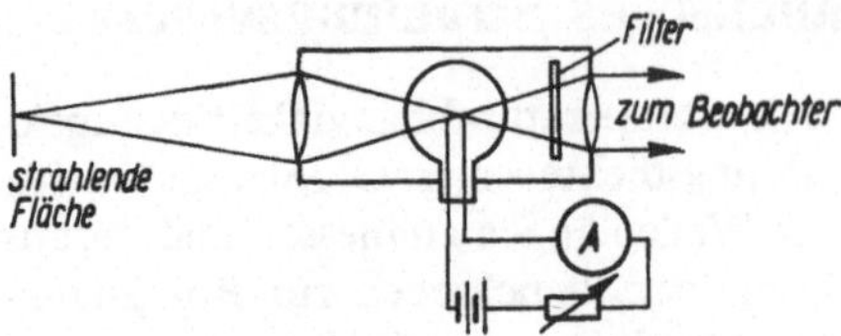

Abb. O.5.3.1. Schema eines Pyrometers

eine Ebene abgebildet, in der sich der Faden einer kleinen Glühlampe befindet. Der Strom dieser Lampe wird so lange verändert, bis das Bild des Glühfadens auf dem Untergrund der strahlenden Fläche verschwindet; die dazu nötige Stromstärke ist ein Maß für die Temperatur, die man aus einer Eichkurve entnimmt. Die Eichung des Pyrometers erfolgt, indem man Körper bekannter Temperatur betrachtet.

Für die Strahlungsmessung bringt man vor der Lichtquelle ein Filter an, das nur einen schmalen Wellenlängenbereich durchläßt, oder man benutzt einen Monochromator. Da die Anzeige des Nachweisgerätes proportional zur Bestrahlungsstärke sein muß, kommt für den Nachweis nur eine Photozelle oder ein Photovervielfacher in Frage.

Der *Photovervielfacher* (Sekundärelektronenvervielfacher, SEV, vgl. Abb. O.5.3.2) enthält ebenso wie die Photozelle eine lichtempfindliche Kathode. Die durch das Licht ausgelösten Elektronen gelangen aber nicht direkt zur Anode, sondern treffen noch auf mehrere Prallanoden (*Dynoden*), aus denen sie Sekundärelektronen »herausschlagen«, so daß für jedes an der Kathode ausgelöste Elektron an der Anode eine Elektronenlawine ankommt, die bis zu 10^6 Elektronen enthält. Die Anwendung eines derartigen Photovervielfachers ist immer dann vorteilhaft, wenn sehr geringe Lichtintensitäten nachzuweisen sind.

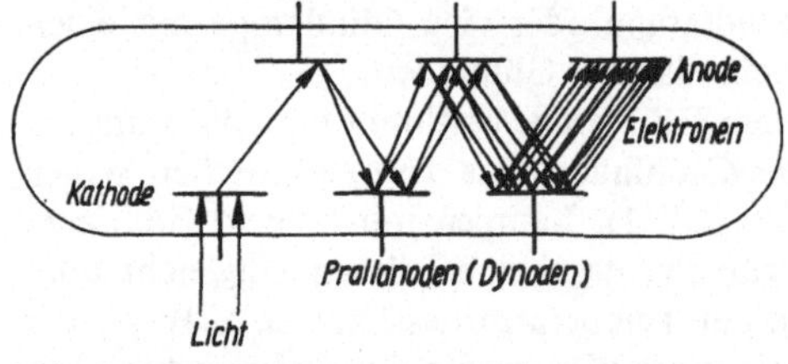

Abb. O.5.3.2. Schema eines Sekundärelektronenvervielfachers (SEV)

Es ist zweckmäßig, das von der Lampe ausgesandte Licht durch ein rotierendes Zahnrad zu modulieren und den Strom der Photozelle mit einem Wechselstromverstärker zu messen. Die Messung kann dann nicht durch Streulicht verfälscht werden und läßt sich auch in einem mäßig abgedunkelten Raum ausführen.

Die Messung ist bei mindestens drei Wellenlängen auszuführen. Mittels des gemessenen Wertes für h/k ist zu überprüfen, inwieweit die Bedingung $hv/kT \gg 1$ erfüllt ist; der durch die Vernachlässigung von 1 gegenüber $e^{hv/kT}$ im Nenner von Gl. (4) entstehende Fehler ist abzuschätzen.

5.4. Photometrie

Aufgaben: 1. Lichtstärke und optischer Wirkungsgrad einer Glühlampe sind in Abhängigkeit von der zugeführten elektrischen Leistung zu messen, und es ist zu ermitteln, mit welcher Potenz der absoluten Temperatur die Lichtstärke der Lampe ansteigt.

2. Das Richtstrahldiagramm einer Glühlampe ist zu messen und mit dem eines Lambertschen Strahlers zu vergleichen.

Unter dem optischen Wirkungsgrad η einer Lichtquelle versteht man das Verhältnis der Lichtstärke I zur aufgewandten elektrischen Leistung P:

$$\eta = \frac{I}{P}. \tag{17}$$

Im Gegensatz zum mechanischen oder thermodynamischen Wirkungsgrad ist der optische Wirkungsgrad keine reine Zahl, sondern wird in cd/W gemessen.

Die Abhängigkeit der Lichtstärke von der Temperatur der Glühlampe läßt sich innerhalb gewisser Grenzen durch den Potenzzusammenhang

$$I = \text{const } T^x \tag{18}$$

beschreiben. Nach dem Stefan-Boltzmannschen Gesetz (3) ist die ausgestrahlte Gesamtleistung proportional zur 4. Potenz der absoluten Temperatur T.[1]) Da im Dauerbetrieb Gleichgewicht zwischen zugeführter und ausgestrahlter Leistung besteht, gilt also

$$T = \text{const } P^{1/4}, \tag{19}$$

---

[1]) Genauer: proportional zu $T^4 - T_u^4$, wenn T_u die Temperatur der Umgebung ist. Es ist jedoch $T \gg T_u$, so daß man T_u^4 vernachlässigen kann.

und man erhält

$$I = \text{const } P^{x/4} \qquad (20)$$

bzw.

$$\log (I/I_0) = \frac{x}{4} \log (P/P_0), \qquad (20\,\text{a})$$

wobei I_0 und P_0 zusammengehörige Meßwerte bei einer beliebig gewählten Temperatur T_0 sind.

Versuchsausführung

Die Messung der Lichtstärke erfolgt durch photometrischen Vergleich mit einer Normallampe[1]) bekannter Lichtstärke nach dem photometrischen Grundgesetz [Gl. (6)]. Man vergleicht beide Lichtquellen mit Hilfe des Photometerwürfels von *Lummer* und *Brodhun* auf einer optischen Bank.

Der Photometerwürfel (vgl. Abb. O.5.4.1) besteht aus zwei Prismen P_1 und P_2, die in der Mitte der Hypotenusen fest aneinandergepreßt

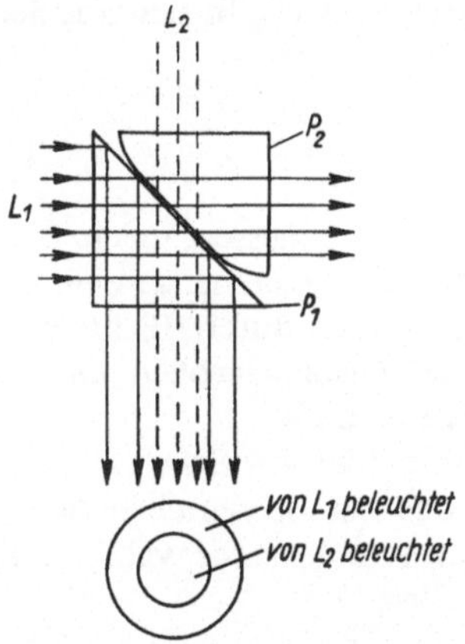

Abb. O.5.4.1. Photometerwürfel

sind, so daß kein Zwischenraum bleibt. In die Mitte des Beobachtungsfeldes gelangt daher nur Licht von der Lichtquelle L_2, das den Würfel ungehindert durchsetzt. Hingegen wird das Licht von der Lichtquelle L_1 am Rand des Prismas P_1 totalreflektiert und gelangt an den Rand des Beobachtungsfeldes.

---

[1]) Eine Normallampe ist ein sekundäres Normal, dessen Lichtstärke durch Vergleich mit einem schwarzen Strahler ermittelt wurde.

Für die Messung läßt man das Licht der beiden Lichtquellen, die zu vergleichen sind, zunächst in der in Abb. O.5.4.2 gezeigten Weise an einer weißen Gipsplatte reflektieren, damit die un-

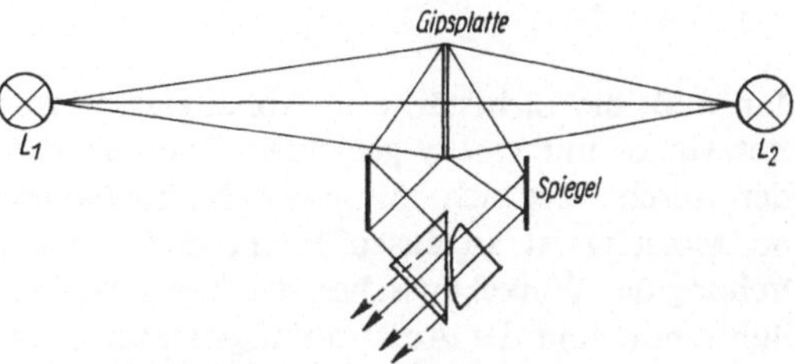

Abb. O.5.4.2. Messung von Lichtstärken mit dem Photometerwürfel

gleichmäßige Emission verschiedener Teile der Lichtquelle nicht stört. Gipsplatte und Photowürfel sind zu einem Photometerkopf vereint, der auf der optischen Bank zwischen den beiden Lichtquellen angeordnet ist. Erscheinen beide Seiten der Gipsplatte gleich hell, so ist nach Gl. (6)

$$I_2 = I_1 (r_2/r_1)^2.$$

Reflektiert die Gipsplatte nicht auf beiden Seiten gleich gut, so treten Fehler auf. Man eliminiert sie, indem man den Photometerkopf um 180° dreht und das geometrische Mittel der beiden Ablesungen bildet.

Anstelle des Photometerkopfes kann man auch ein Photoelement benutzen, das zu diesem Zwecke nicht geeicht zu sein braucht, da es ja nur auf die Feststellung der Gleichheit zweier Beleuchtungsstärken ankommt.

Steht ein als Photometer geeichter Strahlungsempfänger zur Verfügung (vgl. O. 5.2), so ist die Vergleichslampe überflüssig, und man kann die Lichtstärke direkt aus der gemessenen Beleuchtungsstärke und dem Abstand zur Lichtquelle berechnen. Für die Berechnung des optischen Wirkungsgrades ist noch die der Lampe zugeführte elektrische Leistung zu ermitteln. Man erhält sie aus Stromstärke und Spannung.

Trägt man im logarithmischen Maßstab die Lichtstärke als Funktion der elektrischen Leistung auf, so ergibt sich nach Gl. (20a) eine Gerade, aus deren Steigung man x entnehmen kann.

Zur Messung der Richtstrahlcharakteristik befindet sich die Lampe in einer drehbaren Halterung.

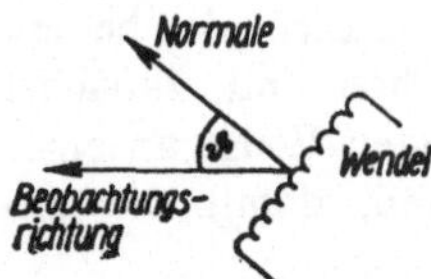

Abb. O.5.4.3. Zur Messung der Richtstrahlcharakteristik einer Glühlampe

Man mißt die Lichtstärke in Abhängigkeit vom Drehwinkel mit einem geeichten Photoelement oder durch Vergleich mit einer Normallampe. Die Messung ist so auszuführen, daß bei der Drehung der Winkel zwischen der Normalen zur Glühwendel und der Ausstrahlungsrichtung verändert wird (vgl. Abb. O.5.4.3). Das Ergebnis ist in einem Polardiagramm darzustellen.

6. Fundamentalkonstanten der Physik

6.0. Allgemeine Grundlagen

In den physikalischen Gesetzen tauchen eine Reihe von Fundamentalkonstanten auf, deren Größe als naturgegeben anzusehen ist und nur durch Experimente bestimmt werden kann. Es sind dies die Elementarladung e, die Avogadro-Konstante N_A, die Boltzmann-Konstante k, das Plancksche Wirkungsquantum h, die Elektronenmasse m_e und die Protonenmasse m_p, ferner die Lichtgeschwindigkeit c und die Gravitationskonstante G.

Die Verfahren zur Messung dieser Konstanten bilden eines der reizvollsten Kapitel der Physik, weil dabei in faszinierender Weise der innere Zusammenhang verschiedener Teilgebiete sichtbar wird. Mit Ausnahme der Gravitationskonstanten und der Lichtgeschwindigkeit lassen sich diese Fundamentalkonstanten bereits mit relativ bescheidenen Hilfsmitteln im Rahmen eines Praktikums bestimmen, wobei allerdings auf die modernen Präzisionsmethoden verzichtet werden muß.

1. *Die Elementarladung e* wird nach der Methode von *Millikan* (vgl. O. 6.1) gemessen.

Ist e bekannt, so läßt sich aus der leicht meßbaren Faraday-Konstante F die Avogadro-Konstante N_A berechnen: Da F die von einem Mol eines einwertigen Elektrolyten bei der Elektrolyse überführte Elektrizitätsmenge ist, erhält man

$$N_A = F/e. \tag{1}$$

Die Avogadro-Konstante ist das Hauptbindeglied zwischen mikroskopischen und makroskopischen Größen. Daher lassen sich bei Kenntnis von N_A weitere Fundamentalkonstanten berechnen:

a) Die *Protonenmasse* m_p erhält man aus der Masse eines Mols Wasserstoff, die sich durch Wägung bestimmen läßt (vgl. M. 2.0).

Da $M(H_2)/N_A$ gleich der Masse von zwei Wasserstoffatomen ist, wird

$$m_p = \frac{1}{2} \frac{M(H_2)}{N_A} - m_e. \tag{2}$$

Dabei liefert die Elektronenmasse m_e nur eine geringe Korrektur. Analog ergibt sich die Neutronenmasse m_n aus der Wägung von Deuterium.

b) *Die Boltzmann-Konstante k* ergibt sich aus der Gaskonstanten R, es ist

$$k = \frac{R}{N_A}. \tag{3}$$

Die Gaskonstante R läßt sich messen, indem man durch eine genau meßbare Strommenge eine bestimmte Menge eines Gases durch Elektrolyse abscheidet und dessen Zustandsgrößen Druck, Volumen und Temperatur mißt.

k läßt sich auch unmittelbar aus Schwankungserscheinungen (z. B. aus der Brownschen Bewegung in einem Millikan-Kondensator, vgl. O. 6.1) ermitteln.

2. *Die Elektronenmasse* m_e bestimmt man aus der Ablenkung von Elektronenstrahlen im magnetischen Feld (vgl. O. 6.2). Es ergibt sich primär die spezifische Ladung e/m_e, aus der man m_e berechnen kann, wenn e bekannt ist.

In ähnlicher Weise bestimmt man in Massenspektrometern die spezifische Ladung und damit die Atommasse von Einzelteilchen, während man mit den chemischen Methoden der Bestimmung der relativen Molekülmasse nur Mittelwerte über sehr viele Teilchen und über verschiedene Isotope erhält.

3. *Das Plancksche Wirkungsquantum h* kann man auf verschiedene Weise messen. Alle Methoden

beruhen auf dem quantenhaften Charakter der Wechselwirkung zwischen Licht und Materie. Theoretisch am einfachsten zu überblicken ist die Bestimmung von h/e aus der Einsteinschen Gleichung des Photoeffektes (vgl. O. 5.1). Während dieser Methode die Umwandlung der Energie eines Lichtquants in kinetische Energie eines Elektrons zugrunde liegt, stellt der *Franck-Hertz-Versuch* (vgl. O. 6.3) in einem gewissen Sinne die Umkehrung dazu dar: Die kinetische Energie von Elektronen wird bei unelastischen Zusammenstößen mit Atomen in die Energie eines Lichtquants umgewandelt. Dieser Versuch läßt sich zu einer Meßmethode für h/e ausbauen, wenn man neben den Anregungspotentialen noch die Frequenz des emittierten Lichtes mißt. Als weitere Meßmethoden für h werden in O. 6.4 die Berechnung von h aus der Rydberg-Konstanten des Wasserstoffatoms und in Versuch O. 5.3 die Messung des Verhältnisses von Planckscher zu Boltzmannscher Konstanten h/k aus dem Planckschen Strahlungsgesetz beschrieben (letzteren kann man auch als Meßmethode für k auffassen, wenn man h als anderweitig gemessen voraussetzt).

6.1. Elementarladung nach Millikan

Aufgabe: Die Elementarladung e ist zu ermitteln. Kleine Flüssigkeitströpfchen sind stets geladen. Ihre Ladung ist notwendigerweise ein ganzzahliges Vielfaches der Elementarladung. Betrachtet man ein in Luft befindliches geladenes Tröpfchen in einem vertikal gerichteten elektrischen Feld, so wirken folgende Kräfte:

1. die Summe von Schwerkraft F_0 und Auftrieb F_A:

$$F_0 + F_A = \frac{4\pi}{3} r^3 (\varrho - \varrho_L) g;$$

2. die Reibungskraft $F_W = -6\pi\eta r v$ (vgl. M. 7.1);
3. die elektrische Kraft $F_e = \pm qE$ je nach Richtung des Feldes (positives Vorzeichen bedeutet Feldstärke in Richtung der Schwerkraft).

Dabei ist r der Radius, q die Ladung und ϱ die Dichte des Tröpfchens, ϱ_L die Dichte der Luft, η der Koeffizient der inneren Reibung der Luft und E die Feldstärke.

Bereits nach kurzer Zeit bewegt sich das Tröpfchen gleichförmig mit der Geschwindigkeit v (vgl. die analogen Verhältnisse in M. 7.1). Sind elektrisches Feld und Schwerkraft gleichgerichtet, so ergibt sich daher

$$\frac{4\pi}{3} r^3 (\varrho - \varrho_L) g - 6\pi\eta r v_+ + qE = 0, \qquad (4a)$$

sind sie entgegengerichtet, so erhält man

$$\frac{4\pi}{3} r^3 (\varrho - \varrho_L) g - 6\pi\eta r v_- - qE = 0. \qquad (4b)$$

Ohne elektrisches Feld erhält man die Fallgeschwindigkeit v_0 aus

$$\frac{4\pi}{3} r^3 (\varrho - \varrho_L) g - 6\pi\eta r v_0 = 0. \qquad (4c)$$

Durch Addition der Gln. (4a) und (4b) erhält man

$$\frac{8\pi}{3} r^3 (\varrho - \varrho_L) g = 6\pi\eta r (v_+ + v_-), \qquad (4d)$$

woraus sich der unbekannte Tröpfchenradius ergibt:

$$r = \frac{3}{2} \sqrt{\frac{\eta(v_+ + v_-)}{g(\varrho - \varrho_L)}}. \qquad (5)$$

Bildet man die Differenz der Gln. (4a) und (4b), so folgt

$$\begin{aligned}
q &= \frac{3\pi\eta r (v_+ - v_-)}{E} \\
&= \frac{9}{2}\pi \sqrt{\frac{\eta^3}{g(\varrho - \varrho_L)}} \frac{1}{E} \sqrt{(v_+ + v_-)(v_+ - v_-)}.
\end{aligned}$$
$$(6)$$

Bei der Berechnung von q nach Gl. (6) muß man berücksichtigen, daß bei Tröpfchen, die in ihrer Größe mit der mittleren freien Weglänge λ der Gasmoleküle vergleichbar sind, η keine Konstante ist, sondern vom Tröpfchenradius abhängt. Nach *Cunningham* ist

$$\eta = \frac{\eta_0}{1 + 0{,}63\,\dfrac{\lambda}{r}}, \qquad (7)$$

wobei η_0 der bei großem Durchmesser gemessene Koeffizient der inneren Reibung ist.

Versuchsausführung

Zur Messung wird in einen seitlich beleuchteten Kondensator (vgl. Abb. O.6.1.1) Zigarettenrauch geblasen, der teilweise aus geladenen Teilchen besteht, um die sich Wasserdampf kondensiert

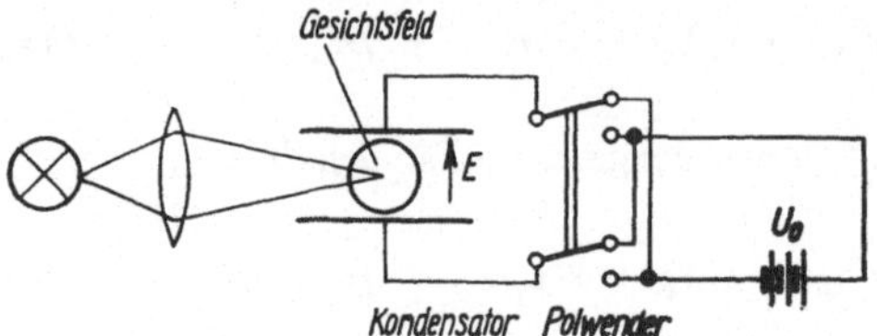

Abb. O.6.1.1. Zur Messung der Elementarladung nach *Millikan*

hat. Die Tröpfchen beobachtet man mit einem Mikroskop mit geeichter Okularskale; die optische Achse des Mikroskops steht dabei senkrecht zum elektrischen Feld und zum einfallenden Licht (Dunkelfeldbeleuchtung, die Tröpfchen erscheinen hell auf dunklem Grund). Man faßt nun ein bestimmtes Tröpfchen ins Auge, schaltet das elektrische Feld ein und bestimmt mit einer Stoppuhr die Zeit, in der es eine bestimmte Anzahl von Marken der geeichten Okularskale passiert. Noch ehe das Tröpfchen das Gesichtsfeld verläßt, polt man das Feld um und mißt in gleicher Weise bei entgegengesetzter Feldrichtung. Anschließend bestimmt man noch die Geschwindigkeit v_0 des freien Falls ohne elektrisches Feld.

Zur Auswertung überprüft man zunächst, ob die aus den Gln. (4c) und (4d) folgende Beziehung

$$2v_0 = v_+ + v_- \qquad (4e)$$

innerhalb der Fehlergrenzen der Geschwindigkeitsmessung erfüllt ist. Ist das nicht der Fall, so sind die Meßwerte infolge von Umladungen des Tröpfchens während der Messung verfälscht und deshalb unbrauchbar. Ist Gl. (4e) erfüllt, so berechnet man zunächst nach Gl. (5) den Tröpfchenradius r, man benutzt hierfür näherungsweise $\eta_0 = [1{,}835 \cdot 10^{-5} - 4{,}9 \cdot 10^{-8}\,(20 - t)] \cdot$ kg $\cdot$ m^{-1} $\cdot$ s^{-1} [t ist der Zahlenwert (Celsiusskale) der Temperatur im Kondensator]. Mit Hilfe des so gewonnenen Näherungswertes für den Tröpfchenradius berechnet man nach Gl. (7) den für diesen Radius gültigen η-Wert ($\lambda = 6 \cdot 10^{-8}$ m für Luft unter Normalbedingungen).

Die Feldstärke erhält man aus der angelegten Spannung U und dem Abstand der Kondensatorplatten, für die Dichte der Tröpfchen benutzt man den Wert für Wasser.

Setzt man alles in Gl. (6) ein, so erhält man q.

Es sind möglichst viele Teilchen auszumessen, die Größe der Elementarladung erhält man aus den q-Werten als größten gemeinsamen Teiler.

Strömungserscheinungen, die z. B. durch Temperaturdifferenzen der Kammerwände verursacht sein können, führen zu systematischen Fehlern. Man schätze aus der leichter zu beobachtenden horizontalen Strömungsgeschwindigkeit ab, wie groß der Fehler wird, wenn eine gleich große vertikale Strömungsgeschwindigkeit vorhanden wäre.

6.2. Spezifische Ladung des Elektrons

Aufgabe: Aus dem Krümmungsradius eines Elektronenstrahls in einem homogenen Magnetfeld ist die spezifische Ladung e/m_e des Elektrons zu bestimmen.

Bewegt sich ein Elektron in einem magnetischen Feld der Flußdichte B, so unterliegt es dem Einfluß der Lorentz-Kraft

$$F = -e(v \times B), \qquad (8)$$

seine Bewegungsgleichung lautet daher

$$m_e \frac{\mathrm{d}v}{\mathrm{d}t} = -e(v \times B). \qquad (9)$$

Den Vektor v zerlegt man zweckmäßigerweise in eine Komponente $v_{\parallel}$ parallel zum Magnetfeld und in eine Komponente $v_{\perp}$ senkrecht zum Magnetfeld. Ein parallel zum Magnetfeld fliegendes Elektron wird nach Gl. (9) nicht beeinflußt, d. h., es ist $v_{\parallel}$ = const.

Ein senkrecht zum Magnetfeld fliegendes Elektron unterliegt der Kraft

$$F_{\perp} = ev_{\perp}B, \qquad (8a)$$

die senkrecht auf der Bewegungsrichtung steht. Es beschreibt daher einen Kreis, dessen Radius sich aus dem Gleichgewicht zwischen Zentrifugalkraft und Lorentz-Kraft ergibt:

$$\frac{1}{r}\, m_e v_{\perp}^2 = ev_{\perp}B.$$

Man erhält für den Radius

$$r = m_e \frac{v_{\perp}}{eB}. \qquad (10)$$

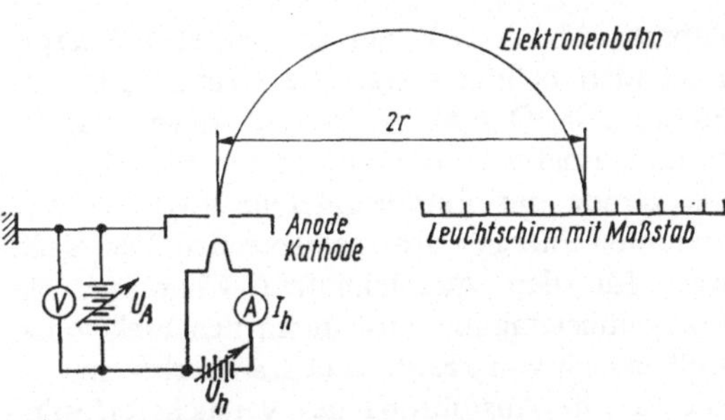

Abb. O.6.2.1. Schema zur e/m_e-Messung.
Die Richtung des Magnetfeldes zeigt in die Zeichenebene hinein

Elektronen einheitlicher Geschwindigkeit erzeugt man, indem man die aus einer Glühkathode austretenden Elektronen durch eine an die Anode angelegte Spannung U_A so beschleunigt, daß sie sich nach dem Durchgang durch ein Loch in der Anode senkrecht zum Magnetfeld bewegen (vgl. Abb. O.6.2.1).

Aus dem Energiesatz

$$\frac{m}{2} v_\perp^2 = e U_A \tag{11}$$

folgt dann

$$v_\perp = \sqrt{\frac{2 e U_A}{m_e}} \tag{11a}$$

bzw.

$$r = \sqrt{\frac{2 m_e U_A}{e}} \frac{1}{B}. \tag{12}$$

Daraus erhält man

$$\frac{e}{m_e} = \frac{2 U_A}{B^2 r^2}. \tag{13}$$

Das Magnetfeld wird mit einem Helmholtz-Spulenpaar erzeugt (vgl. Abb. O.6.2.2). Dieses

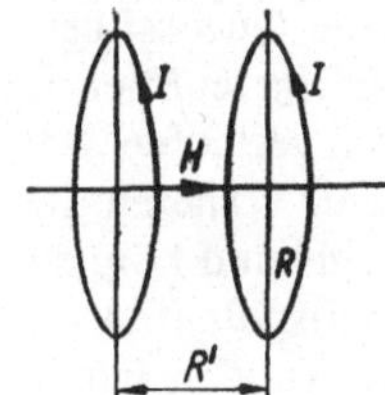

Abb. O.6.2.2.
Helmholtz-Spulenpaar

besteht aus zwei flachen Spulen mit dem Radius R und je n Windungen, die im Abstand $R' = R$ parallel zueinander angeordnet sind und vom gleichen Strom I durchflossen werden. Das in dem frei zugänglichen Innenraum entstehende Magnetfeld ist weitgehend homogen und hat die Flußdichte

$$B = \frac{8 \mu_0}{\sqrt{125}} \frac{I}{R} n. \tag{14}$$

Die Bahn der Elektronen wird sichtbar gemacht, indem man die Meßröhre nicht vollständig evakuiert. Infolgedessen stößt ein Teil der Elektronen mit den Restgasmolekülen zusammen und regt sie zur Lichtaussendung an. Bei einem Teil der Zusammenstöße entstehen positive Ionen. Sie bleiben infolge ihrer im Vergleich zu den Elektronen großen Masse in der Nähe des Entstehungsorts, d. h. auf der Elektronenbahn, und kompensieren durch ihre Ladung die Raumladung des Elektronenstrahls. Durch diese »Raumladungsfokussierung« entsteht ein enges Elektronenbündel, ein sog. Fadenstrahl.

Versuchsausführung

Nach genügender Evakuierung der Meßröhre ist der Heizstrom der Kathode allmählich zu erhöhen, bis der Elektronenstrahl als Fadenstrahl oder infolge seines Auftreffens auf einen Leuchtschirm sichtbar wird. Dabei ist die Arbeitsanweisung genau zu beachten, um die Zerstörung der Kathode zu vermeiden! Anschließend mißt man bei verschiedenen Beschleunigungsspannungen U_A und magnetischen Flußdichten B den Radius r.

r kann innerhalb der Meßröhre aus der Lage des Auftreffpunktes des Elektronenstrahls auf einen mit Maßstab versehenen Leuchtschirm ermittelt werden; ist keine solche Meßmöglichkeit vorgesehen, muß r von außen durch Anvisieren mit einem Fernrohr bestimmt werden, das senkrecht zu seiner Sehlinie meßbar verschoben werden kann (Kathetometer).

Zur Auswertung bieten sich 2 Möglichkeiten an:
a) Trägt man bei konstantem U_A den Radius r über $1/B$ auf, so ergibt sich nach Gl. (12) eine Gerade mit der Steigung

$$S_1 = \sqrt{\frac{2 U_A}{e/m_e}}, \tag{15}$$

aus der

$$e/m_\text{e} = 2U_\text{A}/S_1^2 \qquad (15\text{a})$$

folgt.

b) Trägt man bei konstantem B die Größe r^2 über U_A auf, so erhält man nach Gl. (12) eine Gerade mit der Steigung

$$S_2 = \frac{2m_\text{e}}{B^2 e}, \qquad (16)$$

aus der sich

$$\frac{e}{m_\text{e}} = \frac{2}{B^2 S_2} \qquad (16\text{a})$$

ergibt.

Ursachen für systematische Fehler sind der Einfluß des Magnetfeldes der Erde und die thermische Geschwindigkeit der Elektronen beim Austritt aus der Kathode.

Der Einfluß des Erdfeldes läßt sich näherungsweise eliminieren, indem man zunächst bei einer Magnetfeldrichtung den Radius r_+ mißt, anschließend durch Umpolen der Stromrichtung in den Helmholtz-Spulen die Richtung von B umkehrt und den zugehörigen Radius r_- mißt; es ist dann

$$r \approx \frac{1}{2}(r_+ + r_-). \qquad (17)$$

Die Differenz $|r_+ - r_-|$ ist ein Maß für die Stärke des Erdfeldeinflusses. Den Einfluß der thermischen Geschwindigkeit der Elektronen kann man näherungsweise berücksichtigen, indem man statt mit der Anodenspannung U_A mit der Spannung (T Kathodentemperatur)

$$U'_\text{A} = U_\text{A} + kT/2e \qquad (18)$$

rechnet, d. h., man addiert die Hälfte der der mittleren thermischen Geschwindigkeit in Austrittsrichtung $v_\text{th} = \sqrt{kT/m_\text{e}}$ entsprechenden Spannung. Dabei muß $kT/e \ll U_\text{A}$ sein. Der Einfluß der relativistischen Massenveränderlichkeit wird erst bei Spannungen oberhalb von 10 kV wichtig.

6.3. Franck-Hertz-Versuch

Aufgabe: Das Anregungspotential von Quecksilberatomen ist durch Elektronenstoß zu bestimmen und daraus das Verhältnis h/e zu berechnen.

Atome können sich nur in diskreten Energiezuständen befinden (vgl. die Rechnungen zum H-Atom in O. 6.4), sie können daher nur bestimmte Energiebeträge aufnehmen oder abgeben, die gerade der Energiedifferenz zwischen zwei erlaubten Energieniveaus entsprechen. Der Nachweis für den quantenhaften Charakter der Energieübertragung wird durch den Elektronenstoßversuch von *Franck* und *Hertz* erbracht.

Die für die Ausführung des Versuchs erforderliche Apparatur ist in Abb. O.6.3.1 schematisch

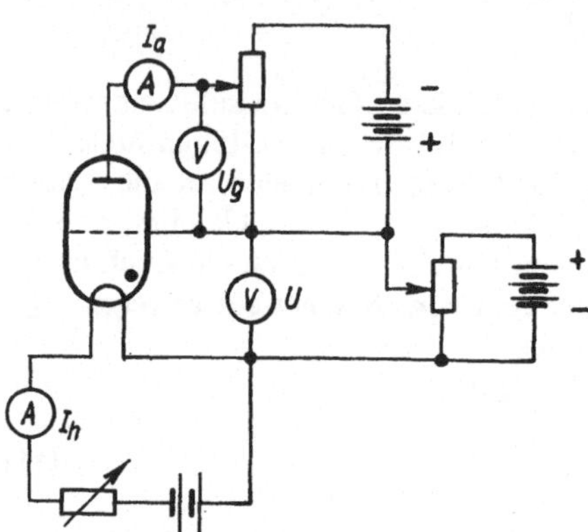

Abb. O.6.3.1. Schaltung zur Messung des Anregungspotentials von Gasen

dargestellt. In einer mit Quecksilberdampf gefüllten Triode beschleunigt man die von der Kathode emittierten Elektronen durch eine positive Gitterspannung U; zwischen Gitter und Anode liegt ein Bremspotential U_g von etwa 0,5 V.

Mißt man den Anodenstrom I_a als Funktion der Beschleunigungsspannung U, so erhält man die in Abb. O.6.3.2 schematisch dargestellte Kurve. Bei niedriger Spannung steigt der Strom wie in einer Hochvakuumröhre mit wachsender Spannung an, sinkt jedoch beim Erreichen einer bestimmten Spannung plötzlich ab. Nach Durchlaufen dieser Spannung haben die Elektronen nämlich genügend Energie, um die Quecksilberatome anzuregen, während bei niedrigerer Energie die Zusammenstöße völlig elastisch verlaufen. Bei der Anregung der Quecksilberatome verlieren die Elektronen fast ihre gesamte Energie und können daher nicht mehr gegen das Bremspotential U_g anlaufen. Weitere Minima in der Anodenstrom-

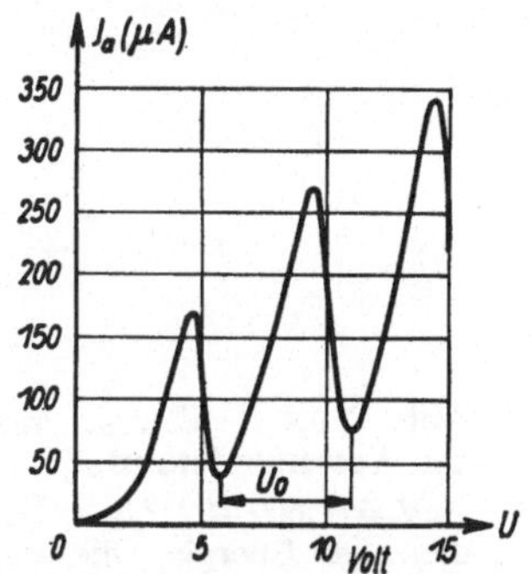

Abb. O.6.3.2. Meßkurve beim Franck-Hertz-Versuch

kurve entstehen infolge der Anregung von zwei oder mehr Atomen durch das gleiche Elektron.

Der Abstand aufeinanderfolgender Minima ist gleich dem Anregungspotential U_0 der Quecksilberatome; infolge der Differenz der Austrittsarbeiten von Kathode und Anode kann jedoch das erste Minimum bei einer von U_0 abweichenden Spannung liegen. Die angeregten Atome gehen unter Lichtaussendung wieder in den Grundzustand über, die Energie der ausgestrahlten Lichtquanten ist dabei gleich eU_0. Man kann daher bei gleichzeitiger Bestimmung der Anregungsenergie eU_0 und der Energie $h\nu$ der Lichtquanten die Größe $h/e = U_0/\nu$ ermitteln.

Versuchsausführung

Um sich einen raschen Überblick über die Abhängigkeit des Anodenstroms von der Beschleunigungsspannung zu verschaffen, benutzt man die in Abb. O.6.3.3 angegebene Schaltung. An der Kathode der Meßröhre liegt jetzt eine Säge-

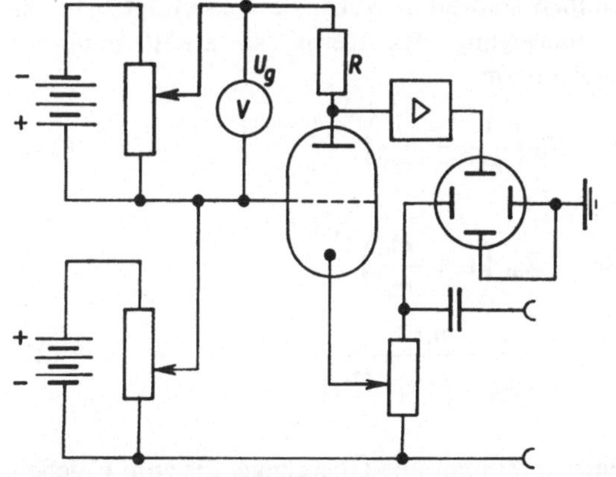

Abb. O.6.3.3. Schaltung zur oszillographischen Messung des Anregungspotentials

zahnspannung, die man dem Kippgerät eines Oszillographen entnimmt. Dadurch wird die Beschleunigungsspannung periodisch verändert.

Der am Widerstand R entstehende Spannungsabfall ist proportional zum Anodenstrom I_a, benutzt man ihn nach entsprechender Verstärkung für die Vertikalablenkung und die Sägezahnspannung für die Horizontalablenkung der Oszillographenröhre, so erhält man auf dem Leuchtschirm die Kurve $I_a = f(U)$.

Man kann auf diese Weise bequem die günstigsten Bedingungen für die Messung von U_0 ermitteln. Außer von der Größe der Gegenspannung U_g und vom Kathodenstrom der Meßröhre hängt der Kurvenverlauf stark von der mittleren freien Weglänge der Elektronen in der Röhre und damit vom Dampfdruck des Quecksilbers ab, der sich durch Änderung der Temperatur der Röhre regulieren läßt. Zu diesem Zwecke befindet sich diese in einem kleinen Ofen, der elektrisch geheizt wird.

Nachdem man die optimalen Meßbedingungen ermittelt hat, nimmt man mit der Schaltung von Abb. O.6.3.1 den Verlauf der Kurve $I_a = f(U)$ punktweise auf und bestimmt daraus das Anregungspotential.

Die bei der Elektronenstoßanregung von Quecksilber ausgestrahlte Resonanzlinie liegt im ultravioletten Spektralbereich und läßt sich nur mit einem Quarzspektrographen beobachten. Die für die Berechnung von h/e erforderliche Wellenlänge wird daher als bekannt vorausgesetzt, es ist $\lambda = 253,7$ nm.

6.4. Rydberg-Konstante und Plancksches Wirkungsquantum

Aufgabe: Die Rydberg-Konstante R_H für das Wasserstoffatom ist zu messen und daraus das Plancksche Wirkungsquantum h zu berechnen.

Das Spektrum des atomaren Wasserstoffs besteht im Sichtbaren aus einer Reihe von Linien H_α, H_β, H_γ usw., deren Wellenzahlen $\tilde{\nu} = \nu/c = 1/\lambda$ (Einheit $\mathrm{cm^{-1}}$) sich durch die experimentell gefundene Beziehung

$$\tilde{\nu} = R_H \left(\frac{1}{4} - \frac{1}{m^2} \right) \quad m = 3, 4, 5, \ldots \quad (19)$$

beschreiben lassen (*Balmer-Formel*).

Eine theoretische Begründung dieser Formel wurde von *Bohr* gegeben, der damit eine der Grundlagen der Quantentheorie schuf.

Nach der Bohrschen Theorie besteht das Wasserstoffatom aus einem positiv geladenen Kern (Proton) und einem Elektron, das sich auf einer Kreisbahn um diesen Kern bewegt. Es besteht Gleichgewicht zwischen Zentrifugalkraft und elektrischer Anziehungskraft (Coulomb-Kraft):

$$m_e \frac{v^2}{r} = \frac{e^2}{4\pi\varepsilon_0 r^2}. \tag{20}$$

Das *erste Bohrsche Postulat* verlangt, daß für Elektronen nur Bahnen erlaubt sind, auf denen der Drehimpuls ein ganzzahliges Vielfaches der Größe $\hbar = h/2\pi$ ist. Dies bedeutet

$$m_e vr = n\hbar \qquad (n = 1, 2, 3, \ldots); \tag{21}$$

n ist die sog. Hauptquantenzahl, die den »Zustand« des Atoms charakterisiert.

Aus den Gln. (20) und (21) kann man den Bahnradius r und die Geschwindigkeit v berechnen, es ist

$$r = \frac{4\pi\varepsilon_0 \hbar^2 n^2}{e^2 m_e} = a_0 n^2 \tag{22}$$

und

$$v = n\frac{\hbar}{m_e r} = \frac{\hbar}{m_e a_0 n}. \tag{23}$$

$a_0 = 0{,}529 \cdot 10^{-8}$ cm ist der Radius der kernnächsten Bahn (1. Bohrscher Radius).

Auf der Bahn mit der Hauptquantenzahl n hat das Elektron die Energie

$$E_n = E_{\text{kin}} + E_{\text{pot}} = \frac{1}{2} m_e v^2 - \frac{e^2}{4\pi\varepsilon_0 r}.$$

Setzt man r und v ein, so ergibt sich

$$E_n = -\frac{\hbar^2}{2m_e a_0^2}\frac{1}{n^2} = -\frac{m_e e^4}{8\varepsilon_0^2 h^2}\frac{1}{n^2}. \tag{24}$$

Gl. (24) gibt die für das Elektron erlaubten Energiewerte an, die man in Form eines Termschemas (vgl. Abb. O.6.4.1) darstellt. E ist negativ, da das Elektron gebunden ist und zu seiner Ablösung vom Kern Energie aufgewendet werden muß.

Geht das Elektron von einem Zustand hoher Energie (kernferne Bahn) in einen Zustand niedriger Energie (kernnahe Bahn) über, so wird

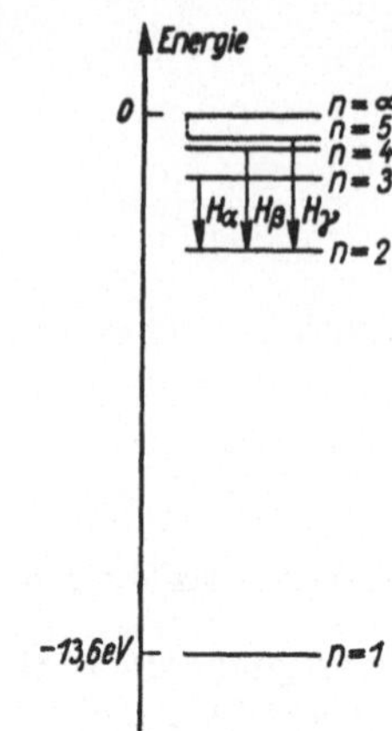

Abb. O.6.4.1. Termschema des Wasserstoffatoms.

$1\,\text{eV} = 1{,}60 \cdot 10^{-19}$ Ws ist diejenige Energie, die ein Elektron beim Durchlaufen einer Spannungsdifferenz von 1 V gewinnt

Energie frei, die in Form von Licht ausgestrahlt wird. Die Frequenz des ausgestrahlten Lichtes ist durch die Gleichung

$$h\nu = \Delta E = E_m - E_n \tag{25}$$

gegeben (*2. Bohrsches Postulat*).

In der Spektroskopie rechnet man statt mit der Frequenz meist mit der Wellenzahl $\tilde{\nu}$ und erhält dann aus den Gln. (24) und (25)

$$\begin{aligned} \tilde{\nu} &= \frac{m_e e^4}{8\varepsilon_0^2 h^3 c}\left(\frac{1}{n^2} - \frac{1}{m^2}\right) \\ &= R_\infty\left(\frac{1}{n^2} - \frac{1}{m^2}\right). \end{aligned} \tag{26}$$

R_∞ ist die *Rydberg-Konstante* für unbewegten (unendlich schweren) Kern. Berücksichtigt man die Mitbewegung des Kerns, so erhält man für Wasserstoff

$$\tilde{\nu} = R_H\left(\frac{1}{n^2} - \frac{1}{m^2}\right) \tag{26a}$$

mit

$$\begin{aligned} R_H &= R_\infty\left(1 + \frac{m_e}{m_p}\right)^{-1} \\ &= \frac{m_e e^4}{8\varepsilon_0^2 h^3 c\left(1 + \dfrac{m_e}{m_p}\right)}. \end{aligned} \tag{27}$$

Betrachtet man alle Übergänge, die zum gleichen Endzustand n führen, so ist n konstant, und man erhält eine Serie von Spektrallinien. Insbesondere

erhält man für $n = 2$ und $m \geq 3$ die Balmer-Formel (19).

Versuchsausführung

Mit einem Gitter- oder Prismenspektrometer (vgl. O. 2.3 bzw. O. 3.2) bestimmt man die Wellenlängen der Balmer-Linien H_α ($m = 3$), H_β ($m = 4$) und H_γ ($m = 5$). Als Lichtquelle ist dazu eine wasserstoffgefüllte Geißler-Röhre zu verwenden. Man beobachtet dabei eine Vielzahl von Linien, die vom molekularen Wasserstoff herrühren, die Balmer-Linien unterscheiden sich davon durch größere Intensität.

Aus jeder der gemessenen Linien berechnet man nach Gl. (19) R_H, bildet den Mittelwert und berechnet daraus das Plancksche Wirkungsquantum, indem man Gl. (27) nach h auflöst.

7. Radiometrie

7.0. Allgemeine Grundlagen

Unter *Radiometrie* sollen der Nachweis und die Analyse der primären Korpuskular- und Quantenstrahlung bei der Atomkernumwandlung sowie die mit der Röntgendosimetrie verbundenen meßtechnischen Aufgaben verstanden werden.

7.0.1. Wechselwirkung von Strahlung und Stoff

Bei der Wechselwirkung dieser Strahlungen mit Stoffen werden physikalische, chemische und biologische Veränderungen beobachtet, die von der Strahlenart und vom bestrahlten Stoff abhängen. Hier interessieren solche primären und sekundären Prozesse, die in radiometrischen Detektoren ausgenutzt werden, und der biologische Einfluß der Strahlen insofern, als er zu erheblichen irreversiblen Schädigungen biologischer Objekte führen kann.

Deshalb müssen beim Umgang mit derartigen Strahlungsquellen die jeweiligen *Strahlenschutzvorschriften* streng beachtet werden. Die im Praktikum verwendeten Quellen unterliegen entweder wegen ihrer geringfügigen Strahlung keinen besonderen Bestimmungen oder sind so abge-

schirmt und nicht direkt zugänglich, daß sie keine Gefahr bilden, wenn die Arbeitsvorschriften exakt eingehalten werden.

Die Partikeln der α-*Strahlung* sind $^{4}_{2}$He-Kerne mit diskretem Energiespektrum bei einer vom jeweiligen Radionuklid abhängenden Energie zwischen 2 und 10,5 MeV. Sie werden bereits von dünnen Metall- und Kunststoffolien vollständig absorbiert.

Die β^{+}-(*Positronen*) und β^{-}-(*Elektronen-*)*Strahlungen* besitzen kontinuierliche Energiespektren mit einer von der Strahlungsquelle abhängenden Maximalenergie zwischen 18 keV und 5 MeV. Der β-Prozeß ist aus Gründen der Energie- und Impulserhaltung stets von einer Neutrinoemission begleitet. Die β-Strahlung ist in der Lage, dünne Folien (bis zum mm-Bereich) zu durchdringen.

Die γ-*Strahlung* ist eine elektromagnetische Wellenstrahlung bzw. eine Quanten- oder Photonenstrahlung, die nur in Verbindung mit einem α- oder β-Prozeß auftritt. Sie besitzt als Folge angeregter Kernniveaus eine diskrete, vom jeweiligen Radionuklid abhängende Energieverteilung im Bereich von 0,1 bis 3 MeV und durchdringt unter Umständen noch einige Dezimeter dicke Stoffe.

Röntgenstrahlung ist der γ-Strahlung wesensgleich, ihre Photonen sind i. a. energieärmer. Sie entsteht bei Übergängen der Hüllelektronen zwischen kernnahen Energieniveaus entweder als Folge einer Kernreaktion (E-Einfang) oder durch Beschuß der Stoffe mit Elektronen-, Ionen- und Quantenstrahlungen entsprechender Energie. Diese für den emittierenden Stoff »charakteristische« Röntgenstrahlung besitzt ein diskretes Energiespektrum im Gegensatz zur sogenannten »Bremsstrahlung«.

Im Ergebnis einer elektrostatischen Wechselwirkung mit der Elektronenhülle von Atomen gasförmiger, flüssiger oder fester Stoffe werden die zuvor genannten Strahlungen gestreut und (oder) absorbiert. Kernstöße oder Kernreaktionen sind unter gewöhnlichen Bedingungen selten.

Bei der Wechselwirkung mit Stoffen zerlegen die α- und β-Strahlen die von ihnen getroffenen Atome in ein Ladungsträgerpaar aus positivem Ion und Elektron (*direkte Ionisation*). In Stoffen mit molekularem Aufbau werden auch negative Ionen beobachtet. Durch jeden Stoß erleiden die

Partikeln der Strahlung einen Energieverlust von größenordnungsmäßig 10 eV, so daß bis zur Abbremsung auf thermische Energien eine große Anzahl von Stößen erforderlich ist. Die Zahl der Ladungsträgerpaare ist der Partikelenergie proportional und ermöglicht daher eine Energiebestimmung.

Die Quanten der elektromagnetischen Strahlung geben bei der Wechselwirkung mit Stoffen ihre gesamte Energie oder einen erheblichen Teil davon auf einmal ab. Da diese Wechselwirkungsprozesse im Vergleich zu den α- oder β-Stößen weniger wahrscheinlich sind (kleinerer »Wirkungsquerschnitt«), sind γ- und Röntgenstrahlen durchdringungsfähiger als Teilchenstrahlen. Bei der Wechselwirkung der Quanten mit Stoffen entstehen erst geladene Teilchen, die ihrerseits Ionenpaare erzeugen und so beispielsweise den Nachweis der γ-Quanten ermöglichen (*indirekte Ionisation*).

Bei γ-Strahlen werden drei Prozesse beobachtet:

Photoeffekt: Ein Quant (Photon) wird vollständig absorbiert und befreit ein Elektron, das die um die Ablösearbeit verminderte, aber dennoch große Energie des Photons besitzt. Der Wirkungsquerschnitt für γ-Quanten ist dabei $\sigma \sim Z^5$ (Z Kernladungszahl des Absorbers).

Compton-Effekt: Ein γ-Quant überträgt beim Stoß einen Teil seiner Energie an ein quasifreies Elektron. Dabei stellen sich eine typische, vom Streuwinkel abhängende Verteilung der Elektronen- und Photonenenergie und eine entsprechende richtungsabhängige Änderung der Wellenlänge der elektromagnetischen Strahlung ein. Der Wirkungsquerschnitt bei der Compton-Streuung ist $\sigma \sim Z$.

Paarbildung: Bei einer Quantenenergie $E_\gamma = h\nu$ > 1,02 MeV (h Plancksches Wirkungsquantum, ν Frequenz der Strahlung) können Elektron-Positron-Paare erzeugt werden, die ihrerseits ihre Umgebung ionisieren und dadurch ihre kinetische Energie verlieren. Das Positron zerstrahlt zusammen mit einem Elektron und bildet dabei zwei γ-Quanten zu je 0,5 MeV, die einen Photoeffekt auslösen können. Der Wirkungsquerschnitt bei der Paarbildung ist $\sigma \sim Z^2$. Ionisierende Strahlen können außerdem Hüllelektronen bestimmter Stoffe anregen und strahlende Übergänge erzeugen (Lumineszenz).

7.0.2. Strahlungsdetektoren

In radiometrischen Detektoren wird die Energie der Strahlung durch die zuvor behandelten Wechselwirkungen mit dem Detektormedium in Signale umgewandelt, die es ermöglichen, Partikeln und Photonen zu zählen, ihre Energie und die Energieverteilung zu bestimmen, die Partikelspuren und die räumliche Verteilung der Bahnen aufzunehmen sowie die Intensität der Strahlung zu messen.

In der folgenden Tabelle sind in der Labor- und Betriebsmeßtechnik gebräuchliche Detektoren und charakteristische Parameter aufgeführt, die ihre Einsatzgebiete vorwiegend bestimmen.

Zählrohr und *Ionisationskammer* sind mit einem Zylinderkondensator zu vergleichen, dessen Di-

Eigenschaften von Detektoren

Typ	Detektor-medium	Raum-auflösung	Energie-auflösung	Totzeit[1])	Arbeits-geschwindig-keit	Nachweis-bare Strahlenart
		mm	%	s	Ereignisse/s	
Ionisationskammer	gasförmig	—	—	—	—	α, β, γ
Proportionalzählrohr	gasförmig	1 … 10	1 … 10	10^{-6}	$\approx 10^5$	α, β
Auslösezählrohr	gasförmig	1 … 10	—	$10^{-4} … 10^{-3}$	$\approx 10^3$	α, β, γ
Halbleiterdetektor	fest	1 … 2	0,2 … 0,3	—	$\approx 10^6$	α, β, γ
Szintillationszähler	gasförmig flüssig fest	> 10	5 … 10	—	$\approx 10^8$	$\alpha, (\beta), \gamma$
Nebelkammer	gasf. + H_2O	1		> 10		α, β

[1]) Zeitspanne, während der ein Detektor nach Wahrnehmung eines Ereignisses nicht anspricht.

elektrikum vom Detektorgas gebildet wird und an dem eine Spannung (kV-Bereich) liegt. Der Gasdruck ist so bemessen, daß die mittlere freie Weglänge der Gasmolekeln klein gegenüber den Abmessungen des Detektors ist. Eine in das Detektorvolumen eindringende Strahlung ionisiert das Gas, die positiven Ionen und Elektronen wandern infolge der elektrischen Feldkraft in entgegengesetzte Richtungen zu den Elektroden entsprechenden Vorzeichens. Unterwegs rekombiniert ein Teil der Ladungspaare. Bei genügend hoher Spannung ist dies kaum noch möglich, so daß sich ein Sättigungsstrom I_s im Detektor einstellt, dessen Größe der Zahl der Ionenpaare proportional ist. Unter solchen Bedingungen arbeitet eine Ionisationskammer vorwiegend (vgl. Abb. O.7.0.1). Der Ionisationsstrom wird entweder über einen Gleichstromverstärker (vgl. E. 2.1) gemessen oder mit einem empfindlichen

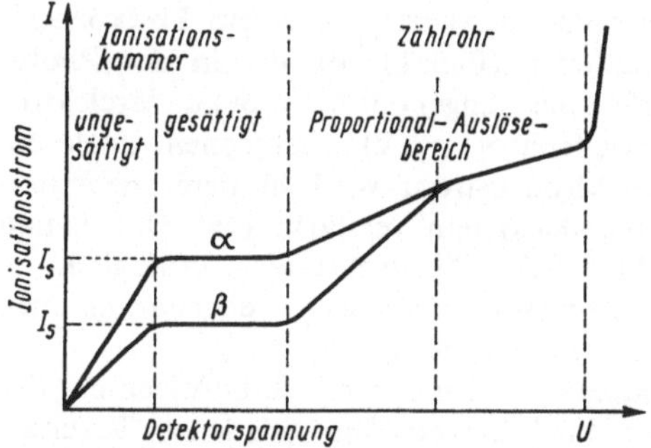

Abb. O.7.0.1. Arbeitsbereiche von Gas-Ionisationsdetektoren (schematisch)

Elektrometer (vgl. E. 1.4), das durch ihn entweder aufgeladen (Auflademethode) oder entladen (Entlademethode) wird (vgl. Abb. O.7.0.2). Die Ionisation des »Zählgases« und der Strom I in der Ionisationskammer sind der Intensität I^* (Dimension: Leistung/Fläche) der einfallenden Strahlung bzw. auch der Aktivität A der Strahlungsquelle (angegeben in Zerfällen/Zeit) direkt und der Auf- bzw. Entladezeit Δt des Elektrometers umgekehrt proportional:

$$I \sim I^* \sim A \sim \frac{1}{\Delta t} \qquad (1)$$

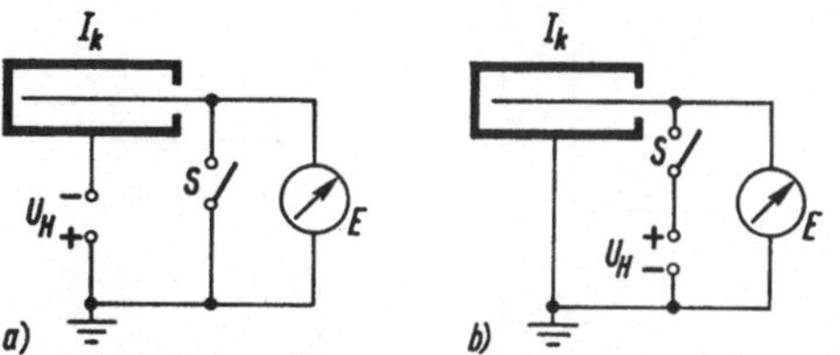

Abb. O.7.0.2. Schaltung von Ionisationskammer I_k und Elektrometer E (vgl. Abb. E.1.4.2).
a) Auflademethode; b) Entlademethode

Eine Erhöhung der Spannung der Ionisationskammer über den Sättigungsbereich hinaus (vgl. Abb. O.7.0.1) führt zu einer »Gasverstärkung«, indem die primär erzeugten Elektronen zwischen zwei Zusammenstößen so viel kinetische Energie gewinnen, daß sie ihre Stoßpartner ionisieren (*Stoßionisation*). In einem gewissen Spannungsbereich ist die Anzahl der sekundär durch Stoß erzeugten Ionen der Anzahl der Primärionen proportional. In diesem Bereich arbeiten *Proportionalzählrohre*. Wird eine für jede Anordnung und Gasfüllung charakteristische Spannung, die Geiger-Schwelle (vgl. Abb. O.7.0.3), überschrit-

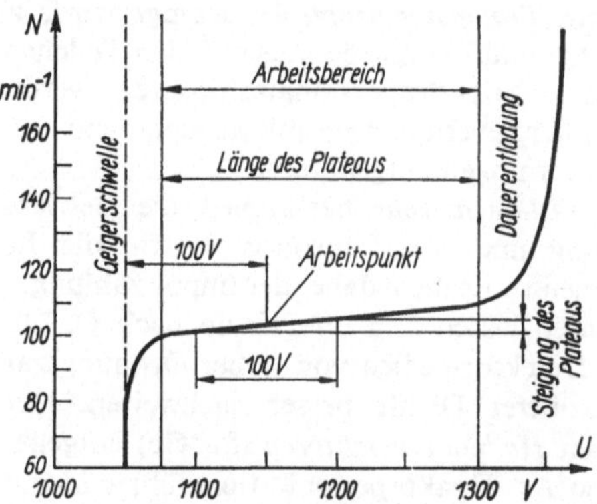

Abb. O.7.0.3. Zählrohrcharakteristik $N = f(U)$.
N: Impulsrate [vgl. Gl. (5)]; U: Zählrohrspannung

ten, wächst die Zahl der Ionen unabhängig von der Größe der primären Ionisation lawinenartig. Dadurch wird in der Schaltung von Abb. O.7.0.4 der Kondensator C aufgeladen, die Ladung aber über den Widerstand R abgeleitet. Durch diesen Strom sinkt die Klemmenspannung U unter den Wert der Geiger-Schwelle, wodurch die Ent-

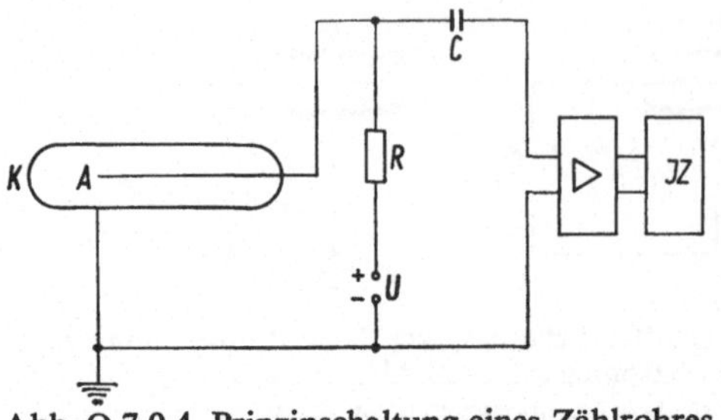

Abb. O.7.0.4. Prinzipschaltung eines Zählrohres.
K: Zählrohrmantel, als Kathode geschaltet; *A*: Zähldraht, als Anode geschaltet; *IZ*: Impulszähler

ladung gelöscht wird und ein zeitlich begrenzter Impuls entsteht (*Auslöse-* oder *Geiger-Müller-Zählrohr*).

Das Löschen kann statt durch einen hohen Widerstand *R* auch durch den Zusatz eines »Löschgases« (z. B. von Alkoholen) erreicht werden, dessen Moleküle die Energie der Ionen lediglich als Rotations- und Schwingungsenergie übernehmen und dadurch Dauerentladungen verhindern (*selbstlöschendes Zählrohr*).

Eine weitere Steigerung der Spannung bewirkt eine die Zählrohre gefährdende Dauerentladung.

Die Ladungsmenge, die durch ein Primärereignis in einem *Proportionalzählrohr* erzeugt wird, ist durch Art und Energie des auslösenden Teilchens bestimmt. Mit Proportionalzählrohren werden daher Energieverteilungen mit akzeptablem Auflösungsvermögen aufgenommen.

Beim *Auslösezählrohr* bestimmen die Betriebsspannung und die Zählrohrgeometrie die Ladungsmenge. Es dient daher der Impulszählung.

γ-Quanten lassen sich im Prinzip nach O. 7.0.1 durch Detektormedien von hoher Ordnungszahl und größerer Dichte besser nachweisen. Dem kommen *Halbleiterdetektoren* (Si, Ge) entgegen, die eine Art Festkörperionisationszähler kleinen Zählvolumens – und das ist ihr Nachteil – darstellen. Ein pn-Übergang ist in Sperrichtung geschaltet (die Spannung beträgt größenordnungsmäßig 50 V). Dadurch bildet sich im pn-Übergangsgebiet eine an Ladungsträgern verarmte Zone aus, die das empfindliche Detektorvolumen darstellt. Eine ionisierende Strahlung erzeugt auf ihrem Wege durch die »Zähldiode« Elektronen-Defektelektronen-Paare, die im p- und n-Gebiet rekombinieren, in der Grenzschicht getrennt werden und so einen Stromimpuls erzeugen. Seine

Höhe ist der Energie der ionisierenden Strahlen proportional. Das Energieauflösungsvermögen dieser Detektoren ist ausgezeichnet. Sie erfordern nur etwa 3 eV Ionisationsenergie/Ionenpaar, besitzen aber eine so große Eigenleitung, daß sie bei tiefen Temperaturen betrieben werden.

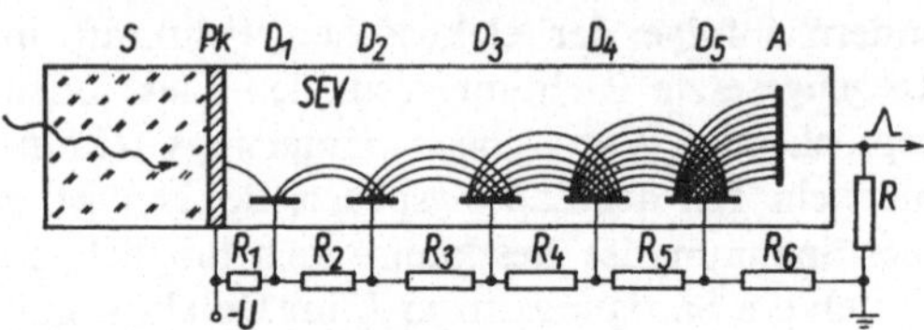

Abb. O.7.0.5. Szintillationszähler.
S: Szintillatorkristall; *PK*: Photokathode; *SEV*: Sekundärelektronenvervielfacher; $D_1, ..., D_5$: Dynoden; *A*: Anode; $R_1, ..., R_6$: Spannungsteiler

Abb. O.7.0.5 zeigt den prinzipiellen Aufbau eines *Szintillationszählers*. Die ionisierende Strahlung erzeugt in einem Gas, einer Flüssigkeit oder – wie hier vorausgesetzt – in einem Festkörper[1] Szintillationen (Lichtblitze), die in der Photokathode eines angekoppelten Sekundärelektronenvervielfachers (SEV) Elektronen auslösen. Der Elektronenstrom wird in dem mehrstufigen Dynodensystem verstärkt (vgl. O. 5.3 und Abb. O. 5.3.2). Die Anordnung ermöglicht je nach Betriebsbedingungen Teilchenzählungen oder Energiemessungen.

Nebelkammern dienen zur Sichtbarmachung der Bahnen hochenergetischer geladener Teilchen. Man nutzt dabei aus, daß die von den Teilchen erzeugten Ionen als Kondensationskerne bei der Bildung von Nebeltröpfchen aus übersättigten Dämpfen dienen können. Die Übersättigung kann durch adiabatische Expansion (*Wilson-kammer*) oder durch Diffusion erzeugt werden.

Abb. O.7.0.6 zeigt das Schema einer *Diffusions-nebelkammer*. In dem ringförmigen Flüssigkeitsbehälter befindet sich eine leicht verdampfende Flüssigkeit, z. B. Methanol, über der sich ein der Temperatur entsprechender Dampfdruck einstellt. Am gekühlten Boden kondensiert der Dampf, so daß dort der Gleichgewichtsdampfdruck sehr klein ist. Infolge des Konzentrations-

---

[1] Als Festkörperszintillatoren dienen beispielsweise mit Thallium ($<1\%$) aktivierte NaI-Kristalle, ein flüssiger Szintillator enthält beispielsweise p-Terphenyl.

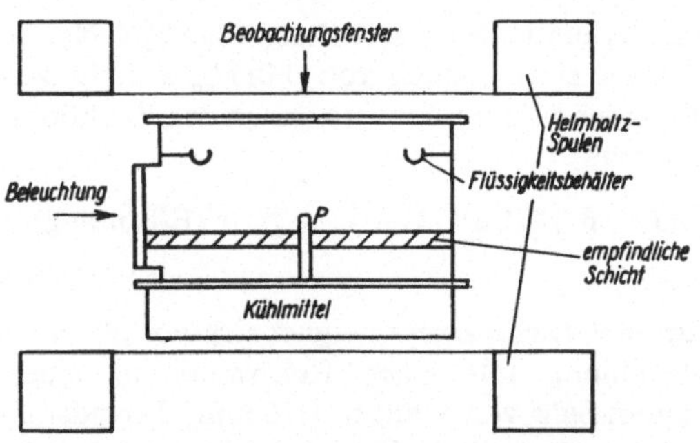

Abb. O.7.0.6. Schema der Diffusionsnebelkammer

gefälles diffundiert Dampf zum Boden. Dicht oberhalb des Bodens ist der durch Diffusion erzeugte Dampfdruck größer als der Gleichgewichtsdampfdruck. In dieser sog. empfindlichen Schicht tritt Übersättigung ein, wenn infolge fehlender Kondensationskerne keine Tröpfchenbildung erfolgen kann. Nach einer anfänglichen Selbstreinigungsphase wirken als Kondensationskerne die durch Kernstrahlung gebildeten Ionen. Die Alkoholtröpfchen erlauben es, die Spur der Kernstrahlung in der Kammer für eine gewisse Zeit zu verfolgen und ggf. auszumessen.

7.0.3. Gesetz der radioaktiven Umwandlung

Die radioaktive Umwandlung eines Nuklids (radioaktiver Zerfall) ist ein stochastischer Prozeß. Zur Zeit $t = 0$ sollen N_0^* Ausgangskerne einer Sorte vorhanden sein. Die Zahl N^* der zur Zeit t noch nicht umgewandelten Kerne ergibt sich aus dem Umwandlungsgesetz

$$N^* = N_0^* \, e^{-\lambda t}. \qquad (2)$$

Je größer die *Umwandlungskonstante* λ ist, um so mehr Umwandlungen ereignen sich in einem Zeitintervall und um so kleiner ist die *Halbwertszeit* T, d. h. die Zeit, in der sich die Hälfte der Ausgangskerne umgewandelt hat. Sie stellt ein für jedes Nuklid charakteristisches Maß der Radioaktivität dar. Die *Aktivität* ist als Anzahl der Umwandlungen je Zeit definiert:

$$A = -\frac{dN^*}{dt} = \lambda N^*. \qquad (2a)$$

Ihre *Einheit* ist das Becquerel[1]) (Bq) = 1 s^{-1}. Nach der Halbwertszeit T hat die Aktivität definitionsgemäß um die Hälfte abgenommen. Daher folgt

$$\frac{A_{1/2}}{A_0} = \frac{1}{2} = e^{-\lambda T}$$

und

$$\lambda = \frac{\ln 2}{T} = \frac{0{,}693}{T}. \qquad (2b)$$

7.1. Messungen mit dem Geiger-Müller-Zählrohr

Aufgaben: 1. Es ist die Charakteristik eines Geiger-Müller-Zählrohres aufzunehmen. Die Einsatz- und Arbeitsspannung sowie die Mindestplateaulänge und die Plateausteigung sind anzugeben. 2. Zur radiometrischen Kaliumbestimmung ist die Abgleichkurve eines Flüssigkeitszählrohres aufzustellen.

Die Meßergebnisse von Partikelzählungen werden als (zeitliche) *Impulsdichte* oder *Zählrate* N angegeben. Definitionsgemäß ist dies die auf die Meßzeit Δt bezogene Anzahl m der Impulse:

$$N = \frac{m}{\Delta t}. \qquad (3)$$

Ihre *Einheit* ist s^{-1} oder min^{-1}.
Der *Nulleffekt* $N' = m'/\Delta t'$ ist die Zählrate, die auch bei Abwesenheit des Meßobjektes beobachtet wird. Er wird durch die Höhenstrahlung und die natürliche radioaktive Verseuchung der Meßanordnung und der Umgebung verursacht und ist vom Meßergebnis abzuziehen.
In einem gewissen Bereich der Charakteristik (vgl. Abb. O.7.0.3), dem Arbeitsbereich oder *Plateau*, ist die Zählrate nahezu unabhängig von der Spannung. Die Plateaulänge soll bei guten Zählrohren etwa 200 V betragen und die Plateausteigung 5 % nicht überschreiten. Die Steigung wird für den *Arbeitspunkt* angegeben. Er liegt

---

[1]) Inkohärente Einheit Curie:

1 Ci = $3{,}7 \cdot 10^{10}$ Bq.

gewöhnlich 100 V über der Geiger-Schwelle oder 50 V über dem Anfang des Plateaus. Sind N die Impulsrate im Arbeitspunkt, N_1 und N_2 die Impulsraten bei um 50 V geringerer und höherer Spannung, so beträgt die vereinbarungsgemäß auf 100 V bezogene und daher in %/100 V angegebene *Steigung des Plateaus im Arbeitspunkt*

$$S = \frac{N_2 - N_1}{N} \cdot 100. \qquad (4)$$

Die Empfindlichkeit der Stabzählrohre nimmt nach dem Ende zu ab (Feldverzerrungen, Abdiffundieren von Ladungen aus dem aktiven Volumen). Ähnliche Erscheinungen treten auch in den Randpartien von Stirnfenster- oder Glockenzählrohren auf. Die Längs- und Querempfindlichkeit der Zählrohre lassen sich durch Abtasten mit einem scharf ausgeblendeten Strahl nachweisen.

Fehlerquellen bei Zählrohrmessungen sind:
a) Absorption der Strahlung im Präparat und im Zählrohrmantel,
b) Rückstreuung der Strahlen am Präparatträger,
c) Koinzidenzfehler: Ein Quant oder Teilchen kann mit einem anderen koinzidieren oder in die durch den vorangegangenen Zählvorgang verursachte »Totzeit« des Zählrohres fallen.
d) Verteilungsfehler infolge zeitlich schwankender Intensität der Strahlung und des »Hintergrundes« (Nulleffekt).

Verteilungsfehler
Die Grenzen, innerhalb derer der Mittelwert einer Meßreihe mit einer Wahrscheinlichkeit von 68,26% anzunehmen ist, sind durch den *mittleren Fehler*

$$\delta = \pm \sqrt{m} = \pm \sqrt{N\Delta t} \qquad (5)$$

festgelegt. Meist wird bei Zählrohrmessungen der in Prozent angegebene mittlere relative Fehler

$$\delta_{rel} = \pm \frac{\delta \cdot 100}{m} \% = \pm \frac{100}{\sqrt{m}} \% = \pm \frac{100}{\sqrt{N\Delta t}} \% \qquad (6)$$

benutzt. Bei kleiner Impulsdichte ist daher im Interesse eines möglichst kleinen Fehlers die Meßzeit groß zu wählen. Der Gesamtfehler einer Zählrate N beträgt

$$\delta_N = \pm \sqrt{\frac{m}{\Delta t^2} + \frac{m'}{\Delta t'^2}}. \qquad (7)$$

Darin sind $m(m')$ die Anzahl der in der Zeit Δt ($\Delta t'$) gemessen (Nulleffekt-)Impulse. Der Nulleffekt soll möglichst klein und hinreichend genau bekannt sein.

Die *Isotopenzusammensetzung des Kaliums* und seiner Verbindungen ist konstant und unabhängig von Herkunft oder Darstellung. Das $^{40}_{19}$K-Nuklid tritt mit einem Anteil von 0,011% auf. Es zerfällt unter β- und γ-Emission nach den Reaktionsschemata

$$^{40}_{19}K(-,\beta^-)\,^{40}_{29}Ca; \quad ^{40}_{19}K(e,\gamma)\,^{40}_{18}Ar \text{ (E-Einfang).} \qquad (8)$$

Für analytische Zwecke eignet sich vor allem die β-Strahlung mit einer Reichweite in einem Kalium-Salz von einigen 1/10 mm. Fremdstoffzusätze stören die K-Gehaltsbestimmung in feingepulvertem Material nicht, in Flüssigkeiten nur, wenn durch den Zusatz die Dichte der Flüssigkeit merklich geändert wird. Der Gehalt ist der Impulsrate proportional.

Versuchsausführung

Nach einem Vorversuch, bei dem wir uns mit der Arbeitsweise der Meßapparatur vertraut machen, legen wir nach Gl. (6) bzw. (7) den relativen Fehler fest, der bei jeder Einzelmessung nicht überschritten werden soll [Beachte: Die Fehler der Gln. (5) bis (7) beziehen sich auf die Impulszahl m]. Der Fehler sollte so bemessen werden, daß die Meßzeit je Meßpunkt tragbar ist. Es wird daher empfohlen, mit einer entsprechenden »Impulsvorwahl« zu arbeiten und die zugehörige Meßzeit zu stoppen.

Für *Aufgabe 1* benutzen wir einen Uranglaswürfel als Präparat. Von der Geiger-Schwelle an wird die Spannung am Zählrohr in Schritten von etwa 10 zu 10 V, im Bereich des Plateaus um jeweils 20 V verändert und bei jeder Spannung mehrmals die Impulsrate bestimmt. Dauerentladungen müssen vermieden werden. Wir begnügen uns daher mit der Angabe der Mindestplateaulänge.

Bei *Aufgabe 2* gehen wir von einer bei Zimmertemperatur gesättigten Lösung bekannter Konzentration eines Kaliumsalzes aus, von der wir eine Verdünnungsreihe (etwa 5 Verdünnungsgrade) herstellen. Der Nulleffekt wird bei dem mit destilliertem Wasser gefüllten, zuvor gründlich gesäuberten Flüssigkeitszählrohr gemessen. Bei allen Messungen ist es von einer Bleiabschirmkammer zu umgeben. Die Messungen beginnen wir mit der Lösung geringster Konzentration. In der Abgleichkurve (Zählrate als Funktion der Konzentration) werden die um den Nulleffekt verminderten Impulsraten dargestellt.

7.2. Schwächung von γ-Strahlung

Aufgaben: 1. Die Charakteristik eines Szintillationszählers für γ-Strahlung ist aufzunehmen und die Arbeitsspannung zu ermitteln. 2. Die Schwächungskoeffizienten und Halbwertsdicken von verschiedenen Metallen sind für monoenergetische γ-Strahlung zu bestimmen.

Die Spannungscharakteristik eines Szintillationszählers (vgl. O.7.0.2) wird analog zu der des Geiger-Müller-Zählrohres bestimmt. Bei niedrigen Spannungen ist die Verstärkung des Sekundärelektronenvervielfachers (SEV) gering, so daß nur starke Lichtblitze zu Stromimpulsen führen, die den Impulsverstärker und die elektronische Zähleinrichtung zum Ansprechen bringen. Erst im Bereich eines Plateaus wird die Impulsrate nahezu spannungsunabhängig. Bei hohen Spannungen führen auch die durch Temperatureffekte in der Photokathode oder in den Dynoden des SEV ausgelösten einzelnen Elektronen zu zählbaren Impulsen. Dieses thermische Rauschen (Dunkelstrom) begrenzt die Einsetzbarkeit des SEV. Für den konkreten Verlauf der Charakteristik sind Strahler, Szintillator, SEV und Verstärker bestimmend. Wegen der relativ schwachen Wechselwirkung von γ-Strahlung (vgl. O.7.0.1) mit Substanzen muß als Szintillator ein Festkörper gewählt werden, der hinreichend schwere Atome enthält und andererseits die entstehenden Lichtblitze zur Kathode des optisch gut angekoppelten SEV leitet.

Beim Durchgang durch feste, flüssige und in geringerem Maße auch gasförmige Stoffe erleiden γ- und die ihnen wesensgleichen Röntgenstrahlen eine *Schwächung*. Wenn I_0^* die Intensität einer einfallenden (monochromatischen) γ-Strahlung ist, wird nach dem Durchdringen einer Schicht der Dicke d die Intensität[1])

$$I^* = I_0^* \, e^{-\mu d} \tag{9}$$

festgestellt. μ ist der material- und wellenlängenabhängige lineare *Schwächungskoeffizient*. Das Schwächungsgesetz Gl. (9) gilt näherungsweise

---

[1]) Neuerdings durch den gleich dimensionierten Begriff Strahlungsflußdichte (Leistung/Fläche) ersetzt. Für die Durchführung des Versuchs kann auch jede andere intensitätsproportionale Größe, z. B. die Impulsrate (Impulse/Zeit), verwendet werden.

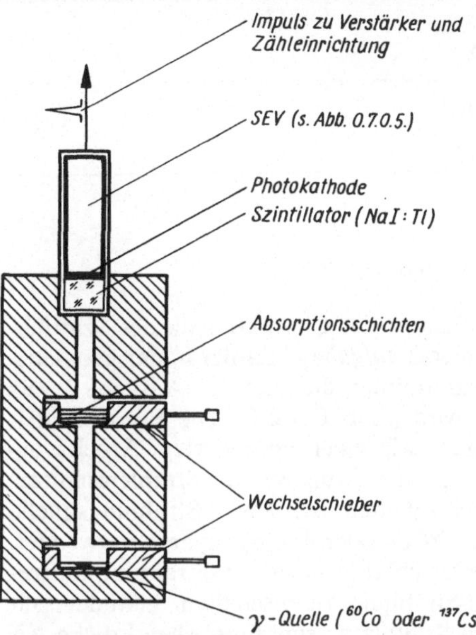

Abb. O.7.2.1. Versuchsaufbau für γ-Absorptionsmessungen in Abschirmkammer (Blei)

auch für β-Strahlen. Aus ihm folgt nach Logarithmieren eine Bestimmungsgleichung für den linearen Schwächungskoeffizienten:

$$\ln \frac{I^*}{I_0^*} = -\mu d; \tag{10}$$

$$\mu = -\frac{1}{d} \ln \frac{I^*}{I_0^*}. \tag{11}$$

Die *Einheit* ist $[\mu] = 1 \text{ cm}^{-1}$. Der *Massenschwächungskoeffizient* μ/ϱ eines Stoffes (ϱ ist seine Dichte) hat die *Einheit* cm^2/g und ist im Gegensatz zum linearen Schwächungskoeffizienten vom chemischen und physikalischen Zustand des Materials unabhängig.

Die Schwächung der γ-Strahlung wird durch Photoeffekt, Comptoneffekt und ggf. durch Paarbildung hervorgerufen, wobei jeder dieser Effekte von der Ordnungszahl Z, der relativen Atommasse A des Absorbers und der γ-Energie abhängt (vgl. O.7.0.2).

Unter der *Halbwertsdicke d'* wird definitionsgemäß die Materialstärke verstanden, die die Intensität I^* auf die Hälfte herabsetzt.

Dafür erhalten wir aus Gl. (9)

$$I^*(d') = \frac{I_0^*}{2} = I_0^* \, e^{-\mu d'}, \tag{12}$$

woraus

$$d = \frac{\ln 2}{\mu} \qquad (13)$$

folgt.

Versuchsdurchführung

Die Aufnahme der Charakteristik des Szintillationszählers (*Aufgabe 1*) erfolgt in der geometrischen Anordnung, die auch für Aufgabe 2 verwendet wird (Abb. O.7.2.1). Die Betriebsdaten entnehmen wir einer gesonderten Arbeitsvorschrift, die aus Gründen des Strahlenschutzes genau einzuhalten ist. Als γ-Strahlungsquelle wird ein ^{60}Co- oder ^{137}Cs-Präparat verwendet. Um die gleichzeitig mit der γ-Strahlung auftretende β-Strahlung auszuschalten, befindet sich vor dem Szintillator eine hinreichend dicke Al-Absorberschicht. Die Beschleunigungsspannung U für den SEV wird in Schritten von 50 V erhöht. Nach jeder Änderung von U ist zur Einstellung stabiler Meßbedingungen ca. drei Minuten zu warten, bevor die Impulsrate $N = \dfrac{m}{\Delta t}$ bestimmt wird. Zu jedem eingestellten Spannungswert ermitteln wir auch den Nulleffekt N'. Um das Plateau besser zu erkennen, stellen wir die Differenz $N - N'$ als Funktion der Spannung auf einfach-logarithmischem Papier dar, wobei U auf der linear geteilten Achse aufgetragen wird. Die Spannung darf nicht über die in der Arbeitsanleitung genannte Größe hinaus erhöht werden, um eine Zerstörung des SEV zu vermeiden.

Bei der *Aufgabe 2* bestimmen wir zuerst den Nulleffekt zur gewählten Arbeitsspannung im Bereich des Plateaus und die Impulsrate $N_0 - N'$ ohne zusätzliche Absorptionsschicht. Anschließend wird für verschiedene Materialien recht unterschiedlicher Ordnungszahl Z (z. B. Al, Fe, Pb) die Abhängigkeit der korrigierten Impulsrate $N - N'$ von der Schichtdicke d ermittelt. Zur Bestimmung von μ nutzen wir die graphische Darstellung der Gl. (9) auf einfach-logarithmischem Papier. Für die Intensitäten tragen wir die $(N - N')$-Werte auf der logarithmisch geteilten Achse auf. Aus dem so linearisierten Verlauf wird mit Gl. (11) der lineare Schwächungskoeffizient bestimmt. Die Halbwertsdicke ergibt sich aus Gl. (13).

7.3. Aktivierungsanalyse

Aufgaben: 1. Halbwertszeit und Zerfallskonstante der β-Umwandlung von neutronenaktiviertem, in Kaliumiodid gebundenem Iod-128 sind zu ermitteln.

2. Die Konzentration des Silbers in einer silberhaltigen Probe soll mittels Neutronenaktivierungsanalyse bestimmt werden.

Die *Aktivierungsanalyse* nutzt die künstliche Radioaktivität entsprechender Nuklide aus. Da sich die Radionuklide durch Art, Energie und Halbwertszeit ihrer Strahlung unterscheiden, sind eine qualitative Analyse und wegen der Proportionalität von Aktivität und Nuklidkonzentration auch eine quantitative Analyse möglich. Die Nachweisgrenzen liegen zwischen 10^{-7} und 10^{-9} g und reichen bei einigen Elementen bis herunter zu 10^{-10} und 10^{-15} g. Eine Aktivierungsanalyse setzt konstante Isotopenverhältnisse der Elemente und ihrer Verbindungen voraus.

Neutronenaktivierung: Die Neutronenaktivierung beruht auf einem (n, γ)-Prozeß. Dies ist eine Neutroneneinfangreaktion, durch welche die betreffenden Atomkerne hoch angeregt werden und dann durch Emission von γ-Quanten in den Grundzustand übergehen. Durch Neutroneneinfang entstehen Isotope mit einer um Eins größeren Massezahl. Sie sind häufig β^--aktiv, so daß Elemente mit der nächst höheren Ordnungszahl entstehen. Demnach gehorchen die Umwandlungen folgender Gleichung:

$$^{A*}_{Z}X(n, \gamma)^{A*+1}_{Z}X \rightarrow {}^{A*+1}_{Z+1}Y + {}^{0}_{-1}e \qquad (14)$$

(X, Y Nuklidsymbole, A^* Nukleonenzahl, Z Kernladungszahl, n Neutron, e Elektron). Reaktionen und Daten unseres Versuchsmaterials sind:

$$^{107}_{47}\text{Ag}(n, \gamma)\ ^{108}_{47}\text{Ag}\ \xrightarrow[2,4\,\text{min}]{\beta^-}\ ^{108}_{48}\text{Cd}$$

Ag-107: Isotopenhäufigkeit 51,35%,

$$^{109}_{47}\text{Ag}(n, \gamma)\ ^{110}_{47}\text{Ag}\ \xrightarrow[24\,\text{s}]{\beta^-}\ ^{110}_{48}\text{Cd}$$

Ag-109: Isotopenhäufigkeit 48,65%

$$^{127}_{53}\text{I}(n, \gamma)\ ^{128}_{53}\text{I}\ \xrightarrow[?]{\beta^-}\ ^{128}_{54}\text{Xe}$$

Eine Probe mit N^* Kernen des Nuklids $^{A*}_{Z}X$ werde während einer Bestrahlungs- oder Akti-

vierungszeit t_B einem Neutronenfluß Φ (angegeben in Anzahl der Neutronen je Fläche und Zeit) ausgesetzt. Nach der Bestrahlung wird eine von den aktivierten Nukliden ausgehende *Aktivität* [vgl. Gl. (2a)]

$$A(t_B) = \Phi\sigma N^*(1 - e^{-\lambda t_B}) \tag{15}$$

beobachtet. Dabei sind σ der Wirkungsquerschnitt des Ausgangsnuklids für Neutronen und λ die Zerfallskonstante der aktivierten Kerne. Nach einer unendlichen Aktivierungszeit $(t_B \to \infty)$ wird nach Gl. (15) eine *Sättigungsaktivität*

$$A_0 = \Phi\sigma N^* \tag{16}$$

erwartet. Im Verlauf einer Bestrahlungszeit von $t_B = 5T$ (T = Halbwertszeit) erreicht die Aktivität bereits 97 % des Endwertes A_0.

Die Proben werden meist im Neutronenstrom von Kernreaktoren aktiviert. Als kleine, im Prinzip transportable *Neutronenquelle* kann die Berylliumreaktion

$$^{9}_{4}\mathrm{Be} + {}^{4}_{2}\alpha \to {}^{12}_{6}\mathrm{C} + \mathrm{n} + 5{,}76\,\mathrm{MeV} \tag{17}$$

dienen, bei der Neutronen einer Energie bis zu 10 MeV entstehen. Beryllium wird mit α-Strahlen beschossen, die beispielsweise aus dem Zerfall eines $^{239}_{94}$Pu-Präparates (Halbwertszeit: 24410a) stammen.

Bei der Aktivierung ist der Wirkungsquerschnitt σ der schnellen Neutronen im Vergleich zu thermischen Neutronen (Energie: etwa 0,025 eV, entsprechend einer thermischen Geschwindigkeit von etwa 2200 m/s) im allgemeinen gering. Deshalb werden überthermische Neutronen durch Stoß mit möglichst massegleichen Partikeln (z. B. mit H-Atomen in Paraffin) zunächst abgebremst (moderiert). Dies ist schematisch in Abb. O.7.3.1. dargestellt. Die Wirkungsquer-

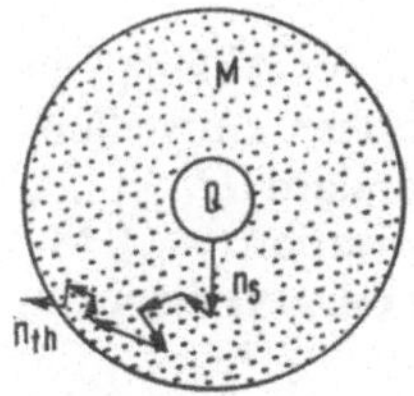

Abb. O.7.3.1. Abbremsung schneller Neutronen (schematisch).

Q: Pu-Be-Neutronenquelle; M: Moderator (Paraffin); n_s: schnelles Neutron; n_{th}: thermisches Neutron

schnitte der Nuklide unsere Proben sind für diese abgebremsten thermischen oder epithermischen Neutronen: $\sigma_{\mathrm{Ag\text{-}107}} = 4\,500\ \mathrm{fm}^2$, $\sigma_{\mathrm{Ag\text{-}109}} = 11\,300\ \mathrm{fm}^2$.

Versuchsanordnung und Meßprinzip: Ein für Aktivierungsanalysen geeigneter Meßplatz ist im Prinzip wie folgt aufgebaut (Abb. O.7.3.2): Die Signale

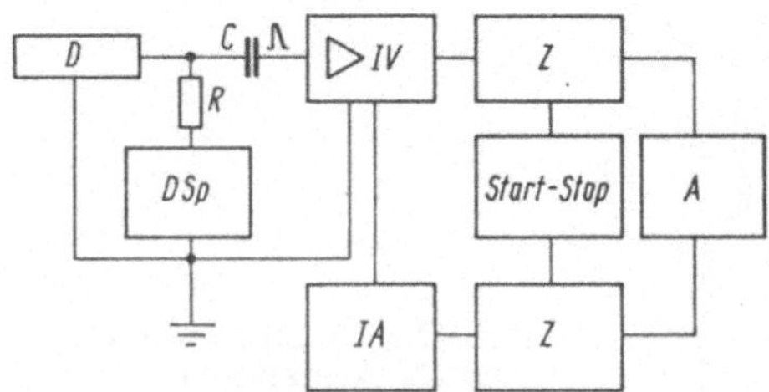

Abb. O.7.3.2. Blockschaltbild (vereinfacht) eines Aktivitätsmeßplatzes.

D: Detektor; DSp: Detektorspannung; IV: Impulsformer und Impulsverstärker; IA: Impulshöhenanalysator; Z: Zählwerk; A: Anzeige/Registrierung

eines Detektors D werden in einem Impulsverstärker IV geformt und verstärkt. In weiteren Stufen werden die über dem Störpegel liegenden Signale gezählt (Z) und registriert (A). Die Energieverteilung wird mit einem Impulshöhenanalysator (IA) ermittelt: Die Impulse eines geeigneten Detektors (vgl. O.7.0.2) werden nach ihrer Höhe (Energie) sortiert und diejenigen in jeweils einen „Kanal" eingespeist, die zu einem bestimmten Energieintervall gehören. Das gesamte Spektrum wird auf einem Bildschirm sichtbar.

Im Versuch nutzen wir die β-Strahlung der aktivierten Stoffe aus und beschränken uns auf eine Impulszählung. Dabei wird ein Glockenzählrohr vom Geiger-Müller-Typ (Abb. O.7.3.3) verwendet, das in eine Abschirmkammer eingebaut ist. Es besitzt ein dünnes Glimmerfenster, in dem die β-Strahlen nur geringe Energieverluste erfahren. Die so ermittelte Impulsrate N ist wesentlich kleiner als die β-Aktivität A des Präparates, weil wir mit dem Zählrohr nur einen Ausschnitt aus dem Strahlungsfeld erfassen. Um diesen sog. Geometriefaktor und weitere präparat- und detektorabhängige Einflußfaktoren zu eliminieren, wird eine Relativmessung der β-Aktivität vorgenommen. Dabei gehen wir von der nicht immer leicht zu erfüllenden Proportionalität von gemessener Im-

pulsrate N, Aktivität A und Konzentration c aus:

$$N \sim A \sim c. \qquad (18)$$

Die Proportionalität zur Konzentration folgt aus Gl. (16). Wir vergleichen nun die Impulsrate N_x des Präparates unbekannter Konzentration c_x

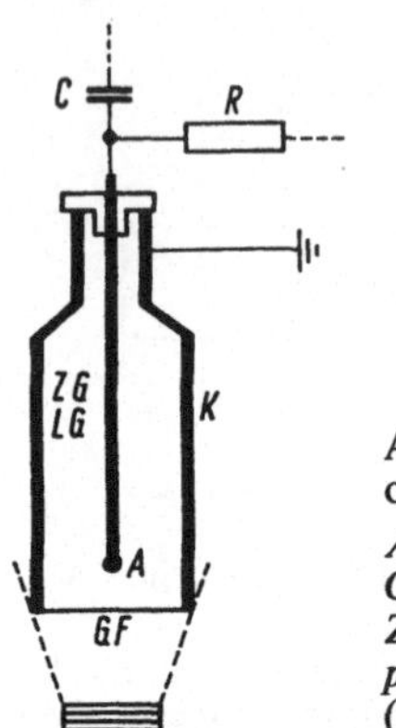

Abb. O.7.3.3. Stirnfenster- oder Glockenzählrohr.

A: Anode; K: Kathode; GF: Glimmerfenster; ZG: Zählgas (Argon, $p = 13$ kPa); LG: Löschgas (Alkohol, $p = 1{,}3$ kPa)

mit der Zählrate N_{St} eines unter gleichen Bedingungen aktivierten und gemessenen Standardpräparates bekannter Konzentration c_{St}. Es folgt mit (18)

$$N_x/N_{St} = c_x/c_{St}. \qquad (19)$$

Versuchsausführung

In einem Vorversuch legen wir den Arbeitspunkt des Zählrohres fest. Der Wert wird der Betriebsanleitung entnommen oder experimentell ermittelt, indem die Zählrohrcharakteristik aufgenommen wird (vgl. Abb. O.7.0.3). Für diese Messungen steht ein β-Präparat zur Verfügung, dessen Aktivität sich über die Meßzeit praktisch nicht verändert (große Halbwertszeit). Es wird von der Praktikumsaufsicht in die Abschirmkammer eingesetzt und später wieder entfernt. Da Dauerentladungen das Zählrohr zerstören, darf die Zählrohrspannung nicht über das Plateauende hinaus erhöht werden. Vor jedem weiterführenden Versuch wird die Impulsrate N' des Nulleffektes ermittelt. Bei *Aufgabe 1* erfolgt diese Messung wegen der β-Aktivität des $^{40}_{19}$K an einem nicht aktivierten KI-Präparat, bei *Aufgabe 2* mit leerer Meßkammer. In beiden Fällen wird ein statistischer Fehler $\delta_{rel} < 10\%$ angestrebt. Die nach Gl. (6) notwendigen Meßzeiten werden ge-

nannt. Es gilt

$$N' = m'/\Delta t'. \qquad (20)$$

In dem Augenblick, da die Praktikumsaufsicht die für die *Aufgaben 1 und 2* bestimmten Präparate aus dem Neutronenstrom entfernt, wird die automatische Registriereinrichtung in Betrieb genommen. Beim Einlegen der Präparate in die Meßkammer darf das Glimmerfenster nicht berührt werden (Zerstörungsgefahr). Um für die Abklingkurven hinreichend viele Meßpunkte zu erhalten, sind die Zählraten wegen der geringen Halbwertszeiten in möglichst kurzen Zeitabständen zu ermitteln. Die Meßzeit $\Delta t''$ einer Einzelmessung wird gegeben. Die Zählrate

$$N'' = m''/\Delta t'' \qquad (21)$$

stellt dann einen über das Zeitintervall $\Delta t''$ gemittelten Wert dar. Die jeweilige effektive, den Nulleffekt berücksichtigende Impulsrate folgt aus

$$N = N'' - N' = m''/\Delta t'' - m'/\Delta t'. \qquad (22)$$

Auf einfach-logarithmisch geteiltem Koordinatenpapier zeichnen wir die Abklingkurven, die nach Gl. (2) Geraden sein sollten.

Bei *Aufgabe 1* verfolgen wir das Abklingen etwa 45 Minuten lang und entnehmen der Darstellung die Halbwertszeit $T_{\text{I-128}}$ (Fehler angeben), mit der wir nach Gl. (2 b) die Zerfallskonstante $\lambda_{\text{I-128}}$ berechnen.

Die erste Messung der *Aufgabe 2* beginnen wir erst, nachdem die Aktivität des 110-Ag abgeklungen ist ($t > 2$ min). Danach ist mit einem Abklingen der Aktivität nach

$$A(t) \approx A_{0\text{Ag-108}}\, e^{-0{,}289\, t/\text{min}}$$

und der Zählrate mit

$$N(t) = N_0\, e^{-0{,}289\, t/\text{min}} \qquad (23)$$

zu rechnen. Die Extrapolation der Abklingkurven in der einfach-logarithmischen Darstellung auf $t = 0$ ergibt N_0 für die Standard- (N_{0St}) und die Probe unbekannter Konzentration (N_{0x}). Mit diesen Daten erhalten wir aus Gl. (19) die unbekannte Konzentration

$$c_x = (N_{0x}/N_{0St})\, c_{St}, \qquad (24)$$

c_{St} wird gegeben. Als Meßdauer einer jeden Probe wird 12 min $< t <$ 15 min empfohlen.

7.4. Gammaspektrometrie

Aufgaben: 1. Mit γ-Strahlern unterschiedlicher Quantenenergie wird ein γ-Spektrometer kalibriert und sein Energieauflösungsvermögen bestimmt.

2. Mit diesem Spektrometer ist das Impulshöhenspektrum eines γ-Strahlers aufzunehmen. Das Spektrum ist zu interpretieren.

Ein γ-Spektrometer erlaubt es, den quantitativen Zusammenhang zwischen Intensität und Energie von γ-Stahlung zu messen. Schematisch ist ein solches Spektrometer in Abb. O.7.3.2 skizziert. Im Impulshöhenanalysator werden die Spannungsimpulse fein unterteilten Spannungsbereichen (Kanälen, Speichern) zugeordnet. Die Darstellung der in jedem Kanal gezählten Impulse über der Spannungshöhe bezeichnet man als *Impulshöhen-* oder *Energiespektrum.* Zur Interpretation dieses Spektrums muß man sich mit der Wechselwirkung der γ-Strahlung mit den Atomen im Detektor, in der umgebenden bzw. durchstrahlten Materie vertraut machen (vgl. O.7.0.1).

Verwendet man einen Szintillationszähler (vgl. O.7.0.2), so ist als markanteste Wechselwirkung der *Photoeffekt* zu betrachten. Ein γ-Quant wird von einem Atom vollständig absorbiert und ein gebundenes Elektron aus der Elektronenhülle herausgeschlagen, das die um die Ablösearbeit verminderte Energie E_γ des Quants übernimmt. Dieses Elektron wird im Szintillator unter Erzeugung von Lumineszenzlicht abgebremst. Auch durch die Sekundärstrahlung (meist Röntgenstrahlung) des bei der Absorption des γ-Quants angeregten Atoms entsteht Lumineszenzlicht. Das gesamte Licht wird möglichst vollständig auf die Photokathode des Sekundärelektronenvervielfachers (SEV) geleitet. Dort werden durch äußeren Photoeffekt Elektronen ausgelöst. Der am Ausgang des SEV beobachtbare Spannungsimpuls besitzt eine Höhe, die der Energie E_γ des ursprünglichen γ-Quants proportional ist. Aufgrund der statistischen Prozesse im Szintillator und im SEV besitzen die Impulshöhen eine gewisse Verteilung.

Der sich ausbildende *Photo-* oder *Vollenergiepeak* besitzt nahezu die Form einer Gaußschen Glockenkurve. Das Maximum U_γ dieses Peaks wird der Energie E_γ des γ-Quants zugeordnet.

Stehen mehrere γ-Strahler mit bekannten Quantenenergien zur Verfügung, kann man die energetische Linearität des γ-Spektrometers überprüfen. Das *Energieauflösungsvermögen* R des Spektrometers ist definiert durch

$$R = \frac{\Delta_{1/2}E}{E_\gamma}\,100\% = \frac{\Delta_{1/2}U}{U_\gamma}\,100\%. \tag{25}$$

$\Delta_{1/2}E$ bzw. $\Delta_{1/2}U$ stellt die Halbwertsbreite des Photopeaks dar. Für ein Szintillationsspektrometer wird $R < 10\%$ erwartet. Das Energieauflösungsvermögen von Halbleiterdetektoren (vgl. O.7.0.2) ist wesentlich besser.

Eine weitere Wechselwirkung der γ-Strahlung mit Materie ist die *Comptonstreuung.* Dabei überträgt das Quant nur einen Teil seiner Energie auf ein locker gebundenes oder freies Elektron und erfährt eine Richtungsänderung (Abb. O.7.4.1).

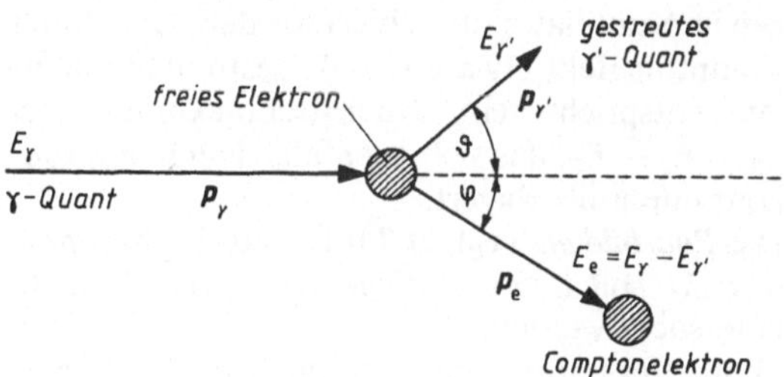

Abb. O.7.4.1. Comptoneffekt als Stoß zwischen γ-Quant und freiem Elektron

Relativistischer Energie- und Impulserhaltungssatz liefern für die Energie $E_{\gamma'}$ des gestreuten γ'-Quants und die kinetische Energie E_e des Comptonelektrons

$$E_{\gamma'} = \frac{E_\gamma}{1 + \varepsilon\,(1 - \cos\vartheta)}, \tag{26}$$

$$E_e = E_\gamma\,\frac{\varepsilon\,(1 - \cos\vartheta)}{1 + \varepsilon\,(1 - \cos\vartheta)} \tag{27}$$

mit $\varepsilon = E_\gamma/(m_e c_0^2)$. Dabei ist m_e die Masse eines Elektrons und c_0 die Vakuumlichtgeschwindigkeit.

Die γ'-Quanten besitzen Streuwinkel im Bereich $0 \leq \vartheta \leq 180°$ und können, wenn die Streuung im Szintillator erfolgt, diesen z. T. verlassen. Die Comptonelektronen geben in jedem Fall ihre

Energie an den Szintillator ab. Wegen der möglichen Streuwinkel ϑ besitzen sie eine kontinuierliche Energieverteilung nach Gl. (27) von $E_e = 0$ für $\vartheta = 0$ bis zu einer maximalen Energie $(E_e)_{max} = E_C$ für $\vartheta = 180°$ mit

$$E_C = \frac{2\varepsilon E_\gamma}{1 + 2\varepsilon}. \tag{28}$$

Im Energiespektrum der Comptonelektronen, das gemeinsam mit dem Photopeak am Ausgang des SEV in Erscheinung tritt, ist diese maximale Energie E_C als *Comptonkante* zu beobachten. Das sich zu niedrigeren Energien anschließende *Comptonkontinuum* überdeckt vielfach die Photopeaks energieärmerer Strahler. Bei einer Versuchsanordnung, wie sie in Abb. O.7.2.1 dargestellt ist, muß man auch die Comptonstreuung in den Wänden der Abschirmung beachten. Die von dort in den Detektor gestreuten γ-Quanten können im Szintillator absorbiert werden. Den durch Comptoneffekt etwa um 180° gestreuten Quanten entspricht ein Rückstreumaximum bei $E_R = E_\gamma - E_C$, das sich ebenfalls dem Comptonkontinuum überlagert.

Die *Paarbildung* (vgl. O.7.0.1) und der *Kernphotoeffekt* sollen im vorliegenden Versuch nicht untersucht werden.

Photoeffekt tritt nicht nur im Szintillator auf, sondern auch in den Materialien der Strahlerumgebung. Die herausgeschlagenen Elektronen stammen zu 80% aus der jeweiligen K-Schale. Die entstandene Lücke wird durch ein Elektron aus einer höheren Schale aufgefüllt. Die freiwerdende Energie kann als *Röntgenfluoreszenzstrahlung* emittiert werden und im Spektrum einen entsprechenden Peak hervorrufen (z. B. $Pb - K_\alpha$-Strahlung mit 0.074 MeV).

Versuchsausführung

In einem Vorversuch ist der Arbeitspunkt des SEV (vgl. O.7.0.2 und O.7.3) festzulegen. Für diese Messungen wird ein γ-Strahler mit genügend großer Halbwertszeit benutzt; als Meßapparatur dient z. B. die in Abb. O.7.2.1 skizzierte Anordnung. Zur Kalibrierung (*Aufgabe 1*) werden ein 137-Cs-Präparat (Halbwertszeit 27 a)

und ein 60-Co-Präparat (Halbwertszeit 5,24 a) benutzt. Die Umwandlungsschemas sind in Abb. O.7.4.2 dargestellt. Zu erkennen ist, daß die jeweils zu beobachtende diskrete γ-Strahlung die Folge einer vorangehenden β^--Umwandlung ist. Für die Untersuchung der Photopeaks sind die Einstellungen am Meßplatz einschließlich der Meßdauer aus der Betriebsanleitung zu entnehmen. Die Praktikumsaufsicht setzt die γ-Strahler ein und entfernt sie auch wieder. Zur Bearbeitung werden die gewonnenen Spektren mit Hilfe eines Plotters auf Millimeterpapier übertragen. So ist es einfach, aus Position und bekannter energetischer Lage der Photopeaks (Abb. O.7.4.2) die

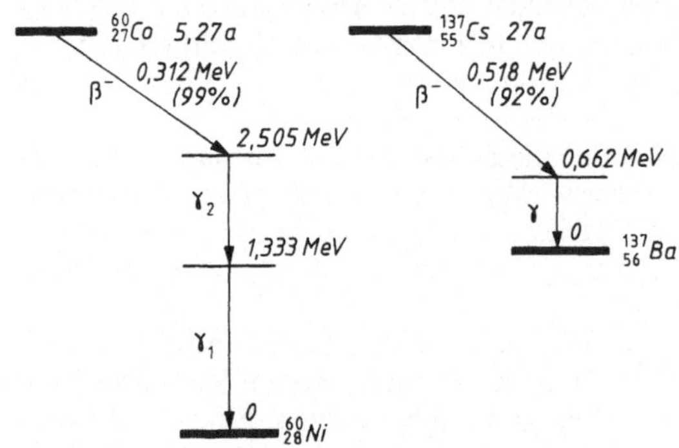

Abb. O.7.4.2. Umwandlungsschema für $^{60}_{27}$Co bzw. $^{137}_{55}$Cs

Linearität der gesamten Spektrometeranordnung nachzuweisen. Nach Gl. (25) läßt sich aus Lage und Form des Photopeaks das Energieauflösungsvermögen R z. B. für eine γ-Energie von 0.662 MeV bestimmen (137-Cs-Präparat).

Bei *Aufgabe 2* wird nur das 137-Cs-Präparat verwendet. Diesmal interessiert das gesamte Spektrum vom Photopeak bis zur $Ba - K_\alpha$-Röntgenfluoreszenzstrahlung (0.032 MeV, aufgrund innerer Konversion von Elektronen aus der K-Schale der angeregten 137-Ba-Atome). Die beobachtbaren Peaks sind zu interpretieren, und die energetische Lage der registrierten Comptonkante (halbe Höhe der Abbruchflanke des Comptonkontinuums) ist mit der nach Gl. (28) berechenbaren zu vergleichen.

Tabellen

Tafel der oberen χ^2_α-Werte der χ^2-Verteilung
(f: Anzahl der Freiheitsgrade, α: Irrtumswahrscheinlichkeit in %)

f					α				
	95	90	70	50	30	10	5	2,5	1
1	,0393	,0158	,148	,455	1,07	2,71	3,84	5,02	6,64
2	,103	,211	,713	1,39	2,41	4,61	5,99	7,38	9,21
3	,352	,584	1,42	2,37	3,67	6,25	7,81	9,35	11,3
4	,711	1,06	2,19	3,36	4,88	7,78	9,49	11,1	13,3
5	1,15	1,61	3,00	4,35	6,06	9,24	11,1	12,8	15,1
6	1,64	2,20	3,83	5,35	7,23	10,6	12,6	14,4	16,8
7	2,17	2,83	4,67	6,35	8,38	12,0	14,1	16,0	18,5
8	2,73	3,49	5,53	7,34	9,52	13,4	15,5	17,5	20,1
9	3,33	4,17	6,39	8,34	10,7	14,7	16,9	19,0	21,7
10	3,94	4,87	7,27	9,34	11,8	16,0	18,3	20,5	23,2
11	4,57	5,58	8,15	10,3	12,9	17,3	19,7	21,9	24,7
12	5,23	6,30	9,03	11,3	14,0	18,5	21,0	23,3	26,2
13	5,89	7,04	9,93	12,3	15,1	19,8	22,4	24,7	27,7
14	6,57	7,79	10,8	13,3	16,2	21,1	23,7	26,1	29,1
15	7,26	8,55	11,7	14,3	17,3	22,3	25,0	27,5	30,6
16	7,96	9,31	12,6	15,3	18,4	23,5	26,3	28,8	32,0
17	8,67	10,1	13,5	16,3	19,5	24,8	27,6	30,2	33,4
18	9,39	10,9	14,4	17,3	20,6	26,0	28,9	31,5	34,8
19	10,1	11,7	15,4	18,3	21,7	27,2	30,1	32,9	36,2
20	10,9	12,4	16,3	19,3	22,8	28,4	31,4	34,2	37,6
21	11,6	13,2	17,2	20,3	23,9	29,6	32,7	35,5	38,9
22	12,3	14,0	18,1	21,3	24,9	30,8	33,9	36,8	40,3
23	13,1	14,8	19,0	22,3	26,0	32,0	35,2	38,1	41,6
24	13,8	15,7	19,9	23,3	27,1	33,2	36,4	39,4	43,0

1. Einige Eigenschaften fester Stoffe

	Dichte bei 20 °C $10^3 \text{ kg} \cdot \text{m}^{-3}$	Linearer Ausdehnungskoeffizient zwischen 0 °C und 100 °C 10^{-6} K^{-1}	Spezifische Wärmekapazität bei 20 °C $\text{J} \cdot \text{kg}^{-1} \cdot \text{K}^{-1}$
Aluminium	2,70	24	895
Blei	11,35	31	128
Eisen	7,86	12	450
Glas	2,4 … 2,6	9	795
Gold	19,29	14,3	130
Kochsalz	2,165	40	855
Kupfer	8,92	17	385
Magnesium	1,74	26	1 020
Messing (62% Cu, 38% Zn)	8,4	18	380
Neusilber (62% Cu, 15% Ni, 22% Zn)	8,41	18	400
Nickel	8,90	13	445
Platin	21,45	9,0	135
Silber	10,5	19,5	235
Wolfram	19,3	4,3	135
Zink	7,14	26	385
Zinn	7,28	27	225

[1]) Werkzeugstahl.

2. Einige Eigenschaften von Flüssigkeiten

	Dichte bei 20 °C $10^3 \text{ kg} \cdot \text{m}^{-3}$	Kubischer Ausdehnungskoeffizient bei 20 °C 10^{-3} K^{-1}	Oberflächenspannung gegen Luft bei 20 °C $10^{-3} \text{ N} \cdot \text{m}^{-1}$	Dynamische Viskosität bei 20 °C $\text{mPa} \cdot \text{s}$
Ethanol	0,789	1,1	22	1,20
Ethylether	0,714	1,6	17	0,240
Benzen	0,879	1,2	29	0,649
Chloroform	1,490	1,3	27	0,565
Glycerin	1,261	0,5	66	1480
Methanol	0,791	1,2	23	0,588
Methyleniodid	3,325			
Nitrobenzen	1,202	0,8	43	2,02
Quecksilber	13,546	0,18	465	1,554
Quecksilber bei 0 °C	13,596			1,685
Schwefelkohlenstoff	1,263	1,2	32	0,367
Tetrachlorkohlenstoff	1,595	1,2	27	0,969
Toluen	0,867	1,1	29	0,585
Wasser	0,998	0,2	73	1,005
m-Xylen	0,864	1,0	29	

[1]) Zersetzt sich.

Schmelztemperatur	Spezifische Schmelzwärme	Elastizitätsmodul	Torsionsmodul
°C	10^5 J · kg^{-1}	GPa	GPa
600	3,97	73	24
327	0,23	15 … 17	5 … 8
1 535	2,77	200 … 220[1])	77 … 81[1])
800 … 1 400		50 … 80	18 … 30
1 063	0,67	79	27
801	5,19		
1 083	2,05	120	38 … 47
651	3,68	42	16 … 19
~910		80 … 103	26 … 41
~1 000		110	39 … 47
1 455	3,00	200 … 220	76
1 769,3	1,11	170	64
960,8	1,05	60 … 80	24 … 28
3 380	1,92	355	130 … 150
419	1,10	80 … 130	39
231,9	0,61	46 … 54	18

Spezifische Wärmekapazität bei 20 °C	Schmelztemperatur	Spezifische Schmelzwärme	Siedetemperatur	Spezifische Verdampfungswärme
10^3 J · kg^{-1} · K^{-1}	°C	10^5 J · kg^{-1}	°C	10^5 J · kg^{-1}
2,43	−114,5	1,08	78,3	8,4
2,30	−116,3	0,98	34,6	3,8
1,72	5,53	1,27	80,1	3,9
0,96	−63,5	0,75	61,3	2,8
2,40	18	2,00	290	
2,50	−97,7	0,92	64,6	11,0
0,46	5 … 6		180[1])	
1,47	5,7	0,94	210,9	4,0
0,139	−38,87	0,118	356,6	2,85
1,00	−111,6	0,58	46,3	3,5
0,86	−23,0	0,21	76,6	1,9
1,69	−95,0		110,6	3,6
4,182	0,00	3,337	100,0	22,56
1,70	−47,9	1,09	139,1	3,4

3. Dichte einiger Gase bei 0 °C und Normaldruck

	Dichte kg · m^{-3}	Relative Gasdichte		Dichte kg · m^{-3}	Relative Gasdichte
Helium	0,178 5	0,138 0	Sauerstoff	1,428 9	1,1053
Kohlendioxid	1,976 7	1,529 0	Stickstoff	1,250 5	0,9673
Leuchtgas	0,6	0,46	Wasserstoff	0,0899	0,0695
Luft	1,292 8	1,000 0			

4. Dichte und Viskosität von Wasser

Temperatur °C	Dichte 10^3 kg/m³ (g · cm⁻³)	Viskosität mPa · s (cP)	Temperatur °C	Dichte 10^3 kg/m³ (g · cm⁻³)	Viskosität mPa · s (cP)
0	0,99984	1,792	23	0,99754	0,936
1	0,99990	1,731	24	0,99730	0,914
2	0,99994	1,673	25	0,99705	0,894
3	0,99996	1,619	26	0,99679	0,874
4	0,99997	1,567	27	0,99652	0,855
5	0,99996	1,519	28	0,99624	0,836
6	0,99994	1,473	29	0,99595	0,818
7	0,99990	1,428	30	0,99565	0,801
8	0,99985	1,386	35	0,9940	0,723
9	0,99978	1,346	40	0,9922	0,656
10	0,99970	1,308	45	0,9902	0,599
11	0,99961	1,271	50	0,9880	0,549
12	0,99950	1,236	55	0,9857	0,506
13	0,99938	1,203	60	0,9832	0,468
14	0,99924	1,171	65	0,9806	0,436
15	0,99910	1,140	70	0,9778	0,406
16	0,99894	1,111	75	0,9749	0,380
17	0,99878	1,083	80	0,9718	0,357
18	0,99860	1,056	85	0,9686	0,336
19	0,99841	1,030	90	0,9653	0,317
20	0,99821	1,005	95	0,9619	0,300
21	0,99799	0,981	100	0,9583	0,284
22	0,99777	0,958			

5. Umrechnung der Barometerablesung auf $0°C$ und Kapillardepression der Quecksilbersäule

Infolge der Ausdehnung sowohl des Quecksilbers als auch der Barometerskale ist der bei der Temperatur t abgelesene Barometerstand h um

$$\Delta h = (\gamma - \alpha)th$$

zu verkleinern. γ ist der kubische Ausdehnungskoeffizient von Quecksilber, während der lineare Ausdehnungskoeffizient des Skalenmaterials mit α bezeichnet ist. Für eine Messingskale gilt mit den Werten der Tabellen 1 und 2

$$\Delta h = 0,000162 \text{ K}^{-1} \, th.$$

Besteht die Skale aus Glas, ist mit

$$\Delta h = 0,000171 \text{ K}^{-1} \, th$$

zu arbeiten.

Zu dem an der Kuppe des Quecksilbermeniskus abgelesenen Barometerstand ist der zu dem Innendurchmesser des Rohres und der Höhe der Quecksilberkuppe gehörende Wert (angegeben in Torr) aus der nachstehenden Tabelle hinzuzufügen.

Innendurchmesser mm	Höhe der Kuppe in mm							
	0,2	0,4	0,6	0,8	1,0	1,2	1,4	1,6
7	0,17	0,34	0,49	0,62	0,74	0,85	0,96	1,04
8	0,13	0,27	0,39	0,49	0,59	0,68	0,76	0,82
9	0,10	0,21	0,30	0,38	0,46	0,54	0,60	0,65
10	0,08	0,16	0,23	0,30	0,36	0,42	0,47	0,52
11	0,06	0,11	0,17	0,22	0,27	0,32	0,37	0,41
12	0,04	0,08	0,12	0,15	0,19	0,23	0,27	0,31
13	0,03	0,06	0,09	0,11	0,14	0,17	0,20	0,22

6. Spezifische Wärmekapazität des Wassers bei Normaldruck in Abhängigkeit von der Temperatur

Temperatur °C	Spezifische Wärmekapazität $J \cdot kg^{-1} \cdot K^{-1}$
0	4 218
20	4 182
40	4 178
60	4 184
80	4 196

7. Flächenträgheitsmomente für verschiedene Querschnitte

Querschnitt A	Massenmittel- punktabstand h_0	Flächenträgheitsmoment I_η
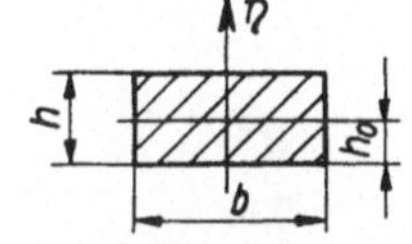	$\dfrac{1}{2}\,h$	$\dfrac{1}{12}\,bh^3$
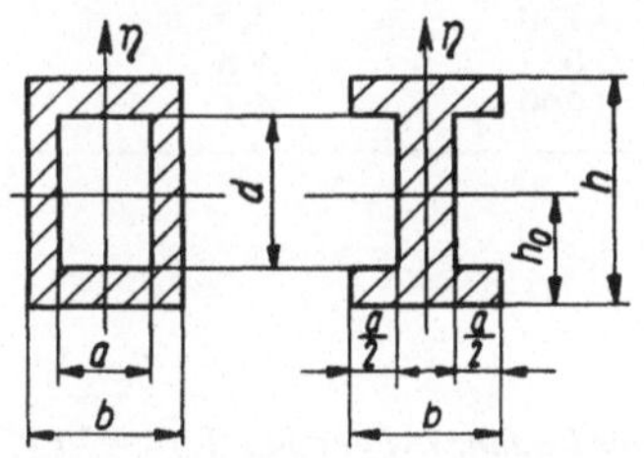	$\dfrac{1}{2}\,h$	$\dfrac{1}{12}\,(bh^3 - ad^3)$
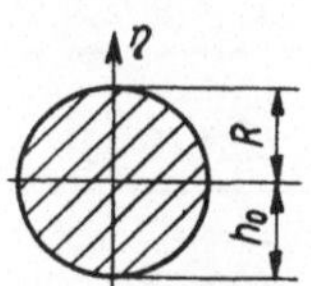	R	$\dfrac{\pi}{4}\,R^4$
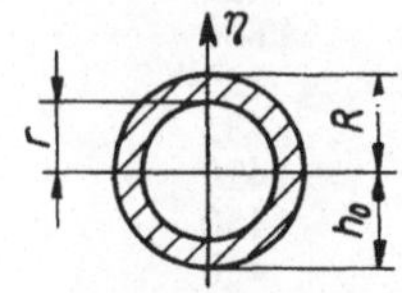	R	$\dfrac{\pi}{4}\,(R^4 - r^4)$
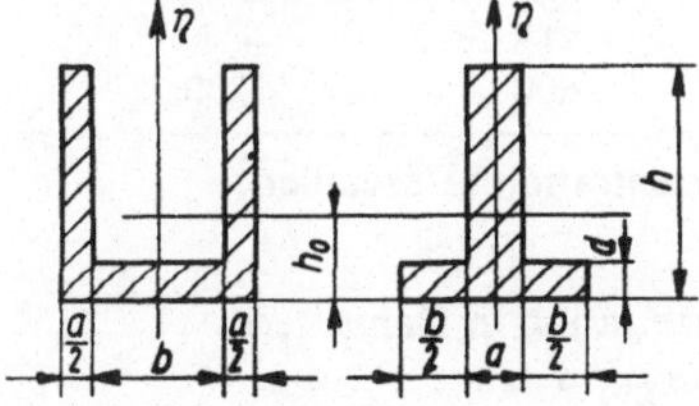	$\dfrac{ah^2 + bd^2}{2(ah + bd)}$	$\dfrac{1}{3}\,\{(a + b)\,h_0^3 + a(h - h_0)^3 - b(h_0 - d)^3\}$

8. Siedetemperatur t des Wassers in Abhängigkeit vom Luftdruck p

p Torr	t °C	p Torr	t °C
700	97,71	740	99,25
701	97,75	741	99,29
702	97,79	742	99,33
703	97,83	743	99,37
704	97,87	744	99,41
705	97,91	745	99,44
706	97,95	746	99,48
707	97,98	747	99,52
708	98,02	748	99,55
709	98,06	749	99,59
710	98,10	750	99,63
711	98,14	751	99,67
712	98,18	752	99,70
713	98,22	753	99,74
714	98,26	754	99,78
715	98,30	755	99,82
716	98,34	756	99,85
717	98,37	757	99,89
718	98,41	758	99,93
719	98,45	759	99,96
720	98,49	760	100,00
721	98,53	761	100,04
722	98,57	762	100,07
723	98,61	763	100,11
724	98,64	764	100,15
725	98,68	765	100,18
726	98,72	766	100,22
727	98,76	767	100,26
728	98,80	768	100,29
729	98,84	769	100,33
730	98,87	770	100,37
731	98,91	771	100,40
732	98,95	772	100,44
733	98,99	773	100,48
734	99,03	774	100,51
735	99,07	775	100,55
736	99,10	776	100,59
737	99,14	777	100,62
738	99,18	778	100,66
739	99,22	779	100,69

9. Spezifischer elektrischer Widerstand und Temperaturkoeffizient

	Spezifischer Widerstand bei 0 °C $10^{-4}\,\Omega \cdot \mathrm{cm}$	Temperaturkoeffizient $10^{-3}\,\mathrm{K}^{-1}$
Aluminium	0,029	4,1
Blei	0,210	4,2
Eisen	0,090 ... 0,150	5,6 ... 6,6
Konstantan (60 % Cu, 40 % Ni)	0,490	0
Kupfer	0,017	4,3
Manganin (84 % Cu, 4 % Ni, 12 % Mn)	0,42 ... 0,44	0
Messing (62 % Cu, 38 % Zn)	0,070 ... 0,090	1,5
Nickel	0,070	6,7
Nickelin (62 % Cu, 20 % Zn, 18 % Ni)	0,033	0,2
Osmium	0,100	4,2
Platin	0,105	3,9
Quecksilber	0,958	0,99
Silber	0,016	4,0
Tantal	0,150	3,5
Wolfram	0,053	4,6
Zink	0,060	4,1

10. Beweglichkeiten der Ladungsträger bei $T = 300\ K$ in ausgewählten Stoffen

Stoff	μ_n cm²/(V · s)	μ_p cm²/(V · s)
Cu	32	–
C (Diamant)	1 800	1 200
Si	1 600	400
Ge	3 800	1 800
GaP	190	120
GaAs	9 000	435
GaSb	4 000	1 420
InP	4 500	150
InAs	33 000	450
InSb	77 000	700
ZnS	280	–
CdS	315	–
PbS	600	200

Ladungsträgerkonzentration in Metallen:

$$n_\mathrm{n} \approx 10^{23}\ \mathrm{cm}^{-3},$$

Ladungsträgerkonzetration in Halbleitern:

$$n_\mathrm{n,p} \approx 10^{15} \ldots 10^{18}\ \mathrm{cm}^{-3}$$

---

11. Physikalische Grundkonstanten

Elementarladung	$e = 1{,}6022 \cdot 10^{-19}$ A · s
Plancksches Wirkungsquantum	$h = 6{,}6262 \cdot 10^{-34}$ W · s^2
Boltzmann-Konstante	$k = 1{,}3807 \cdot 10^{-23}$ W · s/K
Vakuumlichtgeschwindigkeit	$c = 2{,}997925 \cdot 10^{8}$ m/s
Gravitationskonstante	$G = 6{,}673 \cdot 10^{-11}$ m^3/(kg · s^2)
Ruhmasse des Elektrons	$m_e = 9{,}1096 \cdot 10^{-31}$ kg
Ruhmasse des Protons	$m_p = 1{,}6726 \cdot 10^{-27}$ kg
Ruhmasse des Neutrons	$m_n = 1{,}6748 \cdot 10^{-27}$ kg
Avogadro-Konstante[1])	$N_A = 6{,}0221 \cdot 10^{23}$ mol^{-1}
Faraday-Konstante	$F = 96487$ A · s/mol
Molare Gaskonstante	$R = 8{,}3143$ W · s/(mol · K)
Molares Volumen idealer Gase unter Normbedingungen	$V_m = 22{,}414 \cdot 10^{-3}$ m^3/mol
Elektrische Feldkonstante	$\varepsilon_0 = 8{,}8542 \cdot 10^{-12}$ A · s/(V · m)
Magnetische Feldkonstante	$\mu_0 = 4\pi \cdot 10^{-7}$ V · s/(A · m) $= 1{,}2566 \cdot 10^{-6}$ V · s/(A · m)
Temperatur des absoluten Nullpunktes	$t_0 = -273{,}15\,°C$

---

[1]) Diese Größe wurde in der deutschsprachigen Literatur früher Loschmidtsche Konstante genannt, und die Avogadrosche Zahl bedeutete die Zahl der Moleküle je Kubikzentimeter.

12. Schaltzeichen

Schaltzeichen	Benennung	Schaltzeichen	Benennung
	Gleichstrom		Schalter
	Wechselstrom		Umschalter
	Gleich- oder Wechselstrom, Allstrom		
	Tonfrequenz-Wechselstrom		Einstellbarkeit (mit Werkzeug)
	Hochfrequenz-Wechselstrom		Verstellbarkeit (mit Drehknopf)
	Höchstfrequenz-Wechselstrom		stufige Verstellbarkeit
	Leitung, allgemein		
	Leitung, geschirmt		ohmscher Widerstand, allgemein
	Leitung mit lösbarer Verbindung		ohmscher Widerstand, verstellbar
	Leitungskreuz ohne elektrische Verbindung		ohmscher Widerstand, stufig verstellbar
	Leitungsabzweig		ohmscher Spannungsteiler, stetig verstellbar
	Erdung		Kondensator, kapazitiver Widerstand, allgemein
	Masse		Drehko, kapazitiver Widerstand, verstellbar

12. Schaltzeichen (Fortsetzung)

Schaltzeichen	Benennung	Schaltzeichen	Benennung
	Elektrolytkondensator, gepolt		direkt geheizte Kathode
	induktiver Widerstand, allgemein		indirekt geheizte Kathode
	induktiver Widerstand, verstellbar		
	ind. Wid. für Hoch- und Höchstfrequenz		Gitter, Steuergitter
	desgl. verstellbar		Schirmgitter, Schutzgitter
	Drosselspule mit Eisenkern		Bremsgitter
	Drosselspule mit Massekern		lichtelektrische Zelle, allgemein
	Transformator, Übertrager, Wandler, allgemein		
	Transformator, Übertrager, Wandler mit Eisenkern		elektr. Ventil, Kristalldiode
	Transformator, Übertrager, Wandler, allgemein		Transistor, pnp
	Transformator, Übertrager, Wandler mit Eisenkern		Transistor, npn
	galvanische Stromquelle, Einzelzelle		elektronischer Generator, allgemein
	Batterie mit n-Zellen		Tonfrequenzgenerator
	Thermoelement		Gleichrichter
	Strommesser		Verstärker, allgemein
	Spannungsmesser		Verstärker mit Angabe des Frequenzbereiches
	Galvanometer		Mikrophon
	Kolben für a) Diode b) Vielpolröhre		Fernhörer
	Anode		Lautsprecher
	Kathode		

13. Spektren zur Aufstellung der Dispersionskurve eines Prismas

Die Angaben in Spalte 4 geben nur die relative Intensität der Linien innerhalb eines Spektrums an. Die Intensitäten schwanken sehr stark je nach der benutzten Lampe.
Die für die Überprüfung des Auflösungsvermögens geeigneten Linienpaare sind durch * gekennzeichnet.

Element	Bezeichnung und Wellenlänge in nm		Farbe	Intensität
H	H_α(C)	656,3	rot	stark
	H_β(F)	486,1	blaugrün	mittel
	H_γ(G')	434,1	violett	schwach
	H_δ(h)	410,2	violett	schwach
He		667,8	rot	stark
	D_3	587,6	gelb	sehr stark
		*504,8	grün	schwach
		*501,6	grün	mittel
		492,2	blaugrün	mittel
		471,3	blau	schwach
		447,1	blau	stark
Li		610,4	gelbrot	schwach
		670,8	rot	stark
Na	D_1	*589,6	gelb	sehr stark
	D_2	*589,0	gelb	sehr stark
K		*769,9	dunkelrot	stark
		*766,5	dunkelrot	stark
		404,7	violett	mittel
Zn		636,2	rot	stark
		518,2	grün	stark
		481,1	blaugrün	stark
		472,2	blau	stark
		*468,0	blau	stark
		*463,0	blau	mittel
Cd		643,8	rot	stark
		515,5	grün	mittel
		508,6	grün	mittel
		480,0	blaugrün	stark
		*467,8	blau	mittel
		*466,2	blau	mittel
Hg		623,4	rot	schwach
		*579,1	gelb	sehr stark
		*577,0	gelb	sehr stark
		546,0	grün	sehr stark
		496,0	blaugrün	schwach
		491,6	blaugrün	mittel
		*435,8	blau	stark
		*434,8	blau	mittel
		*433,9	blau	schwach
		*410,8	violett	schwach
		*407,8	violett	mittel
		*404,7	violett	stark

14. Umrechnung von Energieeinheiten

	$J = W \cdot s$	erg	$kW \cdot h$	$kp \cdot m$
$1\,J = 1\,W \cdot s$	1	10^7	$2{,}7778 \cdot 10^{-7}$	$1{,}0197 \cdot 10^{-1}$
1 erg	10^{-7}	1	$2{,}7778 \cdot 10^{-14}$	$1{,}0197 \cdot 10^{-8}$
$1\,kW \cdot h$	$3{,}6 \cdot 10^6$	$3{,}6 \cdot 10^{13}$	1	$3{,}6709 \cdot 10^5$
$1\,kp \cdot m$	$9{,}8067$	$9{,}8067 \cdot 10^7$	$2{,}7241 \cdot 10^{-6}$	1
1 cal	$4{,}1868$	$4{,}1868 \cdot 10^7$	$1{,}1630 \cdot 10^{-6}$	$4{,}2693 \cdot 10^{-1}$
1 eV [1])	$1{,}6022 \cdot 10^{-19}$	$1{,}6022 \cdot 10^{-12}$	$4{,}4506 \cdot 10^{-26}$	$1{,}6338 \cdot 10^{-20}$
$1\,cm^{-1} \mathrel{\widehat=}$ [2])	$1{,}9865 \cdot 10^{-23}$	$1{,}9865 \cdot 10^{-16}$	$5{,}5180 \cdot 10^{-30}$	$2{,}0256 \cdot 10^{-24}$
$1\,K \mathrel{\widehat=}$ [3])	$1{,}3807 \cdot 10^{-23}$	$1{,}3807 \cdot 10^{-16}$	$3{,}8352 \cdot 10^{-30}$	$1{,}4079 \cdot 10^{-24}$

[1]) Elektronenvolt (eV) ist diejenige Energie, die eine Elementarladung beim Durchlaufen einer Spannungsdifferenz von 1 V gewinnt.
[2]) Nach der Beziehung $W = h\nu = hc\tilde{\nu}$ (vgl. O.6.4) entspricht jeder Wellenzahl $\tilde{\nu}$ einer Energie $W = hc\tilde{\nu}$.
[3]) Nach der Beziehung $W = kT$ entspricht jeder Temperatur T eine mittlere Energie kT.

	cal	eV	cm^{-1}	K
$1\,J = 1\,W \cdot s$	$2{,}3884 \cdot 10^{-1}$	$6{,}2414 \cdot 10^{18}$	$\widehat= 5{,}0340 \cdot 10^{22}$	$\widehat= 7{,}2429 \cdot 10^{22}$
1 erg	$2{,}3884 \cdot 10^{-8}$	$6{,}2414 \cdot 10^{11}$	$\widehat= 5{,}0340 \cdot 10^{15}$	$\widehat= 7{,}2429 \cdot 10^{15}$
$1\,kW \cdot h$	$8{,}5984 \cdot 10^5$	$2{,}2469 \cdot 10^{25}$	$\widehat= 1{,}8122 \cdot 10^{29}$	$\widehat= 2{,}6074 \cdot 10^{29}$
$1\,kp \cdot m$	$2{,}3423$	$6{,}1207 \cdot 10^{19}$	$\widehat= 4{,}9367 \cdot 10^{23}$	$\widehat= 7{,}1029 \cdot 10^{23}$
1 cal	1	$2{,}6132 \cdot 10^{19}$	$\widehat= 2{,}1076 \cdot 10^{23}$	$\widehat= 3{,}0325 \cdot 10^{23}$
1 eV [1])	$3{,}8267 \cdot 10^{-20}$	1	$\widehat= 8{,}0655 \cdot 10^3$	$\widehat= 1{,}1604 \cdot 10^4$
$1\,cm^{-1}$ [2])	$\widehat= 4{,}7445 \cdot 10^{-24}$	$\widehat= 1{,}2398 \cdot 10^{-4}$	1	$\widehat= 1{,}4387$
$1\,K$ [3])	$\widehat= 3{,}2976 \cdot 10^{-24}$	$\widehat= 8{,}6173 \cdot 10^{-5}$	$\widehat= 6{,}9503 \cdot 10^{-1}$	1

15. Umrechnung von Druckeinheiten

	$Pa = N/m^2$	dyn/cm^2	mbar
$1\,Pa = 1\,N/m^2$	1	10	10^{-2}
$1\,dyn/cm^2$	10^{-1}	1	10^{-3}
1 mbar	10^2	10^3	1
$1\,at = 1\,kp/cm^2$	$9{,}8067 \cdot 10^4$	$9{,}8067 \cdot 10^5$	$9{,}8067 \cdot 10^2$
1 atm	$1{,}0133 \cdot 10^5$	$1{,}0133 \cdot 10^6$	$1{,}0133 \cdot 10^3$
1 Torr	$1{,}3332 \cdot 10^2$	$1{,}3332 \cdot 10^3$	$1{,}3332$

	$at = kp/cm^2$	atm	Torr
$1\,Pa = 1\,N/m^2$	$1{,}0197 \cdot 10^{-5}$	$9{,}8692 \cdot 10^{-6}$	$7{,}5006 \cdot 10^{-3}$
$1\,dyn/cm^2$	$1{,}0197 \cdot 10^{-6}$	$9{,}8692 \cdot 10^{-7}$	$7{,}5006 \cdot 10^{-4}$
1 mbar	$1{,}0197 \cdot 10^{-3}$	$9{,}8692 \cdot 10^{-4}$	$7{,}5006 \cdot 10^{-1}$
$1\,at = 1\,kp/cm^2$	1	$9{,}6784 \cdot 10^{-1}$	$7{,}3556 \cdot 10^2$
1 atm	$1{,}0332$	1	$7{,}6000 \cdot 10^2$
1 Torr	$1{,}3595 \cdot 10^{-3}$	$1{,}3158 \cdot 10^{-3}$	1

Sachverzeichnis